U0261633

有色金属深加工与再生实用分析技术

王 琪 周全法 邵 莹 编著

化学工业出版社

·北京·

内 容 提 要

有色金属深加工与再生行业仍在快速发展之中，对于有色金属原料、深加工过程产品和有色金属再生行业废弃物的分析技术日益受到人们的关注和重视。

本书全面、系统地介绍了有色金属深加工与再生分析的相关知识和实用技术，主要内容包括：有色金属及其深加工产品的分类、性能和主要用途；有色金属深加工分析工作的准备及试样采集、制备和分解；有色金属元素及其深加工产品的分析方法；有色金属深加工分析中的富集和分离方法；有色金属及其深加工产品的分析；有色金属电镀液及电镀产品的分析；有色金属深加工化学成分分析应用实例；有色金属深加工现代分析技术等。

本书涉及领域较广，内容全面、新颖，可参考性和实用性较强，可作为从事有色金属深加工、有色金属再生与利用等技术人员的工具书，也可供地质、环保、材料等专业人员参考，还可作为高等学校相关专业师生的教学参考书或教材。

图书在版编目（CIP）数据

有色金属深加工与再生实用分析技术/王琪，周全法，邵莹编著．—北京：化学工业出版社，2020.8（2023.1 重印）
ISBN 978-7-122-36660-3

Ⅰ.①有⋯ Ⅱ.①王⋯②周⋯③邵⋯ Ⅲ.①有色金属-二次金属-金属加工-研究 Ⅳ.①TG146

中国版本图书馆 CIP 数据核字（2020）第 080062 号

责任编辑：朱 彤   文字编辑：李 玥
责任校对：杜杏然   装帧设计：刘丽华

出版发行：化学工业出版社（北京市东城区青年湖南街 13 号 邮政编码 100011）
印 装：北京虎彩文化传播有限公司
787mm×1092mm 1/16 印张 19 字数 509 千字 2023 年 1 月北京第 1 版第 3 次印刷

购书咨询：010-64518888   售后服务：010-64518899
网 址：http://www.cip.com.cn
凡购买本书，如有缺损质量问题，本社销售中心负责调换。

定 价：118.00 元

前　言

随着现代科学技术的进步和经济的蓬勃发展,有色金属深加工与再生行业作为国民经济的重要基础产业仍在快速发展之中,发挥着重要作用。有色金属深加工和再生利用技术的进步不仅关乎企业的生存和发展,还与环境保护、行业的可持续发展密切相关,有色金属原料、深加工过程产品和有色金属再生行业废弃物的精确快速分析已经成为行业健康发展的前提条件,并日益受到人们的关注和重视。

伴随着有色金属深加工与再生技术应用范围的不断扩大,新产品和新品种不断增加;同时,在有色金属深加工以及二次资源再生利用相关的分析化学领域涌现出不少新技术和新的分析方法。为了适应有色金属深加工及再生领域研究和产业发展的需要,编著者依据多年科研和工程实践中积累的经验和知识,在相关高校、科研单位的热情支持和参与下编著了这本《有色金属深加工及再生实用分析技术》。本书内容的安排与编写力图达到以下目的:使读者对有色金属的各种分析方法有较全面的认识和理解;使读者了解和掌握化学分析法、光谱分析、衍射分析、电子显微分析、电子能谱分析等方法的基本原理、过程、装备及在有色金属深加工及再生分析方面的应用,掌握相应的基础知识、基本技能、测试方法及必要的理论基础。

本书在编写过程中重点介绍了有色金属深加工原料、产品和二次资源与再生的类型、分析检测要求,分析方法和实际操作要领等内容,注重实用性和创新性、深度和广度的有机结合,突出基本理论,拓宽知识领域,重在实际应用,书中涉及的名词术语和相关标准与国家现行标准保持一致。本书内容较为全面、丰富,可参考性强,可作为从事有色金属深加工分析、有色金属再生与利用等工作的专业技术人员的参考书和工具书,也可作为高等学校相关专业师生的教学参考书或教材。

本书由王琪、周全法、邵莹编著。具体编写分工如下:周全法(第1章、第8章)、王琪(第2章～第5章)、邵莹(与王琪合作完成第6章、第7章)。全书由王琪和周全法共同整理定稿。在编写过程中还得到了黄红缨老师的帮助及编者所在院校有关领导及同仁们的大力支持,并获得江苏理工学院优秀学术著作出版基金和国家重点研发专项课题(2018 YFC 1902503-2)的资助。化学工业出版社在本书的编写和出版方面给予了大力支持,在此表示感谢。

由于编者水平有限,编写时间较紧,难免有疏漏和不当之处,敬请广大读者批评指正。

编著者

2020 年 5 月

目录

第**1**章

概 述

金属通常分为黑色金属和有色金属两大类。黑色金属是指铁、铬、锰及它们的合金，通常称为钢铁材料。除黑色金属以外的统称为有色金属。

狭义上的有色金属又称非铁金属，是铁、锰、铬以外的所有金属的总称。广义的有色金属还包括有色金属化合物及其合金。有色金属及合金的种类很多，它们具有与钢铁不同的特性，用来弥补钢铁的不足之处。有色合金是以一种有色金属为基体，加入一种或几种其他元素而构成的合金。有色金属材料是由有色金属元素构成或以有色金属元素为主要材料，并具有金属特性的工程材料，它包括纯金属、合金及其化合物等。本书以常见的有色金属原料与深加工产品为研究对象，介绍试样采集、制备与分解方法，以及主要元素的定性和定量分析方法、有色金属深加工产品的成分和性能测试方法。

1.1 有色金属及其深加工产品的分类、性能和主要用途

1.1.1 有色金属及其深加工产品的分类

1.1.1.1 有色金属的分类

① 有色纯金属按其密度大小、在地壳中的储量和分布等情况分，可分为重金属、轻金属、贵金属、半金属、稀有金属（又可分为稀有轻金属、难熔金属、稀有分散金属、稀土金属和稀有放射性金属）五类。

a. 重金属 10 种，密度在 $4.5g/cm^3$ 以上，包括铜、锌、镍、汞、锡、铅、钴、镉、铋、锑。

b. 轻金属 8 种，密度小（$0.53 \sim 4.5g/cm^3$），化学性质活泼，包括铝、钛、镁、钠、钾、钙、锶、钡。

c. 贵金属 8 种，价格比较贵，包括金、银、铂、钯、铑、锇、铱、钌。

d. 半金属 5 种，物理化学性质介于金属与非金属之间，包括硅、硒、碲、砷、硼。

e. 稀有金属在地壳中含量稀少，或者比较分散，提取难度较大，包括锂、铍、铷、铯、钨、钼、钒、铼、钽、铌、锆、铪、镓、铟、铊、锗、镧、铈、镨、钕、钷、钐、铕、钆、铽、镝、钬、铒、铥、镱、镥、钪、钇以及镭、铀、钍、钋等具有放射性的元素。

我国通常所指的有色金属包括铜、铝、锌、铅、锡、镍、锑、钨、钼、汞10种常用有色金属及它们的合金，并以这10种有色金属作为衡量发展水平的标准，其中铜、铝、锌、铅4种金属约占生产、消费总量的95%。

纯金属由于强度、硬度一般都较低，而且冶炼技术复杂，价格较高，因此，在使用上受到很大的限制。目前在工农业生产、建筑、国防建设中广泛使用的是合金状态的金属材料。

② 有色合金按合金系统分，可分为重有色金属合金、轻有色金属合金、贵金属合金、稀有金属合金等；按合金用途分，则可分为变形（压力加工用）合金、铸造合金、轴承合金、印刷合金、硬质合金、焊料、中间合金、金属粉末等。

有色合金是以一种有色金属为基体（通常含量大于50%），加入一种或几种其他元素构成的合金，是指两种或两种以上的有色金属元素或有色金属与非金属元素组成的金属材料。例如，普通黄铜是由铜和锌两种金属元素组成的合金，硬质合金是由钨和碳组成的假合金。与组成合金材料的纯金属相比，合金除具有更好的力学性能外，还可以通过调整组成元素之间的比例，以获得一系列性能各不相同的合金。有色合金的强度和硬度一般比纯金属高，电阻比纯金属大，电阻温度系数小，具有良好的综合力学性能，从而满足工农业生产、建筑及国防建设方面不同的性能要求。

③ 有色金属深加工产品按化学成分分，可分为有色金属及其合金和有色金属化合物。其中有色金属及其合金包括铜和铜合金材、铝和铝合金材、铅和铅合金材、镍和镍合金材、钛和钛合金材。按形状分，可分为板、条、带、箔、管、棒、线、型等品种。

1.1.1.2　有色金属行业分类和合金产品牌号的表示办法

（1）行业分类

根据中国官方行业分类标准，有色金属行业分为有色金属采选和有色金属冶炼及压延加工两个部门。有色金属采选是指对常用有色金属矿、贵金属矿以及稀有稀土金属矿的开采、选矿活动；有色金属冶炼及压延加工包含有色金属冶炼、有色金属合金制造、有色金属压延加工三个部门。有色金属冶炼指通过熔炼、精炼、电解或其他方法从有色金属矿、废杂金属料等有色金属原料中提炼常用有色金属的生产活动；有色金属合金制造指以一种有色金属为基体，加入一种或几种其他元素构成合金的生产活动；有色金属压延加工指对有色金属及合金的压延加工生产。

（2）产品牌号的表示

牌号是对产品的命名，是用来识别产品的名称、符号、代号或它们的组合，一般应尽可能直观地显示产品的类别、品种、状态或性能等。有色金属材料的牌号和状态的表示方法有一定的规律。

有色金属及合金产品牌号的命名，规定以汉语拼音字母或国际元素符号作为主题词代号，表示其所属大类，如用L或Al表示铝，T或Cu表示铜。主题词以后，用成分数字顺序结合产品类别来表示，即主题词之后的代号可以表示产品的状态、特征或主要成分，如LF为防（F）锈的铝（L）合金，LD为锻（D）造用的铝（L）合金，LY为硬（Y）的铝（L）合金，这三种合金的主题词是铝合金（L）。

以铜合金和纯铜为例，铜合金分为黄铜、白铜、青铜。

黄铜：简单黄铜和复杂黄铜。铜与锌的二元合金称为普通黄铜，牌号命名为：H（黄）＋表示铜平均百分含量的数字，如H70表示含铜量为70%，其余为锌。因此，产品代号是由标准规定的主题词汉语拼音字母、化学元素符号及阿拉伯数字相结合的方法来表示的。

复杂黄铜：在Cu-Zn合金中加入少量铅、锡、铝、锰等，组成多元合金。第三组元为铅的称铅黄铜，为铝的称铝黄铜，如 HSn70-1 表示含 70％Cu、1％Sn、余为锌的锡黄铜。多元合金则以第三种含量最多的元素相称，如 HMn57-3-1 表示含 57％Cu、3％Mn、1％Al、余为锌的锰黄铜；HAl66-6-3-2 表示含 66％Cu、6％Al、3％Fe、2％Mn、余为锌的铝黄铜。

白铜：镍为主要合金元素的铜合金。以 B 表示。如 B10 为含 10％Ni、余为铜的铜-镍合金；B30 为含 30％Ni、余为铜的铜-镍合金。

青铜：除黄铜、白铜之外的铜合金。QSn 为青（Q）铜中主要的添加元素为锡（Sn）的一类；QAl9-4 为青（Q）铜中含有铝（Al）的一类，成分中添加元素铝为 9％，其他添加元素为 4％，这两种合金的统称是青铜（Q）。

按主加元素如 Sn、Al、Be 命名为锡青铜、铝青铜、铍青铜，并以 Q＋主加元素化学符号及百分含量表示，如 QSn6.5-0.1 为含 6.5％Sn、0.1％P、余为铜的锡-磷青铜，QAl5 为含 5％Al、余为铜的铝青铜，QBe2 为含 2％Be、余为铜的铍青铜。

工业纯铜的牌号：纯铜含铜 99.90％～99.99％；加工铜国家标准有 9 个牌号：3 个纯铜牌号、3 个无氧铜牌号、2 个磷脱氧铜牌号、1 个银铜牌号。高纯铜纯度可达 99.99％～99.9999％，又称为 4N、5N、6N 铜。

工业纯铜的牌号用字母 T 加上序号表示，如 T1、T2、T3 等，数字增加表示纯度降低。无氧铜用"T"和"U"加上序号表示，如 TU1、TU2。用磷和锰脱氧的无氧铜，在 TU 后面加脱氧剂化学元素符号表示，如 TUP、TUMn。

有色金属及合金产品的状态、加工方法、特征代号，采用规定的汉语拼音字母表示，如热加工的 R（热），淬火的 C（淬），不包铝的 B（不），细颗粒的 X（细）等；但也有少数例外，如采用优质表面 O（形象化表示完美无缺）表示等。

1.1.2　有色金属及其深加工产品的性能和主要用途

与钢铁等黑色金属材料相比，有色金属具有许多优良的特性，是现代工业中不可缺少的材料，在国民经济中占有十分重要的地位，例如：铝、镁、钛等具有相对密度小、比强度高的特点，因而广泛应用于航空、航天、汽车、船舶等行业；银、铜、铝等具有优良导电性和导热性的材料广泛应用于电器工业和仪表工业；铀、钨、钼、镭、钍、铍等是原子能工业所必需的材料等。

1.1.2.1　有色金属的性能和用途

（1）金属及其合金

工艺性能：包括铸造性能、锻造性能、焊接性能、切削加工性能、热处理性能等。使用性能：包括力学性能、物理性能、化学性能等。

① 工艺性能　金属对各种加工工艺方法所表现出来的适应性称为工艺性能，主要有以下五个方面：

a. 铸造性能　反映金属材料熔化浇铸成为铸件的难易程度，表现为熔化状态时的流动性、吸气性、氧化性、熔点，铸件显微组织的均匀性、致密性，以及冷缩率等。铸造性能通常指流动性、收缩性、铸造应力、偏析、吸气倾向和裂纹敏感性。

b. 锻造性能　反映金属材料在压力加工过程中成型的难易程度，例如将材料加热到一定温度时其塑性的高低（表现为塑性变形抗力的大小），允许热压力加工的温度范围大小，热胀冷缩特性以及与显微组织、力学性能有关的临界变形的界限，热变形时金属的流动性、导热性能等。

c. 焊接性能　反映金属材料在局部快速加热时，使结合部位迅速熔化或半熔化（需加压），从而使结合部位牢固地结合在一起而成为整体的难易程度，表现为熔点、熔化时的吸气性、氧化性、导热性、热胀冷缩特性、塑性以及与接缝部位和附近用材显微组织的相关性、对力学性能的影响等。

d. 切削加工性能　反映用切削工具（例如车削、铣削、刨削、磨削等）对金属材料进行切削加工的难易程度。

e. 热处理性能　热处理是机械制造中的重要过程之一，与其他加工工艺相比，热处理一般不改变工件的形状和整体的化学成分，而是通过改变工件内部的显微组织，或改变工件表面的化学成分，赋予或改善工件的使用性能。其特点是改善工件的内在质量，而这一般不是肉眼所能看到的，所以，它是机械制造中的特殊工艺过程，也是质量管理的重要环节。

② 使用性能

a. 力学性能　金属在一定温度条件下承受外力（载荷）作用时，抵抗变形和断裂的能力称为金属材料的力学性能（也称为机械性能）。金属材料承受的载荷有多种形式，它可以是静态载荷，也可以是动态载荷，包括单独或同时承受的拉伸应力、压应力、弯曲应力、剪切应力、扭转应力，以及摩擦、振动、冲击等。衡量金属材料力学性能的指标主要有以下几项：

（a）强度　强度是指金属材料在静载荷作用下抵抗破坏（过量塑性变形或断裂）的性能。由于载荷的作用方式有拉伸、压缩、弯曲、剪切等形式，所以强度也分为抗拉强度、抗压强度、抗弯强度、抗剪强度等。各种强度间常有一定的联系，使用中一般以抗拉强度作为最基本的强度指标。

（b）塑性　塑性是指金属材料在载荷作用下，产生塑性变形（永久变形）而不被破坏的能力。

（c）硬度　硬度是衡量金属材料软硬程度的指标。目前生产中测定硬度的方法最常用的是压入硬度法，它是用一定几何形状的压头在一定载荷下压入被测试的金属材料表面，根据被压入程度来测定其硬度值。常用的表示方法有布氏硬度（HB）、洛氏硬度（HRA、HRB、HRC）和维氏硬度（HV）等。

（d）疲劳　前面所讨论的强度、塑性、硬度都是金属在静载荷作用下的力学性能指标。实际上，许多机器零件都是在循环载荷下工作的，在这种条件下零件会产生疲劳。

（e）冲击韧性　以很大速度作用于机件上的载荷称为冲击载荷，金属在冲击载荷作用下抵抗破坏的能力叫作冲击韧性。

b. 物理性能

（a）密度

$$\rho = m/V$$

式中，ρ 为密度，g/cm^3 或 t/m^3；m 为质量；V 为体积。在实际应用中，除了根据密度计算金属零件的质量外，很重要的一点是考虑金属的比强度（强度 σ_b 与密度 ρ 之比）来帮助选材，以及与无损检测相关的声学检测中的声阻抗（密度 ρ 与声速 C 的乘积）和射线检测中密度不同的物质对射线能量有不同的吸收能力等。

（b）熔点　金属由固态转变成液态时的温度，对金属材料的熔炼、热加工有直接影响，并与材料的高温性能有很大关系。

（c）热膨胀性　随着温度变化，材料的体积也发生变化（膨胀或收缩）的现象称为热膨胀，多用线膨胀系数衡量，亦即温度变化1℃时，材料长度的增减量与其0℃时的长度之比。热膨胀性与材料的比热容有关。

（d）磁性　能吸引磁性物体的性质即为磁性，它反映在磁导率、磁滞损耗、剩余磁感应强度、矫顽磁力等参数上，从而可以把金属材料分成顺磁材料与逆磁材料、软磁材料与硬磁材料。

（e）电学性能　主要考虑其电导率，在电磁无损检测中对其电阻率和涡流损耗等都有影响。

c. 化学性能　金属与其他物质发生化学反应的特性称为金属的化学性能。在实际应用中主要考虑金属的抗蚀性、抗氧化性（又称氧化抗力，这时特指金属在高温时对氧化作用的抵抗能力或者说稳定性），以及不同金属之间、金属与非金属之间形成的化合物对力学性能的影响等。在有色金属的化学性能中，特别是抗蚀性对有色金属的腐蚀疲劳损伤有着重大的意义。

（2）有色金属化合物

有色金属化合物的重要性尚未得到广泛认可，但有色金属化合物已被应用于很多行业，对于无数产品的日常生产至关重要。例如，对汽车和电子产品等，有色金属化合物在生产过程中会被转换为金属或其他物质或融入产品之中。有色金属化合物也被广泛用于对金属进行电镀以及对其他基材（例如塑料）进行涂覆，可以形成耐腐蚀性和耐磨性的独特组合，电镀或表面处理涂覆一薄层金属或合金，是为了改变材料的物理特性（例如电导率）或提高耐用性。电镀还用于装饰，例如，浴室水龙头不仅需要耐腐蚀和耐磨，还需要明亮、有光泽的外观。电镀对于汽车工业而言格外重要。塑料和铝材上的电镀保证了美观和耐用性这些关键优势。锌-镍电镀对于腐蚀防护特别有效，例如，防止盐雾腐蚀。因此，其在汽车螺栓、紧固件和零部件方面的需求很高。同样，化学镀是一种重要的磨损防护工艺，其应用领域包括液压系统、各种发动机零件中的转轴、驻车制动器和自动变速箱。航天工业对安全性和可靠性的技术要求最高，该行业针对所有材料和镀层采用严格的标准，并针对飞行器零件采用严格的维护程序，而这些材料、镀层和零件需要在使用前进行详细评价和测试。

颜料、烧料和釉料中的金属化合物可以让玻璃和釉料具备某些特性和颜色，用于装饰和保护成品表面，例如餐具、地砖、墙砖、艺术陶瓷制品和搪瓷钢件。

如今，我们几乎在所有方面都依赖着电子产品。电子产品中采用的相关材料必须符合严格的技术要求，例如接头、触点、微处理器和集成电路，有助于保证功能性和可靠性。催化剂在化工生产中不可或缺，因为它们能使反应在较低温度和压力下更快发生，从而节省了能量并提高了效率。工业催化剂往往是金属或金属化合物，可通过固有性质催化特定的化学反应。燃料、化肥和精细化学品的生产都需要通过催化剂来催化特定的工艺步骤。催化剂是为特定工艺设计的。例如，镍催化剂发挥重要作用的一个核心工艺是"蒸汽重整"，这是工业上的主要制氢工艺。

几种镍化合物（氢氧化亚镍、硝酸亚镍、硫酸镍和锂镍复合氧化物）和金属镍可用于各类可充电电池的生产，包括镍-镉（Ni-Cd）、镍金属氢化物（NiMH）和大部分锂离子电池。

上述这些电池寿命终结时应对其进行回收。这个过程中提取的有色金属化合物作为二次原料再次用于生产新电池或其他工业品。随着对更轻盈、更持久设备需求的不断增长，灵活的电池基动力解决方案将在未来发挥日益重要的作用。未来，有色金属化合物仍将在电池技术中发挥关键作用。

1.1.2.2　重有色金属及其深加工产品的性能和用途

（1）铜

铜（Cu）是人类最早发现和使用的金属之一，原子量为 63.54，密度为 $8.89g/cm^3$，熔点为 1083℃，沸点为 2562℃，莫氏硬度为 3。紫铜即工业纯铜，呈紫红色。黄铜、白铜、青铜等都是铜基合金。铜的主要性能如下。

铜导电性能好。在各种金属中铜的导电性能居第二位，仅次于银，电导率为银的 91.3%。导热性能好，铜的导热性能在金属中仅次于银和金，居第三位，热导率为银的 73%。纯铜很软，可塑性好，易于加工成型。工业纯铜可拉成直径为 0.005～0.001mm 的细丝，也可轧成厚度为 0.005～0.001mm 的铜箔。但微量的杂质（特别是 As 和 Sb）会降低铜的导电性，增加其硬度。

铜的耐蚀性较强。不溶于盐酸和稀硫酸，溶于硝酸、王水和热浓硫酸。在常温下不与干燥的空气反应，在含有二氧化碳的潮湿空气中容易生成有毒的铜绿 $[Cu_2(OH)_2CO_3]$。

铜易与其他金属组成合金，其合金具有许多优良的特性，使铜的用途更为广泛。以锌为主要添加元素的铜基合金称黄铜；以镍为主要添加元素的铜基合金称白铜；黄铜、白铜以外的铜基合金统称青铜，其中以锡为主要添加元素的铜基合金称锡青铜。锡青铜的特点是具有高的耐磨性、力学性能、铸造性能以及良好的耐蚀性，是最常用的有色合金之一，也是我国历史上使用最早的一种有色合金。按用途，锡青铜可以分为变形（压力加工）用、铸造用和轴承用三类。铜与镍的合金特别是蒙乃尔合金（含铜 33%、镍 67%）具有优秀的抗蚀性和耐热性。

铜及其合金的消费量仅次于钢铁和铝。由于铜具有许多优良的性能，故在用途方面决定了它不可能被其他金属或塑料等全部取代。铝是最有能力的竞争者，但铝的电导率仅为铜的 60%，而且目前每吨铝的能耗为铜的 5 倍。

（2）锌

锌（Zn）是一种略带蓝色的银白色金属。它的原子序数是 30，原子量为 65.37。在常温状态下固体锌的密度是 $7.13g/cm^3$。在各种锌化合物中，锌的化合价均为二价。锌有 6 种放射性同位素，即 ^{62}Zn、^{63}Zn、^{65}Zn、^{69}Zn、^{72}Zn 和 ^{73}Zn。

锌的熔点是 419.4℃，沸点是 906℃，具有强烈的挥发性。锌的火法冶炼就是利用它的沸点低、挥发性强的特性。六方晶系的铸造锌性脆，但加热到 120℃左右，它就变得易于压延，适于轧制、拉拔等加工工艺，加热到 200℃时会失去延展性，变得硬而脆，可研磨成细粉。锌抗腐蚀性好，在室温下与干燥、不含二氧化碳（CO_2）的空气或干燥的氧气都不发生任何反应；但与潮湿空气接触，在有二氧化碳（CO_2）存在的条件下，锌的表面被氧化，生成一层灰白色的、致密的碱性碳酸锌 $[ZnCO_3 \cdot 3Zn(OH)_2]$，这一层物质覆盖在表面，保护内部的锌不至于进一步被氧化。利用此性质，锌被用于电镀材料。商品锌极易与硫酸、盐酸作用，生成盐和氢气。锌也能溶于碱，但溶解速度较慢。锌在电化序中位于比较活泼的位置，能将许多重金属从溶液中置换出来。锌能和许多金属形成合金，其中最常见的是铜-锌合金。

锌基合金在工业上也得到了广泛应用。其主要用途是压铸零件，制造轴承合金和压力加工制品。根据其用途锌基合金可分为压铸用锌合金、锌基耐磨合金和压力加工用锌合金三类；而按其合金的系统可分为锌-铅合金、锌-铜合金和锌-铝-铜合金三类。锌基合金的优点之一是熔点低，流动性好，容易充满铸模，并有较高的力学性能，故在汽车制造及电机工业等方面广泛采用锌合金压铸零件。此外，锌合金的耐磨性也很好，常应用于不太重要的轴承制造上，作为价格较贵的铅青铜和低锡巴氏合金的代用品。锌合金在 200～300℃时可进行压力加工，由于它在变形状态下的力学性能接近于黄铜的性能，因此在机械工业中常用于黄铜的代用品。锌合金的主要缺点是抗蠕变强度小和耐蚀性低，而且在高温下很软，容易流动，因此锌合金不能承受高载荷，不能接触酸、碱、沸水及蒸汽。

世界上锌的总消耗量在金属中排第五位，仅次于钢、铝、铜、锰。

（3）铅

铅（Pb）是一种蓝灰色金属，在重金属中，它是最软的，能碾成薄片，用手指甲便可划出条痕。其原子量是 207.21，密度是 $11.34g/cm^3$。

铅的熔点低（327.4℃），沸点为 1525℃。它在 500～550℃ 时便显著挥发，且具有毒性，因此，在生产过程中要特别注意防止铅中毒。铅的耐腐蚀性好，不溶于稀硫酸和浓硝酸，而溶于稀硝酸或浓热硫酸中，在热的浓盐酸中铅溶解缓慢。冷的盐酸和硫酸仅仅作用于铅的表面，形成几乎不溶解的二氯化铅（$PbCl_2$）和硫酸铅（$PbSO_4$）膜，这种膜保护着内层的铅不再受侵蚀。铅抗碱、氨、氢氟酸及有机酸的能力强。

（4）镍

镍（Ni）是 20 世纪初才得到迅速发展的金属。纯镍呈银白色，原子量为 58.71，密度是 $8.9g/cm^3$，属于元素周期表第四周期Ⅷ族，具有磁性。

镍高温性能好，在化学性质上是中等活泼性的金属，一般情况下与氧、硫、氯等非金属几乎不起作用，加热到 700～800℃ 很少氧化，但高温下与硫、氯发生激烈反应。耐腐蚀性能强，碱类一般对镍不起作用，在碱液中比铁稳定。有机酸、硫酸、盐酸、稀硝酸对镍的作用甚微，但镍在浓硝酸中易溶解。

镍具有一定的机械强度和良好的塑性，加工性能好，可压成 0.02mm 以下的薄片。镍能与许多金属组成合金，是高温合金、不锈钢和合金结构钢的主要合金元素；同时，镍也是良好的磁性合金材料。镍俘获热中子的性能好。

镍具有许多优良的特性，成为制取各种高温合金、耐热材料及不锈钢等的最重要的金属之一。镍和镍合金广泛用于现代工业各部门。镍的消费去向大体是：不锈钢占 43%，合金钢占 10%，镍合金占 20%，电镀占 12%，合金铸件占 15%。

含镍不锈钢和其他镍合金是海洋开发、能源利用、高能加速器等不可缺少的材料。制造军舰及化工设备的耐蚀部件也大量使用镍和镍合金。

镍和镍合金广泛用于电子工业、精密合金和电镀工业中，如用作电池材料和用于制作电子管、雷达、仪表等设备的元件。镍还用于制造坩埚、抗蚀管线、精密工具、医疗器械和仪器等。金属镍也用在镀镍，制造镍丝、镍带等方面。

（5）锡

锡（Sn）是人类最早发现的金属之一，纯锡呈银白而略带蓝色，原子序数为 50，原子量为 118.71，密度为 $7.3g/cm^3$。古代人类就已发现锡有许多其他金属所没有的宝贵特性，而且很快就知道锡易与铜熔合成青铜。青铜制品在历史上曾一度被视为古代文化技术发展的标志——青铜时代。

锡有三种同素异形体：白锡（β-锡）、灰锡（α-锡）和脆锡。锡随温度变化而发生晶形转变，常见的白锡在 13.2～161℃ 内是稳定的，其质软且富延展性，加热至 161℃ 以上即转变为脆锡而易粉碎。当温度低于 -50℃ 时，锡迅速变成一种灰色粉状物——灰锡而完全毁坏，这种现象称为"锡疫"。锡具有较好的耐蚀性，金属锡及其简单无机盐类是无毒的。但锡的一些有机化合物是有毒的。

锡的熔点低（232℃），沸点高（2260℃），延展性大，可以压延成 0.04mm 以下的锡箔。锡在常温下不受空气影响，几乎不与稀硫酸起作用，也不易溶于稀盐酸之中，但溶于稀硝酸和热碱液中。锡能与许多种金属组成合金，并能改进合金的抗蚀性和力学性能，最主要的合金是青铜和耐磨合金。

锡的化合物也有广泛用途，用于制造珐琅、宝石、玻璃和作为还原剂等。高纯锡广泛用于半导体工业中和制取超导合金，如铌-锡超导合金等。锡-铅合金电镀板（60%锡）有极好的耐蚀性和焊接性能，可应用于印刷电路、电子元件和电镀。锡-锌合金电镀层（75%锡）广泛用于无线电设备、电视和电子仪器。锡-锆合金和锡-钛合金有专门用途，它们可用于原子反应堆和人造卫星上。

（6）其他重有色金属

① 钴　钴（Co）是一种银白色而有金属光泽的硬质金属，原子量为 58.93，密度为 8.9g/cm³。钴高温性能好，其熔点为 1495℃，沸点为 2870℃，耐蚀性能好，是中等活泼性金属。在常温下，水、湿空气、碱及有机酸均对钴不起作用。钴在浓硝酸中反应激烈，在稀硝酸和硫酸中反应缓慢，在稀盐酸中比铁更难溶解。只在加热时，钴才与氧、硫、氯和溴发生反应。

钴为强磁性金属，它与铁、镍、稀土金属等的合金具有特别优良的磁性。钴能与许多金属组成合金，如高速切削钢（2.5%～10%Co）和硬质合金（6%～15%Co）等。这类合金在100℃左右，能保持较好的硬度及切削能力，特别是钴基高温合金具有优良的耐热性能。金属钴几乎都用于制造合金，如高温合金、耐腐蚀合金、硬质合金、磁性合金、焊接合金和其他各种含钴合金。

② 镉　镉（Cd）是一种银白色金属，原子序数为 48，原子量为 112.4，密度为 8.65g/cm³，熔点、沸点均低（熔点320℃，沸点765℃），比锌更易挥发。在火法炼锌过程中，镉大部分进入烟尘、烟气中。镉是一种软金属，莫氏硬度为 2，富有延展性，可以锻压成薄片，拉拔成丝。镉抗腐蚀性强，与锌相类似，在潮湿和含二氧化碳的空气中表面会被氧化，表面的氧化膜致密，可以防止内部继续被氧化，特别是在碱性气氛和溶液中不被腐蚀。镉能溶于所有无机酸，但在硝酸中的溶解速度远大于在硫酸和盐酸中的溶解速度。因此，分解金属镉时，一般都用硝酸或硝酸-盐酸混合酸作为溶剂。镉的还原性比锌弱得多，在中性溶液中镉盐可以被金属锌还原。镉在空气中加热时被氧化成 CdO，而 CdO 比 ZnO 容易被还原，故在蒸馏时镉比锌先挥发出来。

镉能与许多金属组成各种合金，含镉合金的力学性能比较好。镉的热中子吸收截面较大。镉对人体和其他生物体有毒害，在环保分析中镉含量的测定是非常重要的。

③ 铋　铋（Bi）属元素周期表ⅤB族，为本族中最具有金属性质的元素。铋呈银白色而略带玫瑰红色。早在 15 世纪初人们就知道有铋，但直到 18 世纪中期才制取金属铋。

铋的原子量为 208.98，熔点低（272℃），易于制成低熔点合金。铋的密度随温度增高而增加，但达到熔点后，其密度随温度的增加反而降低。如 20℃时，其密度为 9.84g/cm³；271℃时，密度为 10.27g/cm³；600℃时，密度降至 9.43g/cm³。这种凝固时体积反而膨胀的性质是铋独有的。

在室温下，铋不与水和空气反应，加热至接近熔点时，表面覆盖有灰黑色氧化物，在更高温度下，形成黄色或绿色氧化物。铋与卤族元素直接化合成化合物。铋溶于硝酸和浓硫酸，不溶于稀硫酸和稀盐酸。

铋常作为合金添加剂，少量铋加到有色金属合金和合金钢中，能够大大改善其化学性质和力学性能。最常用的是铋与铅、锡、锑、铟等金属组成的合金，用于制作低熔点合金、焊锡；铋广泛用于仪器仪表上；铋还是超导材料的主要成分，超高纯铋用于原子能工业；铋化合物大量用于化工、医药方面。

④ 锑　锑（Sb）为元素周期表ⅤA族元素，原子序数是 51，原子量是 121.75，密度是 6.62g/cm³。锑为有光泽的银白色重金属，在地壳中的含量仅有百万分之五，古代的青铜多含有锑。

锑具有多种同素异形体：黑锑、黄锑和爆锑等。质坚而脆，无延展性，易碎为粉末。有较好的化学稳定性，常温下在空气中不被氧化，不溶于水、盐酸和碱溶液，溶于王水、浓硫酸以及硝酸和酒石酸（或柠檬酸）的混合液。

　　锑及其化合物的用途日趋广泛，不仅用于各工业部门，而且在军事上也有重要用途。金属锑主要用于制造合金及半导体材料，在橡胶、染料、搪瓷等工业中也有广泛应用，还用于电缆护套、焊料、装饰用铸件等。锑作为添加剂加入锡铅焊料中，所起到的作用是使焊接强度增加。合金中锑的主要功用是提高合金的硬度，并使其在常温下不被氧化。

　　⑤ 汞　汞（Hg），又名水银，是一种银白色金属，在常温下是液体。汞的原子量是200.61，密度是 $13.6\sim14.6g/cm^3$。汞的熔点低（-38.87℃），在常温下是唯一的液体金属。沸点是356.6℃，在常温下易挥发，其蒸气有毒。密度大，在0℃时为 $13.595g/cm^3$。汞受热时迅速膨胀，因此，人们曾用汞制作温度计。汞的电导率低，仅为铜的电导率的1.68%。汞易与硫生成硫化汞（HgS），与氯生成氯化汞（$HgCl_2$）和氯化亚汞（Hg_2Cl_2），这些化合物均有毒。硫化汞在高温下被氧化，直接产生汞和二氧化硫气体，这是火法炼汞的基本原理。汞不溶于冷的稀硫酸和盐酸但溶于硝酸，特别易溶于王水。各种碱溶液一般不与汞发生作用。汞能与许多其他金属生成合金，形成汞齐。人们利用汞的这种特性提取某些金属。

　　汞的用途很广，主要用于生产苛性碱、氯气、电气装备、工业控制仪表、涂料等。

1.1.2.3　轻有色金属的性能和用途

（1）铝

　　铝（Al）是一种银白色的轻金属，其产量之大、应用之广仅次于（钢）铁。铝在地壳中的含量为8.8%，仅次于氧和硅，在金属元素中居首位。但是，铝的化学性质活泼，所以在自然界中找不到铝的单体形态。

　　铝的密度小，仅为水的2.7倍。铝的比强度高，某些高强度铝合金的机械强度超过了结构钢。而且，铝在低温环境中仍具有较好的力学性能。铝的抗蚀性能好。它在空气中能迅速与氧化合，生成一层像金刚石一样坚硬的氧化铝薄膜，其厚度约为 $2\times10^{-6}cm$。这层薄膜能阻止铝被继续氧化，而且能抵抗若干化学试剂的侵蚀。铝的延展性能好，可以轧成薄板和箔，拉成细丝和挤压成各种复杂形状的型材。铝的导电性能良好，仅次于银、金和铜。假定铜的电导率为100的话，铝则为62，而铁只有16。但铝的密度仅为铜的1/3，铝的导热性能很好，几乎比铁的热导率大三倍。铝的反光性能很强，反射紫外线的能力比银还强。铝的纯度越高，其反射性能越好。铝的热中子吸收截面较小，仅次于铍和锆。铝没有磁性，不会受磁的影响。铝没有毒性，不会污染食品。铝在碰击时不产生火花。

　　根据成型方法的不同，铝合金通常分为变形铝合金和铸造铝合金两大类。变形铝合金是指经过轧制、挤压等工序制成板材、棒材、管材等各种型材使用的铝合金。加入变形铝合金中的合金元素基本上可分为两类：一类是固溶度较大且固溶度随温度变化也大的元素，可用固溶处理后时效产生较大的沉淀强化效果，如Cu、Mg、Zn等；另一类主要是过渡元素，如Cr、Ti、Zr、Mn、Fe、Mn、V等，因固溶度小，可与铝形成金属间化合物。弥散质点在传统变形铝合金中主要起控制晶粒长大的作用，这类合金元素在新型铝合金的发展中起着重要作用。

　　由于铝具有上述多种优良的性能，所以它在国民经济各部门和国防工业中得到了广泛应用。铝的主要应用形态是合金，而不是纯金属，这是因为将铝制成铝合金之后，可以明显地改善其性能，如提高强度、硬度和耐腐蚀性等，从而获得更加广泛的应用。铝主要应用于运输、建筑、包装和电气等行业。

（2）钛

　　钛（Ti）元素发现于1791年，化学活性很强，直到1910年才用钠还原四氯化钛制得金属钛，1940年用镁还原四氯化钛制得纯钛，1947年后采用镁还原法才实现工业化生产。由于钛的生产和应用比较晚，所以它被划入稀有金属类，实际上钛并不稀少，钛资源非常丰富。钛在地壳中的含量为 0.61%，在各元素于地壳中的分布丰度上占第十位，比常见的铜、铅、锌的总和还要多十几倍。近年来由于钛的大规模生产和广泛应用，它已被列为轻金属类。

金属钛的外观似钢，有银灰色的光泽，其粉末呈深灰色。钛具有优异的性能：重量轻，密度为 $4.54g/cm^3$，约是钢的 60%、铜的 50%、铝的 1.8 倍。钛的强度高，一般工业纯钛的拉伸强度为 $27\sim63kgf/mm^2$（$1kgf/mm^2=9.8MPa$），一般钛合金的拉伸强度为 $70\sim120kgf/mm^2$。虽然一些钢的强度高于钛合金，但钛合金的比强度比钢大得多。

钛的刚度高，钛和钛合金的刚度是钢的 55%，比铝和铝合金的刚度高得多。工业纯钛的拉伸弹性模量为 $10500\sim10900kgf/mm^2$，多数钛合金在退火状态下的拉伸弹性模量为 $11000\sim12000kgf/mm^2$。钛和钛合金的高温性能好，在高温下仍具有良好的强度和韧性。铝在 150℃、不锈钢在 310℃时，即失去了原有的性能，而某些钛合金能在 $450\sim480$℃下长时间使用。

钛合金的低温性能好，在低温下大部分材料因失去韧性而不能使用，而一些退火状态下的钛合金在 -195℃时仍能保持良好的延展性和断裂韧性。钛合金 Ti-5Al-2.5Sn 能在 -253℃时正常使用。

钛的导电性能较差，近似于不锈钢，仅为铜电导率的 3.1%。但钛具有超导性，在接近 -273℃时，钛的电阻接近零。

钛的加工性较差，钛的硬度是随着杂质含量的增加而升高的。工业纯钛的硬度为 $200\sim220$（布氏硬度），高纯钛的硬度一般小于 120（布氏硬度）。钛的纯度越高，加工越容易。

钛的耐腐蚀性强，这是由于钛对氧的亲和力特别大，能与周围的氧结合，生成一层薄而坚固致密的氧化膜，使钛不受介质腐蚀，因而具有优异的耐腐蚀性能。钛能耐大多数酸、碱、盐的侵蚀。钛还能耐大气腐蚀，钛表面的氧化膜可防止氧向内部扩散，有保护作用，在 500℃以下的空气中稳定。钛对大多数气体，包括湿的氯气、二氧化硫、硫化氢等，有耐蚀性。钛在工业和海洋环境的大气中，腐蚀速率约为 $2.03\times10^{-5}mm/a$。

由于钛具有上述优越性能，所以钛的用量越来越大，应用范围越来越广。1950～1970 年，钛主要用于航空工业，所以被称为"空中的金属"。20 世纪 70 年代钛的应用迅速增加，钛在化工、石油、轻工、冶金、电力、环保、医疗卫生等行业的作用引起了人们的重视，因此称钛为"地上的金属"。进入 20 世纪 80 年代至今，人们看到钛在各种船舶、军舰、潜艇上得到大量使用，所以说钛是"海上的金属"。此外，钛材还用于特殊功能性（如记忆、超导及吸氢等）材料。

（3）镁

镁（Mg）的资源十分丰富，它在地壳中的含量为 2.5%，在海水中的含量为 0.13%；而且，均以化合物的形式存在。

镁很轻，密度仅为 $1.74g/cm^3$，比铝和钛还轻。镁对氧的亲和力很大，是一种强还原剂，能将许多金属从其化合物中置换出来。在空气中，固体镁不燃烧，而镁屑和镁粉则易燃烧，并且放出耀眼的火光；熔融状态的镁也容易燃烧。镁在沸水中可把氢置换出来。镁在 670℃能与氮迅速反应；在 300℃能与氢发生反应。总之，镁的化学性质很活泼。镁的蒸气压相当高，接近熔点（627℃）时，其蒸气压为 1.62mmHg（$1mmHg=133.322Pa$），而钨在熔点（3377℃）时蒸气压只有 0.08mmHg。热法炼镁及真空蒸馏精炼法，就是利用镁的这一特性进行生产的。纯镁柔软可锻。

工业纯镁的纯度为 99.9%，纯度为 99.99% 以上的镁称为高纯镁。镁产品有镁粉和镁条等。金属镁可用于炼钢脱氧剂及钛和其他稀有金属的还原剂，在化学工业上用镁粉作为各种有机物（如乙醇、苯胺等）的脱水剂，用氧化镁作为稀硝酸的脱水剂以制备浓硝酸，利用镁的有机化合物合成复杂的有机物。镁粉用机械法或喷雾法生产，镁条用机械法生产。

金属镁的主要用途是制造镁合金。镁能与许多金属（如铝、锰、锌等）形成力学性能比纯镁更好的合金。因此，镁主要用于铝合金制造、钢铁生产、汽车制造与航空工业等。镁合金是现代有色金属结构材料中最轻的一种。它具有较高的抗冲击能力，是制造零件的良好材料。镁合金对有机物和碱有较高的耐蚀性，对酸或其他介质的耐蚀性较低，因此，应将镁合金零件进行氧化处理或涂漆保护。镁合金切削加工性能良好，但进刀量应大些，否则细切削很易氧化燃烧。

镁合金可分为铸造用镁合金和压力加工用镁合金两类。镁合金的一个重要性能是密度小。虽然镁合金的强度不如铝合金，但由于它的密度小，因此同样重量的镁合金结构就比铝合金要坚固得多。镁合金的另一个重要性能是能承受冲击，这是因为镁合金的弹性系数很小。由于镁合金具有这样的特性，所以它在现代工业中有极为广泛的用途。

1.1.2.4　贵金属的性能和用途

（1）银

银（Ag）是贵金属之一，具有银白色的金属光泽，原子量为 107.87，密度为 10.49g/cm³。银在地壳中的含量很少，约为千万分之一（即 0.1g/t），并且很分散，开采和提取都很困难，因此价格昂贵。

银的耐蚀性能好，其化学性质稳定，一般不溶于盐酸，但能很好地溶于硝酸及沸腾的浓硫酸。银具有优良的导电、导热性能。银的电导率和热导率比其他所有金属都高，比电阻为 $1.59\mu\Omega\cdot cm$。银具有良好的可塑性，银的延展性好，1g 银可拉成 1800m 长的细丝，可轧成厚度为十万分之一毫米的银箔。

银的沸点为 2212℃，熔点为 961.9℃。因此，在冶炼过程中银不易挥发而存留于渣中。银不仅能与金组成合金，还能与铂族金属及铅、铋、铜等其他金属组成合金或金属化合物。银的卤化物（即银与氟、氯、溴、碘的化合物）具有优良的感光性能，是重要的感光剂。银对可见光谱有很高的反射率。银具有吸气性能，浇铸时常出现银锭超轻、超重等现象。

白银是现代工业、国防建设的重要原料之一。长期以来，银被用于货币、首饰、假牙及其他装饰品的制作材料。

随着科学技术的发展，银在工业上特别是原子能工业上的应用越来越广泛，并已成为电子工业、航空工业、仪表工业和尖端技术不可缺少的材料。

（2）金

金（Au）是柔软、深黄色金属，具有耀眼的金属光泽，致密，密度为 19.26g/cm³，原子量为 196.97。金是惰性元素，抗蚀性好，即使在高温下也不会被氧化，金不溶于一般无机酸（盐酸、硝酸和硫酸等），但能溶于王水。

金能与很多金属组成带有各种颜色的合金和化合物。金为面心立方体结构，加工性能好，1g 金可拉成 2000m 的细丝，可加工成 0.00001mm 厚的金箔。金具有优良的导电、导热性能，金的电阻率为 $2.35\mu\Omega\cdot cm$，热导率为 0.743cal/(cm·s·℃)，仅次于银。金对红外线的反射性很强，其反射率为 98.44%。金的熔点为 1063℃，沸点为 2970℃，因此，在冶金过程中不易挥发。

长期以来，金用于货币和首饰，作为财富储藏和保值的手段。随着科学技术的发展，金在其他部门的用途越来越广泛。

（3）铂族金属

铂族金属是指铂（Pt）、钯（Pd）、铑（Rh）、钌（Ru）、铱（Ir）、锇（Os）六种元素。

这六种元素的性质十分相似，在自然界中，它们共生在一起。其中，铂的产量最大，用途最广。

铂、钯、钌、铑是银白色金属，锇是蓝灰色金属，铱是银灰色金属。它们都属于难熔金属。铂熔点在 1550～3000℃ 之间，沸点在 3980～5500℃ 之间。钌、铑、钯的密度为 12.16～12.41g/cm³，锇、铱、铂的密度为 21.4～22.8g/cm³。

铂族金属的化学性质稳定，它们对许多种酸、化学药品及各种熔融物料都有很好的耐蚀性，在空气和潮湿环境下均稳定，加热到高温时也不易起变化，仅锇会生成挥发性氧化物而引起损失。

铂和铑都具有稳定的电阻、低的电阻温度系数及良好的热电性能。铂和钯具有良好的可塑性，能锻造、压延、拉丝，其余四种金属硬而脆，难以加工。铂族金属具有良好的催化作用。

铂族金属在国民经济各部门中的用途很广，在化学工业、石油工业、电子工业、玻璃工业、仪表工业及其他行业中均有着广泛应用。

1.1.2.5 半金属和稀有金属的性能和用途

(1) 半金属

① 硅 硅 (Si) 是分布最广的元素之一，它占地壳总重量的 28%，多以硅酸盐和二氧化硅形式存在于自然界。硅属于半金属，带灰色金属光泽。密度为 2.33g/cm³，硬度较大，性脆。在常温下不溶于酸，易溶于碱。在高温熔融状态下具有较大的化学活泼性，几乎与各种元素起作用。熔点为 1420℃，沸点为 2840℃。硅单晶的本征电阻率为 230000Ω·cm。根据硅的纯度和用途，硅（单质硅）分为工业硅和半导体材料硅两大类。纯度为 95%～99% 的工业硅在冶金工业中作为添加剂和还原剂。高纯半导体单晶硅制作的电子元件具有体积小、重量轻、可靠性好、寿命长等优点。因此，半导体硅已成为大多数半导体装置和几乎所有集成电路的基本材料。

② 硒 硒 (Se) 属于半金属，也是一种稀散元素。固态硒分为无定形硒和晶体硒两种，无定形硒又分红色粉状、玻璃状和胶体状三种；晶体硒有单斜晶体和六方晶体之分，其中以灰色六方晶体最为稳定。硒密度较小，为 4.81g/cm³。无定形硒粉呈红色，软化点为 40～50℃。单斜晶体硒呈深红色，六方晶体硒呈暗灰色，熔点为 217℃。硒的热导率小。硒的电导率随光照强度的变化而变化，有光照时的电导率为黑暗时的 1000 倍。硒能被硝酸氧化，也能溶于浓碱液。室温下硒不与氧起反应，加热时会燃烧生成氧化硒。硒及其化合物都是剧毒物质。

硒在电子工业中用于制作硒整流器、光敏元件、静电复印机干板、光电池、太阳能电池等；在玻璃陶瓷工业中作为着色剂、脱色剂和彩釉；在化学工业中作为颜料、橡胶添加剂、润滑剂、催化剂等；在冶金工业中作为添加剂，能提高碳素钢和不锈钢的切削性能；还可以作为医药和动物营养药。

③ 碲 碲 (Te) 是一种稀散元素。碲以晶体、无定形态两种形式存在。晶体碲呈银白色，纯碲晶体具有金属光泽。晶体碲的密度为 6.24g/cm³，无定形碲的密度为 6.00g/cm³。碲的熔点为 449.5℃，沸点为 1390℃。碲质脆，易研磨。碲在室温下不与空气作用，加热时会燃烧，生成二氧化碲；加热时能和氢气反应生成无色的碲化氢气体。碲易与卤族元素反应，在常温下就能与氟、氯化合。碲不溶于盐酸，但是溶于硝酸、浓硫酸和热浓碱液中。碲及其化合物的毒性较硒小。

在冶金工业中碲作为钢铁、铜和铅等的合金添加剂，能改善切削性能和耐腐蚀性能等。在化学工业中碲主要作为橡胶强化剂、颜料和催化剂等。在电子工业中碲可用于制作太阳能电池、发光二极管、辐射探测仪、光电管和半导体材料等。碲还可以作为消毒剂、杀虫剂、杀菌剂等。

④ 砷 砷（As）又名砒，是一种带钢灰色的半金属。它具有灰色（α）、黑色（β）和黄色（γ）三种晶体，在室温下，最稳定的形态是灰色。砷的原子量为 74.92，密度为 5.778g/cm³，电阻率（0℃）为 26μΩ•cm，约为铅的一半。砷常压下不熔化。砷不溶于水，溶于硝酸和热硫酸中。砷在化合物中呈现三价、五价或负三价（如砷化氢）。砷在空气中加热至 200℃ 时，出现明显的磷光现象，温度更高（400℃）时，它燃烧带蓝色火焰，形成三氧化二砷，并放出持久的大蒜味。三氧化二砷蒸气在 175～250℃ 温度区冷凝时形成玻璃砷。砷可与大多数金属形成化合物，如 Zn_3As_2、$CoAs_2$ 等。

砷主要应用在农药、化工、电子、冶金和医药等行业。

（2）稀有金属

① 锂 锂（Li）是自然界中最轻的金属，外观呈银白色。在 20℃ 时，纯锂的密度为 0.534g/cm³，仅为铝密度的 1/5。锂的熔点（179℃）低，沸点（1340℃）高。因其熔点低，一般把它列为液态金属。锂的导热性和热容量都是液态金属中最大的。锂具有优良的加工性能，比铅还软，可用小刀切割，易于拉伸成丝，延伸率为 50%～70%，易加工压延成薄片。

锂有很强的化学反应能力。它能与水激烈反应放出氢；与湿空气相遇时，可与氧、氮迅速化合，表面生成氧化锂、氮化锂以及氢氧化锂的覆盖层，白中带黄，后变黑色，放置后又变白。所以，金属锂必须放在石蜡或汽油中保存。锂的热中子吸收截面积大。在镁、铝、铅等金属中添加锂可显著改善这些金属的性能。

锂在冶金工业、化学电源、玻璃和陶瓷工业、医药卫生领域及其他很多方面都有着广泛应用。

② 铍 铍（Be）的密度小，为 1.84g/cm³，是最轻的金属之一，密度略高于镁，是铝的 7/10、钢的 1/4、钛的 1/2。比强度大于铝、钛，并能在相当高的温度下保持其强度。熔点高，比铝、镁熔点约高一倍。熔化潜热大，在金属中最高。比热容也很大。热中子吸收截面小。

铍具有脆性，其力学性能在很大程度上取决于其纯度，甚至含极少量杂质时就会变脆，特别是含有氧时就更显著。只有纯度为 99.98%～99.99% 的铍才具有较好的塑性。将金属铍加热到 500～600℃ 也能增大塑性。在铍中加入少量的锆或钛，能改善铍的塑性。

铍是剧毒物质，吸入肺部会引起铍肺病，接触铍会引起皮肤病。铍毒的防护和铍病的治疗应予以特别重视。

铍主要用于航空工业、冶金工业及电子工业等。

③ 铷和铯 铷（Rb）和铯（Cs）属于稀有轻金属。在真空或惰性气氛中，铷和铯都呈银白色，其新鲜断面有金属光泽。铷和铯的最大特点是密度低、熔点低、电子逸出功低和正电性强。铷的密度为 1.53g/cm³，熔点为 39℃，沸点为 688℃，电子逸出功为 2.09eV。铯的密度为 1.87g/cm³，熔点为 28.5℃，沸点为 705℃，电子逸出功为 1.81eV。铷和铯质软，金属铷像蜡一样软，铯更软。

铷和铯的化学性质非常活泼，在氧气及空气中能自燃，因此，必须妥善保存，以防氧化变质。铷和铯与水作用特别剧烈，甚至在 -100℃ 时仍能快速反应，在室温下遇水立即燃烧，并引起爆炸。铷和铯与除氯以外的所有非金属元素都起反应，与液溴和磷、硫反应时能引起爆炸。

铷和铯的优异光电特性及其化学活泼性使它们有着独特的用途，其生产和应用展现出广阔的前景。

④ 钨 钨（W）是常用的难熔稀有金属，在金属中熔点最高，是元素周期表ⅥB族（铬族）元素，其原子序数为74，原子量为183.92，结晶类型为体心立方晶格。致密钨的外观似钢，钨粉呈暗灰色。

钨的熔点为3410℃，比其他元素（除碳外）都高，沸点为5900℃，密度为19.3g/cm³。钨的硬度比其他金属都高，只有在加热状态下才能进行锻打、拉丝和轧制等压力加工。钨的弹性高、热膨胀系数小，且在高温下的强度也大。常温下钨比较稳定，不受空气侵蚀，也不与水和水蒸气起作用；只有在高温下才与氧、一氧化碳、氢、水及碳水化合物起作用。钨的抗腐蚀性能好，不加热时，与任何浓度的氢氟酸、王水、硝酸、硫酸和盐酸均不起作用；加热时，与硝酸和王水反应激烈，与硫酸和盐酸有轻微反应，与氢氟酸不起作用。在浓磷酸中，由于生成十二钨磷酸 $\{H_3[P(W_3O_{10})_4]\}$ 而使钨溶解。在无氧气情况下，钨与碱性溶液（包括氨）不起作用，在通入空气或加热的情况下，稍微溶解于碱性溶液，加入氧化剂后与其作用激烈。钨能迅速溶解于硝酸和氢氟酸混合液中，过氧化氢、硫酸-硫酸铵等都是钼和钨的良好溶剂。

钨合金业迅速发展，是因为它在当代的各个技术领域里有着广泛用途。由于和玻璃的线膨胀系数接近，与玻璃封接有很好的气密性，使之成为可控硅元件中硅片的重要基体材料。硬质合金是消费钨量最大的部门，约占总钨消费量的70%。钨可以制备具有超硬性能的硬质合金，如在易损工件表面镀以碳化钨硬质合金，制备采掘设备、勘探钻头、轧辊，以及银-钨、银-碳化钨触头材料等。

⑤ 钼 钼（Mo）属于高熔点稀有金属，是元素周期表ⅥB族（铬族）元素。其原子序数为42，原子量为95.95，结晶类型为体心立方晶格。金属钼具有银灰色光泽，硬而坚韧。钼粉呈暗灰色。熔点高，为2620℃，沸点为4800℃，密度为10.2g/cm³，20℃时的热膨胀系数为 $5.3\times10^{-6}℃^{-1}$，仅为铜热膨胀系数的30%。导电和导热性能好。

钼的抗酸性能次于钨，在常温下几乎不被氢氟酸、盐酸、硫酸所侵蚀，但在稀硝酸、沸腾的盐酸、热王水、200～250℃的浓硫酸及氢氟酸和硝酸的混合物中能迅速被溶解。钼在空气中于400℃以下时稳定，超过650℃便迅速被氧化成具有挥发性的三氧化钼。钼对某些液态金属也具有良好的抗腐蚀性能，还可耐许多种类熔融玻璃及大部分黑色金属矿渣的腐蚀。

⑥ 钒 钒（V）是高熔点稀有金属，是元素周期表ⅤB族（钒族）元素。其原子序数为23，原子量为50.942，结晶类型为体心立方晶格。金属钒外观似钢，具有银灰色金属光泽。钒的熔点较高，为1900℃，沸点为3000℃。密度为6.11g/cm³，是ⅤB族中最轻的金属。

钒是冶金工业的重要原材料。在钢铁中，钒主要是以钒铁（多数与锰、铬、钨和钼等配合）的形式加入，主要起脱氧和脱氮作用；同时，可提高钢的强度、韧性、淬透性、回火稳定性等；同样钒也可作为有色金属合金的添加成分。此外，钒在石油化学工业、电子工业、农业等方面应用广泛。

⑦ 铼 铼（Re）是一种高熔点、高密度、高弹性模量的稀散金属，外观似钢，具有银白色光泽，其粉末呈黑色。铼的密度为21.04g/cm³，熔点高达3180℃。铼的可塑性好，可进行冷加工。其硬度大，机械强度高，在高温下仍保持足够的强度。铼的电阻率为 $2.1\times10^{-5}\Omega\cdot cm$。

铼具有良好的抗腐蚀性能，可抗海洋气雾中的盐分腐蚀，在室温下不和盐酸起反应，但易被硝酸所腐蚀。

铼是一种新兴的金属材料，主要用于在石油化工中作为催化剂。此外，钨-铼合金、钼-铼合金、镍-铼合金等高温合金可作为高温热电偶、加热元件、电触点等应用于电子行业。

⑧ 钽和铌 钽（Ta）和铌（Nb）均为常用难熔稀有金属，在元素周期表中都是ⅤB族（钒族）元素，原子序数分别为73和41，原子量分别为180.95和92.91，结晶类型都是体心

立方晶格。金属钽和铌外观似钢，具有银白色金属光泽，通常外表有蔚蓝色氧化膜，粉末呈深灰色。它们都是高熔点金属，钽的熔点为 $2996℃$，沸点为 $5425℃$；铌的熔点为 $2468℃$，沸点为 $4742℃$。钽和铌的密度分别为 $16.6g/cm^3$ 和 $8.57g/cm^3$；其线膨胀系数小，约为钢的 1/2、铜的 2/5，其导热和导电性能也好。它们的机械强度较好，易于加工，可轧制出 $6μm$ 的箔材。阳极氧化膜稳定，尤其是钽的阳极氧化膜是所有金属中最稳定的，其氧化膜介电常数比其他介电材料都高，约为铝的 2.7 倍。

目前 60% 的钽用于制作固体电解电容器，因钽与氧和氮的亲和力很大，可用于维持真空仪器和真空管高真空度的吸气剂，也用于制作阳极、栅极材料、集成电路零件、整流器等。钽可用于化工设备的修补材料，也可用于制作化学纤维用纺丝喷嘴等。钽在医学上，除用于制作外科骨折连接板、缝合针和线外，还可用于牙科材料。碳化钽用于硬质合金生产中，可显著改善车刀、切削工具材料的质量，并提高其性能。氧化钽添加于光学玻璃中，可增大其折射率。

铌的最大用途是作为钢铁添加成分，用于镍基、铁基和铂基高温合金的添加成分。在化学工业上铌可以用于制造各种化工设备。铌及其合金还是重要的超导材料。

⑨ 锆和铪 锆（Zr）和铪（Hf）是具有银白色光泽的高熔点稀有金属，它们的粉末呈灰黑色。密度相差大，锆的密度为 $6.49g/cm^3$，比铁轻；铪的密度为 $13.29g/cm^3$，比铅还重。熔点高，锆、铪的熔点分别为 $1845℃$ 和 $2227℃$。锆和铪的耐热性均好，在较高温度下仍能保持较好的力学性能。它们的耐蚀性优越，比钛好，接近于钽、铌，它们在各种浓度的盐酸、硝酸、浓度低于 50% 的硫酸、各种有机酸和各种碱溶液中都显示出优越的耐蚀性。

绝大部分（90% 以上）的锆、铪用于原子能工业，其余用于化工、电气及电子工业、冶金等方面。

⑩ 镓 镓（Ga）是一种银白色的稀散金属，在自然界中的分布极为分散，在地壳中的含量较少，约为百万分之十五。镓的熔点很低，仅为 $29.75℃$，放在手中即可熔化，而沸点却很高，达 $2403℃$。与大多数金属相反，镓在凝固时发生膨胀，液体密度较固体大。镓的化学性质与铝相似，能溶于硝酸、王水和碱溶液，并能与卤族元素直接化合。高温时，镓的腐蚀性能很强，$600℃$ 时能腐蚀不锈钢，$800℃$ 时能腐蚀钨和石墨，$1000℃$ 时能腐蚀刚玉。

镓可以与多种金属形成低熔点合金，如镓-铟合金，熔点为 $15.7℃$；镓-锡合金，熔点为 $15℃$。金属镓在低温时，具有良好的超导性。而镓的磷化物、砷化物等又是重要的半导体材料。镓很容易被氧化。

镓的主要用途在于制作半导体材料和测量仪器。其中，半导体材料用镓占镓总消费量的 90% 以上。

⑪ 铟 铟（In）属于稀散金属，具有银白色金属光泽。熔点低，为 $156.6℃$。弹性模量很低。电阻率为 $8.37Ω·cm$。质软，用指甲能刻痕。可塑性大，延展性好，可延展成薄片。铟金属液能很好地润湿玻璃表面，故适用于封接玻璃。在常温下不与空气起作用，但在红热状态下会燃烧，具有蓝色火焰，并生成三氧化二铟。能溶于无机酸。把它与卤族元素一起加热时，生成卤化物。在炽热状态下能与硫化合。块状铟不受沸水或强碱的侵蚀。海绵铟或铟粉与水接触时生成氢氧化铟。

铟能与许多元素生成合金，在某些金属中加入少量的铟，就能使基体金属表面硬化，使其强度和抗腐蚀性提高。

高纯铟的主要用途是作为电子工业和仪表工业的材料，铟的另一个重要用途是用来镀在大型内燃机的轴承上以提高轴承的使用寿命。

⑫ 铊 铊（Tl）也属于稀散金属，新鲜断面具有金属光泽，但在空气中会很快氧化成蓝灰色而变暗。铊的密度较大，为 $11.85g/cm^3$（$20℃$）。熔点低。质软，用指甲可刻痕。易溶于

硫酸和硝酸，在常温下就能和卤族元素起反应，易被空气氧化。铊和铅、锡、铟的合金具有超导性。铊及其化合物均有毒，使用和保管要谨慎。

⑬ 锗　锗（Ge）属于稀散金属，具有银白色的金属光泽，粉末呈深灰色。金属锗质硬且脆，密度为 $5.35g/cm^3$，熔点为 938℃。锗在室温下稳定，不受氧、盐酸、氢氟酸和碱溶液的腐蚀，只有在加热情况下才与卤族元素和碱作用。电阻率随温度变化，温度升高电阻率降低；反之，则升高。

锗单晶可用于制造晶体管、二极管，用在电子器件上。

⑭ 稀土金属　稀土金属包括元素周期表ⅢB族中原子序数从 57 到 71 的 15 种镧系元素以及在化学性质上与镧系元素相近的钪和钇，共十七种元素。它们是镧（La）、铈（Ce）、镨（Pr）、钕（Nd）、钷（Pm）、钐（Sm）、铕（Eu）、钆（Gd）、铽（Tb）、镝（Dy）、钬（Ho）、铒（Er）、铥（Tm）、镱（Yb）、镥（Lu）、钪（Sc）、钇（Y）。除钪和钷外，其余 15 种元素往往共生。

根据稀土金属的物理化学性质和地球化学性质的某些差异和分离工艺的要求，人们通常把它们分成两组：轻稀土族（也称铈组），从镧到铕 7 种元素；重稀土组（也称钇组），从钆到钇 10 种元素。

"稀土"是从 18 世纪沿用下来的名称，因为当时只能获得外观似碱土（氧化钙）的稀土氧化物，故取名"稀土"。其实稀土并不稀少，地壳中铈、钇等稀土元素的含量高于铜、铅、锌和锡等常用金属，即使含量较低的铥、镥、铽、铕和钬等也比铋、银和汞等多。稀土也不似土，都能制得典型的单一金属。

稀土金属化学性质活泼，活泼性仅次于碱金属和碱土金属。稀土金属易与氧、氢、硫等元素化合，但是不易生成碳化物，能和铝、镁、铜、铅、锌、镍、锡、银、金等许多金属形成合金。活泼性按钪、钇、镧次序递增，由镧至镥依次递减，即镧最活泼。稀土金属与潮湿空气接触，表面就被氧化而变色。

轻稀土金属的燃点很低，铈为 165℃，镨为 290℃，钕为 270℃。以铈为主的混合轻稀土金属在粗糙表面上摩擦时，其粉末就会自燃。稀土金属与水作用可放出氢气，与酸作用反应更激烈，但不与碱作用。

稀土金属及其合金具有吸收大量气体的非凡能力。稀土元素作为配合物的中心原子具有从 6 到 12 的各种配位数，使某些稀土配合物（如稀土分子筛）具有催化能力。稀土元素的电子能级多种多样，因此，稀土元素化合物可以产生荧光、激光和色彩。

稀土金属及其合金都具有顺磁性，其中钐、钆、镝具有铁磁性。纯稀土金属导电性强，但导电性随纯度降低而急剧下降，在超低温（-268.78℃）下具有超导性。

稀土金属一般来说质软可锻，但是随非金属杂质（如氧、硫、氮等）含量增加，其硬度增加，延展性降低。

通过对稀土元素及其化合物的性质和用途的大量研究，发现它们有许多独特性能，这为稀土元素的广泛应用开辟了道路。目前稀土金属及其合金、氧化物、氢氧化物、盐类等已广泛应用于冶金工业、化工、电子工业、原子能工业、医药和农业等领域。

1.2　有色金属深加工分析的意义和特点

1.2.1　有色金属深加工分析的意义

化学检验工作是现代工业生产及环境保护工作的重要环节，因此设置有色金属分析实验室也是很有必要的。

有色金属分析通常伴随着有色金属深加工生产的全过程。在有色金属工业中，从有色金属矿藏的勘探、开采、选矿到有色金属的冶炼和加工，都需要进行分析化验。有色金属原料和二次资源的成分将决定工艺流程的实施，原材料的采购、计价，也需要对有价成分进行准确分析。在生产过程中，需要对物料的化学组成及时进行分析，以便了解、判断其化学组成是否符合质量要求；产品出厂前，需要对产品的质量和指标进行全面检测，以便确定产品是否合格和判定产品符合哪一等级。在加工领域，不同化学成分的合金具有不同的物理、化学性能，以满足不同用户的各种需求。

随着科学技术的日新月异，各行各业不断对使用的有色金属材料提出新的要求。因此，有色金属材料加工企业必须不断研制新的合金材料，才能占有新的市场，发展新的用户。而新合金材料的研制，从配料、熔炼到加工、产品鉴定，时刻都离不开分析检测。化学组成对有色金属材料的制备及性能也有着极大影响，也是决定有色金属材料应用特性的基本因素。因此，对化学组成的种类、含量，特别是微量添加剂以及杂质的含量级别、分布等进行表征，在有色金属材料的研究中都是必要和非常重要的。只有通过分析、检测，才能确定有色金属材料成百上千种合金牌号、规格和冶金状态，以便供机械、电子、电力、通信、船舶、航空、航天、医药、日用品等诸多行业根据不同用途进行选择和使用。

因此，有色金属的冶金和加工企业以及研究机构都配置了分析检测实验室，对原料、中间产品、成品进行化学成分分析和物理性能检验。这既满足了企业正常生产和开发新产品的需要，也满足了保证出厂产品质量、取信于用户的需要。对于有色金属再生行业而言，有色金属分析更为重要，不仅是计价的依据，更为有色金属的再生工艺和技术提供了依据。科研单位的有色金属化验室除为有关有色金属科研课题担负测试任务外，也进行有色金属分析检验方法的研究。有色金属深加工生产和使用部门的有色金属化验室使用的实验方法通常采用标准方法或买卖双方认可的分析方法，其实验结果往往涉及一定的经济利益。

1.2.2 有色金属深加工分析的特点

概括起来，有色金属深加工分析具有以下几个方面的特点。

① 基体复杂多变　有色金属种类繁多，因此有色金属样品种类多，基体复杂。如果物料中含有多种有色金属元素且含量不是非常低，由于元素间相似的化学性质和在溶液中存在的价态、状态的复杂性，采用先分离后测定的方法常会降低分析的准确度；而采用滴定法直接测定，则会因为贵金属元素间的共轭反应，彼此产生干扰，因此，对此类物料的分析尤为困难。

② 待测元素种类多　根据不同样品的不同要求，测试元素覆盖了从氢到铀的几乎所有元素。

③ 待测元素含量范围宽　含量范围可以从痕量、超痕量杂质覆盖到99.9%以上的高纯金属元素。

④ 分析测试手段多样　正是由于复杂多变的基体以及待测元素较宽的含量范围，从而使得分析测试手段多样。如锌锭中铜的测定常采用原子吸收光谱法、吸光光度法等分析方法，而阴极铜中高含量铜的测定则采用电解重量法等化学分析方法。在测定方法中，传统的化学分析方法如滴定分析法、重量分析法、吸光光度法、电化学分析法，现代仪器分析技术如原子吸收光谱法、原子荧光光谱法、直读光谱法、电感耦合等离子体发射光谱法、电感耦合等离子体质谱法、辉光放电质谱法等在现代有色金属分析中均有应用。

⑤ 分离富集方法多变　面对复杂的基体条件，在有色金属分析中，直接测定往往面临较

大困难，此时，采用适宜的分离富集方法就显得十分重要。在所用的分离富集方法中，沉淀、共沉淀、溶剂萃取、离子交换、色谱分离、液膜技术、火试金等传统和现代的分离富集方法在有色金属分析中均有广泛应用。

⑥ 样品溶解难易程度差别大　对于有些金属及其化合物，溶解相对容易，如金属锌、铝、铜、铅等用硝酸即可较好地溶解，而金属铑、铱等贵金属溶解则非常困难，即便采用现代先进的微波消解技术，并经高温、高压处理也需要较长时间。

不同种类的有色金属的分析，又各具特点。

① 难熔金属和稀散金属的分析有许多独到之处　难熔金属的共同特点是熔点和硬度高、耐腐蚀性强、原子价态多变。如钨的熔点高达 3400℃，是金属中熔点最高的。难熔金属的耐腐蚀性强，给分析工作带来的首要难题是如何将样品消解完全。它们的原子价态多变，给难熔金属的分离和分析增加了复杂性。稀散金属是稀有分散金属的简称，其共同特征是物理、化学性质相似，在地壳中分布非常分散，很少有独立的矿物存在。难熔金属和稀散金属的分析既涵盖了分析化学中常见的化学分析方法与仪器分析方法，又具有很强的针对性和专业性，分析的难度较大。

② 贵金属由于其高经济价值以及独特的物理、化学性质导致了对分析测试要求的特殊性　对贵金属的分析要求随着分析对象和金属含量的不同而有差异。高含量贵金属成分的测定除要求分析方法具有选择性外，着重在于分析的准确度和精密度，可利用的方法很少。在某些情况下，还不得不采用耗时长的重量法；而痕量和超痕量贵金属元素的分析则着重于分析方法的灵敏度和选择性。然而，只有很少的化学分析方法或仪器分析方法能够满足这种要求。因此，贵金属元素的富集、分离成为分析测定的重要研究内容之一。贵金属物料的分离富集一般分为干法和湿法两大类。干法又称火法，主要包括传统的铅试金法、镍硫试金法、铜试金法、锡试金法、锑试金法等。湿法主要包括化学吸附法、离子交换色谱法、溶剂萃取法和蒸馏法等。与其他有色金属分析不同，由于贵金属良好的延展性和在样品中分布的不均匀性，因此，采样是需要十分关注的问题。

③ 重金属（指相对密度在 4.5 以上的金属）的分析特点　重金属分析由于其对象的复杂性而具有以下特点：需要测定的元素和项目多，所测元素达 60 多种；所测元素的含量从 10^{-6}% 到 10^{-9}%，范围宽；分析对象品种多，试样复杂。试样中待测元素、共存元素的种类和含量不同，对测定的影响甚大。

④ 轻金属（指相对密度在 4.5 以下的金属）的分析特点　相对于其他有色金属而言，轻金属的化学性质比较活泼。近年来，轻金属检测技术有了较大发展，除传统的化学分析方法外，现代仪器分析方法特别是光电直读光谱法已在铝及铝合金、镁及镁合金的分析中广泛应用。其他仪器分析方法，如 XRF 分析法、ICP-AES 法等也有应用。除化学成分外，一些物理性能测试在轻金属分析中也受到关注，部分方法已成为标准。

⑤ 稀土金属的分析特点　由于其物理、化学性质高度相似，各稀土金属含量的测定一直是困扰分析工作者的难题。随着现代仪器技术的进步，如高分辨光谱与质谱的出现以及与分离富集方法的结合，这些难题得以逐渐解决。通过对于混合稀土（RE）中稀土金属含量的分析，XRF（X 射线荧光光谱法）是目前的主要分析方法。在稀土合金分析方面，常量稀土金属总量的测定常采用草酸盐称量法，微量稀土金属总量的测定采用偶氮胂Ⅲ分光光度法。稀土合金中其他合金元素的分析，经常涉及常量元素和半微量元素分析，电感耦合等离子体发射光谱（ICP-AES）和电感耦合等离子体质谱（ICP-MS）等先进仪器已得到应用。与一些分离富集方法相结合，ICP-AES 及 ICP-MS 分析技术在稀土杂质等的分析中已成为标准分析方法。

第2章

有色金属深加工分析工作的
准备及试样采集、制备和分解

有色金属深加工分析过程包括：有色金属矿物、金属及化合物和合金材料或二次资源的采样、制样和留样；试样的分解、分离和测定；分析数据的处理和评价。做好有色金属分析的准备工作，对获得快速准确的分析结果非常重要。在进行具体的测定之前，通常需要做的准备工作包括分析方法的选择、标准溶液和标准物质的准备和制备、分析样品的准备（包括取样、制样和试样分解），以及其他必要的准备工作。

2.1 有色金属深加工分析工作的准备

2.1.1 有色金属分析中的标准溶液

标准溶液的制备是分析工作中最重要的基本操作之一。标准滴定溶液是确定了准确浓度的、用于滴定分析的溶液。标准溶液是准确知道其中某种元素、离子、化合物或基团浓度的溶液。

（1）标准滴定溶液

标准滴定溶液浓度的表示方法有以下两种。

① 物质 B 的物质的量浓度   物质 B 的物质的量浓度简称物质 B 的浓度。其定义为：物质 B 的物质的量 n_B 除以溶液的体积 V，其国际符号是 c_B，单位是 mol/L。用物质的量浓度进行计算时，往往还要知道物质 B 的质量 m_B 和摩尔质量 M_B。故物质 B 的物质的量 n_B 可由下式求得：

$$n_B = \frac{m_B}{M_B}$$

式中，m_B 常用的单位为 g；M_B 常用的单位为 g/mol。

② 滴定度   滴定度是指与每毫升标准溶液相当的被测物质的质量（单位：g/mL）。

在生产部门的例行分析中，为了计算方便，常用滴定度表示标准溶液（滴定剂）的浓度。引入滴定度可使计算过程变得简便。

a. 由滴定用去的标准溶液体积，可求出被测物的质量；

b. 当固定称样量时，根据滴定液体积，可直接求出被测物质的百分含量。

若以 A 滴定 B 的反应 $aA+bB \Longrightarrow cC+dD$ 为例，则 A 对 B 的滴定度的计算通式为：

$$T_{A/B}=\frac{m_B}{V_A}=\frac{b}{a} \times c_A \times 10^{-3} \times M_B \quad (g/mL)$$

物质 B 在试样中的质量分数为：

$$B\%=\frac{m_B}{m_s} \times 100\%=\frac{\frac{b}{a} \times c_A \times V_A \times M_B \times 10^{-3}}{m_s} \times 100\%=\frac{T_{A/B} \times V_A}{m_s} \times 100\%$$

在实际应用中滴定度还有另外一种表示方法，如固定试样称样量，滴定度可直接表示每毫升标准溶液相当于被测物质的质量分数（或百分含量，%）。如用 $K_2Cr_2O_7$ 法测定铁时每次固定称量试样 3.000g，滴定度 $T_{K_2Cr_2O_7/Fe}=1.00\%/mL$，某次滴定用去标准溶液 37.92mL，则 $Fe\%=37.92\%$。

标准滴定溶液和标准溶液的配制、使用、保管应严格按产品标准执行。对于一般化工产品检验用液，目前多选用 GB/T 601~602 来配制。

配制标准滴定溶液通常有直接法和标定法两种。直接法是准确称取一定量的基准试剂，溶解后配成准确体积的溶液。由基准试剂的质量和配成溶液的准确体积可直接求出该溶液的准确浓度。标定法是首先配制一种近似的所需浓度的溶液，然后用基准试剂或已知准确浓度的另一种标准溶液来标定它的准确浓度。

标定有色金属溶液的浓度时，准确性和重现性是很重要的。标定法配制的标准溶液仅适用于化学测定方法。标定时所用的基准试剂为滴定法分析工作基准试剂。

在配制标准溶液时，所用水在没有注明其他要求时均使用三级水；所用试剂的纯度应在分析纯以上；工作中所用分析天平的砝码、滴定管、容量瓶及移液管均需定期校正，以确保称量和体积确定的准确。在标定和使用时如温度差异较大，应按不同标准溶液浓度的温度校正值进行修正。所制备的标准溶液的浓度均指 20℃时的浓度。在标定标准溶液浓度时，平行试验不得少于 8 次；两人各做四个平行试验，每人四个平行测定结果的极差与平均值之比不得大于 0.1%；两人测定结果平均值之差不得大于 0.1%，结果取平均值，运算过程保留五位有效数字，浓度值报出结果取四位有效数字。配制浓度等于或低于 0.02mol/L 的标准溶液（乙二胺四乙酸二钠标准滴定溶液除外）时，应于临时用前将浓度高的标准溶液用煮沸并冷却的水稀释，必要时重新标定。容量分析标准溶液在常温（15~25℃）下，保存时间一般不得超过两个月。当溶液出现浑浊、沉淀、颜色变化等现象时，应重新制备。

容量分析用标准溶液的制备应按 GB/T 601~2016《化学试剂标准滴定溶液的制备》中的方法，该标准规定了常用的标准滴定溶液。

(2) 标准溶液

适用于原子吸收光谱法、原子发射光谱法、极谱法、伏安溶出法、比色法、分光光度法等元素分析用的标准溶液，其浓度以质量浓度表示，单位为 g/L、mg/mL 或以其分倍数表示。配制的浓度范围在 0.05%~1.0%（50~1000μg/mL）内为宜，常可以保存几个星期乃至数月。浓度更稀的溶液（低于 0.1mg/L）常在使用前临时用较浓的标准溶液在容量瓶中稀释并配制。因为太稀的离子溶液浓度易变，不宜存放太长时间。为使贮备的标准溶液稳定，不致因时间长产生化学反应引起浓度变化和沉淀，应配成稳定的、高浓度的贮备溶液。配制标准溶液时，应使用离子交换水或蒸馏水。做痕量元素分析时，必须使用去离子水或二次蒸馏水。在贮存与配制过程中，必须十分注意溶液的污染问题。贮存标准溶液的容器应根据溶液的性质来选择，其材料不应与溶液起理化作用，壁厚最薄处不小于 0.5mm。容器洗净后干燥，再用贮存溶液洗几遍，然后将溶液注入。一定要在容器上标明配制日期、浓度、配制者姓名及其他注意事项。在保存期内，出现浑浊或沉淀时，即为失效。

标准溶液使用中常用吸量管移取，当移取量小于 0.05mL 时，应将浓溶液稀释至适当浓度后再移取。标准溶液是已知元素离子准确含量的溶液，其制备方法有直接法和标定法两种。直接法可采用基准有色金属纯盐直接溶解配制或采用超纯有色金属单质溶解后配制。采用基准化合物，如光谱纯基准试剂 $(NH_4)_2IrCl_6$、$(NH_4)_3RhCl_6$ 等可直接溶解配制，其浓度由直接称取的基准化合物的质量计算得到。

有色金属标准溶液是有色金属分析的参考物，其浓度是否准确将直接影响试样的测定误差。标定法配制标准溶液主要考虑的是购买的有色金属化合物或金属纯度不符合基准物质的要求，但将其制备成溶液后，可利用该物质与基准物质之间的化学反应来标定其浓度。

常用的金属元素和离子的标准溶液配制方法参照 GB/T 602—2002。

(3) 特殊用途标准溶液

例如校正仪器专用标准溶液。如分光光度计的校正，酸度计（标准缓冲溶液，温度一定，溶液的 pH 值一定）的校正和定位。用优级纯或分析纯试剂，并用实验室三级水配制。按 GB/T 602—2002 来配制。

(4) 影响有色金属标准溶液稳定性的因素

有色金属标准溶液的贮存是一个很重要的问题，也就是涉及其稳定性问题。主要有以下影响因素：

① 关于有色金属溶液的稳定性　有色金属的化合物在不同 pH 条件的水溶液中可能发生水解或水合反应、聚合反应和氧化还原反应，使其形态发生变化。某些溶液见光分解，如银盐对光非常敏感，多数银盐在强光照射下发生分解而被吸附，银标准溶液因受光的影响故需保存在棕色容器中。由于易挥发组分的挥发，对于锇、钌标准溶液的贮存，还应考虑挥发损失的问题，在 $c(HCl)=1mol/L$ 介质中，钌溶液保存在石英或玻璃容器里可稳定 4 个月，锇溶液只能稳定两个月。

② 容器对金属离子的吸附，其本质并不十分清楚　一般认为有离子吸附，也可能有分子吸附。这与容器的种类、溶液的酸度和贮存时间有关。溶液酸度愈高，吸附愈少；酸度愈低，吸附愈多。究其原因，可能是在酸性溶液中大量的 H^+ 代替了容器对有色金属离子的吸附。彻底清洗容器可以大大降低吸附，清除玻璃表面的油污后，其吸附能力明显降低。适当的预处理可以改变容器的特性，如采用酸预处理玻璃容器，可大大降低玻璃容器的吸附作用。贮存时间越长，离子的吸附损失越大，故缩短贮存时间有助于降低吸附。

③ 有色金属标准溶液的稳定性与其浓度有关　高浓度有色金属溶液可以保存较长时间，而浓度愈低，保存的时间愈短。因此，配制标准溶液应先配制浓度较高的贮备液，然后逐级稀释至所需要的浓度。

另外，玻璃与水和试剂作用、试剂瓶密封不好等因素也会影响标准溶液的稳定性。

因此，有色金属分析用标准溶液在常温（15～25℃）下，保存时间一般不得超过两个月。

2.1.2　有色金属分析中的标准物质

(1) 标准物质的基本特性

标准物质名称在国际上还没统一。美国用标准参考物质（standard reference materials，SRM）；西欧一些国家用认证标准物质（certified reference materials，CRM）；国内已用过标准参考物质、标准样品、标样、鉴定过的标准物质、标准物质等名称。现在计量名词术语中统一用标准物质。

按照国际标准化组织（ISO）的定义，标准物质是一个或多个特征量值已被准确确定了的物质，它具有一种或多种良好特性，这种特性可用来校准测量器具、评价测量方法、测试试样量值或确定其他材料特性。所谓特征量值，指化学组成或物质性质如凝固点、电阻率、折射率等，或指某些工程参数如粒度、色度、表面光洁度等。在通用术语范围内，标准物质有若干分类，以下是由国际标准化组织（ISO）发布的一些有关标准物质的国际定义：

① 基准　具有最高的计量学特性，其值不必参考相同量的其他标准，被指定的或普遍承认的测量标准。

② 次级标准　通过与相同量的基准比对而定值的测量标准。

③ 有证标准物质　附有证书的标准物质，其一种或多种特征量值用建立了溯源性的程序确定，使之可溯源到准确复现的表示该特征量值的测量单位，每一种鉴定的特征量值都附有给定置信水平的不确定度。

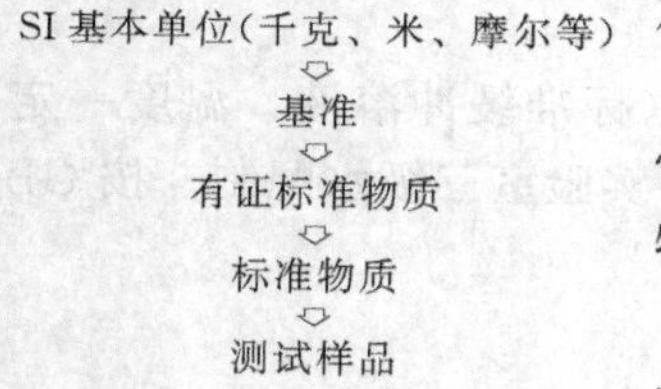

SI 基本单位（千克、米、摩尔等）
⇩
基准
⇩
有证标准物质
⇩
标准物质
⇩
测试样品

图 2.1　标准物质层级

④ 标准物质　具有一种或多种足够均匀和很好地确定了的特性，用以校准测量装置、评价测量方法或给材料赋值的一种材料或物质。

如图 2.1 所示，依据它们在 SI 基本单位与日常测试样品之间的相对计量学位置（特别是与测量值相对应的不确定度），很容易给不同类型的标准物质排序。

应该指出，基准是化学标准发展的顶级，理论上讲其可提供将分析数据向 SI 测量单位，如千克、米和摩尔等溯源的方式。一个特定标准物质在层级图中的位置并不能说明它对于特定目的的适用性。

标准物质应具有以下基本特性。

① 标准物质的材质应是均匀的，这是最基本特性之一。对于固态非均相物质来说，欲制备标准物质，首先要解决均匀性问题。譬如制备冶金产品标准物质时，在冶炼过程中以不同的方式（如火花法、电弧法等）加入不同的元素，以保证冶炼过程中的均匀性。铸模后去掉铸铁的头、尾与中央不均匀部分，然后再通过铸造进一步改善其均匀性。用于化学分析的冶金产品标准物质还要经过切削、过筛、混匀等过程，以确保标准物质组分分布的均匀性。

② 标准物质在有效期内，性能应是稳定的，标准物质的特征量值应保持不变。物质的稳定性是有条件的、是相对的，是指在一定条件下的稳定性。物质的稳定性受物理、化学、生物等因素的制约，如光、热、湿、吸附、蒸发、渗透等物理因素，溶解、化合、分解等化学因素，生化反应、生霉等生物因素都明显地影响物质的稳定性；而且不同因素的影响，往往又是交叉地进行。为了获得物质的良好稳定性，应设法限制或延缓上述作用的发生。通常通过选择合适的保存条件（环境）、贮存容器，杀菌和使用化学稳定剂等措施来保证物质良好的稳定性，如在干燥、阴冷的环境下保存；选择材质纯、水溶性小、器壁吸附性和渗透性小的密封容器贮存；用紫外线、^{60}Co 射线杀菌；选用各种增强化学稳定性的条件，如酸度增加可增强水中重金属元素的稳定性。

标准物质的有效期是有条件的，使用注意事项和保存条件明确地写在标准物质证书上，使用者应严格执行，否则标准物质的有效期就无法保证。

在此要注意区别保存期限和使用期限，如一瓶标准物质封闭保存可能有五年有效期，但开封之后，反复使用，也许两年就变质失效。

③ 标准物质必须具有量值的准确性，量值准确是标准物质的另一基本特征。标准物质作

为统一量值的一种计量标准，就是凭借该值及定值准确度校准器具、评价测量方法和进行量值传递。标准物质的特征量值必须由具有良好仪器设备的实验室，组织有经验的操作人员，采用准确、可靠的测量方法进行测定。

④ 标准物质必须附有证书，这是介绍该标准物质的属性和特征的主要技术文件，是生产者向使用者提供的计量保证书，是使用标准物质进行量值传递或进行量值追溯的凭据。证书上注明该标准物质的标准值及定值准确度。

⑤ 标准物质必须有足够的产量和贮备，能成批生产，用完后可按规定的精度重新制备，以满足测量工作的需要。

⑥ 生产标准物质必须由国家主管单位授权。

（2）标准物质的分级、分类、主要用途及其研制

① 标准物质的分级和编号　我国标准物质分为一级标准物质和二级标准物质两个级别，它们都符合"有证标准物质"的定义，其编号由国家市场监督管理总局统一指定、颁发，按国家颁布的计量法进行管理。

一级标准物质是用绝对测量法或两种以上不同原理的准确可靠的方法定值，若只有一种定值方法可采取多个实验室合作定值。一级标准物质由国务院计量行政部门批准、颁布并授权生产。一级标准物质主要用于研究与评价标准方法，对二级标准物质定值。它的不确定度具有国内最高水平，均匀性良好，在不确定度范围之内，并且稳定性在一年以上，具有符合标准物质技术规范要求的包装形式。一级标准物质的代号以国家级标准物质的代号"GBW"表示。

一级标准物质的编号是以标准物质代号"GBW"冠于编号前部，编号的前两位数是标准物质的大类号，第三位数是标准物质的小类号，第四、五位数是同一类标准物质的顺序号。生产批号用英文小写字母表示，排于标准物质编号的最后一位，生产的第一批标准物质用 a 表示，第二批用 b 表示，批号顺序与英文字母顺序一致，如下所示：

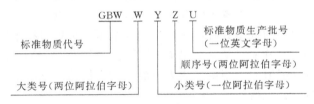

二级标准物质是指采用准确、可靠的方法，或直接与一级标准物质相比较的方法定值的标准物质。二级标准物质常称为工作标准物质，主要用于评价分析方法以及同一实验室内或不同实验室间的质量保证。

二级标准物质是用与一级标准物质进行比较测量的方法或用一级标准物质的定值方法定值，其不确定度和均匀性未达到一级标准物质的水平，稳定性在半年以上，能满足一般测量的需要，包装形式符合标准物质技术规范的要求。二级标准物质的代号以国家标准物质的"GBW"加上二级的汉语拼音中"Er"字的字头"E"并以小括号括起来——GBW（E）表示。

二级标准物质的编号是以二级标准物质代号"GBW（E）"冠于编号前部，编号的前两位数是标准物质的大类号，第三、四、五、六位数为该大类标准物质的顺序号。

如：　　　　标准物质分类号　　　　　　　标准物质分类名称

　　GBW(E)　020001～GBW(E)029999　　　　　有色金属

② 标准物质的分类　标准物质种类极多，涉及领域也很广，我国生产使用的标准物质多达千种以上。用于统一量值的标准物质，可分成以下三类：

a. 化学成分或纯度方面的标准物质，如各种钢铁、非铁合金、矿物、水泥、金属离子溶液、标准气体、环境标样等。

b. 基本物理特性和化学计量等方面的标准物质，如分子量、熔点、温度、吸收率、计量物质等。

c. 工程技术特性方面的标准物质，如硬度、颜色、黏度、电子显微镜放大倍数等。

③ 标准物质的主要用途

a. 标准物质是检验、评价、鉴定新技术和新方法的重要手段。近年来，国际上对新技术、新方法的准确度、精密度的评价普遍采用标准物质，因为这种评价方法比较方便和可靠。仪器设备的性能如线性、稳定性、灵敏度等的检验也常用标准物质。

化验室常使用标准物质来检验与确认分析人员的操作技术与能力。

b. 校正分析仪器量值。标准物质常被用于校正物，如用标准砝码校正天平的称量误差，用 pH 的标准物质来确定 pH 计的刻度值，用固定温度点的标准物质来校正温度计温标，用金属标准物质校正分析仪器，用氧化镨钕玻璃滤光器校正分光光度计的波长，用聚苯乙烯薄膜标准物质来检查红外光谱仪的波长及分辨率等。

用于控制标样监控工作曲线的稳定性，控制漂移。可用标准物质来监测和校正连续测定过程中的仪器稳定性、数据漂移等。

c. 标准物质用于确定物质特征量值的工作标准，是控制分析测试质量的有力工具。可利用国家一级标准物质来制备与校准二级标准物质（工作标准物质或标准实物样品），用后者作为常规分析的标准物时，可以节省经费。

d. 用于实验室内部的质量保证。可用标准物质作为质量控制图，长期监视测量过程是否处于统计控制之中，以提高实验室的分析质量，建立质量保证体系。

e. 用于实验室之间的质量保证。在分析测试质量保证体系中作为考核样，评价分析人员和实验室的工作质量。中心实验室可把标准物质发放于所管辖的各个实验室进行分析，然后收集各实验室的测定值，用以评价各实验室和分析者的工作质量及质量保证。另外，也可把标准物质分发至全国各地实验室或世界各国实验室，用这种方法可以考查与提高各实验室的分析质量水平，利用标准物质测出的数据具有可比性，这为全国、全世界技术协作提供了可能性。

f. 技术仲裁时作为平行样验证测定过程的可靠性　标准样品的使用使得检验、分析和测量，实验室之间测量值或赋值的互相传递成为可能。标准样品广泛用于校准测量仪器和评估或确认测量程序，也可给材料赋值。

④ 标准物质的研制

a. 相关的技术标准、规范

国家标准

GB/T 15000.2《标准样品常用术语及定义》

GB/T 15000.3《标准样品定值的一般原则和统计方法 》

GB/T 15000.4《标准样品证书和标签的内容》

冶金标准

YB/T 082《冶金产品分析用标准样品技术规范》

YS/T 409《有色金属产品分析用标准样品技术规范》

计量技术规范

JJF 1006—1994《一级标准物质技术规范》

b. 标准样品（标样）的研制程序　调研、下达任务→成分设计→备料→熔炼铸造（熔炼，脱氧，气孔、偏析和夹杂等缺陷的防止，铸造，铸锭低倍检验）→均匀性初检→标样加工→均匀性检查→标准样品的定值分析→数值统计处理。

标准样品研制者不断增多，为研制者的科学和技术能力提供证明，已经成为确保标准样品质量的基本要求。

化学分析和仪器分析都需要使用标准物质。标准物质可以是纯的或混合的气体、液体、固体。固体样品主要使用在发射光谱和光电直读光谱、X 射线荧光光谱、辉光放电质谱等方法中，而化学分析和大多数仪器分析方法则使用标准溶液。例如校准黏度计用的纯水，量热法中作为热容量校准物的蓝宝石，化学分析校准用的溶液等。

随着全球经济、科学技术、测量技术和社会生活需求的高速发展，需要品种和数量更多、质量更高的标准物质/标准样品。

2.1.3　有色金属分析中的标准方法

标准是对重复性事物和概念所做的统一规定，它以科学、技术和实践经验的综合成果为基础，经有关方面协商一致，由主管机构批准，以特定形式发布，作为共同遵守的准则和依据。

分析标准包括分析方法标准、分析仪器标准和标准物质，通常所说的"分析标准"狭义上指分析方法标准，也称标准（分析）方法。

(1) 分析工作的标准化和标准的编制

标准化是指在经济、技术、科学及管理等社会实践中，通过对重复性事物和概念确定、发布和实施标准，达到统一，以获得最佳秩序和社会效益。

标准化是指为了在一定范围内获得最佳秩序，对现实问题或潜在问题确定共同使用和重复使用条款的活动。标准化工作是对产品或项目的规格、质量、检验、包装、贮藏、运输等各个方面确定技术文件，它考虑生产者、消费者的利益和产品的使用要求与条件以及安全要求，促进最佳的全面经济效益。因此，标准化工作是有关各方面协作下有序地确定和实施各种规定的活动。通过标准化的过程，可达到以下四个目的：①得到综合的经济效益；②保护消费者利益；③保障人类的生命、安全与健康；④促进技术交流。

(2) 标准的分类

标准的分类与分级是科学管理和信息交流所要求的。因为标准的类别很多，分类繁杂，不能只用一种分类法对所有的标准进行分类。为了不同的目的，可以从各种不同的角度，对标准进行不同的分类。

标准的常用分类方法有：性质分类法、层次分类法、对象分类法、属性分类法和专业分类法等。

① 按性质分类（按照标准的约束性分类）　分为强制性标准和推荐性标准。对强制性标准，必须严格执行，做到全国统一。对推荐性标准，国家鼓励企业自愿采用。

② 按层次分类　从世界范围看，有国际标准、国家标准、专业团体协会标准和公司企业标准。

国际标准由国际标准化组织（ISO）理事会审查，ISO 理事会接纳国际标准并由中央秘书处颁布。区域标准如欧盟标准（EN）。国家标准如中国国家标准（GB）、美国国家标准（ANSI）、英国国家标准（BS）、日本工业标准（JIS）、俄罗斯国家标准（GOST-R）等。

我国国家标准是在全国范围内统一的技术要求，由国务院标准化行政主管部门编制计划，协调项目分工，组织确定（含修订），统一审批、编号、发布。国家标准的年限一般为 5 年，过了年限后，国家标准就要被修订或重新确定。我国标准分为四级，即国家标准（GB）、行业标准、地方标准（DB）和企业标准（Q）。

行业（专业）团体协会标准如我国的有色金属行业标准（YS）、冶金行业标准（YB）。行业标准方法一般是在比较成熟的企业规程基础上确定的分析方法。它起到统一业内分析方法、便于仲裁分析的作用，并作为以后向国家标准过渡的一种标准形式。行业标准在中国由国务院有关行政主管部门负责确定。

企业（公司）标准如常州化工研究所企业标准（氰化亚金钾，Q/320400HS001.1—1999，化学试剂）。企业生产的产品没有国家标准和行业标准的，应当确定企业标准，作为组织生产的依据，并报有关部门备案。企业标准方法虽然准确可靠，但有时操作比较烦琐。为了满足企业生产快节奏的要求，结合生产实际，试验确定分析规程。由于分析规程一般只针对个别产品，因此方法比较简单、方便快速，其准确性也不一定比标准方法差。

分析规程的确定一般要经过以下试验过程：试样溶解试验、溶液酸度试验、试剂用量试验、选择各参数的最佳值试验、方法的测量精密度试验、加入回收试验、用标准样品进行验证试验、与标准分析方法进行比对分析。

③ 按对象分类　分为技术标准、管理标准和工作标准三大类。

技术标准是对标准领域中需要协调统一的技术事项所确定的标准，是对工农业产品和建设质量、规格、检验方法、包装方法及储运方法等方面所确定的技术规定，是从事生产、建设工作的共同技术依据。技术标准可分成基础标准、产品标准、方法标准和安全卫生与环境保护标准。

化学分析标准方法是技术标准中的一种，它是与产品标准对应的。化学分析标准方法是权威技术部门针对某种或某几种产品的化学成分分析推荐的方法。它在传递量值、保证测量一致性方面起到重要作用。

化学分析标准方法与一级标准物质（标准样品）结合起来可用于：二级标准物质的定值、评价低级别的标准方法及常规分析方法、作为产品仲裁分析方法、作为产品认证的分析方法、作为仪器分析准确性的比对方法。

(3) 标准分析方法及其特点

① 标准分析方法概述　标准分析方法属于试验标准，是指与试验方法相关的标准，有时附有与测试相关的其他条款，例如，抽样、统计方法的应用。试验步骤，是标准体系中的重要组成部分，是经过系统研究、确切而清晰地描述了准确测量特定化学成分所必需的条件和过程的方法。

② 标准分析方法的特性　标准分析方法应是一个标准化的方法。一个优良的分析方法必须具备高准确性、可靠性和适用性。它必须准确性好、精密度高、灵敏度高、检测限低、分析空白低、线性范围宽、基体效应小、耐变形性强，又必须具备适用性强、操作简便、容易掌握、消耗费用低、不使用剧毒试剂等特点。

③ 标准分析方法的应用　化验室对某一样品进行分析检验时，为了保证分析检验结果的可靠性和准确性，推荐使用标准方法。国际标准化组织（ISO）颁布了上万种标准方法。美国材料协会（ASTM）也颁布了近万个标准，其中大部分为标准方法。美国化学学会（ACS）在食品、药物、肥料、农药、化妆品等领域颁布了数以千计的标准方法。我国国家标准化管理委员会也颁布了数以千计的标准方法，包括化工、食品、农林、地质、冶金、医药卫生、材料、环保等领域的分析测试类的标准方法。

④ 标准分析方法的分类　分析测试用的标准方法一般分为以下几类：

a. 基本单位测量法　基本单位测量法是指能通过写出一个测量等式，并采用 SI 单位来描述等式中的其他值，将测量的结果与 SI 的基本单位联系起来的测量方法。基本单位测量法具有极高的准确度，如温度、质量、时间等基本单位的测量，通常准确度可达 10^{-13}。

b. 权威分析方法　权威分析方法一般指绝对测量法，这类测量法与质量、时间等基本量或导出量直接相关，测定的数值为绝对值，即是绝对量而不是相对量。绝对测量法是通过测量一个或几个基本量（或导出量）确定被测对象量值的方法。绝对测量法的最好准确度可达 10^{-6}，通常可达 10^{-4}。在化学测量中重量法和库仑法都属绝对测量法。绝对测量法应满足：有坚固的理论基础；能以数学公式表达；主要的测量参数是独立的；准确度和精密度已进行确切考证。

c. 标准分析方法　标准分析方法是指通过与标准相对比才能得出结果的方法，是技术标准的一种，是权威机构对某项分析方法所作的统一规定的技术准则和各方面共同遵守的技术依据，并由国家主管部门、有关学术团体和一些国际性组织等权威机构颁布。

它通常没有系统误差，测量法的准确度常量分析为 $10^{-3} \sim 10^{-2}$，痕量分析为 $2\% \sim 3\%$，超痕量分析大于 5%。滴定分析法以及大多数仪器分析法大都是这一类方法，这类方法在分析测试中是用得最多、最广泛的方法。它必须满足：按照规定的程序编制；按照规定的格式编写（GB/T 20001.4—2015）；方法的成熟性得到公认，通过共同试验确定了方法的精密度和准确度；由权威机构审批和颁布。

编制和推行标准方法的目的是为了保证分析结果的重复性、再现性和准确性，保证不同人员、不同实验室测量结果的一致性。

d. 现场分析方法　现场分析方法是指例行分析实验室、监测站、生产流程中实际使用的分析检验方法。此类方法种类较多，应灵活采用，不同现场可采用不同的分析方法。现场分析方法往往比较简单、快速，便于操作者使用，能满足现场的实际要求。

2.2　有色金属分析的采样、制样和留样

2.2.1　有色金属分析试样的采取

2.2.1.1　取样的含义及基本要求

取样是根据某些规律或按照一定的规则，选取一定数量具有所研究总体代表性的样品。分析工作中取样则是在大批物料中采取一小部分（即所谓试样），并做进一步分析，由此确定大批物料中某一组分的含量。由于目的、要求不同以及取样方式、方法的区别，取样可划分为不同类别。

采样过程一般包括试样采集、试样处理、试样运输和试样贮存等主要步骤。要确保采集的试样在空间、时间及环境条件上的合理性和代表性，最根本的是保证试样的真实性，既要满足时空要求，又要保证试样在分析之前不发生物理化学性质的变化。要满足试样代表性的要求必须执行严格的质量保证计划及采样质量保证措施。

分析检验样品不仅要考虑样品的代表性，也要考虑其均匀性。取样的代表性是指所采取的样品与被评价总体的一致性程度。取样的均匀性是指试验样品中某些成分的一致性程度。从"一致性"上看代表性和均匀性两者有内在联系；从"程序"上看两者均是相对的概念，但又有区别。例如含金黄铁矿，其矿物组成、含金的品位等与总体是一致的，具有代表性。假如就每个单矿物微粒用电镜扫描，就发现其含金粒级、形状、含量均有很大差别，因此金在黄铁矿中的分布是极不均匀的。

对于物料的这两种性质，虽可采用组成分析、相分析以及微观测试等多种手段进行客观描述，但很难定量地表示。由于取样的代表性和均匀性影响分析结果的重现性，因此可随机地抽

取一定数目的样品，用已知精密度的分析方法进行测定。若测定 n 个样品的标准偏差与方法本身的标准偏差相一致，则可认定被测物质是均匀的。物料均匀性的差异可视为取样导致的分析结果的偏差，所以可把取样偏差作为试样代表性和均匀性的标志。当然取样偏差不仅取决于物质成分的分布规律，还取决于加工、缩分等因素。然而这些因素集中地反映在最终取样上，因此取样与制样是试样均匀性与代表性研究的主要问题。

众所周知，无论取样如何科学、制样方法如何先进，取样误差是客观存在的，只能根据不同的技术进行要求，使取样误差控制在一定的范围内。化验误差包括分析误差和取样误差两部分误差，分析误差又包括操作者和分析方法所引起的误差。

一般将从物料中采取具有代表性的均匀试样的过程叫作抽样或采样，抽样或采样的数量有一定的规定。因为抽样或采样的数量占物料总量的比例较大，不能全用于分析，必须再在抽的样中取少量样品进行分析。从采集来的试样中选出一部分具有代表性的样品用于化验分析的过程叫作取样。取样的过程实际上就是将采集来的样品进行缩分的过程。常用的取样方法有四分法、抽签法和平均取样法等。

取样所得的试样必须符合这样的要求：试样中各组分的含量应当在规定的准确度范围内与被取样的全部原始物料中各组分的比例相适应。有时，试样有平均试样与局部试样之分，平均试样的组成与全部物料相当，而局部试样则仅仅代表整批物料中某一部分的组成。取样的方法甚多，并因其对象的不同而异。对不同物料的取样，如有色金属深加工原料（含有色金属矿物和二次资源）或冶金工厂的产品、有色金属化合物及合金产品等，取样技术都有所不同，但同时也都具有在每种场合下都能够适用的共同规律。

有色金属深加工分析试样的取样与制样是整个分析工作的重要环节，代表性是取样和制样的关键。如果不能从一大堆待分析物料中取出一定数量的、能代表整个物料平均含量的分析试样，就会使后面的分析工作变得没有实际意义。对于有色金属物料来说，因有色金属赋存状态的特殊性和二次资源的多样性，代表性试样的取样变得十分困难。

合理取样和科学制样是有色金属分析的前提和基础。有色金属深加工分析的对象可以分为有色金属深加工原料（矿样和纯金属）、有色金属深加工产品和有色金属二次资源三类，所处的状态主要是固态和液态。不同的有色金属分析对象和不同状态的分析物料，其取样和制样的方法差异很大。

2.2.1.2 有色金属深加工矿物原料的采取

这里介绍有色金属深加工矿物原料的采样方法，同时也可为有色金属深加工产品和二次资源的取样起到一定的借鉴作用。

(1) 取样量

取样的关键就是取样量，离开量的概念就无所谓取样。合理的取样量是在最佳、最有效的取样、制样条件下，所采取的具有相应的代表性和均匀性的可靠的最低取样质量。对于有色金属矿物原料，在取样时应该解决好在什么地方（部位）取样、如何取样和取多少样三个问题，这三方面是相互联系、缺一不可的。

有色金属矿物原料取样时首先要确定取样量。取样量太大，后续制样过程工作量大；取样量太小，所取样品则很难有代表性。有色金属元素的取样量的多少取决于两个因素：一是需满足分析要求的精度和所选分析方法的灵敏度；二是试样的均匀程度，即取出的少量试样中待测元素的平均含量要与整个分析试样中的平均含量一致。对于不同的分析对象和分析目的，相应的允许误差是不同的。因此只能在满足所要求的误差范围内进行取样，取样量愈大，误差愈小；物料粒度愈大，试样愈不均匀，取样量愈大。

　　总的原则是在满足需要的前提下，样品数和（或）样品量越少越好。能给出所需信息的最少样品数和最少样品量称为最佳样品数和最佳样品量。

　　所谓"满足需要"是指：至少满足三次重复检验的需要；满足保留样品的需要；满足制样预处理的需要。

　　对于均匀样品，可按采样方案或标准规定的方法从每个采样单元中取出一定量的样品，混匀后作为样品总量。对于一些颗粒大小、组成成分极不均匀的物料，选取具有代表性的均匀试样是一项较为复杂的操作。根据经验，这类物料的选取量与物料的均匀度、粒度、易破碎程度有关。

　　例如某金矿的矿样经加工至 0.074mm，分别取出 10g、20g、30g、40g 试样进行多次分析，测定结果中金含量 分别为 0.0032g/t、0.0032g/t、0.0032g/t、0.0034g/t，其相对标准偏差（RSD）分别为 51.92%、25.82%、17.57%、7.78%。由此可见，如果要求分析误差在 25% 以内，则取样量应在 20g 以上。对于较均匀的金矿石试样取样量一般为 5～10g。

　　有色金属矿物原料的取样一般按切乔特经验公式进行。即

$$Q = Kd^2$$

　　式中，Q 为矿石试样的最少取样质量；d 为矿石试样中最大颗粒的直径；K 为矿石特性参数。K 值根据地质条件确定，其数值大小与有色金属在矿石中的赋存状态、浸染均匀程度及有色金属矿石的粒度有关，且随矿石粒度的不同而变化。对于非常均匀的金矿石，K 值定为 0.05；随着不均匀程度增加，K 值增大。一般金矿的 K 值在 0.6～1.5 之间。

　　试样中有色金属矿物的破碎粒度与取样量也有很大关系，粒度越大，试样越不均匀，取样量也越大。例如某铜镍矿中，铂主要以砷铂矿物的形式存在，颗粒较大，经破碎至 0.074mm，其颗粒直径为筛孔的一半，即 0.037mm。要求测定结果的 RSD 不大于 10%，需要称取 250g；RSD 不大于 25%，只需称取 40g。另一类型矿石中砷铂矿物的颗粒较小，平均直径为 0.005mm。测定结果 RSD 小于 10%，只需称取 0.625g。从上述情况可看出，有色金属矿物粒度的大小对取样量影响很大。这两种含铂矿物中颗粒较大的矿物的粒度是颗粒较小的矿物的粒度的 7 倍，而取样量却是其 400 倍。因此，加工矿物试样时应尽可能磨细，以便减少取样量。

　　取样量的多少还应考虑测定方法的灵敏度。为了达到一定的测定精度，除满足上述取样量的条件外，还应满足测定方法的灵敏度要求。

（2）取样流程

　　有色金属在自然界中的赋存状态很复杂，相应的有色金属矿物样品的种类非常多。例如金多以自然金存在，金的粒度变化较大，微小颗粒甚至在显微镜下都难以分辨，大的可达千克以上。金的延展性很好，在加工过程中，金的破碎速度比脉石的破碎速度慢，因此对未过筛和残留在筛缝中的部分绝对不能弃去，此部分大多数为自然金。

　　取样理论方面的任务包括确定实现下述作业的方法：①从大批（不动或流动的）物料中采取最初的试样；②把初样缩分到适于分析（或工艺实验）的最终试样的数量。在取样和把试样缩分到便于运输和实验室分析或研究的数量的流程中，采用以下方法：①不规则采取法；②规则采取法；③堆锥四分法；④机械截取法。

　　不规则采取法适用于简单地选取试样，是最原始的方法，这种方法就是从矿车、矿堆、载矿运输皮带以及其他地方采取数份矿石。这一作业在很大程度上是凭"肉眼"取样，由于这样做存在着不规则和偶然性等因素，因而就有极不准确的可能性。简单地凭"肉眼"取样，仅在矿石成分极均匀或只对矿石成分做近似的估计时，才能得到具有实际价值的结果。规则采取法比起不规则采取法，乃是取样技术上的一大进步。如运用得当，即使金属分布得像金矿石或铂

矿石那样不均匀，也能得到准确的结果。应用这一方法时，要在矿石层的表面放上格网，从每个方格或者按照一定顺序从一些方格中采取几份矿石，作为最初试样，然后自最初试样中取中间试样，最后再取最终试样。在这个方法中，物料的从多变少，可以靠一系列相继进行的按格网取样的作业；或者是先按格网采取最初试样，然后用堆锥四分法缩分试样，两者结合使用来实现。堆锥四分法是最流行的人工缩分试样的方法。它是把待缩分的矿石堆成锥体。堆时，要把矿石投掷到锥顶上，以便矿石在圆锥表面上均匀分布。为混合大批矿石，需要预先把矿石堆成一圆环，然后由一人或数人站在环内，用铲铲取圆环上的矿石，抛往锥顶。此时为了使锥顶不移动，需在它的正中打一个凿子。如果锥体是用大小及成分都不均匀的矿石堆成，那么注意使锥堆中心不移动并使物料顺着锥堆表面向四周均匀滑落就特别重要。

锥堆堆成之后，接着要把它拨平。如果是大锥堆，工人需围绕着锥堆走动，用铲把矿石从锥堆的中央扒往四周，并掺插拌和。锥堆小时，则需顺其径向插入平板，借平板的转动把锥堆拨平。在拨平矿堆时，也必须注意使细矿和粗矿向径向方向均匀分布。拨平之后把矿盘分为 4 个等份（即 90°角扇形）。这项作业用带锐边的平板，或者为了更精确些用带钢刀的分样器来进行。矿盘表面的等分中心点必须与原有的锥堆中心相吻合。将两个相对的等份弃去，其余两个等份合并作为缩分试样，进一步直接缩分；或者是先磨碎，然后再堆成锥堆并四分之。常用的四分法取样方法如图 2.2 所示。

在把物料堆成锥堆时，物料偏析现象严重，这是由于粗块滑落时比细颗粒及中级颗粒离开锥堆中心更远而引起的。如果堆成梯状锥堆，则偏析现象便可以大大地减少。为此，要把一小部分欲取样的物料堆成锥堆，再拨平成盘。然后再在它的上面堆放下一批物料，并再拨平成同一直径的圆盘。反复进行这样的作业，直到全部矿石堆放到矿盘上面为止。

目前矿山多数采用人工取样法，最常用的人工取样法有目力取样法、环锥-四分法、分部取样法、手钻取样法等。

① 目力取样法　从所要取样的矿石堆中，用铲取出同样小批试样。在探井中，从井壁取样，对于运输中的矿石，应从每一辆车中取出一定量的试样。这种方法最好用于贫矿石。

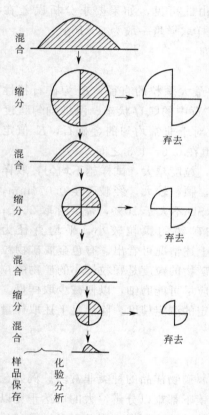

图 2.2　四分法取样示意

② 环锥-四分法　将矿石堆成锥形，将圆锥压成圆盘，然后四等分，取对角的两份试样，其余两份弃掉。堆矿石时，必须投到锥顶，以便大块矿石均匀地分布在整个锥堆周围。

③ 分部取样法　根据不同的试样状态又可分为铲分法、勺取法、浇铸法、水淬法等。其原理均是先将试样分成几部分，然后从各部分取出一定数量试样，最后汇成总样，进行缩分。

④ 手钻取样法　根据钻样工具不同，又可分为管式取样器取样法、钻头钻孔取样法。管式取样器取样法用于粉末试样，管式取样器为尖头的开槽管，钻取深度为 75～100cm，过深会使物料堵塞钻管。钻头钻孔取样法是用大小不同的钻头，用电钻在金属块上取样。较软的金属宜用大号钻头，较硬的金属宜用小号钻头。无论管式取样器取样或钻头取样，其钻孔均应均匀分布，然后将各孔取出的试样汇成总样。

一般金矿石的取样流程如图 2.3 所示。

对于较难加工的金矿石试样，在棒磨之前加一次盘磨碎样磨至 0.154mm，因为棒磨机的作用是用钢棒冲击和挤压岩石再磨细金粒，能满足一般金粒较细的试样所需的破碎粒度。粗金粒的试样，用棒磨机只能使金粒压成片状或带状，但达不到破碎的目的，而盘磨机是利用搓压的作用力使石英等硬度较大的物料搓压金粒来达到破碎的目的。加工过程中应注意的问题可参考有关专著。除金矿以外，其他有色金属矿石试样的取样与加工比金矿石易均匀，但需要注意矿石中自然铂、钯等存在的状态。

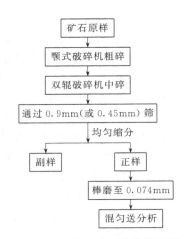

图 2.3　一般金矿石的取样流程

2.2.1.3　有色金属深加工产品及合金和纯金属的取样

有色金属深加工产品一般的形态为固体粉末、晶体、溶液、合金等，相应的取样难度较小。对固体粉末和晶体产品，只需要将物料充分混匀，从不同取样点取足够数量的样品，经过缩分留取样品即可。对溶液状态的有色金属产品，由于其密度较大且各部分成分不均匀，在取样前应该充分摇匀。

对于有色金属合金及纯金属（包括半成品和成品）的取样是为了控制产品质量，此类物料成分单纯，往往都是由含量在 99.9% 以上的原料熔炼制成的，经感应炉熔炼后，成分较均匀，取样的代表性较好。若是熔融态金属，可进行粒化。此类物料也是原材料，应送到有关部门加工成成品或元器件。为此，取样时除考虑试样的代表性外，应尽可能不要造成下一步加工的困难。如果是做仲裁分析，则需严格按有关标准方法进行取样分析。

大多数金属及合金不能研磨，要用钻、锉、锯、车或铣等方法得到金属屑或粉末试样。为防止有偏析而造成取样误差，应在铸锭的上部和下部各削取一个试样，轧成 0.2mm 的薄片，剪细，用丙酮洗去油污，再用水洗，烘干，混匀，即可称取部分试样进行测定。如需测定物料中的杂质铁，则应用稀盐酸浸泡试样，以除去加工时带入的微量铁。

对于金属铸锭的取样，首先除去表面的熔渣，然后采用方格布点法、对角线布点法、同心圆布点法等方法选择取样点，采用切削法、截片法、压延法、水淬法等方法取样。

（1）取样点的选择方法

① 方格布点法　在金属锭的顶面或底面上划出大体与边缘平行、距离相等、互相垂直的线而得到方格，以线的交点为取样点。

② 对角线布点法　在金属锭矩形顶面或底面上，在画出的一条对角线上取距离相等的奇数点为取样点。

③ 同心圆布点法　对圆形状或圆柱状的金属锭取样，可将顶面划分成间隔大致相等的同心圆，在每个圆周上布点，使各点间弧长相等，相邻两个同心圆的布点位置应该交错。

以上方法布点数的多少取决于试样的代表性，偏析大的合金的钻孔数应较多，以便取得可靠的平均值。

（2）取样方法

① 切削法　为得到有代表性的样品，应将铸件上一段全部进行切削，必须选出一个与其截面相关的中心角。如截面为矩形可取四分之一切割，截面为正方形取八分之一切削，截面为圆形可取 30° 角切割。但这种方法因切削金属取样浪费很大，故在实践中很少应用。

② 截片法　截片法是实践中推荐的方法，可与纵轴相垂直，并以一定距离从试样中锯、铣或在车床上加工得许多薄片并收集起来，这样可以从偏析合金中取出有代表性的样品。这种

薄片再用钻的方式取样。对于异形构件要锯取铸件的最大、最小及中间的截片。

如果来样由许多块铸件组成，则应从料堆中不加选择地取出很多块。

③ 压延法　在有色金属铸锭的前期、中期和后期浇铸小型样锭，经洗涤、干燥后，在压延机上压成薄片，剪碎后，经磁铁处理并混匀。

从极均匀的锭中取样时，也可沿两条对角线截下，以取得相对的两块角状试样，用重锤锤平，煅烧，退火并碾成薄片后用剪刀剪下取样。

④ 水淬法　水淬法要从数量不多的金属中取样，最好是将金属熔化、搅拌，将熔融态金属注入冷水槽中，使其急速冷却而分散为细粒，干燥后再加工缩分为送验试样。对于熔融态的金属，可分别在浇铸的开始、中间和结尾各采取一次。水淬可使金属几乎在瞬间凝固，因而能防止偏析，常用于含杂质多和偏析可能严重的铸锭上，还必须是不与水反应且不易氧化的金属才能应用这种方法。因此，此法仅限于金、银等几种金属成分含量较低以及熔铸时易产生偏析的有色金属合金。

此外，通常用发射光谱测定铸造金属及合金组分时，若试样不均匀，则测定的重现性不好。故正确的取样及取样工具的正确使用都非常重要。采用熔融态金属取样（要用熔炉、淋涡等）或锭子取样（用钻、锯等）用于其中痕量杂质的光谱分析时，应注意污染。对光谱分析而言，偏析合金的取样十分困难，直接测定试样常会得到可疑的结果。在这种情况下，可熔炼数量较大的有代表性的物料，再按取样规则从熔融态物料中取样。如果合金中有易挥发或易氧化的元素，可在密封炉中尽可能低的温度下熔炼。

金锭、银锭的特点是较为均匀，可在铸锭上直接取样。银锭的取样标准如下：

① 作为仲裁分析的银锭取样　用于仲裁分析时，按每批银锭数的 10% 取样，但不得少于 1 个锭。特殊情况下，可以逐块取样。取样时，银锭表面不得有灰尘和油污等外来物。用直径为 12mm 的钻头钻取试样，深度不小于锭厚的 2/3。将钻取的钻屑经磁铁处理后混匀，用四分法缩分至不少于 150g，平均分为 3 份，每份不少于 50g。

② 单锭取样点　将锭的两个大面对角线中心点距两边顶点的 1/3 和 2/3 处作为取样点，共取 8 点。如图 2.4(a) 所示。

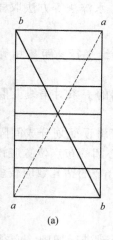　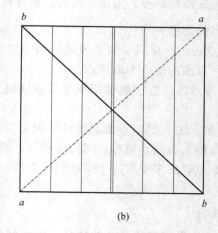

图 2.4　银锭取样位置图

注：*aa* 线上的交点为一面上的取样点，*bb* 线上的交点为另一面上的取样点。

③ 多锭取样点　取样点数按 $4n$（n 为锭数）规定进行。将银锭平行排列成长方形，在每锭的两个大面上，作长边的平行线，将锭宽 3 等分；再作两个面的对角线，将平行线与对角线

的相交处作为取样点。如图 2.4(b) 所示。

其他有色金属锭的取样与此类似，但不完全相同。

在不影响材料完整性的前提下，丝、管、带材的取样方法是从各部位取样，并剪成碎屑，混匀，然后按上述操作处理。

有色金属熔融状态的取样方法有以下几种：

① 铸片法　将有色金属物料放入坩埚中，高温熔化，充分搅拌后进行浇铸和取样。当金属液体浇铸至熔体总量的 1/4 和 3/4 时，用铸片模接取铸片样各一片。待样品冷却后用号码钢字头打上炉号。当两个铸片样分析结果的差值小于分析方法规定允许误差的 1.5 倍时，以两个样品分析结果的平均值作为报出结果。当两个铸片样分析结果的差值大于分析方法规定允许误差的 1.5 倍时，该炉有色金属物料应重新熔铸，并改用水淬法取样。

② 水淬法　将有色金属物料放入坩埚中，高温熔化，充分搅拌后进行浇铸和取样。当金属液体浇铸至熔体总量的 1/4 和 3/4 时，使金属液体以细流对准浸入铁皮水桶中的木榔头进行水淬，分别取一份水淬样。水桶中的细粒必须清理干净，以免混串。将水淬样放在瓷盘或不锈钢盘中，倾尽水后用洁净的纸盖好，放入电热恒温干燥箱中于 120℃ 下干燥 1h，再用四分法制取分析用样品。分析水淬样时，要在小颗粒中混合称取整粒样品，不得切取一粒的一部分，以保证样品的代表性。当两份水淬样分析结果的差值小于分析方法规定允许误差的 1.5 倍时，以两份样品分析结果的平均值作为报出结果。当两份水淬样分析结果的差值大于分析方法规定允许误差的 1.5 倍时，应重新熔铸和水淬取样分析。

③ 真空管取样　使用石墨棒搅拌金属熔液 1min，迅速将取样用的真空棒倾斜 45° 插入熔液中，取出后用水淬冷。从水中取出真空管，打碎玻璃，拿出样品，去掉样品两头，除去黏附的杂质。如果样品表面有不能除去的杂质，则该样品作废。最后将烘干的样品切成小块，并检查切面是否有气孔，如有，该样品作废，应重新取样。

④ 浸入取样　使用石墨棒搅拌金属熔液 1min，迅速将专用的取样装置放入金属熔液中并提起；当使用石墨勺取样时，应将样品的外表面在还原火焰下冷却直至凝固，或直接放入水中使样品冷却成粒状。检查样品表面是否有杂质黏附，使用金属刷除去样品表面的氧化物，如不能除去则样品作废。

海绵状或粉状有色金属样品往往是纯度较高的产品。此类物料只需在充分混匀后，按堆锥四分法、抽签法（是将采集来的各个样品进行编号，用抽签的办法任意选出所需检验的试样）或平均法（是从采集来的各个样品中分别取出一定量进行混合，然后对这个混合样进行分析）取样。

2.2.1.4　有色金属二次资源的取样

每年从二次资源中提取的有色金属数量已超过从矿产资源中提取的数量。有色金属二次资源是指需要回收和再生的各种合金材料、粉末、制成品（如器皿、工艺品、工业元件等）、化合物、废渣、废液、清扫物等，其有色金属含量从万分之几到 90% 以上，含量差异很大。如催化剂，有色金属在其中的分布是极不均匀的，尤其是失效的催化剂，在使用之后还伴随有色金属微粒的再聚集倾向。因此，取样及其加工制样过程关系到测定能否获得准确和具有代表性的结果。

在有色金属的二次资源中，金属的含量往往高出矿产资源中含量的几个数量级。有色金属含量的不均匀性是有色金属二次资源的特点，因此取样是一个十分复杂的过程，涉及各种各样的问题。实际工作中常根据有色金属废料的特点，对废料进行适当的预处理后再进行取样。近年来人们试图用概率和统计学理论来推动取样方法的发展，但仍是一些经验的总结。要掌握正确的取样方法，必须了解二次资源的组成和品种，防止或减少由于取样而带来的差错。

取样的基本原理包含两个方面：物质整体的逐渐减少；物质质点尺寸的逐渐缩小。在对某一物质整体进行系统分类或粉碎、研磨之前，这一整体不应轻易地进行缩减。不同的物料，取样有简有繁，有易有难。

（1）有色金属二次资源废料的分类

根据废料的物理形态、性质以及其组成的均匀程度，可将有色金属废料分成五类。不同类型的废料，采用不同的取样方法。应当注意的是，即使废料有着均匀的形态，有色金属含量存在差别仍然是可能的。二次资源废料的种类通常有以下一些。

① 含金、银的锭、屑、丝、片状合金废料。

② 有色金属清扫物废料。清扫物这一名称源于首饰工业生产过程中产生的清扫垃圾废料。当今这一名称已成为一个广泛的概念，几乎包括了有色金属工业中所产生的所有废料。

③ 电子工业废料。这类废料的构成十分广泛，主要是成批的电子或电路元件废品，如电阻、电容、晶体管、整流器、继电器以及触点元件等。近些年来，由于计算机的普及，废旧计算机中的硬盘成为有色金属二次资源的新来源。又由于有色金属价格的不断上涨，为节约有色金属用量，复合材料得到了很大发展，且由全面复合和电镀改为局部复合和电镀，由纯金属镀发展为合金镀，镀层厚度也越来越薄，使电子工业废料中的有色金属品位迅速下降。

④ 废液。包括废定影液、洗液、废电镀液等。

⑤ 阳极泥、淤泥。

（2）二次资源废料的取样方法

① 固体废料的取样　含有色金属的固体废料主要包括废催化剂、废合金和不合格固体产品等，应根据固体废料的具体形态和杂质含量的多少采取适当的预处理后再进行取样。

均匀原料的取样只需要考虑取多少量的试样才能满足所要求的代表性，或在一定的误差范围内取样。这种取样与原料的粒度无关，也不需要取多个样，其代表性只与其质量有关。此类原料取样的经验公式如下：

$$m = K_s / R^2$$

式中，m 为取样质量；R 为相对取样误差；K_s 为取样常数 [K_s 是置信度为 68%、取样误差为 1% 时所需的试样质量，可用两种方法估算其值：一种是当取样量为 m，重复多次测定，计算相对标准偏差（S_r），以 S_r 代替 R，按上式计算 K_s，这是一个近似值；另一种是用待测物质的物理及化学特征来估测 K_s]。

对于不均匀原料的取样在取样前想充分混匀是不可能的，因此必须取多个试样进行测定。只要依据每个试样的质量，随机采集试样并进行分析，可得到一系列测定结果。

取样问题的严重性是十分明显的，要完全合理地解决取样问题也是十分困难的。对于待测元素高度集中在一大堆原料中的某一部分的原料进行取样是完全没有意义的。如在一大车废料中有一块金砖，要从其中取出有代表性的分析试样是不可能的。了解取样理论是必要的，但实际试样千差万别，很多因素都是未知的。因此，在生产分析中的取样，仍然要依赖工作人员的经验和对物料的了解。

由于有色金属废料的多样化，取样方法也各不相同。有色金属废料可粗略地分为两大类：一类是可以直接取出一定量物料，经加工后即可送分析室；另一类需进行二次取样，即在最终取样前，应从一大堆物料中取出一定数量的试样进行熔炼、铸锭后再取一定数量的试样送分析室。

a. 不合格固体产品的取样方法　在有色金属深加工过程中，所得产品有时达不到预定标准而成为废品，如硝酸银中杂质元素含量超标，氧化银生产中所用烧碱不合格或操作失误引起氧化银产品报废，或者在合格产品生产中正常产生的含有色金属的固体废料等。这些固体废料的有色金属含量高、成分比较均匀，但有时含水量不等，各批次废料成分各异。取样时，一般先对这些废品进行干燥，得到干燥失重指标，再按照取样规则在不同部位取一定量的废料，最后按堆锥四分法取样。堆锥四分法是传统的缩分方法，对小批量物料的取样，此法具有简单、实用和准确的特点。取样时首先将已磨细的物料堆成锥形，沿中心均匀地分割成四等份，取对角的两个四分之一为试样，其余部分留作副样。若所取试样数量过大，可进一步按相同方法缩分。如果物料批量特别大，可采用各种缩分器及有关机械取样装置进行取样。这样所得试样的代表性好，同时在后续制样和测定过程中可以省去许多麻烦。

b. 废催化剂、清扫物和抛灰的取样　废催化剂表面常附有有机物，清扫物也经常混有纤维、废纸、塑料等杂物，需要预先焚烧、磨细、混匀，再用堆锥四分法取样。

催化剂主要用在化学反应过程中和汽车尾气净化中。随着使用时间的增长，催化剂会老化、积炭、遭受某些毒物的毒害而使部分或全部丧失活性，但其中的有色金属 Au、Pt、Pd、Rh 等的含量并未有较大变化，而元素的分布则变得比新催化剂更加不均匀。为了获得准确的分析结果，正确的取样方法、方式以及试样的制备、溶解是十分关键的。

（a）催化剂的分类　用于非均相催化作用的铂族金属催化剂有两类。一类是合金网状催化剂，最具代表性的是硝酸工业中的 Pt-Pd-Rh 三元合金催化网。另一类是载体催化剂，用于此类催化剂的载体种类较多，如：$2Al_2O_3 \cdot 5SiO_2 \cdot 3MgO$、$Al_2O_3 \cdot SiO_2$、$\gamma\text{-}Al_2O_3$、硅酸盐、分子筛、活性炭和聚合物等。其形状有小球、棒状、蜂窝状和粉末等。主要起催化作用的是所含的 Au、Pt、Pd、Rh 等元素。这类催化剂主要用于石油化学中的催化裂解、加氢，一氧化碳和有机物的合成以及汽车、内燃机废气的净化等。催化剂中铂族金属的含量除 Pd/C 和 Pt/C 催化剂中 Pd、Pt 为 $0.x\%\sim x\%$ 外，其余催化剂中 Pt、Pd、Rh、Ir、Os、Ru 含量一般为 $xx\sim xxx\text{g/t}$。合金类催化剂的取样通常按有色金属合金分析中的取样方式；而对于工业上使用的载体催化剂，由于种类多、用量大，分析取样是比较特殊的。

（b）载体催化剂的取样与试样制备

a）机械化取样法　该方法适用于大批量失效催化剂的取样。原料以吨级为单位，称量后被自动送入大型粉碎机简单粉碎，然后进入筛分机。筛分机分为三级过筛，按颗粒大小将物料筛分为粗料、中料和细料三类，根据原料中有色金属的含量，分别按 5%（或 10%）的比例缩分、磨细和取样。最后一级分取的样品被磨细至 $100\sim120$ 目。将取出的样品分成两份，一份作副样保存，另一份烘干测定含水率并按分析要求预处理和测定有色金属的含量。该方法能够得到均匀且具有很好代表性的试样。

b）管枪取样法　该方法适用于桶装的催化剂。

取样枪的制作：采用两种规格的薄壁钢管，加工成套管式的取样枪，内管直径为 2.5cm，管壁依催化剂的颗粒大小和装催化剂铁桶的高度铣成一槽形（为增加内管强度，于内管的不同高度三方开槽），枪头为锥形（长约 3cm），套于外管内，整个枪长约 200cm。

取样方式：将取样枪从桶的顶部用力插入直至桶底为止，然后分段拔出外套管，每拔出一段外管，可旋转并振动内管，使取样部位的物料进入管里槽中，待物料以盛装物料主体的方式充入内管后，用力压下外套管，拔出取样枪，然后再活动套管使内管中的试样流出。采用这样的方法，每桶废催化剂取 5 个部位，其中 4 个部位位于与铁桶构成同心圆的等距离周边上，1 个部位位于圆心点。

取样量：废催化剂的颗粒直径一般为 $2\sim3\text{mm}$，采集的试样质量可依据切乔特经验公式 $Q=Kd^2$ 计算，式中，Q 为最少取样质量；d 为试样中最大颗粒的直径（参考值 1.8~

2.5mm）；K 为特性系数（参考值 $0.05 \sim 1$）。假定特性系数取 0.8，d 值取 $2mm$，则采集样品的质量应在 $3 \sim 7 \ kg$ 范围内。

试样制备：将所取样品堆锥和四分后缩减至约 1kg，置于磨样机中研磨至 $120 \sim 200$ 目。将磨细的样品粉末装入含有不同直径瓷球（约 30 粒）的 3000mL 厚壁玻璃瓶中，滚动混匀 30min，即获得分析用试样，盛于磨砂广口瓶中备用。

c）定位排空取样法　对于桶装的催化剂，可先于桶上部铲取约 1kg 废催化剂，然后，依次将催化剂铲出去，到达桶的中部时再铲取约 1kg，最后于桶底再铲取约 1kg。然后将约 3kg 的样品进行堆锥和四分，最后将约 0.7kg 的样品研磨至约 120 目，再置于瓶中加瓷球混匀，所得试样储存于磨砂广口瓶中备用。

管枪取样法灵活有效，而定位排空取样法劳动强度大。当催化剂样品均匀且数量较少时，仅需采取常规堆锥四分法，粉碎后即可得到具有一定代表性的试样。

（c）有色金属清扫物的取样　对于有色金属清扫物的取样，由于清扫物中经常混有纤维、废纸、塑料等杂物，需预先焚烧、磨细、混匀，再用堆锥四分法取样。此法是较古老的且行之有效的方法，对小批量物料的取样，简单、适用且结果准确。

含有色金属的废催化剂的表面常附有有机物，同时含有陶瓷微球或活性炭等载体。抛灰主要来自首饰加工过程，其主要成分为金刚砂和颗粒极细的有色金属单质，同时可能存在纤维、废纸、塑料等杂物。取样步骤为焚烧、磨细、混匀和缩分。对于某些特别不均匀的废催化剂和抛灰，可以采用定量制液后再取样的方法来解决取样均匀性问题，即准确称取一定量的废催化剂和抛灰，按照回收程序先行制液，然后再从溶液中取液体样，分析以后再折算成废料的有色金属含量。

② 金废料的取样方法　含有色金属的合金废料品种繁多，形状、组成各异，但有色金属含量较高，如各种测温材料、触头材料、催化网、加工废屑、废工艺品、钱币、首饰等。为了取样具有代表性，取样前的预处理方法通常是预先铸锭，将有关合金废料置于感应炉中熔铸成锭。采用铸锭钻孔取样法、铸锭锯屑取样法或熔液急冷碎粒取样法、毛细管法等进行取样。

a. 铸锭钻孔取样法　将已熔化的金属注入一定规格的锭模中，冷却、清除表面浮渣。这样的铸锭往往因各部分冷却速度不同，合金成分密度的差异造成偏析。铸锭是经感应炉熔炼的物料浇铸而成的，成分一般都较均匀。但在某些有色金属及其合金的熔炼过程中，偏析现象是始终存在的，不仅组分产生偏析，而且其中的痕量元素也产生偏析，故在取样时也应考虑此问题。偏析现象是由于许多在熔融时很均匀的合金在冷凝时，有些成分先行结晶并按密度的差异而降落底部或漂浮上面而引起的。此外，铸模有些部位（侧面和底部）冷却最迅速，从而使贴近这些部位的合金先成层凝固，较难熔的组分在此结晶，而锭内仍是液体状态的金属则被挤向上方最后凝固。每一凝固层与另一层的成分都不同，由此改变了物料的均匀性，导致各点或区域的化学成分产生差异，这种现象叫作偏析。

对此类试样，只从一个部位取样不能代表整体含量。正确的取样需沿铸锭的对角线，间隔一定距离进行钻孔或在整个锭表面间隔一定距离进行钻孔，收集全部钻屑，碾细，用四分法分取分析试样。

b. 铸锭锯屑取样法　按铸锭钻孔取样法制得铸锭，然后沿锭的横断面锯开，收集全部锯屑，混匀，最后用四分法分取分析试样。

c. 熔液急冷碎粒取样法　熔液急冷碎粒取样法是将熔融合金倒入冷液体中进行急冷碎化，所用冷液体一般为水。经过急冷碎化所得合金颗粒度较小且比较均匀，便于取样分析。

上述两种铸锭取样方法都会因偏析而影响取样精度。碎粒取样法可克服上述困难，取样精度较高，因为感应炉中的液态金属是很均匀的。当急冷碎化时，合金成分不会产生偏析，试样是均匀的，碎化成的颗粒较细且均匀，便于取样分析。物料放入感应炉中熔化成均匀的熔体后，取一定数量的熔体于已预热至与熔体温度相同的石墨小勺或小坩埚中，然后迅速注入盛有水的大桶中。为了有利于金属碎化和防止急剧气化，注入熔体时需进行搅拌，桶内备有一篮子以便收集碎化后的合金细粒。在桶中有一块悬浮木板，将熔体注入木板上更有助于合金碎化，然后收集全部合金细粒，干燥，称量，最后按四分法分取分析试样。

现在已有一种专用设备，其原理是采用一定体积的水，在吸气器的作用下，加速通过一个文丘里管，在水进入文丘里管前，将熔体注入水中，使其碎化，并迅速地冷却，将全部合金细粒烘干，称量。此法制得的试样颗粒细且均匀，不被氧化，是理想的取样方法，但是取样系统较复杂，只有技术熟练的工作者才能有效地完成这种操作。

d. 毛细管法　将一支耐高温的真空玻璃毛细管插入熔化的金属中，然后拔出，冷却后形成金属棒，最后切割成需要的样品数目。

③ 电子工业废料　电子工业废料中有色金属含量变化很大，因而是各种废料取样中最具挑战性的课题之一。含大量铁、镍、铜的废料来源于各种电器元件、机器部件和焊料等。这类废料含铜、铁、镍、锡等，一般熔点较高，不易破碎，需要进行二次取样，即首先加一定熔剂与待处理物料熔成低熔点、易脆的冰铜，再经破碎、碾磨后分取试样。根据对铁、铜、铝三元相图的研究，可找到一个区域，使合金熔点低于 $1300℃$，易破碎。熔剂可用金属铝或硫化物，用硫化物熔炼会产生 SO_2，污染环境。

④ 液体废料的取样方法　含有色金属的废液主要有电镀废液、溶解有色金属过程中的废王水等。这些废液中一般含有一定量的沉淀。对于透明、浑浊和有少量微细沉淀的有色金属废液，只需充分搅动溶液，使沉淀悬浮于溶液中，迅速准确量取一定量溶液作为正样和副样即可。如果沉淀较多且颗粒较大，则必须经过过滤，分别从溶液和沉淀物中取出一部分作为分析样品，然后由两部分结果进行整体含量的计算。

阳极泥、淤泥等废料常含有一定的水分，故需于 $110℃$ 烘干、称重，并计算其失重率，经研磨、过筛（80～120 目）、缩分后取样；或者用一根直径约 4cm 的管子从废料堆的顶部直插到堆底取样，然后按前述操作处理试样。

需要强调的是，要将上述量大且不均匀的催化剂或废料制成绝对均匀的待分析试样是比较困难的，因此，在溶样或预处理等条件允许的情况下，检验人员应尽可能地称取较多的试样进行分析，以便使结果具有较好的代表性，减少因取样少（如<0.5g）而引起的误差。

做产品质量分析，在取样时还应注意在同一批次产品中随机取多少瓶样品的问题。在实际生产中通常的做法是随机抽取产品总量 5% 左右的整瓶样品，先分析产品的包装容器和包装标识是否科学合理，再将每瓶产品启封，从中各取一定量的产品混合均匀，作为进一步缩分的依据。需要注意的问题是，有些产品在启封后易被氧化或吸湿潮解，在取样后应立即处理，以免给分析结果带来不应有的误差。

总之，二次资源的取样是十分复杂的，只有认真熟悉和应用各种取样技术，才能合理地完成。

2.2.1.5　采样注意事项

采样人员要认真研究并严格按取样标准的规定实施取样操作，保证所取的样品具有代表性和真实性。

① 应由专职的采样工采样，或由分析工兼采，不能由生产工人代行采样。

② 应使用适当的采样工具，但不管用何种工具采样，以不使物料发生变化（如失水、吸潮、发生化学反应等）为前提。取样前，根据物料性质准备取样工具。

③ 采样要注意安全，尤其是易燃、易爆、强腐蚀性物品的采样一定要按国家标准 GB/T 3723—1999《工业用化学产品采样安全通则》执行。

采样前应采取相应的安全防护措施，涉及冷冻、高温状态下的取样，操作时除了应注意防止冻、烫伤外，还要使用保温不渗透手套。

槽车取样必须通知现场管理人员，并要求一同前往取样点，由现场管理人员启封开盖。到装置现场取样时，要注意现场作业环境，必要时找操作工配合采样。若现场环境恶劣，没有安全保证，可停止采样操作，并通知生产调度和工艺人员。如确因生产急需非采样不可，有关部门和领导必须采取有效措施保证采样者的人身安全和所采的样品具有代表性和真实性。

④ 取样完毕后，做好现场取样记录，贴好样品标签，标签内容包括：样品名称、来源、采样部位、批号、车号、产地、采样日期和时间、采样者等。

⑤ 采得的样品应立即进行分析或封存，以防氧化变质和污染。

随着分析方法的改进和仪器分析方法的普及，采用的试样量越来越少，因而取样方法中引入的误差就更要引起注意。由于有色金属、合金和矿石及二次资源等的种类繁多，加上熔炼、铸造、研磨和制备等方法的不同，因此提出一个对所有有色金属、合金和矿石及二次资源都普遍适用的取样、制样原则是困难的，甚至是不可能的，只能针对不同分析对象正确地进行取样和样品制备。

2.2.2 制样和留样

（1）制样的目的

制样的目的是从采得的物料中获取符合下列条件的样品：①能够满足检验要求；②性能能代表总体物料的特性；③数量是最佳的。

（2）样品制备的原则

制备样品时应遵守如下原则：原始样品的各部分应有相同的概率进入最终样品；制备技术和装置在样品制备过程中不破坏样品的代表性，不改变样品的组成，不能使样品受到污染和损失。在检验允许的前提下，为了不加大采样误差，应在缩减样品的同时缩减粒度；根据待测特性、原始样品的最终粒度、最终样品量和粒度以及待采物料的性质确定样品制备的步骤及应采用的技术。

（3）样品制备的步骤

气体、液体物料一般是比较均匀的，除特殊要求者外，一般不需要特别制样。而固体物料大部分是不均匀或不大均匀的。因此，固体物料要从样品得到试样需将采得的样品进行再加工，有的需要粉碎、过筛，如大块矿石、废料以及某些颗粒状态的产品等。粉状、结晶状的化工产品不需要粉碎，只要混匀、缩分即可。

固体样品制备一般包括粉碎和过筛、混合、缩分三个阶段，应根据具体情况一次或多次重复操作，直至获得最终样品。

① 粉碎和过筛 用机械或人工的方法把样品逐步粉碎。试样的破碎过程有粗碎、中碎、细碎和粉碎。根据分析项目的要求不同，使用不同的设备和方法破碎至不同的粒度。

a. 粗碎 若样品粒度过大，先用大锤在铁板上碎至其最大颗粒直径 $d<50mm$，然后用颚式破碎机将 $d<50mm$ 的样品碎至 $d<40mm$。

b. 中碎 用磨盘式破碎机或对辊式破碎机将粗碎后的样品碎压至 $d<0.92mm$（通过 20 目筛）。

c. 细碎　用磨盘式破碎机将中碎样品碎至 $d<0.196\text{mm}$（通过 80 目筛）。

d. 粉碎　由球（棒）磨机或密封式化验碎样机完成，最终样品粒度 $d<0.080\text{mm}$（通过 180 目筛）。用球（棒）磨机或密封式化验碎样机粉碎样品时，控制不同的制样时间，可得到不同细度的样品。

试样加工过程中，样品的粒度变化很大。为了减少重复劳动，避免浪费，在破碎之前先行过筛（称为预过筛或辅助过筛）。对于筛下部分可不必破碎，只破碎筛上部分。为了保证样品加工的细度，在破碎之后要进行检查过筛。检查过筛中若有少量筛上部分，不能强制过筛或抛弃，必须继续破碎至能自然通过为止。

粗碎用的大筛有手工筛和机械筛，筛孔直径为 4mm。中碎和细碎常用成套的孔径不同的金属网筛，称为套筛。我国采用十级套筛，筛号也称为目级。目，是筛子孔径大小的量度。由于各国所用的金属网线的截面积不尽一致，故不同标准的套筛，在同一目值时，筛孔孔径大小有所不同。

在固体物料中，难破碎的粗粒与易破碎细粒的成分往往不同，因此，在任何一次过筛时都应将未通过筛孔的粗粒进一步粉碎，直至全部通过筛子为止，而不可将粗粒随便丢掉。

② 混合　对一个不均匀的固体试样来说，其中所含的不同组分，由于其物理、化学性质不同，分布也可能不均匀，在破碎前后若要缩分，则须先行混匀。根据样品量的大小选择人工或机械混合，人工混合时选用合适的手工工具（如平铲等），机械混合时选用合适的机械混合装置。

混匀的方法有如下数种。

a. 圆锥法　将破碎至一定粒度的试样，用铁铲在钢板（或橡皮垫）上堆成一个圆锥。然后，围绕试料堆由圆锥体底部一铲一铲地将试样铲起，在距圆锥一定距离的部位堆起另一个圆锥体。如此反复三次以上。

b. 环锥法　按圆锥法将试样堆锥，然后压锥顶使之成圆饼，从里向外将试样铲起，堆成圆环状。如此反复 2～3 次。

c. 掀角法（或称翻滚法）　将样品平展于正方形光滑橡皮垫上，交叉提起每对对角后再展开样品，如此反复 10 次左右。

d. 机械混匀法　球（棒）磨机在磨细的过程中，本身就是一种很好的混匀。另外，还可以用机械分样器或其他特制的混样器混匀。

③ 缩分　在样品每次破碎后，用机械（如分样器）或人工取出一部分有代表性的试样继续加以破碎，使样品量逐渐缩小，便于处理，这个过程称为缩分。

制样过程中的缩分，其目的是在不改变试样的平均组成的情况下缩小试样量，这可以大大减少制样的工作量，提高工作效率。常用的缩分法有分样器缩分法、四分法和棋盘缩分法。

a. 分样器缩分法　分样操作时，用铲子将待缩分的物料缓缓倾入分样器中，进入分样器的物料顺着分样器的两侧流出，被平均分成两份。将一份弃去（或保存备查），另一份则继续进行再破碎、混匀、缩分，直至所需的试样量。用分样器对物料进行缩分，具有简便、快速、减轻劳动强度等特点。图 2.5 为格槽式分样器。

b. 四分法　先将已破碎或待缩分的样品充分混匀，然后将样品全部倒入一干净的瓷盘中，用小平铲将物料堆成一个圆锥形，再移动一个位置，即交替地从两边对角部分将物料铲起，堆成一个新锥体。每次铲起的样品不宜过多，匀速地撒落在新锥体的顶端，并均匀地散落在锥体的四周，如此反复三次。然后用小铲从顶端向四周均匀地摊

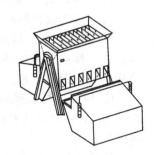

图 2.5　格槽式分样器

压成扁平体，通过中心划十字形切成四等份，弃去任意对角的两份，或用十字分样板放在扁平体的正中，压至底部，把样品分为四个扇形，弃去对角的两份。这样可使样品中不同粒度、不同密度的颗粒大体上分布均匀，留下样品的量是原样的一半，仍能代表原样的成分。剩余部分再如上缩分，直至所需数量。

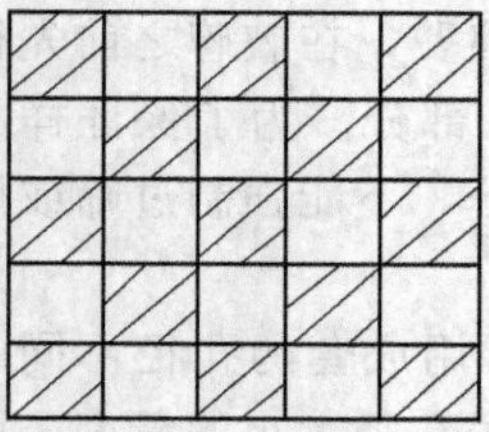

图 2.6　棋盘缩分法示意图

c. 棋盘缩分法　将混匀的样品铺成正方形的均匀薄层，然后将其划分成若干个小正方形，用小铲子将一定间隔内的小正方形样品全部取出，放在一起混合均匀，其余部分弃去或保存备查，如图 2.6 所示。

缩分的次数不是随意的。在每次缩分时，试样的粒度与保留的试样量之间都应符合采样公式（或称缩分公式），即 $Q = Kd^2$，否则应进一步破碎后再进行缩分。

例 2-1　已知均匀金矿的 $K = 0.1$。（1）采取的原始试样最大直径为 30mm，问最少应采取多少试样才具有代表性？（2）将原始试样破碎并通过直径为 3.36mm 的筛孔，再用四分法进行缩分，最多应缩分几次？（3）如果要求最后所得分析试样不超过 100g，问试样通过的筛孔直径应为几毫米？

解　（1）计算应采取原始试样的最低质量。

$$Q = Kd^2 = 0.1 \times 30^2 = 90 \text{kg}$$

（2）先计算缩分后应保留试样的最低质量。

$$Q = Kd^2 = 0.1 \times 3.36^2 = 1.13 \text{kg}$$

每缩分一次试样的质量减少 1/2，设应缩分 n 次，可按下式计算 n。

$$90 \times \left(\frac{1}{2}\right)^n = 1.13$$

解得 $n = 6.3$，即应缩分 6 次，剩余样品的质量为：

$$Q = 90 \times \left(\frac{1}{2}\right)^n = 1.41 \text{kg}$$

计算结果表明：剩余质量多于应保留的最低质量，所以具有代表性。

（3）100g = 0.1kg，代入公式：

$$0.1 = 0.1 \times d^2$$

解得 $d = 1$mm，所以试样通过的筛孔直径应为 1mm。

④ 样品容器及标签

a. 对盛样容器的要求

（a）盛样容器应具有符合要求的盖、塞或阀门，在使用前必须洗净、干燥。

（b）容器的材质必须不与样品物质起作用，并不能有渗透性。

（c）对光敏性物料，盛样容器应是不透光的。

b. 样品标签　样品盛入容器（瓶、桶、袋等）后，应随即在容器壁上贴上标签，标签内容包括：样品名称及样品编号、总体物料批号及数量、生产单位、采样部位、样品量、级别、采样日期、保留日期、采样者姓名。

⑤ 留样　样品经粉碎、混合、缩分后一般将其等量分为两份（液体样品把原始样缩分成 2～3 份），一份供检验用，一份留作备考。必要时封送一份给送样方。留样就是留取、储存备考样品。

样品的保留由样品的分析检验岗位负责，在有效保存期内要根据保留样品的特性妥善保管好样品。

a. 留样的作用

(a) 复核备考用：考查分析人员检验数据的可靠性，作为对照样品用。

(b) 查处检验用。

(c) 比对仪器、试剂、实验方法是否存在分析误差或作为跟踪检验用。

(d) 可用来研究产品的稳定性。

b. 留样的保存和撤销　保留样品（备考样品）的量、保存环境、保存时间、撤销办法等一般在产品标准或采样操作规程中都有具体规定。但对于有色金属含量较高的样品或含氰样品的保存可酌情考虑。

(a) 样品保留量要根据样品全分析用量而定，不少于两次全分析量。

(b) 保留样品（备考样品）的贮存时间一般不超过六个月，根据实际需要和物料特性可适当延长和缩短。中控分析样品一律保留至下次取样，特殊情况保留 24h 并交给本站岗位工程师处理。外购大宗原材料、原料罐、中间罐样品保留一周。外购化工料样品保留三个月或半年。成品样品：液体一般保留三个月，固体一般保留半年。

(c) 保存环境　留样间要通风、避光、防火、防爆、专用。保留样品的容器（包括口袋）要清洁，必要时密封以防变质，保留的样品标识清楚齐全。样品要分类、分品种有序摆放，保持留样间清洁。要有专人管理样品室。

(d) 留样必须在达到或超过贮存期才能撤销，不可提前撤销。样品过保存期后，要按有关规定妥善处理。对剧毒、危险样品的保存和撤销，除一般规定外，还必须严格遵守关于毒物或危险物品的安全规定。

样品应保存在对样品呈惰性的包装材质（如塑料瓶、玻璃瓶等）中，贴上标签，写明物料的名称、来源、编号、数量、包装情况、存放环境、采样部位、所采样品数和样品量、采样日期、采样人等，详见表 2.1。

表 2.1　样品记录标签

样品登记号		样品名称	
采样地点		采样数量	
采样时间		采样部位	
采样日期		包装情况	
采样人		接收人	

(4) 特殊样品的制样

有些样品不能按前述介绍的常规方法制备，这些样品要视其性质及分析要求进行特殊处理。

有的样品含水分太多，在磨盘式碎样机上破碎时将变成糨糊状，一般需预先烘干。

黄铁矿和其他硫化物以及氧化亚铁，在过度粉碎或较高温度烘烤时，均可能被氧化。因此这类样品只碎至过 100 目筛，且控制烘烤温度低于 60℃。但铬铁矿难分解，其测定亚铁的试样仍需碎至过 200 目筛。全分析和单矿物分析测定其中亚铁或硫化物的试样与测定其他组分的试样相同，一般都是过 160 目筛。

有些样品本身的铁含量很低，不能用钢铁器械制样，以防被铁元素污染。这类样品通常用铜研钵敲碎后，再用玛瑙研钵研磨至所需粒度；最好用石锤在石墩上击碎，再用玛瑙研钵研细。

汞矿和供物相分析的样品碎至过 100 目筛，不烘样进行分析。

测定金的岩石、矿物试样碎至过 200 目筛。粒度过大，不利于试样的分解；粒度过细，由于过度破碎时自然金被压成片状，易黏附在器械上而造成损失。但当试样含有较大颗粒的明金时，过筛过程中要注意收集明金。

2.3 有色金属分析试样的分解和预处理

在分析工作中，一些样品可以以固体样品形式分析。如对于 X 射线荧光分析法，固体样品需要用固体缓冲物质稀释，以减少样品与标准品之间的变化，减少基质效应；固体样品还可以通过沉淀方法从较稀的水相样品中得到，这种方法更适合中子活化分析。除可以用试样直接进行分析的样品之外，通常都是先把试样溶解，制成溶液，再进行分析测定。有些试样还要进行处理、分解。因此，试样的处理是分析工作的重要步骤之一。我们必须掌握各种试样的处理方法，尤其是难分解的试样，这是确定快速、准确分析方法的前提。一般优先选择单一酸分解法（作为样品的初始处理方法），以及几种酸分解大量样品的方法。考虑到有色金属可能包裹在不溶残渣中，应该慎重地使用这些方法。

试样的预处理效果直接影响有色金属分析测试数据的质量，针对具体样品采用适当的样品消解方法并辅之合适的分离富集手段，是有色金属元素测试分析取得成功的关键。在有色金属元素测试分析中，试样消解一般采用火试金法、酸溶法、碱熔法和氯化法等；分离富集一般采用吸附法、溶剂萃取法、离子交换法、沉淀法和共沉淀、蒸馏法和流动注射等。在有色金属元素的测试分析过程中通过选择不同的预处理方法，可以获得更好的测试分析数据。有关分离富集方法将在第 5 章中介绍，本节主要介绍有色金属试样的分解方法和预处理方法。

2.3.1 试样处理的一般要求

(1) 对需溶解成溶液的试样的处理要求

① 试样需分解完全，处理后的溶液不应残留原试样的细屑或粉末。

② 试样处理过程中待测成分不应有挥发和损失。如测定有色金属深加工产品中的 S^{2-}、CO_3^{2-} 时，不能用酸处理试样。

③ 试样处理过程中不应引入被测组分与干扰物质。如测定有色金属深加工产品中的 SO_4^{2-} 时，显然不能用 H_2SO_4 溶解试样，在分析超纯物质时，应当用超纯试剂处理试样，若用一般试剂则可能引入数十倍甚至上百倍的被测组分。在很多情况下，加入的试剂可能干扰化学反应的进行，在确定分析方案时应充分考虑这一问题。

(2) 对不需溶解成溶液的试样的处理要求

对不需要制成溶液的试样（即试样、实验室样品），可在对试样稍加处理（如混匀、清洗、外形加工等）后，直接进行检验，但应做到保持其待测特性不发生任何改变。如检测有色金属粉体时，不能使其受热、撞击而发生团聚和氧化等。需控制颜色的产品应尽快观测，以免样品发生氧化反应、还原反应或吸潮而变色。监测水质时，应按标准规定的方法保存样品，可在现场测定的项目尽量在现场测定或在现场实现保存条件的控制。分析有色金属化合物产品中的水分时，试样应密封，以防水分挥发或吸潮。

(3) 湿存水的处理

一般样品往往含有湿存水（也称吸湿水），即样品表面及孔隙中吸附了空气中的水分。其含量多少随着样品的粉碎程度和放置时间的长短而改变。试样中各组分的相对含量也必然随着湿存水的多少而改变。例如含氰化亚金钾的潮湿样品 100g，其中金含量为 60%，由于湿度的降低样品质量减至 95g，则金的含量增至 60/95＝63.2%。所以在进行分析之前，必须先将分析试样放在烘箱里，在 100～105℃烘干（温度和时间可根据试样的性质而定，对于受热易分解的物质可采用风干的办法）。用烘干样品进行分析，则测得的结果是恒定的。对于水分的测定，可另取烘干前的试样进行测定。

2.3.2　试样的分解方法

在分析工作中，样品分解的目的就是将试样中的待测组分全部转变为适合于测定的状态，或将组成复杂的试样处理成简单、便于分离和测定的形式。一般先将试样分解，制成溶液，再进行测定。试样的分解工作是分析工作的重要步骤之一。由于试样的品种繁多，性质各异，所以分解方法也有所不同。分解试样的主要方法有溶解法、熔融法、半熔（烧结）法、燃烧法、升华法及增压溶解法等。一般无机试样的分解方法常用的有溶解法和熔融法，有机试样的分解方法可用消化法和灰化法。

分解是分析的第一个步骤，如果分解不完全，则使测定变得没有实际意义。同时，分解要使待测离子的状态尽可能与测定要求一致，引入的金属离子应愈少愈好。分解的操作应简便、安全、不污染环境。下面针对各种不同的有色金属样品的分解方法进行逐一介绍。

2.3.2.1　有色金属矿物原料的分解

有色金属在矿物原料中赋存状态的特殊性，使其分解成为分析中的一个难题。普通有色金属矿物的分解技术已不能满足要求，需用一些特殊的分解技术才能解决难溶有色金属矿物的分解。由于有色金属二次资源的复杂性和多样性，在试样分解时常常借鉴有色金属在矿物原料中的分解技术。这些技术主要是干法分解技术和湿法分解技术。干法分解技术包括火试金法、合金碎化法、高温氯化法、碱熔法和烧结法。湿法分解技术包括常压酸分解法、高压酸分解法、交流电化分解法等。根据矿石的组成和待测元素的情况选用合适的分解技术。含硫或砷的矿石需焙烧后再分解。

(1) 焙烧

贵金属在矿石中除以自然金、铂等形式存在外，还以各种化合物、合金形式存在，并常伴生在硫化铜镍矿和其他硫化矿之中。用王水分解此类矿样时，由于硫的氧化不完全，易产生元素硫，并吸附金、铂、钯等，使测定结果偏低，尤其对金的吸附特别严重，故需要先进行焙烧处理，使硫氧化为 SO_2 而挥发。焙烧温度的控制是很重要的，温度过低，分解不完全；温度过高会烧结成块，影响分析测定。常用的焙烧温度在 600～700℃之间。焙烧时间与试样量和矿石种类有关，一般在 1～2h。不同硫化矿的焙烧分解情况不同，其中黄铁矿最易分解，其次是黄铜矿，最难分解的是方铅矿。

含砷金矿，特别是在砷含量在 0.2% 以上，且砷含量比金高 800 倍条件下焙烧时，砷和金易生成一种易挥发的低沸点化合物而损失。因此，此类矿样的焙烧温度一定要控制在 650℃以下。

含砷金矿的焙烧是先将矿石置于高温炉中，再从室温开始慢慢地升温至 400℃，保温 2h，使大部分砷分解、挥发，然后升温至 650℃，使硫和剩余的少量砷全部挥发。为了提高焙烧效率，缩短焙烧时间，可在矿石中加入 NH_4NO_3、$Mg(NO_3)_2$ 等助燃剂。如试样中硅含量较高，加入部分 NH_4HF_2 对分解 SiO_2 是有好处的。

含银硫化矿的焙烧，因生成难溶的硅酸银，测定结果严重偏低。为此，用酸分解焙烧试样时，加入 HF 以分解硅酸银，即可得到满意的结果。

含铂族元素硫化矿的焙烧与含金硫化矿相同。如含铱试样进行焙烧时，铱易被氧化为

OsO_4 挥发损失。为减少损失，可在焙烧炉中通入氢气，硫以 H_2S 形式挥发；或按 10∶1∶1∶1 的比例将矿石、NH_4Cl、$(NH_4)_2CO_3$、炭粉混合后焙烧，可加速硫的氧化，对锇有保护作用。

（2）分解

贵金属在自然界中含量极微，且分布不均匀，加之抗酸碱腐蚀性强，分解很困难。其干法分解方法包括火试金法、各种熔融法、烧结法和氯化法；湿法分解方法包括常压和高压条件下的酸分解法。本节仅介绍一些常用的方法。

① 火试金法　火试金法是一种古老而迄今仍然被使用的方法，对贵金属的分解、富集有特殊效果，是一种小型火法熔炼技术，贵金属二次资源中贵金属的分解常采用此方法。它是将固体熔剂与矿样混合进行高温熔融反应，生成的合金熔体富集贵金属且沉于底部，而贱金属等生成硅酸盐、硼酸盐渣浮于表面，冷却后，取出合金扣，如以铅为捕集剂，得到的是铅扣，再将铅扣置于灰皿上，进行灰吹，最后得到贵金属合粒，从而达到分解、分离、富集的目的。贵金属合粒常用于分析测定。

至今经典的铅试金法仍是贵金属分离和富集中最有效、最准确可靠的方法。火试金法已在原铅试金的基础上发展成各种新的试金法，主要有锡试金、锑试金、铋试金、硫试金、铜铁镍试金等，并应用现代新的技术对设备和操作方面做了改进，提高了铑、铱、锇、钌的富集率并改善了操作条件。

火试金法的取样量较大，可以取几十克，甚至上百克的试样，对分布不均匀的试样是很必要的；适用范围广，几乎可以应用于所有贵金属矿石分析；富集效率很高，即使十分复杂的试样，经试金后也能清晰地将贵金属与其他元素分开，十分有利于后面工序的测定。因此，火试金法是贵金属矿石分析中必不可少的手段。

金矿石中金的火试金法分解与富集是称取 50g 试样（预先在 110℃ 条件下烘干），加 70g Na_2CO_3、50g PbO、8g 硼砂、2g 面粉，混匀，置于试金坩埚中，加 5mg Ag（以 $AgNO_3$ 溶液加入），烘干。用食盐覆盖，厚度约 1cm，放入预先升温至 800℃ 的熔炉中，继续升温 1h 至 1200℃，保温 1min。取出坩埚，将熔融物倒入铸模中，冷却。将铅扣锤成正方形，熔渣全部保留，以备第二次回收。将灰皿先放入已升温到 900～1000℃ 的灰吹炉中，预热 30min，再将铅扣放入灰皿中，关闭炉门，待熔融铅去掉浮膜后，半开炉门，使炉温降到 850℃，进行灰吹。待灰吹接近完成时，再升温至 900℃，使铅彻底除尽。然后取出灰皿，冷却，即得到金银合粒。本法也适用于矿石中铂、钯的分解和富集。

硫化铜镍矿中铑、铱的分解与富集是称取 50g 试样，加 75g PbO、50g Na_2CO_3、35g 硼砂、45g 玻璃粉、3g 面粉，混匀，置于试金坩埚中，加 6mg 铂、4mg 钯溶液置于试样的中心部位，烘干，表面覆盖一层食盐，放入预先升温至 800℃ 的熔炉中，缓慢升温，使其充分反应。经 30min 后快速升温至 1100～1150℃，保温 15min。取出，将熔融物倒入热的铸模中，冷却。取出铅扣，锤打除去炉渣，并锤成正方形。将灰皿置于已升温到 700～800℃ 的灰吹炉中，预热 30min，再继续升温到 900℃。将铅扣放入灰皿中，关闭炉门，待铅扣熔化后，微开炉门，进行灰吹至吹完。取出灰皿，冷却，即得到富集了铑、铱的铂钯合粒。合粒用封管氯化法溶解和测定。用铂金合粒富集硫化铜镍矿中铑、铱的效果也较好。

Pt、Pd、Au、Rh 和 Ir 等大块的贵金属经适当的退火后不被单一的无机酸腐蚀。已经证实某些铂丝样品不能被王水定量地分解。然而有氧气存在时，分散成金属细粉状的少量钯能被单一的盐酸完全溶解。现在可以获得一些可供选择的分解有色金属的方法。可根据某一种金属的性质和前面所述的因素，选择其中的一个。测定铂、钯和金时，由火试金法产生的熔珠常用王水溶解。对于从金矿样品中得来的熔珠，要求先将银从基体中浸取出来，留下的金、残渣能够退火，而后称重。为此通常采用硝酸来溶解熔珠。这种分解法也能溶解熔珠中分散状的钯，有时采用熔融法来分解贵金属，最为有效的熔剂是 NaOH、Na_2O_2 和 KNO_3 的混合物。

分析地质样品时多用试金法，其中铅试金法只能准确测定 Au、Pt、Pd 和 Rh；而镍锍试金法相对较好，基本可回收所有贵金属，但应注意镍锍试金中试剂带来的"空白"问题，为降低空白，应提纯试金过程中所用的镍料和有关试剂。地矿样品有时也用酸溶法，其中王水溶样较为普遍，该法虽简便，但效果较差。溶样过程中加入 HF 效果较优，这样可消除包裹金现象及不溶硅酸盐残渣对贵金属的吸附。碱熔法用得较少，用微波密闭酸溶后，不溶残渣用碱熔效果较好。金属材料及环境生物样品多采用酸溶法处理。总之，在制样溶（熔）样过程中，不但要注意降低空白，避免待测元素的损失；还要考虑基体、酸、碱及其他试剂的引入对分析谱线产生的干扰。

在处理矿石、岩石、矿物、电镀液、工业产品的复杂样品以及有机样品时可用火试金法作为分解方法的第一步。经这样处理后，分析工作者可信心十足地继续进行其余的分解步骤。

② 酸分解法　酸分解法是最常用的方法，操作简便，不需特殊设备，不需引入无机盐。酸溶法是利用酸的酸性、氧化还原性及形成配合物的性质，使试样溶解，制成溶液。钢铁、合金、部分金属氧化物、硫化物、碳酸盐矿物、磷酸盐矿物等常采用此法溶解。常用于溶剂的酸有盐酸、硝酸、硫酸、磷酸、高氯酸、氢氟酸以及它们的混合物等，具体见表 2.2。

表 2.2　酸分解法主要溶剂的性质及应用范围

溶剂	主要性质	应用范围
盐酸	强酸性，弱还原性，Cl^- 具有一定的配合能力[如与 Fe^{3+}、$Sn(IV)$ 等形成配合物]；除银、铅等少数金属外，绝大多数金属的氯化物易溶于水，高温下某些氯化物有挥发性，如硼、锑、砷等的氯化物；单独使用 HCl 分解试样时，砷、磷、硫生成氢化物易挥发	在金属的电位序中，氢以前的金属及其合金均能溶于 HCl；以碳酸盐及碱金属为主要成分的矿物，以碱土金属为主要成分的矿物，如菱苦土矿、白云石、菱铁矿、软锰矿、辉锑矿等，均能用 HCl 分解
硝酸	强酸性，浓酸具有强氧化性，几乎所有的硝酸盐都易溶于水，除金和铂族元素外，绝大部分金属能被 HNO_3 溶解，铝、铬等金属与 HNO_3 作用会在表面上生成氧化膜，产生"钝化"现象；锡、锑与 HNO_3 作用，生成微溶的 H_2SnO_3 和 $HSbO_3$	常用于溶解铜、银、铅、锰等金属及其合金，铅、铜、锡、钼金属硫化物以及砷化物等
硫酸	强酸性，热的浓硫酸有强氧化性和脱水能力，能使有机物炭化，利用其高沸点，加入硫酸并蒸发至冒白烟可以除去磷酸以外的其他酸类和某些挥发性物质	用于分解铬及铬钢、镍铁、铝、镁、锌等非铁合金，独居石、萤石等矿物和锑、铀、钛矿物，能破坏试样中的有机物
磷酸	沸点较高，在高温时形成焦磷酸和聚磷酸，PO_4^{3-} 具有一定的配合能力；热的浓磷酸具有很强的分解能力；许多金属的正磷酸盐不溶于水	在钢铁分析中常以 H_3PO_4 作为溶剂。许多难溶性的矿石，如铬铁矿、铌铁矿、钛铁矿以及锰铁矿、锰矿等均能被 H_3PO_4 分解
高氯酸	是最强的酸；热的浓 $HClO_4$ 具有强氧化性和脱水性，绝大多数高氯酸盐易溶于水，用 $HClO_4$ 分解试样时，将铬氧化为 $Cr_2O_7^{2-}$、钒氧化为 VO_3^-、硫氧化为 SO_4^{2-}	用于分解镍铬合金、高铬合金钢、不锈钢、汞的硫化物、铬矿石及氟磷矿石等，$HClO_4$ 是重量法测定 SiO_2 的良好脱水剂
氢氟酸	有很强的配合能力，与 Si 形成挥发性的 SiF_4，与 As、B 等也形成挥发性的氟化物；用 HF 分解试样后，$Fe(III)$、$Al(III)$、$Ti(IV)$、$Zr(IV)$、$W(V)$、$Nb(V)$ 等以氟配合物形式进入溶液，而 Ca^{2+}、Mg^{2+}、$Th(VI)$ 和稀土金属离子则析出氟化物沉淀；用 HF 分解试样时通常在铂皿中处理，如果采用聚四氟乙烯容器，温度应低于 250℃；HF 对人体有害	HF 常与硫酸、硝酸或高氯酸混合使用，可分解硅铁、硅酸盐、石英岩等含硅试样及铌、钛、锆等金属
氢碘酸	碘化氢易被氧化，其水溶液因存在游离碘而常呈浅黄色或棕色，加入 H_3PO_4 可使 HI 稳定，I^- 与 Hg^{2+} 等形成配合物	氢碘酸在无机分析中主要用于分解汞的硫化物和锡石等，在有机分析中最重要的用途是破坏醚键，如蔡泽尔（Zeisel）甲氧基测定法

续表

溶 剂	主要性质	应用范围
王水与逆王水	1 体积 HNO_3 溶液和 3 体积 HCl 溶液的混合物称为王水;3 体积 HNO_3 溶液和 1 体积 HCl 溶液的混合物称为逆王水;王水与逆王水均具有强氧化性	王水用于分解金、钼、钯、铂、钨等金属,铋、铜、镍、钒等合金,铁、钴、镍、钼、铅、锑、汞、砷等硫化物矿物;逆王水用于分解银、汞、钼等金属,锰铁、锰钢及锗的硫化物
硫酸+磷酸	混合酸具有强酸性,其中 PO_4^{3-} 有一定的配合能力,混合酸的沸点高	用于分解高合金钢、低合金钢、铁矿、锰矿、铬铁矿、钒-钛合金及含铌、钽、钨、钼的矿石
硫酸+氢氟酸	强酸性,F^- 具有较强的配合能力	用于分解碱金属盐类、硅酸盐、钛矿石等
硫酸+硝酸	混合酸具有强氧化性	用于分解钼、锆、锡金属,黄铁矿、方铅矿、锌矿石等,钢铁分析中常用作混合溶剂
硝酸+氢氟酸	混合酸中的 F^- 有较强的配合能力	用作铜、铌、锡金属及其氧化物、硼化物、氮化物,钨铁、锰合金,含硅合金及矿石的溶剂
浓硫酸+高氯酸	具有强氧化性	主要用于分解金属镓、铬矿石等
磷酸+高氯酸	混合酸具有强氧化性,PO_4^{3-} 有一定的配合能力	分解金属钨、铬铁、铬钢等

  酸溶法被广泛应用在有色金属分析测试中。用酸溶的方法从样品中分离贵金属元素,与火法试金相比更加快速、经济。一般在酸溶后需要进一步净化和预富集。酸溶处理的样品量要比火试金法和氯化法小得多,一般为 0.5~5g,最大为 20g。用 HCl、HF、$HClO_4$、HNO_3、HBr、Br_2、H_2O_2 的几种混合溶液在高压或者微波强化的条件下把样品中的铂族元素溶出。为了达到更好的效果,也使用王水来溶出。王水所产生的新生态氯具有极强的氧化能力,是溶解金矿和某些铂族矿石的有效试剂。溶解金时可在室温条件下浸泡,加热使溶解加速。溶解铂、钯时,需用浓王水并加热。此外,分解金矿的试剂很多,如 $HCl-H_2O_2$、$HCl-KClO_3$、$HCl-Br_2$ 等。被硅酸盐包裹的矿物,应在王水中加少量 HF 或其他氟化物分解硅酸盐。酸分解法不能用于含锇、铱矿石的分解,此类矿石只有在高温、高压的特定条件下强化溶解才能完全溶解。目前应用的玻璃封管法和聚四氟乙烯闷罐法,一般用王水或 $HCl-H_2O_2$ 作溶剂,溶解温度为 140℃或更高,但用于溶解大量试样有困难。将微波强化溶解用在分析环境样品中的铂族元素上,铂族元素的溶出率达到 90%以上。用高压溶出对上述方法进行改进。酸溶法不但分离效率较低,尤其对地质样品,而且对于不同的样品处理的方法也不相同,但是由于其具有快速、成本低、空白低、易操作等特点,在很多情况下仍采用这种方法。用酸逐级溶解,可研究地质样品中铂族元素在各个物相中的分布。

  卡洛斯(Carius)管消解是一种古老的技术,但其最近才开始用于有色金属的分析测试中。Carius 管消解对于低含量的有色金属分析,其最大的优点在于过程空白低。在一种改进的石英 Carius 管中用酸来溶解地质样品,用同位素稀释-多接收器-等离子质谱仪(ID-MC-ICP-MS)测定有色金属。这种方法避免了使用较难纯化的固体熔剂,比如镍火试金法中用的镍、硼酸钠、碳酸钠等,并且在整个流程中只用较少量易于纯化的 HCl、HNO_3 和 HF,因此极大地降低了试剂空白。Carius 管消解测定有色金属的缺陷在于其具有潜在的危险性,容易对操作人员造成伤害,且样品容易丢失。此外,该法的样品处理量小(因样品类型而异,最大可处理 5g)。

  ③ 熔融法 用溶解法不能分解或分解不完全的试样,常采用熔融分解法。进行熔融分解的目的是利用碱性或酸性熔剂与试样在高温下的复分解反应,生成易溶解的反应产物。由于熔融时反应物的浓度和温度(300~1000℃)都比用溶剂溶解高得多,所以熔融法的分解能力比溶解法强得多。

熔融法按使用的熔剂性质不同，分为酸熔法和碱熔法两种。常用的酸性熔剂有焦硫酸钾、硼砂、偏硼酸锂等；常用的碱性熔剂有无水碳酸钠、碳酸钾、氢氧化钾、氢氧化钠、过氧化钠等。选择熔剂的基本原则是：酸性试样用碱性熔剂，碱性试样用酸性熔剂，使用时还可加入氧化剂、还原剂助熔。碱熔法常用来熔解两性金属铝、锌及其合金以及它们的氧化物、氢氧化物等。在测定铝合金中的硅时，用碱熔解使硅以 SiO_3^{2-} 形式转移到熔液中，从而避免了用酸熔解可能造成的硅以 SiH_4 形式挥发损失。主要熔剂的性质、使用条件及应用范围见表 2.3。

表 2.3 主要熔剂的性质、使用条件及应用范围

熔剂	熔剂的性质	使用条件	应用范围
焦硫酸钾（硫酸氢钾）	酸性熔剂，在 420℃ 以上分解，产生 SO_3，对矿石有分解作用，$K_2S_2O_7$ 与碱性或中性氧化物混合熔融时，在 300℃ 左右发生复分解反应	$K_2S_2O_7$ 的用量一般为试样量的 8～10 倍；置于铂皿（或石英坩埚）内在 300℃ 下进行熔融	铁、铝、钛、锆、铌等氧化物矿石，中性和碱性耐火材料，铬铁及锰矿等
氟氢化钾	弱酸性熔剂，浸取熔块时，F^- 具有配合作用	熔剂的用量为试样量的 8～10 倍，置于铂皿中在低温下熔融	主要用于分解硅酸盐、稀土和钍的矿石等
铵盐熔剂（NH_4F、NH_4Cl、NH_4NO_3 或它们的混合物）	弱酸性熔剂	铵盐的用量为试样用量的 10～15 倍，一般置于瓷坩埚内，在 110～350℃ 下熔融	铜、铅、锌的硫化物矿物，铁矿、镍矿及锰矿等
碳酸钠（或碳酸钾，或两者的混合物）	碱性熔剂，Na_2CO_3 熔点为 850℃，K_2CO_3 熔点为 890℃	熔剂的用量为试样用量的 6～8 倍，置于铂皿中，在 900～1200℃ 下熔融	铌、钛、钽、锆等的氧化物，酸不溶性残渣，硅酸盐，不溶性硫酸盐，铁、锰等矿物
氢氧化钠	低熔点的强碱性熔剂	NaOH 的用量为试样用量的 10～20 倍，置于镍（或铁、银）坩埚内。在 500℃ 以下熔融	铬、锡、锌、锆等矿物，两性元素氧化物
碳酸钙＋氯化铵	弱碱性熔剂	NH_4Cl 与试样等质量，$CaCO_3$ 的用量为试样质量的 8 倍，置于铂皿中或镍坩埚内，在 900℃ 左右熔融	硅酸盐，岩石中的碱金属测定
过氧化钠	具有强氧化性和腐蚀性	Na_2O_2 的用量为试样量的 10 倍，置于铁（或镍、银）坩埚内，在 600～700℃ 下熔融	铬合金、铬铁矿、钼、镍、钒等矿石，硅铁、硫化物矿石、砷化物矿石等
氢氧化钠＋过氧化钠	强碱性氧化性熔剂	熔剂与试样质量比为 NaOH：Na_2O_2：试样＝1：2：5，置于铁（或镍、银）坩埚内，一般在 600℃ 以上熔融	铂族合金、钒合金、铬矿、铜矿、锌矿等
碳酸钠＋硝酸钾（4＋1）	碱性氧化性熔剂	混合熔剂的质量为试样质量的 10 倍，置于铁（或镍、银）坩埚内，在 700℃ 左右熔融	钒合金，铬矿，铬铁矿，含硒、碲等矿物

熔融多在坩埚中进行，坩埚的材料不同，耐高温、耐腐蚀的程度也不同。坩埚的种类有瓷坩埚、铂坩埚、银坩埚、铁坩埚、镍坩埚等。熔融时应根据分析试样的组成和对分析的不同要求选择合适的熔剂和容器。

由于熔融法的操作温度较高，有时可达 1000℃ 以上，且必须在一定的容器中进行，除由熔剂带进大量碱金属离子外，所用的容器因受到熔剂的侵蚀，还会带入相应的容器材料离子；同时，某些组分在高温下挥发损失严重，也会给后续的分析测定带来影响，甚至使某些测定不能进行。因此，在选择试样分解方法时，应尽可能地采用溶解法。某些试样，也可以先用酸溶分解，剩下的残渣再用熔融法分解。当用溶剂不能溶解试样时，可用熔融分解法。熔融分解法是将试样与固体熔剂混合，在高温下加热，使试样中的全部组分转化成易溶于水或易溶于酸的

化合物（如钠盐、钾盐、硫酸盐和氯化物等）。

常用的是 Na_2O_2 熔融法，几乎可以分解所有含有色金属的矿石，但对粗颗粒的锇铱矿很难分解完全，常需要用合金碎化后再碱熔才能分解完全。本法的缺点是引入了大量无机盐，坩埚腐蚀严重，又带入了大量铁、镍。使用镍坩埚还能带入微量有色金属元素。此法多用于无机酸难以分解的矿石。

有色金属矿样的 Na_2O_2 分解是称取 5g 试样于镍坩埚（或铁坩埚、高铝坩埚）中，加质量为试样的 3～4 倍的 Na_2O_2 并混匀，表面再覆盖一层 Na_2O_2。将坩埚放入已升温至 650℃ 的马弗炉中，熔融 10～15min，此时熔体透红，已无残渣沉于底部，即分解完全。取出，稍冷却，将坩埚放入大烧杯中，趁热用水浸取，并洗净坩埚。浸出液用 HCl 中和并酸化，煮沸至清亮（测定锇、钌时，应将浸出液先移至锇、钌蒸馏瓶内再酸化，以防 OsO_4、RuO_4 挥发损失），有色金属都以氯配合物的形式存在。

除 Na_2O_2 熔融法外，固体熔剂还有 $KOH-KNO_3$、$NaOH-NaClO_3$ 等。BaO_2 烧结法也可用于有色金属矿样分解，它是将 BaO_2 与难溶物料充分混匀后，在 800～900℃ 之间烧结，用稀酸浸取，必要时，加 H_2SO_4 沉淀钡，然后过滤分离，但一次难以分解完全，需进行二次分解。常用熔剂和坩埚见表 2.4。

表 2.4　常用熔剂和坩埚

熔剂(混合熔剂)名称	所用熔剂量(对试样量而言)	熔融用坩埚材料①						熔剂的性质和用途
---	---	铂	铁	镍	瓷	石英	银	---
Na_2CO_3(无水)	6～8 倍	+	+	+	−	−	−	碱性熔剂,用于分析酸性矿渣黏土、耐火材料、不溶于酸的残渣、难溶硫酸盐等
$NaHCO_3$	12～14 倍	+	+	+	−	−	−	碱性熔剂,用于分析酸性矿渣黏土、耐火材料、不溶于酸的残渣、难溶硫酸盐等
$Na_2CO_3-K_2CO_3$(1∶1)	6～8 倍	+	+	+	−	−	−	碱性熔剂,用于分析酸性矿渣黏土、耐火材料、不溶于酸的残渣、难溶硫酸盐等
$Na_2CO_3-KNO_3$(6∶0.5)	8～10 倍	+	+	+	−	−	−	碱性氧化熔剂,用于测定矿石中的总 S、As、Cr、V,分离 V、Cr 等矿物中的 Ti
$Na_2CO_3-Na_2B_4O_7$(3∶2)	10～12 倍	+	−	+	+	−	−	碱性氧化熔剂,用于分析铬铁矿、钛铁矿等
Na_2CO_3-MgO(2∶1)	10～14 倍	+	+	+	+	−	−	碱性氧化熔剂,用于分解铁合金、铬铁矿
Na_2CO_3-ZnO(2∶1)	8～10 倍	+	+	+	−	−	−	碱性氧化熔剂,用于测定矿石中的硫
Na_2O_2	6～8 倍	−	+	+	−	−	−	碱性氧化熔剂,用于测定矿石和铁合金中的 S、Cr、V、Mn、Si、P,辉钼矿中的 Mo 等
$NaOH(KOH)$	8～10 倍	−	−	+	−	−	+	碱性熔剂,用于测定锡石中的 Sn,分解硅酸盐等
$KHSO_4(K_2S_2O_7)$	10～14 倍 (8～12 倍)	+	−	−	+	+	−	酸性熔剂,用于分解硅酸盐,钨矿石,熔融 Ti、Al、Fe、Cu 等的氧化物
Na_2CO_3-粉末结晶硫黄(1∶1)	8～12 倍	−	−	−	+	−	−	碱性硫化熔剂,用于自铅、铜、银等中分离钼、锑、砷、锡,分解有色矿石熔烧后的产品,分离钛和钒等
硼酸酐(熔融、研细)	5～8 倍	+	−	−	−	−	−	主要用于分解硅酸盐(当测定其中的碱金属时)

① "+"可以进行熔融；"−"不能用于熔融。以免损坏坩埚。近年来采用聚四氟乙烯坩埚，代替铂器皿用于氢氟酸溶样。

采用 Na_2O_2 或者 Na_2O_2 和 NaOH 的混合物,与待测样品混合放入坩埚,加热到 1600℃熔融,富含铂族元素的金属相被酸溶解,经过净化和富集后直接用仪器测试。碲共沉积、萃取和离子交换经常被用来处理熔化物,再用中子活化法测定,测试过程中把熔化和辐射合并在一起来操作。用 Na_2O_2 熔融样品,碲共沉积,ICP-MS 测定铂族元素和金,方法准确、简单,检出限为 $(1～9)×10^3 ng/g$,回收率达 90% 以上。

碱熔法的特点是:熔样所用的坩埚很小,这是其与火试金法的区别;分解物质原料形成可溶于水的有色金属盐类;碱熔法一般适用于铂族元素在各相中分布比较均匀的样品分析。和酸溶法相比,溶解较完全;和火试金法相比,试剂的空白也比较低。因此,碱熔法被广泛应用。碱熔法通常和酸溶法结合使用,常用于进一步消解酸溶后的残余,两者相结合是处理难溶样品的最佳方法。

碱熔法的不足在于样品处理量比较小,当分析铂族元素分布不均匀的样品时,容易受取样误差的影响,同时样品溶液中还有大量钠盐存在,以及来自化学药品和坩埚壁的污染。和酸溶法相同,试样经碱熔后,需进一步纯化和预富集,可采用 Te 共沉淀、离子交换和溶剂萃取分离等方法。如用 HNO_3-HCl-HF-$HClO_4$ 的混合物在封闭的微波消解皿中溶解 0.5g 样品,不溶残渣用少量 1:1 的 Na_2O_2-Na_2CO_3 或 Na_2O_2 处理,再用 0.5mol/L HCl 溶解。

④ 合金碎化法　难溶物料的溶解在很大程度上取决于物料的分散度。合金碎化法就是利用难溶物质与活泼金属合金化后,再用酸除去活泼金属,而使难溶物料成为分散度极好的细粉。含铱、钌等的矿物,如锇化铱即使用高压酸分解,其溶解速度也是缓慢的,需用锌、锡、铅、铋、铝等金属碎化,再做适当地溶解。此法的缺点是不可避免地引入了大量杂质,给分析带来了一定困难。

锇化铱矿的合金碎化分解是准确称取锇化铱试样,置于石墨坩埚(或瓷坩埚)中,加入 10～20 倍锌(锌应为化学纯,不含铅;否则用 HCl 处理合金时,将产生 $PbCl_2$ 沉淀),表面覆盖一层 LiCl 和 NaCl 的混合物。将坩埚置于 600℃ 马弗炉中,保温 30min,再升温至 800℃,保温 1～2h,经常摇动坩埚,混匀。熔炼完成后,取出坩埚,冷却。置于 500mL 烧杯中,用 HCl(1+1) 溶解锌块,至锌块与坩埚分离后,取出坩埚并洗净。待锌块完全溶解后,用致密滤纸过滤,将残渣全部转入漏斗中,用水洗残渣至无 Cl^-。残渣和滤纸在 60℃ 条件下烘干(不能灼烧,以免锇被氧化而挥发损失)。将残渣从滤纸上倒出,滤纸灰化,并与残渣合并。此时得到非常细的锇化铱粉末,再用 Na_2O_2 熔融法溶解,即可完全分解;或将残渣置于锇、铱蒸馏瓶中,在 HCl 介质中通入氯气进行水溶液氯化溶解,并蒸馏锇、铱。

⑤ 高温氯化法　高温氯化法是在高温条件下,通入氯气与矿物反应,生成相应的氯化物达到分解的目的,多用于王水难以分解的矿物,如锇铱矿等。氯化法的特点是分解能力强,但需要专门设备,批量分析不方便。

锇化铱矿的高温氯化分解是称取 10mg 锇铱矿于石英舟中,用 100mg NaCl 覆盖表面。石英舟置于 180mm 长石英管中。在管式炉中加热至 700℃,从管的一端通入氯气,反应 7h。从管的另一端逸出的气体通过 4 个吸收瓶吸收,吸收瓶内装有经 SO_2 饱和的 HCl [c(HCl)=6mol/L]。冷却后用 HCl[c(HCl)=1mol/L] 溶解石英舟内的盐,并与吸收液合并,即可进行锇的蒸馏分离。在蒸残液中测定铱。

高温氯化法是一种分解有色金属样品卓有成效的方法,它对金属铱等惰性物质的分解特别有用。各种在火试金法中遇到困难、复杂的样品,现已采用氯化法来分解。本法最大处理样品量可达 250g,解决了因铂族元素在矿石中分布不均匀带来的误差,检出限为 0.06～0.28ng/g。

高温氯化法突出的优点是试剂空白非常低，样品消耗量在 $25\sim250g$，如此的样品消耗量可以克服有色金属元素在样品中分布不均匀的问题，是一种地质样品中铂族金属和 Au 测试分析的有效前处理方法。但是，该法的局限性在于只能提取样品中以金属、自然合金或者硫化物形式存在的有色金属，而样品中不溶于氯化相和非金属相的物质内也可能含有有色金属，故该法是一种不完全的偏提取方法。

2.3.2.2　有色金属二次资源的分解

有色金属二次资源的溶解方法是多种多样的，其目的都是将待测的有色金属元素全部转入溶液。考虑到进一步采用的测定方法，试样溶解后使用的介质应尽量满足测定所需的条件。

（1）载体催化剂的分解

催化剂广泛应用于石油化工的各种精炼以及汽车、矿山机械等的废气净化方面。应用的有色金属有铂、钯、钌、铑、铱等。根据应用领域的不同可以制成各种各样的催化剂。纯铂族金属制成的催化网是一种合金，如硝酸工业用铂-钯-铑催化网。载体催化剂在载体上吸附有色金属，其中有色金属含量一般为万分之几到千分之几，载体有 Al_2O_3、SiO_2、ZrO_2 等。若催化剂试样的类型和有色金属的含量可知，在对催化剂试样进行溶解时，应针对不同载体采用不同的溶解方法。载体催化剂的分解较简单，采用酸溶法或碱熔法均可分解完全。

① 灰化分解法　灰化分解法适用于分解含有机物的试样，测定有机物中的无机元素。此法主要有定温灰化法、氧瓶燃烧法、燃烧法及低温灰化法等几种。

a. 定温灰化法　将试样置于蒸发皿中或坩埚内，在空气中一定温度范围（$500\sim550℃$）内加热分解、灰化，所得残渣用适当溶剂溶解后进行测定。此法常用于测定有机物和生物试样中的多种金属元素，如锑、铬、铁、钠、锶、锌等。

b. 氧瓶燃烧法　在充满氧气的密闭瓶内引燃有机物，瓶内用适当的吸收剂吸收其燃烧产物，然后用适当的方法测定。此法广泛用于测定有机物中的卤素、硫、磷、硼等元素。

c. 燃烧法　在氧气流存在下，试样在燃烧管中燃烧，用 Na_2SO_3 和 Na_2CO_3 的混合溶液作吸收液吸收燃烧产物，然后用适当的方法测定。此法主要用于测定有机物中的卤素和硫等元素。

d. 低温灰化法　在低温灰化装置（$<100℃$）中借助高频激发的氧气将有机试样氧化分解。此法可以测定有机物中的多种无机元素，如银、砷、镉、钴、铬、铜、铁、汞、碘、锰、钠、镍、铅及铂等。

② 酸分解法　酸分解法是一种理想的分解方法，可以使有色金属在溶样时与载体分开，并使测定简单化，适用于分解有机物试样，可测定有机物中的金属、硫、卤素等元素。此法常用硫酸、硝酸或混合酸分解试样，在凯氏烧瓶中加热，试样中的有机物即被氧化成 CO_2 和 H_2O，金属元素则转变为硫酸盐或硝酸盐，非金属元素则转变为相应的阴离子。下面简要介绍几种混合溶剂。

a. 浓硫酸和浓硝酸的混合酸　利用这种混合酸在凯氏烧瓶中分解有机试样，可以测定试样中的金、铋、钴、铜、锑等金属元素。

b. 硝酸和高氯酸的混合酸　将 $67\%HNO_3$ 和 $76\%HClO_4$ 以 $1:1$ 的比例混合，和试样一起在催化剂存在下，在凯氏烧瓶中由室温慢慢加热将试样分解。可以测定砷、磷、硫及除汞外的其他金属元素。

c. 浓硫酸和过氧化氢　在试样中先加浓硫酸，然后加适量的 30% 过氧化氢，从而使试样分解。可以测定有机物中的银、金、砷、铋、汞、锑、锗等元素。

d. 浓硫酸和重铬酸钾　利用这种混合溶剂在凯氏烧瓶中将有机试样分解，可以测定试样中的卤素。

e. 发烟硝酸和硝酸银　试样中加入发烟硝酸与硝酸银，在闭管中加热（250～300℃）5～6h，使试样分解，可以测定试样中的溴、铬、硫等元素以及测定挥发性有机金属化合物。

根据试料性质，可使用不同比例、类型的混合酸分解，其中主要是盐酸-硝酸混合酸。常用的溶剂是王水，因有色金属在载体表层分散很细，不仅铂、钯、金易溶解，而且铑、铱也可定量溶解。对于以活性炭为载体的钯或铂催化剂，可用硝酸-高氯酸发烟除碳化物，并尽量除去高氯酸，再加盐酸使之转化为钯或铂的氯化物；也可于 500～700℃灼烧除尽碳化物，再用还原剂如甲酸、水合肼于低温下还原因灼烧而形成的氧化铂或氧化钯后，用盐酸-硝酸混合酸溶解。除去催化剂中的有机物，可用硫酸发烟使有机物碳化，用过氧化氢除尽碳化物，然后用盐酸-硝酸混合酸溶解。

③ 加压消解法　用王水或王水-氟化氢、盐酸-过氧化氢混合物于聚四氟乙烯消化罐和烘箱中在 150℃消解试样。

④ 碱熔融法　用过氧化钠或过氧化钠-氢氧化钠混合熔剂于镍坩埚或高铝坩埚和马弗炉中在 700～800℃熔融试料，然后用水浸取、盐酸酸化。以活性炭为载体的催化剂，于 500～700℃灼烧除尽碳化物，再用碱熔融。

在以上方法中，以混合酸分解法应用最为普遍，但加压消解法操作简便，分解完全。对于含钌的催化剂，碱熔是最适宜的方法。

水溶液氯化法也是分解有色金属的重要手段。对于磨细的含铂、钯、金的催化剂是一种有效方法，对铑、铱的溶解效果稍差。水溶液氯化法和酸分解法基本上不溶解载体。Al_2O_3 载体可用 H_2SO_4 溶解。含钌、铱、铑的试样宜用碱熔法分解。废的电容器材料是由氧化铝电容器碎片上含有有色金属的铅涂层构成的，也可用高温氯化法分解。

（2）含氧化硅、氧化镁的铝基催化剂的溶解

① 加压消解法　称取研磨至 120～200 目的试料 1～2g 于石英舟中，置于马弗炉中升温至 700℃，灼烧 30min，取出，冷却。将试料转入聚四氟乙烯消化罐中，加 15mL 盐酸、3mL 过氧化氢（30％），密闭。于烘箱中 150℃消解 8h，取出，冷却。将试液转入 300mL 烧杯中，煮沸并除去剩余过氧化氢和反应产生的氯气。过滤试液于 50mL 或 100mL 容量瓶中，用水稀释至刻度，混匀，待用。

② 硫酸-高氯酸-王水溶解法　称取研磨至 120～200 目的试料 1～2g 于石英舟中，于马弗炉中升温至 700℃，灼烧 30min。冷却后将试料转入 300mL 烧杯中，加少许水润湿，加 10mL 甲酸，低温还原蒸至近干。加 5mL 硫酸溶液（1+2）、2.5mL 高氯酸溶液（1+1），蒸发至冒白烟，取下，冷却。加 1mL 氯化钠溶液（250g/L）、10mL 王水，低温加热溶解，并蒸发至冒白烟。加 5mL 盐酸，蒸发至冒白烟，重复 3 次。取下，加 5mL 盐酸，转入 50mL 或 100mL 容量瓶中（必要时可过滤试液），用水稀释至刻度，混匀，待用。

（3）γ-Al_2O_3 催化剂的溶解

① 加压消解法　称取研磨至 120～200 目的试料 1～2g 于聚四氟乙烯消化罐中，加 15mL 盐酸、3mL 过氧化氢（30％），密闭。于烘箱中 150℃消解 8h，取出，冷却。

② 酸溶解法　称取研磨至 120～200 目并于 110℃干燥的试料 0.5～1g 于瓷舟中，于马弗炉中升温至 550℃，灼烧 2h，取出，冷却。试料转入 300mL 烧杯中，加 6mL 硫酸溶液（2mol/L）、2mL 王水低温加热溶解，取下。将试液转入 50mL 容量瓶中，用水稀释至刻度，混匀，待用。

（4）Pd/C（或 Pt/C）催化剂的溶解

甲酸还原王水溶解法：称取 0.5g 试料于石英舟中，置于马弗炉中升温至 600～700℃，灼烧 30min，取出，冷却。将试料转入 300mL 烧杯中，加 10mL 甲酸低温还原钯（或铂），蒸至近干，取下。加 10mL 王水，低温溶解钯（或铂），加 1mL 氯化钠溶液（250g/L），蒸至湿盐状，加 5mL 盐酸，蒸至湿盐状，重复 3 次。加 5mL 盐酸，转入 50mL 或 100mL 容量瓶中，用水稀释至刻度，混匀，待用。

（5）其他有色金属废料的分解

① 酸溶解法　置换液、铂钯铑废料、电子工业废料：移（称）取一定体积（量）的试液（料）于 400mL 烧杯中，加 20mL 王水，低温溶解，重复 3 次。加 1mL 氯化钠溶液（250g/L），低温蒸至湿盐状，加 5mL 盐酸赶硝酸，重复 3 次。加 5mL 盐酸，转入 50mL 或 100mL 容量瓶中（必要时过滤），用水稀释至刻度，混匀，待用。

② 碱熔融法　含铂、钯、铑、铱、锇或钌的废料，王水不溶渣等：称取 0.5g 试料于 50mL 体积的镍坩埚中，加约 5g 过氧化钠与试料混匀，再加约 3g 过氧化钠完全覆盖试料。于马弗炉中 800℃熔融 10min，取出，摇动坩埚使之充分混匀，再继续熔融 5min。取出，观察到试料呈红色透明液体即表明熔解完全。将坩埚置于 400mL 烧杯中，用水浸取至盐类溶解。加盐酸酸化试液，并煮沸至试液清亮。待试液冷却后，转入 250mL 容量瓶中，用水稀释至刻度，混匀，待用。含硫高的试料，需预先在 450℃下灼烧 10min。含硅高的试料，应先在坩埚中加 2～5mL 氢氟酸和几滴硫酸，于电炉上加热蒸发至近干，再于马弗炉中升温至 600℃灼烧 10min。然后用过氧化钠于马弗炉中 800℃熔融。

③ 加压消解法　含铂、钯、铑、铱的废料：称取约 0.5g 试料于石英舟中，于 800℃通氢气还原 1～2h，然后将试料转入聚四氟乙烯消化罐中，加 15mL 盐酸、3～5mL 过氧化氢（30%）（或硝酸），于烘箱中 150℃消解 24h，取出，冷却。将试液转入 400mL 烧杯中，煮沸并除去剩余过氧化氢和反应产生的氯或加 2mL 氯化钠溶液（250g/L），低温蒸至湿盐状。加 5mL 盐酸，低温蒸至湿盐状，重复 3 次。加 5～10mL 盐酸，转入一定体积的容量瓶中，用水稀释至刻度，混匀，待用。

2.3.2.3　阳极泥及冶金中间产品的分解

电解铜、镍所得的阳极泥，常含 Pt、Pd、Au、Ag，某些阳极泥还含少量 Rh、Ir、Os、Ru，它们是提取有色金属的重要原料。铅阳极泥、锑阳极泥主要含 Au、Ag，其中也含少量 Pt、Pd。

冶金中间产品种类繁多，常见的有铜-镍合金、铜渣、氯化渣、各种浸出渣、各种焙烧渣及精矿等。

含 Pt、Pd、Au 的试样是称取 0.1～1.0g 试样，用 10～20mL 王水加热溶解，反复溶解 3 次。含 Ag 的试样可用 Na_2O_2 熔融的方法分解。

含 Rh、Ir 的试样是称取 0.2～1.0g 试样，置于镍坩埚中，加 5～8 倍的 Na_2O_2 和几粒 NaOH。于 680～700℃马弗炉中，熔融 10min，趁热摇动坩埚，直至试样全部分解。取出冷却，将坩埚放入 400mL 烧杯中，用水浸取，并洗净坩埚。用 HCl 中和浸出液至沉淀溶解，并过量 20mL，盖上表面皿，煮沸。若有少量未溶沉淀，则加入少量 H_2O_2，再煮沸至沉淀完全溶解。

含 Os、Ru 的试样是称取 0.1～5g 试样，置于预先放有 Na_2O_2 的铁坩埚中，上面覆盖一层 Na_2O_2。Na_2O_2 用量约为试样的 5～6 倍。在预先升温至 680～700℃马弗炉中，熔融 10～15min，至熔体成透明流体，底部无沉淀为止，取出冷却。将坩埚放入 400mL 烧杯中，用冷水浸取。

2.3.2.4　有色金属及其合金试样的分解

金属试样包括纯金属、合金。高温合金是指以铁、镍、钴为基体，能在 600℃ 以上的高温及一定压力作用下长期工作的一类合金材料。高温合金化学元素非常复杂，分析常规元素达 20 多种，其中多个分析元素的样品分解方法难度较大。常用的分解方法有常压分解法、高压分解法、微波分解法、电化分解法、高温氯化分解法和碱熔融分解法等，分解所用试剂有盐酸＋过氧化氢、盐酸＋硝酸、盐酸＋硝酸＋硫酸（或氢氟酸），必要时再加酒石酸或柠檬酸等。

(1)　常压分解法

常压分解法是指在常压条件下用无机酸（HCl、HNO_3、$HClO_4$ 等）或 HCl-H_2O_2 混合液使试样全部溶解的方法。混合型氧化性酸结合氢氟酸能提供溶解样品的酸度、氧化能力和配合作用。

钯-银合金系列（Pd-Ag、Pd-Ni、Pd-Co、Ag-Co、Ag-Mg、Ag-Mn、Ag-Ce、Ag-Cd、Ag-Ni-Mg、Pd-Ag-Co、Pd-Ag-Cu 等）可称取 0.2g 试样，加 10mL 浓 HNO_3，微热即可溶解。

金属铂、钯、金可称取 0.2g 试样，加 15mL 王水，低温加热即可全部溶解。

含铂、金的合金（如 Pd-Ag-Cu-Au-Pt-Zn 合金）可称取 0.2g 试样，加 30mL HCl、1mL HNO_3，低温加热即可全部溶解。

(2)　高压分解法

较难溶的物质往往能在高于溶剂常压沸点的温度下溶解。在常压条件下，难以用酸分解的铑、铱、钌及其合金，需采用高压分解法，按容器不同分为玻璃封管溶样法和闷罐法两类。

采用密闭容器，用酸或混合酸加热分解试样，由于蒸气压增高，酸的沸点也提高，因而使酸溶法的分解效率提高。在常压下难溶于酸的物质，在加压下可溶解，同时还可避免挥发性反应产物损失。例如，用 HF-$HClO_4$ 在加压条件下可分解刚玉、钛铁矿、铬铁矿、铌钽铁矿等难溶试样。

玻璃封管溶样法是将试样与无机酸溶液放入硬质玻璃管中，在火焰上熔化封口，再将封好的玻璃管在烘箱中加热至 140℃，保温一定时间。此法可溶解 Pt-Ir、Pt-Rh 等合金。而 Ir-Rh 合金的溶解则需将封好的玻璃管置于钢套内，用干冰或汽油充满钢套并密封，以防玻璃管爆裂，此装置可加热至 300℃，管内压力可达约 10MPa。最难溶的铱、铑、铱-铑合金均可溶解完全，这是制备铱、铑标准溶液的理想方法。

铂-铱合金可称取 0.2g 试样，置于硬质玻璃管中，加 8mL 浓 HCl，小心地顺壁加入 1mL H_2O_2。将玻璃封管的下部浸入冰水中，在汽油-氧气喷灯火焰上逐渐加热，并不断转动玻璃管，熔封玻璃管口，经退火后冷却至室温，将封管装入铁套管中（防止因封管爆炸而损坏设备和其他封管）。在烘箱中加热至 140℃ 并保温至完全溶解，取出，冷却。在离封口 10~15mm 处用锉刀沿管挫一刻痕，再将封管放在冰箱中，冷冻 1~2h。取出，用钳子夹住管头，齐刻痕处折断。将试液倒入烧杯中，用特制洗瓶将封管洗净。本法也适用于 Pt-Rh、Pt-Ru、Pt-Ir-Ru、Pd-Ir、Au-Zr 等合金和纯铑的分解。

金属铱可称取 0.2g 试样，置于硬质玻璃管中，加 8mL 浓 HCl，1mL H_2O_2，按铂-铱合金的方法封口。冷却后置于特制的钢弹内，在弹腔内充满汽油，弹口垫一块紫铜片，然后在弹口上拧上螺母，使之不漏气（如漏气，封管会爆炸）。将钢弹置于坩埚炉中，加热至 280~300℃，保温 24h，取出冷却至室温。拧开钢弹螺母，取出封管，然后按铂-铱合金溶解操作方

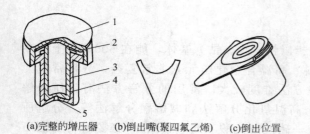

图 2.7 聚四氟乙烯内衬增压溶解装置

1—盖子；2—密封垫板；3—钢外壳；
4—聚四氟乙烯内衬；5—气孔

(a)完整的增压器　(b)倒出嘴(聚四氟乙烯)　(c)倒出位置

法开管，放出溶液。本法也适用于金属钌、铱-铑合金的分解。

采用封闭玻璃管，使用起来麻烦。后来人们普遍采用的是加压装置，类似一种微型高压锅，是双层附有旋盖的罐状容器，内层用铂或聚四氟乙烯制成，外层用不锈钢制成，溶样时将盖子旋紧加热。聚四氟乙烯内衬材料适宜于 250℃使用，更高温时必须使用铂内衬。图 2.7 所示为聚四氟乙烯内衬增压溶解装置。

闷罐法是将试样与无机酸溶剂一起放入罐中，扭紧罐盖螺栓，在烘箱中加热溶解。由于材料限制，加热不能超过 250℃，否则聚四氟乙烯将软化变形，此装置不能用于纯铱和铱-铑合金的溶解。闷罐法在 140℃条件下操作比玻璃封管法方便，可避免硅的污染。高压分解法常用的溶剂是 HCl-氧化剂混合液，氧化剂有 HNO_3、H_2O_2、$NaClO_3$ 等。最强的氧化剂是发烟 HNO_3，当它与 HCl 按 1：20 混合用于溶解铱时，溶解速度比用王水溶解快 20 倍。

（3）微波分解法

利用微波的能量溶解试样是利用微波对玻璃、陶瓷、塑料的穿透性和水、含水或脂肪等物质的吸收性，使样品与酸（或水）的混合物通过吸收微波能产生瞬时深层加热（内加热）。这种频率极高的微波产生的变磁场使介质分子极化，极化分子在交变高频磁场中迅速转向和定向排列，导致分子高速振荡（其振动次数达到 24.5 亿次/s）。分子和相邻分子间的相互作用使这种振荡受到干扰和阻碍，从而产生高速摩擦，迅速产生很高的热量，使整体一起发热，因此升温很快。受到高速振荡与高速摩擦这两种作用，样品表面层不断被搅动破坏，不断产生新的表面与溶剂反应，促使样品迅速溶解。

微波分解法具有消解速度快、试剂用量少等优点，近年来受到重视。微波分解法有常压和增压两种方式。常压微波分解法多用于生物试样，增压微波分解法可用于金属、合金、废渣等试样。用于溶样的装置设备简单，比普通加热溶样速度快。图 2.8 所示为微波加热装置。

对于微波分解法的应用，如称取 0.2500g 金属银，置于石英小碗中，放在聚四氟乙烯三脚架上，再置于热压罐（罐中已先加入 5mL 浓 HNO_3）内，拧紧罐盖。热压罐放在微波炉盘上，旁边放一个盛 50mL 水的小烧杯，将微波炉调至 3 挡（320W），定时 20min。加热停止后，取出热压罐，拧开罐盖，再取出硝酸银晶体，用 AES 测定 14 种杂质元素的含量。

一般来说，从实际因素考虑最好选择微波消解法。微波能量能有效地作用于样品中，不必加热容器、电热板等；样品消解时间显著减少，所需试剂量减少，减小了分析物挥发的概率，与敞开容器相比减小了样品被污染的可能性。密闭容器是由高温聚合物制成，与玻璃或陶瓷烧杯、坩埚等容器相比，减小了吸附金属污染物的可能性。电控微波消解炉微波条件重复性

图 2.8 微波加热装置

好，自动化的消解系统可减少操作人员的监控工作量。但多数微波消解仪器对处理样品的样品量有一定限制，一般小于 1g。对于成分复杂、分布极不均匀的样品来讲，样品的处理量太小容易造成较大的误差。因此，对金属试样包括纯金属、合金等均匀样品的分解，微波消解法就充分体现出其优越之处。

(4) 电化分解法

电化分解通过外加电源以使阳极氧化的方法溶解金属。把用于电解池阳极的一块金属放在适宜电解液中，通过外加电流可使其溶解。用铂或石墨作阴极，如果电解过程的电流效率为 100%，可用库仑法测定金属溶解量；同时，还可将阳极溶解与组分在阴极析出统一起来，是用于分离、提取和富集某些元素的有效方法。

交流电化分解法是在酸性介质中，利用交流电能的作用使难溶有色金属原子失去电子而进入溶液来达到分解的目的。首先将试样制成薄片作电极，以稀 HCl[$c(HCl)=2.4mol/L$] 为电解质溶液。在电极间加上一定电压，控制电流密度为 $1.3\sim1.5A/cm^2$，进行电解。如果待溶物质是粉状或海绵状，则必须用 100t 压机在一定模子中将其压成薄片，并在气体高温火焰上烧结，即可制得合格的电极板。该法在应用上存在以下问题：① 有的合金（如 Au-Ag-Cu 合金等）电化溶解后不按比例进入溶液；② 产生大量的氯气，污染环境；③ 不宜成批分解试样等。除个别难溶金属（如铑、铱等）及个别合金（如 Pt-Ir 合金等）仍然继续应用此方法，目前已很少采用。

(5) 高温氯化分解法

高温干法氯化分解分离富集方法已经被应用到测定铂族元素上。一般以单质、合金和硫化物形态存在的铂族元素易溶于 NaCl 中，把粉末样品与 NaCl 混合，在氯气气氛下加热到 580℃，所得产物再溶解于稀盐酸中，过滤，可富集溶于稀盐酸的铂族元素。

高温氯化分解法适用于纯铑、纯铱的分解和标准溶液的制备，其缺点是溶液中引入大量 NaCl，对 AAS 和 AES 的测定不利。

(6) 碱熔融分解法

碱熔融分解法的熔剂主要有氢氧化钠和氢氧化钾。碱熔融分解法常用来熔解两性金属铝、锌及其合金以及它们的氧化物、氢氧化物等。在测定铝合金中的硅时，用碱熔解使硅以 SiO_3^{2-} 形式转移到溶液中，从而避免了用酸溶解可能造成的硅以 SiH_4 形式挥发损失。

(7) 超声波振荡溶解技术

利用超声波振荡是加速试样溶解的一种物理方法，一般适合室温下溶解样品。把盛有样品和溶剂的烧杯置于超声换能器内，把超声波变幅杆插入烧杯中，根据需要调节功率和频率，使之振荡，可使试样粉碎变小，还可使被溶解的组分离开样品颗粒的表面而扩散到溶液中，降低浓度梯度，从而加速试样溶解。对难溶盐的熔块进行溶解，使用超声波振荡更为有效。为了减小或消除超声波的噪声，可将其置于玻璃罩内进行。

2.3.2.5　分解试样带来的误差

溶解或分解过程特别容易带来测定误差，因为，与试样量相比，此时使用大量的试剂，而且条件十分严格。试样的损失将引起负误差，而空白值（污染）带来正误差。

在制备样品时，往往需要进行蒸发。下列几点是很重要的。在蒸发过程中锇会损失，钌也损失一些。蒸发锇的溶液应该在没有氧化剂（如氧化氮）存在时进行，锇对氧化剂很敏感，即使有痕量氧化剂存在也不行。蒸发后的干渣应该避免长时间加热，否则可能产生三氯化铱、三氯化铑和金属态的金等不溶性干渣。在蒸发氯化物的溶液中，加入少量的氯化钠，对尽量减少产生不溶性干渣将是有益的。金电镀液和氰化溶液提金工厂中的分析是一个工业上的难题。为了制备样品，已经提出了各种各样的分析方案，然而对其中某些方法的效率做出严格的评价是必不可少的，特别是在要求回收沉淀时更是如此。在一个铅容器中蒸发氰化溶液，随后进行灰吹或火试金，是常用的方法。

（1）飞沫和挥发

当溶解伴有气体释出或者溶解是在沸点的温度下进行时，气泡在破裂时以飞沫的形式带出分析物，盖上表面皿，可大大减小损失。熔融分解或溶液蒸发时盐类沿坩埚壁蠕升，同样带来误差。尽可能均匀加热（油浴或砂浴）坩埚，或采用不同材料的坩埚，可以避免出现这种现象。

挥发是分析物损失的另一个主要原因，样品干灰化时挥发性金属损失更为严重，镉、铅、汞和锌尤具挥发性。无机物溶解时，除了 HX、SO_2 等挥发外，形成挥发性化合物的元素有 As、Sb、Sn、Se、Hg、Ge、B、Os、Ru 等，形成氢化物的有 C、P、Si 及 Cr。

溶解试样时若产物具有挥发性可在带回流冷凝管的烧瓶中（图 2.9）进行反应，或试样熔融分解时在坩埚上加盖，可减少这种损失。

（2）吸附

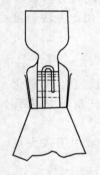

在绝大多数情况下，溶质损失的相对量随浓度的减小而增加。在所有吸附过程中，吸附表面的性质起着决定性作用。不同的容器，其吸附作用显著不同，而且吸附顺序随不同物质而异。石英容器很少吸附金属离子，一些金属特别是铁、汞、金和钯，用铂坩埚加热时会造成损失，被吸附的金属不仅在分析中损失，而且可能保留在容器内壁，污染此后的分析样品。

将容器彻底清洗能显著减弱吸附作用。除去玻璃表面的油脂，表面吸附大为减小。在许多情况下，将溶液酸化足以防止无机阳离子吸附在玻璃或石英上。阴离子一般吸附的程度较小，因此，对那些强烈被吸附的离子可加配位体使其生成配合阴离子而减少吸附。

图 2.9　带回流冷凝管的烧瓶

（3）泡沫

在蒸发液体或湿法氧化分解试样时，有时会遇到起沫的问题。要解决这个问题，可将试样在 HNO_3 中静置过夜。有时在湿法化学分解之前，在 $300\sim400℃$ 下将有机物质预先灰化，对消除泡沫十分有效。防止起沫的更常用方法是加入化学添加剂，如脂族醇，有时也可用聚硅氧烷。

（4）空白值

在使用溶剂和熔剂时，必须考虑到会有较大的空白值。虽然现在有高纯试剂，但相对于试样，这些试剂用量较大。烧结技术作为减少试剂需要量的一种手段，可降低空白值。

不干净的器皿常是误差的主要来源。如坩埚留有以前测定的已熔融或已成合金的残渣，在随后分析工作中可能释出。另外，试样与容器反应也会改变空白值，如硅酸盐、磷酸盐和氧化物容易与瓷皿和瓷坩埚的釉化合，这时应改用石英坩埚，石英仅在高温下才与氧化物反应；对氧化物或硅酸盐残渣，铂坩埚最好。在大多数情况下，小心选择容器材料仍然能够消除空白值。

2.3.2.6　分解方法的选择

试样完全分解是保证分析结果准确的前提。试样分解是一个复杂的问题，应该考虑试样种类、化学组成、性质等，选用适宜的分解方法。

① 某些碱金属化合物、氯化物（银、铅、亚汞的氯化物除外）、硝酸盐（锡、锑的硝酸盐除外）、硫酸盐（钙、锶、钡、铅的硫酸盐除外）等，都可用水溶解。

② 电位在氢前面的金属，如铁、锌、镍、镁、铝、铅等，首选非氧化性的强酸（盐酸、稀硫酸）溶解，当然也可用氧化性的强酸溶解。

③ 电位在氢后面的金属，如铜、汞、金等，可用氧化性的强酸或混合酸溶解。

④ 酸性化合物试样可用碱或碱性溶（熔）剂来溶（熔），碱性化合物可用酸或酸性溶（熔）剂来溶（熔）。

⑤ 有些难溶（熔）的物质，可考虑用增压法分解。

除了要考虑金属基体的完全分解外，还要考虑试样和溶（熔）剂中其他组分对待测组分有无干扰，以及分解方法对后续测定有无影响。因此，还需考虑以下几个因素。

① 个别成分的难溶性　虽然金属溶解，但仍有个别成分因其性质特殊而没有完全溶解，需另外加入其他溶剂，例如测定铜及铜合金中的硅时，加入硝酸溶解试样后，仍需加入少量氢氟酸溶解不溶性的二氧化硅。

② 防止个别成分在分解过程中的挥发损失　例如在分析钢铁中的磷时，若单独用 HCl 或者单独用 H_2SO_4 溶解试样，则部分磷生成磷化氢（PH_3）而挥发，造成磷的分析结果偏低。用 $HCl+HNO_3$ 或者 $H_2SO_4+HNO_3$ 分解，则可避免磷的挥发损失。再如用盐酸溶解时，As^{3+}、Sb^{3+}、Se^{4+} 等的氯化物容易挥发损失，尤其在加热时；当盐酸蒸发到最后阶段时，Sn^{4+}、Hg^{2+} 等的氯化物也容易挥发损失，这是用盐酸溶解时需要注意的。可采用氧化性酸把三价砷氧化成五价砷，以防止三价砷的挥发损失。

③ 防止个别成分在酸分解后的水解　例如测定锌中的锑时，在加入硝酸溶解的同时加入酒石酸，使溶解生成的锑离子立即与酒石酸配合。

④ 利用试样分解进行分离　例如溶解铅及铅合金时加入硫酸，不仅可以分解试样，而且可利用硫酸铅沉淀将铅分离除去。

⑤ 酸溶优先原则　能用酸溶绝不用碱熔，以减少盐类的引入。

⑥ 最少量溶（熔）剂原则　尽量用最少量的溶（熔）剂分解试样，以减少外来成分的引入，降低空白。

⑦ 一致性原则　溶（熔）剂与试剂的加入量，同一批次试样要保持一致，试样与标准系列溶液要保持一致，以保持空白相同。

有色金属试样的分解有其特殊性，是分析化学中的一个难题。因为有些有色金属及其合金具有很强的抗酸、碱腐蚀的特点，应用分析化学中常用的无机溶剂和分解技术很难奏效。如铑、铱、钌等金属在常压条件下，用王水也不能溶解；锇化铱矿物在高压条件下溶解也十分缓慢，需要引入一些特殊的技术，如高压（10MPa）溶解技术、交流电溶解技术、微波能溶解技术等，这方面的研究还有待不断地完善和深化。

第3章

有色金属元素及其深加工产品的分析方法

化学组成包括主要组分、次要组分、添加剂及杂质等。化学组成的表征方法有化学分析法和仪器分析法。用仪器进行化学成分分析时根据实际需求可采用原子光谱法、特征 X 射线法、光电子能谱法、质谱法等。

3.1 有色金属元素的化学分析方法

化学分析法是常规的对材料化学组成进行分析的方法，是根据物质间相互的化学作用，如中和、沉淀、络合、氧化还原等测定物质含量及鉴定元素是否存在的一种方法。化学分析法的准确性和可靠性都比较高，但对于化学稳定性较好、含量较低且难溶的有色金属材料和二次资源来说，还是有较大的局限性。基于溶液化学反应的化学分析法分析过程耗时、困难，且化学分析方法仅能得到分析试样的平均成分等有限的信息。在分析史上，有色金属的重量分析和滴定分析方法曾是十分重要的。在有色金属的重量分析和滴定分析方法这两种手段中，贵金属用得较多的是重量分析法，其他有色金属用得较多的是滴定分析法。

在对有色金属矿物、材料及其二次资源进行定量分析之前，需根据其成分和大致含量确定定量分析方案，因此事先往往要进行定性分析。

3.1.1 有色金属元素的定性分析方法

3.1.1.1 有色金属元素定性分析概述

对于有色金属材料定性分析，可采用化学分析法和仪器分析法进行。最有效的方法是发射光谱分析法，但利用化学反应进行定性分析，其方法灵活，设备简单、经济，目前仍被广泛采用。

化学分析法的依据是物质的化学反应。反应在溶液中进行的鉴定方法称为湿法；在固体之间进行的称为干法，例如焰色反应、熔珠试验法等，它们在定性分析中可作为辅助的试验方法。本章所采用的是半微量化学分析法。

(1) 反应进行的条件

定性分析中的化学反应包括两大类，一类用于分离或掩蔽，另一类用于鉴定。鉴定反应大都是在水溶液中进行的离子反应，要求反应灵敏、迅速，而且具有明显的外观特征，如沉淀的溶解和生成，溶液颜色的改变，气体或特殊气味的产生等。

欲使分离、鉴定反应按照预定的方向进行，必须注意以下反应条件。

① 反应物的浓度　溶液中的离子，只有当其浓度足够大时鉴定反应才能显著进行，并产生明显的现象。以沉淀反应为例，不仅要求参加反应的离子浓度的乘积大于该温度下沉淀的溶度积，使沉淀反应发生，而且还要使沉淀析出的量足够多，以便于观察。

② 溶液的酸度　许多分离和鉴定反应都要求在一定酸度下进行。例如，用丁二酮肟试剂鉴定 Ni^{2+} 时，强酸和强碱都会使试剂受到破坏，故反应只能在弱碱性、中性或弱酸性溶液中进行，适宜的反应酸度可以通过加入酸、碱来调节或使用缓冲溶液来控制。

③ 溶液的温度　溶液的温度对某些沉淀的溶解度及反应进行的速率而言都有较大的影响。例如，在 100℃时，$PbCl_2$ 沉淀的溶解度是室温（20℃）时的 3 倍多，当以沉淀的形式分离它时，应注意降低试液的温度。

④ 溶剂的影响　一般的化学反应都在水溶液中进行，如果生成物在水中的溶解度较大或不够稳定，可加入某种有机溶剂予以改善。

⑤ 干扰物质的影响　某一反应能否准确地鉴定某离子，除上述诸因素外，还应考虑干扰物质的影响。例如，以 NH_4SCN 法鉴定 Fe^{3+} 时，F^- 不应存在，因为它与 Fe^{3+} 生成稳定的 FeF_6^{3-}，从而使鉴定反应失效。

(2) 鉴定方法的灵敏度和选择性

① 鉴定方法的灵敏度　不同的鉴定方法检出同一离子的灵敏度是不一样的。在定性分析中，灵敏度通常以最低浓度和检出限量来表示。

a. 最低浓度　在一定条件下，使某鉴定方法能得出肯定结果的该离子的最低浓度，以 ρ_B 或 $1:G$ 表示。G 是含有 1g 被鉴定离子的溶剂的质量；ρ_B 则以 $\mu g/mL$ 为单位，因此两者的关系是 $\rho_B G = 10^6$。

鉴定方法的灵敏度是用逐步降低被测离子浓度的方法得到的实验值。

b. 检出限量　在一定条件下，某方法所能检出某种离子的最小质量称为检出限量，通常以 μg（微克）为单位，记为 m。

某方法能否检出某一离子，除与该离子的浓度有关外，还与该离子的绝对质量有关。

检出限量越低，最低浓度越小，则此鉴定方法越灵敏。对同一离子，不同的鉴定反应将具有不同的灵敏度。通常表示某鉴定方法的灵敏度时，要同时指出其最低浓度（相对量）和检出限量（绝对量），而不用指明试液的体积。在定性分析中，最低浓度高于 $1mg/mL$（$1:1000$），即检出限量大于 $50\mu g$ 的方法已难以满足鉴定的要求。

② 鉴定方法的选择性　定性分析要求鉴定方法不仅要灵敏，而且希望鉴定某种离子时不受其他共存离子的干扰。具备这一条件的反应称为特效反应，该试剂则称为特效试剂。

例如试样中含有 NH_4^+ 时，加入 $NaOH$ 溶液并加热，便会有 NH_3 放出，此气体有特殊气味，可通过使湿润的红色石蕊试纸变蓝等方法加以鉴定。一般认为这是鉴定 NH_4^+ 的特效反应，$NaOH$ 则为鉴定 NH_4^+ 的特效试剂。

定性分析中用限界比率（即鉴定反应仍然有效时，待鉴定离子与最高量的其共存离子的质量比）来表示鉴定反应的特效性。显然该比值越小，鉴定反应的选择性越高。鉴定反应的特效性是相对的，事实上一种试剂往往能与若干种离子起作用。能与为数不多的离子发生反应的试剂称为选择性试剂，相应的反应叫作选择性反应。发生某一选择性反应的离子数目越少，则反应的选择性越高。

对于选择性高的反应，则易于创造条件使其成为特效反应。其主要方法有以下几种：

a. 控制溶液的酸度　这是最常用的方法之一。如在酸性条件下以丁二酮肟鉴定 Pd^{2+}，Ni^{2+} 不干扰。

b. 掩蔽干扰离子　例如，以 NH_4SCN 法鉴定 Co^{2+} 时，最严重的干扰来自 Fe^{3+}，因为它同 SCN^- 生成血红色的络合离子，掩盖了 $Co(SCN)_4^{2-}$ 的天蓝色。此时如在溶液中加入 NaF，与 Fe^{3+} 生成更稳定的无色络合离子 FeF_6^{3-}，则 Fe^{3+} 的干扰便可以消除。

c. 分离干扰离子　最常用的分离方法是使干扰离子或待检离子生成沉淀，然后进行分离，或使干扰物质分解挥发。

(3) 空白试验和对照试验

鉴定反应的"灵敏"与"特效"，是使某种待检离子可被准确检出的必要条件，但下述两方面因素会影响鉴定反应的可靠性。第一，溶剂、辅助试剂或器皿等均可能引入某些离子，它们被作为待检离子而被鉴定出来，此种情况称为过检；第二，试剂失效或反应条件控制不当，因而使鉴定反应的现象不明显甚至得出否定结论，这种情况称为漏检。

第一种情况可通过空白试验予以避免。即在进行鉴定反应的同时，另取一份蒸馏水代替试液，以相同方法进行操作，看是否仍可检出。例如在试样的 HCl 溶液中用 NH_4SCN 法鉴定 Fe^{3+} 时，得到了浅红色溶液，表示有微量铁存在。为弄清这微量 Fe^{3+} 是否为原试样所有，可另取配制试液的蒸馏水，加入同量的 HCl 溶液和 NH_4SCN，如仍得到同样的浅红色，说明试样中并不含 Fe^{3+}，如所得红色更浅或无色，则说明试样中确实有微量 Fe^{3+} 存在。

第二种情况，即当鉴定反应不够明显或现象异常，特别是怀疑所得的否定结果是否准确时，往往需要做对照试验，即以已知离子的溶液代替试液，用同法进行鉴定。如果也得出否定结果，则说明试剂已经失效，或是反应条件控制得不够正确等。

空白试验和对照试验可避免定性分析中的过检和漏检现象，对于正确判断分析结果，及时纠正错误有着重要意义。因此在定性分析中，往往要同时做空白试验和对照试验。

下面介绍的有色金属元素的分别检出方法略去了鉴定反应的灵敏度，在实际使用时仍必须加以注意。

3.1.1.2　有色金属元素的分别检出法

(1) 有色重金属元素

① 铜的检出　于点滴板的两个凹槽中各加 1 滴含 Fe^{3+} 的溶液和 3 滴 0.1mol/L $Na_2S_2O_3$，此时溶液显紫色。于其中一个凹槽中加 1 滴已用 2 滴 2mol/L HCl 酸化的试液，紫色立即褪去，示 Cu^{2+} 存在。另一凹槽紫色褪去较慢，作为对照。此反应为 Cu^{2+} 催化 $Na_2S_2O_3$ 与 Fe^{3+} 的反应。

② 锌的检出　取 1 滴 0.02% $CuSO_4$ 溶液于离心试管中，加 1 滴 $(NH_4)_2Hg(SCN)_4$ 溶液，搅拌，无沉淀生成，加入 1 滴试液，如生成紫色沉淀，示 Zn^{2+} 存在。

在中性或微酸性溶液中，Zn^{2+} 与 $(NH_4)_2Hg(SCN)_4$ 生成白色结晶形沉淀：

$$Zn^{2+} + Hg(SCN)_4^{2-} \Longrightarrow Zn[Hg(SCN)_4]\downarrow（白）$$

在相同条件下，Co^{2+} 也能生成深蓝色晶形沉淀 $Co[Hg(SCN)_4]$，不过因为容易形成过饱和状态，所以沉淀的速度颇为缓慢，有时可长达数小时。但当 Zn^{2+} 和 Co^{2+} 两种离子共存时它们与试剂生成天蓝色混晶型沉淀，可以较快地沉出。

因此，向试剂及很稀（0.02%）的 Co^{2+} 溶液中加入含 Zn^{2+} 的试液，在不断摩擦器壁的条件下，如迅速得到天蓝色沉淀，则表示 Zn^{2+} 存在；如缓慢（超过 2min）出现深蓝色沉淀，已不能作为 Zn^{2+} 存在的证明。

③ 镍的检出　取 1～2 滴试液于点滴板上，加 2 滴 1% 丁二酮肟乙醇溶液，滴加数滴氨水，生成鲜红色沉淀，示 Ni^{2+} 存在。

Ni^{2+} 在中性、弱酸性或氨性溶液中与丁二酮肟产生鲜红色螯合物沉淀，此沉淀溶于强酸、强碱和很浓的氨水，溶液的 pH 值以在 5～10 之间为宜。Fe^{2+} 在氨性溶液中与试剂生成红色可溶性螯合物，同 Ni^{2+} 产生的红色沉淀有时不易区别，为消除其干扰，可加 H_2O_2 将其氧化为 Fe^{3+}。

④ 汞的检出　取 2 滴酸性试液，加 4 滴 1mol/L KI、2 滴 2% $CuSO_4$ 溶液及少许固体 Na_2SO_3，生成淡橘红色的 Cu_2HgI_4 沉淀，示有 Hg^{2+} 存在。

⑤ 锡的检出　取 2 两滴 $SnCl_4^{2-}$ 溶液于离心管中，趁热加 $HgCl_2$ 溶液 1 滴，如有白色沉淀生成，加热不溶，并继续变成灰色，示有 Sn(Ⅱ) 存在。Sn(Ⅳ) 试液中应事先加 Pb 粒使之还原为 Sn(Ⅱ)。

⑥ 铅的检出　取两滴试液于离心管中，加 2 滴 5% K_2CrO_4，如有黄色沉淀生成，在沉淀上加 2mol/L NaOH 数滴，沉淀溶解，示有 Pb^{2+} 存在。

⑦ 钴的检出　在中性或酸性溶液中，Co^{2+} 与 NH_4SCN 生成蓝色配合物 $(NH_4)_2Co(SCN)_4$。此配合物能溶于许多有机溶剂，如乙醇、戊醇、苯甲醇或丙酮等。$Co(SCN)_4^{2-}$ 在有机溶剂中比在水中离解度更小，所以反应也更灵敏。为了使络合平衡尽量向生成络合离子的方向移动，试剂最好使用固体 NH_4SCN，以保证较高的 SCN^- 浓度。

Fe^{3+} 和 Cu^{2+} 有干扰。Fe^{3+} 单独存在时，加入 NaF 即可掩蔽。如两者都存在，可加 $SnCl_2$ 将它们还原为低价离子。

⑧ 镉的检出　在硝酸溶解液中加入甘油溶液（1∶1），然后再加过量的浓 NaOH 溶液，这时 $Cd(OH)_2$ 能够沉淀，将 $Cd(OH)_2$ 沉淀用稀的甘油-碱溶液洗净，溶于 3mol/L HCl 中，用水稀释，至酸度约为 0.3mol/L，通入 H_2S 或加硫代乙酰胺，如有黄色沉淀（CdS）析出，示有 Cd^{2+} 存在。

⑨ 铋的检出　含铋离子的碱性甘油溶液滴加在新配制的 Na_2SnO_2 溶液中，生成黑色的金属铋，示有 Bi^{3+}：

$$2Bi^{3+} + 3SnO_2^{2-} + 6OH^- = 2Bi\downarrow + 3SnO_3^{2-} + 3H_2O$$

⑩ 锑的检出　取一滴含锑的 HCl 溶液，放在一小块锡箔上，如生成黑色斑点，用水洗净，加 1 滴新配的 NaBrO 溶液，斑点不消失，示有锑。

$$2SbCl_6^{3-} + 3Sn = 2Sb\downarrow + 3SnCl_4^{2-}$$

当砷混入时，也能在锡箔上生成黑色斑点（As），但洗净后加 NaBrO 则溶解。洗时要注意一定把 HCl 洗掉，否则在酸性条件下 NaBrO 也能使 Sb 的斑点消失。

(2) 有色轻金属元素

① 铝的检出　试液用 3mol/L H_2SO_4 酸化，取 1 滴于滤纸上，加 1 滴茜素 S 用浓氨水熏至出现桃红色斑点，立即离开氨瓶。注意，不可长时间用氨熏，否则显茜素 S 的紫色。若显紫色可将滤纸放在石棉网上稍烘一下，则紫色褪去，现出红色，示 Al^{3+} 存在。

在乙酸及乙酸盐的弱酸性溶液（pH=4～5）中，Al^{3+} 与铝试剂（金黄色素三羧酸铵）生成红色螯合物，加氨水使溶液呈弱碱性并加热，可促进鲜红色絮状沉淀的生成。

② 钛的检出

a. 乙酰丙酮法　1 滴用 2mol/L HCl 酸化的试液与乙酰丙酮 0.2～0.4mol/L HCl 溶液在微试管中或点滴板上混合，红色示有 Ti(Ⅲ) 盐，因产生 Ti(Ⅲ)-乙酰丙酮（红色）。

Ti(V) 化合物产生黄色。在 2mol/L HCl 溶液中，其他离子的干扰很少遇到。氟离子应当用 1 滴 2.5% 氯化铍溶液掩蔽，Fe(Ⅲ) 用锌汞齐或抗坏血酸还原为 Fe(Ⅱ)。

b. 过氧化氢法　过氧化氢在酸性钛溶液中导致黄色的显现。在含有硫酸的溶液中，颜色是由于钛(Ⅳ) 与过氧化氢产生黄色过氧钛酸根离子。

③ 镁的检出　取 2 滴试液于点滴板上，加 1～2 滴镁试剂Ⅰ，加 6mol/L NaOH 溶液使其呈碱性，生成蓝色沉淀或溶液变蓝，示 Mg^{2+} 存在。

镁试剂Ⅰ：4-(4-硝基苯偶氮) 间苯二酚 [（对硝基苯偶氮）间苯二酚]。

④ 钙的检出　取试液 2 滴于离心试管中，加 $CHCl_3$ 数滴，加 0.2% GBHA 试液 4 滴、6mol/L NaOH 溶液 2 滴、1.5mol/L Na_2CO_3 溶液 2 滴，摇匀，$CHCl_3$ 层显红色（同时进行空白试验），示 Ca^{2+} 存在。

GBHA：乙二醛双缩 (2-羟基苯胺)。

⑤ 钡和锶的检出　取弱酸性或中性试液 1 滴于滤纸上，加 0.5% 玫瑰红酸钠 1 滴，生成红棕色斑点，再加 0.5mol/L HCl 1 滴，斑点变为红色示 Ba^{2+} 存在，如沉淀溶解示有 Sr^{2+} 存在。

Ba^{2+} 与 Sr^{2+} 共同存在时，在 pH＝4～5 的 HAc-NaAc 溶液中，滴加 3 滴 0.5mol/L $K_2Cr_2O_7$ 溶液，生成黄色 $BaCrO_4$ 沉淀，离心，沉淀以 1mol/L HCl 溶解后鉴定 Ba^{2+}，取离心液鉴定 Sr^{2+}。

(3) 稀有金属元素

① 钨的检出

a. 在点滴板上加 1 滴中性或碱性试液，用 1 滴 5% 8-羟基喹啉乙醇溶液处理，然后加入 1 滴或 2 滴浓盐酸。依据钨存在的量，有沉淀或颜色出现。

b. 氯化亚锡法　钨酸盐在酸性溶液中被氯化亚锡还原为蓝色低价钨的氧化物。这个产物与在相似条件下形成的"钼蓝"不同，它略溶于水，并在过量氯化亚锡存在下稳定。

② 钼的检出

a. 乙基黄原酸钾法　在一点滴板上，1 滴近中性或微酸性试液与 1 粒固体黄原酸钾混合并用 2 滴 2mol/L HCl 溶液处理，依据钼存在的量，出现粉红色或紫色。

b. 苯肼法　钼酸盐在酸性溶液中与苯肼反应产生血红色，或红色沉淀，在极稀溶液中出现粉红色。

③ 钒的检出　过氧化氢法：取 1 滴试液滴在点滴板上或瓷微坩埚中，与 1 滴 20% 硫酸混合。几分钟后，加入 1 滴 1% 过氧化氢溶液（必要时再加 1 滴过氧化氢溶液）。依据 V(V) 存在的量，出现红色或粉红色。

(4) 贵金属元素

① 金的检出

a. 对二甲氨基苄罗丹宁法　将 1 滴中性或弱酸性试液滴在罗丹宁试纸上，在金存在下，形成紫色斑点或环。

银和钯的存在会干扰金的检出，银可沉淀为 AgCl 除去，可以防止银对金的干扰，钯的干扰可借助于在酸性溶液中用丁二酮肟进行沉淀，生成黄色晶形丁二酮肟钯而除去钯的干扰。

b. 联苯胺法　将 1 滴试液和 1 滴 0.05％联苯胺-10％乙酸溶液置于滤纸上，蓝色示有金。

基于金离子与联苯胺之间的特征反应，联苯胺氧化所生成的深蓝色产物，可以在容积为 0.001mL 的一滴废液中检出 0.00001mg 金。

铂类盐和与对联苯胺作用的氧化剂必须不存在。

c. 罗丹明 B 法　在一微试管中放 1 滴试液并与 1 滴盐酸和 1 滴罗丹明 B 水溶液混合，混合物与 6～8 滴苯混合后摇匀。如果金存在，依据存在的量，苯层变为红紫色或粉红色，在紫外灯下约 1min 后产生橙色荧光。

d. 纸上金溶胶试验法　从物理外观上看，含金溶液多呈黄色。取微滴弱酸性金溶液滴在一洁白的滤纸上，慢慢层析、展开、晾干后，如果呈现紫色，则可能含有 Au。

金溶胶的紫色斑点在 60～90min 内形成。纸的纤维起着还原剂和形成金溶胶吸收剂的作用。由于紫外线加速了氧化反应，于是带色斑点在几分钟之内形成。在这种纸的紫外线试验中，$Au(CN)_2^-$ 不反应。

e. 热解为金属金法　1 滴酸性或碱性金盐溶液被带橡皮帽的玻璃管吸入其毛细管端，在液滴和毛细管末端留有小孔隙。在微灯上小心地蒸发液滴，然后除去橡皮帽将玻璃加热到金的粒子包裹在熔融的玻璃球中，形成一透镜。

三价金被还原后检查试液中是否还含有金的方法：取静置后的澄清试液两滴，放于白色瓷质点滴板上，然后滴入铁氰化钾 $[K_3Fe(CN)_6]$ 试液 1 滴、2mol/L 盐酸 1 滴，如有蓝色沉淀出现，则表明 Au^{3+} 已完全被还原析出。

② 银的检出

a. 硝酸锰和碱法　在滤纸上加 1 滴 0.1mol/L 盐酸，随之在湿斑点的中央加 1 滴试液、1 滴盐酸，再加 1 滴 0.1mol/L 硝酸锰和 1 滴 0.1mol/L 氢氧化钠，若斑点变黑，示银存在。

有色金属盐、亚锡盐和汞盐与碱和锰盐也有类似反应。所以，当这类干扰金属离子存在时，银应当事先分离为氯化银。

b. Mn(Ⅲ) 盐和 Ce(Ⅳ) 盐的催化还原法　在点滴板的两个相邻凹穴中，各加 3 滴试剂溶液 [Mn(Ⅲ) 溶液或 Ce(Ⅳ) 溶液] 和 2 滴稀盐酸。在一个凹穴中放 1 滴试液，另一个放 1 滴水。依据银存在的量，试剂以不同的程度褪色。

锰 [Mn(Ⅲ)] 溶液：0.6g 硫酸锰溶于 60mL 水和 20mL 浓盐酸。加入 10mL 0.02mol/L 高锰酸钾溶液，摇匀。15mL 这种溶液用 50mL(1+2) 盐酸冲稀。

铈 [Ce(Ⅳ)] 溶液：0.25g $(NH_4)_2Ce(NO_3)_6$ 与 10mL 稀硝酸混合，用水冲稀到 100mL。

银的这一专属和灵敏的催化还原法，也可从盐酸形成的沉淀混合物中检出银，但必须要有盐酸存在才有催化效应。

c. 在金、铂、钯存在下试验银　在一点滴板上，加 1 滴无铜试液（尽可能微酸性）与 1 滴 10％氰化钾溶液并搅拌，加入 1 滴试剂溶液（0.03％对二甲氨基苄罗丹宁乙醇溶液），边搅拌边加入 (1+4) 硝酸直到混合物呈酸性。粉红色示有银。

d. Ag_2BiI_5 法　取数滴试液，滴加 2mol/L HCl 溶液，若有白色沉淀生成，滴加浓氨水沉淀溶解后，再滴加 3mol/L HNO_3 溶液又析出白色沉淀，示有 Ag^+ 的存在。

为进一步证实，取上述含 $Ag(NH_3)_2^+$ 的溶液 2 滴，加含 Bi^{3+} 的试液 1 滴、4％KI 溶液 2～3 滴，再滴加 3mol/L HNO_3 溶液，若生成橙色或褐色的 Ag_2BiI_5 沉淀，示 Ag^+ 存在。

③ 铂的检出

a. 其他金属存在下的氯化亚锡法　将 1 滴饱和硝酸铊溶液加在滤纸上，随后加 1 滴试液和 1 滴 $TlNO_3$ 溶液。滤纸用氨水洗涤。任何金或钯进入溶液并被洗掉,而 $Tl_2[PtCl_6]$ 留在后面。在强盐酸溶液中用 1 滴氯化亚锡处理时,依据铂存在的量,形成黄到橙红色斑点。

b. 1,4-二苯-3-氨基硫脲法　铂与无色 1,4-二苯-3-氨基硫脲(Ⅰ)反应产生绿色配合物,它仅微溶于水,但易溶于氯仿。反应时 pH 值在 2~7 范围内。

c. 与碱金属碘化物反应法　在中性或酸性溶液中,铂(Ⅳ)盐与过量碱金属碘化物反应,并产生棕色,由于络合形成六碘铂离子:$Pt^{4+}+6I^-\longrightarrow[PtI_6]^{2-}$。当加入碱金属硫化物或亚硫酸时,棕色消失,因为 $[PtI_6]^{2-}$ 转变为无色的 $[Pt(SO_3)_3]^{2-}$。

如果在酸性溶液中不存在将碘离子氧化为碘的化合物,这个反应能用于铂的鉴定,钯(Ⅱ)和金(Ⅲ)同样必须不存在。钯(Ⅱ)与过量碘化物反应产生红棕色的 $[PdI_4]^{2-}$;金(Ⅲ)生成碘化金(Ⅰ),碘化金(Ⅰ)溶于过量碱金属碘化物,形成 $[AuI_2]^-$。用氨使溶液呈碱性,然后加草酸,可以避免钯和金的干扰。氨产生 $[Pd(NH_3)_2]^{2+}$ 或 $[PdNH_3]^{2+}$,它们耐草酸并且不与碱金属碘化物反应。在微热条件下,金盐定量地还原为金。

④ 钯的检出

a. 供镍盐的诱导还原法　用乙醇和乙醚冲洗以除去痕量油脂的两个试管,各放入 10mL 1⅟₂% 乙酸镍溶液和 1mL 饱和次磷酸钠溶液。在一个试管中加入 1mL 中性或弱酸性试液,另一试管中加 1mL 水(做空白试验),然后将各试管放入盛有沸水的烧杯中。在几分钟内,大量气体出现,并且在 2~30min 内,根据钯的含量多少,一部分镍以黑色粉末出现,另一部分镍以金属镜沉积。空白试验仍为绿色,并且仅在长时间加热之后镍才沉积。

b. 碘化汞法　当碱金属碘化物加入钯盐溶液中时,首先生成的棕色碘化钯沉淀溶于过量碘化物,产生红棕色络合四碘钯离子。

c. 对亚硝基二苯胺法　当对亚硝基二苯胺加入中性或微酸性钯盐溶液中时,出现暗紫棕色沉淀,反应比率是 2∶1。

d. 丁二酮肟镍法　如果丁二酮肟镍的悬浊液用一稀的中性或弱酸性钯盐溶液处理,没有能见的变化,例如转变为黄色丁二酮肟钯。处理后的悬浊液用滤纸过滤,不大于痕量的镍可以在滤液中检出;当稀无机酸注于滤纸上的残渣时,与丁二酮肟镍不同,残渣不溶解。此效应是由于在丁二酮肟镍表面上 Pd^{2+} 或 $PdCl_2$ 的吸附,或是在丁二酮肟镍表面上钯与镍交换。在任一情况下用酸处理时,丁二酮肟钯的耐酸层立即形成,并保护丁二酮肟镍不溶于酸。钯的一个灵敏可靠的点滴分析可以基于这种保护层的效应。可以使用丁二酮肟镍浸渍的滤纸。

⑤ 铑的检出

a. 氯化亚锡法　三价铑盐与氯化亚锡在氯化铵和碘化钾存在下产生樱桃红色。

如果金、铂或钯存在,必须将它们除去:在微离心管中,1 滴试液用 1 滴乙醇、1 粒丁二酮肟、1 滴莫尔盐饱和溶液和几粒氯化铵处理。将混合物离心分离,清液用于试验。

b. 对二硝基二苯胺法　在试管中加 3~5 滴微酸性试液,加 4 滴 0.05% 对二硝基二苯胺溶液[溶于乙醇(1+1)中],在沸水中加热 5min,橙红色溶液示有铑。Ce(Ⅳ)、Fe(Ⅲ)、NO_2^-、Os(Ⅲ)、Pt(Ⅳ)、SCN^-、Zr(Ⅳ)会产生干扰。

⑥ 锇的检出

a. 氯酸盐活化法　1 滴 $KClO_3$-KI 溶液(1g $KClO_3$ 和 1g KI 溶在 100mL 水中),用 1 滴稀硫酸(1∶100)酸化,放在点滴板上。加入 1 滴 1% 淀粉溶液和 1 滴中性试液。依据锇和钌的存在量,蓝色淀粉-碘立即或在短时间内形成。当四氧化锇的量小时,应当进行空白试验。

如果试验和空白试验放置数小时后进行比较,OsO_4 可以 1∶50000 的限界稀度被检出。

b. 乙酸联苯胺法　锇试液和乙酸联苯胺或 $K_4Fe(CN)_6$ 的饱和溶液进行反应，一种蓝色或绿色斑点在纸上形成。

⑦ 铱的检出

a. 无色孔雀绿法　$IrCl_6^{2-}$ 与无色孔雀绿乙酸溶液反应产生绿色。

b. 联苯胺法　四价铱化合物、六价铱酸和它的盐与乙酸联苯胺反应产生蓝色。

⑧ 钌的检出　红氨酸试法：红氨酸（Ⅰ）在氨性溶液中以它的酸式盐（Ⅱ）与铜、钴和镍盐反应产生不溶性的带色化合物。在强无机酸溶液中，红氨酸只与铂族某些元素反应，与钯和铂盐得到红色结晶沉淀，与钌盐产生一种可溶性蓝色化合物。

3.1.2　重量分析法

重量分析法是在一定条件下，采用适当的方法，使被测组分与试样中的其他组分分离之后，经过称量得到质量，以计算被测组分的百分含量的方法。

由于重量分析法不需要标准试样或基准物质进行比较，可以直接通过称量而得到分析结果，因此测定的准确度比较高，一般分析常量组分的相对误差为 $0.1\%\sim0.2\%$，常用于对比和校正其他分析方法的准确度。但是，由于重量分析法的操作烦琐、费时间，且不适用于微量和痕量组分的测定，因此在应用时已逐渐被其他方法所代替。但在某些元素的精确分析时，如硫、硅、钨的测定和水分、灰分、挥发分及酸不溶物的测定，仍需要借助重量分析法来完成。

（1）重量分析法的分类

根据分离方法的不同，重量分析法又可以分为沉淀法、气化法、萃取法和电解法等。重量分析法中应用最广泛的为沉淀法，它是将待测组分转化为某种可称量的物质后依靠称重来进行测定的分析方法，是经典的化学分析方法之一。

① 沉淀法　待测成分以难溶化合物的形式沉淀下来，经过滤、洗涤、烘干或灼烧形成组分一定的物质，然后称其质量，计算被测组分的含量。

以测 Ni^{2+} 为例：

沉淀经过洗涤，灼烧至恒重，称重，计算试样中 Ni 的含量。

② 气化法　使试样中被测组分以气体逸出，根据逸出量计算被测组分的含量。根据去除水分的方式不同，试样中水分含量的测定方法可分为：常压下加热干燥、减压下加热干燥、干燥剂干燥。

③ 萃取法　利用被测成分在两种溶剂中溶解度的不同而使被测组分进入一种溶剂中，经蒸干、称重，求出被测组分含量（一般用于有机分析）。

④ 电解法　利用电解的方法使待测金属离子在电极上还原析出，然后称量，电极增加的质量即为金属的质量。如电解法测定铜含量的方法常被采用。

（2）重量分析对沉淀的要求

沉淀法的关键问题是得到准确量的沉淀，即应得到的沉淀既不要减少也不要增多，减少主要是由于沉淀的溶解损失，增多是因为沉淀中混入杂质。因此，为了使沉淀完全且纯净，重点讲两个问题：一是防止沉淀的减少，主要涉及沉淀的溶解度及其影响因素；二是保证沉淀的纯度，主要涉及影响沉淀纯度的因素。在此基础上了解保证沉淀完全且纯净应当控制的沉淀条件。

① 对沉淀形式的要求　在一定条件下，往试液中加入适当的沉淀剂，使被测组分沉淀出来，沉淀析出的形式即沉淀形式。

重量分析对于沉淀形式的要求如下：

a. 沉淀的溶解度要小。要求溶解损失小于 0.2mg。

b. 沉淀必须纯净，易过滤和洗涤。

c. 沉淀易于转化为称量形式。

② 对称量形式的要求　沉淀经过滤、洗涤、烘干或灼烧之后，所得称量物的组成形式称为称量形式。沉淀形式与称量形式可以相同，也可以不相同，例如测定 Cl^- 时，加入沉淀剂 $AgNO_3$ 以得到 $AgCl$ 沉淀，此时沉淀形式和称量形式相同。但测定 Mg^{2+} 时，沉淀形式为 $MgNH_4PO_4$，经灼烧后得到的称量形式为 $Mg_2P_2O_7$，则沉淀形式与称量形式不同。对于称量形式的要求如下：

a. 具有已知的固定组成。

b. 有足够的化学稳定性。即不吸收水分和 CO_2，不受空气中氧的氧化作用。

c. 摩尔质量大。即被测组分在沉淀中所占的比例要小。

例如，测定铝时，称量形式可以是 Al_2O_3（$M=101.96g/mol$）或 8-羟基喹啉铝（$M=459.44g/mol$）。如果在操作过程中损失沉淀 1mg，以 Al_2O_3 为称量形式时铝的损失量为：

$$Al_2O_3 : 2Al = 1 : x$$

$$x = 0.5mg > 0.2mg$$

以 8-羟基喹啉铝为称量形式时铝的损失量为：

$$Al(C_9H_6NO)_3 : Al = 1 : x$$

$$x = 0.06mg < 0.2mg$$

③ 对沉淀剂的要求　沉淀法对于沉淀剂的要求如下：

a. 选择性高。

b. 灼烧后易挥发而除去。

c. 纯度高，稳定。

(3) 沉淀的溶解度及其影响因素

在利用沉淀反应进行重量分析时，人们总是希望被测组分沉淀越完全越好。但是，绝对不溶解的物质是没有的，所以在重量分析中要求沉淀的溶解损失不超过称量误差 0.2mg，即可认为沉淀完全，而一般沉淀却很少能达到这一要求。因此，如何减少沉淀的溶解损失，以保证重量分析结果的准确度是重量分析的一个重要问题。

影响沉淀溶解度的因素有：同离子效应、盐效应、酸效应和络合效应，以及温度、溶剂、沉淀颗粒大小、沉淀结构等因素。

① 同离子效应　在溶液中加入组成沉淀的构晶离子，能使沉淀的溶解度降低，此种现象称为同离子效应。同离子效应是使沉淀完全的重要因素之一。适当增加沉淀剂的用量（一般过量 20%～100%），能使沉淀的溶解度降低。灼烧易挥发的沉淀剂过量 50%～100%；灼烧不易挥发的沉淀剂过量 20%～30%。

利用同离子效应降低沉淀溶解度时，应考虑盐效应的影响，即沉淀剂不能过量太多。

② 盐效应　沉淀剂过量太多，除了同离子效应外，还会产生不利于沉淀完全的其他效应，盐效应就是其中之一。在难溶电解质的饱和溶液中，加入其他强电解质，会使难溶电解质的溶解度比同温度时在纯水中的溶解度大，这种现象称为盐效应。产生盐效应的原因是：当强电解

质的浓度增大时离子强度增大，而活度系数减小，在一定温度下 K_{sp} 是一个常数。当活度系数减小时，K_{sp} 增大，即沉淀的溶解度增大。显然，造成沉淀溶解度增大的根本原因是强电解质盐类的存在。

如果在溶液中存在着非共同离子的其他盐类，盐效应的影响必定更为显著。

③ 酸效应　溶液的酸度对于沉淀溶解度的影响称为酸效应。酸效应对强酸盐沉淀影响不大，对弱酸盐和多元酸盐影响较大。当酸度增大时，组成沉淀的阴离子与 H^+ 结合，降低了阴离子的浓度，使沉淀的溶解度增大。当酸度降低时，则组成沉淀的金属离子可能发生水解，形成带电荷的氢氧配合物如 $Fe(OH)_2^+$、$Al(OH)_2^+$，降低了阳离子的浓度而增大沉淀的溶解度。

④ 络合效应　当溶液中存在能与构晶阳离子形成配离子的络合剂时，沉淀的溶解度增大，此种现象称为络合效应。

在重量分析中，为了沉淀完全，沉淀剂浓度 c_A 和金属离子浓度 c_M 越大则沉淀的溶解度越小，可见同离子效应是有利因素。而盐效应、酸效应和络合效应是不利因素。但是，强电解质的存在可以防止无定形沉淀形成胶体；控制一定的酸度或加入一些络合剂，可以提高沉淀剂的选择性。所以在实际工作中，必须根据具体情况，创造适当的条件，以保证分析结果的准确度。

⑤ 影响沉淀溶解度的其他因素

a. 温度的影响　溶解反应一般是吸热反应，因此，沉淀的溶解度通常随着温度的升高而增大。所以，对于溶解度不是很小的晶形沉淀，如 $MgNH_4PO_4$，应在室温下进行过滤和洗涤。如果沉淀的溶解度很小［如 $Fe(OH)_3$、$Al(OH)_3$ 和其他氢氧化物］，或者受温度的影响很小，为了过滤快些，也可以趁热过滤和洗涤。

b. 溶剂的影响　大多数无机盐沉淀为离子型晶体，所以它们在极性较强的水中的溶解度大，而在有机溶剂中的溶解度小，有机物沉淀则相反。例如 $PbSO_4$ 在水和乙醇以不同比例混合的溶剂中的溶解度（25℃）如表 3.1 所示。

表 3.1　$PbSO_4$ 在水和乙醇以不同比例混合的溶剂中的溶解度（25℃）

乙醇的体积分数/%	0	10	20	30	40	50	60	70
$PbSO_4$ 的溶解度/(mg/L)	45	17	6.3	2.3	0.77	0.48	0.30	0.09

c. 沉淀颗粒大小的影响　小颗粒沉淀的溶解度大于大颗粒沉淀的溶解度，因为沉淀颗粒小则比表面积就大。由于易形成胶体溶液，应尽量避免胶体发生胶溶。

d. 沉淀结构的影响　初生成的亚稳定型结构沉淀的溶解度大于放置后转变成稳定型结构沉淀的溶解度。初生成的亚稳定型草酸钙的组成为 $CaC_2O_4 \cdot 3H_2O$ 或 $CaC_2O_4 \cdot 2H_2O$，经过放置后则变成稳定的 $CaC_2O_4 \cdot H_2O$。

（4）影响沉淀纯度的因素

在重量分析中所希望获得的是粗大的晶形沉淀。而生成的沉淀是什么类型主要决定于沉淀物，但与沉淀进行的条件也有密切关系，应控制适宜的条件得到符合重量分析要求的沉淀。

重量分析不仅要求沉淀的溶解度要小，而且应当是纯净的。但是，当沉淀自溶液中析出时，总有一些可溶性物质随之一起沉淀下来，影响沉淀的纯度。

影响沉淀纯度的主要因素有共沉淀现象和后沉淀现象。

① 共沉淀现象　在沉淀反应进行时，某些可溶性杂质同时沉淀下来的现象，称为共沉淀现象。如可溶盐 Na_2SO_4 或 $BaCl_2$ 会被 $BaSO_4$ 沉淀带下来。

每种晶形沉淀都具有一定的晶体结构，当杂质离子与构晶离子的半径相近、电子层结构相同，而且所形成的晶体结构也相同时，则生成混合晶体，如 $KMnO_4$-$BaSO_4$，粉红色，水洗不褪色。常见的混合晶体还有 $BaSO_4$、$PbSO_4$、$AgCl$、$AgBr$、$MgNH_4PO_4 \cdot 6H_2O$、$MgNH_4AsO_4 \cdot 6H_2O$ 等。

② 后沉淀现象　当沉淀和母液一同放置时，溶液中的杂质离子慢慢沉淀到原有沉淀上的现象，称为后沉淀现象。例如，在含有 Cu^{2+}、Zn^{2+} 等离子的酸性溶液中，通入 H_2S 时最初得到的 CuS 沉淀中并不夹杂 ZnS，但是如果沉淀与溶液长时间接触，则由于 CuS 沉淀表面从溶液中吸附了 S^{2-}，而使沉淀表面上的 S^{2-} 浓度大大增加，致使 S^{2-} 浓度与 Zn^{2+} 浓度的乘积大于 ZnS 的溶度积常数，于是在 CuS 沉淀的表面上就析出 ZnS 沉淀。遇到此种情况，应在沉淀进行完毕之后立即过滤。

③ 提高沉淀纯度的措施　为了减少杂质对沉淀的污染，应针对上述造成沉淀不纯的原因，采取下列各种措施：

a. 选择适当的分析程序，降低易被吸附杂质离子的浓度　可事先分离，例如在分析试液中，被测组分含量较少，而杂质含量较多时，则应使少量被测组分首先沉淀下来。如果先分离杂质，则大量沉淀的生成就会使少量被测组分随之共沉淀，从而引起分析结果不准确。此时可加掩蔽剂或改变沉淀剂等。

由于吸附作用具有选择性，所以在实际分析工作中，应尽量不使易被吸附的杂质离子存在或设法降低其浓度以减少吸附共沉淀。例如沉淀 $BaSO_4$ 时，如溶液中含有易被吸附的 Fe^{3+}，可将 Fe^{3+} 预先还原成不易被吸附的 Fe^{2+}，或加酒石酸（或柠檬酸）使之生成稳定的配合物，以减少共沉淀。

b. 用适当洗涤液（易于除去）洗涤（减少表面吸附杂质的有效方法）　由于吸附作用是一个可逆过程，因此，洗涤可使沉淀上吸附的杂质进入洗涤液，从而达到提高沉淀纯度的目的。当然，所选择的洗涤剂必须是在灼烧或烘干时容易挥发除去的物质。如测 Ba^{2+}，用 H_2SO_4 洗；测 SO_4^{2-}，用水洗。

c. 及时进行过滤分离，以减少后沉淀。

d. 必要时进行陈化或再沉淀　将沉淀过滤洗涤之后，再重新溶解，使沉淀中残留的杂质进入溶液，然后第二次进行沉淀，这种操作叫作再沉淀。再沉淀对于除去沉淀内部的杂质特别有效。

e. 创造适宜的沉淀条件　沉淀的吸附作用与沉淀颗粒的大小、沉淀的类型、温度和陈化过程等都有关系。因此，要获得纯净的沉淀，应根据沉淀的具体情况，选择适宜的沉淀条件。

④ 沉淀中杂质对结果的影响　沉淀中杂质对结果的影响取决于杂质的性质和量的多少，可能引起正误差、负误差，还可能不引入误差。如：$BaSO_4$ 中包藏 $BaCl_2$，测 SO_4^{2-} 时，$BaCl_2$ 为外来杂质，产生正误差；测 Ba^{2+} 时，由于 $M_{BaCl_2} < M_{BaSO_4}$，产生负误差。$BaSO_4$ 中包藏 H_2SO_4（灼烧挥发），测 S 时，会产生负误差；测 Ba^{2+} 时，无影响。

(5) 进行沉淀的条件

为了获得纯净、易于过滤和洗涤的沉淀，对于不同类型的沉淀，应当采取不同的沉淀条件。

① 晶形沉淀的沉淀条件　对于晶形沉淀来说，主要考虑的是如何获得较大的沉淀颗粒，以便沉淀纯净并易于过滤和洗涤。但是，晶形沉淀的溶解度一般都比较大，还应注意沉淀的溶解损失。因此采取以下沉淀条件：

a. 稀　在适当稀的溶液中，加入适当稀的沉淀剂，以免溶液的过饱和度太大，但又能保持一定的过饱和度，晶核生成不太多而且又有机会长大；同时，使杂质浓度降低。但是，溶液如果过稀则沉淀溶解较多,也会造成溶解损失。

b. 热 在热溶液中加入热的沉淀剂,以减少吸附的杂质;增大沉淀的溶解度,以降低相对过饱和度。为了防止沉淀在热溶液中的溶解损失,应当在沉淀作用完毕后,将溶液放冷,然后进行过滤。

c. 慢 缓慢加入沉淀剂,尽量避免产生大量晶核。

d. 搅 加沉淀剂时要不停地快速搅拌,避免局部浓度过大,以免生成大量晶核。

e. 陈 沉淀完毕放置陈化使小颗粒溶解,大颗粒长得更大;使沉淀晶体更完整、纯净,同时释放出吸附和吸留的杂质。这个过程叫作陈化。

产生这种现象的原因是,由于微小结晶比粗大结晶有较多的棱和角,从而使小粒结晶具有较大的溶解度。大粒结晶的饱和溶液,对小粒结晶来说却是未饱和的,所以小粒结晶就被溶解。结果,溶液对于大粒结晶就成了过饱和状态。因此,已经溶解的小粒结晶又沉积在大粒结晶表面,小粒结晶又继续不断地溶解。如此继续进行,就能得到比较大的沉淀颗粒。

② 无定形沉淀的沉淀条件 无定形沉淀一般溶解度很小,颗粒微小、体积庞大,不仅吸收杂质多,而且难以过滤和洗涤,甚至能够形成胶体溶液,无法沉淀出来。因此,对于无定形沉淀来说,主要考虑的是:加速沉淀微粒凝聚,获得紧密沉淀,减少杂质吸附和防止形成胶体溶液。至于沉淀的溶解损失,可以忽略不计。常采用以下沉淀条件:

a. 浓 在较浓的溶液中,加入较浓的沉淀剂,使沉淀紧密含水量少。

因为溶液浓度大,则离子的水合程度小些,得到的沉淀比较紧密。但也要考虑此时吸附杂质多,所以在沉淀作用完毕后,立刻加入大量的热水冲稀并搅拌,使被吸附的一部分杂质转入溶液。

b. 热 在热溶液中进行沉淀,防止形成胶体溶液,减少吸附杂质。必要时加入适当的电解质以破坏胶体,但加入的应是可挥发性的盐类如铵盐等。

c. 快 加入沉淀剂的速度适当快些。不必陈化。沉淀作用完毕后,静置数分钟,让沉淀下沉后立即过滤。这是由于这类沉淀一经放置,将会失去水分而聚集得十分紧密,不易洗涤除去所吸附的杂质。

d. 稀 沉淀完毕立即加水冲稀,降低杂质离子的浓度。

e. 再 必要时进行再沉淀。无定形沉淀一般含杂质的量较多,如果准确度要求较高,应当进行再沉淀。

(6) 均匀沉淀法

在进行沉淀的过程中,尽管沉淀剂是在不断搅拌下加入的,可是在刚加入沉淀剂时,局部过浓现象总是难免的。为了消除这种现象可改用均匀沉淀法。这种方法是先控制一定的条件,使加入的沉淀剂不能立刻与被测离子生成沉淀,而是通过一种化学反应,使沉淀剂从溶液中缓慢、均匀地产生出来,从而使沉淀在整个溶液中缓慢、均匀地析出。这样就可避免局部过浓的现象,获得的沉淀是颗粒较大、结构紧密、纯净、易于过滤和洗涤的晶形沉淀。

例如测定 Ca^{2+} 时,在中性或碱性溶液中加入沉淀剂 $(NH_4)_2C_2O_4$,产生的 CaC_2O_4 是细晶形沉淀。如果先将溶液酸化再加入 $(NH_4)_2C_2O_4$,则溶液中的草酸根主要以 $HC_2O_4^-$ 和 $H_2C_2O_4$ 形式存在,不会产生沉淀。混合均匀后,再加入尿素,加热煮沸。尿素逐渐水解,生成 NH_3:

$$CO(NH_2)_2 + H_2O = CO_2 \uparrow + 2NH_3$$

生成的 NH_3 中和溶液中的 H^+,酸度渐渐降低,$C_2O_4^{2-}$ 的浓度渐渐增大,最后均匀而缓慢地析出粗大的晶形 CaC_2O_4 沉淀。此方法可以获得颗粒较大而且较纯洁的沉淀，但是沉淀时间较长，一般需要 $1\sim2h$ 才能沉淀完毕。

（7）重量分析结果的计算

① 换算因数　待测组分的摩尔质量与称量形式的摩尔质量之比是常数，以 F 表示。

$$F=\frac{a\times 被测组分的摩尔质量}{b\times 沉淀称量形式的摩尔质量}$$

式中，a、b 是使分子和分母中所含主体元素的原子个数相等时需乘以的系数。若待测组分为 Fe，称量形式为 Fe_2O_3，其换算因数：$F=\dfrac{2M_{Fe}}{M_{Fe_2O_3}}$。

$$\frac{m_{Fe}}{M_{Fe}}:\frac{m_{Fe_2O_3}}{M_{Fe_2O_3}}=2:1$$

$$m_{Fe}=\frac{2M_{Fe}}{M_{Fe_2O_3}}\times m_{Fe_2O_3}$$

② 待测组分的质量分数

$$w_A=\frac{m}{m_s}\times F\times 100\%$$

尽管重量分析法操作颇为繁杂，但对某些有色金属元素，尤其是铂族金属而言，仍然是一种极为有用的分析技术。例如沉淀钯的丁二酮肟，沉淀金的氢醌及沉淀 Os 和 Ru 的巯基乙酰萘胺。为得到能与有色金属生成直接称量形式的试剂，需要进一步研究。这些试剂应该具有选择性并在中等酸度中得到应用。大量对有色金属有选择性的试剂，在有色金属精炼和生产流程中也能得到应用。

3.1.3　滴定分析法

3.1.3.1　滴定分析法概述

滴定分析法是目前完成化学分析任务的很重要而又应用最广泛的一类分析方法。

（1）滴定分析法的特点和分类

滴定分析法的特点如下：

① 加入滴定剂物质的量与被测物质的量恰好是化学计量关系。

② 适于组分含量在 1% 以上各物质（常量组分）的测定，有时也可以测定微量组分。

③ 所需仪器设备简单，与重量分析相比较，操作简便、快速，便于进行多次平行测定，有利于提高测定结果的精密度。

④ 测定结果的准确度一般较高，其滴定的相对误差在 1‰ 左右（不大于 2‰）。

滴定分析法的分类：酸碱滴定法、络合滴定法、氧化还原滴定法和沉淀滴定法。

（2）滴定分析对化学反应的要求

适用于滴定分析的化学反应，必须满足以下几个条件：

① 反应应有一定的化学计量关系，并要定量地完成，没有副反应发生。这是定量计算的基础。

② 反应速率要快，要求在瞬间完成。对于反应速率较慢的反应，有时可加热或加入催化剂来加速反应的进行。

③ 要有简便可靠的方法确定滴定的终点。滴定终点指示方法有仪器法和指示剂法两种。

a. 仪器法　通过测定滴定过程中电位、电流等的变化来指示终点的方法。

b. 指示剂法　利用化学计量点时指示剂颜色的突变来指示终点的方法。

指示剂法简单、方便，但只能确定滴定终点；电位法可以确定化学计量点，其本质是利用计量点附近电位的突跃。

（3）滴定方式

① 直接滴定法　凡是能满足上述要求的反应，都可用直接滴定法，即用标准溶液直接滴定被测物质。直接滴定法是滴定分析中最常用和最基本的滴定方法。

② 返滴定法　当试液中被测物质与滴定剂反应很慢（如 Al^{3+} 与 EDTA 的反应），或者用滴定剂直接滴定固体试样（如用 HCl 滴定固体 $CaCO_3$）时，反应不能立即完成，故不能用直接滴定法进行滴定。此时可先准确加入过量标准溶液，使之与试剂中的待测物质或固体试样进行反应，待反应完成后，再用另一种标准溶液滴定剩余的标准溶液，这种滴定方法称为返滴定法。

③ 置换滴定法　当被测组分所参与的反应不按一定反应式进行或伴有副反应时，不能采用直接滴定法。可先用适当的试剂与待测组分反应，使其定量地置换出另一种物质，再用标准溶液滴定这种物质，这种滴定方法称为置换滴定法。

④ 间接滴定法　不能与滴定剂直接起反应的物质，有时可以通过另外的化学反应，以滴定法间接进行测定。如将 Ca^{2+} 沉淀为 CaC_2O_4 后，用 H_2SO_4 溶解，再用 $KMnO_4$ 标准溶液滴定与 Ca^{2+} 结合的 $C_2O_4^{2-}$，从而间接测定 Ca^{2+}。

返滴定法、置换滴定法、间接滴定法的应用，大大扩展了滴定分析的应用范围。

（4）滴定分析结果的计算

当两反应物完全作用时，它们的物质的量之间的关系恰好符合其化学式所表示的化学计量关系。这是滴定分析计算的依据。

① 直接滴定法　在直接滴定法中，设滴定剂 A 与被测物 B 间的反应为：

$$a A \; + \; b B \; == \; c C \; + \; d D$$

$$\text{滴定剂　被测物　　　生成物}$$

$$c_A, V_A \quad c_B, V_B$$

当滴定达到化学计量点时，$a\, mol\, A$ 恰好与 $b\, mol\, B$ 完全反应。

$$\frac{1}{a}n_A = \frac{1}{b}n_B$$

$$\frac{m_B}{M_B} = \frac{b}{a} \times c_A \times V_A$$

显然，当试样的质量为 m_s 时，则被测物的百分含量可由下式求得：

$$w_B = \frac{m_B}{m_s} \times 100\% = \frac{\dfrac{b}{a} \times c_A \times V_A \times M_B}{m_s} \times 100\%$$

② 间接滴定法和置换滴定法　在间接滴定法和置换滴定法滴定中要涉及两个或两个以上反应，应从总的反应中找出实际参加反应的物质的物质的量之间的关系。如下列反应中，A 和 B 反应生成 C，C 和 D 反应生成 E，用标准溶液 F 滴定 E，由 F 计算 B 的百分含量：

$$a A + b B == c C \qquad c C + d D == e E \qquad f F \longrightarrow e E (F\ 滴定\ E)$$

$$a A \sim b B \sim c C \sim d D \sim e E \sim f F$$

$$w_B = \frac{m_B}{m_s} \times 100\% = \frac{\dfrac{b}{f} \times c_F \times V_F \times M_B}{m_s} \times 100\%$$

③ 返滴定法 在返滴定法中也要涉及两个或两个以上反应，如先准确加入过量标准溶液 A (c_A，V_A)，使其与试样中的待测物质 B 进行反应，待反应完成后，再用另一种标准溶液 D (c_D) 滴定剩余的标准溶液，消耗体积 V_D。计算 B 的含量：

$$a\text{A（过量）}+b\text{B}＝＝c\text{C} \qquad a\text{A（剩余）}+d\text{D}＝＝e\text{E}$$

$$a\text{A}\sim b\text{B}\sim c\text{C}\sim d\text{D}$$

$$\frac{1}{b}n_B=\frac{1}{a}n_A-\frac{1}{d}n_D$$

$$w_B=\frac{m_B}{m_s}\times100\%=\frac{\left(\dfrac{b}{a}\times c_A\times V_A-\dfrac{b}{d}\times c_D\times V_D\right)\times M_B}{m_s}\times100\%$$

④ 计算实例

例 3-1 在酸性溶液中以 $K_2Cr_2O_7$ 为基准物标定 $Na_2S_2O_3$ 溶液的浓度，写出 $Na_2S_2O_3$ 溶液浓度的计算式。

解 反应是分两步进行的。首先，在酸性溶液中 $K_2Cr_2O_7$ 与过量的 KI 反应析出 I_2：

$$\text{Cr}_2\text{O}_7^{2-}+6\text{I}^-+14\text{H}^+＝＝3\text{I}_2+2\text{Cr}^{3+}+7\text{H}_2\text{O} \tag{A}$$

然后用滴定剂 $Na_2S_2O_3$ 溶液滴定析出的 I_2：

$$\text{I}_2+2\text{S}_2\text{O}_3^{2-}＝＝2\text{I}^-+\text{S}_4\text{O}_6^{2-} \tag{B}$$

在反应（A）中，1mol $K_2Cr_2O_7$ 产生 3mol I_2，而反应（B）中 1mol I_2 和 2mol $Na_2S_2O_3$ 反应。

$$\text{Cr}_2\text{O}_7^{2-}\sim3\text{I}_2\sim6\text{S}_2\text{O}_3^{2-}$$

$$\frac{n_{K_2Cr_2O_7}}{n_{Na_2S_2O_3}}=\frac{1}{6}$$

由此可知，$K_2Cr_2O_7$ 与 $Na_2S_2O_3$ 反应的摩尔比为 1∶6。

故可按下式计算 $Na_2S_2O_3$ 溶液的浓度：

$$c_{Na_2S_2O_3}=\frac{6\times m_{K_2Cr_2O_7}}{M_{K_2Cr_2O_7}\times V_{Na_2S_2O_3}}$$

例 3-2 用碘量法测 Pb_3O_4，反应如下：

(1) Pb_3O_4 溶于酸，反应为：$\text{Pb}_3\text{O}_4+8\text{H}^++2\text{Cl}^-＝＝3\text{Pb}^{2+}+4\text{H}_2\text{O}+\text{Cl}_2$

(2) 用 CrO_4^{2-} 沉淀 Pb^{2+}，反应为：$\text{Pb}^{2+}+\text{CrO}_4^{2-}＝＝\text{PbCrO}_4$

(3) 沉淀溶解：$2\text{PbCrO}_4+2\text{H}^+＝＝2\text{Pb}^{2+}+\text{Cr}_2\text{O}_7^{2-}+\text{H}_2\text{O}$

(4) 加入 KI，析出 I_2：$\text{Cr}_2\text{O}_7^{2-}+6\text{I}^-+14\text{H}^+＝＝3\text{I}_2+2\text{Cr}^{3+}+7\text{H}_2\text{O}$

(5) 用滴定剂 $Na_2S_2O_3$ 标准溶液滴定析出的 I_2：$\text{I}_2+2\text{S}_2\text{O}_3^{2-}＝＝2\text{I}^-+\text{S}_4\text{O}_6^{2-}$

求 Pb_3O_4 与 $Na_2S_2O_3$ 的计量数之比。

解 $2\text{Pb}^{2+}\sim2\text{CrO}_4^{2-}\sim2\text{PbCrO}_4\sim\text{Cr}_2\text{O}_7^{2-}\sim3\text{I}_2\sim6\text{S}_2\text{O}_3^{2-}$

$\text{Pb}^{2+}\sim3\text{S}_2\text{O}_3^{2-}$

$\text{Pb}_3\text{O}_4\sim3\text{Pb}^{2+}\sim9\text{S}_2\text{O}_3^{2-}$

所以 Pb_3O_4 与 $Na_2S_2O_3$ 的计量数之比：$a∶b=1∶9$。

例 3-3 用溴酸钾-碘量法测定 Al^{3+} 的方法为：将 Al^{3+} 沉淀为 8-羟基喹啉（8-OX）铝，用盐酸溶解沉淀时定量释放出 8-OX，它与一定量过量的标准 KBrO₃-KBr 溶液所产生的 Br_2 生成溴化 8-OX，过量的 Br_2 与 I^- 作用析出 I_2，以标准 $Na_2S_2O_3$ 溶液返滴定。设含铝试样质量

为 m_s（g），$KBrO_3$ 浓度为 c_1（mol/L），加入 V_1（mL），返滴定所用 $Na_2S_2O_3$ 浓度为 c_2（mol/L），消耗 V_2（mL）。试写出以此法测定 Al^{3+} 含量的计算式。

解　反应式如下：

$$Al^{3+} + 3(8\text{-}OX) =\!=\!= Al(8\text{-}OX)_3 \downarrow$$

$$Al(8\text{-}OX)_3 + 3HCl =\!=\!= 3(8\text{-}OX) + AlCl_3 + 3H^+$$

$$KBrO_3 + 5KBr + 6HCl =\!=\!= 3Br_2 + 6KCl + 3H_2O$$

$$8\text{-}OX + 2Br_2 =\!=\!= (8\text{-}OX)Br_2 + 2HBr$$

$$Br_2(\text{过}) + 2I^- =\!=\!= I_2 + 2Br^-$$

$$I_2 + 2S_2O_3^{2-} =\!=\!= 2I^- + S_4O_6^{2-}$$

反应之间的计量关系如下：

$$1Al^{3+} \sim 3(8\text{-}OX) \sim 6Br_2 \sim 2KBrO_3 \sim 12Na_2S_2O_3$$

$$\frac{w_{Al}m_{Al}}{M_{Al}} = \frac{1}{2}(cV)_{KBrO_3} - \frac{1}{12}(cV)_{Na_2S_2O_3}$$

$$w_{Al} = \frac{\left(\dfrac{1}{2}c_1V_1 - \dfrac{1}{12}c_2V_2\right)M_{Al}}{m_s}$$

3.1.3.2　不同滴定分析法的介绍

(1) 酸碱滴定法

利用酸或碱作标准溶液，根据质子传递反应进行滴定的方法，称为酸碱滴定法。常用的酸是 HCl（有时也用 H_2SO_4），常用的碱是 NaOH。如：

$$H_3O^+ + OH^- =\!=\!= 2H_2O$$

$$H_3O^+ + A^- =\!=\!= HA + H_2O$$

$$BOH + H_3O^+ =\!=\!= B^+ + 2H_2O$$

① 燃烧酸碱滴定法测定铜及铜合金中的硫　该方法已纳入标准分析方法（GB/T 5121.4）。方法是：试料于 1250℃ 在氧气中燃烧，试样中的硫与氧生成 SO_2，进而被过氧化氢氧化为 SO_3，在溶液中生成 H_2SO_4。在甲基红-亚甲蓝混合指示剂存在下，用硼酸钠滴定所生成的硫酸，测得硫的量。

② 酸碱滴定法测定铍青铜中的铍　试样用盐酸及过氧化氢溶解，在 pH 值为 8.5 的溶液中，氢氧化铍中的铍与氟化物发生配位反应形成配合物，并定量游离出碱。以酚酞为指示剂，用盐酸标准溶液滴定，间接测得铍的量。反应式如下：

$$BeCl_2 + 2NaOH =\!=\!= Be(OH)_2 + 2NaCl$$

$$Be(OH)_2 + 4KF =\!=\!= K_2BeF_4 + 2KOH$$

$$KOH + HCl =\!=\!= KCl + H_2O$$

③ 硅含量的测定　硅酸盐试样中 SiO_2 的含量常用重量法测定。重量法准确度较高，但太费时，因此生产实际中多采用氟硅酸钾滴定法，这也是一种酸碱滴定法。

硅酸盐试样一般难溶于酸，可用 KOH 或 NaOH 熔融，使之转化为可溶性硅酸盐。在强酸性溶液中，过量 KCl、KF 存在下，生成难溶的氟硅酸钾沉淀，试样处理过程如下：

$$SiO_2 \longrightarrow K_2SiO_3 \xrightarrow{KF、KCl(\text{过量})} K_2SiF_6 \downarrow \xrightarrow{\text{水解}} 4HF$$

过滤生成的沉淀 K_2SiO_3，以 KCl 乙醇溶液洗涤，用 NaOH 中和游离酸，加入沸水使之水解，用标准碱滴定生成的中强酸 HF（$pK = 3.46$），可计算出试样中 SiO_2 的含量。

④ 磷的测定（磷钼酸铵滴定法）

例 3-4 将 0.1170g 含磷化合物在 $HNO_3+H_2SO_4$ 中硝化，生成 CO_2、H_2O 和 H_3PO_4（$M_P=30.97g/mol$）。加入钼酸铵，生成 $(NH_4)_2HPO_4 \cdot 12MoO_3$ 沉淀。沉淀经过滤、洗涤并溶于 40.00mL 0.2250mol/L NaOH 溶液中，发生以下反应：

$$(NH_4)_2HPO_4 \cdot 12MoO_3(固)+24OH^- \rightleftharpoons HPO_4^{2-}+12MoO_4^{2-}+12H_2O+2NH_4^+$$

需用 HCl 回滴过量的 NaOH。计算试样中磷的含量。

解 $1P \sim 1H_3PO_4 \sim 1 (NH_4)_2HPO_4 \cdot 12MoO_3$

由反应知 1mol $(NH_4)_2HPO_4 \cdot 12MoO_3$ 需 24mol NaOH，或加热煮沸除氨：

$$2NH_4^+ + 2OH^- \rightleftharpoons 2NH_3\uparrow + 2H_2O$$

$$(NH_4)_2HPO_4 \cdot 12MoO_3(固)+26OH^- \rightleftharpoons HPO_4^{2-}+12MoO_4^{2-}+14H_2O+2NH_3\uparrow$$

将溶液煮沸除去 NH_3 后，1mol $(NH_4)_2HPO_4 \cdot 12MoO_3$ 需 26mol NaOH，若用 11.20mL、0.1660mol/L HCl 回滴过量的 NaOH，则试样中磷的含量为：

$$w_P=\frac{(c_{NaOH}V_{NaOH}-c_{HCl}V_{HCl})\times M_P}{m_s\times 1000\times 26}\times 100\%$$

$$=\frac{(0.2250\times 40.00-0.1660\times 11.20)\times 30.97}{0.1170\times 1000\times 26}\times 100\%$$

$$=7.27\%$$

（2）络合滴定法

络合滴定法是以络合反应为基础的滴定分析法。络合反应广泛地应用于分析化学的各种分离与测定中，在测定上主要用于各种金属离子的测定。在络合滴定法中，目前应用最多的滴定剂是 EDTA 等氨羧络合剂。其中，EDTA 是目前应用最广的一种，有 95% 以上的络合滴定是用 EDTA 为滴定剂，用 EDTA 可以滴定约 70 种元素，通常所谓的络合滴定法，主要是指 EDTA 滴定法。

① EDTA 的特性　乙二胺四乙酸（ethylene diamine tetraacetic acid），简称 EDTA（H_4Y）。

$$\begin{array}{c} HOOCH_2C \qquad\qquad\qquad CH_2COO^- \\ N-CH_2-CH_2-N \\ OOCH_2C \qquad\qquad\qquad CH_2COOH \end{array}$$

分子中 2 个羧基上的氢转移到氮原子上形成双极离子。

a. 物理性质　乙二胺四乙酸微溶于水，易溶于 NaOH 或 NH_3 的溶液，形成相应的盐。通常使用的是其二钠盐 $Na_2H_2Y \cdot 2H_2O$。EDTA 及其二钠盐的溶解度随着温度升高而增大。通常使用乙二胺四乙酸的二钠盐 $Na_2H_2Y \cdot 2H_2O$ 配制溶液。

b. 化学性质　在高酸度条件下，EDTA 的 2 个羧酸根可接受质子，形成 H_6Y^{2+}，这样就成为一个六元弱酸，在溶液中存在六级离解平衡和七种存在形式。

综上所述，EDTA 及其配合物的特点如下：

（a）络合能力强，形成的配合物稳定，滴定反应完全程度高；

（b）络合比简单，大多数为 1:1，无逐级络合现象，且计算方便；

（c）多元弱酸，有六级离解平衡、七种存在形式，酸度影响配合物的稳定性；

（d）络合反应的速率快，除 Al、Cr、Ti 等金属外；

（e）EDTA 与无色金属离子形成无色配合物，与有色金属离子形成颜色更深的配合物。

大多数 M-EDTA 配合物无色，这利于指示剂确定终点。但有色金属离子所形成的 EDTA 配合物的颜色更深，例如 NiY^{2-}（蓝绿）、CoY（紫红）。当滴定时，要控制其浓度勿过大；

否则，使用指示剂确定终点时将发生困难。

EDTA 标准溶液浓度一般为 $0.01 \sim 0.05 mol/L$；水及其他试剂中常含金属离子，不能直接配制，故需要标定其浓度；贮存在聚乙烯塑料瓶中或硬质玻璃瓶中。

EDTA 溶液的标定有多种方法，如以碳酸钙、氧化锌和纯金属为基准物标定，选择标定方法时要与测定方法相一致，如测定水的硬度时，用标定 EDTA 的碳酸钙为基准物的方法好，因为可以减少由于分析方法所带来的误差。乙二胺四乙酸难溶于水，常温下其溶解度为 $0.2 g/L$（约 $0.0007 mol/L$），在分析中通常使用其二钠盐配制标准溶液。乙二胺四乙酸二钠盐的溶解度为 $120 g/L$，可配成 $0.3 mol/L$ 以上的溶液，其水溶液的 $pH \approx 4.8$，通常采用间接法配制标准溶液。

标定 EDTA 溶液常用的基准物有 Zn、ZnO、$CaCO_3$、Bi、Cu、$MgSO_4 \cdot 7H_2O$、Hg、Ni、Pb 等。通常选用其中与被测物组分相同的物质作基准物，这样滴定条件较一致，可减小误差。

EDTA 标准溶液若用于测定石灰石或白云石中 CaO、MgO 的含量时，则宜用 $CaCO_3$ 作基准物。首先可加 HCl 溶液，其反应如下：

$$CaCO_3 + 2HCl \Longrightarrow CaCl_2 + CO_2 + H_2O$$

然后把溶液转移到容量瓶中并稀释，制成钙标准溶液。吸取一定量钙标准溶液，调节酸度至 $pH \geqslant 12$，用钙指示剂指示，以 EDTA 溶液滴定至溶液由酒红色变为纯蓝色，即为终点。用此法测定钙时，若加入 Mg-EDTA，则终点变色更敏锐。

②络合滴定的方式

a. 直接滴定法　将被测物质处理成溶液后，调节酸度，加入指示剂（有时还需要加入适当的辅助络合剂及掩蔽剂），直接用 EDTA 标准溶液进行滴定，然后根据消耗的 EDTA 标准溶液的体积计算试样中被测组分的含量。

采用直接滴定法，必须符合以下几个条件：

(a) 被测组分与 EDTA 的络合速度快，且满足 $\lg c_M K'_{MY} \geqslant 6$ 的要求。

(b) 在选用的滴定条件下，必须有变色敏锐的指示剂，且不受共存离子的影响而发生"封闭"作用。

如 Al^{3+} 对许多指示剂产生"封闭"作用，因此不宜用直接滴定法。有些金属离子（如 Sr^{2+}、Ba^{2+} 等）缺乏灵敏的指示剂，所以也不能用直接滴定法。

(c) 在选用的滴定条件下，被测组分不发生水解和沉淀反应，必要时可加辅助络合剂来防止这些反应。

可直接滴定的金属离子有 40 种以上，如 Ca^{2+}、Mg^{2+}、Bi^{3+}、Fe^{3+}、Pb^{2+}、Cu^{2+}、Zn^{2+}、Cd^{2+}、Mn^{2+}、Fe^{2+} 等。例如，在 $pH=1$ 时，滴定 Zr^{4+}；$pH=2 \sim 3$ 时，滴定 Fe^{3+}、Bi^{3+}、Th^{4+}、Ti^{4+}、Hg^{2+}；$pH=5 \sim 6$ 时，滴定 Zn^{2+}、Pb^{2+}、Cd^{2+}、Cu^{2+} 及稀土元素的离子；$pH=10$ 时，滴定 Mg^{2+}、Co^{2+}、Ni^{2+}、Zn^{2+}、Cd^{2+}；$pH=12$ 时，滴定 Ca^{2+} 等。

b. 返滴定法　返滴定法就是将被测物质制成溶液，调好酸度，加入过量的 EDTA 标准溶液（总量 $c_1 V_1$），再用另一种标准金属离子溶液返滴定过量的 EDTA（$c_2 V_2$），算出两者的差值，即是与被测离子结合的 EDTA 的量，由此就可以算出被测物质的含量。这种滴定方法，适用于无适当指示剂或与 EDTA 不能迅速络合、易水解的金属离子的测定。

干扰指示剂的离子有 Al^{3+}、Cr^{3+}、Co^{2+}、Ni^{2+}、Ti(IV)、Sn(IV) 等。测定 Al^{3+} 时，向 Al^{3+} 溶液中加入定量过量的 EDTA，调节 $pH \approx 3.5$；煮沸，调节溶液 pH 至 $5 \sim 6$，以二甲酚橙为指示剂，用 Zn^{2+} 标准溶液对过量 EDTA 标准溶液返滴定。

c. 置换滴定法　在一定酸度下，往被测试液中加入过量的 EDTA，用金属离子滴定过量的 EDTA，然后再加入另一种络合剂，使其与被测定离子生成一种配合物，这种配合物比被测离子与 EDTA 生成的配合物更稳定，从而把 EDTA 释放（置换）出来，最后再用金属离子标准溶液滴定释放出来的 EDTA。根据金属离子标准溶液的用量和浓度，计算出被测离子的含量。这种方法适用于多种金属离子存在下测定其中一种金属离子。

例如，置换出金属离子时，当被测定的离子 M 与 EDTA 反应不完全或所形成的配合物不稳定时，可让 M 置换出另一种配合物 NL 中的 N，用 EDTA 溶液滴定 N，从而可求得 M 的含量。

例如 Ag^+ 与 EDTA 的配合物不够稳定（$lgK_{AgY}=7.32$），不能用 EDTA 直接滴定。若在含 Ag^+ 的试液中加入过量的 $Ni(CN)_4^{2-}$，反应定量置换出 Ni^{2+}，在 pH=10 的氨性缓冲溶液中，以紫脲酸铵为指示剂，用 EDTA 标准溶液滴定置换出来的 Ni^{2+}。反应为：

$$2Ag^+ + Ni(CN)_4^{2-} = 2Ag(CN)_2^- + Ni^{2+}$$

又如置换出 EDTA 时，将被测定的金属离子 M 与干扰离子全部用 EDTA 络合，加入选择性高的络合剂 L 以夺取 M，并释放出 EDTA。

$$MY + L = ML + Y$$

反应完全后，释放出与 M 等物质的量的 EDTA，然后再用金属盐类标准溶液滴定释放出来的 EDTA，即可求得 M 的含量。例如，测定锡青铜中的锡，先在试液中加入一定且过量的 EDTA，使四价锡与试样中共存的铅、钙、锌等离子与 EDTA 络合。再用锌离子溶液返滴定过量的 EDTA，加入氟化铵，此时发生如下反应，并定量置换出 EDTA。用锌标准溶液滴定置换出的 EDTA 后即可得锡的含量。

$$SnY + 6F^- = SnF_6^{2-} + Y$$
$$Zn^{2+} + Y = ZnY$$

利用置换滴定法，不仅能扩大络合滴定的应用范围，同时还可以提高络合滴定的选择性。

d. 间接滴定法　有些金属离子（如 Li^+、Na^+、K^+ 等）和一些非金属离子（如 SO_4^{2-}、PO_4^{3-} 等）由于不能和 EDTA 络合或与 EDTA 生成的配合物不稳定，不便于络合滴定，这时可采用间接滴定的方法进行测定。

例如 PO_4^{3-} 的测定，在一定条件下，可将 PO_4^{3-} 沉淀为 $MgNH_4PO_4$，然后过滤，将沉淀溶解。调节溶液的 pH=10，用铬黑 T 作指示剂，以 EDTA 标准溶液来滴定沉淀中的 Mg^{2+}，由 Mg^{2+} 的含量间接计算出磷的含量；或利用过量 Bi^{3+} 与 PO_4^{3-} 反应生成 $BiPO_4$ 沉淀，用 EDTA 滴定过量的 Bi^{3+}，可计算出 PO_4^{3-} 的含量。

间接滴定手续较繁，引入误差的机会也较多，故不是一种理想的方法。

（3）氧化还原滴定法

利用氧化剂或还原剂作标准溶液，根据氧化还原反应进行滴定的方法，称为氧化还原滴定法。氧化还原滴定法是基于溶液中氧化剂与还原剂之间电子的转移来进行反应的。其方法特点如下：

a. 氧化还原反应的副反应多，受介质条件的影响大，往往有几种产物存在，无确定的计量关系。在反应中常伴有配位、沉淀等副反应发生，因而对有关电对的电极电位影响较大，甚至可改变反应的方向。故必须了解反应规律，严格控制反应条件。

例如，在酸性溶液中，MnO_4^- 标准溶液滴定 Fe^{2+}，主反应如下：

$$MnO_4^- + 5Fe^{2+} + 8H^+ = Mn^{2+} + 5Fe^{3+} + 4H_2O$$

过量的 MnO_4^- 为指示剂，Mn^{2+} 为催化剂。反应在 H_2SO_4 介质中进行，但不可用浓

H_2SO_4（氧化剂）和浓 HNO_3（稀的也有氧化性）。

b. 反应速率一般较慢。由于有些反应电子的转移是分步进行的，反应历程复杂，因此尽管反应的平衡常数较大，但反应速率满足不了滴定分析的要求，要针对不同情况，采取相应的措施，如加催化剂、加热等，创造适当的条件，才能符合滴定分析的要求。

根据标准溶液所用的氧化剂或还原剂的不同，对氧化还原滴定法进行分类。

常用的氧化剂：$Ce(SO_4)_2$、$K_2Cr_2O_7$、$KMnO_4$、$KBrO_3$、KIO_3、I_2、$NaNO_2$ 等。常用的还原剂：Na_3AsO_3、$Na_2S_2O_3$、$Na_2C_2O_4$、$FeSO_4$、$(NH_4)_2SO_4 \cdot 6H_2O$ 等。常见的氧化还原反应如下：

$$MnO_4^- + 5Fe^{2+} + 8H^+ =\!=\!= Mn^{2+} + 5Fe^{3+} + 4H_2O$$
$$Cr_2O_7^{2-} + 6Fe^{2+} + 14H^+ =\!=\!= 2Cr^{3+} + 6Fe^{3+} + 7H_2O$$
$$I_2 + 2S_2O_3^{2-} =\!=\!= 2I^- + S_4O_6^{2-}$$

各种方法都有其特点和应用范围，必须予以重视。

① 高锰酸钾法 高锰酸钾是强氧化剂，在不同酸度下氧化能力不同。在强酸性溶液中氧化性最强，$\varphi^{\ominus} = 1.51V$，产物为 Mn^{2+}；在弱酸性至弱碱性溶液中 $\varphi^{\ominus} = 0.59V$，产物为 MnO_2；在强碱性溶液中 $\varphi^{\ominus} = 0.56V$，产物为 MnO_4^{2-}。

高锰酸钾法可直接或间接测定许多无机物和有机物。其优点是 $KMnO_4$ 本身显紫色，可作为自身指示剂；缺点是杂质多，溶液不稳定，且电位值高，氧化能力强，干扰也较严重。

纯高锰酸钾的溶液是稳定的。但高锰酸钾中常含有杂质 MnO_2，且水中还原性杂质常和高锰酸钾作用生成 $MnO(OH)_2$ 沉淀，而 MnO 和 $MnO(OH)_2$ 又会催化高锰酸钾分解，所以用间接法配制高锰酸钾标准溶液。

标准溶液的配制是按理论量过量 $5\% \sim 10\%$ 配制近似浓度高锰酸钾溶液，加热煮沸，暗处保存（棕色瓶）$3 \sim 5d$，滤去 MnO_2 后标定。标定基准物：$Na_2C_2O_4$、$H_2C_2O_4 \cdot 2H_2O$、As_2O_3 和纯铁等。

标定反应： $2MnO_4^- + 5C_2O_4^{2-} + 16H^+ =\!=\!= 2Mn^{2+} + 10CO_2 \uparrow + 8H_2O$

标准溶液标定时的注意点（三度一点）如下：

a. 温度 常将溶液加热到 $75 \sim 85℃$。反应温度过高会使 $C_2O_4^{2-}$ 部分分解，低于 $60℃$ 反应速率太慢。

b. 酸度 保持一定的酸度（$0.5 \sim 1.0mol/L$ H_2SO_4），为避免 Fe^{2+} 诱导 $KMnO_4$ 氧化 Cl^- 的反应发生，不使用 HCl 溶液提供酸性介质。

c. 速度 该反应室温下反应速率极慢，利用反应本身所产生的 Mn^{2+} 起自身催化作用加快反应进行。

d. 滴定终点 微过量高锰酸钾自身的粉红色指示终点（$30s$ 不褪色）。

② 重铬酸钾法 重铬酸钾也是一种强氧化剂，在酸性溶液中 $K_2Cr_2O_7$ 与还原剂作用时被还原为 Cr^{3+}，半电池反应式为：

$$Cr_2O_7^{2-} + 14H^+ + 6e =\!=\!= 2Cr^{3+} + 7H_2O \quad \varphi^{\ominus} = 1.33V$$

由于 $K_2Cr_2O_7$ 易于提纯，故 $K_2Cr_2O_7$ 标准溶液可以用直接法配制。$K_2Cr_2O_7$ 标准溶液浓度稳定，氧化性不如 $KMnO_4$，可以在盐酸介质中测定铁。$K_2Cr_2O_7$ 的还原产物为 Cr^{3+}（绿色）。

$K_2Cr_2O_7$ 还原时的标准电极电位（$\varphi^{\ominus} = 1.33V$）虽然比 $KMnO_4$ 的标准电极电位（$\varphi^{\ominus} = 1.51V$）低些，但它与高锰酸钾相比，具有以下一些优点：

a. $K_2Cr_2O_7$ 容易提纯，在 $140 \sim 150℃$ 干燥后，可以直接称量，配成标准溶液。

b. $K_2Cr_2O_7$ 标准溶液非常稳定。曾有人发现，保存 24 年的 0.02mol/L 的 $K_2Cr_2O_7$ 溶液的滴定度无显著改变，因此它可以长期保存。

c. $K_2Cr_2O_7$ 的氧化能力没有 $KMnO_4$ 强，在 1mol/L HCl 溶液中，$\varphi^{\ominus} = 1.00V$，室温下不与 Cl^- 作用（$\varphi^{\ominus}_{Cl_2/Cl^-} = 1.33V$），故可在 HCl 溶液中滴定 Fe^{2+}。但当 HCl 溶液的浓度太大或将溶液煮沸时，$K_2Cr_2O_7$ 也能部分地被 Cl^- 还原。

$K_2Cr_2O_7$ 溶液为橘黄色，宜采用二苯胺磺酸钠或邻苯氨基苯甲酸作指示剂。

重铬酸钾法测定铁是测定矿石中全铁量的标准方法。将铁矿石用浓 HCl 溶液加热溶解后，将 Fe^{3+} 还原为 Fe^{2+}，以二苯胺磺酸钠作指示剂，然后用 $K_2Cr_2O_7$ 标准溶液滴定。测定方法如下：

试样用热 HCl 溶液溶解后用 $SnCl_2$ 还原大部分 Fe^{3+}，以钨酸钠为指示剂，用 $TiCl_3$ 还原剩余的 Fe^{3+} 至刚好出现钨蓝的蓝色，加水，加入 $H_2SO_4 + H_3PO_4$ 混合酸，加二苯胺磺酸钠（滴定指示剂）5～6 滴，用 $K_2Cr_2O_7$ 标准溶液滴定至终点（绿色→紫色）。

加入 H_3PO_4 的主要作用：黄色 Fe^{3+} 生成无色的 $Fe(HPO_4)_2^-$，使终点容易观察；降低 Fe^{3+}/Fe^{2+} 电对的电位，使指示剂变色点电位（0.85V）位于滴定突跃范围内，减小终点误差。

③ 碘量法　碘量法是基于 I_2 的氧化性及 I^- 的还原性所建立起来的氧化还原分析法。

$$I_3^- + 2e \Longrightarrow 3I^- \qquad \varphi_{I_2/I^-} = 0.545V$$

I_2 是较弱的氧化剂，I^- 是中等强度的还原剂。用 I_2 标准溶液直接滴定还原剂的方法称为直接碘法。利用 I^- 与强氧化剂作用生成定量的 I_2，再用还原剂标准溶液与 I_2 反应测定氧化剂的方法称为间接碘法。碘量法的基本反应如下：

$$I_2 + 2S_2O_3^{2-} \Longrightarrow S_4O_6^{2-} + 2I^-$$

反应在中性或弱酸性条件下进行，pH 过高，I_2 会发生歧化反应：

$$3I_2 + 6OH^- \Longrightarrow IO_3^- + 5I^- + 3H_2O$$

在强酸性溶液中，$Na_2S_2O_3$ 会发生分解，I^- 容易被氧化。

碘量法的主要误差来源有：I_2 易挥发；I^- 在酸性条件下容易被空气所氧化。避免措施：加入过量 KI，生成 I_3^-；氧化析出的 I_2 立即滴定；避免光照；控制溶液的酸度。

碘量法中常用淀粉作为专属指示剂，硫代硫酸钠溶液或 I_2 溶液作为标准溶液。

$Na_2S_2O_3$ 标准溶液的配制与标定：

a. 含结晶水的 $Na_2S_2O_3 \cdot 5H_2O$ 容易风化潮解，且含少量杂质，用间接碘法配制。

b. $Na_2S_2O_3$ 化学稳定性差，能被溶解于水的 O_2、CO_2 和微生物所分解，析出硫。因此，配制 $Na_2S_2O_3$ 标准溶液时应采用新煮沸（除氧、杀菌）并冷却的蒸馏水。

c. 加入少量 Na_2CO_3 使溶液呈弱碱性（抑制细菌生长），溶液保存在棕色瓶中，置于暗处放置 8～12d 后标定。

d. 标定 $Na_2S_2O_3$ 所用基准物有 $K_2Cr_2O_7$、KIO_3 等。采用间接碘法标定。在酸性溶液中使 $K_2Cr_2O_7$ 与过量 KI 反应，以淀粉为指示剂，用 $Na_2S_2O_3$ 溶液滴定。

$$Cr_2O_7^{2-} + 6I^- + 14H^+ \Longrightarrow 2Cr^{3+} + 3I_2 + 7H_2O$$

$$I_2 + 2S_2O_3^{2-} \Longrightarrow S_4O_6^{2-} + 2I^-$$

e. 淀粉指示剂应在近终点时加入，否则吸留 I_2 使终点拖后。

f. 滴定终点后，如经过 5min 以上溶液变蓝，属于正常；如溶液迅速变蓝，说明反应不完全，此时应重新标定。

④ 溴酸钾法　溴酸钾法是利用 $KBrO_3$ 作氧化剂的滴定方法。$KBrO_3$ 是一种强氧化剂，在酸性溶液中，$KBrO_3$ 与还原性物质作用时，$KBrO_3$ 被还原为 Br^-，其半电池反应式为：

$$BrO_3^- + 6H^+ + 6e \Longrightarrow Br^- + 3H_2O \quad \varphi^\ominus = 1.44V$$

$KBrO_3$ 在水溶液中易再结晶提纯，于 180℃烘干后可以直接配制标准溶液。$KBrO_3$ 溶液的浓度也可用碘量法进行标定。在酸性溶液中，一定量的 $KBrO_3$ 与过量的 KI 作用，其反应式为：

$$BrO_3^- + 6I^- + 6H^+ \Longrightarrow Br^- + 3I_2 + 3H_2O$$

析出的 I_2 可以用 $Na_2S_2O_3$ 标准溶液滴定，以淀粉为指示剂。$KBrO_3$ 法常与碘量法配合使用。

$KBrO_3$ 法主要用于测定有机物。通常在 $KBrO_3$ 标准溶液中加入过量的 KBr，将溶液酸化后 BrO_3^- 和 Br^- 发生如下反应：

$$BrO_3^- + 5Br^- + 6H^+ \Longrightarrow 3Br_2 + 3H_2O$$

生成的 Br_2 可取代某些有机化合物中的氢。利用 Br_2 的取代作用，可以测定许多有机化合物。

⑤ 沉淀滴定法　沉淀滴定法是以沉淀反应为基础的一种滴定分析方法。沉淀反应是分析化学中很普遍的一种反应，虽然能形成沉淀的反应很多，但是能用于沉淀滴定的反应并不多，因为沉淀滴定法的反应必须满足下列几点要求：沉淀的溶解度很小；反应速率快，不易形成过饱和溶液；有确定化学计量点的简单方法；沉淀的吸附现象应不妨碍化学计量点的测定。

因此，沉淀滴定法与其他三种滴定方法相比，其应用范围较窄，主要应用于化学工业和冶金工业。目前在生产上应用较广的是生成难溶性银盐的反应，例如：

$$Ag^+ + Cl^- \Longrightarrow AgCl\downarrow（白）$$
$$Ag^+ + SCN^- \Longrightarrow AgSCN\downarrow（白）$$

利用生成难溶性银盐的反应来进行测定的方法，称为银量法。沉淀滴定法应用最广泛的为银量法，银量法可以测定 Cl^-、Br^-、I^-、Ag^+、SCN^- 等。银量法根据指示终点的方法不同，分为摩尔法、佛尔哈德法和法扬斯法。根据滴定的方式不同，银量法又可以分为直接滴定法和返滴定法两种。直接滴定法用沉淀剂作标准溶液，直接滴定被测物质的离子。返滴定法在被测物质的溶液中，先加入一定体积过量的沉淀剂标准溶液，再用另一种标准溶液滴定剩余的沉淀剂标准溶液。由两种标准溶液的量来计算被测物质的物质的量，并进一步计算被测组分的百分含量。

① 摩尔法

a. 原理　摩尔法是根据分步沉淀原理，采用 K_2CrO_4 作指示剂，用标准 $AgNO_3$ 溶液滴定被测离子，到达计量点时出现砖红色的 Ag_2CrO_4 沉淀。例如，测定 Cl^- 的反应如下：

$$Ag^+ + Cl^- \Longrightarrow AgCl\downarrow（白色沉淀）$$

终点时：
$$[Ag^+] = (K_{sp_{AgCl}})^{1/2} = 1.25 \times 10^{-5} mol/L$$
$$CrO_4^{2-} + 2Ag^+ \Longrightarrow Ag_2CrO_4\downarrow（砖红色沉淀）$$

b. 滴定条件

(a) 为了防止 Ag_2CrO_4 沉淀溶解和产生 Ag_2O 沉淀，溶液酸度控制在 pH=6.0～10.5 的范围内（最好在 pH=6.5～10）为宜。酸性太强，CrO_4^{2-} 浓度减小，终点拖后；碱性过高，会生成 Ag_2O 沉淀，不利于滴定。若有铵盐存在（$[NH_4^+]<0.05mol/L$），应控制酸度 pH=6.0～7.0，以免生成 $Ag(NH_3)_2^+$ 而增大滴定误差。

（b）指示剂用量 终点出现的早晚与 CrO_4^{2-} 的浓度大小有关。因此，在滴定时必须控制指示剂 K_2CrO_4 的浓度。经理论计算，在计量点时应控制 K_2CrO_4 的浓度为 5.9×10^{-3} mol/L。在实际滴定时，因为 CrO_4^{2-} 呈黄色，浓度大则颜色太深影响终点的观察。实验表明采用 K_2CrO_4 的浓度约为 5.0×10^{-3} mol/L，可以得到明显的结果。计算终点误差，结果小于0.2%，符合滴定分析的误差要求。

（c）下列离子干扰测定，应预先除去 与 Ag^+ 生成沉淀的离子；如 PO_4^{3-}、AsO_4^{3-}、S^{2-}、SO_3^{2-}、CO_3^{2-} 和 $C_2O_4^{2-}$ 等；与 CrO_4^{2-} 生成沉淀的离子，如 Ba^{2+}、Pb^{2+} 等；大量的有色离子，如 Cu^{2+}、Co^{2+}、Ni^{2+} 等；容易水解的离子，如 Fe^{3+}、Al^{3+} 等。为了减少沉淀对被测离子的吸附，滴定近终点时必须剧烈摇动。

c. 应用范围 摩尔法适用于测定氯化物、氰化物和溴化物，而不适用于测定碘化物和硫氰化物；不能用返滴定法。

② 佛尔哈德法

a. 原理 利用生成有色离子以确定终点，此法用硫氰酸盐（KSCN 或 NH_4SCN）作标准溶液，以铁铵矾 $[NH_4Fe(SO_4)_2 \cdot 12H_2O]$ 作指示剂，在终点时出现红色的 $FeSCN^{2+}$。佛尔哈德法分为直接滴定法和返滴定法两种。

（a）直接滴定法 在酸性介质中，铁铵矾作指示剂，用 NH_4SCN 标准溶液滴定 Ag^+，当 AgSCN 沉淀完全后，过量的 SCN^- 与 Fe^{3+} 反应：

$$Ag^+ + SCN^- \Longrightarrow AgSCN \downarrow （白色沉淀）$$
$$Fe^{3+} + SCN^- \Longrightarrow FeSCN^{2+} （红色配合离子）$$

（b）返滴定法 在含有卤素离子的酸性试液中加入已知过量的 $AgNO_3$ 标准溶液，以铁铵矾为指示剂，用 NH_4SCN 标准溶液返滴过量的 $AgNO_3$。以测定卤化物为例，其反应如下：

$$X^- + Ag^+ （过量） \Longrightarrow AgX \downarrow$$
$$Ag^+ （剩余量） + SCN^- \Longrightarrow AgSCN \downarrow$$
$$Fe^{3+} + SCN^- \Longrightarrow FeSCN^{2+} （红色）$$

必须指出的是，用此法测定 Br^-、I^- 和 SCN^- 时可以得到满意的结果；而用于测定 Cl^- 时，先产生的 AgCl 沉淀的溶解度（1.3×10^{-5} mol/L）大于滴定剩余 Ag^+ 时产生的 AgSCN 的溶解度（1.0×10^{-6} mol/L），于是在滴定过程中，特别是接近终点时，将发生难溶化合物的转化作用。

$$AgCl + SCN^- \Longrightarrow AgSCN \downarrow + Cl^-$$
$$(K_{sp} = 1.8 \times 10^{-10}) \quad (K_{sp} = 1.0 \times 10^{-12})$$

这样势必过多地消耗硫氰酸盐标准溶液，引起很大的误差。为了防止 AgCl 沉淀的转化，通常采用下列方法：

a）先将 AgCl 沉淀滤去，滤液和洗液用 NH_4SCN 标准溶液滴定。此法很准确但太麻烦。

b）待 AgCl 沉淀后，加热至沸，使 AgCl 沉淀凝聚之后再进行滴定。此法可以使转化速率变得缓慢些，而手续仍较麻烦。

c）当 AgCl 沉淀后，加入一些有机试剂，可以在 AgCl 上覆盖一层有机物（如硝基苯、苯及甘油等），以防止转化。此法操作简便，应用最广泛。

返滴定法测 Br^-、I^- 时，不会发生转化反应。

b. 滴定条件

（a）在酸性条件下进行滴定，以免生成 $Fe(OH)^{2+}$、$Fe(OH)_2^+$ 或 $Fe(OH)_3$。

（b）指示剂用量 终点出现的早晚与 Fe^{3+} 浓度的大小有关。当要求在计量点时，恰好出

现可觉察到的红色 $FeSCN^{2+}$，通过理论计算应控制 Fe^{3+} 浓度等于 $0.31mol/L$。但是如此大的 Fe^{3+} 浓度，使溶液呈现很深的橙黄色，严重影响终点时红色的观察。经实验证明，在终点时控制 Fe^{3+} 的浓度为 $0.015mol/L$，可以得到满意的结果，滴定误差远小于 0.2%。

（c）用直接法滴定 Ag^+ 时，为了减少 AgSCN 对 Ag^+ 的吸附，近终点时必须剧烈摇动。用返滴定法测定 Cl^- 时，为了避免 AgCl 转化为 AgSCN，滴定时应轻轻摇动。

（d）强氧化剂、氮的低价氧化物、铜盐和汞盐等干扰测定，必须注意消除。

c. 应用范围　此法适用于测定 Cl^-、Br^-、I^-、SCN^-、Ag^+ 和有机卤化物等。测 I^- 时注意先加 $AgNO_3$，后加指示剂，避免 I^- 与 Fe^{3+} 反应。

③ 法扬斯法

a. 原理　根据沉淀吸附的选择性，在计量点前后吸附带不同电荷的构晶离子，引起沉淀的电性变化，因而在计量点时发生对指示剂离子的吸附作用，而引起颜色的变化，借以确定终点。

例如用 $AgNO_3$ 标准溶液滴定 Cl^-，以荧光黄（HFIn）作指示剂，其反应如下：

$$Cl^- + Ag^+ \longrightarrow AgCl\downarrow$$

在计量点前溶液中存在过量的 Cl^-，则 AgCl 沉淀吸附 Cl^- 而生成带负电荷的 $AgCl \cdot Cl^-$，指示剂的阴离子 FIn^- 不被吸附，溶液呈 FIn^- 的黄绿色；刚过计量点则溶液中出现过量的 Ag^+，于是 AgCl 沉淀便吸附 Ag^+ 生成 $AgCl \cdot Ag^+$ 而带正电荷，接着又吸附 FIn^- 而使其发生颜色的变化。

$$AgCl \cdot Ag^+ + FIn^-（黄绿色）\longrightarrow AgCl \cdot Ag^+ \cdot FIn^-（粉红色）$$

b. 滴定条件

（a）为了使沉淀保持具有较大表面的胶体状态，常加入胶体保护剂糊精或淀粉溶液。

（b）应在中性或弱酸性条件下进行滴定。

（c）滴定时应避免强光照射，以防止卤化银变灰而影响终点观察。

（d）沉淀对指示剂的吸附能力应适当地小于对被测离子的吸附能力，以免终点出现过早或过迟而造成误差。卤化银沉淀对卤素离子和几种指示剂的吸附力大小顺序为：

$$I^- > Br^- > 曙红 > Cl^-$$

c. 应用范围　法扬斯法可以测定 Cl^-、Br^-、I^-、SCN^-、SO_4^{2-} 和 Ag^+ 等离子。

另外，还有浊度滴定法，曾用于测定金-铂-钯体系。该法的原理是：当试剂溶液不断滴入被测定物质溶液中时，由于形成悬浊液即可对其进行光密度的测定。这个方法适用于微量元素而不适用于浓溶液。该方法的主要缺点是：悬浊液的光密度取决于沉淀的分散，而它在试验中变化很大，必须要有很好的试验技能才可获得重现的结果。

对高含量有色金属分析时，人们常常用到滴定法。为了更成功地应用这些方法，必须仔细地制备被滴定的溶液。

3.2　有色金属元素的仪器分析方法

有色金属元素在物料中的含量较低时，除需要必要的分离和富集手段外，测定方法多采用灵敏度较高的吸光光度法、原子吸收光谱法（AAS）、电感耦合等离子体发射光谱法（ICP-AES）等光谱分析法。

光谱分析法是基于电磁辐射与材料相互作用产生的特征光谱波长与强度进行材料分析的方

法。光谱分析法包括各种吸收光谱分析法、发射光谱分析法以及散射光谱（拉曼散射光谱）分析法。在 1960 年以前，吸光光度法和发射光谱法都被选择为测定微量级有色金属的方法。随着原子吸收光谱法被普遍接受，吸光光度法的应用急剧减少。

3.2.1 吸光光度法

通过待测溶液对不同光辐射的选择性吸收测定有色物质的方法，称为吸光光度法。一般来说吸光光度法的测定方法有两种：一种是利用物质本身对紫外及可见光的吸收进行测定；另一种是生成有色化合物，即"显色"，然后测定。虽然不少无机离子在紫外和可见光区有吸收，但因一般强度较弱，所以直接用于定量分析的较少。加入显色剂使待测物质转化为在紫外和可见光区有吸收的化合物来进行光度测定，这是目前应用最广泛的测试手段。

吸光光度法是采用分光器（棱镜或光栅）获得纯度较高的单色光，基于物质对单色光的选择性吸收测定物质组分的分析方法。

(1) 方法原理

① 原理　吸光光度分析的基本原理是朗伯-比尔定律，即有色溶液对光的吸收程度与该溶液的液层厚度、浓度以及入射光的强度等因素有关。如果保持入射光的强度不变，则光吸收程度 (A) 与液层厚度 (l) 及溶液的浓度 (c) 存在如下定量关系：

$$A = \lg(I_0/I) = Kcl$$

式中，I_0 为单色光通过溶液前的强度；I 为单色光通过溶液后的强度；K 为吸光系数，为一常数，其数值与溶液的性质及入射光波长有关。

这个关系式仅适用于单色光及均匀非散射的液体、固体和气体。在该定律中，如果有色物质溶液浓度单位为 mol/L，液层厚度单位为 cm，则吸光系数 K 可以用摩尔吸光系数 κ 表示，其单位为 L/(mol·cm)。

有色物质对某一单色光具有吸收能力，有色物质对某一单色光的吸收程度可用可见分光光度法测量。而许多物质本身无色或颜色很浅，也就是说它们对可见光不产生吸收或吸收不大，这就必须事先通过适当的化学处理，使该物质转变为能对可见光产生较强吸收的有色物质，然后进行光度测定。将待测组分转变成有色化合物的反应称为显色反应，与待测组分形成有色化合物的试剂称为显色剂。在可见分光光度法中，选择合适的显色反应，并严格控制反应条件是十分重要的分析技术。

② 显色反应和显色剂　显色剂分为无机显色剂和有机显色剂，而以有机显色剂使用较多。大多数有机显色剂本身为有色化合物，与金属离子反应生成的化合物一般是稳定的螯合物。显色反应的选择性和灵敏度都较高。有些有色螯合物易溶于有机溶剂，可进行萃取浸提后比色检测。在一定的条件下，待测离子与显色剂（有机显色剂和无机显色剂）形成颜色深浅不同的有色配合物，而颜色的深浅与待测离子的含量成正比。

同一组分常可与多种显色剂反应，生成不同的有色物质。在分析时，究竟选用何种显色反应较适宜，应考虑以下因素。

a. 灵敏度高　可见光分光光度法一般用于微量组分的测定，因此，显色反应的灵敏度如何是首先必须考虑的主要因素。摩尔吸光系数的大小是显色反应灵敏度高低的重要标志，因此应当选择生成的有色物质 κ 较大的显色反应。一般来说，当 κ 值为 $10^4 \sim 10^5$ L/(mol·cm) 时，可认为该反应灵敏度较高。

b. 选择性好　选择性好指显色剂仅与一个组分或少数几个组分发生显色反应。仅与某一种离子发生反应者称为特效（或专属）显色剂。这种显色剂实际上是不存在的，一般显色剂都能与多种物质发生显色反应，但是干扰较少或干扰易于除去的显色反应是可以找到的。

c. 吸光化合物与显色剂之间颜色差别大　两者颜色差别鲜明，显色剂在测定波长处无明显吸收。这样，试剂空白值小，可以提高测定的准确度。通常把两种有色物质最大吸收波长之差称为"对比度"，一般要求显色剂与有色化合物的对比度 $\Delta\lambda$ 在 60nm 以上。

d. 反应生成的有色化合物组成恒定，化学性质稳定　这样，可以保证至少在测定过程中吸光度基本上不变，否则将影响吸光度测定的准确度及再现性。

③ 测量条件的选择　在测量吸光物质的吸光度时，测量准确度往往受多方面因素的影响：如仪器波长准确度、吸收池性能、参比溶液、入射光波长、测量的吸光度范围、测量组分的浓度范围等都会对分析结果的准确度产生影响，必须加以控制。

a. 入射光波长的选择　当用分光光度计测定被测溶液的吸光度时，首先需要选择合适的入射光波长。选择入射光波长的依据是该被测物质的吸收曲线。在一般情况下，应选用最大吸收波长作为入射光波长。在 λ_{max} 附近波长的稍许偏移引起的吸光度的变化较小，可得到较好的测量精度，而且以 λ_{max} 为入射光波长测定灵敏度高。但是，如果最大吸收峰附近有干扰存在（如共存离子或所使用试剂有吸收），则在保证有一定灵敏度情况下，可以选择吸收曲线中其他波长进行测定（应选曲线较平坦处对应的波长），以消除干扰。

b. 参比溶液的选择　在分光光度分析中测定吸光度时，由于入射光的反射，以及溶剂、试剂等对光的吸收都会造成透射光通量的减弱。为了使光通量的减弱仅与溶液中待测物质的浓度有关，需要选择合适组分的溶液作参比溶液，先以它来调节透射比 100%（$A=0$），然后再测定待测试液的吸光度。这实际上是以通过参比池的光作为入射光来测定试液的吸光度。这样就可以消除显色溶液中其他有色物质的干扰，抵消吸收池和试剂对入射光的吸收，比较真实地反映待测物质对光的吸收，因而也就可以比较真实地反映待测物质的浓度。

（a）溶剂参比　当试样溶液的组成比较简单，共存的其他组分很少且对测定波长的光几乎没有吸收，仅待测物质与显色剂的反应产物有吸收时，可采用溶剂作参比溶液，这样可以消除溶剂、吸收池等因素的影响。

（b）试剂参比　如果显色剂或其他试剂在测定波长处有吸收，此时应采用试剂参比溶液。按显色反应相同条件，即不加入试样，同样加入试剂和溶剂作为参比溶液。这种参比溶液可消除试剂中的组分产生的影响。

（c）试液参比　如果试样中其他共存组分有吸收，但不与显色剂反应，则当显色剂在测定波长处无吸收时，可用试样溶液作参比溶液，即将试液与显色溶液做相同处理，只是不加显色剂。这种参比溶液可以消除有色离子的影响。

（d）褪色参比　如果显色剂及样品基体有吸收，这时可以在显色液中加入某种褪色剂，选择性地与被测离子配位（或改变其价态），生成稳定无色的配合物，使已显色的产物褪色，用此溶液作参比溶液，此溶液称为褪色参比溶液。褪色参比溶液是一种比较理想的参比溶液，但遗憾的是并非任何显色溶液都能找到适当的褪色方法。

吸光光度分析具有如下特点：

（a）灵敏度高　适于微量组分的测定，一般可测定 10^{-6}g 级的物质，其摩尔吸光系数可以达到 $10^4 \sim 10^5$ 数量级。

（b）准确度高和稳定性较好　其相对误差一般在 1%～5% 之内。

（c）方法简便　操作容易、分析速度快，所需的仪器简单廉价。

（d）适用性广　应用广泛，不仅用于无机化合物的分析，更重要的是用于有机化合物的鉴定及结构分析（鉴定有机化合物中的官能团），可对同分异构体进行鉴别。此外，还可用于配合物的组成和稳定常数的测定。

　　利用紫外-可见分光光度计测量物质对紫外-可见光的吸收程度（吸光度）和紫外-可见吸收光谱来确定物质的组成、含量，推测物质结构的分析方法，称为紫外-可见分光光度法（UV-VIS）。

　　吸光光度法的灵敏度达 $0.01\mu g/mL$，有少数可达 $0.001\mu g/mL$。大部分方法基于有色金属和有机试剂（有时也用无机试剂）生成有色配合物，有时还利用氯配合物、溴配合物、碘配合物本身的颜色。很多试剂无选择性，因此，在一种元素存在下测定另一种元素时，可以利用有色化合物形成条件上的差别（溶液的温度、pH）；或两种金属与同一种试剂所形成的化合物在吸收光谱上的一些差别，即在不同光谱区内测其光密度；或者利用有机溶剂萃取有色化合物萃取率的不同。如利用硫脲或硫脲化合物为显色剂的方法，是可测定锇、钌的方法。这类试剂能应用于酸性溶液，可作为锇、钌蒸馏法的吸收溶液。

　　吸光光度法一般只能测定单个元素，故采用 HPLC-光度法、萃取光度法、动力学催化光度法、溶剂浮选吸光光度法、多波长法、导数光度法等测定有色金属，可使分析的灵敏度和选择性有较大提高。

（2）紫外-可见分光光度计

　　用于测量和记录待测物质对紫外及可见光的吸光度及紫外-可见吸收光谱，并进行定性定量以及结构分析的仪器，称为紫外-可见吸收光谱仪或紫外-可见分光光度计。

　　紫外-可见分光光度计，其波长范围为 $200\sim1000nm$，构造原理与可见光分光光度计（如721型分光光度计）相似，都是由光源、单色器、吸收池、检测器和显示器五大部件构成（见图 3.1）。

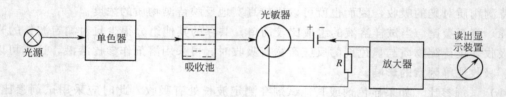

图 3.1　紫外-可见分光光度计结构示意图

　　目前紫外-可见分光光度计品种和型号繁多，虽然不同型号的仪器其操作方法略有不同（在使用前应详细阅读仪器说明书），但仪器上主要旋钮和按键的功能基本类似。

（3）光度分析方法在有色金属分析中的应用

　　紫外-可见分光光度法不仅可用于测定微量组分，而且可用于常量组分和多组分混合物的测定。

　　① 单组分物质的定量分析

　　a. 比较法　在相同条件下配制样品溶液和标准溶液（与待测组分的浓度近似），在相同的实验条件和最大波长 λ_{max} 处分别测得吸光度为 A_x 和 A_s，然后进行比较，求出样品溶液中待测组分的浓度［即 $c_x = c_s(A_x/A_s)$］。

　　b. 标准曲线法　配制一系列已知浓度的标准溶液，在 λ_{max} 处分别测得标准溶液的吸光度，以吸光度为纵坐标，标准溶液的浓度为横坐标作图，得 $A-c$ 的校正曲线图（理想的曲线应为通过原点的直线）。在完全相同的条件下测出试液的吸光度，并从曲线上求得相应试液的浓度。

　　② 多组分物质的定量分析　根据吸光度加和性原理，对于两种或两种以上吸光组分的混

合物的定量分析，可不需分离而直接测定。根据吸收峰的互相干扰情况，分为以下三种。

a. 吸收光谱不重叠　混合物中组分 a 上的吸收峰相互不干扰，即在 λ_1 处，组分 b 无吸收，而在 λ_2 处，组分 a 无吸收。因此，可按单组分的测定方法分别在 λ_1 和 λ_2 处测得组分 a 和组分 b 的浓度。

b. 吸收光谱单向重叠　在 λ_1 处测定组分 a，组分 b 有干扰；在 λ_2 处测定组分 b，组分 a 无干扰，因此可先在 λ_2 处测定组分 b 的吸光度 $A_{\lambda_2}^{b}$：

$$A_{\lambda_2}^{b}=\kappa_{\lambda_2}^{b}c^{b}l$$

式中，$\kappa_{\lambda_2}^{b}$ 为组分 b 在 λ_2 处的摩尔吸光系数，可由组分 b 的标准溶液求得，故可由上式求得组分 b 的浓度。然后再在 λ_1 处测定组分 a 和组分 b 的吸光度 $A_{\lambda_1}^{a+b}$：

$$A_{\lambda_1}^{a+b}=A_{\lambda_1}^{a}+A_{\lambda_1}^{b}=\kappa_{\lambda_1}^{a}c^{a}l+\kappa_{\lambda_1}^{b}c^{b}l$$

式中，$\kappa_{\lambda_1}^{a}$、$\kappa_{\lambda_1}^{b}$ 分别为组分 a、组分 b 在 λ_1 处的摩尔吸光系数，它们可由各自的标准溶液求得，从而可由上式求出组分 a 的浓度。

c. 吸收光谱双向重叠　组分 a、组分 b 的吸收光谱互相重叠，同样由吸光度加和性原则，在 λ_1 和 λ_2 处分别测得总的吸光度 $A_{\lambda_1}^{a+b}$、$A_{\lambda_2}^{a+b}$：

$$A_{\lambda_1}^{a+b}=A_{\lambda_1}^{a}+A_{\lambda_1}^{b}=\kappa_{\lambda_1}^{a}c^{a}l+\kappa_{\lambda_1}^{b}c^{b}l$$
$$A_{\lambda_2}^{a+b}=A_{\lambda_2}^{a}+A_{\lambda_2}^{b}=\kappa_{\lambda_2}^{a}c^{a}l+\kappa_{\lambda_2}^{b}c^{b}l$$

式中，$\kappa_{\lambda_1}^{a}$、$\kappa_{\lambda_2}^{a}$、$\kappa_{\lambda_1}^{b}$、$\kappa_{\lambda_2}^{b}$ 分别为组分 a、组分 b 在 λ_1、λ_2 处的摩尔吸光系数，它们同样可由各自的标准溶液求得。因此，通过解方程可求得组分 a 和组分 b 的浓度 c^{a} 和 c^{b}。

含 n 个组分的混合物也可用此法测定，联立 n 个方程便可求得各自组分的含量，但随着组分的增多，实验结果的误差也会增大，准确度降低。

3.2.2　原子吸收光谱法

自 1955 年原子吸收光谱法（AAS）被首次提出之后，该方法得到不断的发展和完善，它具有快速、灵敏、准确、选择性好、干扰少和操作简便等优点，现在已成为测定有色金属极为有用的工具。

3.2.2.1　原理

原子吸收光谱法是一种利用被测元素的基态原子对特征辐射线的吸收程度进行定量分析的方法。该方法利用高温将试样中的被测元素从化合态的分子解离成基态原子，形成原子蒸气。当光源发射出的特征辐射线经过原子蒸气时，将被选择性地吸收。在一定条件下，特征辐射线被吸收的程度与基态原子的数目成正比关系。然后通过分光系统分光，并将该辐射线送至检测器进行测量，这样即可测出试样中被测元素的含量。

原子吸收光谱法的主要特点是：测定灵敏度高，相对灵敏度一般能达到 10^{-6} 级；选择性好，稳定性高，抗干扰能力强；精密度和准确度较高，相对标准偏差一般可控制在 2% 以内；适用范围广，可测定 70 多种元素（包括部分非金属元素）；仪器设备较为简单，操作方便。它与等离子体发射光谱法（ICP-AES）并驾齐驱，成为原子光谱研究和物质成分分析的重要常规分析方法之一。尤其是在测定试样中的金属元素时，原子吸收光谱法往往是首选的定量分析方法，广泛应用于冶金、地质、石油化工、环境保护、医学、农业和食品等行业。

AAS 按其类型分为：火焰原子吸收法（FAAS）、无火焰原子吸收法〔如石墨炉原子吸收法（GFAAS）〕和氢化物发生法。按其测定方式分为直接原子吸收法和预富集分离原子吸收法。GFAAS 的测定灵敏度显著高于 FAAS。

AAS 的定量关系与吸光光度分析相似。原子蒸气对不同频率的光具有不同的吸收率,因此,原子蒸气对光的吸收频率的函数。但是对固定频率的光,原子蒸气对它的吸收与单位体积中的原子的浓度成正比并符合朗伯-比尔定律。当一束频率为 γ,强度为 I_0 的单色光透过长度为 l 的原子蒸气层后,透射光的强度为 I_v,令比例常数为 K_v,则吸光度 A 与试样中基态原子的浓度 N_0 有如下关系:

$$A = \lg(I_0/I_v) = K_v l N_0$$

式中 I_0——入射光的强度;

I_v——透射光的强度;

K_v——比例常数。

在 AAS 中,原子池中激发态的原子和离子很少,因此蒸气中的基态原子数目实际上接近于被测元素总的原子数目,与试样中被测元素的浓度 c 成正比。因此吸光度 A 与试样中被测元素浓度 c 的关系如下:

$$A = Kc$$

式中,K 为吸收系数,在一定的实验条件下是一个常数。这是 AAS 进行定量分析的基础。

必须注意,只有入射光是单色光时,上式才能成立。由于原子吸收光的频率范围很窄(0.01nm 以下),只有锐线光源才能满足要求。

3.2.2.2 原子吸收光谱仪

原子吸收光谱仪(又称原子吸收分光光度计)是进行原子吸收光谱分析的仪器,它由光源、原子化系统、光学系统、检测系统 4 个主要部分组成。

(1) 光源

光源的作用是发射被测元素的特征共振线。对光源的基本要求是:发射的共振线的半宽度要明显小于吸收线的半宽度,以保证峰值吸收;发射的共振线要有足够的强度;背景小,背景辐射的强度要低于特征共振线强度的 1%;稳定性好,30min 内漂移不超过 1%;噪声小于 0.1dB;使用寿命要长于 5A·h。空心阴极灯是能满足上述各项要求的理想的锐线光源。

(2) 原子化系统

原子化过程是原子吸收光谱法分析过程中最关键的一步,原子化效率决定着分析的灵敏度。原子化系统的主要作用是提供能量,使待测元素由化合物状态转变为基态的原子蒸气,同时使入射光束在原子化系统中被基态原子吸收。原子化系统有两种类型:火焰原子化系统和非火焰原子化系统。火焰原子化法中常用的是预混合型火焰原子化器,非火焰原子化法中常用的是管式石墨炉原子化器。

(3) 光学系统

原子吸收分光光度计的光学系统可分为外光路系统和分光系统两部分。外光路系统使光源发出的复合光依照一定的途径到达分光系统。分光系统则使复合光色散成为单色光。

原子吸收分光光度计必须根据测定的要求,选择适当的光栅角度和出射狭缝的宽度。当共振线与干扰谱线间距离较小时,采用较小的狭缝宽度,有助于分开波长相近的干扰谱线。例如,过渡元素、稀土元素的光谱很复杂,应选用较小的狭缝宽度;而碱金属元素、碱土金属元素的光谱很简单、背景干扰小,可选用较大的狭缝宽度。

（4）检测系统

检测系统包括光电倍增管、放大器和读数系统。

3.2.2.3　与吸光光度法比较

（1）检测准确度

分光光度计一般是通过配合物在紫外-可见光下有吸收来测定的。配合物形成后，会随着时间推移而消失，影响检测的准确度；并且测定元素如果是处于络合状态就不会再参与反应，导致结果偏小。火焰原子吸收分光光度法是将被测元素完全原子化再检测，可以全面提高检测的准确性，受干扰的可能性低。

（2）检测的灵敏度

吸光光度法与原子吸收法检测灵敏度的比较见表 3.2。

表 3.2　吸光光度法与原子吸收法检测灵敏度的比较　　　　单位：mg/L

元素	吸光光度法		原子吸收法	
	测量上限	最低检出浓度	测量上限	最低检出浓度
铜	6	0.4	5	0.05
锌	50	1	1	0.05
镍	10	0.25	5	0.05
银	0.8	0.4	5	0.03

由表 3.2 中的数据可知原子吸收法比吸光光度法灵敏度高。

（3）检测的简易

吸光光度法需要络合，方法较复杂，消耗时间长，且每种元素都对应不同的配合物，所以只能以一种方法检测一种元素。原子吸收法则可以同时检测几种元素，只需更换空心阴极灯即可。同时，在检测大量样品时，吸光光度法耗时大，工作量大；原子吸收法检测迅速，适合大量样品的检测。

3.2.2.4　原子吸收光谱法在有色金属分析中的应用

当接到分析试样时，应根据样品的大概成分和性质以及现有的分析测试条件，确定分析方法。对于试样组成简单的一般元素的测定，可采用标准曲线法；对于试样组成复杂，可能存在基体干扰的元素的测定，可采用标准加入法、内插法。

原子吸收法测定有色金属时所遇到的干扰，要比大多数其他元素遇到的更为复杂。这一事实在日常分析中曾导致某些严重的误差。已经对广泛的干扰因素进行了探索，并且提出了各种补救的办法。

（1）定量分析方法

① 标准曲线法　这是最常用的基本分析方法。配制一组合适的标准样品，在最佳测定条件下，由低浓度到高浓度依次测定它们的吸光度 A，以吸光度 A 对浓度 c 作图。在相同的测定条件下，测定未知样品的吸光度，从 A-c 标准曲线上用内插法求出未知样品中被测元素的浓度。标准曲线法仅适用于样品组成简单或共存元素没有干扰的试样，可用于同类大批量样品的分析，具有简单、快速的特点。这种方法的主要缺点是基体影响较大。为保证测定的准确度，使用工作曲线法时应当注意以下几点：

a. 所配制的标准系列溶液的浓度，应在吸光度与浓度成直线关系的范围内，其吸光度值应在 0.2～0.8 之间，以减小读数误差。

b. 标准系列溶液的基体组成，与待测试液应当尽可能一致，以减小因基体不同而产生的误差。

c. 在整个测定过程中，操作条件应当保持不变。

d. 每次测定都应同时绘制工作曲线。

② 标准加入法　当无法配制组成匹配的标准样品时，则应该选择标准加入法。标准加入法是用于消除基体干扰的测定方法，适用于数目不多的样品的分析：分取几份等量的被测试样，其中一份不加入被测元素，其余各份试样中分别加入不同已知量 c_1，c_2，c_3，…，c_n 的被测元素；然后，在标准测定条件下分别测定它们的吸光度 A，绘制吸光度 A 对被测元素加入量 c_i 的曲线。

如果被测试样中不含被测元素，在正确校正背景之后，曲线应通过原点；如果曲线不通过原点，说明含有被测元素，截距所对应的吸光度就是被测元素所引起的效应。外延曲线与横坐标轴相交，交点至原点的距离所对应的浓度 c_x，即为所求的被测元素的含量。使用标准加入法时，一定要彻底校正背景。

使用标准加入法应注意以下几点：

a. 标准加入法只适用于浓度与吸光度成直线关系的范围。

b. 加入的第一份标准溶液的浓度，与试样溶液的浓度应当接近（可通过试喷样品溶液和标准溶液，比较两者的吸光度来判断），以免曲线的斜率过大、过小，给测定结果引进较大的误差。

c. 该法只能消除基体干扰，而不能消除背景吸收等的影响。

标准加入法比较麻烦，适用于基体组成未知或基体复杂的试样的分析。

(2) 分析操作条件的选择

① 分析线　原子吸收光谱法通常用于低含量元素的分析。因此，一般选择最灵敏的共振吸收线，测定高含量的元素时，为了减少污染和避免试样溶液过度稀释等问题，则选用次灵敏线。例如，测定高浓度的钠，不选用最灵敏的吸收线 Na 589.0nm，而选用次灵敏吸收线 Na 330.2nm。选择吸收线时，有时还要考虑试样溶液的组分可能带来的干扰。对于结构简单的元素，可供选择的吸收线少，且灵敏度相差悬殊；对于结构复杂的元素，其吸收线较多，可根据要求灵活选择。

选择最适宜的分析线，一般应视具体情况由实验来决定。其方法是：首先扫描空心阴极灯的发射光谱，了解有几条可供选择的谱线，然后喷入适当浓度的标准溶液，观察这些谱线的吸收情况，选用不受干扰而且吸光度适度的谱线为分析线。其中吸光度最大的吸收线是最适宜用于测定微量元素的分析线。

② 空心阴极灯的工作电流　空心阴极灯一般需要预热 10～30min 才能达到稳定输出。空心阴极灯的发射特性依赖于灯电流。因此，在原子吸收分析中，为了得到较高的灵敏度和精密度，就要适当选择空心阴极灯的工作电流。

每只阴极灯允许使用的最大工作电流与建议使用的适宜工作电流都标示在灯上，对大多数元素而言，选用的灯电流是其额定电流的 40%～60%。在这样的灯电流下，既能达到高的灵敏度，又能保证测定结果的精密度。

③ 狭缝宽度　狭缝宽度影响光谱通带宽度与检测器接收的能量：通带宽，光强度大，信噪比高，灵敏度较低，标准曲线容易弯曲；通带窄，光强度弱，信噪比低，灵敏度高，标准曲线的线性好。一般而言，在光源辐射较弱，或者共振吸收线强度较弱的，应选择宽的狭缝宽度；当火焰的连续背景发射较强，或在吸收线附近有干扰谱线存在时，应选择较窄的狭缝宽

度。合适的狭缝宽度可用实验方法确定：将试样溶液喷入火焰中，调节狭缝宽度，测定不同狭缝宽度的吸光度。当有其他谱线或非吸收光进入光谱通带内时，吸光度将立即减小。不引起吸光度减小的最大狭缝宽度，即为应选取的合适的狭缝宽度。

④ 原子化条件的选择　原子吸收信号大小直接正比于光程中待测元素的原子浓度。因此，原子化条件选择合适与否，对测定的灵敏度和准确度具有关键性的影响。在火焰原子化法中，火焰的类型和特性是影响原子化效率的主要因素。对低中温元素，应使用空气-乙炔火焰；对高温元素，宜采用氧化亚氮-乙炔高温火焰；对分析线位于短波区（200nm 以下）的元素，应使用空气-氢火焰。对于确定类型的火焰，一般来说，富燃火焰是有利的；对氧化物不十分稳定的元素如 Cu、Mg、Fe 等，用中性火焰或贫燃火焰就可以了。调节燃气与助燃气的比例就能够获得所需特性的火焰：中性火焰的燃助比约为 1：4；贫燃火焰的燃助比小于 1：6；富燃火焰的燃助比大于 1：3。在火焰区内，自由原子的空间分布不均匀，且随火焰条件而改变。因此，应调节燃烧器的高度，以使来自空心阴极灯的光束从自由原子浓度最大的火焰区域通过，以期获得较高的灵敏度。

在石墨炉原子化法中，合理选择干燥、灰化、原子化及净化的温度与时间是十分重要的。干燥应在稍高于溶剂沸点的温度下进行，以防止试液飞溅。灰化的目的是除去基体和局外组分，在保证被测元素没有损失的前提下应尽可能使用较高的灰化温度。原子化温度的选择原则是：选用达到最大吸收信号的最低温度作为原子化温度。原子化时间的选择，应以保证完全原子化为准。原子化阶段停止通保护气，以延长自由原子在石墨炉内的平均停留时间。净化的目的是为了消除溅留物产生的记忆效应，净化温度应高于原子化温度。

⑤ 进样量　进样量过小，吸收信号弱，不便于测量；进样量过大，在火焰原子化法中，对火焰产生冷却效应，在石墨炉原子化法中，会增加净化的困难。在实际工作中，应测定吸光度随进样量的变化，达到最大吸光度的进样量即为应选择的进样量。

⑥ 干扰效应及其消除方法　在原子吸收光谱分析中，总的来说干扰是比较小的。这是由方法本身的特点所决定的。由于该方法采用了锐线光源，并应用共振吸收线，因此共存元素的相互干扰很小，一般不用经过分离就可以测定，这是原子吸收光谱分析的优势所在。该方法的干扰主要产生于试样转化为基态原子的过程，按干扰的性质和产生原因，大致可以分为以下几类：物理干扰、化学干扰、电离干扰、光谱干扰。在实验过程中，要尽量消除各种可能产生的干扰效应。

a. 物理干扰　物理干扰是指试样在转移、蒸发和原子化过程中，由于试样任何物理特性（如溶质或溶剂的黏度、表面张力、溶剂的挥发性、密度等）的变化，使雾化效率、待测元素导入火焰的速度、溶质蒸发或溶剂挥发等过程发生变化而引起的原子吸收强度下降的效应。物理干扰是非选择性干扰，对试样各元素的影响基本上是相似的，因此物理干扰也称为基体效应。一般来说，浓度高的盐类或酸的黏度较大，使得喷雾速率或雾化效率降低，导致火焰中的基态原子减少，从而引起吸光度降低。对于这种干扰，可用标准加入法（配制与被测试样相似组成的标准样品）来抵消基体的影响。此外，在试液中加入某些有机溶剂，可以改变试液的黏度和表面张力等物理性质，提高喷雾速率和雾化效率以及待测元素在火焰中离解成基态原子的速度，增加基态原子在火焰中停留的时间，从而提高分析灵敏度。另外，有机溶剂的加入往往会增加火焰的还原性，从而促使难挥发、难熔化合物解离为基态原子。

b. 化学干扰　化学干扰是指试样溶液转化为自由基态原子的过程中，待测元素与其他组分之间的化学作用而引起的干扰效应，主要影响元素化合物离解及其原子化。化学干扰是一种选择性干扰，它不但取决于待测元素与共存元素的性质，而且还与喷雾器、燃烧器、火焰类型、火焰状态等因素密切相关。例如，磷酸根对钙的干扰，硅、钛形成难解离的氧化物，钨、硼、稀土元素等生成难解离的碳化物，从而使有关元素不能有效原子化，都是化学干扰的例子。

消除化学干扰的方法有：化学分离、使用高温火焰、加入释放剂和保护剂、使用基体改进剂等。例如，磷酸根在高温火焰中就不会干扰钙的测定，加入锶、镧或 EDTA 等都可消除磷酸根对钙的干扰。在石墨炉原子吸收法中，加入基体改进剂，提高被测物质的稳定性或降低被测元素的原子化温度以消除干扰。例如，汞极易挥发，加入硫化物生成稳定性较高的硫化汞，灰化温度可提高到 $300℃$；测定含 NaCl 水中的 Cu、Fe、Mn、As，加入 NH_4NO_3，使 NaCl 转化为 NH_4Cl，在原子化之前低于 $500℃$ 的灰化阶段除去。

c. 电离干扰　在高温下原子电离，使基态原子的浓度减小，引起原子吸收信号降低，此种干扰称为电离干扰。电离效应随温度升高、电离平衡常数增大而增大，随被测元素浓度增高而减小。电离电位在 6eV 或 6eV 以下的元素，都可能在火焰中发生电离，这种现象对于碱金属和碱土金属特别显著。

为了克服电离干扰，一方面可适当控制火焰温度；另一方面可加入一定量的消电离剂。消电离剂是一些具有较低电离电位的元素，如：钠、钾、铯等。这些易电离的元素，在火焰中强烈电离，产生大量的自由电子，从而使被测元素的电离平衡移向基态原子形成的一边，达到抑制和消除电离效应的目的。消电离剂的电离电位越低，消除电离干扰的效果就越明显。

d. 光谱干扰　光谱干扰是指与光谱发射和吸收有关的干扰效应。在原子吸收光谱分析中，光谱干扰主要与原子吸收分析仪器的分辨率和光源有关，有时也受共存元素的影响。光谱干扰包括谱线重叠、光谱通带内存在非吸收线、原子化池内的直流发射、分子吸收、光散射等。当采用锐线光源和交流调制技术时，前 3 种因素一般可以不予考虑，主要考虑分子吸收和光散射的影响，它们是形成光谱背景的主要因素，因此也称为背景干扰。背景干扰的结果使吸收值增高，产生正误差。

为消除背景吸收，最简单的方法是配制一个组成与试样溶液完全相同，只是不含待测元素的空白溶液，以此溶液调零即可消除背景吸收。近年来许多仪器都带有氘灯自动扣除背景的校正装置，能自动扣除背景，比较方便、可靠。因为氘（或氢）灯发射的是连续光谱，而吸收线是锐线，所以基态原子对连续光谱的吸收是很小的（即使是浓溶液，吸收也小于 1%）。而当空心阴极灯发射的共振线通过原子蒸气时，则基态原子和背景对它都产生吸收。用一个旋转的扇形反射镜将两种光交替地通过火焰进入检测器，当共振线通过火焰时，测出的吸光度是基态原子和背景吸收的总吸光度；当氘灯光通过火焰时，测出的吸光度只是背景吸收（基态原子的吸收可忽略不计），两次测定值之差，即为待测元素的真实吸光度。

利用低温空气-乙炔火焰 AAS 测定有色金属元素所受的干扰显然要比其他元素复杂得多，尤其是有色金属元素之间的相互干扰是不容忽视的。为了克服这些化学干扰，除使用与合金成分相匹配的标准系列溶液之外，也可用释放剂或缓冲剂，或者是两者结合使用。

当然，为了克服基体及共存元素的干扰，应预先富集与分离待测有色金属元素，例如溶剂萃取、试金富集、吸附分离等是广泛用于 AAS 中的预处理手段。但是在有色金属合金分析中，考虑到成分彼此分离的复杂性和测定精度，很少采用预先分离和 AAS 的方法。

有色金属产品中杂质金属元素的分析一般采用仪器分析方法，如原子吸收分光光度法、原子发射光谱分析法等。根据不同材料中主金属以外的金属元素的种类和含量不同，所采用的制样方法和分析方法有一定的差异。

3.2.3　电感耦合等离子体发射光谱法

电感耦合等离子体发射光谱法（ICP-AES）是以电感耦合等离子体（ICP）为发射光源的

光谱分析方法。该技术具有多功能性、广泛的应用范围以及操作简便、灵敏度高、分析快速、准确可靠和多元素同时测定等特点，可同时或顺序测定 70 多种痕量、微量和常量元素，在所有的元素分析法中几乎是前所未有的，它解决了一定的分析困难，节省了分析时间，使许多工作变得快捷；而且除极其严格的应用要求以外，ICP-AES 的准确度、精密度和灵敏度对一般应用都是合适的。ICP-AES 能实现元素定性分析、半定量分析与定量分析，可对样品做全元素分析，对于综合回收有很大的指导意义。由于 ICP-AES 的普及以及具有在一定范围内替代操作冗长、劳动强度大的湿式化学分析方法的能力，ICP-AES 已成为有色金属再生和深加工中应用范围最广、效率最高、最重要的常规分析手段之一。

(1) 特点

与其他分析方法相比，ICP-AES 发射光谱分析法的优点如下：

a. 发射光谱分析的灵敏度高，其绝对灵敏度可达 $10^{-9}\%\sim10^{-8}\%$，相对灵敏度可达 $0.1\mu g/g$。

b. 发射光谱分析的准确度较高，相对误差一般为 $5\%\sim20\%$。若使用 ICP 光源，相对误差可达 1% 以下。

c. 发射光谱分析的选择性好，利用元素的特征谱线，可以较好地定性鉴定元素，干扰小，而且可一次鉴定多种元素。

d. 发射光谱分析试样用量少，一般进行一次光谱全分析只需几毫克或十分之几毫克的样品。

e. 发射光谱分析能同时测定多种元素，样品不必进行化学处理，分析速度快，一般几分钟内便可得到分析结果。

ICP-AES 发射光谱分析也有其不足之处，如不适用于大多数非金属元素的测定；只能用于元素分析，而不能确定元素在样品中存在的化合物状态等。

(2) 原子发射光谱仪

原子发射光谱议主要由激发光源、分光系统、检测系统三个部分组成。目前常见的 ICP 发射光谱仪根据分光和检测的原理不同可分为两大类：一类为平面光栅分光后由光电倍增管检测的仪器；另一类为中阶梯光栅分光后由固态检测器［电荷耦合检测器（CCD）或电荷注入检测器（CID）］检测的仪器。

① 激发光源 光源的主要作用在于为试样蒸发和激发提供所需的能量。但是光源本身的特性对光谱分析的灵敏度和准确度等有很大影响，为此，选择光源应该以适合于分析试样的要求为宜。常用的光源有直流电弧、交流电弧、高压电火花以及电感耦合等离子体光源等。

a. 直流电弧 直流电弧发生器可用硒或硅整流器供电，也可用直流发电机供电，作为激发能源。常用的电压为 $220\sim380V$，电流为 $5\sim30A$。光源的弧焰温度可达 $4000\sim7000K$，所产生的谱线主要是原子谱线。直流电弧发生器的主要优点是绝对灵敏度高、背景小，适宜于进行定性分析及低含量杂质的测定。但因弧光游移不定，重现性差，电极头温度比较高，所以这种光源不宜于定量分析和低熔点元素的分析。

b. 交流电弧 低压交流电弧最为常用，其工作电压为 $220V$。低压交流电弧发生器采用高频引燃装置，保持电弧不断被点燃。这种光源的主要优点是：操作简便安全，稳定性高，重复性较好，广泛应用于光谱的定性分析和定量分析中。但是，交流电弧的灵敏度比直流电弧差。

c. 高压电火花 高压电火花是指 $1000V$ 以上的高压交流电通过电极间隙放电产生的电火花。这种火花光源放电的稳定性好，试样消耗少，激发能力强。电弧放电的瞬间温度可达到 $10000K$ 以上，适用于难激发元素的分析和高含量试样以及低熔点试样的分析。缺点是灵敏度低，蒸发能力差，背景大，不宜用于微量元素分析；由于火花只射击在电极上的一点，当试样不均匀时，分析结果代表性差且仪器结构复杂，需使用高压电源。

　　d. 等离子体发射光源　"等离子体"一般是指高度电离的气体，它内部含有大量的电子、离子和部分未电离的中性粒子，整体呈现电中性。目前制造和使用的发射用的等离子体光源指的是在氮气或氩气等气体中发生的火焰状放电，例如直流等离子体光源和电感耦合高频等离子体光源等。

　　（a）直流等离子体光源　直流等离子体光源是把氩气、氮气或氦气等气体吹入一个装置中进行放电的直流电弧，使弧光以火焰状喷出，其温度高达数千摄氏度，甚至一万多摄氏度。它实际上是一种气体压缩的大电流直流电弧放电。

　　这类光源结构简单、造价低、温度高，能防止难熔氧化物的生成；但是电极污染、基体干扰严重，精密度差，背景较大。

　　（b）电感耦合高频等离子体光源　电感耦合高频等离子体光源简称 ICP 光源，由高频发生器、同轴的三重石英管和进样系统三部分组成，其结构如图 3.2 所示。

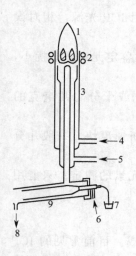

　　石英管中通入氩气，在石英管的上部绕有 2～4 匝线圈，并使之与高频发生器感应耦合而形成等离子体，然后通过雾化器把试样和载气（氩气）导入等离子体，进行激发和发射光谱分析。这种光源工作温度高，又是在惰性气体条件下，几乎任何元素都不能以化合物的状态存在。原子化条件下，谱线强度大，背景小，可使测定的检出限降低；同时，光源稳定，分析结果重现性好，准确度高。ICP 光源目前已广泛地应用于各种材料中微量元素的发射光谱分析。ICP 光源是近来发展最快的一种新型光源。

　　以上介绍了几种常用的激发光源，但在使用光源时，必须从分析工作的实际出发，结合光源的特性，选用适宜的光源。在选择光源时一般应考虑分析元素的特性（是高电离电位还是低电离电位；分析元素是高含量还是低含量），分析试样的形状和性质，是做定性分析还是做定量分析等。这样才能达到进一步提高光谱分析的灵敏度和准确度的目的。

　　② 分光系统（光谱仪）　光谱仪是用来观察光源的光谱的仪器，它将光源发射的电磁波分解为按一定次序排列的光谱。

　　发射光谱分析根据接收光谱辐射方式的不同可以有三种方法，即看谱法、摄谱法和光电法。这三种方法的基本原理都是相同的，都是把激发试样获得的复合光通过入射狭缝射在分光元件上，使之色散成光谱，然后通过测量谱线来检测试样中的分析元素。其区别主要在于看谱法是用人眼去接收光谱辐射，摄谱法是用感光板接收光谱辐射，而光电法则是用光电倍增管去接收光谱辐射。

图 3.2　ICP 光源
1—等离子体焰炬；
2—高频感应线圈；
3—石英管；4—等
离子气流；5—辅助气流；
6—载气；7—试样溶液；
8—废液；9—雾化器

　　摄谱仪根据所用色散元件的不同，可分为棱镜摄谱仪和光栅摄谱仪。

　　③ 检测系统　发射光谱分析采用摄谱分析时，还需要一些检测仪器，如光谱投影仪、测微光度计等。

　　a. 光谱投影仪　又称为光谱放大仪或映谱仪。在进行发射光谱定性分析和观察谱片时应用此设备将摄得的谱片进行放大，投影在屏上以便检测。

　　b. 测微光度计（黑度计）　在发射光谱定量分析时，主要用来测量感光板上所记录谱线的黑度强度的仪器。在进行发射光谱分析时，照射到感光板上的光线越强，时间越长，则呈现在感光板上的谱线会越黑。所以常用黑度 S 表示谱线在感光板上的变黑程度。摄谱分析法的定量分析就是根据测量谱线的黑度计算待测元素的含量。

（3）原子发射光谱的定性、半定量与定量分析

① 原子发射光谱定性分析　原子发射光谱是用于元素定性分析的一种理想方法。因为每种元素的原子结构不同，在光源的激发作用下各种元素的原子都有它的特征谱线，根据某谱图上有无某特征谱线的出现，就可以鉴别试样中是否存在某种元素，被称为原子发射光谱的定性分析。虽然每种元素可以产生许多按一定波长次序排列的谱线组——特征谱线，但在进行实际试样定性分析时，并不需要将该元素的所有谱线都找出来，而只需要检测这一元素的少数几条灵敏线，就可以确定该元素的存在。由于元素谱线的强度是随试样中该元素含量的减少而降低的，所以"灵敏线"便是指各种元素谱线中激发电位较低的谱线，也就是当某一元素含量减至最低时，仍可出现的谱线，所以又可称为"最后线"。由于发射光谱分析是根据灵敏线或最后线来检测元素是否存在的，所以这些谱线又统称为分析线。发射光谱的定性分析有直接比较法和铁谱比较法两种。

a. 直接比较法　在同一条件下将试样与已知、待测定的元素化合物并列摄谱，并根据光谱图进行比较，便可确定某些元素是否存在。例如，检查铜中是否含有铅，只要将黄铜试样和已知含铅的黄铜标准试样并列摄谱于同一感光板上，比较并检查试样光谱中是否有铅的谱线存在便可确定。此法简单方便，仅适用于简单试样的定性分析。

b. 铁谱比较法　由于铁元素在 210～660nm 波长范围内有很多相距很近的谱线，每一条谱线的波长均已准确测定，因此可以以铁谱为参比，把其他元素的灵敏线按波长位置插入铁谱图的相应位置上，制成元素标准光谱图。通常将各种元素的灵敏线按波长位置插在铁谱图的相应位置上，预先制备了元素标准光谱图。在进行定性分析时，将试样和纯铁并列摄谱在同一感光板上，然后同元素标准光谱图进行比较。根据试样光谱的谱线和元素标准光谱图上各元素灵敏线相重合的情况，就可直接确定有关谱线的波长和元素。铁谱比较法应用较广，适宜测定复杂的组分。

发射光谱的定性分析，简单快速，可靠性高。目前已有七十多种元素可以用发射光谱的方法进行定性分析。

② 原子发射光谱半定量分析　原子发射光谱半定量分析是根据谱线光强比较相对谱线强度的一种准确度较差的定量分析方法。依据谱线的强度和谱线的出现情况与元素含量密切相关而作出一种判断，它的主要目的就是以最快的速度测出有用成分及其含量，避免盲目性。

此法快速简单，在对准确度要求不太高的情况下，可以采用。例如在对矿石品位的估计、钢材的分类、有色金属合金的分类、化工产品的研究和分类以及化学法进行定量分析之前，提供试样元素大致含量和有关干扰情况等。在实际工作中经常遇到需要对许多不同种类的试样迅速做出有一定数量级的含量的判断的情况，要求分析速度快，但准确度可以稍差一些，这时使用原子发射光谱半定量分析法定量是适宜的。根据目测谱片上的谱线强度方法的不同，原子发射光谱半定量分析法主要有以下几种。

a. 谱线强度比较法　配制被测元素浓度分别为 1%、0.1%、0.01% 和 0.001% 的四个标准试样，然后将标准试样和试样同时摄谱，并控制相同的摄谱条件。在摄得的谱片上查出试样中被测元素的灵敏线，根据被测元素灵敏线的黑度和标准试样中该谱线的黑度，目视进行比较，可得出试样的大致浓度范围。

b. 谱线呈现法（数线法）　当试样中待测元素的含量很低时，光谱图上只出现该元素的最后几条灵敏线；随着试样中该元素含量逐渐增高，一些次灵敏线也逐渐出现。所以，在固定的工作条件下，用不同含量待测元素的标准试样摄谱可把相应出现的谱线数编成一个谱线呈现表（表 3.3 为 Pb 的谱线呈现表）。在测定时，将分析试样在同样条件下摄谱，然后与谱线呈现表比较，即可得出试样中待测元素的大致含量。

表 3.3　Pb 的谱线呈现表

铅的含量/%	谱线呈现情况 λ/nm			
	1	2	3	4
0.001	283.31 清晰	261.42 很弱	280.20 很弱	
0.003	283.31 增强	261.42 增强	280.20 清晰	
0.01	280.20 增强	266.32 极弱	287.33 很弱	
0.03	280.20 较强	266.32 清晰	287.33 清晰	
0.1	280.20 更强	266.32 增强	287.33 增强	
0.3	239.39 较宽	257.73 不清		
1	240.20 模糊	244.38 模糊	244.62 模糊	241.17 模糊
3	322.06 模糊	233.24 模糊		
10	242.66 模糊	239.96 模糊		
30	311.39 显现	369.75 显现		

③ 原子发射光谱定量分析　经实验证明，根据试样光谱中待测定元素谱线强度的绝对值不能获得准确的定量分析结果。这是因为试样光谱中待测元素谱线强度除与该元素含量有关之外，还与蒸发、激发条件、取样量、感光板特性、显影条件以及试样组成等因素有关。再者在发光蒸气云中，原子除了辐射外也能吸收光线（这一现象称为自吸作用，它随元素浓度的增大而增大），常使谱线强度减弱。因此实验条件的任何变化，都会导致光谱的定量分析产生很大误差。为克服这一问题，目前大都采用测量谱线相对强度的方法——内标法进行光谱定量分析。

a. 内标法的基本原理　在待测元素谱线中选一条谱线，称它为分析线；另外从"内标物"的元素谱线中选一条谱线（与分析线相比匀称的谱线），称它为内标线或比较线，这两条谱线组成"分析线对"。内标法就是依据测量分析线对的相对强度（分析线与内标线的绝对强度的比值）来进行定量分析的。内标法可以减少因工作条件改变对定量分析结果的影响。在实际分析工作中可用标准试样制作工作曲线，再利用工作曲线求得试样的含量。工作曲线的制作以三标准试样法最为常用，这也是最基本的发射光谱定量分析法。

b. 三标准试样法　在分析时，必须将三个或三个以上标准试样和分析试样在相同条件下于同一块感光板上摄取光谱。感光板经暗室处理后，测得标准试样分析线对的黑度差值 ΔS，并用 ΔS 与相对应的待测元素含量的对数 $\lg c$ 绘制工作曲线，然后根据试样分析线对的黑度差值 ΔS 从工作曲线上找出待测元素的含量。三标准试样法的优点是标准试样与试样同时摄谱，可以消除分析时引起的各种误差。但是，在进行分析时，由于必须在分析用的感光板上拍摄较多条标准试样的光谱，既占用了感光板上很大的位置，还需花费较长的时间和消耗大量的标准试样，因此三标准试样法分析时间较长，不能满足快速分析的要求。

(4) 应用

被测定的溶液首先进入雾化系统，并在其中转化为气溶胶，一部分颗粒较细的被氩气载入等离子体的环形中心，另一部分颗粒较大的则被排出。进入等离子体的气溶胶在高温作用下，经历蒸发、干燥、分解、原子化和电离的过程，所产生的原子和离子被激发，并发射出各种特定波长的光，这些光经光学系统通过入射狭缝进入光谱仪照射在光栅上，光栅对光产生色散使之按波长的大小分解成光谱线。所需波长的光通过出射狭缝照射在光电倍增管上产生电信号，此电信号输入计算机后与标准的电信号相比较，从而计算出试液的浓度。

ICP-AES 的装置主要由进样系统、ICP 炬管、高频发生器、光谱仪和电子计算机等组成。

ICP-AES 光谱分析常规工作采用同心型雾化器雾化进样，这就要求样品为澄清溶液，任何肉眼可见的悬浮物都会导致雾化器的堵塞。经制样得到的溶液的总盐度应不超过 10mg/mL。盐分过大时，雾化效率降低，造成测定结果偏低，并可能引起雾化器喷口及炬管内管管口析出盐分而堵塞。高盐分溶液改用交叉型雾化器雾化。溶样的酸的浓度和碱的浓度会显著改变溶液的黏度和表面张力，从而改变雾化效率。硫酸、磷酸的影响尤为严重，在 ICP-AES 光谱分析制样时，应尽量避免使用。酸溶首选盐酸、王水、硝酸（加过氧化氢）等易于蒸发驱除的酸。使用高氯酸时应注意安全，并应蒸发除去。含有有机物时，要消解处理。除了敞口用氧化剂和酸消解外，微波密闭加压消解有节省试剂、空白低的优点。

在常规分析中，采用两点校准即可，即用新鲜的去离子水为"低标"，浓度为 $10\mu g/mL$（或其他浓度）的标准溶液为"高标"，进行校准，接着测定试样。在需要仔细校准的工作中，配制标准系列溶液做多点校准。

由于大多数废料中有色金属含量比较高，用电感耦合等离子体发射光谱法（ICP-AES）测定的误差相对于滴定法和重量法较大，因此，ICP-AES 在废料中有色贱金属分析方面的应用不多，而在贵金属分析方面的应用较普遍。曾有人利用法国生产的 JY38P 光电直读光谱仪，直接测定以 Pt、Os、Ir 和 Ru 为主体有色金属粉末中的 Au、Ag、Pt、Pd、Os、Ir、Ru、Rh 8 种贵金属元素的含量，其结果与光度法、原子吸收法测试结果十分吻合。ICP-AES 也可用于测定银中的杂质元素 Au、Cu、Pb、Fe、Si、Sb 等。贵金属饰品在打磨抛光过程中所产生的抛光灰中含有一定量的铂、钯、金和银等，如果在 650℃ 对试样进行灰化处理 3h，然后用王水提取并制备成溶液，ICP-AES 能够直接测定其中的 Pt、Pd、Au 和 Ag，回收率为 94.2%～103.5%，相对标准偏差（RSD）为 2.8%～4.4%。

发射光谱法可同时测定多个元素且有更宽的线性工作范围，这是它比原子吸收法更优越之处。另外，与常用的原子吸收法相比，发射光谱法能直接使用固体样品。

ICP-AES 的仪器与火焰原子吸收光谱仪比较，检测限相近似，但是它能得到精密度更好的结果；同时，显示出更好的抗化学干扰的性能。在不利因素方面，首先，因为等离子体的温度特别高，产生非常多的光谱线和背景漂移，这意味着潜在地存在光谱干扰和背景干扰。其次，与原子吸收法相比，一台好的等离子源发射光谱需要很高的投资；而且在工作过程中要求训练有素的光谱学专业人员谨慎操作，这些都是该仪器的缺点。另外，与电热原子吸收法相比，等离子体发射光谱法的检测限高出两个数量级。

ICP 的化学干扰更少。另外，用 ICP 时，似乎被激发的原子"看到"的温度要比背景中"看到"的温度更高些。这种反常现象明显地提高了信噪比，而直流等离子体（DCP）没有同样的分析背景信号的提高。

总之，当溶液中有色金属的浓度在 $\mu g/mL$ 量级，要发挥同时测定多元素这一优势，以及要求最好的精密度时，宜采用等离子体发射光谱法。用这种方法测定 Ir、Os、Ru 要比火焰原子吸收光谱法更好一些。

3.2.4　电化学分析法

电化学分析法（ECA）是利用物质的电学及电化学性质来进行分析的方法。将待分析试样构成一化学电池（电解池或原电池，主要由电解质溶液、电极和外部电路等组成），通过对电池的电位差、电流、电量、电阻等电化学参数的测量来确定待分析样品的化学组成或浓度。按照被测量电学参数的类型，电化学分析法通常可以分为电位分析法、伏安分析法、电导分析法、库仑分析法、电解分析法等五大类型。

电位分析法是通过测量电池电动势或电极电位来确定被测物质浓度的方法。伏安分析法是利用电解过程中所得的电流-电位（电压）曲线进行测定的方法。电导分析法是以溶液的电导作为被测量参数的方法。库仑分析法是通过测量电解过程中消耗的电量求出被测物质含量的方法。电解分析法则是在电解时，以电子为"沉淀剂"，使溶液中被测金属离子电析在已称重的电极上，通过再称量，求出析出物质含量的方法。

(1) 电位分析法

电位分析法是电化学分析方法的重要分支，它的实质是通过在零电流条件下测定两电极间的电位差（所构成原电池的电动势）进行分析测定。它包括直接电位法和电位滴定法。

对于氧化还原体系：$O_x + ne \rightleftharpoons R_{ed}$

其电极电位：$\varphi = \varphi^\ominus + \dfrac{RT}{nF} \ln \dfrac{a_{O_x}}{a_{R_{ed}}}$

对于金属电极，还原态是纯金属，其活度是常数，定为1，则上式可写作：

$$\varphi = \varphi^\ominus + \frac{RT}{nF} \ln a_{O_x}$$

在25℃时公式可简化为：

$$\varphi = \varphi^\ominus + \frac{0.059}{n} \lg a_{O_x}$$

由上式可见，测定了电极电位，就可以确定离子的活度（或在一定条件下确定其浓度），这就是直接电位法的依据。

在滴定分析中，当滴定进行到化学计量点附近时，将发生浓度的突变（滴定突跃）。如果在滴定过程中在滴定容器内浸入一对适当的电极，则在化学计量点附近可以观察到电极电位的突变（电位突跃），因而根据电极电位突跃可确定终点的到达，这就是电位滴定法的原理。

电位滴定法可以应用于中和滴定、沉淀滴定、络合滴定、氧化还原滴定及非水滴定等。由于电位滴定法不用指示剂确定终点，因此不受溶液有色、浑浊等限制。对于没有合适指示剂的滴定，电位滴定法有独特的价值。

① 电位滴定的原理和方法　选用适当的指示电极及参比电极与被测定溶液组成电池，测量电池的电动势，则电动势的变化直接反映了溶液中 pH 值、离子浓度等参数的变化。因此在电位滴定中，以滴定剂体积与电动势作图，所得的曲线即为滴定曲线，可用来确定滴定的化学计量点。

② 仪器及操作方法　电位滴定法的仪器装置如图3.3所示。它包括滴定管、滴定池、指示电极、参比电极、电磁搅拌器、电位计以及搅拌棒。在滴定过程中必须把每一次加入的滴定剂量及其对应的电位（或 pH）值记录下来，制出与表3.4相似的表。

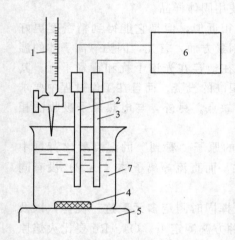

图 3.3　电位滴定法的仪器装置
1—滴定管；2—指示电极；3—参比电极；
4—搅拌棒；5—电磁搅拌器；
6—电位计；7—滴定池

表 3.4　电位滴定数据记录表

V_{AgNO_3}/mL	E/V	$\Delta E/\Delta V$/(V/mL)	$\Delta^2 E/\Delta V^2$
5.00	0.062		
15.00	0.085		
20.00	0.107		
22.00	0.123		
23.00	0.138		
23.50	0.146		

V_{AgNO_3}/mL	E/V	$\Delta E/\Delta V$/(V/mL)	$\Delta^2 E/\Delta V^2$
23.80	0.161		
24.00	1.174		
24.10	0.183		
24.20	0.194		2.8
24.30	0.233		4.4
24.40	0.316		−5.9
24.50	0.340		−1.3
24.60	0.351		−0.4
24.70	0.358		
25.00	0.373		

③ 滴定终点的确定方法

a. 绘 E-V（或 pH-V）曲线法　例如以 0.1mol/L AgNO$_3$ 溶液滴定未知浓度的 NaCl 溶液，滴定结果的数据记录如表 3.4 所示，以加入 AgNO$_3$ 的体积为横坐标，E（或 pH）为纵坐标，作滴定曲线。如图 3.4(a) 所示，所得曲线的拐点所对应的体积即为滴定终点。

b. 绘 $\Delta E/\Delta V$（或 $\Delta pH/\Delta V$）-V 曲线法　将表 3.4 中 AgNO$_3$ 的体积作为横坐标，$\Delta E/\Delta V$（或 $\Delta pH/\Delta V$）为纵坐标，作曲线，如图 3.4(b) 所示，曲线的最高点对应的体积为滴定终点。

c. 绘 $\Delta^2 E/\Delta V^2$（或 $\Delta^2 pH/\Delta V^2$）-V 曲线法（又叫二级微商法）　将表 3.4 中 AgNO$_3$ 的体积作为横坐标，$\Delta^2 E/\Delta V^2$（或 $\Delta^2 pH/\Delta V^2$）为纵坐标，作曲线，如图 3.4(c) 所示。$\Delta^2 E/\Delta V^2 = 0$ 的点所对应的体积为滴定终点。前面两种方法都是通过作图法来确定滴定的终点，手续较麻烦，而该方法不必绘图可通过计算求得滴定终点。

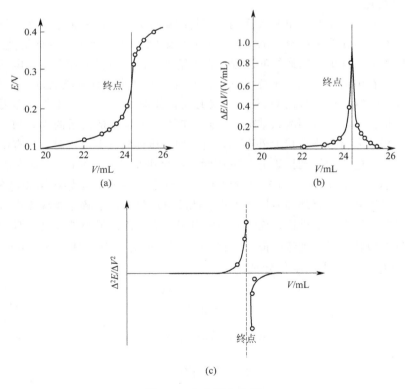

图 3.4　电位滴定曲线

$$\frac{E_2-E_1}{V_2-V_1}=\frac{0.233-0.194}{0.10}=0.39$$

$$\frac{E_3-E_2}{V_3-V_2}=\frac{0.316-0.233}{0.10}=0.83$$

$$\frac{E_4-E_3}{V_4-V_3}=\frac{0.340-0.316}{0.10}=0.24$$

$$\frac{\Delta^2 E}{\Delta V^2}=\frac{\left(\frac{\Delta E}{\Delta V}\right)_2-\left(\frac{\Delta E}{\Delta V}\right)_1}{\Delta V}=\frac{0.83-0.39}{0.10}=+4.4$$

$$\frac{\Delta^2 E}{\Delta V^2}=\frac{\left(\frac{\Delta E}{\Delta V}\right)_3-\left(\frac{\Delta E}{\Delta V}\right)_2}{\Delta V}=\frac{0.24-0.83}{0.10}=-5.9$$

$$V_{终}=24.30+\frac{4.4}{4.4-(-5.9)}\times 0.10=24.34$$

$$E_{终}=0.233+(0.316-0.233)\times\frac{4.4}{10.3}=0.268$$

④ 电极的选择　酸碱中和滴定一般都用玻璃电极作指示电极。氧化还原滴定中通常采用铂电极作指示电极。为了响应灵敏，铂电极应保持清洁、光亮。如有污染，使用前先用洗液浸泡片刻，洗涤干净，必要时可用氧化焰灼烧。沉淀滴定根据不同的沉淀反应选用不同的指示电极。如以 $AgNO_3$ 溶液滴定卤素离子，可用银电极，也可用相应的离子选择电极。用 EDTA 配位滴定时，可用 Hg/Hg-EDTA 电极。参比电极一般多采用饱和甘汞电极。

（2）电解分析法

电解分析法是以称量沉积于电极表面的沉积物的质量为基础的一种电化学分析方法，又称电重量分析法。它有时也作为一种分离的手段，可方便地除去某些杂质。电解是借外电源的作用，使电化学反应向着非自发的方向进行的过程。在电解池的两个电极上加上直流电压，改变电极电位，使电解质溶液在电极上发生氧化还原反应；同时，电解池中有电流通过。如在 0.1mol/L 的 H_2SO_4 介质中，电解 0.1mol/L 的 $CuSO_4$ 溶液的装置如图 3.5 所示。其电极都用铂制成，阳极由电机带动进行搅拌，阴极采用网状结构，表面积较大。电解池的内阻约为 0.5Ω。

将两个铂电极浸入溶液中，接上外电源，当外加电压远离分解电压时，只有微小的残余电流通过电解池；当外加电压增加到接近分解电压时，有极少量的 Cu 和 O_2 分别在阴极和阳极上析出，但这时 Cu 电极和 O_2 电极已组成自发电池。该电池产生的电动势将阻止电解作用的进行，此电动势称为反电动势。只有外加电压达到克服此反电动势时，电解才能继续进行，电流才能显著上升。通常将两电极上产生迅速、连续不断的电极反应所需的最小外加电压 U_d 称为分解电压。理论上分解电压的值就是反电动势的值。电解 Cu^{2+} 时的电流-电压曲线如图 3.6 所示。

Cu 电极和 O_2 电极的平衡电位分别为：

Cu 电极

$$Cu^{2+}+2e\Longleftrightarrow Cu$$

$$\varphi^{\ominus}=0.337V$$

$$\varphi=\varphi^{\ominus}+\frac{0.059}{2}lg[Cu^{2+}]$$

$$=\varphi^{\ominus}+\frac{0.059}{2}lg0.1$$

$$=0.308V$$

O_2 电极
$$\frac{1}{2}O_2 + 2H^+ + 2e \Longrightarrow H_2O$$
$$\varphi^{\ominus} = 1.23V$$

$$\varphi = \varphi^{\ominus} + \frac{0.059}{2}\lg([p(O_2)]^{1/2}[H^+]^2)$$

$$= 1.23 + \frac{0.059}{2}\lg(1^{1/2} \times 0.2^2)$$

$$= 1.189V$$

当 Cu 和 O_2 构成电池时

$$Pt|O_2(101.325kPa)，H^+(0.2mol/L)，Cu^{2+}(0.1mol/L)|Cu$$

Cu 为阴极，O_2 为阳极，电池的电动势为 $E = \varphi_c - \varphi_a = 0.308 - 1.189 = -0.881V$
电解时，理论分解电压的值是它的反电动势 0.881V。

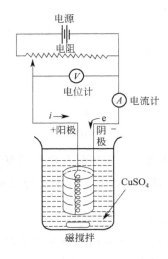

图 3.5　电解装置

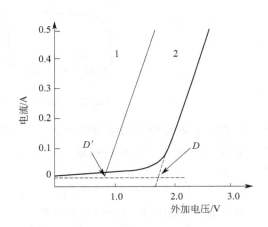

图 3.6　电解 Cu^{2+} 时的电流-电压曲线
1—计算所得的曲线；2—实验所得的曲线

从图 3.6 可知，实际所需的分解电压比理论分解电压大，超出的部分是由于电极极化作用引起的，极化结果将使阴极电位更负，阳极电位更正。电解池回路的电压降 iR 也应是电解所加的电压的一部分，这时电解池的实际分解电压为：

$$U_d = (\varphi_a + \eta_a) - (\varphi_c + \eta_c) + iR$$

若电解时铂电极面积为 $100cm^2$，电流为 0.10A，则电流密度是 $0.001A/cm^2$，O_2 在铂电极上的超电压是 +0.72V，Cu 的超电压在加强搅拌的情况下可以忽略，则实际分解电压为：

$$U_d = 0.881 + 0.72 + 0.10 \times 0.50 = 1.65V$$

(3) 库仑分析法

库仑分析法是以测量电解过程中被测物质在电极上发生电化学反应所消耗的电量为基础的分析方法。它和电解分析法不同，被测物不一定在电极上沉积，但一般要求电流效率为 100%。库仑分析时，若电流维持在一个恒定值，不减小，可以大大缩短电解时间。它的电量测量也很方便，$Q = it$。它的困难是要解决恒电流下具有 100% 的电流效率和设法能指示终点的到达。

如在恒电流下电解 Fe^{2+}，它在阳极发生氧化反应：

$$Fe^{2+} \longrightarrow Fe^{3+} + e$$

这时，阴极发生的是还原反应：

$$H^+ + e \longrightarrow 1/2H_2$$

其电流-电位曲线如图 3.7 所示，选用 $i_0 = i_c = i_a$，需外加电压为 U_0，随着电解的进行，Fe^{2+} 的浓度下降，外加电压就要加大，阳极电位就要发生正移，阳极上可能析出 O_2，电解过程的电流效率将达不到 100%。

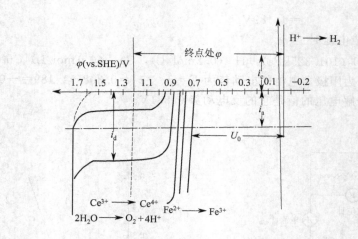

图 3.7　以 Ce^{3+} 为辅助体系的库仑分析 Fe^{2+} 的电流-电位曲线

如果在电解液中加入浓度较大的 Ce^{3+} 作为一个辅助体系，当阳极氧化电流降低到 i_0 时，Ce^{3+} 被氧化为 Ce^{4+} 提供阳极电流，溶液中的 Ce^{4+} 能立即同 Fe^{2+} 反应，本身又被还原为 Ce^{3+}。即：

$$Ce^{4+} + Fe^{2+} \longrightarrow Ce^{3+} + Fe^{3+}$$

这样就可以把阳极电位稳定在氧析出电位以下，从而防止氧的析出。电解所消耗的电量仍全部用在 Fe^{2+} 的氧化上，电流效率达到了 100%。该法类似于 Ce^{4+} 滴定 Fe^{2+} 的滴定法，其滴定剂由电解产生，所以恒电流库仑法又称为库仑滴定法。

库仑滴定装置见图 3.8。

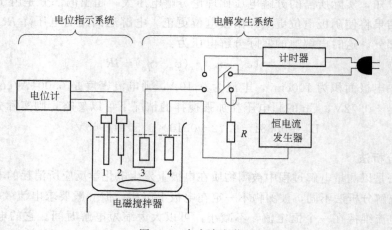

图 3.8　库仑滴定装置

1，2—电极；3—保护管中的 Pt 辅助电极；4—Pt 工作电极

库仑滴定终点指示可以采用以下几种方法。

① 化学指示剂法 容量滴定分析中使用的化学指示剂只要体系合适仍能在此使用。如用恒电流电解 KI 溶液产生滴定剂 I_2 来测定 As(Ⅲ) 时，淀粉就是很好的化学指示剂。

② 电位法 库仑滴定中使用电位法指示终点与电位分析法确定终点的方法相似，应选用合适的指示电极来指示终点前后电位的突变。

③ 双铂极电流指示法 该法又称为永停法。它是在电解池中插入一对铂电极作指示电极，加上一个很小的直流电压，一般为几十毫伏（图 3.9）。在电解 KI 溶液产生滴定剂 I_2 来测定 As(Ⅲ) 的体系中，滴定终点前出现的是 As(Ⅴ)/As(Ⅲ) 不可逆电对，终点后是可逆的 I_2/I^- 电对，从其极化曲线（即电流随外加电压而改变的曲线，图 3.10）可见不可逆体系的曲线通过横坐标轴是不连续的（电流很小），需要加更大的电压才能有明显的氧化还原电流，可逆体系在很小电压下就能产生明显的电流。双铂电极上电流的曲线如图 3.11 所示。

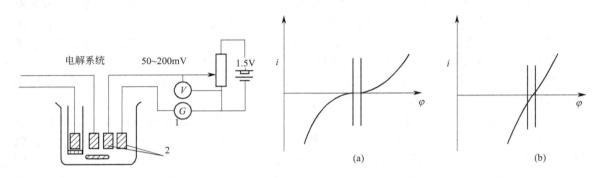

图 3.9 永停法装置
1—检测计；2—Pt 片

图 3.10 I_2 滴定 As(Ⅲ) 时终点前后体系的极化曲线
(a) As(Ⅴ)/As(Ⅲ) 体系；(b) I_2/I^- 体系

当体系中原来是可逆电对，终点后为不可逆电对时，电流情况正好与图 3.12 所示的相反。Ce^{4+} 滴定 Fe^{2+} 的体系中滴定前后都是可逆体系，开始滴定时溶液中只有 Fe^{2+} 没有 Fe^{3+}。所以，流过电极的电流为零或只有微小的残余电流。随着滴定的进行，溶液中 Fe^{3+} 的浓度逐渐增大，因而通过电极的电流也将逐渐增大。在滴定终点的一半以前 Fe^{3+} 的浓度是电流的限制因素，过了一半以后，Fe^{2+} 的浓度逐渐变小，便成为电流的限制因素，所以电流又逐渐下降。到达终点时 Fe^{2+} 浓度接近于零，溶液中只有 Fe^{3+} 和 Ce^{3+}，所以电流又接近于零。过了终点以后，便有过量的 Ce^{4+} 存在，在阳极上 Ce^{3+} 可被氧化，在阴极上 Ce^{4+} 可被还原，双铂电极的回路又出现了明显的电流（图 3.12）。

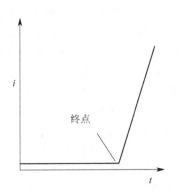

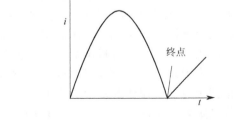

图 3.11 I_2 滴定亚砷酸的双铂电极上电流的曲线

图 3.12 Ce^{4+} 滴定 Fe^{2+} 双铂电极上电流的曲线

有色金属元素的电化学分析研究较原来有所减少，主要集中在极谱、化学修饰电极和电化学滴定等方面,用配合物吸附波或催化波结合分离富集方法以提高分析灵敏度和选择性是极谱分析的主要特点。以阳离子交换树脂分离,用 Pd-7-碘-8-羟基喹啉-5-磺酸配合物可测定矿石中纳克级的钯。基于 Pd、Rh、Ir 对 KIO_4 氧化孔雀绿反应的催化作用及 Pd、Au 对 PO_2^{3-} 还原孔雀绿的催化作用,采用单扫描示波极谱做孔雀绿的检测,建立贵金属测定的新方法。用乙酰壳多糖化学修饰电极在 KCl-HCl 底液中不同电位下富集,阴极溶出伏安法分别测定 Pd、Pt。用电生 $CuCl_2^-$ 库仑滴定毫克级的 Ru,可获得准确的精密度高的结果。库仑滴定还用于抗风湿药金诺芬中 Au 的测定。Pd-1-(2-吡啶偶氮)-2-萘酚配合物可用于矿石中 Pd 的测定。

常用电化学滴定法测定有色金属。有色金属的各种滴定法均借助于溶液中电化学参数的变化来指示滴定终点,其中最常用的为电位滴定法和电流滴定法。作为指示电极的有铂电极、金电极、石墨电极和离子选择性电极等。由于滴定终点检测是依靠电化学参数如电位、电流等的变化,不受溶液的颜色、生成沉淀后的浑浊度的影响,加之指示电极对待测金属离子的敏锐响应,因此比一般滴定法有更强的适应性并能获得更高的准确度和精密度。近年来电化学滴定法广泛采用有机滴定剂,极大地提高了方法的选择性。有色金属元素电化学滴定法测定的浓度范围一般在 $1\mu mol/L \sim 1mmol/L$ 之间。在特殊条件下,其测定的浓度范围可以更宽。

电化学滴定法测定 Au、Ag 和 Pd 的研究和分析应用比较广泛,而测定其他铂族元素的工作报道较少。

氢醌是金的电位滴定的优良滴定剂。在 H_3PO_4-Na_2HPO_4 缓冲溶液中电位滴定合质金(即粗精金锭)中的 Au,大量共存元素不干扰测定。用氢醌试剂电位滴定阳极泥中的 Au,效果优于火试金法。二茂铁 $[Fe(C_5H_5)_2]$ 可用于电位法(碳作指示电极,vs. Ag/AgCl)测定 Cu-Au-Ag 合金中 Au 的滴定剂。该法具有很高的精度,但预先要用 HNO_3(1+1)选择性地溶出 Cu 和 Ag,因为 Cu 对测定有干扰。

铂的电化学滴定法一般是利用 Pt(Ⅳ)/Pt(Ⅱ)电对在 HCl 或 H_2SO_4 介质中的氧化还原反应。以 $TlNO_3$ 作滴定剂,采用恒电流极化铂指示电极($i=15\mu A$,vs. SCE)电位法,于 HCl(0.1~0.2mol/L)介质中测定毫克级 Pt。电流滴定法是用 KI、硫脲和肼还原滴定 Pt。利用某些氧化剂,如 $KBrO_3$、NH_4VO_3 和 $KMnO_4$ 等,对铂进行氧化滴定,可提高测定的选择性和准确度。由于以王水分解后铂以 Pt(Ⅳ)存在,因此需预先用 CuCl 将 Pt(Ⅳ)还原成 Pt(Ⅱ)。在加热或通入空气的情况下,过量的 Cu(Ⅰ)被氧化成 Cu(Ⅱ)而不影响测定。上述滴定多在 H_2SO_4 介质中进行,使用旋转铂微指示电极(vs. SCE)指示终点,大量共存的贱金属和一定量的 Rh(Ⅲ)、Ru(Ⅳ)、Pd(Ⅱ)和少量的 Ir(Ⅳ)不干扰测定。其中,采用 $KMnO_4$ 滴定剂进行测定具有较高的灵敏度,可测定 $2.5\mu mol/L$ Pt。氧化滴定的方法适用于铂合金的分析。

Pd(Ⅳ)-Pd(Ⅱ)卤化物体系的氧化还原电位很高,使得 Pd(Ⅳ)的配合物很不稳定;相反,Pd(Ⅱ)-Pd(0)体系的电位又很低,因此利用氧化还原滴定 Pd 的方法很少,而大多数滴定法是利用配位体的取代反应形成无机或有机钯沉淀。在无机试剂中使用 KI 最为普遍,它能在大量有色金属离子存在下以电位法或电流法滴定 Pd。当用电位法滴定时,用于指示电极的有铂电极与镀金的铂电极、Ag_2S/AgI 型碘离子选择电极、金属钨电极(vs. Ag/AgCl)等。用恒电流极化电极电位法或电流法滴定 Pd,还可利用 Ce(Ⅳ)-As(Ⅲ)或 Ce(Ⅳ)-Sb(Ⅲ)体系的催化反应指示终点。在有机试剂中,许多含硫和含氮的化合物,如硫脲及其衍生物、各种肟都可用于滴定 Pd,其中二硫代草酰胺(红氨酸)可在乙醇-水溶液中和非水溶剂中分别以电位法和双铂指示电极电流法滴定合金中的 Pd,此方法有较高的选择性。

电位滴定合金中的 Ag 时,经常使用卤化物和硫氰酸盐作沉淀滴定剂,以银电极,石墨电极,Ag_2S、AgI 等选择性电极指示滴定终点。用 KSCN 作滴定剂的佛尔哈德法是常用的测银方法,但以银离子选择性电极或 AgSCN 涂膜电极指示终点的电位滴定法则有更多的优点,适用于 Ag-Cu、Pb-Sn-Ag 或铝合金中 Ag 的测定。

3.3　有色金属粉体材料的表征和测量方法

在现实生活中，有很多领域诸如能源、材料、医药、化工、冶金、电子、机械、轻工、建筑及环保等都与材料的粒度分布息息相关。在现代陶瓷材料方面，纳米颗粒构成的功能陶瓷是目前陶瓷材料研究的重要方向。通过使用纳米材料形成功能陶瓷可以显著改变功能陶瓷的物理化学性能，如韧性。陶瓷粉体材料的许多重要特性均由颗粒的平均粒度及粒度分布等参数所决定。在涂料领域，颜料粒度决定其着色能力，添加剂的颗粒大小决定了成膜强度和耐磨性能。在电子材料领域，荧光粉粒度决定电视机、监视器等屏幕的显示亮度和清晰度，电子浆料中功能材料的粒度直接影响着电子产品的性能。在催化剂领域，催化剂的粒度、分布以及形貌也在一定程度上决定其催化活性。这些性能的体现直接和添加的纳米材料的形状、颗粒大小以及分布等因素有着密切关系。

材料的宏观力学、物理和化学性质是由它的微观形态、晶体结构和微区化学成分所决定的，也即与材料的微结构有关。人们可以通过一定的方法控制材料的微结构，形成预期的结构，从而使材料具有所希望的性能。

粉体材料的显微结构对粉体材料的性能有着决定性影响。材料微结构的研究涉及许多内容，主要有晶体结构与晶体缺陷（面心立方、位错、层错），显微化学成分（不同相的成分、基体与析出相的成分），晶粒大小与形态、相的成分、结构、形态、含量与分布、界面（表面、相界、晶界）、位相关系（新相与母相、孪生相）、夹杂物、内应力，等等。粉体材料的显微结构分析除了可以对粉体颗粒及团聚体的形貌进行观测，还包括对粉体材料表面及断面的观测、晶界及相界的分析、晶体缺陷特征的分析等。

研究材料的微结构有许多不同的方法，例如光学显微分析、化学分析、X 射线衍射分析、电子显微分析，每种方法都有自己的优点和局限性。光学显微分析简单、直观，但只能观察材料的表面形态，不能做微区成分分析；化学分析只能给出试样的平均成分，不能给出所含元素的分布，不能观察图像。X 射线衍射分析精度高，分析样品的最小区域是毫米数量级，无法把形貌观察与晶体结构分析微观地结合起来。

材料颗粒粒度分析的方法已有很多，现已研制并生产了 200 多种基于各种工作原理的分析测量装置，并且不断有新的颗粒粒度测量方法和测量仪器研制成功。虽然粒度分析的方法多种多样，但是基本上可归纳为以下几种方法。传统的颗粒测量方法有筛分法、显微镜法、沉降法、电感应法等；近年来发展的方法有激光衍射法、激光散射法、光子相干光谱法、电子显微镜图像分析法、基于颗粒布朗运动的粒度测量法及质谱法等。其中激光散射法和光子相干光谱法由于具有速度快、测量范围广、数据可靠、重复性好、自动化程度高、便于在线测量等优点而被广泛采用。

3.3.1　电子显微镜和显微结构分析

电子显微镜是对材料的显微结构进行分析的最主要的工具，其优点是：可做形貌观察且具有高空间分辨率（透射电子显微镜分辨率高达 1Å，扫描电子显微镜分辨率高达 0.6Å；1Å＝0.1nm，余同）；可做结构分析（选区电子衍射、微衍射、汇聚束衍射）；可做成分分析（X 射线能谱、X 射线波谱、电子能量损失谱）；可观察材料的表面与内部结构；可同时研究材料的形貌、结构与成分，这是其他微结构研究方法无法做到的。电子显微分析的局限性在于：仪器价格昂贵，结果分析较困难，仪器操作复杂，样品制备较复杂。

电子显微镜的主要种类有透射电子显微镜（TEM）、扫描电子显微镜（SEM）、电子探针X射线显微分析仪（EPMA）、扫描隧道显微镜（STM）和原子力显微镜（AFM）。

（1）透射电子显微镜

以电子束为照明光源，由电磁透镜聚焦成像的电子光学分析技术，称为透射电子显微技术。该技术是目前纳米粒子研究中最常用的。透射电子显微镜主要由三部分组成：电子光学部分、真空部分和电子部分。电子光学部分是透射电子显微镜的最主要部分，包括照明系统、成像系统和像的观察记录系统。

透射电子显微镜（TEM）不仅可以用于研究纳米材料的结晶情况，还可以最直观地给出纳米材料的颗粒大小、形貌、粒度大小等参数，也可观察纳米粒子的分散情况，具有可靠性和直观性。所以，现在大多数纳米材料研究单位和生产厂家都采用TEM作为表征手段之一。对纳米粉体的观察，TEM得到的结果往往是粉体直观的聚集态结构，也有初级结构。实验时通常是将纳米粒子在超声波的作用下分散于乙醇中，然后滴在专用的铜网上；待悬浮液中的载体（如乙醇）挥发后，放入电镜样品台，便可开始观察和测量。但这样不易得到一次分散的纳米粒子。同时，电镜观察用的纳米粉数量极少，测量结果缺乏统计性。可尽量多地拍摄有代表性的电镜图像，然后由这些样品的影像照片来估测粒径。

（2）扫描电子显微镜

扫描电子显微镜简称扫描电镜。自第一台商用扫描电子显微镜问世以来，它得到了迅速发展。其主要由电子光学系统、信号检测放大系统、显示系统和电源系统组成。扫描电镜的成像原理和一般光学显微镜有很大的不同，它不用透镜来放大成像，而是在阴极射线管荧光屏上扫描成像。高能电子束入射固体样品，与样品中的原子核和核外电子发生弹性或非弹性散射，这个过程可激发样品产生各种物理信号，如二次电子、背散射电子、吸收电子、X射线、俄歇电子等。这些物理信号随样品表面特征的变化而变化。它们分别被相应的收集器接收，经放大器按顺序成比例地放大后，送到显像管的栅极上，用来同步地调制显像管的电子束强度，即显像管荧光屏的亮度。样品上电子束的位置与显像管荧光屏上电子束的位置是一一对应的。这样，在荧光屏上就形成一幅与样品表面特征相对应的画面——某种信息图，如二次电子像、背散射电子像等，画面上亮度的疏密程度表示该信息的强弱分布。

一般配备热阴极电子枪的扫描电镜，其最高分辨率小于6nm；利用场发射电子枪可使分辨率达到3nm。扫描电镜是固体材料样品表面分析的有效工具。扫描电镜成像立体感强、视场大，在纳米材料的研究中，常常用于观察纳米粒子的形貌、分散情况、粒径大小等。一般只能提供亚微米的聚集粒子大小及形貌的信息。由于SEM观察样品区域的局限性，因此不能反映整批材料的粒度分布情况。

（3）电子探针X射线显微分析仪

电子探针X射线显微分析仪（简称电子探针）利用一束聚焦到很细且被加速到5～30keV的电子束，轰击用显微镜选定的待分析样品上的某个"点"，利用高能电子与固体物质相互作用时所激发出的特征X射线波长和强度的不同，来确定分析区域中的化学成分。利用电子探针可以方便地分析从 ^{4}Be 到 ^{92}U 之间的所有元素。与其他化学分析方法相比，分析手段大为简化，分析时间也大为缩短；利用电子探针进行化学成分分析，所需样品量很少，而且是一种无损分析方法；还有更重要的一点，由于分析时所用的是特征X射线，而每种元素常见的特征X射线一般不会超过一二十条（光学谱线往往多达几千条，有的甚至高达两万条之多），所以释谱简单且不受元素化合状态的影响。因此，电子探针是目前较为理想的一种微区化学成分分析手段。

电子探针的构造与扫描电子显微镜大体相似，只是增加了接收记录 X 射线的谱仪。样品上被激发出的 X 射线透过样品室上预留的窗口进入谱仪，经弯晶展谱后再由接收记录系统加以接收，并记录下谱线的强度。谱仪可以垂直安装也可倾斜安装，垂直安装适合于平面样品的分析，倾斜安装适合于分析断口等参差不齐的样品。电子探针使用的 X 射线谱仪有波谱仪和能谱仪两类。

能谱仪全称为能量分散谱仪（EDS）。目前最常用的是 Si(Li) X 射线能谱仪，其关键部件是 Si（Li）检测器，即锂漂移硅固态检测器，它实际上是一个以 Li 为施主杂质的 n-i-p 型二极管。

波谱仪的突出优点是波长分辨率很高。但由于结构的特点，谱仪要想有足够的色散率，聚焦圆的半径就要足够大，这时弯晶离 X 射线光源的距离就会变大，它对 X 射线光源所张的立体角就会很小，因此对 X 射线光源发射的 X 射线光量子的收集率就会很低，致使 X 射线信号的利用率极低。此外，由于经过晶体衍射后，X 射线的强度损失很大。所以，波谱仪难以在低束流和低激发强度下使用。这是波谱仪的两个缺点。

通常利用电子探针对样品进行定性分析和定量分析。定性分析是利用 X 射线谱仪，先将样品发射的 X 射线展成 X 射线谱，记录下样品所发射的特征谱线的波长，然后根据 X 射线波长表判断这些特征谱线是属于哪种元素的哪条谱线，最后确定样品中含有什么元素。

定量分析时，不仅要记录下样品发射的特征谱线的波长，还要记录下它们的强度，然后将样品发射的特征谱线（每种元素只需选一条谱线，一般选最强的谱线）强度与成分已知的标样（一般为纯元素标样）的同名谱线相比较，确定该元素的含量。但为获得元素含量的精确值，不仅要根据探测系统的特性对仪器进行修正，扣除连续 X 射线等引起的背景强度，还必须做一些消除影响 X 射线强度与成分之间比例关系的修正工作（称为"基体修正"）。常用的修正方法有"经验修正法"和"ZAF"修正法。

电子探针分析有 3 种基本工作方式：一是定点分析，即对样品表面选定微区做定点的全谱扫描，进行定性或半定量分析；二是线扫描分析，即电子束沿样品表面选定的直线轨迹进行所含元素的定性或半定量分析；三是面扫描分析，即电子束在样品表面做光栅式面扫描，以特定元素的 X 射线的信号强度调制阴极射线管荧光屏的亮度，获得该元素分布的扫描图像。

（4）扫描隧道显微镜（STM）

扫描隧道显微镜的诞生，标志着纳米技术研究的重大转折，甚至可以说标志着纳米技术研究的正式起步。STM 使人类能够实时地观测到原子在物质表面的排列状态和与表面电子行为有关的物理化学性质，对表面科学、材料科学、生命科学以及微电子技术的研究有着重大意义和重要应用价值。

扫描隧道显微镜是一种基于量子隧道原理的显微镜。在两个距离非常小（典型的只有几埃）的导体间并在外加电场作用下，电子可以穿过两个导体间势垒而流动的现象称为隧道效应。这个穿越非常薄绝缘层（例如真空、空气或液体）的隧穿电子，会产生可量度电流，其量值与两个导体间的距离（即操作针尖与分析样品表面间的距离或两个导体间绝缘层的厚度）呈指数关系：$I \propto V \exp[-C(\ddot{o}S)^{1/2}]$。式中，$I$ 为隧道电流；V 为加在导体间的电压；$\ddot{o}$ 为有效隧穿位垒，eV；C 为常数；S 为两导体间的距离，Å。STM 的新颖性是压电器件的机械变化精密到足以控制定位探针在个别原子上，并在原子阵列上一个一个地扫描原子，从而提供了原子分辨的表面分析。当针尖在表面上扫描时，隧道电流从系列点一埃一埃地即连成一片的原子上进行收集。当这些原子信息横向地综合在一起时，就获得了整个图像。它是一个晶格的面或碳氢键骨架。对表面上每个 X-Y 坐标点的隧道电流进行监控，通过实验记录了一个表面的电子拓扑图。在均匀材料中例如金属的单晶，这种电流图就反映了表面拓扑——原子像高电流的"山"，而原子间的键就像低电流的"谷"。

STM 图像不仅包括材料表面的形貌信息，而且包括样品表面电子态密度信息。它具有极高的空间分辨能力，平行方向的分辨率为 0.04nm，垂直方向的分辨率达到 0.01nm。然而它只限于直接观测导体或半导体的表面结构。对于非导体材料必须在其表面覆盖一层导电膜，导电膜的存在往往掩盖了表面的结构细节，从而使 STM 失去了能在原子尺度上研究表面结构这一优势。

（5）原子力显微镜（AFM）

1986 年诺贝尔奖获得者宾尼等人发明了原子力显微镜。这种新型的表面分析仪器是靠探针与样品的表面微弱的原子间作用力的变化来观察表面结构的。它不仅可以观察导体和半导体的表面形貌，而且可以观察非导体的表面形貌，弥补了扫描隧道电子显微镜只能直接观察导体和半导体的不足，可以极高的分辨率研究绝缘体表面。其横向、纵向分辨率都超过了普通扫描电镜的分辨率，已经达到了原子级，而且原子力显微镜对工作环境和样品制备的要求比电镜少得多。

3.3.2 粉体颗粒的表征和测量

（1）基本概念

粉体颗粒表征包括：颗粒大小、粒度分布、颗粒形貌、晶体结构等。

颗粒是一种分离的低气孔率粒子单体，其特点是不可渗透。由于粉体材料的颗粒大小范围较广，可以从纳米级到毫米级，因此在描述材料颗粒大小时，可以把颗粒按大小分为纳米颗粒、超微颗粒、微粒、细粒、粗粒等种类。图 3.13 所示是粒度划分以及尺度范围。

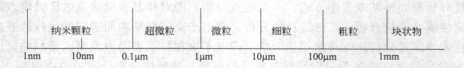

图 3.13　材料粒度的划分以及尺度范围

二次颗粒是通过不同加工方式人为地制造的粉体团聚粒子。晶粒是一单晶体，单相，晶粒内部物质均匀，无晶界和气孔存在。胶粒即胶体颗粒，胶粒尺寸小于 100nm，并可在液相中形成稳定胶体而无沉降现象。团聚体是由一次颗粒通过表面力吸引或化学键键合形成的颗粒，它是很多一次颗粒的集合体。

大部分固体材料均是由各种形状不同的颗粒构造而成，因此，细微颗粒材料的形状和大小对材料的结构和性能具有重要影响。尤其对于纳米材料，其颗粒大小和形状对材料的性能起着决定性的作用。因此，对纳米材料的颗粒大小、形状进行表征和控制具有重要的意义。一般固体材料颗粒大小可以用颗粒粒度概念来描述。但由于颗粒形状的复杂性，一般很难直接用一个尺度来描述一个颗粒大小，因此，在粒度大小的描述过程中广泛采用等效粒度的概念。

在表征多分散颗粒体系时，粒径大小不等的颗粒的组成情况采用颗粒分布的概念，并分为频率分布和累积分布。频率分布表示与各个粒径相对应的粒子占全部颗粒的百分含量；累积分布表示小于或大于某一粒径的粒子占全部颗粒的百分含量。累积分布是频率分布的积分形式。

其中，百分含量一般以颗粒质量、体积、个数等为基准。颗粒分布常见的表达形式有粒度分布曲线、平均粒径、标准偏差、分布宽度等。

平均粒径包括众数直径、中位径。众数直径是指颗粒出现最多的粒度值，即频率曲线的最高值。可用 d_{10}、d_{50}、d_{90} 分别代表累积分布曲线上占颗粒总量为 10%、50%、90% 所对应的粒子直径。中位径是指累积分布曲线上占颗粒尺寸为 50% 的数值，它将相对百分率一分为二，d_{50} 是指众数直径即最高峰的半高峰。

对于不同原理的粒度分析仪器，所依据的测量原理不同，其颗粒特性也不相同，只能进行等效对比，不能进行横向直接对比。如沉降式粒度仪是依据颗粒的沉降速度进行等效对比，所测的粒径为等效沉速径，即用与被测颗粒具有相同沉降速度的同质球形颗粒的直径来代表实际颗粒的大小。激光粒度仪则是利用颗粒对激光的衍射和散射特性做等效对比，所测出的等效粒径为等效散射粒径，即用与实际被测颗粒具有相同散射效果的球形颗粒的直径来代表这个颗粒的实际大小。当被测颗粒为球形时，其等效粒径就是它的实际直径。但由于粉体材料颗粒的形状不可能都是均匀的球形，有各种各样的结构，因此，在大多数情况下粒度分析仪所测的粒径是一种等效意义上的粒径，和实际的颗粒大小分布会有一定的差异，因此只具有相对比较的意义。等效粒径（D）和颗粒体积（V）的关系可以用表达式 $D=1.24V^{1/3}$ 表示。此外，各种不同粒度分析方法获得的粒径大小和分布数据也可能不能相互印证，不能进行绝对的横向比较。

依据颗粒的种类可以采用相应的粒度分析方法和仪器。近年来，随着纳米科学和技术的迅速发展，纳米材料的颗粒分布以及颗粒大小已经成为纳米材料表征的重要指标之一。在普通的材料粒度分析中，其研究的颗粒大小一般在 100nm～1μm 尺寸范围内。面对纳米材料研究，人们更关注的是尺度范围。

在纳米材料分析和研究中，经常遇到的纳米颗粒通常是指颗粒尺寸为纳米量级（1～100nm）的超细微粒。由于这类材料的颗粒尺寸为纳米量级，本身具有小尺寸效应、量子尺寸效应、表面效应和宏观量子隧道效应，因此这类材料具有许多常规材料所不具备的特性，在催化、非线性光学、磁性材料、医药及新材料等方面具有广阔的应用前景。纳米材料的粒度大小、分布、在介质中的分散性能以及二次粒子的聚集形态等对纳米材料的性能具有重要影响。所以，纳米材料的粒度分析是有色金属纳米材料研究的一个重要方面。同样由于纳米材料的特性和重要性，促进了粒度分析和表征的方法和技术的发展，纳米材料的粒度分析已经发展成为现代粒度分析的一个重要领域。

目前，对纳米材料进行粒度分析的方法和仪器很多，但由于各种分析方法和仪器的设计对被分析体系有一定的针对性，采用的分析原理和方法各异。因此，选择合适的分析方法和分析仪器十分重要。又因为各种粒度分析方法的物理基础不同，同一样品用不同的测量方法得到的粒径的物理意义甚至粒径大小也不同。此外，不同的粒度分析方法的使用范围也不同。若对分析仪器及被测体系没有准确的了解与把握，分析所得到的结果往往与实际结果有较大差异，不具有科学性和代表性。因此，根据被测对象、测量准确度和测量精度等选择测量方法是十分重要和必要的。

对于纳米材料体系的粒度分析，要分清是对颗粒的一次粒度还是二次粒度进行分析。由于纳米材料颗粒间的强自吸特性，纳米颗粒的团聚体是不可避免的，单分散体系非常少见，两者差异很大。

一次粒度的分析主要采用电镜直接观测，根据需要和样品的粒度范围，可依次采用扫描电子显微镜（SEM）、透射电子显微镜（TEM）、扫描隧道电子显微镜（STM）、原子力显微镜（AFM）观测，直接得到单个颗粒的原始粒径及形貌。由于电镜法是对局部区域的观测，所以，在进行粒度分布分析时，需要对多幅照片进行观测，通过软件分析得到统计的粒度分布。

电镜法得到的一次粒度分析结果一般很难代表实际样品颗粒的分布状态，对一些在强电子束轰击下不稳定甚至分解的微纳米颗粒，制样困难的生物颗粒，微乳等样品则很难得到准确的结果。因此，一次粒度检测结果通常作为其他分析方法结果的比照。

纳米材料颗粒体系二次粒度的统计分析方法，按原理分，较先进的三种典型方法是：高速离心沉降法、激光粒度分析法和电超声粒度分析法。激光粒度分析法按其分析粒度范围不同，又划分为光衍射法和动态光散射法。光衍射法主要针对微米、亚微米级颗粒；动态光散射法则主要针对纳米、亚微米级颗粒。电超声粒度分析方法是最新出现的粒度分析方法，主要针对高浓度体系。纳米材料粒度分析的特点是分析方法多，主要针对高浓度体系，获得的是等效粒径，相互之间不能横向比较。每种分析方法均具有一定的适用范围以及样品条件，应该根据实际情况选用合适的分析方法。

（2）X 射线粉末衍射技术（XRD）

X 射线粉末衍射技术是利用晶体形成的 X 射线衍射，对物质内部原子在空间的分布状况进行分析的方法。

X 射线粉末衍射技术是鉴定物质晶相的有效手段，包括广角 X 射线衍射和小角 X 射线衍射。X 射线粉末衍射通过对 X 射线衍射分布和强度的分析和解析，可获得有关晶体的物质组成、结构（原子的三维立体坐标、化学键、分子立体构型和构象、价电子云密度等）及分子间的相互作用的信息。X 射线衍射也是测量纳米微粒的常用手段。它不仅可确定试样物相及其相含量，还可判断颗粒尺寸大小。当晶粒度小于 100nm 时，由于晶粒的细化可引起衍射线变宽，其衍射线的半高峰处的宽化度（B）与晶粒大小（d）有如下关系：$d = k\lambda/(B\cos\theta)$，这就是著名的德拜-谢乐（Debye-Scherrer）公式，式中，k 为 Scherrer 常数；λ 为 X 射线的波长，对于 Cu K$_\alpha$ 为 0.1542nm；θ 为衍射角；B 为单纯因晶粒细化引起的宽化度，单位为弧度，是实测宽化度 B_M 与仪器宽化度 B_S 之差，$B = B_M - B_S$ 或 $B^2 = B_M^2 - B_S^2$，B_S 可通过测量标准物（粒径大于 10^{-4} cm）的半峰值强度处的宽度得到，B_S 的测量峰位与 B_M 的测量峰位尽可能靠近。最好是选取与被测量纳米粉相同材料的粗晶样品来测得 B_S 值。据此可以按照最强衍射峰计算纳米材料对应晶面方向上的平均粒径。

同样，小角 X 射线衍射技术也能测试出很小颗粒度的平均值，但是它不能提供粒度分布和最小及最大粒子的尺寸。当颗粒大小为纳米尺寸时，在入射 X 射线方向周围 2°～5°范围内出现散射 X 射线，这种现象称为 X 射线小角散射（small angle X-ray scattering，SAXS）。纳米粒子引起的散射仅与粒子的外部形状和大小有关。衍射光的强度在入射光方向最大，随衍射角增大而减小，在角度 ε_0 处变为 0，ε_0 与波长 λ 和粒子的平均直径 d 之间近似满足关系式：$\varepsilon_0 = \lambda/d$。由于 X 射线波长一般在 0.1nm 左右，而可测量的 ε_0 为 $10^{-2} \sim 10^{-1}$ rad，所以 d 的测量范围应在几纳米至几十纳米之间，如果仪器条件好，上限可提高到 100nm。小角散射的样品厚度应满足一定要求，以避免太厚时吸收严重，太薄时散射强度太弱，合适的厚度应满足 $\mu t = 1$，式中，μ 为样品的线吸收系数，t 为其厚度。另外就是对散射体密集度的要求，应尽量避免颗粒之间的相互干涉，把样品制成疏松体系。

X 射线衍射分析方法在材料分析与研究工作中具有广泛用途，可实现材料的物相定性和定量分析、点阵常数精确测定、宏观应力分析及单晶定向等。

从理论上来说，只要未知物各组成相的 PDF 卡片存在（即已出版），物相定性分析工作就能完成，但在实践中，却存在着各种困难。除因多相物质中各相衍射线条叠加导致分析工作困难外，未知物衍射花样数据误差与 PDF 卡片本身的差错等都是造成分析工作困难的原因。

由于工作困难的原因，物相分析工作中一般应注意下述几个问题：

① 实验条件影响衍射花样。采用衍射仪法，吸收因子与 θ 角无关；而采用照相法则吸收因子因 θ 角减小而减小。故衍射仪法低角度线条相对于中角度线条或高角度线条的衍射强度，比在照相法中高。由此可知，在核查强度数据时，要注意样品实验条件与 PDF 卡片实验条件之异同。

② 在分析工作中充分利用有关待分析物的物理、化学性质及其加工等各方面的资料信息。有时在检索和查对 PDF 卡片后不能给出唯一准确的卡片，应在数个或更多的候选卡片中依据上述有关资料判定唯一准确的 PDF 卡片。

有关资料、信息的应用将有助于简化多相物质的分析工作，如在粉末样品中用磁铁吸出磁性相、用溶剂溶掉易溶相，在样品中萃取碳化物相等。若能依据相关资料或化学成分分析等则可初步判定物质中可能存在某个相，并按文字索引查出其 PDF 卡片，核对其数据；若确有此项，则可将此项各线条数据去除，再对样品剩余线条进行分析。

(3) 激光粒度分析法

激光粒度分析法是基于 Fraunhofer 衍射和 Mie 氏散射理论，根据激光照射到颗粒上后，颗粒能使激光产生衍射或散射的现象来测定粒度分布的。因此相应的激光粒度分析仪分为激光衍射式和激光动态散射式两类。一般衍射式粒度仪适于对粒度在 $5\mu m$ 以上的样品进行分析，而动态激光散射仪则对粒度在 $5\mu m$ 以下的纳米、亚微米颗粒样品的分析较为准确。所以，纳米粒子的测量一般采用动态激光散射仪。由于散射时大颗粒引发的散射光的角度小，而颗粒越小，散射光与轴之间的角度越大，因此要求仪器的光学装置能测量大角散射光。为了扩展仪器的测量下限，世界各著名仪器制造商开发出各种各样的光学结构。英国马尔文（Marlvern）仪器公司的 Mastersizer 激光粒度仪的光学结构采用了逆向傅立叶变换和后向散射接收技术；美国库尔特（Coulter）公司的激光粒度仪采用了双镜头技术（其公司专利）；德国的 Sympatec 公司的 HELOS ＆ RODOS 采用了 Fraunhofer 理论，并应用了军用 $180°$ 多元探测器；我国欧美克公司的 LS-POP(Ⅲ) 型激光粒度仪则采用了独特的球面接收专利技术等。

激光散射法通过测量颗粒的散射光强度或者偏振情况、散射光通量或者通过光的强度来确定粒度。一般测定时，要先将固体粉体分散在液体里，然后，对其进行光散射测量，得到两种分布图：一种是按照固体粉体颗粒体积分布的曲线；另一种是按照固体颗粒数目分布的曲线。测定时，纳米粉体需要先进行超声波分散，正确选择分散剂也是十分必要的，因为好的分散剂能够使颗粒产生的布朗运动更为持久，颗粒表面的水化层达到均匀的厚度，从而使颗粒表面的双电层具有一定的厚度，最终分散开来。

激光散射法的特点是测量精度高，速度快，重复性好，可测的范围广（如最新的英国 Malvern 激光粒度仪的测量范围为 $0.002\sim2000\mu m$），能进行非接触测量，因此它已经得到广泛应用。激光散射法可用于测定纳米粒子的粒径分布等，还可以结合 BET 法测定粒子的比表面积，研究团聚体颗粒的尺寸及团聚度，并进行对比、分析。激光散射法的优点是样品用量少，自动化程度高、快，重复性好，并可在线分析等；其缺点是不能分析高浓度体系的粒度及粒度分布，分析过程中需要稀释，从而带来一定误差。

(4) 光谱分析法

常用于纳米材料的光谱分析法主要有：红外及拉曼光谱、紫外-可见光谱等。红外和拉曼光谱的强度分别依赖于振动分子的偶极矩变化和极化率的变化，因而，可用于揭示材料中的空位、间隙原子、位错、晶界和相界等方面的关系。红外和拉曼光谱可用于纳米材料的表征，如硅纳米材料的表征。

对纳米材料红外光谱的研究主要集中在纳米氧化物、氮化物和半导体纳米材料上。对于大多数纳米材料而言，其红外吸收随着材料粒径的减小主要表现出吸收峰的蓝移和宽化现象，但有的材料由于晶格膨胀和氢键的存在出现蓝移和红移同时存在的现象。导致纳米材料红外吸收中出现蓝移和宽化现象的原因是小尺寸效应和量子效应。另外，还有界面效应。

纳米材料中的颗粒组元由于有序程度有差别，两种组元中对应同一种键的振动模式也会有差别。对于纳米氧化物的材料，欠氧也会导致键的振动与相应的粗晶氧化物不同，这样就可以通过分析纳米材料和粗晶材料拉曼光谱的差别来研究纳米材料的结构和键态特征。另外，根据纳米固体材料的拉曼光谱进行计算，有望能够得到纳米表面原子的具体位置。

紫外-可见光谱是电子光谱，是材料在吸收紫外-可见光时所引起分子中电子能级跃迁时产生的吸收光谱。由于金属粒子内部电子气（等离子体）共振激发或由于带间吸收，它们在紫外-可见光区具有吸收谱带，不同的元素离子具有其特征吸收谱，加之此技术简单、方便，因此该技术是目前表征液相金属纳米粒子最常用的技术。另外，紫外-可见光谱可观察能级结构的变化，通过吸收峰位置的变化可以考察能级的变化。

(5) 热分析法

热分析法是在程序控制温度下，准确记录物质理化性质随温度变化的关系，研究其受热过程中所发生的晶型转化、熔融、蒸发、脱水等物理变化，热分解、氧化等化学变化以及伴随发生的温度、能量或重量改变的方法。

物质在加热或冷却过程中，在发生相变或化学反应时，必然伴随着热量的吸收或释放，同时根据相律，物相转化时的温度（如熔点、沸点等）保持不变。纯物质具有特定的物相转换温度和相应的热熔变化（ΔH）。这些常数可用于物质的定性分析，而样品的实际测定值与这些常数的偏离及其偏离程度又可用于检查样品的纯度。

热分析法广泛应用于物质的多晶型、物相转化、结晶水、结晶溶剂、热分解以及药物的纯度、相容性和稳定性等研究中。

材料的热分析主要指示差扫描量热分析（DSC）、差热分析（DTA）以及热重分析（TG）。三种方法常常互相结合使用，并与红外光谱、X 射线粉末衍射法等结合用于纳米材料或纳米粒子的以下几个方面的表征：表面成键或非成键有机基团或其他物质的存在与否、含量、热失重温度等；表面吸附能力的强弱与粒径的关系；升温过程中粒径的变化；升温过程中的相转变情况及晶化过程。

① 示差扫描量热分析（DSC） 示差扫描量热法是在程序控制温度下，测量输入到物质和参比物的功率差与温度关系的一种技术，可分为功率补偿型 DSC 和热流型 DSC。

功率补偿型 DSC 是内加热式，装样品和参比物的支持器是各自独立的元件，在样品和参比物的底部各有一个加热用的铂热电阻和一个测温用的铂传感器。它采用动态零位平衡原理，即要求样品与参比物温度，无论样品吸热还是放热时都要维持动态零位平衡状态，也就是要保持样品和参比物温度差趋向于零。DSC 测定的是维持样品和参比物处于相同温度所需要的能量差（$\Delta W = \mathrm{d}H/\mathrm{d}t$），能量差反映了样品熔的变化。

热流型 DSC 是外加热式，采取外加热的方式使均温块受热然后通过空气和康铜做的热垫片两个途径把热传递给试样杯和参比杯，试样杯的温度由镍铬丝和镍铝丝组成的高灵敏度热电偶检测，参比杯的温度由镍铬丝和康铜组成的热电偶检测。由此可知，检测的是温差 ΔT，它是试样热量变化的反映。

这项技术被广泛应用，它既是一种例行的质量测试又是一种研究工具。其设备易于校准，使用熔点低。示差扫描量热法是一种快速、可靠的热分析方法，可以测定多种热力学参数和动力学参数，例如比热容、反应热、转变热、反应速率、结晶速率、高聚物结晶度、样品纯度等。该法使用温度范围宽（−175～725℃），分辨率高，试样用量少，适用于无机物、有机化合物及药物分析。同时示差扫描量热法能定量地测定各种热力学参数，灵敏度高，工作温度可以很低。所以，它的应用很广，特别适用于化工、食品工业、医药和生物等领域的研究工作。

②　差热分析（DTA）　差热分析法是在程序控制温度（一般指线性升温或降温）下，测量样品和参比物之间的温差随温度变化的一种分析技术。差热分析仪可分为密封管型 DTA 仪、高压 DTA 仪、高温 DTA 仪和微量 DTA 仪。

一般的差热分析装置由加热系统、温度控制系统、信号放大系统、差热系统和记录系统等组成。有些型号的产品也包括气氛控制系统和压力控制系统。

当给予被测物和参比物同等热量时，因二者对热的性质不同，其升温情况必然不同，应通过测定二者的温度差达到分析目的。以参比物与样品间的温度差为纵坐标，以温度为横坐标所得的曲线，称为 DTA 曲线。

在差热分析中，为反映这种微小的温差变化，采用的是温差热电偶。它是由两种不同的金属丝制成，通常用镍-铬合金或铂-铑合金的适当一段，其两端各自与等粗的两段铂丝用电弧分别焊上，即成为温差热电偶。

在做差热鉴定时，是将与参比物等量、等粒级的粉末状样品分放在两个坩埚内，坩埚的底部分别与温差热电偶的两个焊接点接触，在与两坩埚的等距离等高处装有测量加热炉温度的测温热电偶，它们的两端都分别接入记录仪的回路中。

在等速升温过程中，温度和时间是线性关系，即升温的速度变化比较稳定，便于准确地确定样品反应变化时的温度。样品在某一升温区没有任何变化，既不吸热也不放热。在温差热电偶的两个焊接点上不产生温差，在差热记录图谱上是一条直线，称为基线。如果在某一温度区间样品产生热效应，在温差热电偶的两个焊接点上就产生了温差，从而在温差热电偶两端就产生热电势差，信号经过放大进入记录仪中推动记录装置偏离基线而移动，反应完了又回到基线。吸热效应和放热效应所产生的热电势的方向是相反的，所以，反映在差热曲线图谱上分别在基线的两侧，此热电势的大小，除了正比于样品的数量外，还与物质本身的性质有关。不同物质所产生的热电势的大小和温度都不同，所以利用差热法不但可以研究物质的性质，还可以根据这些性质来鉴别未知物质。

DTA 的仪器装置和 DSC 相似，所不同的是在试样和参比物容器下装有两组补偿加热丝，当试样在加热过程中由于热效应与参比物之间出现温差 ΔT 时，通过差热放大电路和差动热量补偿放大器，使流入补偿电热丝的电流发生变化：当试样吸热时，差动热量补偿放大器使试样一边的电流立即增大；反之，当试样放热时则使参比物一边的电流增大，直到两边热量平衡，温差 ΔT 消失为止。换句话说，试样在热反应时发生的热量变化，由于及时输入电功率而得到补偿，所以实际记录的是试样和参比物下面两组电热补偿加热丝的热功率之差随时间 t 的变化；如果升温速率恒定，记录的也就是热功率之差随温度 T 的变化。

③　热重分析（TG）　热重分析是在程序控制温度下测量物质质量与温度关系的一种技术。许多物质在加热过程中常伴随质量的变化，研究这种变化过程有助于研究物质性质的变化，如物质的熔化、蒸发、升华和吸附等物理变化，以及物质的脱水、解离、氧化、还原等化学变化。

当被测物质在加热过程中升华、气化、分解出气体或失去结晶水时，被测物质的质量就会发生变化。这时热重曲线就不是直线而是有所下降。通过分析热重曲线，就可以知道被测物质在多少摄氏度时产生变化，并且根据失重量可以计算失去了多少物质。

热重分析仪主要由天平、炉子、程序控温系统、记录系统等几个部分构成。

最常用的测量的原理有两种，即变位法和零位法。所谓变位法，是根据天平梁倾斜度与质量变化成比例的关系，用差动变压器等检知倾斜度，并自动记录。零位法是采用差动变压器法、光学法测定天平梁的倾斜度，然后去调整安装在天平系统和磁场中线圈的电流，使线圈转动恢复天平梁的倾斜。由于线圈转动所施加的力与质量变化成比例，这个力又与线圈中的电流成比例，因此只需测量并记录电流的变化，便可得到质量变化的曲线。

热重分析通常可分为两类：动态（升温）和静态（恒温）。热重试验得到的曲线称为热重曲线（TG 曲线），TG 曲线以质量作纵坐标，从上向下表示质量减少；以温度（或时间）作横坐标，自左至右表示温度（或时间）增加。

3.3.3 颗粒表面及团聚体的表征及表面分析

纳米粉体材料中的颗粒很小，因此在单位体积中总颗粒的表面积异常巨大，这在很大程度上决定了纳米材料的许多特性。可以通过对颗粒尺寸的测量计算出比表面积（BET），也可以通过 BET 法和压汞法对纳米粉体材料的比表面积进行测量。

团聚体的性质可分为几何性质和物理性质两大类。几何性质指团聚体的尺寸、形状、分布及含量，除此以外还包括团聚体内的气孔率、气孔尺寸和分布等。物理性质指团聚体的密度、内部显微结构、团聚体的强度等。

(1) 比表面积（BET）法

根据低温物理吸附原理，通过测定试样在液氮的温度下对氮气的吸附量，利用 BET 多层吸附理论及其公式计算试样的比表面积。低温氮吸附 BET 法是公认的测定比表面积的标准方法。测定超细粉体微粒比表面积的标准方法也是这种方法，即使气体分子吸附于粉体微粒表面，通过测量气体吸附量，可以换算出颗粒的比表面积。

氮吸附法还可以通过测定作为相对压力函数的气体吸附量或气体脱附量来确定粉体材料坯体中细孔孔径的分布。其基本原理是：蒸汽凝聚（或蒸发）时的压力取决于孔中凝聚液体弯月面的曲率。

试剂：氮气（纯度 99.99%）；氦气（纯度 99.99%）；高纯液氮；无水乙醇（分析纯）；工业盐酸；玻璃棉；脱脂棉。

测定步骤：将空试样管在 120℃下烘干 30min 左右，放入干燥器中冷却至室温，称其质量。将试样装入试样管中，将试样连同试样管一起在 120℃下烘干 2h，取出置于干燥器中冷却至室温，称其质量，以差减法求出试样的质量。在试样管一端轻轻塞上玻璃棉，将填好的试样管保存在干燥器内。试样的装填量为 0.05g 左右，精确至 0.01mg。

使用单气路的连续流动法时，应将冷阱管的接头连接；调整好气路使得到的相对压力在所需的量程（0.25～0.35）之间，阻力阀的开启度应适当，阻力阀开到一定开启度后，用稳压阀调节气体的流量，载气的流速控制在 30～50mL/min，混合气总流速控制在 30～70mL/min。

安装试样管，并将恒温炉套在试样管上，接通气路检查气路的密封性，启动电路部分，打开恒温炉温控开关，温度转换开关放在 120℃挡，对试样进行通气热处理 30min，热导池桥电流控制在 160mA，六通阀置于脱附位置，调节好气体流速。在冷阱管上套上盛满液氮的杜瓦瓶。打开计算机，启动测定软件，设置好测定参数，调整基线，待仪器各部分稳定后开始测定，将试样管浸入盛满液氮的杜瓦瓶中，立即开始进行数据采集，检测器的极性换向打到吸附位置，此时显示屏上出现一色谱峰为吸收峰。待基线回归后，取下套在试样管外的杜瓦瓶进行脱附，并换向，显示屏上出现一色谱峰为脱附峰。待基线回归后，结束采集。

观察基线切割情况，判断峰基线是否合理，如果需要则进行修改。测定结果为 2 次平行测定结果的平均值。

（2）压汞法

压汞法通过对材料中的孔结构的测量推算出颗粒的比表面积。由于汞滴大于一般固体的孔径，所以汞不能润湿一般固体。欲使汞进入纳米材料的孔结构中，必须对汞加压，由获得的数值确定孔径尺寸。

压汞法还可以利用测定成型过程中的气孔分布变化来推断团聚体完全破碎的强度及一定压力下团聚体的含量。在球形颗粒堆积状态下，气孔的开口等当圆面积直径与颗粒直径之比是一个常数，因而气孔的尺寸及数量大致反映了对应这种气孔的颗粒的大小与含量。

3.3.4　粉体材料松装密度测定

松装密度是粉末多种性能的综合体现，对粉末冶金和产品质量的控制都是很重要的。

（1）影响因素

影响粉末松装密度的因素很多，如粉末颗粒形状、尺寸、表面粗糙度及粒度分布等，通常这些因素因粉末的制取方法及其工艺条件的不同而有明显差别。一般来说，粉末松装密度随颗粒尺寸的减小、颗粒非球状系数的增大以及表面粗糙度的增加而减小。粉末粒度组成对其松装密度的影响不是单值的，常由颗粒填充空隙和架桥两种作用来决定，若以后者为主，则粉末松装密度降低；若以前者为主，则粉末松装密度提高。为获得所需要的粉末松装密度值，除考虑以上的因素外，合理地进行分级分批也是可行的办法。

（2）测量方法

粉末松装密度的测量方法有 3 种：漏斗法、斯柯特容量计法、振动漏斗法。

① 漏斗法　粉末从漏斗孔按一定高度自由落下充满杯子。

试样在无振动情况下，从固定不变的高度自由落下，填满一个已知容积的固定容器，根据试样的质量计算出松装密度。松装密度测定装置如图 3.14 所示。

将试样烘干并冷却。称量圆筒的质量，再称量加满水后圆筒的质量，将圆筒干燥后置于底台上，调节漏斗使其中心线与圆筒中心线相重合，并使漏斗下端面与圆筒顶部平面距离为 10mm。使试样在距离漏斗上方约 40mm 处向漏斗中心自由流入，保证整个装置无振动；下料流量控制在 $20\sim60\text{g/min}$ 之间。如果漏斗颈处发生阻塞，可用金属丝导通下料口，但不可振动圆筒。

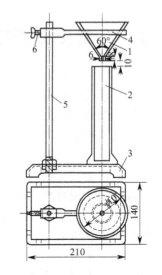

图 3.14　松装密度测定装置
1—漏斗；2—圆筒；3—底台；
4—环状漏斗架；5—支柱；
6—长螺钉

当试样在圆筒顶部形成锥体并开始溢出时，则停止加试样，用平直的钢尺沿圆筒容器的上边缘轻轻刮去多余的试样，称量圆筒和样品的总质量，全部称量精确至 0.01g。按下式计算试样的松装密度 ρ：

$$\rho = \frac{m_2 - m_0}{m_1 - m_0}$$

式中，m_0 是圆筒的质量，g；m_1 是装满蒸馏水后的圆筒质量，g；m_2 是装满试样后的圆筒质量，g。

② 斯柯特容量计法　把粉末放入上部组合漏斗的筛网上，自由或靠外力流入布料箱，交替经过布料箱中 4 块倾斜角为 25°的玻璃板和方形漏斗，最后从漏斗孔按一定高度自由落下充满杯子。

③ 振动漏斗法　将粉末装入带有振动装置的漏斗中，在一定条件下进行振动，粉末借助振动，从漏斗孔按一定高度自由落下充满杯子。

对于在特定条件下能自由流动的粉末，采用漏斗法；对于非自由流动的粉末，采用后两种方法。

3.3.5　粉体材料振实密度测定

粉末振实密度相对于其松装密度增大的百分数，是粉末多种物理性能（如粉末粒度及其分布、颗粒形状及其表面粗糙度、比表面积等）的综合体现。

粉末振实密度的测量按 GB 5162 规定进行。测量仪器由玻璃量筒和振实装置等主要部分组成。玻璃量筒有两种规格，其容积分别为 $100cm^3 \pm 0.5cm^3$ 和 $25cm^3 \pm 0.1cm^3$。

容积 $25cm^3$ 的量筒主要用于测量松装密度大于 $4g/cm^3$ 的粉末；如难熔金属粉末；也可用于测量松装密度比较低的粉末；但不适用于松装密度小于 $1g/cm^3$ 的粉末。

3.4　金相分析技术

金属的性能取决于它的成分和微观组织，其中微观组织对金属性能的影响最为直接，因此我们可以通过对金属微观组织的观察和分析（即金相分析技术）来预测和判断金属的性能，并分析其失效破坏的原因。金相分析技术是根据有关的标准和规定来评定金属材料内在质量的一种常规检验方法，并可用来判断零件生产工艺是否完善，有助于寻求零件产生缺陷的原因，因此它是金属材料生产、使用和科研中一种必不可少的手段。

进行金相分析时，首先应根据各种检验标准和规定制备试样（即金相试样）。若金相试样制备不当，则可能出现假象，从而得出错误的结论，因此金相试样的制备十分重要。通常，金相试样的制备步骤主要有：取样、镶嵌、标识、磨光、抛光、侵蚀。但并非每个金相试样的制备都必须经历上述步骤，如果试样形状、大小合适，便于握持和磨制，则不必进行镶嵌；如果仅仅检验金属材料中的非金属夹杂物或铸铁中的石墨，就不必进行侵蚀。总之，应根据检验的目的来确定制样步骤。

① 取样　取样是金相试样制备的第一道工序，若取样不当，则达不到检验目的。因此，取样的部位、数量、磨抛光面方向等应严格按照相应的标准、规定执行。

a. 取样部位和磨抛光面方向的选择　取样部位必须与检验目的和要求相一致，使所切取的试样具有代表性。必要时应在检验报告单中绘图说明取样部位、数量和磨抛光面方向。

b. 取样方法　金相试样一般为 $\varphi12mm \times 12mm$ 的圆柱体或 $12mm \times 12mm \times 12mm$ 的立方体。若太小，则操作不方便；若太大，则磨制面过大，增长磨制时间且不易磨平。不检验表面缺陷、渗层、镀层的试样，应将棱边倒圆，防止在磨制中划破砂纸和抛光织物；反之，检验表层组织的试样，严禁倒角并应保证磨面平整。

② 镶嵌　当金相检验的材料为丝、带、片、管等尺寸过小或形状不规则的试样时，由于不便握持，可采用镶嵌的方法，得到尺寸适当、外形规则的试样。当检验试样的表层组织时，

为防止在磨制中产生倒角，也可采用镶嵌的方法。常用的镶嵌方法有机械夹持法、热镶嵌法和冷镶嵌法等。

③ 磨光与抛光　金相试样经过切取、镶嵌后，还需进行磨光、抛光等工序，才能获得表面平整光滑的磨面。磨光可以分为粗磨和细磨，每一道工序，都与上一道工序成 90°方向，直到看不到上道工序的划痕为止。

抛光可以分为机械抛光和电解抛光。机械抛光适用性广，但是由于机械抛光有机械力的作用，不可避免地会产生金属变形层，使金属扰乱层加厚，出现伪组织。而电解抛光是利用电解方法，以试样表面作为阳极，逐渐使凹凸不平的磨面溶解成光滑平整的表面，因无机械力的作用，故无变形层，也无金属扰乱层，能显示材料的真实组织并兼有侵蚀作用，适用于硬度较低的单相合金、容易产生塑性变形而引起加工硬化的金属材料，如有色金属和易剥落硬质点的合金等。

④ 金相显微组织的显示（侵蚀）　抛光后的试样表面是平整光亮、无痕的镜面，置于金相显微镜下观察时，除能看到非金属夹杂物、孔洞、裂纹、石墨和铅青铜中的铅质点以及极硬相在抛光时形成的浮凸外，仅能看到光亮一片，看不到显微组织，必须采用适当的显示方法（即侵蚀），才能显示出组织。

金相显微组织的侵蚀方法很多，可分为化学侵蚀、电解侵蚀和其他侵蚀等。其中化学侵蚀法具有显示全面、操作便捷、便宜、重现性好等优点，故在生产以及科研中被广泛应用。

化学侵蚀是一个电化学溶解的过程。金属与合金中的晶粒与晶界之间，以及各相之间的物理化学性质不同，它们具有不同的自由能，在电解质溶液中具有不同的电极电位，可组成许多微电池。较低电位的部分是微电池的阳极，溶解较快，溶解的地方则呈现凹陷或沉积反应产物而着色。在显微镜下观察时，光线在晶界处被散射，不能进入物镜而显示出黑色晶界；在晶粒平面上的光线则散射较少，大部分反射进入物镜而呈现亮白色的晶粒。

第4章

有色金属深加工分析中的富集和分离方法

随着有色金属深加工生产和技术的发展，要求分析测试的样品种类、分析项目日益增多，对分析提出的要求越来越高。为使分析方法的选择性、灵敏度、准确度能满足生产、科研发展的需要，必须重视与分析方法密切相关的元素定量分离方法的研究。对于一些含有有色金属且组成较复杂的试样，采用溶解处理得到的试液仍不能直接用于分析测定。因为这些试液中成分都比较复杂，能直接测定某一元素或某一成分的机会一般较少，试样中含有多种成分，性质相近，在测定中彼此发生干扰，不仅影响分析结果的准确度，甚至不能用简单方法进行测定。因此，在整个分析手续中，常感到为难的事情之一是要把待测组分和干扰组分分离开来，使待测组分成为一个可测状态，而对于已分离的组分进行分析测定是比较简单的。所以，元素的定量分离方法是有色金属分析中的一个重要组成部分。

一些待测有色金属尤其是稀贵金属含量很低，而基体及其他共存元素大量存在，对分析测定产生严重干扰。用于测定有色金属试剂的选择性都很差，由于大多数试样都含有多种组分，当对其中某一组分进行测定时，其他共存组分就有可能产生干扰。如果采用掩蔽或控制分析条件等较简便的方法仍无法消除共存组分的干扰，就必须先进行分离操作。因此，经常需要预先从待测样品中分离出所要测定的元素，然后再进行测定。在有的试样中，待测组分含量较低，通常取样量较大，且所采用的方法因灵敏度不够高而无法进行测定时就需要进行富集，即在分离的同时，设法增大待测组分的浓度。分离是消除干扰最根本、最彻底的方法，采用分离富集手段，使试液进一步"纯化"。除火试金法外，常用共沉淀法、萃取法、离子交换法、活性炭和泡塑吸附法等。组成简单的试样可采用内标法、标准加入法或基体匹配法进行测定，必要时也可使 ICP-MS 法与液相色谱法、流动注射法等联用来完成测定。

在含有有色金属的复杂材料的分析手续中，通常是在分析的某个阶段将它们共同富集起来。因此，经常在开始时先将化学性质最接近的一些金属彼此按组分开，而后再分开单个元素。按组分离是利用有色金属不同的氧化还原性质进行的。氧化剂（溴酸盐、氯）用于从其他有色金属中分离锇和钌，还原剂（甘汞、氯化亚铜）用于从铑和铱中分离铂、钯和金。按组分离最常得到的金属组合是：锇和钌；铂、钯、银和金；铑和铱。为了按组分离以及单个元素的彼此分离，在应用化学法的同时，还采用色谱法和萃取法等。

富集与分离的目的在于使待测组分成为直接或间接可测量的组分，主要是为了排除大量共存元素的影响和提高测定的灵敏度。至于是将待测组分从分析体系中分离、富集出来加以测定，还是将干扰成分从体系中掩蔽、分离，取决于操作手续是否烦琐，测定结果之优劣。有时不仅是试样中待测组分和干扰成分必须分离，而且所加入的过量试剂也必须设法除去，才不会影响分析测定。例如，在试样分解过程中所加的酸，在试样完全溶解后，还必须继续处理，以便除去试样溶液中过多的酸。在测定普钢中的钼时，对不溶于稀硫酸或硫磷混酸的试样，可用硝酸（1+3）或王水溶解；待试样完全溶解后，要加硫酸（1+4）并加热至冒烟，以驱除试样溶液中所剩的硝酸或氮的氧化物；否则，它们将会破坏测定时加入的有机显色剂、有色化合物，使比色测定无法进行。

分离不仅是复杂物质分析中不可缺少的步骤，而且也是有色金属再生和深加工生产过程中经常应用的操作过程，如有色金属中碱金属的分离，各种有色金属的提纯等。分离技术的发展有力地推动了化学化工技术、生物技术及有色金属工业的发展。

分离效果的优劣通常可用回收率和分离率这两个指标来衡量。

回收率用 R_A 表示，$R_A = \dfrac{\text{分离后 A 的质量}}{\text{分离前 A 的质量}} \times 100\%$

回收率越高，表明分离效果越好，但实际上被分离组分多少会有所损失。通常分离相对含量较大的常量组分时，回收率应在 99% 以上；而对于微量组分，回收率能够达到 95% 甚至 90% 就可以满足要求。

分离率表示干扰组分 B 与待测组分 A 的分离程度，用 $S_{B/A}$ 表示：$S_{B/A} = \dfrac{R_B}{R_A} \times 100\%$。

由于待测组分 A 的回收率一般接近 100%，故也可近似地认为：$S_{B/A} = R_B$。

分离率越低或 B 的回收率越低，A 与 B 之间的分离就越完全，干扰就消除得越彻底。通常对常量待测组分和常量干扰组分，分离率应在 0.1% 以下；但对微量待测组分和常量干扰组分，则要求分离率小于 $10^{-4}\%$。

对干扰元素、干扰成分而言，希望通过分离后，干扰元素、干扰成分分离得越完全越好，但事实上也有一定限度。只要所剩下的没有被分离掉的极少量干扰元素、干扰成分不再妨碍待测成分的分析测定就可认为达到了分离要求。对于一些性质接近、分离困难的组分常采用多种措施配合处理，经分离之后还不能消除干扰的少量成分可加入适当掩蔽剂，控制分析条件等，以进一步消除干扰，弥补单一分离方法的不足。

每一种分离方法在应用时均应考虑分离方法的性质，分离产物的性质和测定、分离方法的适用性。所以，在选择某一分离方法时，应注意回收率的高低以及为得到高回收率所需时间的多少、化学试剂耗费、分离设备条件、操作手续是否烦琐等因素。综合考虑后选择最优方案。

有色金属的富集与分离方法分为火法和湿法。火法又称为火试金法，是经典的富集与分离方法，可实现贵金属和贱金属的分离。该法具有富集效果好、准确度高、适应性广等优点，但操作麻烦、劳动强度高、成本高、容易发生铅中毒，且需要专门的设备。湿法富集分离有色金属，操作简单快速，采用的仪器设备简单，富集效果较好，其分析结果能够满足地质找矿和地质科研的需要。近年来，随着新的富集与分离方法的不断出现，湿法富集分离有逐渐代替火法的趋势。常用的湿法富集与分离方法有：活性炭吸附法、沉淀和共沉淀富集分离法、离子交换法、溶剂萃取法、萃取色层法、聚氨酯泡沫塑料吸附法等。这些分离方法虽然各不相同，但都有一个共同点，即本质上都是使待测组分分别处于不同的相组分中，然后采用物理方法进行分离。现以分离某两组分为例，沉淀分离法是使其分别处于液相和固相，萃取分离法是使它们分别处于水相和有机相；离子交换分离法是使其分别处于水相和树脂相，而色谱分离法则使它们分别处于流动相和固定相。

4.1 火试金法

火试金法是一种重要的贵金属分离、富集方法，对于不易溶解在铅捕集剂中的钌、铱、锇更是如此。贵金属常常以亚微克量级存在于样品中，而且贵金属，尤其是金的分布可能很不均匀。因此，采用火试金法是有利的。它借助固体试剂与样品混合，在坩埚中加热熔融，生成的试金扣在高温时捕集到金、银和铂族元素，其密度大，可下沉到坩埚底部，样品中贱金属的氧化物和硼砂、碳酸钠等熔剂反应生成密度小的熔渣浮在上面。此法可以采用大量样品，并且将贵金属富集到一颗小的合金珠中。贵金属从成分复杂的基体中提取出来，进入成分比较简单的合金中。

除了铅试金法，已经提出了一些应用其他捕集剂的火试金法，目前使用的主要有硫化镍试金法、铜试金法、锡试金法、锍试金-锑试金法等。一般而言，金、铂、钯和铑易于被铅捕集，而且定量地进入银的灰吹珠中。铅试金法主要选择富集 Au、Pt、Pd、Rh 和 Ag，Pt、Pd 的检出限为 $1\sim5\mathrm{ng/g}$，由于不能富集所有铂族元素，所以很少用这种方法。欲使这些元素有效地被捕集，需要对熔剂的成分和试金条件进行广泛实验。要得到最好的结果，熔渣的再试金是必要的。钌、铱、锇的捕集受熔剂成分和试金条件的影响更为严重。钌的损失与熔渣的硅酸度没有多大关系，较高的炉温有利于钌和锇的捕集，即使采用碱性熔剂和最小的铅扣（25g），锇也有明显的损失。碱性硅酸盐熔渣可导致铱的严重损失。因为铱对铅的亲和力低，欲使铱定量地被回收，熔渣的再试金是必要的。使用银珠灰吹时，铱和钌在灰皿中的损失很大。为了定量地捕集铱，常常采用金珠。因为锇极易形成具有挥发性的四氧化锇，在分析锇时不能用灰吹法。对于锇和钌，用灰吹法是无效的，然而可把铅扣直接用高氯酸分解，随后蒸馏具有挥发性的四氧化物，这是分离和回收这两种元素的有效方法。

其他试金法主要有铁-铜-镍合金试金法、铜试金法、锡试金法和硫化镍试金法。这些捕集剂对锇、铱、钌的测定是有用的，但是对其他贵金属，与铅试金法相比，并无优点。已经证明硫化镍试金法在中子活化分析的前处理中是一个很重要的手段。在硫化镍试金法中，硫化镍扣用盐酸分解，留下的残渣中包含了所有的铂族金属和金。这些滤纸上的残渣可以直接用来做中子活化分析。

NiS 试金法利用铂族元素氧化物和硫化物的生成自由能和其他金属相差较大的特点，在高温熔融过程中进行分离，并在 NiS 扣中富集；再把 NiS 扣溶解，制成溶液，然后以电感耦合等离子体质谱法（ICP-MS）、中子活化法（NAA）、原子吸收光谱法（AAS）等测定。镍试金法最大的优点就在于可以选择吸收和富集包括 Os、Ru 在内的所有铂族元素，只是对金的选择较弱；而且能够处理大量的样品，可有效克服"粒径效应"，满足铂族元素分析的需要，和碲共沉淀结合可以极大提高铂族元素的回收率。在各个操作环节铂族元素的损失较小，铂族元素的检出限为 $0.09\sim2.1\mathrm{ng/g}$，而且检出限和精密度比较稳定；但测定结果很大程度上取决于操作人员的技术水平和空白值。通过对纯化氧化镍的过程进行研究，纯化后氧化镍中铂族金属空白大大降低；通过减小镍扣来降低空白值也取得了良好的效果。大多数 NiS 试金法分析流程不包括锇的测定，这主要是因为用王水溶解有色金属硫化物滤渣时，锇被氧化成具有挥发性的四氧化锇而损失。采用先将锇蒸馏出来，再用王水溶解残渣的方法解决包括锇在内的全部贵金属元素的测定。该方法增加锇的蒸馏分离和单独测定步骤，整个流程过长，不利于大批量样品分析。采用封闭溶样器溶解贵金属硫化物滤渣并用同位素稀释法测锇，满足对全部贵金属元素分析的要求，可简化分析流程。但是，NiS 试金法的缺陷也很明显，如试剂消耗量大、空白值高。

可从以下几个方面进行改进：改进试金熔剂配方，减小硫化镍扣质量，从而降低试剂空白；纯化试剂，降低试剂空白；采用同位素稀释法，使易挥发元素 Os 能被准确测定；改进硫化镍扣的溶解条件，控制易挥发元素 Os 和 Ru 的损失；两次碲共沉淀，提高回收率。

总之，试金法的优点如下：

① 实现贵金属试样的分解、分离和富集，以重量法测定含量。

② 以氧化铅为捕集剂的铅试金法，可定量分离出 8 种贵金属，再经灰吹除去铅以实现富集。

③ 作为银、金的标准分析方法用于仲裁分析。

火试金法的另一个优点是适应性广。火试金法的成功与操作人员的经验和技巧有很大关系。贵金属在试金过程中出现损失不但与某一个贵金属或贵金属矿物有关，也与操作人员的技巧和经验有关。

火试金法的缺点是：试金炉设备价格昂贵且体积大，必须由一名技巧熟练的操作人员操作，且这种工作较脏，并要耗用大量的化学试剂，常常造成炉料被银，有时是金沾污。这个问题可以通过采用试剂空白加以排除。必须做大量的工作来确定火试金法中贵金属的损失，当今利用放射性示踪，有助于这项工作的开展。目前试金法的成功在很大程度上仍依赖于操作人员的经验。假如有一个较少受主观因素影响的试金法，将有很大好处。

灰吹后 Os 几乎全部损失，Ru、Ir 有明显损失，Rh、Pd、Pt 有少量损失，Au 损失最少。Ag 的损失视试样中的含量而异，微克级损失多，毫克级损失少。

为减少火试金法中待测组分的损失，可采取的措施如下：

① 以毫克级的银作 Pd、Pt、Au 的灰吹保护剂；以毫克级的 Au 作 Rh、Pd、Pt 的保护剂；5mg 的 Pt 用于保护 Rh、Pd、Ir。

② 不完全灰吹或采用其他试金分析。

4.2　沉淀和共沉淀富集分离法

在分析化学中常通过沉淀反应把待测组分分离出来，或者把共存的组分沉淀下来，以消除它们对待测组分的干扰。虽然沉淀分离需经过过滤、洗涤等手续，操作较烦琐、费时，某些组分的沉淀分离选择性较差，分离不完全，回收率不高；但发展比较成熟。随着分离操作的改进，过滤和洗涤速度的加快，选择性较好的有机沉淀剂的出现，分离效率的提高，沉淀分离法在分析化学中仍是一种常用的分离方法，可与溶剂萃取法及离子交换法组合使用以提高回收率，故仍受到很多研究者的关注，而且用途越来越广泛。

沉淀法可以分为沉淀分离法和共沉淀分离法。沉淀分离法主要适用于常量（毫克数量级以上）组分的分离，共沉淀分离法主要适用于痕量（小于 1mg/mL）组分的分离。共沉淀是利用一种物质和所要富集的物质同时沉淀而进行富集的一种方法。

4.2.1　常量组分的沉淀分离法

根据所用沉淀剂的不同，沉淀分离可以分为无机沉淀剂法和有机沉淀剂法。采用无机沉淀剂所得到的沉淀，除少数（如 $BaSO_4$ 等）是具有较大颗粒的晶型沉淀外，大多数都是无定形沉淀或凝乳状沉淀，如分离中常见的氢氧化物沉淀和硫化物沉淀等，它们颗粒小、总表面积大、结构疏松、共沉淀严重、选择性差，因此分离效果不理想。

（1）氢氧化物沉淀分离法

金属氢氧化物沉淀的溶度积有的相差很大，可以通过控制酸度使某些金属离子相互分离。氢氧化物沉淀为胶体沉淀，共沉淀严重，影响分离效果。采用"小体积"沉淀法可以提高分离效果，即在小体积、大浓度且有大量对测定没有干扰的盐存在下进行沉淀。如在大量 NaCl 存在时，NaOH 可以将 Al^{3+} 与 Fe^{3+} 分离；采用均匀沉淀法或在较热、较浓溶液中沉淀并且用热溶液洗涤消除共沉淀；加入掩蔽剂可提高分离选择性。各种金属离子氢氧化物开始沉淀和沉淀完全时的 pH 值见表 4.1。

表 4.1　各种金属离子氢氧化物开始沉淀和沉淀完全时的 pH 值

氢氧化物	溶度积 K_{sp}	开始沉淀时的 pH 值（$[M^{n+}]=0.01mol/L$）	沉淀完全时的 pH 值（$[M^{n+}]=0.01mol/L$）
$Sn(OH)_4$	1×10^{-57}	0.5	1.3
$TiO(OH)_2$	1×10^{-29}	0.5	2.0
$Sn(OH)_2$	1×10^{-27}	1.7	3.7
$Fe(OH)_3$	1×10^{-38}	2.2	3.5
$Al(OH)_3$	1×10^{-32}	4.1	5.4
$Cr(OH)_3$	1×10^{-31}	4.6	5.9
$Zn(OH)_2$	1×10^{-17}	6.5	8.5
$Fe(OH)_2$	1×10^{-15}	7.5	9.5
$Ni(OH)_2$	1×10^{-18}	6.4	8.4
$Mn(OH)_2$	1×10^{-13}	8.8	10.8
$Mg(OH)_2$	1×10^{-11}	9.6	11.6

金属离子形成氢氧化物的一般规律是：1～4 价的金属离子，价数越高，越容易生成氢氧化物沉淀；5 价以上的金属离子呈明显的酸性，常以含氧酸根存在于溶液中。

（2）硫化物沉淀分离法

能形成难溶硫化物沉淀的金属离子有 40 余种，除碱金属和碱土金属的硫化物能溶于水外，重金属离子分别在不同的酸度下形成硫化物沉淀。因此，在某些情况下，利用硫化物进行沉淀分离还是有效的。

硫化物沉淀分离法所用的主要沉淀剂是 H_2S。H_2S 是二元弱酸，溶液中的 $[S^{2-}]$ 与溶液的酸度有关，随着 $[H^+]$ 的增加，$[S^{2-}]$ 迅速降低。因此，控制溶液的 pH 值，即可控制 $[S^{2-}]$，使不同溶解度的硫化物得以分离。

硫化物沉淀分离的特点可以归纳为：硫化物的溶度积相差比较大的，通过控制溶液的酸度来控制硫离子浓度，从而使金属离子相互分离；硫化物沉淀分离的选择性不高；硫化物沉淀大多是胶体，共沉淀现象比较严重，甚至还存在后沉淀现象；适用于分离除去重金属离子（如 Pb^{2+}）。

（3）电解分离法

电解分离法是沉淀分离的一种，通过电解，使金属离子还原为金属而沉积在阴极上或成为氧化物沉积在阳极上。由于各种金属离子具有各自不同的分解电压，当外加电压超过某一金属离子的分解电压时，这种金属离子就开始在电极上沉淀析出，而没有达到分解电压的其他金属离子则仍留在溶液中。因此，只要溶液中的金属离子的分解电压相差得足够大，就能利用电解法将它们分离。

电解分离的效果较好，测定结果准确，在分解过程中不带入干扰物质；但需要专门的电解仪，速度较慢，通常用于标准分析方法。

电解分离法常用的是普通电解分离。此法广泛用于分离铜。电解分离条件是：溶液中含 $0.2mol/L$ H_2SO_4、$0.2mol/L$ HNO_3，含铜 $0.1\sim0.15g$，电解电压为 $4V$（直流），电流为 $3A$，电解 $45min$。此法可分离出纯铜及铜合金中的铜，可用重量法测定铜含量，在电解铜之后的溶液中测定其他金属元素。

采用这一方法还可分离纯镍及镍合金中的镍。电解分离条件是：氨性电解质溶液（100mL 溶液中含 20mL 浓氨水），含镍 $0.1\sim0.15g$，电压为 $4V$，电流为 $0.5\sim1.5A$，电解温度为 $60℃$，电解 $1.5h$。电解时间不宜过久，否则铂电极将显著溶解。在电解镍之后的溶液中可再进一步测定其他元素成分。

其他电解分离法还有内电解分离法、汞阴极电解分离法、控制阴极电位电解分离法。

4.2.2　微量组分的共沉淀分离和富集

在沉淀重量法中，共沉淀现象因影响沉淀的纯度而引起测定误差，但这种现象却可以用来富集和分离微量组分，称之为共沉淀分离法。

例如，水中的铅由于浓度太低，无法直接进行测定，也无法用沉淀剂将其完全沉淀下来。若在试液中加入适量的 Ca^{2+}，再加入沉淀剂 Na_2CO_3，使 Ca^{2+} 生成 $CaCO_3$ 沉淀，则微量的 Pb^{2+} 也将以 $PbCO_3$ 形式与之共沉淀下来。分离后将沉淀溶于少量酸中，可使 Pb^{2+} 浓度大为提高，便可进行测定，同时也消除了水中其他离子的干扰。这里所产生的 $CaCO_3$ 称为载体或共沉淀剂。

在共沉淀分离法中，一方面要求待分离富集的微量组分的回收率尽量高，另一方面要求共沉淀剂不应干扰该组分的测定。

(1) 无机共沉淀剂

共沉淀分离法是富集痕量有色金属组分的有效方法之一。在样品溶液中加入共沉淀剂和还原剂后，共沉淀剂在沉淀过程中通过吸附、包夹和混晶等作用，使被还原的有色金属与载体一起从溶液中析出，从而与基体元素分离。常用的沉淀剂有碲、硫脲等。近年来，由于新型沉淀剂的使用，有效地缩短了分析时间。

利用无机捕集剂或有机捕集剂共沉淀或沉淀痕量有色金属，使之与大量基体材料分离是有色金属分析和富集分离常用的方法之一。为了使痕量有色金属共沉淀，所用的共沉淀物质一般是活性表面积大的无定形沉淀，如氢氧化物和硫化物等。

采用无机共沉淀剂进行分离主要有表面吸附共沉淀、混晶共沉淀和形成晶核共沉淀。

① 表面吸附共沉淀　在本方法中，应采用颗粒较小的无定形沉淀或凝乳状沉淀作为共沉淀剂，如氢氧化物沉淀或硫化物沉淀、水合二氧化锰等。因为小颗粒载体的总表面积较大，有利于吸附待分离的微量组分。其优点：表面积大、吸附能力强、聚集速度快、富集效率高。其缺点：选择性不高。例如，水中痕量（$0.02\mu g/L$）的汞，由于含量太低，不能直接沉淀下来。如果在水中加入适量的 Cu^{2+}，再用 S^{2-} 沉淀剂，则利用生成的 CuS 作载体，使痕量的 HgS 共沉淀而富集。又如，可利用 $Fe(OH)_3$ 沉淀为载体吸附富集含铀工业废水中痕量的 UO_2^{2+}。分离时先在试液中加入 $FeCl_3$，再加过量氨水，产生 $Fe(OH)_3$ 沉淀。由于吸附层为 OH^- 而带负电，试液中的 UO_2^{2+} 可作为抗衡离子而被 $Fe(OH)_3$ 沉淀吸附，并以 $UO_2(OH)_2$ 的形式随之沉淀下来。此外，以 $Fe(OH)_3$ 为载体还可以共沉淀微量的 Al^{3+}、Sn^{4+}、Bi^{3+}、Ga^{3+}、In^{3+}、Tl^{3+}、Be^{2+}、$W(VI)$、$V(V)$ 等离子。在操作中，应根据具体要求选择适宜的共沉淀剂及沉淀条件，才能获得满意的分离富集效果。

② 混晶共沉淀　要求被共沉淀离子与载体离子半径尽可能接近，并具有相似的结晶构型。

如果溶液中 N 离子（微量组分）与 M 离子（大量）的半径相近，且 NL 与 ML 的晶体结构类似，则 NL 可以与 ML 发生混晶共沉淀而被 ML 载带下来。常见的混晶有：$BaSO_4$-$RaSO_4$、$BaSO_4$-$PbSO_4$、$MgNH_4PO_4$-$MgNH_4AsO_4$、$SrCO_3$-$CdCO_3$、$SrSO_4$-$PbSO_4$、MgF_2-ReF_3 等。

例如，分离富集试液中微量 Pb^{2+} 时，可以先加入大量的 Sr^{2+}，再加入过量 Na_2SO_4 溶液，使 $PbSO_4$ 与 $SrSO_4$ 发生混晶共沉淀并被载带下来。同理，可用 $BaSO_4$ 作载体共沉淀 Ra^{2+} 或 Pb^{2+}，用 $MgNH_4PO_4$ 作载体共沉淀 AsO_4^{3-} 等。混晶共沉淀的最大优点是选择性高，分离效果好。

③ 形成晶核共沉淀 在含有 Au、Ag、Pt、Pd 等金属元素的阳离子的酸性溶液中，加入少量 Na_2TeO_3，再加入还原剂如 $SnCl_2$ 或 H_2SO_3。上述微量的贵金属就会被还原为金属微粒，成为晶核；而亚碲酸同时被还原析出的游离碲聚集在贵金属晶核表面，使晶核长大，而后一道凝聚下沉，从而与溶液中的大量铁、锌、钴、镍等金属元素的离子分离。

（2）有机共沉淀剂

与无机共沉淀剂相比，有机共沉淀剂的优点是具有较高的选择性，所形成的沉淀溶解度较小，沉淀作用比较完全，而且沉淀较纯净。此外，由于其易于通过灼烧而除去，有利于下一步的测定，因而有机共沉淀剂得到了更广泛的应用和发展。利用有机共沉淀剂进行分离和富集，大致可分为以下三种类型。

① 利用胶体的凝聚作用 钨、钼、锡、铌、钽、锆等元素在酸性溶液中以带负电的胶体状态存在，因此可用丹宁、辛可宁、动物胶等本身带正电的有机试剂吸附阴离子胶体，从而使元素共沉淀下来。

例如，欲分离富集试液中微量的钨酸（H_2WO_4），而 H_2WO_4 在 HNO_3 介质中以带负电的胶体粒子存在，不易凝聚，可加入共沉淀剂辛可宁。辛可宁（$C_{19}H_{22}N_2O$）是一种生物碱，在酸性溶液中，因分子中氨基质子化而形成带正电荷的胶体粒子，可使残存的 H_2WO_4 定量共沉淀下来。

因此，用重量法测定钨时，大部分钨酸析出沉淀后，尚有少量带负电的钨酸形成胶体不易凝聚，而辛可宁在硝酸介质中经质子化后变为阳离子，由于异性电荷胶粒的相互凝聚作用，使钨酸定量地共沉淀。

② 利用形成离子缔合物 例如，欲分离富集试液中微量的 Zn^{2+}，可加入甲基紫（MV）和 NH_4SCN。在酸性条件下，MV 质子化后形成带正电荷的 MVH^+，可与 SCN^- 形成离子缔合物沉淀（$MVH^+ \cdot SCN^-$），该沉淀作为载体，可将 $Zn(SCN)_4^{2-}$ 与 MVH^+ 形成的离子缔合物 $Zn(SCN)_4^{2-} \cdot (MVH^+)_2$ 载带下来。

在酸性溶液中以阳离子形式存在的甲基紫、孔雀绿、品红和亚甲蓝等有机化合物以及作为金属配阴离子配位体的 Cl^-、Br^-、I^- 和 SCN^- 等常作为金属离子的共沉淀剂，而被共沉淀的金属离子有 Zn^{2+}、Cd^{2+}、Hg^{2+}、Bi^{3+}、Au(Ⅲ) 和 Sb(Ⅲ) 等。

③ 利用惰性共沉淀剂 例如，欲分离富集试液中微量的 Ni^{2+}，当加入丁二酮肟时，因所生成的丁二酮肟镍螯合物浓度很小，并不形成沉淀，此时可以加入丁二酮肟二烷酯的乙醇溶液，由于它在水中溶解度很小会产生沉淀，而丁二酮肟镍螯合物则因与之共沉淀而被载带出来。这里丁二酮肟二烷酯只起载体的作用并未与 Ni^{2+} 及其螯合物发生任何化学反应，故称为惰性共沉淀剂，类似的还有酚酞和 α-萘酚等。由于惰性共沉淀剂的作用类似于溶剂萃取过程中的有机溶剂，故上述过程也称为固体萃取。

在上述例子中都是先将无机离子转化为疏水化合物，再根据"相似相溶"的原则使其进入结构相似的载体中并被载带出来。

多年来，共沉淀分离法在铂族金属元素的分析中常常被采用。如：溴酸钠水解法用于铑、钯、铱中分离 Pt；硫脲共沉淀富集铂族金属从而使其与贱金属分离；碲共沉淀使贵贱金属分离。

水解法分离铂与铑、铱和钯，在氯配合物溶液中，铂与铑、铱、钯的水解法分离是基于在 pH＝6～8 的范围内，铑、铱和钯与铂的性质不同，它们可生成不溶的水解产物。

为沉淀水合氧化铑、水合氧化铱和水合氧化钯，所用的中和试剂可分为两类：a. 一些金属的碳酸盐和氧化物的悬浊液，如碳酸钡、氧化锌、氧化汞；b. 同时具有中和与氧化作用的试剂，如溴化物-溴酸盐混合物、溴酸盐-碳酸氢盐混合物。第一类试剂主要适用于铑和钯的定量分离。为了用此类试剂沉淀铂，需要向溶液中补加氧化剂（氯、溴）。第二类试剂得到了较广泛的应用，它能定量沉淀水合氧化铑（Ⅳ）和水合氧化铱（Ⅳ），这些物质比它们的低价水合氧化物具有更小的溶解度。应该着重指出，氯离子浓度的增加，能抑制水解，对水合氧化钯沉淀的条件影响很大，定量沉淀钯的 pH 值明显提高。

通常在水合氧化物的沉淀中，夹杂有少量铂。因此，要与铂定量分离，照例要进行再沉淀。下面叙述的是水合氧化物的溴酸盐法。

向氯配合物的盐酸溶液中加入 1g NaCl，为除去过剩的酸，将溶液在水浴上蒸干。用 1mL HCl（1∶1）处理干渣，溶于 200～300mL 热水中，加热至沸，向热沸溶液中加入 20mL 10% 溴酸钠溶液，然后小心地注入 10% 碳酸氢钠溶液直至从暗绿色溶液中析出沉淀。然后再加 10mL 溴酸钠并继续煮沸到形成絮状沉淀。滴加碳酸氢钠至 pH 值为 7（用广泛试纸检查），煮沸 10min，再加入几滴碳酸氢钠至 pH 值为 8。沉淀分两步进行，是为了更完全地析出钯。

为了陈化沉淀，将溶液在水浴上放置 30min。若这时溶液的酸度增大，则用碳酸氢钠将其再调至 pH 值为 8。用玻璃滤器或带有滤底的瓷坩埚过滤沉淀，用 1% NaCl 溶液（pH＝7）洗涤。将坩埚同沉淀放回原烧杯，加入 5mL 浓 HCl，盖上表面皿在水浴上加热至沉淀溶解。滴加几滴 HCl 和 HNO$_3$ 的混酸以加速沉淀溶解。将坩埚用 5mL 热浓 HCl 洗涤，然后再用水洗。合并得到的溶液置于水浴上加 HCl 和 NaCl 蒸发，再如上所述，重复沉淀水合氯化物。

硫脲法是在硫酸介质中加入硫脲，加热分解后析出硫化物沉淀，硫脲和铂族元素形成稳定的配合物，能够将六种铂族元素从大量贱金属中分离出来。碲共沉淀法是在溶液中加入 1g/L 亚碲酸盐溶液和 1mol/L 的 SnCl$_2$ 溶液，加热到沸腾并保持一段时间，形成共沉淀物。硫脲沉淀法的选择性比较差，对痕量的铂族元素而言，实用性也比较差。而碲共沉淀法由于回收率比较高，操作简单，得到越来越广泛的应用。目前硫化镍试金-碲共沉淀法已成为一种常规的分离富集技术，它可以对铂族金属的 6 种元素和金同时分离富集。

4.3　萃取分离法

萃取分离是根据物质对水的亲疏性不同，通过适当的处理将物质从水相中萃取到有机相，最终达到分离的目的。萃取分离法是目前应用较多的分离方法之一。萃取分离法又叫作溶剂萃取分离法或液-液萃取分离法。这种方法是利用与水不相溶的有机溶剂同待测试液一起振荡，一些组分进入有机相中，另一些组分仍留在水相中，从而达到分离的目的。有色金属的溶剂萃取分离法是利用有色金属化合物在两种溶剂中有不同溶解度的原理实现分离，主要用于低含量组分的分离和富集，也适用于分离大量干扰元素。该法具有选择性好、回收率高、设备简单、操作简便快速、适用范围广、易于实现自动化等特点，故应用广泛。如果被萃取组分是有色化合物，则可以在有机相中直接进行比色测定，这种方法称为萃取比色法。

有色金属元素具有特殊的原子结构，存在多种氧化态，可以形成多种配合物，非常适合用溶剂萃取，故溶液中的有色金属元素常常可以通过液-液萃取得以分离和富集。因此，有色金属元素的溶剂萃取研究和应用发展很快。在有色金属元素分离富集过程中，通常选择一个和水不混溶的含氮、硫或者氧的有机溶剂来萃取水溶液中的有色金属元素，而把高含量的基体元素保留在水溶液中以达到分离富集的目的。

萃取分离法的缺点是：进行成批试样分析工作量大；萃取溶剂常易挥发、易燃，有一定毒性，如不小心可能发生事故，操作不慎会影响健康；萃取溶剂较贵，虽可采取回收措施，但分析费用仍较高。

4.3.1 萃取过程

(1) 萃取过程的本质

无机盐类溶于水并发生离解时，便形成水合离子，如 $Al(H_2O)_6^{3+}$、$Fe(H_2O)Cl_4^-$、$Zn(H_2O)_4^{2+}$ 等，它们易溶于水而难溶于有机溶剂，这种性质称为亲水性。许多有机化合物（如油脂、萘、酚酞等）难溶于水而易溶于有机溶剂，这种性质称为疏水性。如果要从水溶液中将某些无机离子萃取到有机溶剂中，必须设法将其亲水性转化为疏水性。可见萃取过程的本质是将物质由亲水性转化为疏水性的过程。

物质亲水性强弱的规律，可简单地概括如下：

凡是离子都有亲水性。物质含亲水基团越多，其亲水性越强。常见的亲水基团有：—OH、—SO$_3$H、—NH$_2$、 ═NH 等；物质含疏水基团越多，分子量越大，其疏水性越强。常见的疏水基团有：烷基（如—CH$_3$、—C$_2$H$_5$、卤代烷基等）、芳香基（如苯基、萘基等）。

有色金属经过造液以后通常与一些简单配体如 Cl$^-$、Br$^-$、I$^-$、SCN$^-$、NH$_3$、吡啶等形成简单的配合物。这些配合物很容易被一些含 O、N、S、P 等元素的有机物所萃取而进入有机相，经过水相和有机相分离后，有色金属在有机相中的含量远远高于水相和未萃取前溶液中的有色金属含量，从而使有色金属得到富集并与大量贱金属分离。

(2) 分配定律

物质在水相和有机相中都有一定的溶解度，亲水性强的物质在水相中的溶解度较大，在有机相中的溶解度较小；疏水性强的物质则与此相反。在萃取分离中，达到平衡状态时，被萃取物质在有机相和水相中都有一定的浓度。

当有机相和水相的混合物中溶有溶质 A 时，如果 A 在两相中的平衡浓度分别为 $[A]_有$、$[A]_水$，根据分配定律，得到：$\dfrac{[A]_有}{[A]_水}=K_D$。式中，K_D 是分配系数，它与溶质和溶剂的特性及温度等因素有关。分配定律只适用于下列情况：

① 溶质的浓度较低 若浓度较高，则应校正离子强度的影响，用活度比 P_A 代替 K_D。

$$P_A=\frac{\alpha_有}{\alpha_水}=\frac{\gamma_有[A]_有}{\gamma_水[A]_水}=\frac{\gamma_有}{\gamma_水}K_D$$

式中，$\alpha_有$、$\alpha_水$ 分别表示 A 在有机相和水相中的活度；$\gamma_有$ 和 $\gamma_水$ 是相应的活度系数。

② 溶质在两相中的存在形式相同，没有离解和缔合等副反应。

(3) 分配比

在进行分析工作时，常遇到溶质在水相和有机相中具有多种存在形式的情况，此时分配定律就不适用。常用分配比（D）表示，即把溶质在有机相中的各种存在形式的总浓度 $c_\text{有}$ 与水相中的各种存在形式的总浓度 $c_\text{水}$ 之比称为分配比：$D = c_\text{有}/c_\text{水}$。

当两相的体积相等时，若 $D > 1$，则溶质进入有机相的量比留在水相中的量多。

（4）萃取率

物质萃取效率的高低，常用萃取率 E 表示。

$$E = \text{被萃取物质在有机相中的总量}/\text{被萃取物质的总量} \times 100\%$$

萃取率与分配比 D、试液的体积 $V_\text{水}$ 和有机溶剂的体积 $V_\text{有}$ 的关系如下：

$$E = c_\text{有} V_\text{有}/(c_\text{有} V_\text{有} + c_\text{水} V_\text{水}) \times 100\%$$
$$= D/(D + V_\text{水}/V_\text{有}) \times 100\%$$

可见 D 越大、$V_\text{水}$ 越小、$V_\text{有}$ 越大，则 E 越大。当用等体积溶剂进行萃取时，即 $V_\text{水} = V_\text{有}$，则：$E = D/(D+1) \times 100\%$。

设在 $V_\text{水}$（mL）试液中，含有 m_0（g）被萃取物质，每次用 $V_\text{有}$（mL）有机溶剂萃取，连续萃取 n 次后，溶液中剩余 m_n（g）被萃取物质。

$$m_n = m_0 \left(\frac{V_\text{水}}{DV_\text{有} + V_\text{水}} \right)^n$$

经过 n 次连续萃取之后，被萃取物质的萃取率：

$$E = \left[1 - \left(\frac{V_\text{水}}{DV_\text{有} + V_\text{水}} \right)^n \right] \times 100\%$$

例 4-1　某溶液含 Fe^{3+} 10mg，将它萃取于某有机溶剂中，分配比 $D = 99$，问用等体积溶剂萃取 1 次、2 次各剩余 Fe^{3+} 多少？萃取率各为多少？

解　根据 $m_n = m_0 \left(\dfrac{1}{D+1} \right)^n$ 和 $E = \left[1 - \left(\dfrac{1}{D+1} \right)^n \right] \times 100\%$

当 $n = 1$ 时，$m_1 = 0.1\text{mg}$，$E_1 = 99\%$
当 $n = 2$ 时，$m_2 = 0.001\text{mg}$，$E_2 = 99.99\%$

结果表明，萃取次数越多，萃取效率越高。但是，萃取次数增多必然增加萃取的劳动强度。所以，只要能满足准确度的要求就可以。一般而言，对常量组分要求 E 达到 99.9%，对于微量组分 E 能达到 95%，甚至 85% 以上便可以满足要求。

4.3.2　萃取体系

萃取体系可分为螯合物萃取体系、离子缔合物萃取体系、溶剂化合物萃取体系和某些无机共价化合物萃取体系等。

（1）螯合物萃取体系

螯合剂一般是有机弱酸或弱碱，它们与金属阳离子形成疏水性螯合物，这类螯合物能被有机溶剂所萃取。例如，Cu^{2+} 在 $pH \approx 9$ 的氨性溶液中，与铜试剂（DDTC）生成疏水性有色螯合物，加入 $CHCl_3$ 萃取，有色螯合物进入有机相中，分离出有机相后，即可直接进行比色测定。这种体系广泛应用于金属阳离子的萃取分离。例如，丁二酮肟与镍、二硫腙与汞、8-羟基喹啉与铝等都是典型的螯合物萃取体系。

① 萃取条件的选择　不同的萃取体系对萃取条件的要求不一样。对螯合物萃取体系和萃取条件的选择，在实际工作中主要考虑以下几点：

a. 螯合剂的选择　螯合剂与金属离子生成的螯合物越稳定，萃取效率越高；螯合剂的疏水基团越多，亲水基团越少，萃取效率越高。

b. 溶液的酸度 酸度越低，则 D 值越大，越有利于萃取。但是，当溶液酸度太低时，金属离子可能发生水解或引起其他干扰反应，对萃取反而不利。因此，必须正确控制萃取时溶液的酸度。

c. 萃取溶剂的选择 金属螯合物在溶剂中应有较大的溶解度，一般根据螯合物的结构选择结构相似的溶剂。例如，含烷基的螯合物可用卤代烷烃（如 CCl_4、$CHCl_3$ 等）作萃取溶剂；含芳香基的螯合物可用芳香烃（如苯、甲苯等）作萃取溶剂。常采用惰性溶剂，萃取溶剂的密度与水的密度要相差大，黏度要小，无毒，无特殊气味等。

② 干扰离子的消除

a. 控制酸度 控制适当的酸度，有时可选择性地萃取一种离子，或连续萃取几种离子。例如：在含 Hg^{2+}、Bi^{3+}、Pb^{2+}、Cd^{2+} 溶液中，控制酸度用二苯硫腙-CCl_4 萃取不同金属离子。当用二苯硫腙-CCl_4 萃取 Hg^{2+} 时，若控制溶液的 pH 值等于 1，则 Bi^{3+}、Pb^{2+}、Cd^{2+} 不被萃取。要萃取 Pb^{2+}，可先将溶液的 pH 值调至 $4\sim5$，将 Hg^{2+}、Bi^{3+} 先除去，再将 pH 值调至 $9\sim10$，萃取出 Pb^{2+}。

b. 使用掩蔽剂 当控制酸度不能消除干扰时，可采用掩蔽的方法。例如：用二苯硫腙-CCl_4 萃取 Ag^+ 时，若控制 pH 值为 2，并加入 EDTA，则除 Hg^{2+}、$Au(\text{Ⅲ})$ 外，许多金属离子都不被萃取。

（2）离子缔合物萃取体系

① 离子缔合物萃取体系简介 阳离子和阴离子通过静电吸引力相结合形成的电中性化合物称为离子缔合物。许多金属阳离子和金属配阴离子或某些酸根能形成疏水性的离子缔合物而被萃取。离子的体积越大、电荷越低，越容易形成疏水性的缔合物。

a. 金属阳离子的离子缔合物 水合金属阳离子与适当的络合剂作用，形成没有或很少配位水分子的配阳离子，然后与大体积的阴离子缔合形成疏水性的离子缔合物。例如，Fe^{2+} 与 1,10-邻二氮菲的螯合物带正电荷能与 I^-、ClO_4^-、SO_4^{2-} 等生成离子缔合物，可被氯仿等有机溶剂萃取。

b. 金属配阴离子或无机酸根的离子缔合物 许多金属离子能形成配阴离子，如 $GaCl_4^-$、$TlBr_4^-$、$FeCl_4^-$ 等。许多无机酸在水溶液中以阴离子形式存在，如 WO_4^{2-}、VO_3^-、ReO_4^- 等。为了萃取这些离子，可利用一种大分子量的有机阳离子和它们形成疏水性的离子缔合物。

c. 形成𨧨盐萃取法 在盐酸介质中用乙醚萃取 Fe^{3+}——𨧨盐萃取体系，$FeCl_4^-$ 与乙醚和 H^+ 结合的𨧨盐离子 $[(C_2H_5)_2OH^+]$ 缔合为可以被乙醚萃取的盐 $[(C_2H_5)_2OH^+ FeCl_4^-]$ 的方法，还适用于 $Ga(\text{Ⅲ})$、$In(\text{Ⅲ})$、$Tl(\text{Ⅲ})$、$Au(\text{Ⅲ})$ 等在卤酸介质中可以形成配阴离子的金属阳离子。与金属阳离子形成配阴离子的酸是卤酸萃取剂，为含氧的有机溶剂，顺序为醛＞酮＞酯＞醇＞醚（按形成𨧨盐的能力顺序排列）。

② 萃取条件的选择

a. 萃取溶剂的选择 𨧨盐类型的离子缔合萃取体系，要求使用含氧的溶剂。它们形成𨧨盐的能力，一般按下列顺序逐渐加强：

$$R_2O < ROH < RCOOR < RCOR'$$

常用的醚类有乙醚、异丙醚，醇类有异戊醇，酯类有乙酸乙酯和乙酸戊酯，酮类有甲基异丁酮等。其他类型离子缔合的萃取体系，常用苯、甲苯、二氯乙烷等惰性溶剂。

b. 溶液酸度 选用适宜的酸度，应有利于离子缔合物的形成。

c. 干扰离子的消除 采用控制酸度和加入适当掩蔽剂的方法来消除干扰离子的影响。

d. 盐析作用 加入某些与被萃取化合物具有相同阴离子的盐类或酸，往往可以提高萃取效率，这种作用称为盐析作用，加入的盐类称为盐析剂。例如，用甲基异丁酮萃取 $UO_2(NO_3)_2$ 时，加入 $Mg(NO_3)_2$，可显著提高萃取铀的分配比。

这些条件往往要通过实验来具体选用。

（3）溶剂化合物萃取体系

某些溶剂分子通过其配位原子与无机化合物中的金属离子相键合，形成溶剂化合物，从而可溶于该有机溶剂中，以这种形式进行萃取的体系，称为溶剂化合物萃取体系。

（4）某些无机共价化合物萃取体系

某些无机化合物，如 $GeCl_4$、AsI_3、SnI_4 和 OsO_4 等，是稳定的共价化合物，它们在水溶液中主要以分子形式存在，不带电荷。可利用 CCl_4、$CHCl_3$、苯等惰性溶剂，将它们缔合出来。

4.3.3　萃取分离操作和应用

（1）萃取

常用的萃取操作是单级萃取法，又叫作间歇萃取法。通常用 $60\sim125mL$ 的梨形分液漏斗进行萃取。

萃取所需的时间，决定于达到萃取平衡的速率。它受到两种速率的影响：一种是化学反应速率，即形成可被萃取化合物的速率；另一种是扩散速率，即被萃取物质由一相转入另一相的速率。具体萃取时间，应通过实验确定，一般为 30s 到数分钟不等。

（2）分层

萃取后应让溶液静置，待其分层，然后将两相分开。分开两相时，不应让被测组分损失，也不要让干扰组分混入两相的交界处。有时会出现一层乳浊液，其产生的原因可能是：因振荡过于激烈，使一相在另一相中高度分散形成乳浊液；反应中生成某种微溶化合物，既不溶于水相，也不溶于有机相，以致在界面上出现沉淀，甚至形成乳浊液。由于产生乳浊液的原因很多，故应具体分析，找出解决办法。一般来说，采用增大萃取溶剂用量、加入电解质、改变溶液酸度、振荡不过于激烈等方法，都有可能使相应的乳浊液消失。

（3）洗涤

在萃取分离时，当被测组分进入有机相时，其他干扰组分也可能进入有机相中，杂质被萃取的程度决定于其分配比。若杂质的分配比很小，可用洗涤的方法除去。

洗涤液的基本组成与试液相同，但不含试样。将分出的有机相与洗涤液一起振荡，由于杂质的分配比小，容易转入水相，因而可被洗去。但此时待测组分也会损失一些。在待测物质的分配比较大的前提下，一般洗涤 $1\sim2$ 次均不会影响分析结果的准确度。

（4）反萃取

经过萃取分离之后，被萃取物质进入有机相。这时有机相可直接进行比色分析、光谱分析或火焰光度分析，但有时要将被萃取物质转入水相后才能进行测定，这就需要进行反萃取。

反萃取方法即把已萃取溶解在有机相中的化合物，转化为亲水性物质，从有机相中返回到水溶液中。通常采用改变水相酸度，加入适当络合剂，使被萃取物质生成更稳定的水溶性配合物，加入氧化还原剂改变离子价态等方法，达到反萃取的目的。

下面以镍的萃取为例，说明萃取过程。Ni^{2+} 在水溶液中以 $Ni(H_2O)_4^{2+}$ 水合离子形式存在，是亲水性物质，要将其转化为疏水性物质，必须中和它的电荷，并用疏水基团取代水合离子中的水分子，形成疏水性、易溶于有机溶剂的化合物。为此，可在 pH=9 的氨性溶液中加入丁二酮肟，使它与 Ni^{2+} 形成螯合物。所形成的丁二酮肟镍螯合物不带电荷，并引进分子量较大的有机基团，转化成疏水性物质，可溶于三氯甲烷，被有机相萃取。

在上述有机相中，加入 HCl，使酸度为 $0.5\sim1mol/L$ 的丁二酮肟镍螯合物几乎全部离解为 Ni^{2+}，恢复为水合离子形式并具有亲水性质，就可重新返回水相中，这就是反萃取。如何选择适当的有机溶剂，怎样使被萃取成分转化为疏水性物质，或将疏水性物质再转化为亲水性物质，这便是利用萃取、反萃取进行分离富集的主要内容。

此外，萃取完毕后，应将有机溶剂废液集中保存，以便回收。

在有色金属的分离中，溶剂萃取法是一种主要的手段。过去该方法广泛应用在分光光度法中，现在溶剂萃取法在原子吸收光谱法测定有色金属中具有重要作用。在此应用中，溶剂萃取法不仅起到将有色金属组分从大体积的复杂溶液中分离和浓缩的作用，而且与水溶液比较，有机溶剂萃取液往往产生一个增强的原子吸收信号。即使信号没有增益，溶剂萃取仍可作为一种常用的分离手段。

随着电感耦合等离子体发射光谱法的日益普及，溶剂萃取法将能起到一种新的而且十分重要的作用。因为电感耦合等离子体发射光谱法的检测限相对较差（与石墨炉原子吸收法相比），预富集步骤常常是必要的。

从矿石、废料和工业产品中分离有色金属的现有方法，大多数是复杂、麻烦和费时的方法。用王水浸取大量磨细矿样中的金，然后直接将氯金酸盐或溴金酸盐萃取到甲基异丁基酮（MIBK）中，用原子吸收法测定。这是一种简单而有效的方法，适用于硅质矿石样品。

近几年发展起来的、利用高聚物水溶液在无机盐存在下可以分成两相的非有机溶剂萃取分离方法已引起人们的重视。新的萃取法，如固相萃取、超临界流体萃取，在有色金属的提取过程中应用越来越多。20 世纪 90 年代提出的固相萃取（SPE），具有分离速度快、萃取效率高、无乳化等优点，能有效地分离催化剂中的有色金属元素。超临界流体萃取法（SFE）是一项新兴的分离技术，该技术不使用有机溶剂，可防止提取过程对人体的危害和对环境的污染，是最洁净的提取技术之一。SFE 可用原子吸收光谱法测定氰化溶液中的金，用溶剂萃取法将金从氰化溶液中分离出来，然后进行测定。

利用溶液萃取法定量分离有色金属元素较费力，且没有一种萃取体系能够同时定量地富集所有有色金属元素。为此应将溶剂萃取的高选择性和离子交换的简便、高效性结合起来，克服溶剂萃取污染严重、分相、离子交换树脂合成困难、成本高等一系列缺点，目前已成为一种简便、高效的分离技术，为有色金属元素的分离开拓了一条新的途径。

4.4　离子交换分离法

离子交换分离法是利用离子交换剂本身结构中具有的离子与需要分离溶液中的离子发生交换作用而进行分离的方法。离子交换分离法的主要原理是：溶液通过离子交换树脂时，溶液中某些阳离子被交换到阳离子交换树脂上，阴离子被交换到阴离子交换树脂上。如果这些阴阳离子是杂质成分，经过这样交换后就达到从溶液中分离出去的目的。如果被交换到树脂上的阴、阳离子是被测的成分，则达到富集的目的。因此，离子交换分离法应用于分离、富集时的突出优点是分离效果好。它不仅能用于带相反电荷离子间的分离，也可用于带同种电荷离子间的分离；可用于性质相近离子间的分离，也可用于微（痕）量组分的富集和高纯物质的制备等。该方法所用设备较简单，操作较容易，不仅适用于实验室，而且适用于工业生产的大规模分离。

其主要缺点是操作手续麻烦，分离时间较长。

4.4.1　离子交换树脂的结构

离子交换树脂是一类具有网状结构骨架的高分子聚合物，其骨架部分化学性质十分稳定，不溶于酸、碱和一般溶剂。骨架上连有许多活性基团，其中有可电离的离子，交换反应实际发生在活性基团上。离子交换树脂可分为两大类，分别称为阳离子交换树脂和阴离子交换树脂。

① 阳离子交换树脂　例如广泛应用的聚苯乙烯磺酸基型阳离子交换树脂，是用苯乙烯和二乙烯基苯来聚合，并经硫酸碳化后制得的。聚苯乙烯和二乙烯基苯的分子之间互相连接形成网状结构骨架，上面连有活性基团磺酸基（—SO_3H）。

磺酸基中的阴离子—SO_3^- 因连接在聚合物基体上，不能进入溶液，而 H^+ 可解离，并与溶液中的阳离子如 K^+ 发生交换反应：

$$R—SO_3^-H^+ + K^+ \rightleftharpoons R—SO_3^-K^+ + H^+$$

式中，R 代表树脂相。由于磺酸基在水中表现出解离度很大的强酸性，因此上述树脂属于强酸性阳离子交换树脂，在酸性、中性和碱性溶液中都能使用，应用范围广。如果活性基团是羧基或酚羟基，则属于弱酸性阳离子交换树脂，由于它们对 H^+ 的亲和力较强，故一般应在碱性条件下使用。但这类树脂容易用酸洗脱，选择性较高，常用于有机碱的分离。

② 阴离子交换树脂　阴离子交换树脂的基本结构与阳离子交换树脂类似，只是在其骨架上连接的是碱性基团。若活性基团为季铵盐，如—$N(CH_3)_3^+X^-$，则树脂属于强碱性阴离子交换树脂。这里阴离子 X^- 可以是 OH^-、Cl^- 或 NO_3^- 等，因解离而可与溶液中的阴离子发生交换。若活性基团为伯氨基（如—NH_2）、仲氨基（如—$NHCH_3$）或叔氨基［如—$N(CH_3)_2$］，则树脂属于弱碱性阴离子交换树脂，在水中它们首先发生水化反应。例如：

$$R—NH_2 + H_2O \rightleftharpoons RNH_3^+OH^-$$

基团中的 OH^- 可以解离，因而可与溶液中的阴离子如 Cl^- 发生交换反应：

$$R—NH_3^+OH^- + Cl^- \rightleftharpoons R—NH_3^+Cl^- + OH^-$$

强碱性阴离子交换树脂应用较广，在酸性、中性和碱性溶液中都能使用，因弱碱性树脂对 OH^- 的亲和力大，故不宜在碱性溶液中使用。

4.4.2　离子交换树脂的性质

（1）交联度

在合成离子交换树脂的过程中，将链状聚合物分子相互连接而形成网状结构的过程称为交联。如聚苯乙烯型树脂就是由二乙烯基苯将聚苯乙烯的链状分子连接成网的，故将二乙烯基苯称为交联剂。通常将树脂中交联剂所占的质量百分数称为树脂的交联度：

$$交联度 = \frac{交联剂质量}{干树脂总质量} \times 100\%$$

树脂的交联度越大，则网状结构的孔径越小，网眼越密；交换时，体积较大的离子无法进入树脂，而只允许小体积的离子进入，因而选择性较高。另外，交联度大时，形成的树脂结构紧密，机械强度高，但缺点是对水的溶胀性能较差，交换反应的速率较慢，而树脂的交联度较小时则与上述情况相反。通常树脂的交联度在 $4\% \sim 14\%$ 为宜。

（2）交换容量

交换容量表示每克干树脂所能交换的相当于一价离子的物质的量，是表征树脂交换能力大小的特征参数。交换容量的大小仅取决于一定量树脂中所含活性基团的数目，不随实验条件变化。通常树脂的交换容量为 3～6mmol/g。

交换容量可以通过酸碱滴定法加以测定。以阳离子交换树脂为例，首先准确称取一定量干燥的阳离子交换树脂，置于锥形瓶中；然后加入一定量且过量的 NaOH 标准溶液，充分振荡后放置约 24h，使树脂活性基团中的 H^+ 全部被 Na^+ 交换；再用 HCl 标准溶液返滴定剩余的 NaOH，则：

$$交换容量 = \frac{c_{NaOH}V_{NaOH} - c_{HCl}V_{HCl}}{干树脂质量}$$

（3）离子交换亲和力

离子交换树脂对不同离子亲和力的大小与离子所带电荷数及它的水化半径有关。一般来说，离子的价态越高，树脂对它的亲和力越大；对于相同价态的离子，其水化半径越小（对阳离子而言，原子序数越大），在交换过程中引起树脂内部的膨胀越小，越容易进入树脂相；树脂的交联度越大，对其选择性的影响就越大，即离子间亲和力的差别也越大。

正是因树脂对不同离子的亲和力大小不同，在进行离子交换时，树脂就有一定的选择性。当溶液中各离子的浓度大致相同时，总是亲和力大的离子先被交换到树脂相上；而在洗脱时，亲和力较小的离子又总是先被洗脱而进入水相。这样，在反复的交换和洗脱过程中，不同离子相互得到分离。

4.4.3 离子交换色谱法

实际上待分离的离子往往同为阳离子或同为阴离子，此时分离的过程就比较复杂，因为十分类似于色谱分离过程，故又称为离子交换色谱法。

以强酸性阳离子交换树脂分离 K^+ 和 Na^+ 为例。当混合溶液从上方加入时，水相中的 K^+ 和 Na^+ 就与树脂活性基团中的 H^+ 发生交换，从而进入树脂相。

此交换过程可表示为：

$$R—H^+ + K^+ \rightleftharpoons R—K^+ + H^+$$
$$R—H^+ + Na^+ \rightleftharpoons R—Na^+ + H^+$$

由于树脂对 K^+ 的亲和力较大，因此 K^+ 首先被交换到树脂上。故在交换柱中，K^+ 层在上，Na^+ 层在下 [图 4.1(a)]。但由于树脂对二者的亲和力差别并不大，故 K^+ 层与 Na^+ 层仍有部分重叠。

如再向交换柱上方加入稀 HCl 溶液，此时树脂相中的 K^+ 和 Na^+ 又将与溶液中的 H^+ 发生交换，重新进入溶液。这一过程称为洗脱，是交换的逆过程，可表示为：

$$R—Na^+ + H^+ \rightleftharpoons R—H^+ + Na^+$$
$$R—K^+ + H^+ \rightleftharpoons R—H^+ + K^+$$

这里稀 HCl 溶液称为洗脱液（淋洗剂）。

显然，当洗脱液不断由柱上方加入时，伴随着上述过程的重复进行，K^+ 和 Na^+ 慢慢由柱上方移至下方 [图 4.1(b)]。

由于树脂对 K^+ 具有更大的亲和力，因此 K^+ 下移的速度较慢；经过同样的时间后，它在柱中的位置就比 Na^+ 的位置略高，于是两种离子在交换柱上就会逐渐分为明显的两层。在洗脱过程中，若每收集 10mL 流出液就测定一次 Na^+ 和 K^+ 的浓度，即可绘制出如图 4.2 所示的洗脱曲线。通常根据已知各离子的洗脱曲线，分别用不同容器接取流出液中适当的一段体积，就可达到分离的目的。

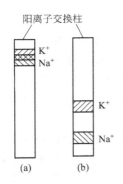

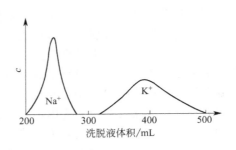

图 4.1 离子交换色谱法分离 K$^+$ 和 Na$^+$ 示意

图 4.2 Na$^+$ 和 K$^+$ 的洗脱曲线

离子交换色谱法常用来分离性质相似而用通常方法难以分离的元素，如 K$^+$ 和 Na$^+$，各种稀土元素的离子等。

4.4.4 离子交换分离法的操作

(1) 树脂的选择和处理

应根据分离的对象和要求选择适当类型和粒度的树脂。在化学分析中应用最多的为强酸性阳离子交换树脂和强碱性阴离子交换树脂。市售的树脂颗粒大小往往不均匀，使用前应先过筛以除去太大和太小的颗粒，也可以用水溶胀后用筛在水中选取大小一定的颗粒备用。

一般商品树脂都含有杂质，使用前还需净化处理。对强酸性阳离子交换树脂和强碱性阴离子交换树脂，通常用 4mol/L HCl 溶液浸泡 1～2d，以溶解各种杂质，然后用蒸馏水洗涤至中性，浸于水中备用。这样就得到在活性基团上含有可被交换 H$^+$ 的氢型阳离子交换树脂或含有可被交换 Cl$^-$ 的氯型阴离子交换树脂。

(2) 装柱

离子交换分离一般在交换柱中进行（图 4.3）。具体过程如下。先在下端铺一层玻璃纤维，加入蒸馏水，再倒入带水的树脂，使树脂自动下沉而形成交换层。装柱时应防止树脂层中存留气泡，以免交换时试液与树脂无法充分接触。树脂的高度一般约为柱高的 90%。为防止加试剂时树脂被冲起，在柱的上端也应铺一层玻璃纤维，并保持蒸馏水的液面略高于树脂层，以防止树脂干裂而混入气泡，因此图 4.3 中（b）柱较（a）柱优越。

(3) 交换

将待分离的试液缓缓倾入柱内，从上至下流经交换柱并进行交换反应，以旋塞控制适当的流速。交换完毕后，用蒸馏水或不含试样的空白溶液洗去柱中残留的试液，然后再进行洗脱。

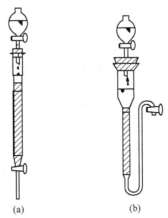

图 4.3 交换柱

(4) 洗脱

对于阳离子交换树脂常采用 HCl 溶液作为洗脱液，经洗脱之后树脂转化成氢型。对于阴离子交换树脂则采用 NaCl 或 NaOH 溶液为洗脱液，洗脱之后树脂转化成氯型或氢氧型。由于洗脱后的树脂已得到再生，用蒸馏水洗涤干净即可再次使用，故洗脱过程往往也是再生过程。

4.4.5 离子交换分离法的应用

离子交换分离法一直是分析化学中重要的分离、富集手段。在溶液中通过控制氯离子的浓度和酸度，将一些有色金属离子转化成配阴离子，而其他金属以阳离子形式存在，利用电荷的差异使它们在离子交换柱上得到分离。采用王水溶矿、减压抽滤后用阴离子树脂分离富集，树脂灰化后用王水溶解灰分，所得试液用质谱测定，可以满足地质矿产综合评价要求，并成功用于某硫化铜镍矿中 Pt、Pd、Au 的测定。

以各类阴阳离子交换树脂为固定相，利用有色金属所形成的阳离子和阴离子对交换树脂中有关阴阳离子的交换作用，使有色金属离子富集于树脂上。其原理与一般离子交换树脂的工作原理相同，但对于有色金属的富集和分离而言，对离子交换树脂的选择更为严格。因为有色金属离子在造液后的形态很复杂，既有简单离子，也有配位离子，而且离子的价态很多。单靠一种离子交换树脂往往不能将所有有色金属都富集于树脂中，实际操作时通常是根据溶液中有色金属离子的形态和数量将几种阴阳离子交换树脂联合使用，以达到最佳的富集和分离效果。有关可用于有色金属离子富集和分离的阴阳离子交换树脂的牌号可以参阅有关专著。

除离子交换分离法外，以浸渍树脂（萃淋树脂）为固定相的萃取色谱法，以螯合树脂、螯合纤维等为固定相的螯合-吸附色谱法和薄层色谱法、纸色谱法等也已广泛应用于有色金属的分离与富集中。

现以测定矿石中的铂、钯为例来说明。由于铂、钯在矿石中的含量一般为 $10^{-6}\%\sim$ $10^{-5}\%$，即使称取 10g 试样进行分析，也只含铂、钯 0.1μg 左右，因此，必须经过富集之后才能进行测定。富集的方法是：称取 10～20g 试样，在 700℃ 灼烧之后用王水溶解，加浓 HCl 蒸发，铂、钯形成 $PtCl_6^{2-}$ 和 $PdCl_4^{2-}$。稀释之后，通过强碱性阴离子交换树脂，即可将铂富集在交换柱上。用稀 HCl 将树脂洗净，取出树脂移入瓷坩埚中，在 700℃ 灰化，用王水溶解残渣，加盐酸蒸发；然后在 8mol/L HCl 介质中钯（Ⅱ）与双十二烷基二硫代乙二酰胺（DDO）生成黄色配合物，用石油醚-三氯甲烷混合溶剂萃取，用比色法测定钯。铂（Ⅳ）用二氯化锡还原为铂（Ⅱ），与 DDO 生成樱红色螯合物即可进行比色法测定。

阴离子交换树脂对不同有色金属的吸附能力是有差别的。高氧化状态的有色金属离子交换能被阴离子交换树脂更强烈地吸附，而低氧化状态的则弱得多。因此，为了获得最好的树脂吸附效果，有必要在样品通过树脂柱之前，将有色金属离子转变为高氧化状态。氯气空白低，是较好的氧化剂。

与溶剂萃取法相同，到目前为止还没有一种离子交换体系对所有的有色金属元素都适用，所以对于不同有色金属元素的分离、富集需要针对性地采用不同方法。离子交换分离法的关键在于树脂的选择。近年来，具有高选择性的螯合树脂已广泛应用于提取矿石、工业产品中的有色金属元素，成为有色金属分离、富集的研究热点。螯合树脂是由功能基和树脂母体构成，功能基中存在能与金属离子形成配位键的 O、N、S、P、As 等原子，母体通常是苯乙烯与二乙烯基苯（DVB）的聚合物。功能基的空间位置和种类影响树脂对有色金属离子的吸附。对树脂进行化学修饰，使引入的螯合基团处于树脂颗粒的表面，从而使它可以全部较快地与金属离子发生络合反应，有效地提高了树脂对 Au 和 Pd 的吸附容量。另外，为了提高分离效率，具有不同功能基的新型螯合树脂被不断研制出来。

螯合树脂经硫脲-低浓度盐酸洗脱后可以重复使用，并且能同时连续测定多种有色金属元素，是有色金属分离富集的常用方法。目前，主要研究方向是寻找成本低廉、合成简便的新型螯合树脂。

最近，以壳聚糖为母体的新型螯合树脂已被研制出来。由于壳聚糖原材料易得，成本比其他每体低且分离效果好，所以国内外对它的研究越来越多。壳聚糖型螯合树脂常用戊二醛与壳聚糖不同链上的氨基发生交联反应来制备。以硫脲-戊二醛交联壳聚糖来吸附 Au(Ⅲ) 和 Ag(Ⅰ)，该树脂对 Au(Ⅲ)、Ag(Ⅰ) 的饱和吸附容量分别为 3.6mmol/g 和 2.1mmol/g。将冠醚与壳聚糖交联制得新型冠醚壳聚糖，加快了吸附速度，增大对 Ag 和 Pd 的吸附容量。

随着测试技术的不断发展，仪器的联用技术应用于分析有色金属已经不足为奇，例如用 FIA（流动注射）-AAS 测定 Pt、Pd 和 Au 的含量，以 LA（激光烧蚀）-ICP-MS 测定铁陨石中铂族金属的含量等。这些联用技术可简化操作步骤，缩短测试时间，大大提高分析效率。同样，两种分离技术的联用也可以提高分离效率。最新报道的联用技术主要是离子交换与活性炭吸附的联用以及火试金法与碲共沉淀法的联用。结合阴离子交换树脂和活性炭吸附二者各自的优点，采用 717 阴离子交换树脂-活性炭联合分离后用 ICP-AES 测定富钴锰结壳中的痕量 Au、Ag、Pt、Pd 的含量，取得令人满意的结果，回收率可达 90% 以上。

4.5　蒸馏分离法和挥发分离法

蒸馏分离法和挥发分离法是利用化合物挥发性的差异来进行分离的方法，可以用于除去干扰组分，也可以用于使待测组分定量分出，然后进行测定。这两种方法适用于常量组分和微量组分的分离分析。其特点是选择性高，分离与富集同时进行，但是能利用蒸馏分离和挥发分离的元素不多。

4.5.1　蒸馏分离法

蒸馏分离法习惯上是指将待测成分挥发逸出，并收集起来进行测定的方法。如金属材料中氮的测定就是使氮的化合物在酸性溶液中生成铵盐，然后加过量的 NaOH 进行蒸馏使铵盐转化为氨气蒸馏出来，用已知浓度的酸吸收，根据酸被中和的量即可测得氮的含量。其他如易挥发元素 As、B、Ge、Os、Ru、C 和 S，常采用这种方法进行分离测定。

蒸馏分离法可用于铂族元素中的 Os 和 Ru 这两种元素的分析，在强氧化的条件下它们很容易形成挥发性氧化物，利用其他的方法很难对这两种元素进行定量回收。在 Os 同位素的分析中，蒸馏分离法得到了更广泛的应用。

蒸馏分离法在锇钌分离中占据着重要地位。该方法可使锇和钌以四氧化物的形式从复杂的溶液中分离出来并使它们彼此分离，这个方法早在锇钌发现后不久即已建立，至今仍是人们喜欢选择的方法。如果对锇特别容易生成 OsO_4 的认识不足，在工业流程或分析中（如在空气中煅烧）将造成锇的严重损失。

锇和钌可以从碱性或酸性溶液中以四氧化物形式挥发出来而与其他有色金属分离。从铂族金属中分离锇和钌的其他方法用得较少，用 KOH 和 KNO_3 熔融的方法可从 Ir 中分离 Ru，这时 Ru 转化为可溶性的钌酸钾，而铱转化为微溶的氧化物沉淀。为了从铑中分离钌，可应用同铋酸盐熔融的方法；也可利用这些金属的亚硝酸配合物在乙醇中的不同溶解度来实现分离。

欲从其他金属中分离钌和锇以及使它们相互分离，通常用蒸馏分离法先将 OsO_4 蒸馏出来，然后将 RuO_4 蒸馏出来，或者将它们一起蒸馏出来而后再进行分离。吸收四氧化锇和四氧化钌溶液的选择决定于后续测定这些元素的方法以及蒸馏四氧化物时所用的氧化剂。

富集分离出的 Ru 被硝酸氧化为钌酸盐受热后不分解挥发，而锇酸盐分解后挥发，以此实现 Ru 与 Os 的分离。在这些金属的亚硝酸配合物溶液中，使钌以硫化物形式沉淀也能使钌和锇分离。

四氧化锇和四氧化钌同时蒸馏的两种方法如下：

① 第一种方法　用氯酸钠和溴酸钠使锇和钌氧化后将它们同时馏出。用盐酸吸收 RuO_4，用苛性钠溶液吸收 OsO_4。四氧化锇和四氧化钌蒸馏器见图 4.4。

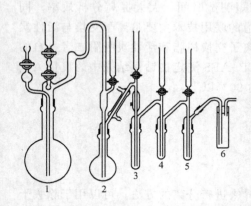

图 4.4　四氧化锇和四氧化钌蒸馏器

1—蒸馏瓶；2～5—接收器；

6—碱吸收器（吸收溴）

将铂族金属的硫酸溶液移入蒸馏瓶中，加热至沸，逐渐加入 10mL 5％氯酸钠溶液，继续蒸馏至氧化物停止析出，即直至接收器内颜色强度不再增强为止。然后向蒸馏瓶中加入 10～12mL 10％溴酸钠溶液，继续蒸馏至溴停止析出，再延续 40～45min。最后在蒸馏瓶中析出氢氧化铱、氢氧化铑、氢氧化铁（如果存在的话）。

前三个接收器吸收 RuO_4，第一个盛 100mL HCl（1＋1），第二个盛 50mL HCl（1＋2），第三个盛 50mL HCl（1＋3）。在第四个和第五个接收器内分别加入 200mL 10％NaOH 溶液和 100mL 10％的乙醇溶液以吸收 OsO_4。

锇和钌的蒸馏结束后，用灯加热第一个接收器。这时 OsO_4 和未被还原的 RuO_4 转入第二个接收器中。然后加热第二个接收器，OsO_4 和少量 RuO_4 转入第三个接收器中。再以同法蒸馏第三个接收器。OsO_4 进入第四个接收器中并被吸收，而碱溶液的颜色呈浅玫瑰紫色。第五个接收器备用。在上述过程完成之后，将蒸馏再延续 10min。

在蒸馏的同时，慢慢地将空气通入装置。合并前三个接收器的溶液以测定钌，在第四个和第五个接收器中测定锇。

② 第二种方法　方法基于四氧化锇和四氧化钌对过氧化氢的不同反应，当四氧化锇从过氧化氢溶液中馏出时，四氧化钌则被过氧化氢还原至低价氧化态。

采用与 $HClO_4$ 或其他氧化剂一起加热的方法可将四氧化锇和四氧化钌同时蒸馏到用冰冷却的 3％的 H_2O_2 溶液中（四氧化锇能从热溶液中挥发）。将吸收四氧化锇和四氧化钌的 H_2O_2 溶液移入蒸馏瓶中。用 5％H_2SO_4 洗涤管子和接收器，合并洗液于蒸馏瓶中。加入 30％H_2O_2（每 15mg 的锇和钌加入 50mL）和 5mL 浓 H_2SO_4。

在第一个接收器中注入 100mL 水；第二个接收器中注入 30mL HBr；在以后的接收器中各注入 10mL HBr。将所有接收器都用冰冷却。把蒸馏瓶中的溶液小心煮沸 30min。这时馏出的四氧化锇被 HBr 吸收。

锇的蒸馏结束后，合并接收器中的溶液以测定锇。向蒸馏瓶中加入 10mL 浓 H_2SO_4 及过量的 10％的溴酸钠溶液，并加热至沸。用装有 3％H_2O_2 溶液（用冰冷却）或 HCl（1＋1）溶液的接收器将馏出的四氧化钌吸收。四氧化钌蒸馏结束后，合并吸收液，再测定钌。

4.5.2　挥发分离法

挥发分离法习惯上是指把干扰组分借助挥发而除去的分离法。在很多情况下，挥发分离法是结合试样分解进行的，如溶样时加 H_2SO_4、HF 分解试样，硅以 SiF_4 挥发逸出。

4.6　吸附分离法

4.6.1　活性炭吸附法

活性炭吸附法是一种吸附分离法。吸附分离法是利用某些多孔固体有选择地吸附流体中的一个或几个组分，从而使组分从混合物中分离的方法。用于吸附分离的吸附剂主要有硅胶、活性炭和生物吸附剂三种。硅胶和活性炭吸附技术在国内外用于提取有色金属已有多年的历史，而生物吸附剂则是近几年研究出来的新型吸附剂。硅胶具有多孔结构，比表面积大，吸附性强，但是其选择性较差。为了解决这个问题，可以将硅胶改性，使螯合基团键合在硅胶上，这样不仅提高了硅胶的选择性，也使其再生能力得到增强。同样，炭粉也可以先负载螯合剂或萃取剂，然后再用于有色金属离子的吸附。常用的配合剂有 8-羟基喹啉、PAN、吡咯烷二硫代氨基甲酸铵、二乙基氨硫酸钠、抗坏血酸等。活性炭纤维对氯金酸有较强的吸附性能，吸附率可达 96.0％ 以上。

如活性炭吸附法可在盐酸介质中，用 $SnCl_2$ 溶液作为载体，用活性炭吸附溶液中的铂族元素，可以有效地吸附 Pt、Pd 和 Au，然后灼烧富集物，进行测量。这种方法不能富集所有的铂族元素且回收率不高，对铂族元素很少采用。

(1) 方法原理

活性炭比表面积大（约为 $10^2 \sim 10^3 \, m^2/g$），孔隙多，具有优良的吸附特性。50mg 活性炭可吸附约 1mg 的有色金属配合物。活性炭的吸附机理很复杂，在水溶液中，它能选择性地吸附有色金属配阴离子而显示其阴离子交换剂的特性。若经过 HNO_3 处理，即将活性炭氧化，则其对 Ag^+ 和碱土金属阳离子有良好的吸附性能而显示出阳离子交换剂的作用。若将具有选择性功能团的配位剂负载于活性炭上，则活性炭将成为具有选择性的负载螯合吸附剂，可用于吸附难以吸附的金属离子。因此，活性炭在富集有色金属离子方面具有很好的应用前景。

(2) 实验步骤

活性炭富集金一般包括三个步骤。

① 活性炭的预处理　常用的方法是将活性炭用 48％的氢氟酸浸洗，再用浓盐酸浸洗，最后用去离子水冲洗至中性，晾干；或用 25％的盐酸煮沸除去杂质，用去离子水冲洗至中性，晾干、备用。也可以用 20g/L 的 NH_4HF_2 溶液浸泡 7d 以上，再用 2％的盐酸和去离子水洗涤至无 F^- 为止。

② 吸附过程　可以采用静态吸附和动态吸附两种方法。所谓静态吸附即将活性炭浸泡于含金的溶液中，经过一定时间后过滤，金被吸附于活性炭上，滤液中的金含量明显低于吸附前的状态。动态吸附是将活性炭固定住，可以装入吸附柱；也可以装入滤袋置于被吸附的溶液中，使溶液通过外力在活性炭层循环，经过一定时间后，活性炭上吸附达到饱和（图 4.5 和图 4.6）。

③ 解吸过程　活性炭上金的解吸主要有两种方式：一是将活性炭取出，烘干后置于坩埚中进行炭化和灼烧，活性炭灼烧完毕后留下富含金的烧结物，这种解吸方式中活性炭无法再次得到利用；二是将有关的解吸液（如硫脲）在活性炭层循环，使活性炭上吸附的金重新进入溶液而与活性炭层分离。这种解吸方式中活性炭可以重复利用，从生产角度看是有利的；但在稀贵金属分析中，很可能因为解吸不完全而使测出的含量偏低。因此，在稀贵金属分析中所用的解吸方式一般为炭化灼烧方式。

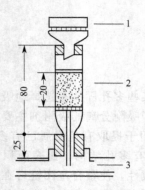

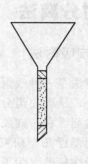

图 4.5 活性炭吸附柱抽滤吸附装置　　　　图 4.6 短柄漏斗活性炭吸附柱
1—布氏漏斗；2—吸附柱；3—抽滤管

(3) 方法评价和应用范围

活性炭富集分离法是目前国内外应用最广泛的富集、分离金的方法之一。该法操作简单快速，分离效果好，回收率高（99%），操作条件较宽（5%～40%王水介质均可吸附完全），易于掌握，而且成本较低。尤其是利用活性炭制备的活性炭吸附柱抽滤吸附装置和短柄漏斗活性炭吸附柱（图 4.5 和图 4.6），可以将过滤残渣与富集分离合为一体，一次抽滤完成，形成具有独特风格的富集分离方法。其操作速度是其他富集分离方法无法比拟的，特别适用于大批量生产样品的分析。

该法已广泛应用于滴定法、分光光度法、催化比色法、原子吸收法、化学光谱法测定金等有色金属元素的分离和富集。

4.6.2 泡塑吸附法

泡塑（泡沫塑料）属于软塑料，是甲苯二异氰酸盐和聚醚或聚酯通过酰胺键交联的共聚物，是固体泡沫材料，松装密度为 $15～36kg/m^3$。这种泡沫塑料所含的功能团—CH_2—HO^+—CH_2—或—$OCONH_2^+$ 等对稀贵金属的富集和分离十分有利，已经在稀贵金属的富集和分离方面得到广泛应用。如负载有二硫腙的聚氨基甲酸乙酯泡沫塑料对稀贵金属的吸附率很高，静态法测得泡沫塑料的吸附容量为 $0.74～0.88mg/kg$，回收率>95%。如有 EDTA 存在，则聚氨酯泡沫塑料能定量吸附 Ag^+ 与邻菲罗啉的配合物，而其他金属离子不被吸附。

泡沫塑料吸附稀贵金属的机理十分复杂，已经提出的解释有表面吸附、吸附、萃取、离子交换、阳离子螯合等，但没有一种解释可以圆满地解决其吸附机理问题，但这并不影响泡沫塑料作为一种廉价和高效的稀贵金属富集手段的使用。在稀贵金属分析中，富集了稀贵金属的泡沫塑料解吸方式和活性炭的解吸方式一样，以高温炭化为主。

4.7　液膜法

液膜法是依据膜对不同物质具有选择性渗透的性质来进行组分的分离。液膜法是 20 世纪 70 年代以来迅速发展起来的一种分离技术，它吸取了溶剂萃取法的优点，但又与溶剂萃取法不同，液膜法可以逆浓度梯度迁移溶质，特别适宜于稀贵金属的提取和富集。如用支撑液膜法通过改变 HDEHP［二(2-乙基己基)磷酸］的浓度分离富集 Pt 和 Rh；用多胺型表面活性液膜分离 Au(Ⅲ)，分离率达 100.0%；用中空纤维支撑液膜分离 Pd(Ⅱ) 时，用壬基硫脲(NTH) 作流动载体有利于钯迅速通过液膜，提高钯的分离率。

液膜通常由膜溶剂、表面活性剂、流动载体和膜增强添加剂组成。膜溶剂是液膜的主体，它对液膜体系的性能有一定影响，一般选用煤油作膜溶剂，选择的依据是液膜的稳定性和对溶质的溶解性。表面活性剂是液膜的主要成分之一，它不仅对液膜的稳定性起决定作用，而且对组分通过液膜的传质速率、破乳、油相回用等都有显著影响。流动载体的作用是能够快速、高效、选择性地传输指定的物质。膜增强添加剂可用于进一步提高膜的稳定性。

按构型和操作方式的不同，液膜分为乳状液膜、支撑液膜、包容液膜、静电式准液膜。乳状液膜是利用表面活性剂的乳化作用将两种互不相溶的液相制成乳液，然后将乳液分散在第三相（连续相）中而得到的。根据成膜材料即水膜和油膜的不同，将上述多重乳液分为 O/W/O 型和 W/O/W 型。乳状液膜根据膜相中是否含有载体可分为非流动载体液膜和流动载体液膜。支撑液膜是利用界面张力和毛细管力作用，将膜相附着在多孔支撑体的微孔中制成。静电式准液膜是 20 世纪 80 年代中期发展起来的新型液膜技术，该技术将静电相分散技术与液膜原理相结合，实现了萃取和反萃取在同一反应槽内的耦合，具备液膜过程所特有的非平衡传质特性。乳状液膜法以非平衡萃取为传质特征，实现了萃取过程与反萃取过程的合二为一，分离步骤和有机试剂消耗少。

液膜分离的高效、快速、高选择性、应用面广等优点使它多年来一直受到关注和研究，其有关理论和应用技术正在得到进一步完善和发展。

近几年来，随着科学技术的不断发展，有色金属分析技术向着低检出限、高选择性、高灵敏度的方向发展，这就要求研究与之匹配的高效率的分离富集方法，这对于有色金属的痕量、超痕量分析具有重要意义。在不久的将来，预计有色金属分析采用分离、富集方法方面的研究将会集中在以下几个方面：

① 对于溶剂萃取分离法，由于目前还没有一种高效萃取体系能将所有有色金属定量地与其他元素分离，可以在这方面进行深入研究，开拓萃取剂的种类，使萃取分离有色金属具有更广阔的前景。

② 在离子交换法方面，要充分利用原材料丰富、价格低廉的壳聚糖、纤维素、木质素等，合成新型螯合树脂及生物吸附剂。

③ 不断完善经典的分离富集技术，发展新的联用技术；同时应继续研究具有高选择性、高分离率且简便易行的新分离方法。

另外，流动注射在线富集和仪器测试相结合是一种富集与测定同时进行的方法，它克服了常规离线操作费时、污染环境和试样、试剂消耗量大等缺点，大大提高了分析效率、灵敏度和选择性，并可以进行多成分检测。

不同的试样消解方法和有色金属元素分离、富集方法均有其各自的优缺点，所适用的样品类型也不尽相同。国内外目前较多采用的试样消解方法是镍锍火试金法和酸溶法（微波消解、Carius 管酸溶）；有色金属元素分离、富集中应用较为广泛的是共沉淀法和离子交换法。但也不可一概而论，在实际的应用中，应针对样品的具体特点来选取合适的试样消解方法及有色金属元素分离、富集方法。同时，不同的样品消解、分离与富集方法，对于后期的仪器测试具有不同影响。因此，在选择使用时要优先考虑样品特点及仪器测试的要求。此外，一些早期建立的预处理方法，因限于当时的实验室和仪器条件，较难满足样品中有色金属元素高精度测试的需要。但是，如果结合目前新的实验设备和实验条件，可以大大提高其预处理效果，这将成为未来铂族元素测试分析中试样预处理方法研究的重点之一。

第5章

有色金属及其深加工产品的分析

5.1 有色重金属及其深加工产品的分析

5.1.1 铜及其深加工产品的分析

5.1.1.1 铜的分析

铜的测定最常用的方法是重量法和滴定法。电解重量法通常可分为恒电流电解法和控制阴极电位电解法,这两种方法是利用在一定条件下进行恒电流电解或控制阴极电位电解,使铜在铂网电极上析出,然后用重量法进行测定。

以下将分别介绍铜分析采用的恒电流电解法、碘量法、EDTA 络合滴定法、光度法。

(1) 恒电流电解法

在含有硫酸和硝酸的酸性溶液中,在铂电极间加适当的电压使之发生电解反应,在阴极上有金属析出,而在阳极上则有氧气逸出。

在阴极上:
$$Cu^{2+} + 2e \longrightarrow Cu$$

在阳极上:
$$2OH^- - 2e \longrightarrow H_2O + \frac{1}{2}O_2 \uparrow$$

电解结束时将积镀在铂阴极上的金属铜烘干并称重,根据其质量计算含铜试样中铜的百分含量。要达到定量分析的要求,在阴极上析出的金属铜必须是纯净、光滑和紧密的镀层,否则测定的结果不准确。

电解时,首先要防止试样中共存的杂质和铜一起在阴极还原析出。如所分析的试样含有较多的杂质,可按杂质的种类和量的多少,选择合适的措施;如仅含砷较高,则可再增加溶样酸或在电解时加入硝酸铵 5g;如含有砷、锑、铋、锡等杂质但含量不高,则可采取二次电解的方法;如含有较高含量的硒、碲,则可在硫酸溶液中通入 SO_2 使这两种元素被还原而分离;如各种杂质含量都比较高,则可用氨水沉淀法(加铁作载体)进行杂质元素分离,然后再进行电解。

其次要控制好电解时的电流密度。一般采用较小的电流密度($0.2\sim0.5A/dm^2$)进行电解,如需用较大的电流密度电解,则应在搅拌的情况下进行,这样可获得较好的镀层。

铜的电解速度除了与电流密度有关外,还与 Cu^{2+} 浓度有关。一般来说,在开始阶段,溶液中铜离子浓度较高,电解的速度也较快。在铜的电解接近终点时,溶液中 Cu^{2+} 浓度很低,电解速度很慢，要使最后的一部分铜积镀完毕往往要等待 1～2h，而且在该阶段其他元素也很易析出。因此，为了缩短整个测定的时间，电解至最后阶段，溶液中残留的铜用光度法测定后加到主量中，有利于提高分析速度和准确度。

本方法适于测定铜含量在 40% 以上的样品。

① 试剂和仪器

a. 试剂　无水乙醇；氢氟酸；硝酸（1+1）；过氧化氢（1+9）；氯化铵溶液（0.02g/L）；硝酸铅溶液（10g/L）。铜标准贮存溶液：称取 1.0000g 纯铜，置于 250mL 烧杯中，加入 40mL 硝酸，盖上表面皿，加热至完全溶解，煮沸除去氮的氧化物。用水洗涤表面皿及杯壁，冷却。移入 1000mL 容量瓶中，用水稀释至刻度，混匀，此溶液 1mL 含 1mg 铜。铜标准溶液：移取 10.00mL 铜标准贮存溶液，置于 500mL 容量瓶中，用水稀释至刻度，混匀。此溶液 1mL 含 20μg 铜。

b. 仪器　备有自动搅拌装置和精密直流电流表、电压表的电解器。铂阴极：用直径约 0.2mm 的铂丝，编织成约 400 目筛网，制成网状圆筒形。铂阳极：螺旋形。原子吸收光谱仪（附铜空心阴极灯）。

② 分析步骤　准确称取一定量含铜试样于 250mL 聚四氟乙烯或聚丙烯烧杯中，加入 2mL 氢氟酸、30mL 硝酸，盖上表面皿，待反应接近结束，在不高于 80℃ 下加热至试样完全溶解。加入 25mL 过氧化氢、3mL 硝酸铅溶液，以氯化铵溶液洗涤表面皿和杯壁并稀释体积至 150mL。

将铂阳极和精确称量过的铂阴极安装在电解器上，使网全部浸没在溶液中，用剖开的聚四氟乙烯或聚丙烯皿盖上烧杯。在搅拌下且电流密度为 1.0A/dm² 进行电解。电解至铜的颜色褪去，以水洗涤表面皿、杯壁和电极杆，继续电解 30min。如新浸没的电极部分无铜析出，表明已电解完全。

不切断电流，慢慢地提升电极或降低烧杯，立即用两杯水交替淋洗电极，迅速取下铂阴极；并依次浸入两杯无水乙醇中，立即放入 105℃ 的恒温干燥箱中干燥 3～5min，取出置于干燥器中，冷却至室温后称重。

工作曲线的绘制：移取 0mL、2.50mL、5.00mL、7.50mL、10.00mL、12.50mL 铜标准溶液于一组 100mL 容量瓶中，分别加入 5mL 硝酸，用水稀释至刻度，混匀。在与试料溶液测定相同条件下，测量标准系列溶液的吸光度，减去标准系列溶液中浓度为"零"溶液的吸光度，以铜浓度为横坐标，吸光度为纵坐标，绘制工作曲线。

将电解铜后的溶液及第一杯洗涤电极的水分别移入 2 个 250mL 烧杯中，盖上表面皿，蒸发至体积约为 80mL，冷却。合并溶液移入 200mL 容量瓶中，用水稀释至刻度，混匀。使用空气-乙炔火焰原子吸收光谱仪，于波长 324.7nm 处，与标准系列溶液同时以水调零测量试液的吸光度。所测吸光度减去随同试料空白溶液的吸光度，从工作曲线上查出相应的铜浓度。

③ 结果计算　按下式计算铜的质量分数：

$$w = \left[\frac{(m_1 - m_2)}{m_s} + \frac{c V_0 V_2 \times 10^{-6}}{m_s V_1} \right] \times 100\%$$

式中，m_1 为铂阴极与沉积铜的总质量，g；m_2 为铂阴极的质量，g；c 为自工作曲线上查得的铜浓度，μg/mL；V_0 为电解后残留铜溶液稀释总体积，mL；V_2 为分取部分残留铜溶液后稀释体积，mL；V_1 为分取部分残留铜溶液的体积，mL；m_s 为试料的质量，g。所得结果保留两位小数。

④ 注意事项

a. 对含杂质锡、锑、砷、铋较高的试样可按下法进行氨水沉淀分离：称取一定量试样置于 400mL 烧杯中，加入硝酸（1+1）35mL，加热溶解后驱黄烟，加水至 70mL，加硝酸铁溶液（约含铁 10mg/mL）2mL，加氨水至出现沉淀并过量约 2~3mL；用中速滤纸过滤，滤液接收于 300mL 高型烧杯中，用热硝酸铵溶液（1%）洗涤烧杯及沉淀数次。将沉淀移入原烧杯中，用热硝酸（1+3）溶解滤纸上残留的沉淀，用水洗涤滤纸数次。在溶液中再加氨水沉淀一次，过滤，滤液并入 300mL 高型烧杯中，将沉淀溶解再用氨水沉淀一次。过滤，合并滤液，弃去沉淀。将滤液蒸发至约 100~150mL，滴加硫酸（1+2）酸化并加过量硫酸（1+2）15mL 及硝酸 2mL。按相关方法所述进行电解。

b. 使用铂电极应注意以下两点：不能用含有氯离子的硝酸洗铂电极，否则将使铂电极受到侵蚀，一般可以用试剂级的硝酸配成（1+1）的溶液洗电极；操作时，不要用手接触铂网，因为手上的油垢留在铂网上会使铜镀不上去。

c. 电解结束取下电极时要防止阴极上的铜被氧化，以免使质量增加。即应做到：当电极离开溶液时要立即用水冲洗电极表面的酸；铂网阴极一经洗净立即浸入乙醇中；阴极自乙醇中取出后要立即吹干（或 110℃烘 2~3min）。

（2）碘量法

碘量法测定铜具有快速、简便的特点，在条件合适的情况下可获得较准确的结果。在 pH=3~4 的弱酸性介质中，加入碘化钾与二价铜作用，析出的碘以淀粉为指示剂，用硫代硫酸钠标准溶液滴定，即可测得铜的含量。有关反应式为：

$$2Cu^{2+} + 4I^- = 2CuI \downarrow + I_2$$
$$I_2 + 2S_2O_3^{2-} = S_4O_6^{2-} + 2I^-$$

滴定时溶液的酸度不宜过高，也不宜太低。当溶液的酸度太低，如 pH>4 时，Cu^{2+} 与 I^- 的反应速率很慢且不完全。当溶液的 pH>5 时，会有沉淀生成使结果偏低。加入适量氟化氢铵作为缓冲剂（HF/F^-）可使溶液的酸度控制在 pH=3.4~4.0，而且还能络合共存的 Fe(Ⅲ) 而避免其干扰。NO_2^-、NO_2 的存在将干扰铜的测定，这是由于在酸性溶液中发生下列反应：

$$2NO_2^- + 2I^- + 4H^+ = 2NO + I_2 + 2H_2O$$
$$NO_2 + 2I^- + 2H^+ = NO + I_2 + H_2O$$

NO 被空气氧化为 NO_2，又能氧化 I^- 为 I_2，致使滴定终点不稳定。为此，在溶解试样时使用的硝酸必须除尽（至冒硫酸烟）或者避免使用硝酸，使用盐酸-过氧化氢溶解试样。

砷、锑、铁、钼、钒等元素对测定有干扰。试料用硝酸溶解，三价砷和锑用溴氧化，当溶液的酸度较高（pH<3）时，则高价砷、锑等元素将与碘化物作用而析出碘，因而干扰测定，会使测量结果偏高；而且由于空气的氧化作用使滴定终点反复。

由于 CuI 沉淀强烈地吸附 I_2，会使测定结果偏低，而且终点也不易观察，为改善这一情况，可在滴定近终点时加入 KSCN，使 CuI（$K_{sp}=1.1\times10^{-12}$）转化为溶解度更小的 CuSCN（$K_{sp}=4.8\times10^{-15}$）：

$$CuI + SCN^- = CuSCN \downarrow + I^-$$

这样不但可以释放出被吸附的 I_2，而且反应时再生出来的 I^- 可与未反应的 Cu^{2+} 发生作用。在这种情况下，可以使用较少的 KI 使反应进行得更完全。

① 试剂 碘化钾；氟化氢铵饱和溶液（贮存于聚乙烯瓶中）；氨水；冰醋酸；硝酸（1+2）；硫氰酸钾溶液（200g/L）；氨水（1+1）。淀粉溶液（5g/L）：称取 5g 可溶性淀粉与蒸馏水调成糊状，倾入 80mL 沸水中，煮沸至淀粉全部溶解。冷却后稀释至 100mL，混匀。用时现配。铜标准溶液：称取 1.0000g 纯铜，加 20mL 水、10mL 硝酸，加热溶解，加 10mL 硫酸，蒸发

至冒硫酸烟 1min，冷却。用水溶解盐类，移入 1000 mL 容量瓶中，用水稀释至刻度，混匀。此溶液 1 mL 含 1mg 铜。

硫代硫酸钠标准溶液 $[c(Na_2S_2O_3 \cdot 5H_2O) = 0.1mol/L]$：

a. 配制　称取 2.48g 硫代硫酸钠（$Na_2S_2O_3 \cdot 5H_2O$），置于 1000mL 烧杯中用煮沸后冷却的蒸馏水溶解，加 0.2g 无水碳酸钠，溶解完全后用煮沸并冷却的蒸馏水稀释至 1000mL，混匀；贮存于棕色瓶中，放置 8~14d 后标定使用。

b. 标定　移取 20.00mL 铜标准溶液三份，分别置于 250mL 锥形瓶中，加 30mL 水，滴加氨水（1+1）至溶液呈现蓝色，再滴加冰醋酸使蓝色消失并过量 2mL，加 3g 碘化钾，混匀，暗处放置 2min。用硫代硫酸钠标准溶液滴定至溶液呈淡黄色，加 3mL 淀粉溶液、10mL 硫氰酸钾溶液，继续用硫代硫酸钠标准溶液滴定至溶液呈乳白色。按下式计算硫代硫酸钠标准溶液对铜的滴定度：

$$T = \frac{cV_1}{V_0}$$

式中，T 为硫代硫酸钠标准溶液对铜的滴定度，g/mL；c 为铜标准溶液的浓度，g/mL；V_0 为滴定所消耗硫代硫酸钠标准溶液的体积，mL；V_1 为移取铜标准溶液的体积，mL。

② 分析步骤　取一定量的试样置于 500mL 锥形瓶中，缓慢加入 50mL 硝酸，盖上表面皿，低温加热溶解（难溶试样可加 0.5g 氟化铵助溶）。待试样全部溶解后，取下，用水洗涤表面皿及瓶壁，冷却至室温。加 20mL 磷酸、20mL 硫酸，继续加热蒸发至冒硫酸烟。冷却，加 25~30mL 水，溶解盐类，滴加氨水（1+1）至溶液呈现蓝色，再滴加冰醋酸使蓝色消失并过量 2mL；滴加 1mL 氟化氢铵，加 3g 碘化钾，混匀，暗处放置 2min，用硫代硫酸钠标准溶液滴定至溶液呈淡黄色。加 3mL 淀粉溶液、10mL 硫氰酸钾溶液，继续用硫代硫酸钠标准溶液滴定至溶液由蓝色转变为乳白色为终点。按下式计算铜的百分含量：

$$w = \frac{TV}{m_s} \times 100\%$$

式中，T 为硫代硫酸钠标准溶液对铜的滴定度，g/mL；V 为滴定所消耗硫代硫酸钠标准溶液的体积，mL；m_s 为称取试样的质量，g。

③ 注意事项

a. 为了防止铜盐水解，反应必须在弱酸性溶液（pH=3.0~4.0）中测定。酸度过低，Cu^{2+} 易水解，Cu^{2+} 氧化 I^- 的反应进行不完全，使结果偏低，而且反应速率慢，终点拖长；酸度过高，则 I^- 被空气中的 O_2 氧化（Cu^{2+} 催化此反应）生成碘，使结果偏高。

b. 若试样中有铁存在，因为 Fe^{3+} 能氧化 I^- 为 I_2，干扰铜的测定。加入氟化氢铵 NH_4HF_2，可以使 Fe^{3+} 与 F^- 形成稳定的配合离子 FeF_6^{3-}；消除其影响；又可起到缓冲作用以控制溶液的酸度在 pH=3.0~4.0。NH_4HF_2（即 $NH_4F \cdot HF$）是一种很合适的缓冲溶液，因 HF 的 $K_a = 6.6 \times 10^{-4}$，故能使溶液的 pH 值保持在所需范围内。

c. 加水稀释，既可以降低溶液的酸度，使 I^- 被空气氧化的速度减慢，又可使硫代硫酸钠溶液的分解作用减小。

d. Cu^{2+} 与 I^- 的反应是可逆的。为了促使反应实际上能趋于完全，必须加入过量的 KI。碘化钾的作用有三个方面：作还原剂（使 $Cu^{2+} \longrightarrow Cu^+$），作沉淀剂（使 $Cu^+ + I^- \longrightarrow CuI \downarrow$），作络合剂（使 $I^- + I_2 \longrightarrow I_3^-$）。为了使反应加速进行，避免 I_2 的挥发，必须加入足量的碘化钾，但也不能过量太多；否则碘和淀粉的变色不明显。一般碘化钾的用量比理论值大 3 倍较合适，同时反应最好在 25℃ 下进行，并使用碘量瓶。另外，为了避免 I^- 的氧化，反应时应避免阳光的照射，析出的碘应及时用硫代硫酸钠滴定，并适当提高滴定速度。

e. 淀粉溶液应在滴定接近终点时加入，否则将会有较多的 I_2 被淀粉胶粒包住，使滴定时蓝色褪去很慢，妨碍终点的观察。

f. KSCN 只能在接近终点时加入，否则 SCN^- 会还原大量存在的 I_2，致使测定结果偏低。

$$2SCN^- + I_2 = (SCN)_2 + 2I^-$$

在滴入硫代硫酸钠溶液使蓝色消失后 10s 内不重新出现蓝色即可判断为终点。

(3) EDTA 络合滴定法

在 $pH = 2.5 \sim 10$ 范围内，Cu^{2+} 与 EDTA 能生成稳定的配合物，适于络合滴定。EDTA 滴定法测定铜有直接滴定法和返滴定法两类。若共存干扰元素需用一定的方法掩蔽时才可采用直接滴定法，否则以返滴定法为宜。实际测定中常采用如下方法来提高测定的选择性。

① 硫脲掩蔽差减滴定法 取相同量的试液两份，一份试液中加入硫脲将铜掩蔽而另一份试液中不加硫脲，分别在 $pH = 5 \sim 6$ 的条件下用 EDTA 标准溶液滴定试液，两份试液滴定所消耗 EDTA 标准溶液体积的差值即相当于试样中铜消耗的 EDTA 标准溶液。汞对测定有干扰。此方法属于直接滴定法。

② 硫脲置换解蔽返滴定法 试液中加入过量的 EDTA 溶液，与包括铜在内的所有金属离子螯合，在 $pH = 5 \sim 6$ 的条件下用铅标准溶液滴定过量的 EDTA。然后调节酸度为 $0.2 \sim 0.5 mol/L$，加入硫脲将铜（Ⅱ）从 EDTA 螯合物中定量置换出来并掩蔽，再用锌盐（或铅盐）标准溶液滴定释放出的 EDTA，从而计算试样中铜的含量。此方法属于返滴定法。

铜（Ⅱ）与 EDTA 能够形成稳定的蓝色螯合物，因此，在 $pH = 2.5 \sim 10$ 的酸度范围内可进行螯合滴定。由于铜-EDTA 螯合物呈较深的蓝色，试样中铜的绝对量不宜太多（$\leqslant 30 mg$），以免铜-EDTA 螯合物的颜色影响指示剂的颜色变化。

上述滴定方法中可采用的金属指示剂主要有 PAN、1-(2-噻唑偶氮)-2-萘酚(TAN)、二甲酚橙（XO）等。PAN、TAN 适用于直接滴定，由于指示剂与铜（Ⅱ）的螯合物在水溶液中的溶解度较小，须加适量乙醇并加热以便于终点的观测，也可加入非离子表面活性剂使铜与指示剂的螯合物增溶，这样便可不加乙醇。用铅或锌标准溶液返滴定时 XO 是较好的指示剂，但此指示剂不宜用于铜的直接测定，因铜（Ⅱ）易与 XO 形成不被 EDTA 取代的稳定螯合物，从而使指示剂产生"封闭"而不能正确指示滴定终点。

③ 以硫脲-抗坏血酸-辅助络合剂（氨基硫脲，少量 1,10-邻二氮杂菲）作联合掩蔽剂，用 EDTA 滴定 Cu^{2+}。即在 $pH = 5 \sim 6$ 的溶液中，加入过量的 EDTA，过量的 EDTA 用二甲酚橙作指示剂，用锌盐（或铅盐）溶液进行返滴定。然后用混合掩蔽剂分解 Cu^{2+}-EDTA 配合物，再用锌盐（或铅盐）溶液返滴定析出的 EDTA。此法中存在 Ag^+、As（Ⅲ，V）、Pb^{2+}、Zn^{2+}、Ni^{2+}、Sb^{3+}、Bi^{3+}、Cr^{3+}、Hg^{2+} 和 Al^{3+}（在室温下），以及少量的 Cd^{2+} 和 Co^{2+} 不干扰测定。

上述联合掩蔽剂中的硫脲是主络合剂，1,10-邻二氮杂菲是辅助络合剂，抗坏血酸为还原剂。此三元掩蔽体系之所以能在 $pH = 5 \sim 6$ 的低酸度条件下迅速分解 Cu^{2+}-EDTA 配合物，主要是由于 1,10-邻二氮杂菲的催化作用。整个分解反应的过程可分析如下。

第一步，辅助络合剂 1,10-邻二氮杂菲从 Cu^{2+}-EDTA 配合物中夺出少量二价铜离子：

$$CuY^{2-} + 3phen = Cu(phen)_3^{2+} + Y^{4-}$$

第二步，在 $Cu(phen)_3^{2+}$ 配合物中 Cu^{2+} 被未饱和的配位体所环绕，取代了饱和的配位体 EDTA，致使电子转移比较容易，因此 $Cu(phen)_3^{2+}$ 较容易地被抗坏血酸还原为一价铜的配合物 $Cu(phen)_2^+$。

第三步，主络合剂硫脲立即和 Cu^+ 组成更稳定的配合物，辅助络合剂被释出。

$$Cu(phen)_2^+ + 4SC(NH_2)_2 = Cu[SC(NH_2)_2]_4^+ + 2phen$$

然后，它又重新回到第一步的作用，进一步分解 Cu^{2+}-EDTA。由上所述可知，辅助络合剂的作用与催化剂的作用相似，它的加入量很少，却大大加速了对 Cu^{2+}-EDTA 的解蔽作用，因此可把它称为"催化解蔽剂"。实验证明：由 $2\sim3g$ 硫脲、0.5g 抗坏血酸和约 0.5mg 的 1,10-邻二氮杂菲组成的联合掩蔽剂可迅速分解 Cu^{2+}-EDTA 配合物，滴定终点敏锐且稳定不变。

由于 Cu^{2+}-EDTA 的颜色较 Cu^{2+} 水溶液的颜色深，所以用 EDTA 测定铜时，Cu^{2+} 的质量不能大于 30mg，否则终点不明显。

（a）试剂　EDTA 溶液：0.05mol/L。锌（或铅）标准溶液：0.01000mol/L，称取纯锌（或铅）或优级纯硝酸锌（或硝酸铅）试剂配制而成。六次甲基四胺溶液：30%。抗坏血酸溶液：5%。1,10-邻二氮杂菲溶液：0.1%。硫脲溶液：10%。二甲酚橙指示剂：0.5%。过氧化氢（30%）。氟化铵。浓盐酸。

（b）分析步骤　称取一定量的试样，置于 250mL 烧杯中，加浓盐酸 20mL，分次加入过氧化氢约 10mL 溶解试样，待试样完全溶解后，加热煮沸约半分钟使多余的过氧化氢分解。冷却，移入 200mL 容量瓶中，加水至刻度，摇匀。吸取试样溶液 10mL，置于 250mL 锥形瓶中，加入 EDTA 溶液（0.05mol/L）20mL，摇匀。加热 1min，取下，冷却至室温。加入六次甲基四胺溶液（30%）15mL、二甲酚橙指示剂数滴，用铅标准溶液（0.01000mol/L）滴定至黄绿色转变为蓝色，不计所耗体积。依次加入硫脲溶液 20mL、抗坏血酸溶液 10mL 及 1,10-邻二氮杂菲溶液 10 滴，摇动溶液至色泽转为黄色，再用铅标准溶液滴定至微红色为终点。按下式计算试样的含铜量：

$$w = \frac{V \times 0.01000 \times 0.06354}{m_s} \times 100\%$$

式中，V 为加入硫脲溶液后，滴定所消耗铅标准溶液的体积，mL；m_s 为称取试样的质量，g；0.06354 为铜的毫摩尔质量，g/mmol。

（4）光度法

① IDTC 光度法　氨基二硫代甲酸的衍生物是一类重要的显色剂。例如，二乙氨基二硫代甲酸钠（NaDDTC）作为铜（Ⅱ）的显色剂迄今仍被广泛应用。由于 $Cu(DDTC)_2$ 螯合物在水溶液中不溶解，故须加入保护胶体方能在水溶液中做光度测定。也可用氯仿等溶剂将 $Cu(DDTC)_2$ 萃取入有机相后进行光度测定。氨基二乙酸二硫代甲酸盐（简写为 IDTC）的显色剂用于测定铜的显色剂，具有显色反应条件容易掌握，所形成的螯合物为水溶性，不需加保护胶，灵敏度较高和干扰元素容易被掩蔽等优点。

铜（Ⅰ、Ⅱ）与 IDTC 在 pH=3~11 的酸度范围内形成水溶性的棕黄色螯合物，其吸收峰在 440nm 处，吸光度在 24h 内稳定不变。但当有 EDTA 存在时，螯合物的稳定性随溶液的酸度不同而不同。在 pH=3 时，螯合物只能稳定 20min；在 pH=4.5 时，可稳定 45min；而在 pH=5.7~6.5 范围内，可稳定 3h。

镍（Ⅱ）、钴（Ⅱ）、铁（Ⅲ）、钼（Ⅵ）、银（Ⅰ）、铋（Ⅲ）等元素与 IDTC 反应生成有色螯合物，因而会干扰铜的测定。锌（Ⅱ）、锰（Ⅱ）、镉（Ⅱ）、镁（Ⅱ）、钙（Ⅱ）、铝（Ⅲ）、锡（Ⅵ）、稀土（Ⅲ）、钛（Ⅳ）、钨（Ⅳ）等元素或不与 IDTC 反应或与 IDTC 反应，但在铜螯合物的测定波长处无吸收，故对铜的测定无影响。铅的存在抑制铜的显色。在 pH=5~6 时加入 EDTA 可消除镍、铁、铅的干扰。钼（Ⅳ）在 pH 值为 5 左右不显色。银、铋、钴与 IDTC 的螯合物在 pH 值为 3 时不被 EDTA 所破坏而铜的螯合物被破坏。利用这一差别可实现在银、铋、钴的存在下测定铜。铬（Ⅵ）、钒（Ⅴ）及其他氧化性物质能破坏 IDTC 试剂，应消除其干扰。加入抗坏血酸使铬、钒被还原后可消除其干扰。氨水及六次甲基四胺等试剂抑制铜与 EDTA 的反应，因此不宜用于调节酸度。其他常见的阴离子均无干扰。

② 双环己酮草酰二腙光度法　双环己酮草酰二腙（简称 BCO）与铜离子在碱性溶液中生成蓝色配合物。BCO 试剂在水溶液中有互变异构作用。铜（Ⅱ）只与 BCO 试液的烯醇式Ⅰ状态反应生成蓝色配合物。而在 pH＝7～10 的条件下 BCO 主要以烯醇式Ⅰ的状态存在，因此铜与 BCO 显色反应的适宜酸度条件为 pH＝7～10。当 pH＜6.5 时不形成螯合物；而当 pH＞10时，螯合物的蓝色迅速消退。此外，适宜的酸度范围会受到共存元素及不同缓冲体系等因素影响。在柠檬酸铵、氢氧化钠、硼酸钠缓冲介质中，显色反应的适宜酸度为 pH＝8.5～9.5，此反应的灵敏度略高于 $Cu(DDTC)_2$ 的反应。铜螯合物的吸收峰值在 595～600nm 波长处。铜浓度在 0.2～4μg/mL 之间遵守比耳定律。BCO 试剂的加入量一般应在铜量的 8 倍以上。加入BCO 试剂后需放置 3～5min 使反应完全。大量柠檬酸盐的存在使显色反应的速率减慢。

5.1.1.2　硫酸铜产品的分析

采用间接碘量法测定硫酸铜中铜的含量。

① 分析原理　原理见本节前述碘量法。大量 Cl^- 能与 Cu^{2+} 络合，I^- 不易从 Cu(Ⅱ) 的氯配合物中将 Cu(Ⅱ) 定量地还原，因此最好用硫酸而不用盐酸（少量盐酸不干扰）。

② 主要试剂　$Na_2S_2O_3$ 标准溶液 $[c(Na_2S_2O_3)=0.1mol/L]$；KI 溶液（10%）（用前配或用固体）；KSCN 溶液（10%）；H_2SO_4（1mol/L）；淀粉指示剂（0.5%）：用前配，加少许硼酸或几滴 6mol/L NaOH 溶液，可保存一周左右。

③ 分析步骤　准确称取胆矾（$CuSO_4 \cdot 5H_2O$）0.5～0.6g，置于 250mL 锥形瓶中，加5mL 1mol/L H_2SO_4 和 30mL 水使之溶解。加入 10% KI 溶液 10mL，立即用硫代硫酸钠标准溶液滴定至呈浅黄色。然后加入淀粉指示剂 2mL，继续滴定到呈浅蓝色。再加入 10mL 10%KSCN 溶液，摇匀后溶液蓝色转深，再继续滴定到蓝色恰好消失，此时溶液为米色或浅肉红色CuSCN 悬浮液。由实验结果计算硫酸铜的含量。

5.1.1.3　铜和铜合金产品的分析

电解铜中铜的含量为 98%～99.99 %，杂质元素主要有铅、铋、氧、硫等。另外，还有铝、锌、银、镉、镍、铁、锡等。纯铜中杂质元素的存在，对铜的各种性质有不同影响。例如，磷、砷、锡对铜的电导率影响较大，而对力学性能没有影响。铅、铋、硫化物等虽对电导率影响不大，但却危害铜材的塑性变形能力。这是由于铋和铅能在铜的晶界上形成低熔点组织。当压力加工温度超过铅或铋的熔点时，含铅晶界发生断裂，因而使铜的热加工性能变差，称为热脆性；而铋本身性脆，在冷加工时，也可沿晶界断裂，称为冷脆性。因此，应严格控制铜中的铅和铋。硫化铜（CuS）虽不影响热加工性能，但在寒冷的环境下会增加铜的脆性。硒、碲也有和硫类似的影响。当铜中含氧时，铋、铅能在 700℃ 以下形成氧化物而不析出对热加工有害的金属杂质，因此含氧铜中铋、铅的允许含量可较无氧铜略高。铁、锰、镍是对磁性影响较大的元素，用于制造抗磁性干扰仪器的纯铜中应尽量避免混入这三种元素。氧在铜中是以 Cu_2O（38℃以上）或 CuO（38℃以下）状态存在，当其含量不大于 0.1% 时，对力学性能和塑性变形性能无影响，但当氧与砷共存且含量都较高（达 0.05%）时会使铜变脆。用于高导电的铜线，或需与玻璃焊接的铜线等，要求铜中的含氧量小于 0.03%（无氧铜）。有时为了除尽氧，加入磷或锰作为脱氧剂。但作为高导电材料，残留磷不应超过 0.01%，焊接用铜材的残留磷则应小于 0.04%。锰脱氧铜主要用于电子管材料，其锰的残余量允许范围为 0.1%～0.3%。

(1) 铜及铜合金溶解与分离方法

通常用酸溶法溶解含铜的非铁金属及钢铁试样，但必须在氧化条件下进行，铜合金不宜用硝酸溶解，可用盐酸加适量过氧化氢或用盐酸加适量硝酸溶解。

分离铜的方法主要如下。

① 硫化物沉淀分离法　在 0.3mol/L 的盐酸或 0.15mol/L 的硫酸中通入硫化氢气体可使铜生成硫化铜沉淀，从而使铜与铁、镍、钴、锰、锌等元素分离，但砷、锑、锡、钼、硒、碲、金、铂、钯、汞、铅、铋、镉等元素与铜同时生成硫化物沉淀。如果在氢氧化钠碱性溶液中加入硫化钠使铜生成硫化铜沉淀，砷、锑、锡等元素以硫代酸盐状态保留在溶液中，因而可与铜分离。加入 $5 \sim 10$ mg Pb^{2+} 作为载体可使微克量级的铜以硫化物状态定量析出，沉淀物放置较长的时间（最好放置过夜）后才能过滤。溶液中氯化物浓度太大会使铜沉淀不完全。

也可用硫代乙酰胺代替硫化氢作为铜的沉淀剂，因为在酸性溶液中硫代乙酰胺水解产生硫化氢：

$$CH_3CSNH_2 + 2H_2O \Longrightarrow CH_3COONH_4 + H_2S\uparrow$$

沉淀可在 3mol/L 以下的硫酸或 2mol/L 以下的盐酸或 0.5mol/L 以下的硝酸中进行。

② DDTC 沉淀分离法　用酒石酸或 EDTA 掩蔽铁、铬、镍等元素的离子，在 $pH = 10$ 左右的氨性溶液中铜离子与 DDTC 定量地生成沉淀。利用此法可分离钢铁等合金中 0.1% 以上的铜。

③ 二苯硫腙萃取分离法　在 0.1mol/L 的酸性溶液中，铜（Ⅱ）离子与二苯硫腙形成能被三氯甲烷、四氯化碳等有机溶剂萃取的螯合物。利用此法可使微量铜与钴、镍、钼、铅、锌、镉等元素分离，但铋、汞、钯、金、银、铂也被萃取。加入适量 0.1mol/L 的溴化物或碘化物，可掩蔽少量汞、银及铋。也可用等体积 2% 碘化钾和 0.01mol/L 盐酸混合液洗涤有机相以除去已被萃取入有机相的汞、银及铋。有大量铁（Ⅲ）离子共存时则先用甲基异丁酮在盐酸介质中萃取除去。

(2) 铜的分析

铜合金中铜的化学分析方法主要有电解法、碘量法、EDTA 滴定法。以锡青铜中铜的分析方法为例介绍如下。

锡青铜是以铜、锡为主要成分的铜基合金。为了节约铜的用量或改善铸造和力学性能，锡青铜中常加入铅、锡、磷等元素作为合金成分。锡青铜中加入磷有以下三个不同的目的。①为了脱氧。如锡青铜中含氧，则将以硬而脆的 SnO_2 状态存在，影响铸件的质量。加入适量的磷能除去合金中的氧。作为脱氧剂加入的磷，要求其在合金中的残留量不大于 0.015%。②为了改善合金的韧性、硬度、耐磨性和流动性。例如，在锡青铜中加入 0.1%～0.3% 的磷使合金具有很好的力学性能和工艺性能并具有较高的弹性极限，能进行挤压和冷加工，适合于制造各种耐磨和弹性机械零件。由于磷在锡青铜中的溶解度很小，含磷超过 0.3% 时，即开始形成 Cu_3P 化合物，使合金发生"热脆"，故用于热加工的锡青铜含锡应小于 8%，含磷应小于 0.25%。③在轴承用锡青铜中加入高达 1%～1.2% 的磷形成硬而耐磨的 Cu_2P 化合物，可作为轴承材料中不可缺少的耐磨组织。

铅在锡青铜中是以独立的夹杂状态存在的，它能改善合金的切削性能和耐磨性能，但降低合金的力学性能和热加工性能，一般只加入 3%～5%；但轴承铅合金中的铅可达 25%。

锌能大量溶解于锡青铜中，加入 5%～10% 的锌能提高合金的流动性和改善其工艺性能。此外，加入锌还能使合金的成本降低。

镍能细化锡青铜的晶粒，提高其力学性能和耐磨性能，但会使锡的溶解度降低，影响合金的塑性，故变形用锡青铜一般要求镍含量不超过 0.5%，而某些铸造用锡青铜却可加入高达 5% 的镍。

铝、硅能提高合金的力学性能，但容易形成氧化物分布在晶粒间界上，使合金的强度和塑性都降低，故在变形用锡青铜中，铝、硅的含量应控制在 0.02% 以下，对铸造用合金则无严格要求。

铁能提高合金的强度和硬度，但会降低其抗蚀性和变形能力，故变形用锡青铜的含铁量不能大于 0.03%，而铸造用合金则可以高达 0.4%。

下面所述方法适用于各类锡青铜及锡磷青铜中铜含量的测定。

① 恒电流电解法　用硝酸及氢氟酸溶解试样，大量 $Sn(IV)$ 可被络合而留在溶液中，因而可省去偏锡酸沉淀的过滤，以及在偏锡酸沉淀中被吸附的铜的回收等操作过程。溶样过程中产生的氧化氮可加入过氧化氢进行还原。为了保护铂阳极，应当在溶液中加入一定量的 Pb^{2+}，让它在电解过程中以二氧化铅的状态在阳极上积镀。如果试样本身含铅可不必另加。电解液中残留的 Cu^{2+} 用光度法测定后加入主量中。

a. 试剂　硝酸（1+1）；氢氟酸；过氧化氢（3%）；柠檬酸铵溶液；中性红指示剂。硝酸铅溶液（1%）：称取硝酸铅 $[Pb(NO_3)_2]$ 1.00g，溶于水中，加水至 100mL。氯化铵溶液（0.02%）。双环己酮草酰二腙溶液（以下简称 BCO 溶液，0.2%）：称取试剂 0.5g，溶于 125mL 乙醇中，加水至 250mL。硼酸钠缓冲溶液：称取硼酸 30.90g，溶于水中，以水稀至 1000mL，此溶液的硼酸浓度为 0.5mol/L。另取氢氧化钠 10g，置于塑料杯中，以水溶解后稀释至 500mL，此溶液的氢氧化钠浓度为 0.5mol/L。取 0.5mol/L 硼酸溶液 400mL 与 0.5mol/L 氢氧化钠溶液 60mL 混合备用。

Cu 标准溶液（20μg/mL）：称取纯铜 0.1000g，溶于 2mL 硝酸（1+1）中，煮沸驱除黄烟后移入 500mL 容量瓶中，加水至刻度，摇匀。此溶液每毫升含铜 0.2mg。移取此溶液 20mL，置于 200mL 容量瓶中，以水稀释至刻度，摇匀。此溶液每毫升含铜 20μg。

b. 仪器　恒电流电解仪、铂网电极（阴极）和铂环电极（阳极）。

c. 操作步骤　称取试样 2.000g，置于 250mL 氟塑料烧杯中，加入硝酸（1+1）30mL 及氢氟酸 2mL（用塑料量瓶或塑料滴管量取），待剧烈作用渐趋缓慢时，将烧杯置于电热板上，在不超过 80℃ 的温度下加热至试样完全溶解。稍冷，加入过氧化氢（3%）25mL，如试样不含铅，应加入硝酸铅溶液 3mL，加入氯化铵溶液至溶液总体积达约 150mL。将铂阳极及已准确称重的铂阴极装在电解仪上，放上试样溶液，调节电流密度至 $1A/m^2$ 进行电解。电解至溶液中 Cu^{2+} 的蓝色褪去（约需 3～6h，也可用较小的电流密度，电解过夜），用水冲洗表面皿及烧杯内壁，继续电解约半小时。在不切断电流的情况下一边取下电解烧杯，一边用水冲洗电极表面，洗液接于原烧杯中。操作时应注意勿使阴极和阳极相碰。将洗净的镀有铜的铂网阴极于乙醇中浸渍后用电吹风吹干，置于干燥器中冷却后称取其重量。在阳极上如有棕黑色沉积物，可能是铅或锰的氧化物。为了下一步测定的需要，将阳极仍放入原试样溶液中，待沉积物溶解后将阳极取出洗净。将电解去铜后的溶液蒸发浓缩后移入 200mL 容量瓶中，以水稀释至刻度，摇匀。此溶液留作测定残留铜及其他合金元素用。吸取上述溶液 10mL，置于 50mL 容量瓶中，加热煮沸约 1min，冷却，加入柠檬酸铵溶液 2mL，加入中性红指示剂 1 滴，滴加氢氧化钠溶液（10%）至指示剂恰呈黄色并加过量 1mL，加入硼酸钠缓冲溶液 5mL，摇匀，加入 BCO 溶液 5mL，以水稀释至刻度，摇匀。另做试剂空白 1 份，用 1cm 或 2cm 比色皿在波长 610nm 处测定其吸光度。在标准曲线上查得其含铜量。试样中铜的含量按下式计算：

$$w = \frac{(m_1 - m_2) \times 100\%}{m_s} + \gamma$$

式中，m_1 为电解后称得的镀有铜的铂阴极的质量，g；m_2 为电解前铂阴极的质量，g；m_s 为试样的质量，g；γ 为溶液中残留铜的百分含量。

d. 标准曲线的绘制　于 6 只 50mL 容量瓶中，依次加入铜标准溶液（20μg/mL）0.00mL、2.00mL、4.00mL、6.00mL、8.00mL、10.00mL。按上述光度法测定残留铜的方法操作，以不加铜标准溶液的试液为参比，测定吸光度绘制标准曲线。每毫升铜标准溶液相当于含铜 0.02%。

② 碘量法　以碘量法测定铜时，砷、锑、铁、钼、钒等元素对测定有干扰。但铜合金中不含钼、钒；砷、锑仅以杂质存在，且滴定是在微酸性溶液中进行，砷、锑将不干扰测定；铁的干扰在加入氟化物后即可消除。

a. 试剂　KI 溶液（2mol/L）；KSCN 溶液（10%）；H_2O_2（30%）；Na_2CO_3（固体）；纯铜（$w > 99.9\%$）；HCl（6mol/L，即 1+1）；NH_4HF_2（4mol/L）；HAc（7mol/L，即 1+1）；氨水（7mol/L，即 1+1）。淀粉溶液（5g/L）：现配。若需放置，可加入少量 HgI_2 或 H_3BO_3 作防腐剂。$Na_2S_2O_3$ 溶液（0.1mol/L）：以纯铜标定，其浓度以滴定度（g/mL）表示。

$$T = m/V_0$$

式中，V_0 为滴定纯铜或标样时所耗硫代硫酸钠标准溶液的体积，mL；m 为称取的纯铜或标样的质量，g。

b. 操作步骤　准确称取一定量试样，置于 250mL 锥形瓶中，加 10mL（1+1）HCl，滴加 2mL 30%过氧化氢，加热使试样溶解完全后，再加热使过氧化氢分解。再煮沸 1~2min，但不要使溶液蒸干。冷却后，加约 60mL 水，滴氨水（1+1）直到溶液中刚刚有稳定的沉淀产生，然后加入 8mL HAc、10mL 20%NH_4HF_2 缓冲溶液。加入 2mol/L KI 溶液 10mL，立即用硫代硫酸钠标准溶液滴定至呈浅黄色。然后加入淀粉指示剂 2mL，继续滴定到呈浅蓝色。再加入 10mL 10% KSCN 溶液，摇匀后溶液蓝色转深，再继续滴定到蓝色恰好消失，此时溶液为米色或浅肉红色 CuSCN 悬浮液。由下式计算试样中铜的含量。

$$w = \frac{VT}{m_s} \times 100\%$$

式中，T 为硫代硫酸钠标准溶液对铜的滴定度，g/mL；V 为滴定消耗的硫代硫酸钠标准溶液的体积，mL；m_s 为称取试样的质量，g。

③ EDTA 滴定法　操作步骤同前述 EDTA 络合滴定法测铜中的催化解蔽法。

(3) 铜及铜合金中其他元素的分析

高纯阴极铜和铜及铜合金一般要求测定铜、铁、锌、铝、锰、锡、镍、碳、铅、钴、铬、铍、镁、银、锆、钛、氧、镉、磷、硅、砷、锑、硒、碲、铋 25 种组分。下面主要讨论铁、锌、铝、锰、铬、镁、锡等一些主要组分含量的测定。

① 铁的测定

a. 邻二氮菲分光光度法　试样用硝酸溶解。于 6mol/L 盐酸介质中，以 4-甲基-2-戊酮-乙酸异戊酯混合溶剂萃取三价铁使之与铜分离。用水反萃取，用盐酸羟胺还原铁为二价，在微酸性介质（pH=5~6）中，二价铁与邻二氮菲形成红色配合物，于波长 510nm 处测量其吸光度。测定范围：铜及铜合金中 0.0015%~0.50%的铁。

b. 重铬酸钾滴定法　试样用盐酸和硝酸溶解。在氨性溶液中沉淀分离铁，沉淀溶于盐酸后，以钨酸钠为指示剂，用三氯化钛将铁（Ⅲ）还原为铁（Ⅱ），以二苯胺磺酸钠为指示剂，用重铬酸钾标准溶液滴定。测定范围：铜及铜合金中 0.05%~7.00%的铁。

② 锌的测定

a. 火焰原子吸收光谱法　试样用混合酸溶解。驱赶氮的氧化物，以 $1.5\sim2.0A$ 电流进行电解除铜。在稀硝酸介质中，以空气-乙炔火焰，用原子吸收光谱仪于波长 213.9nm 处测量锌的吸光度。测定范围：铜及铜合金中 $0.0002\%\sim1.00\%$ 的锌。

b. 4-甲基-2-戊酮萃取分离-EDTA 滴定法　锌（Ⅱ）与硫氰酸盐在稀盐酸介质中形成配阴离子，用 4-甲基-2-戊酮萃取分离，除去大部分干扰元素后，在六亚甲基四胺缓冲溶液中加入掩蔽剂，以二甲酚橙为指示剂，用 EDTA 标准溶液滴定。测定范围：铜及铜合金中 $1.00\%\sim6.00\%$ 的锌。

c. EDTA 滴定法　试样以盐酸、过氧化氢溶解。在微酸性溶液中以氯化钡溶液和硫酸钠溶液沉淀掩蔽铅，氟化钠掩蔽铁和铝，硫脲掩蔽铜。在 $pH=5\sim6$ 的介质中，以二甲酚橙为指示剂，用 EDTA 标准溶液滴定锌，然后根据 EDTA 标准溶液的消耗量计算出锌的含量。主要反应如下：

$$Zn^{2+}+H_2Y^{2-}=\!\!=\!\!=ZnY^{2-}+2H^+$$

③ 铝的测定

a. 铬天青 S 分光光度法　试样用硝酸溶解，有偏锡酸沉淀时过滤，电解除铜。用氢溴酸处理回收偏锡酸吸附的微量铝。磷含量大时，用乙酸乙酯萃取铝-苯甲酰苯基羟胺配合物，使其与磷分离，然后将铝反萃取于水相中同主液合并。大量铅的存在会干扰测定，因此需在电解除铜前电解除铅。硅含量高时以氢氟酸挥发除去。用高氯酸冒烟滴加盐酸除铬来消除其影响。铍的干扰以乙二胺四乙酸二钠为掩蔽剂，以氢氧化铍沉淀分离除去。用苦杏仁酸掩蔽钛。锌、镍的影响在空白试验中加入等量的锌和镍来抵消。用抗坏血酸和硫脲消除铁及残余铜的影响。铜合金中存在的其他元素无干扰。在 $pH=6$ 左右，用铬天青 S 显色，用分光光度计于波长 545nm 处测量其吸光度。测定范围：铜及铜合金中 $0.0010\%\sim0.50\%$ 的铝。

b. 苯甲酸分离-EDTA 络合滴定法　试样用硝酸溶解，用氨水和盐酸调节溶液 pH，在缓冲溶液及盐酸羟胺存在下，使铝与苯甲酸铵生成沉淀，过滤。沉淀用盐酸溶解，加入过量的乙二胺四乙酸二钠，以对硝基酚为指示剂，用氨水和盐酸调节酸度，煮沸，冷却。加入六亚甲基四胺，以二甲酚橙为指示剂，用锌标准溶液滴定过量的乙二胺四乙酸二钠。加入氟化钠，煮沸，冷却。再用锌标准溶液滴定被释放出来的乙二胺四乙酸二钠。测定范围：铜及铜合金中 $0.50\%\sim12.00\%$ 的铝。

④ 锰的测定

a. 高碘酸钾分光光度法　试样用氢氟酸、硼酸、硝酸的混合酸溶解，加入高碘酸钾将锰氧化为高锰酸，以亚硝酸钠选择性还原高锰酸而得到的底色液为参比，于分光光度计波长 530nm 处测量其吸光度。测定范围：铜及铜合金中 $0.030\%\sim2.50\%$ 的锰。

b. 硫酸亚铁铵滴定法　试样用硝酸溶解。在磷酸介质中，用硝酸铵将锰氧化为三价，以苯代邻氨基苯甲酸为指示剂，用硫酸亚铁标准溶液滴定。测定范围：铜及铜合金中 $2.50\%\sim15.00\%$ 的锰。

⑤ 铬的测定　试样用硝酸、硫酸、氢氟酸溶解。在稀硫酸介质中以硫酸钠作为锆、锰等元素的干扰抑制剂，使用空气-乙炔火焰，于原子吸收光谱仪波长 357.9nm 处测定铬的吸光度。测定范围：铜及铜合金中 $0.050\%\sim1.30\%$ 的铬。

⑥ 镁的测定　试样用硝酸和氢氟酸溶解。在硝酸介质中，使用空气-乙炔火焰，于原子吸收光谱仪波长 285.2 nm 处测量镁的吸光度。硅、铝、钛和铍的干扰，通过加入硝酸锶消除；铜、镍、铅、锌等其他共存元素均不干扰测定。测定范围：铜及铜合金中 $0.015\%\sim1.00\%$ 的镁。

⑦ 锡的测定

a. 苯基荧光酮-OP 分光光度法　试样用硝酸溶解。以铁为载体共沉淀分离、富集微量锡使之与铜分离。在 0.5mol/L H_2SO_4 介质中，锡与苯基荧光酮在非离子表面活性剂 OP 存在下形成有色三元配合物，于波长 510nm 处测量其吸光度。测定范围：铜及铜合金中 0.0005%～0.50% 的锡。

b. 络合滴定法　试样以盐酸溶解，加氯化钾使四价锡生成六氯锡酸钾复盐。蒸发除去过量的酸，在酸性溶液中，加过量 EDTA 络合锡、铜等金属离子，以硫脲掩蔽铜，在 pH＝5～6 的溶液中，过量的 EDTA 用锌标准溶液滴定，然后加入氟化钠夺取 SnY 中的锡形成四氟化物而释放出 EDTA，再以锌标准溶液滴定 EDTA。根据加氟化钠后消耗锌标准溶液的量，计算锡含量。主要反应如下：

$$Sn^{4+} + H_2Y^{2-} == SnY + 2H^+$$
$$SnY + 4F^- + 2H^+ == SnF_4 + H_2Y^{2-}$$
$$H_2Y^{2-} + Zn^{2+} == ZnY^{2-} + 2H^+$$

c. 碘酸钾法　试样用盐酸和过氧化氢溶解，用氢氧化铁共沉淀分离锡。在盐酸溶液中，以氯化汞作催化剂，用次磷酸钠将四价锡还原成二价锡。以淀粉为指示剂，用碘酸钾标准溶液滴定。测定范围：铜及铜合金中 0.50%～10.00% 的锡。

⑧ 铅的测定

a. 火焰原子吸收光谱法　试样用硝酸溶解。以铁作载体共沉淀分离富集微量铅并使其与铜分离。在稀盐酸介质中，于原子吸收光谱仪波长 283.3nm 处测量铅的吸光度。测定范围：铜及铜合金中 0.0015%～0.080% 的铅。

b. 氧化还原滴定法　试样以硝酸溶解。在乙酸存在下，加重铬酸钾使铅以铬酸铅形式沉淀。分离后将沉淀溶于氯化钠-盐酸溶液中，加入碘化钾析出游离碘，以淀粉作指示剂，用硫代硫酸钠标准溶液滴定。主要反应如下：

$$Pb + 4HNO_3 == Pb(NO_3)_2 + 2NO_2\uparrow + 2H_2O$$
$$Pb(NO_3)_2 + 2HAc == Pb(Ac)_2 + 2HNO_3$$
$$2Pb(Ac)_2 + K_2Cr_2O_7 + H_2O == 2KAc + 2HAc + 2PbCrO_4\downarrow$$
$$2PbCrO_4 + 6KI + 16HCl == 2PbCl_2 + 2CrCl_3 + 6KCl + 8H_2O + 3I_2$$
$$I_2 + 2Na_2S_2O_3 == Na_2S_4O_6 + 2NaI$$

⑨ 镍的测定

a. 丁二酮肟分光光度法　试样用硝酸溶解。在 pH＝6.5 时，用三氯甲烷萃取镍与丁二酮肟形成的配合物使之与主体铜分离。以 0.5mol/L 盐酸反萃取镍。在碱性介质中，有氧化剂存在时，镍与丁二酮肟形成可溶性的红色配合物，于波长 470nm 处测量其吸光度。测定范围：铜及铜合金中 0.001%～0.0050% 的镍。

b. 火焰原子吸收光谱法　试样以硝酸和盐酸的混合酸溶解。加入硝酸银以消除钴、锆等元素的干扰，使用空气-乙炔火焰，于原子吸收光谱仪波长 232.0nm 处测量镍的吸光度。镍含量在 0.01% 以下时，则以硝酸溶解，电解除铜后进行测定。测定范围：铜及铜合金中 0.001%～1.50% 的镍。

c. EDTA 滴定法　试样用硝酸溶解，必要时滴加氢氟酸助溶，以电解法除铜。在乙酸溶液中，用丁二酮肟沉淀镍，残余铜及铁、铝、铅等干扰元素用硫代硫酸钠和酒石酸钠掩蔽。沉淀溶于硝酸，蒸发破坏丁二酮肟后，加入过量的 EDTA 标准溶液，以二甲酚橙为指示剂，在 pH＝5～6 时用硝酸铅标准溶液滴定过量的 EDTA。根据加入的 EDTA 标准溶液的体积和消耗的硝酸铅标准溶液的体积计算镍的含量。测定范围：铜及铜合金中 1.50%～45.00% 的镍。

⑩ 钛的测定　试样用硝酸溶解。于硫酸溶液中，加入过氧化氢使其与钛生成黄色配合物，于分光光度计波长 410nm 处测量其吸光度。测定范围：铜及铜合金中 0.050%～0.30% 的钛。

⑪ 砷的测定

a. 萃取砷钼蓝分光光度法　试样用混合酸或硝酸溶解。用次溴酸钠或高锰酸钾将砷（Ⅲ）氧化为砷（Ⅴ），使其与钼酸盐生成砷钼杂多酸，用正丁醇-乙酸乙酯混合液萃取，以氯化亚锡还原为钼蓝，用分光光度计于波长 730nm 处测量其吸光度。硅的干扰可通过加盐酸蒸干，使硅酸脱水并过滤除去。铁含量高时，在空白溶液中加入相应量的铁消除其影响。铜及铜合金中共存的其他元素均不干扰测定。测定范围：铜及铜合金中 0.0010%～0.10% 的砷。

b. 砷钼杂多酸-结晶紫分光光度法　试样用硝酸溶解。在微酸性介质中以铁为载体，使砷和铁共沉淀与基体铜分离。沉淀用盐酸和硫酸溶解，加入碘化钾、氯化亚锡和锌粒，使砷还原为砷化氢被吸收于碘溶液中。在聚乙烯醇存在下，砷钼杂多酸与结晶紫形成缔合物，于分光光度计波长 550nm 处测量其吸光度。测定范围：铜及铜合金中 0.00005%～0.0010% 的砷。

c. DDTC-Ag 分光光度法　试样用硝酸溶解。在氨性介质中以铁为载体，使砷和铁共沉淀与主体铜分离。沉淀用硫酸和盐酸溶解，加碘化钾、氯化亚锡和锌粒，使砷生成砷化氢被吸收于 DDTC-Ag 二氯乙烷溶液中，于波长 520nm 处测量其吸光度。测定范围：铜及铜合金中 0.001%～0.15% 的砷。

⑫ 锑的测定

a. 5-Br-PADAP 分光光度法　试样用硝酸溶解。在微酸性介质中用二氧化锰载带锑与基体铜分离，于 1.2mol/L 1/2 H_2SO_4 酸度下，Sb（Ⅲ）与 5-Br-PADAP 和 I^- 生成紫红色三元配合物，用苯萃取，于分光光度计波长 610nm 处测量其吸光度。测定范围：铜及铜合金中 0.00005%～0.0010% 的锑。

b. 罗丹明 B 分光光度法　试样用硝酸溶解，用硫酸赶硝酸。稀释，调整酸度后，用硫酸铈将锑氧化，以异丙醚萃取锑的氯配阴离子与主体铜及其他离子分离。再用罗丹明 B 显色，于波长 550nm 处测量其吸光度。显色溶液中含金量应小于 0.5μg。测定范围：铜及铜合金中 0.0005%～0.0050% 的锑。

c. 结晶紫分光光度法　试样用混合酸溶解，硫酸冒烟并蒸发至近干。在盐酸介质中，五价锑的配阴离子与结晶紫所生成的配合物用甲苯萃取。于分光光度计波长 610nm 处测量吸光度。测定范围：铜及铜合金中 0.0010%～0.070% 的锑。

⑬ 铋的测定

a. 碘化钾分光光度法　试样用硝酸溶解，以铁为载体共沉淀分离铜并富集微量铋。在 0.9mol/L 1/2 H_2SO_4 介质中，铋与碘化钾生成黄色配合物，于波长 460nm 处测量其吸光度。测定范围：铜及铜合金中 0.0005%～0.020% 的铋。

b. 原子吸收光谱法　不含锡、硅的试样用硝酸溶解；含锡、硅的试样用混合酸溶解。用二氧化锰共沉淀富集铋。沉淀用盐酸溶解后，使用空气-乙炔火焰，于原子吸收光谱仪波长 223.1nm 处测量铋的吸光度。测定范围：铜及铜合金中 0.0005%～0.004% 的铋。

⑭ 磷的测定　测定磷的方法主要有二安替比林甲烷磷钼酸重量法、磷钼酸铵滴定法、磷钼蓝光度法、乙酸丁酯萃取光度法等。目前应用最广泛的是磷钼蓝光度法。锡磷青铜中磷的分析，采用乙酸乙酯萃取-磷钼杂多酸-结晶紫吸光度法。

磷钼蓝光度法测定磷的原理如下。磷在金属合金中主要以金属磷化物的形式存在，经硝酸分解后生成正磷酸和亚磷酸，驱逐氮的氧化物。用高锰酸钾处理后，磷全部被氧化为正磷酸，正磷酸与钼酸铵作用，生成黄色的磷钼杂多酸。主要反应如下：

$$5H_3PO_3 + 2KMnO_4 + 6HNO_3 == 5H_3PO_4 + 2KNO_3 + 2Mn(NO_3)_2 + 3H_2O$$

$$H_3PO_4+12H_2MoO_4 =\!=\!= H_3[P(Mo_3O_{10})_4]+12H_2O$$

用氟化物除去三价铁的影响，加入酒石酸防止硅钼酸铵的生成，用还原剂（如氯化亚锡等）将配合物中的部分 Mo(Ⅵ) 还原为 Mo(Ⅳ)，即将黄色的磷钼杂多酸还原为磷钼蓝，在波长 650nm 处测定吸光度。

该方法用于测定试样中的磷时应注意以下两个问题：

a. 试样中的磷是以 Fe_3P、Fe_2P 形成存在，为防止磷呈 PH_3 状态挥发损失，必须使用氧化性酸（硝酸或硝酸加其他酸）分解试样，并加 $KMnO_4$ 或 $(NH_4)_2S_2O_8$，氧化可能生成的亚磷酸。

b. 为防止试液中大量 Fe^{3+} 消耗还原剂，影响磷钼黄的还原，必须加一定量 NaF，使 Fe^{3+} 形成 FeF_6^{3-} 而被掩蔽。

5.1.2 锌及其深加工产品的分析

(1) 锌的测定

锌的测定常采用 EDTA 滴定法及原子吸收光谱法。

① EDTA 滴定法

a. 方法原理 试样用盐酸或硝酸溶解，蒸发除去过量的酸，然后加硫酸铵、氟化钾、乙醇和氨水沉淀分离铁、铝、铅等元素。在 pH＝5～6 的乙酸-乙酸钠缓冲溶液中，以二甲酚橙作指示剂，用 EDTA 标准溶液滴定锌。其反应式如下：

$$H_2Y+Zn^{2+} \longrightarrow ZnY+2H^+$$

铜、镍、钴、镉对测定有干扰，但铜可在滴定时加入硫代硫酸钠来掩蔽。

b. 试剂 乙酸-乙酸钠缓冲溶液（pH＝5～6）；EDTA 标准溶液（0.015mol/L）。

锌标准溶液：称取 1.0000g 金属锌（99.99%）于烧杯中，加 20mL 盐酸（1+1），加热溶解后移入 1L 容量瓶中，用水定容。此溶液含锌 1mg/mL。

标定：吸取 20mL 锌标准溶液于 250mL 烧杯中，加 1 滴甲基橙指示剂，用氨水（1+1）中和，使溶液由橙色变为黄色，以少量水冲洗杯壁，加 20mL 乙酸-乙酸钠缓冲溶液、1 滴二甲酚橙指示剂，用 EDTA 标准溶液滴定至溶液由酒红色至亮黄色即为终点。标定时须做空白试验。

c. 分析步骤 称取一定量试样于 250mL 烧杯中，加 15～20mL 硝酸，低温加热 5～6min。稍冷，加 1～2g 氯酸钾，继续加热蒸发至溶液体积为 5～6mL。取下加水，使溶液体积保持在 100mL 左右，加入 10mL 300g/L 硫酸铵溶液，加热煮沸。用氨水中和并过量 15mL，加 10mL 200g/L 氟化钾溶液，加热煮沸约 1min。取下加 5mL 氨水、10mL 乙醇，冷却后移入 250mL 容量瓶中，用水定容。干过滤，弃去最初流下的 15～20mL 滤液，吸取一定体积溶液于 250mL 锥形瓶中（视试样锌含量而定）。

加热煮沸以驱除大部分氨（但勿使氢氧化锌白色沉淀析出），冷却。加 1 滴 1g/L 甲基橙指示剂，用盐酸（1+1）中和至甲基橙变红色。然后加 1 滴氨水（1+1），使其变黄，加入 15mL 乙酸-乙酸钠缓冲溶液，加 2～3mL 100g/L 硫代硫酸钠溶液，混匀，加入 2～3 滴 5g/L 二甲酚橙指示剂，用 EDTA 标准溶液滴定至溶液由酒红色至亮黄色，即为终点。计算试样中锌的含量：

$$w=\frac{VT}{m_s}\times100\%$$

式中，T 为以滴定度表示的 EDTA 标准溶液的浓度，g/mL；V 为滴定时消耗 EDTA 标准溶液的体积，mL；m_s 为称取试样的质量，g。

d. 注意事项

（a）二甲酚橙溶液须半个月左右更换一次。

（b）本法基于使锌呈锌氨配离子状态与干扰元素分离。如氨的量不足，锌不能完全形成锌氨配离子，会使结果偏低。

（c）当试样中铅含量大于 40％时，应在用氨水中和大量酸后，加 20mL 饱和碳酸铵，以下操作与分析步骤相同。

② 原子吸收光谱法　试样用盐酸和过氧化氢溶解，用原子吸收光谱仪于波长 324.7 nm 处，以空气-乙炔贫燃火焰测量吸光度。

每毫升溶液中，分别含 10mg 钴、镍，2mg 铜，1mg 铁、镉、铋，0.5mg 锡，0.2mg 锂、钛、铅、铝、镁、砷、钼、铬、钒、锰、钨、锑、钾、钠、钙、磷均不干扰锌的测定。但 $4\mu g$ 硅干扰测定，为此须在溶样时用氢氟酸处理。高达 10％的盐酸、硝酸不影响测定，而硫酸对测定有显著影响，必须除尽。

测定含锌量较低的试样时，应该注意分子吸收，可用氘灯或 209.99nm 谱线进行分子吸收校正。当其他共存元素含量太高时，可用标准加入法进行锌的测定。

（2）锌和锌合金产品的分析

由于冶炼方法不同，各种纯锌的纯度和所含杂质也各不相同。工业用纯锌的纯度最高可达 99.99％，一般纯锌的纯度在 99.0％～99.90％。

纯锌中主要的杂质有铅、铁、镉等，有些纯锌中尚含有微量的铜、锡、锑、砷、铋等杂质。

用于制造印刷用锌板的纯锌，铅的存在并无害处，有时为了改善其酸蚀性能，往往有意加入约 1％的铅。轧制用锌中锡的含量不能超过万分之几，因为锡与锌形成低熔点共晶而使纯锌出现热脆性，特别是当锡与铅共存时，由于形成锌锡铅三元共晶，热脆现象更为严重。

铁、镉、铋、锑、砷等杂质含量在十万分之几或万分之几以下时，尚不影响纯锌的压力加工性能。铁的含量达到十万分之几即使锌的硬度增加，当含铁量大于 0.02％时，锌中就会出现硬而脆的 $FeZn_7$ 化合物；但含铁量达 0.2％时，由于脆性增加而使轧制困难。

在纯锌中加入铝能显著改善其力学性能、流动性及铸造性能。铜对锌的力学性能的改善虽不及铝，但铜对锌的切削性能和蠕变强度有好的影响，而且能明显提高其抗蚀性。大多数锌合金是以锌、铝、铜为主要合金成分的三元合金。如上所述，各类锌合金的共同缺点是抗蚀性低和容易产生时效变形。工件的尺寸变化与合金内部的相变有关，而且主要是由于铜和铝溶解在锌内固溶体的分散所致。加入有利于抗蚀性和克服时效变形的微量元素（如镁、锰、镍、铬、钛等）和尽量防止有害杂质（如铅、锡、镉、砷、锑、铋等）的混入是克服上述缺点的重要办法。加入少量镁（0.05％～0.10％），既能改善抗蚀性，又能减轻工件的时效变形。

锌合金中锌的测定常采用 EDTA 络合滴定法，其他成分的测定可根据含量选择合适的方法。

5.1.3　铅及其深加工产品的分析

铅可以溶解于稀硝酸或硝酸-高氯酸混合酸中，以铅、锡、锑为主要组成的合金可用 $HBr+Br_2$ 混合酸溶解。若蒸发至近干，经过 2～3 次反复处理，可使锡、锑、砷等元素挥发除去，而残留的铅经稀硝酸处理即可转成硝酸铅溶液。对铅基合金，为了在溶样时避免锡或偏锡酸沉淀和锡、锑、砷等的挥发，可用酒石酸-硝酸混合酸溶解，溶解速度很快，为以后各元素的测定创造了条件。

对于合金中铅的测定至今仍缺乏较为理想的化学分析方法。铅的测定目前应用较为广泛的分析方法为重量法、滴定法和光度法。

通常采用的重量法有硫酸铅法、铬酸铅法和电解法。对于硫酸铅法，是基于将试样中的铅转化为硫酸铅，可从稀硫酸中将沉淀滤入古氏坩埚中，在 $500 \sim 550^{\circ}C$ 灼烧后以 $PbSO_4$ 状态称重。此法若控制合适的条件以降低 $PbSO_4$ 的溶解度和消除干扰可以获得较好的分析结果。铬酸铅法与硫酸铅法相比较，其优点包括：一是铬酸铅的溶解度比硫酸铅小得多；二是铬酸铅可以在稀硝酸中沉淀。因此，可以使铅与铜、银、镍、钙、钡、锶、锰、镉、铝及铁等元素分离。当含有铅的硝酸溶液进行电解时，铅即以二氧化铅的形式在阳极上沉积。该法对于含铅较高的试样可以得到较为满意的结果，所以应用较广。

铅的滴定法有沉淀滴定法、间接氧化还原滴定法和络合滴定法。沉淀滴定法是在 Pb^{2+} 溶液中滴入与 Pb^{2+} 形成沉淀的试剂（如钼酸镁、重铬酸钾、亚铁氰化钾等），以沉淀剂的体积来计算试样的铅含量，这类方法准确度较差。间接氧化还原滴定法主要是利用铅的沉淀反应进行测定。例如，在乙酸-乙酸钠溶液中定量地加入重铬酸钾标准溶液，在硝酸锶的存在下使 Pb^{2+} 以 $PbCrO_4$ 沉淀析出，然后调高酸度，用硫酸亚铁铵标准溶液滴定溶液中过量的重铬酸钾，可以间接地测定铅含量。该法选择性较高，准确度也较好。络合滴定法在铅的测定方面具有操作简单、快速的特点。Pb^{2+} 与 EDTA 在 $pH = 4 \sim 12$ 的溶液中能形成稳定的配合物（$\lg K_{PbY} = 18.04$），因此可用 EDTA 滴定铅。常用的滴定条件有两种：一种是在微酸性溶液（$pH \approx 5.5$）中滴定；另一种是在氨性溶液（$pH \approx 10$）中滴定。不论在微酸性溶液或在氨性溶液中滴定，往往有较多干扰元素，需采取掩蔽方法消除干扰，提高测定结果的准确度。

光度法是测定微量铅较好的方法之一，但铅的光度测定方法为数不多，常用的显色剂有二苯硫腙、PAR、二乙基氨磺酸钠等。其中，二苯硫腙为光度法测定铅的较好试剂。

（1）电解法

铅的电解通常是在比较浓的硝酸溶液中进行的。与 Cu^{2+}、Ag^+ 等的情况不同，Pb^{2+} 是在阳极上以二氧化铅的状态沉积出来的。这一现象可解释为 Pb^{2+} 在阳极上被氧化而释出电子：

$$Pb^{2+} + 2H_2O \Longrightarrow PbO_2 + 4H^+ + 2e$$

a. 试剂　硝酸（1+1）；硝酸铜（固体）；尿素（固体）。

b. 操作步骤　称取试样 8.66g，置于 300mL 高型烧杯中，分次加入硝酸（1+1）100mL，待试样溶解完毕后在 $90^{\circ}C$ 左右的温度下加热使氧化氮逸出。加入硝酸铜约 0.5g 及尿素 0.2g，加水至约 200mL，加热至 $70^{\circ}C$ 左右，在电流密度为 $1A/dm^2$ 的条件下电解 $1 \sim 2h$。采用已知重量的网状铂电极为阳极。电解将近完成时，用水冲洗烧杯内壁使液面稍有升高，继续电解15min 左右。如新浸入溶液的阳极表面没有氧化铅沉积物出现，即表明铅已电解完毕。在不切断电流的情况下将烧杯取下，并同时用水冲洗电极。先后两次用盛有蒸馏水的烧杯洗电极，关掉电流，取下电极，在 $120^{\circ}C$ 的鼓风烘箱中烘干 30min。烘干后将电极置于干燥器中冷却并称重。阳极上的二氧化铅沉积物较易脱落，操作时应十分注意。用称得的质量减去空阳极的质量后按下式计算试样的含铅量：

$$w = \frac{m \times 0.866}{m_s} \times 100\%$$

式中，m 为称得的二氧化铅的净质量，g；m_s 为试样质量，g。

c. 注意事项

（a）本方法运用于含铅 0.05%～1% 的试样，含铅 >1% 时应减少称样量。

（b）沉积有二氧化铅的阳极烘干前只需用水冲洗，不要在乙醇中浸渍。

（2）铬酸铅沉淀-亚铁滴定法

① 原理　用定量的硝酸溶解试样，加入过量的重铬酸钾标准溶液，在 pH＝3～4 的乙酸缓冲介质中使铅定量地生成铬酸铅沉淀。对于过量的重铬酸钾，在不分离铬酸铅沉淀的情况下，提高溶液的酸度后可用亚铁标准溶液滴定，用 N-苯基代邻氨基苯甲酸作指示剂。

用亚铁标准溶液滴定过量的重铬酸钾，必须在较高的酸度（1mol/L 以上）条件下进行，因为在低酸度条件下生成的铬酸铅沉淀，在高酸度的溶液中会逐渐溶解。因此，过去的方法都要求将铬酸铅沉淀分离后再进行滴定。本方法采用加入硝酸锶作为凝聚剂，使铬酸铅在高酸度时也不溶解，这样就使方法的手续简化，分析的时间也大为缩短。同时，那些在低酸度溶液中能与重铬酸钾形成沉淀的金属离子，如 Ag^+、Hg^{2+}、Bi^{3+}，当提高酸度后又复溶解，这样就提高方法的选择性。

阴离子中氯离子有干扰，它会妨碍铬酸铅的定量沉淀。若有锡，硝酸溶解后试样中的锡以偏锡酸沉淀析出，但不干扰铅的测定。

② 试剂　重铬酸钾标准溶液 [$c(1/6K_2Cr_2O_7)＝0.05000mol/L$]：称取重铬酸钾基准试剂 2.4518g，置于 100mL 烧杯中，加水溶解后移入 1000mL 容量瓶中，稀释至刻度，摇匀。乙酸铵溶液（15%）。硝酸锶溶液（10%）。N-苯基代邻氨基苯甲酸指示剂（0.2%）：称取 0.2g N-苯基代邻氨基苯甲酸溶于 100mL 碳酸钠溶液（0.2%）中，溶液贮存于棕色瓶中。硫磷混合酸：于 600mL 水中加入硫酸 150mL 及磷酸 150mL，冷却，加水至 1000mL。硫酸亚铁铵标准溶液（$c＝0.02mol/L$）：称取硫酸亚铁铵 [$Fe(NH_4)_2(SO_4)_2 \cdot 6H_2O$] 7.9g，溶于 1000mL 硫酸（5＋95）中。为了保持此溶液的二价铁浓度稳定，可在配好的溶液中投入几小粒纯铝。重铬酸钾标准溶液与硫酸亚铁铵标准溶液的比值 K 按下法求得：

吸取 10.00mL 重铬酸钾标准溶液 [$c(1/6K_2Cr_2O_7)＝0.05000mol/L$] 置于 250mL 锥形瓶中，加水 80mL、硫磷混合酸 20mL、指示剂 2 滴，用硫酸亚铁铵标准溶液滴定至亮绿色为终点。比值 K 按下式计算：

$$K=\frac{10.00}{V_1}$$

式中，V_1 为滴定所消耗硫酸亚铁铵标准溶液的体积，mL。

③ 分析步骤　称取一定量试样，置于 300mL 锥形瓶中，加入硝酸 16mL，温热溶解试样。如试样溶解较慢，为了防止酸的过分蒸发，要随时补充适量的水分。试样溶解完毕后趁热加入硝酸锶溶液（10%）4mL、乙酸铵溶液 25mL 及重铬酸钾标准溶液 [$c(1/6K_2Cr_2O_7)＝0.05000mol/L$] 10.00mL，煮沸 1min，冷却。加水 50mL 及硫磷混合酸 20mL，立即用 0.02mol/L 的硫酸亚铁铵标准溶液滴定至淡黄绿色，加 N-苯基代邻氨基苯甲酸指示剂 2 滴，继续滴定至溶液由紫红色转变为亮绿色为终点。按下式计算试样的含铅量：

$$w=\frac{(10.00-KV)\times0.05000\times\dfrac{207.21}{3000}}{m_s}\times100\%$$

式中，V 为滴定试样时所消耗硫酸亚铁铵标准溶液的体积，mL；m_s 为称取试样的质量，g。

④ 注意事项

a. 沉淀铬酸铅时溶液的酸度应在 pH＝3～4 范围内，所以必须严格控制溶解酸。

b. 本方法适用于含铅 0.5% 以上的试样。

（3）EDTA 滴定法

① 原理　试样经稀硝酸分解，用六次甲基四胺调节至溶液 pH 值为 5.5～6.0，以二甲酚橙为指示剂，用 EDTA 标准溶液滴定，测其铅含量。

在被滴定溶液中，砷、锑、铟、锡等不干扰测定；铁的干扰加乙酰丙酮消除；铜、锌、镉、锰、钴、镍、银的干扰加邻二氮菲消除；铋的干扰可通过在 pH＝1～2 时预先滴定消除。其他元素含量不高时，可不考虑。

② 试剂　乙酰丙酮；硝酸（1＋4）；乙醇钠溶液（20%）；六次甲基四胺溶液（20%）；二甲酚橙溶液（1%）；邻二氮菲溶液：称取 1g 试剂溶于 100mL 硝酸（2＋98）中。乙二胺四乙酸二钠（EDTA）标准溶液（约 0.01mol/L）：称取 4g EDTA 置于 250mL 烧杯中，加水溶解定容至 1000mL，混匀。称取 10.00g 纯铅，按分析步骤测定此标准溶液对铅的滴定度。EDTA 标准溶液对铅的滴定度计算式：

$$T = \frac{m_1}{V_1}$$

式中，T 为 EDTA 标准溶液对铅的滴定度，g/mL；m_1 为称取的纯铅的质量，g；V_1 为滴定时所消耗 EDTA 标准溶液的体积，mL。

稀 EDTA 溶液：将 EDTA 标准溶液（0.01mol/L）稀释 5 倍。

③ 分析步骤　称取一定量的试样置于烧杯中，加入 150mL 硝酸，盖上表面皿，加热至试样完全溶解，驱赶氮的氧化物，取下冷却，用水冲洗烧杯壁及表面皿，将溶液移入 1000mL 容量瓶中，以水稀释至刻度，混匀。移取 25.00mL 试样溶液，同时移取 25.00mL 纯铅溶液三份，分别置于 500mL 锥形瓶中。

用乙酸钠溶液（20%）调节溶液为 pH＝1～2（最好为 pH＝1.5～1.9），加 1 滴二甲酚橙溶液，用稀 EDTA 溶液滴定至黄色。向溶液中加入 2mL 乙酰丙酮、8mL 邻二氮菲溶液，稀释体积至 100～200mL，加入 20mL 六次甲基四胺溶液（20%），用 EDTA 标准溶液滴定至溶液红色变浅。再用六次甲基四胺调至 pH＝5.5～6.0，继续滴定至亮黄色为终点。按下式计算试样中铅的百分含量：

$$w = \frac{TV \times 1000}{m_s \times 25} \times 100\%$$

式中，T 为 EDTA 标准溶液对铅的滴定度，g/mL；V 为滴定时所消耗 EDTA 标准溶液的体积，mL；m_s 为试样量，g。

④ 注意事项　若试样中铁含量大于 0.3mg 时，应按以下步骤测定铅的含量。

配制铋盐溶液：称取 1g 纯铋（99.99% 以上）于 250mL 烧杯中，加入 20mL 硝酸，盖上表面皿，加热至溶解完全，驱除氮的氧化物，取下冷却，移入 1000mL 容量瓶中，以硝酸（5＋95）稀释至刻度，混匀。

将移取的试液加热至 40～60℃，加入 0.1g 磺基水杨酸，用乙酸钠溶液调节至溶液 pH 值为 1～2（最好为 pH＝1.5～1.9）。滴加稀 EDTA 溶液至红色消失再过量 1mL，加 1 滴二甲酚橙溶液；用铋盐溶液滴定至红色出现，再过量 3～5 滴，用稀 EDTA 溶液滴定至黄色。向溶液中加入 8mL 邻二氮菲溶液，稀释体积至 100～200mL，加入 20mL 六次甲基四胺溶液（20%），调节至 pH＝5.5～6.0，继续滴定至亮黄色为终点。计算试样中铅的百分含量。

（4）光度法

① 原理　二硫腙分光光度法基于在 pH＝8.5～9.5 的氨性柠檬酸盐-氰化物的还原介质中，铅与二硫腙反应生成红色螯合物，用三氯甲烷（或四氯化碳）萃取后于 510nm 波长处比色进行测定。其显色反应式为：

$$Pb^{2+} + 2S=C \begin{matrix} H & C_6H_5 \\ N-N-H \\ | \\ N=N \\ | \\ C_6H_5 \end{matrix} \longrightarrow S=C \begin{matrix} H & C_6H_5 \\ N-N \\ \\ N=N \end{matrix} Pb \begin{matrix} C_6H_5 \\ N-N \\ \\ N-N \\ | \\ C_6H_5 \end{matrix} C=S + 2H^+$$

试样被溴氧化成二价铅后，用稀硝酸萃取。测定时，要特别注意器皿、试剂及去离子水是否含痕量铅，这是能否获得准确结果的关键。Bi^{3+}、Sn^{2+} 等干扰测定，可预先在 pH＝2～3 时用二硫腙-三氯甲烷（氯仿）溶液萃取分离。为防止二硫腙被一些氧化物质如 Fe^{3+} 等氧化，在氨性介质中加入了盐酸羟胺。

该方法适用于痕量铅的测定。当使用 10mm 比色皿时，取水样 100mL；用 10mL 二硫腙-三氯甲烷溶液萃取时，最低检测浓度可达 0.01mg/L，测定上限为 0.3mg/L。

② 仪器及试剂　仪器：紫外-可见分光光度计；比色皿（3cm）；分液漏斗（250mL、500mL、1000mL）；容量瓶（100mL、1000mL、2000mL）；量筒（25mL、50mL、100mL、500mL）；吸量管（2mL、5mL、10mL）。

试剂：氨水。溴-四氯化碳溶液：取 450g 溴溶于 500mL 四氯化碳中。缓冲溶液：取 25g 柠檬酸铵和 75g 无水亚硫酸钠放到 500mL 烧杯中，加入 280mL 去离子水加热溶解。冷却至室温后，加入 30mL 氨水，将其转移至 1L 分液漏斗中，加入 25mL 氯仿和 20mL 二硫腙，振摇 2min 后，静置分层。弃去氯仿层，如氯仿层显红色，则反复抽提，至氯仿层不显红色为止。称取 10g 氰化钾溶解于 20mL 去离子水中，将上述脱铅溶液和氰化钾溶液合并，用氨水稀释至 2L 备用。二硫腙溶液：称取 25mg 二硫腙溶解于 500mL 氯仿中，贮存于棕色瓶中，放置在冰箱内。

③ 工作曲线的绘制　称取 0.7992g 硝酸铅放入 250mL 烧杯中，加入 100mL 水溶解，并定量地转移到 1000mL 容量瓶中，用水稀释至刻度，摇匀，其浓度为 0.5mg/mL。取上述溶液 10mL，置于 1000mL 容量瓶中，用水稀释至刻度，摇匀，则其浓度为 0.005mg/mL。

在脱铅的 6 个 250mL 分液漏斗中，分别用微量滴定管加入 0.0mL、0.5mL、1.0mL、1.5mL、2.0mL、2.5mL 上述标准溶液（每毫升含 0.005mg 铅）。分别加入 100mL 1％的稀硝酸、30mL 氯仿，振摇 1min，静置 3min，弃去氯仿层。量取 25mL 氯仿加入 250mL 分液漏斗中，振摇 20～30s，静置 2min，弃去氯仿层。重复用氯仿洗涤，至下层氯仿层无色透明。

加入 50mL 缓冲液、10mL 氯仿，振摇 30s，弃去氯仿层。准确加入 5mL 二硫腙溶液和 10mL 氯仿，摇动 1min，静置 3min。将下层有色溶液用滤纸滤到 3cm 比色皿中，以氯仿为参比液，用分光光度计在 530nm 处分别测其吸光度。以吸光度为纵坐标，铅浓度为横坐标，绘制标准曲线。

④ 样品测定　用量筒量取 200mL 试样（视铅含量而定，一般控制在 0.002～0.005mg 之间），倒入 500mL 分液漏斗中（做平行实验）。用滴管滴加溴-四氯化碳溶液，直至溴的橘黄色保持 1min 不变色。用吹风机加热溶液至 45℃，保持 1min，然后慢慢冷却至 30℃。加入 100mL 1％的稀硝酸、30mL 氯仿，振摇 1min，静置 3min，将下层含铅溶液转移到 250mL 分液漏斗中。以下按照绘制工作曲线的步骤操作。同时做空白试验。根据吸光度，由工作曲线求出相应的铅含量。

⑤ 注意事项

a. 本方法所用玻璃仪器，使用前必须用热硝酸（1＋1）浸洗，以脱铅。

b. 氰化钾为剧毒品，应妥善保管，称样时要戴橡胶手套，避免与身体裸露部分接触。

c. 溴的刺激性与腐蚀性都很强，使用时要注意。

d. 二硫腙呈微绿色，应保存在冰箱中，有效期为一个月，失效后呈黄色。

e. 溴和有机物作用，反应温度和时间对反应有很大影响，均应符合操作规程的规定。

f. 用氯仿萃取对防止干扰有很大影响，故必须仔细分离干净。

(5) 原子吸收法

在稀盐酸介质中，加入酒石酸钾钠消除干扰，使用空气-乙炔火焰，于原子吸收光谱仪波长 283.3nm 处，测量其吸光度。

① 试剂　酒石酸钾钠溶液（400g/L）。铅标准贮存溶液：称取 1.0000g 纯铅，置于 250mL 烧杯中，加入 20mL 硝酸，加热溶解至清亮；煮沸除去氮的氧化物，冷却，移入 1000mL 容量瓶中，用水稀释至刻度，混匀。此溶液 1mL 含 1mg 铅。铅标准溶液：移取 20.00mL 铅标准贮存溶液置于 100mL 容量瓶中，加入 5mL 盐酸，以水稀释至刻度，混匀。此溶液 1mL 含 $200\mu g$ 铅。

② 测定步骤　取一定量试样于 100mL 烧杯中，沿杯壁加入 2mL 盐酸，蒸干，冷却。加入 5mL 水、3mL 盐酸、1mL 酒石酸钾钠溶液，移入 50mL 容量瓶中，用水稀释至刻度，混匀。使用空气-乙炔火焰，于原子吸收光谱仪波长 283.3nm 处，测量其吸光度。用此吸光度减去随同试验的空白试验溶液的吸光度，从工作曲线上查出相应的铅浓度。

工作曲线的绘制：移取 0mL、1.00mL、2.00mL、3.00mL、4.00mL、5.00mL、6.00mL 铅标准溶液分别置于一组 100mL 容量瓶中，加入 2mL 盐酸，以水稀释至刻度，混匀。使用空气-乙炔火焰，于原子吸收光谱仪波长 283.3nm 处，测量其吸光度。用测得的吸光度减去标准系列溶液中"零"浓度的吸光度，以铅浓度为横坐标，吸光度为纵坐标绘制工作曲线。

5.1.4　镍及其深加工产品的分析

金属镍分析常用的有重量法、络合滴定法和吸光光度法等。当镍的含量较高时，吸光光度法容易引起较大误差，所以采用重量法或络合滴定法。

镍的各种测定方法有以下特点：镍试剂（丁二酮肟）是测定镍的有效试剂，依据镍与丁二酮肟的反应，可以用重量法、滴定法、光度法测定高、中、低含量的镍，而且被列为标准方法的几种方法均与该反应有关；在测定镍的许多方法中，钴常常容易产生干扰；适宜于低含量测定的灵敏度高的光度法，大多数是多元配合物光度法。

这里介绍基于镍与丁二酮肟反应生成丁二酮肟镍的重量法、滴定法和光度法的原理。

(1) 丁二酮肟沉淀重量法

① 方法原理　在 pH＝6～10.2 的氨性或乙酸盐缓冲的微酸性溶液中，Ni^{2+} 定量地被丁二酮肟沉淀，沉淀经过滤、洗涤、烘干、称重或灼烧成 NiO 后称量。

丁二酮肟与镍的沉淀反应为：

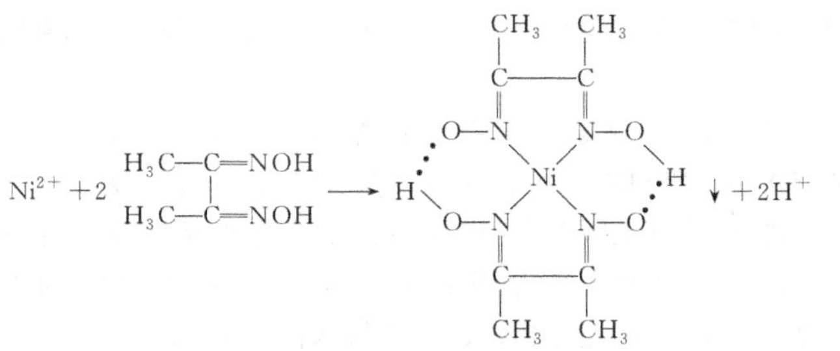

此沉淀为鲜红色螯合物。由于此螯合物为絮状大体积沉淀，沉淀时镍的绝对量应控制在 0.1g 以下。

由于丁二酮肟在水溶液中随 pH 值不同而存在下列平衡：

$$C_4H_8N_2O_2 \underset{H^+}{\overset{OH^-}{\rightleftharpoons}} [C_4H_7N_2O_2]^- \underset{H^+}{\overset{OH^-}{\rightleftharpoons}} [C_4H_6N_2O_2]^{2-}$$

由于沉淀反应是 Ni^{2+} 与 $[C_4H_7N_2O_2]^-$ 的反应，因此，pH 值过高或过低都会使沉淀溶解度增大，不易沉淀完全。

在沉淀镍的条件下，很多易于水解的金属离子将生成氢氧化物或碱式盐沉淀，加入酒石酸或柠檬酸可掩蔽 Fe^{3+}、Al^{3+}、Cr^{3+}、$Ti(Ⅳ)$、$W(Ⅵ)$、$Nb(Ⅴ)$、$Ta(Ⅴ)$、$Zr(Ⅳ)$、$Sn(Ⅳ)$、$Sb(Ⅴ)$ 等。Co^{2+}、Mn^{2+}、Cu^{2+} 单独存在时与丁二酮肟试剂不生成沉淀，但要消耗丁二酮肟试剂；而当有较大量的钴、锰、铜与镍共存时，丁二酮肟镍的沉淀中将部分地吸附这些离子而使镍的沉淀不纯，必须采取相应的措施避免干扰。

如有钴存在，于 pH＝6～7 的乙酸缓冲液中沉淀镍，钴不沉淀；或者将 Co^{2+} 氧化为 Co^{3+} 也不发生干扰。

在分析较复杂的含镍样品时，如果采取各种措施，所得到的丁二酮肟镍沉淀仍然不纯净而呈暗红色，这时宜将沉淀用盐酸溶解后再沉淀一次。丁二酮肟镍沉淀能溶于乙醇、乙醚、四氯化碳、三氯甲烷等有机溶剂中。因此，在沉淀时要注意勿使乙醇的比例超过 20%，沉淀过滤后也不宜用乙醇洗涤。所得丁二酮肟镍沉淀可在 150℃烘干后称重。

② 试剂　酒石酸溶液（20%）；乙酸铵溶液（2%）；盐酸羟胺溶液（10%）；丁二酮肟乙醇溶液（1%）。

③ 测定方法　称取一定量含镍样品，置于 250mL 烧杯中，加入王水 10mL，加入高氯酸 10mL，蒸发至冒浓烟，冷却。加水 50mL 溶解盐类。加入酒石酸溶液 30mL，滴加氨水至明显呈氨性，再滴加盐酸至酸性。将溶液滤入 250mL 容量瓶中，用热水洗涤滤纸及沉淀，加水至刻度，摇匀。分取溶液 50mL，置于 600mL 烧杯中，滴加氨水（1＋1）至刚果红试纸恰呈红色。加入盐酸羟胺溶液 10mL、乙酸铵溶液 20mL，加水至约 400mL，此时溶液的酸度应在 pH＝6～7。加热至 60～70℃，加入丁二酮肟乙醇溶液 50mL，充分搅拌，置于冷水中放置约 1h。如丁二酮肟镍沉淀呈暗红色，表示沉淀吸附有杂质，可用快速滤纸过滤沉淀，用冷水洗涤滤纸和沉淀。用热盐酸（1＋2）溶解沉淀，溶液接收于原烧杯中，以热水洗涤滤纸。按上述方法将镍再沉淀。在冷水中放置 1h 后滤入已事先恒重的玻璃过滤坩埚中，在 150℃烘至恒重。计算试样的含镍量。

$$w = \frac{m \times 0.2032}{m_s} \times 100\%$$

式中，m 为丁二酮肟镍沉淀的质量，g；m_s 为称取样品的质量，g。

（2）丁二酮肟沉淀分离-EDTA 滴定法

按前述方法得到丁二酮肟镍沉淀后，用 $HNO_3 + HClO_4$ 将沉淀溶解，于 pH＝10 的氨性缓冲溶液中，以紫脲酸铵为指示剂，用 EDTA 滴定，即丁二酮肟沉淀分离-EDTA 滴定法。

① 方法原理　Ni^{2+} 与 EDTA 形成中等强度的螯合物（$lgK = 18.62$）。Ni^{2+} 可以在 pH＝3～12 的酸度范围内与 EDTA 定量反应。由于 Ni^{2+} 与 EDTA 的螯合反应速率较慢，通常要在加热条件下滴定，或采用先加入过量 EDTA，然后用金属离子的标准溶液返滴定的方法。

考虑到在分析复杂的含镍体系时大量共存元素对 Ni^{2+} 络合滴定的干扰，下述方法中先将镍用丁二酮肟沉淀分离然后加入过量 EDTA 使之与 Ni^{2+} 螯合，在 pH≈5.5 的酸度条件下，以二甲酚橙为指示剂，用锌标准溶液返滴定。

② 试剂　EDTA 标准溶液（0.05000mol/L）：称取 18.6130g 固体 EDTA（二钠盐基准

试剂），置于 250mL 烧杯中，加水溶解，移入 1000mL 容量瓶中，用水稀释至刻度，混匀。六次甲基四胺溶液：30%。锌标准溶液（0.02000mol/L）：称取基准氧化锌 1.6280g，置于烧杯中，加入盐酸（1+1）7mL，溶解后用六次甲基四胺溶液调节至 pH=5，将溶液移入 1000mL 容量瓶中，加水稀释至刻度，摇匀。二甲酚橙指示剂：0.2%。其他试剂见丁二酮肟重量法。

③ **分析步骤**　试样的溶解及丁二酮肟沉淀的操作与丁二酮肟重量法所述相同。将所得丁二酮肟镍沉淀用快速滤纸过滤，用水充分洗涤沉淀（约洗 10~15 次）。弃去滤液。用热盐酸（1+2）溶解沉淀并接收溶液于原烧杯中。用热水充分洗涤滤纸，洗液与主液合并。将溶液稀释至约 100mL，加热，按试样中镍的估计含量定量加入 EDTA 溶液并有适当过量（0.05000mol/L EDTA 溶液每毫升可螯合 2.9345mg 的镍），用氨水（1+1）调节酸度至刚果红试纸呈蓝紫色（pH≈3），冷却。加入六次甲基四胺溶液 15mL 及二甲酚橙指示剂数滴，以锌标准溶液返滴定至溶液呈紫红色为终点。按下式计算试样的含镍量：

$$w = \frac{(V_{EDTA}c_{EDTA} - V_{Zn}c_{Zn}) \times 0.05871}{m_s} \times 100\%$$

式中，V_{EDTA} 为加入的 EDTA 标准溶液的体积，mL；c_{EDTA} 为 EDTA 标准溶液的物质的量浓度，mol/L；V_{Zn} 为返滴定所消耗的锌标准溶液的体积，mL；c_{Zn} 为锌标准溶液的物质的量浓度，mol/L；m_s 为称取试样的质量，g。

(3) 光度法

① **方法原理**　试样经酸溶解，高氯酸冒烟氧化铬至六价，以酒石酸钠掩蔽铁。在强碱性介质中，以过硫酸铵为氧化剂，镍与丁二酮肟生成酒红色配合物，于分光光度计波长 460nm 处测量其吸光度。移取液中锰质量大于 1.5mg、铜质量大于 0.2mg、钴质量大于 0.1mg 干扰测定。本方法适用于有色金属合金、生铁、铁粉、碳素钢、合金钢中镍的测定，测量范围为 0.030%~2.00%。铁离子的影响可用酒石酸掩蔽消除。

② **试剂**　酒石酸溶液（200g/L）；丁二酮肟乙醇溶液（10g/L）；NaOH 溶液（100g/L）；过硫酸铵溶液（100g/L）。

镍标准溶液：称取 0.2000g 金属镍（99.9%以上）置于 250mL 烧杯中，加 20mL 硝酸，盖上表面皿，加热溶解后，冷却至室温；移入 1000mL 容量瓶中，用水稀释至刻度，混匀，此溶液 1mL 含 200μg 镍。取此贮备液 20mL 于 100mL 容量瓶中，加水稀释至刻度，混匀，此溶液 1mL 含 40μg 镍。

③ **分析方法**　移取一定量试液两份，分别置于两个 50mL 容量瓶中，一份作显色溶液，一份作参比溶液。

a. 显色溶液　加 10mL 酒石酸溶液、20mL NaOH 溶液，混匀。加 5mL 过硫酸铵溶液，立即加入 2mL 丁二酮肟乙醇溶液，以水稀释至刻度，混匀。静置 20min。

b. 参比溶液　除不加丁二酮肟乙醇溶液外，其余同上操作。

c. 以参比溶液为参比，用 1~3cm 比色皿在分光光度计波长 530nm 处，测量吸光度，从工作曲线上查得相应镍值。

工作曲线绘制：移取 0.00mL、1.00mL、2.00mL、3.00mL、4.00mL、5.00mL 镍标准溶液分别置于 6 只 50mL 容量瓶中，按以上 a~c 步骤进行操作，以不加镍的标准溶液作参比测量吸光度，绘制工作曲线。

镍深加工产品常用的有碳酸镍、三氧化二镍、硫酸镍、氯化镍、硝酸镍、乙酸镍、草酸镍、羰基镍、四（三氯化磷）合镍等，它们的分析可选用重量法和络合滴定法。

5.1.5 锡及其深加工产品的分析

（1）络合滴定法

Sn（Ⅳ）和 Sn（Ⅱ）都能和乙二胺四乙酸二钠（EDTA）在酸性溶液中形成较稳定的配合物，而尤以 Sn（Ⅳ）的配合物更为稳定。锡可以在 pH＝1～6 的酸性溶液中和 EDTA 定量络合，但 Sn（Ⅳ）和 Sn（Ⅱ）在稀酸溶液中比较容易水解，因此锡的络合滴定通常采用返滴定法，即先加入过量的 EDTA 与 Sn（Ⅳ）络合，再用适当的金属盐标准溶液回滴过量的 EDTA。总的来说，络合滴定锡的酸度适宜条件应在 pH≈2～5.5。如 pH 过高，Sn（Ⅳ）倾向于形成 Sn(OH)$_4$ 而不利于滴定的进行。但各方法所用的酸度又因所用金属盐标准溶液不同而有不同。例如，用硝酸钍标准溶液回滴可以在 pH≈2 时进行，而用锌和铅等标准溶液回滴则应在 pH＝5～5.5 时进行。

① 方法原理 本法利用 Sn（Ⅳ）与氟化物生成稳定配合物的反应可以从 Sn-EDTA 配合物中置换出与 Sn（Ⅳ）定量络合的那部分 EDTA，用锌或铅标准溶液滴定所释放出的 EDTA，间接地进行锡的定量测定。采用这样的氟化物释放返滴定法可以提高方法的选择性。测定时，先在试样溶液中加入过量的 EDTA，并调整酸度至 pH＝5.5～6，使 Sn（Ⅳ）和其他在此条件下能与 EDTA 络合的离子形成稳定的配合物；用锌或铅标准溶液回滴过量的 EDTA，然后加入氟化物使与 Sn（Ⅳ）络合而定量地置换释放出相当的 EDTA，并计算出试样中锡的含量。按此条件测定时，Al^{3+}、Ti^{4+}、Zr^{4+}、Th^{4+} 等离子与 Sn（Ⅳ）的行为相似，干扰测定。如少量铝可用乙酰丙酮掩蔽。铜、镍等离子含量太高，所生成的 EDTA 配合物色泽太深，影响滴定终点的观察；加入硫脲可有效地掩蔽大量铜，而镍含量不高时不影响测定。采用氟化铵较好，因氟化钠能使 Fe-EDTA 分解而影响锡的测定。另外，氟化铵溶解度也较大。

② 试剂 浓盐酸；过氧化氢（30％）；乙酰丙酮溶液（5％）；硫脲（固体或饱和溶液）；六次甲基四胺溶液（30％）；氟化铵（固体）；二甲酚橙溶液（0.2％水溶液）。EDTA 溶液（0.025mol/L）：称取 EDTA 试剂 9.3g 溶于水中，加水稀释至 1L。锌标准溶液（0.01000mol/L）：称取纯锌 0.6538g 置于 250mL 烧杯中，加盐酸（1＋1）15mL，加热溶解，然后小心地转入 1L 容量瓶中，用氨水（1＋1）及盐酸（1＋1）调至酸度至刚果红试纸呈蓝紫色（或对硝基酚呈无色），以水稀释至刻度，摇匀。

③ 分析方法 称取一定量试样，置于 300mL 锥形瓶中，加入 1mL 浓盐酸及 1mL 过氧化氢，试样溶解后煮沸片刻使过量的过氧化氢分解。加水 20mL、EDTA 溶液（0.025mol/L）20mL，于沸水浴上加热 1min，取下，流水冷却。加乙酰丙酮溶液（5％）20mL、硫脲饱和溶液 20mL（或固体 2g），摇动溶液至蓝色褪去。然后加入六次甲基四胺溶液（30％）20mL（此时溶液 pH＝5.5～6），加入二甲酚橙指示剂（0.2％）3～4 滴，用锌标准溶液（0.01000mol/L）滴定至溶液由黄色变为微红色（不计读数）。而后加入氟化铵 2g，摇匀，放置 5～20min，继续用锌标准溶液滴定至溶液由黄色变为微红色即为终点。按下式计算试样的含锡量：

$$w = \frac{0.1187Vc}{m_s} \times 100\%$$

式中，c 为锌标准溶液的物质的量浓度，mol/L；V 为滴定试样溶液时消耗锌标准溶液的体积，mL；m_s 为称取试样的质量，g；0.1187 为锡的毫摩尔质量，g/mmol。

④ 注意事项

a. 对于含锡量较高的试样，如果在稀释时出现锡的水解现象，可加入氯化钾溶液（4％）20mL，代替加水 20mL，而后加 EDTA 溶液。

b. 溶液滴定时的 pH 值控制在 5.5～6 为好，保证 Zn^{2+} 和 EDTA 配合物有足够稳定性的同时又保证了二甲酚橙的合适变色范围，pH＞6.1。二甲酚橙指示剂本身为红色，无法变色。

　　c. 也可以用铅标准溶液（0.01mol/L）滴定。

　　铅标准溶液的配制和标定方法：称取 3.4g 硝酸铅，溶于 1000mL 硝酸（0.5＋999.5）中，摇匀。取 30.00～35.00mL 配制好的硝酸铅溶液，加 3mL 冰醋酸及 5g 六次甲基四胺，加 70mL 水及两滴二甲酚橙指示剂（2%），用同浓度的 EDTA 标准溶液滴定至溶液呈亮黄色。

　　d. 采用 NH_4F 较好，因 NH_4F 不释放 Fe-EDTA 中的 EDTA；而采用 NaF 或 KF，则有可能形成碱金属的氟铁酸盐沉淀，致使 Fe-EDTA 配合物遭到破坏。

　　e. 用金属离子作滴定剂滴定 EDTA（即所谓的返滴定），其终点一般以指示剂固有颜色中夹杂一部分可以辨别的金属离子与指示剂生成配合物的颜色为终点。这里用锌盐（或铅盐）标准溶液作滴定剂，滴定溶液中的 EDTA 则以滴定至黄色（指示剂固有的颜色）夹有红色锌（或铅）和二甲酚橙配合物的颜色为终点。所以，必须严格控制终点的变化程度，以刚出现微红色即为终点；同时，两个终点变色程度要一致，否则将造成偏差。

（2）铁粉还原-碘酸钾滴定法

　　① 方法原理　用硫酸及氟硼酸溶解试样，过氧化氢氧化。在盐酸介质中，以三氯化锑为催化剂，在加热和隔绝空气的情况下，以纯铁粉将四价锡还原为二价锡。

　　在盐酸中，用淀粉作指示剂，以碘酸钾标准溶液滴定二价锡。

$$IO_3^- + 3Sn^{2+} + 6H^+ =\!\!= 3Sn^{4+} + I^- + 3H_2O$$

$$IO_3^- + 5I^- + 6H^+ =\!\!= 3I_2 + 3H_2O$$

　　含铜量小于 0.5% 对测定无影响，含铜量大于 0.5% 则必须分离除去。试样中含有大量的钛及不超过 10% 的铬、6% 的钼、4% 的钒和 1% 的钨不干扰测定。

　　② 试剂　硫酸（1＋1）；氟硼酸（48%）；过氧化氢（30%）；纯铁粉；浓盐酸；碳酸氢钠饱和溶液；大理石碎片；碘化钾溶液（10%）。三氯化锑溶液（1%）：取 1g 三氯化锑溶于 20mL 盐酸中，以水稀释至 100mL。淀粉溶液（1%）：取 0.5g 可溶性淀粉置于 250mL 烧杯中，用少量水调成糊状，在搅拌下加入 100mL 热水，稍微煮沸，冷却后加入 0.1g NaOH，混匀。锡标准溶液：称取纯锡（或含锡量与试样相近的标准试样）1.000g，溶于 300mL 盐酸（1＋1）中，温热至溶解完全，冷却，移入 1000mL 容量瓶中，以水稀释至刻度，摇匀，此溶液每毫升含锡 1mg。碘酸钾标准溶液：称取碘酸钾 0.59g 及氢氧化钠 0.5g，溶于 200mL 水中，再加碘化钾 8g，然后加热至完全溶解，用玻璃棉将溶液过滤于 1000mL 容量瓶中，加水至刻度，摇匀。取 50.00mL 锡标准溶液，按分析方法进行标定得到碘酸钾标准溶液对锡的滴定度：

$$T = \frac{50.00}{V}$$

　　式中，T 为碘酸钾标准溶液对锡的滴定度，g/mL；V 为滴定锡标准溶液消耗碘酸钾标准溶液的体积，mL。

　　③ 分析步骤　称取一定量试样（视锡含量而定），置于 500mL 锥形瓶中，加水 60mL、硫酸（1＋1）10mL 和氟硼酸 10mL，温热溶解，滴加过氧化氢氧化至出现淡稻草色。加水 100mL、纯铁粉 5g、浓盐酸 60mL 和三氯化锑溶液（1%）2 滴。装上隔绝空气的装置（图 5.1），并在其中注入碳酸氢钠饱和溶液。

　　先低温加热，待铁粉溶解后再升高温度加热煮沸 1min。流水冷却。在冷却过程中，一直要有碳酸氢钠饱和溶液的保护。取下隔绝空气的装置，迅速加入几粒大理石碎片、碘化钾溶液（15%）5mL 和淀粉溶液（1%）5mL，迅速用碘酸钾标准溶液滴定至呈现蓝色，保持 10s 不褪色即为终点。按下式计算试样的含锡量：

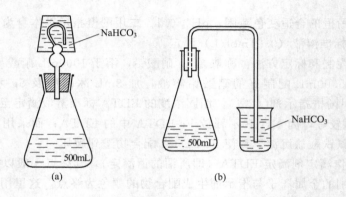

图 5.1　还原锡时用的两种隔绝空气的装置

$$w = \frac{VT}{m_s} \times 100\%$$

式中，V 为滴定试样溶液时消耗碘酸钾标准溶液的体积，mL；T 为碘酸钾标准溶液对锡的滴定度，即每毫升碘酸钾标准溶液相当于锡的克数，g/mL；m_s 为称取试样的质量，g。

④ 注意事项

a. 本方法适用于测定含锡量 >0.25% 的试样。

b. 在还原及以后的冷却过程中，应保持溶液与空气隔绝。在冷却还原后的溶液时，载于隔绝空气装置中的碳酸氢钠饱和溶液将被吸入锥形瓶中，这时应补加碳酸氢钠饱和溶液，以免空气进入瓶中。

c. 滴定时，为了尽量避免 Sn^{2+} 被空气氧化而引起的误差，投入几片大理石碎片，以形成 CO_2 气氛，同时须迅速滴完。

d. 试样含铜量 >0.5% 时，可用碱分离，以除去铜等干扰元素。但这样会产生较大误差，此时可采用次磷酸钠还原-碘酸钾滴定法。

e. 含有钒、钼的试样在滴定时终点易返回。所以，当滴定含有钒、钼元素的试样时，终点以第一次出现蓝色为准。

f. 按上述方法所配的碘酸钾标准溶液，每毫升约相当于 0.001g 锡。为了抵消可能产生的实验误差，一般不用理论计算，而在每次分析时用标样或锡标准溶液，按分析试样相同的条件进行还原和滴定，从而求得碘酸钾标准溶液的滴定度。

(3) 次磷酸钠还原-碘酸钾滴定法

① 方法原理　用盐酸及过氧化氢溶解试样后，加入次磷酸或次磷酸钠溶液，将锡（Ⅳ）还原为锡（Ⅱ）。还原时需加氯化汞催化剂。还原反应应在隔绝空气的情况下进行。

$$SnCl_4 + NaH_2PO_2 + H_2O == SnCl_2 + NaH_2PO_3 + 2HCl$$

在盐酸中，用淀粉作指示剂，以碘酸钾标准溶液滴定二价锡。

$$IO_3^- + 5I^- + 6H^+ == 3I_2 + 3H_2O$$

$$I_2 + Sn^{2+} == Sn^{4+} + 2I^-$$

在还原过程中，试样中大量二价铜被还原为一价铜。为了消除一价铜对测定锡的影响，须在滴定前加入硫氰酸盐，使其生成白色的硫氰酸亚铜沉淀。如有大量砷存在，砷将被次磷酸还原为元素状态的黑色沉淀而影响终点的判断。其他元素不干扰测定，不必分离除去。

② 试剂　盐酸（1+1）；过氧化氢（30%）；次磷酸钠（或次磷酸）溶液（50%）；硫氰酸铵溶液（25%）；碘化钾溶液（10%）；碳酸氢钠饱和溶液；大理石碎片；淀粉溶液（1%）；碘

化钾溶液（10%）。氯化汞溶液：溶解氯化汞 1g 于 600mL 水中，加盐酸 700mL，混匀。锡标准溶液：称取纯锡（99.90%以上或含锡量与试样相近的标准试样）0.1000g，溶于 20mL 盐酸中，不要加热，至溶解完全，移入 100mL 容量瓶中，以水稀释至刻度，摇匀，此溶液每毫升含锡 1mg。碘酸钾标准溶液：称取碘酸钾 0.59g 及氢氧化钠 0.5g，溶于 200mL 水中，再加碘化钾 8g，然后移入 1L 容量瓶中，加水至刻度，摇匀，用锡标准溶液按分析方法进行标定得到的滴定度用于计算。

③ 操作步骤　称取一定量试样，置于 500mL 锥形瓶中，加 10mL 盐酸（1+1）及 3～5mL 过氧化氢，微热溶解后煮沸至无细小气泡。加入氯化汞溶液 65mL、次磷酸钠溶液 10mL，装上隔绝空气的装置（图 5.1），并在其中注入碳酸氢钠饱和溶液。加热煮沸并保持微沸 5min，取下，先放在空气中稍冷，再将锥形瓶置于冰水中冷却至 10℃ 以下。取下隔绝空气装置，迅速加入硫氰酸铵溶液（25%）10mL、碘化钾溶液（10%）5mL 和淀粉溶液（1%）1mL，迅速用碘酸钾标准溶液滴定至在白色乳浊液中呈现的蓝色保持 10s 即为终点。按下式计算试样的含锡量：

$$w = \frac{VT}{m_s} \times 100\%$$

式中，V 为滴定试样溶液时消耗碘酸钾标准溶液的体积，mL；T 为碘酸钾标准溶液对锡的滴定度，即每毫升碘酸钾标准溶液相当于锡的克数，g/mL；m_s 为称取试样的质量，g。

④ 注意事项

a. 本方法适用于测定含铜量＞0.5%的试样。

b. 锡在浓盐酸中容易挥发，故溶解试样宜用 1+1 的盐酸。

c. 在还原及以后的冷却过程中，应保持溶液与空气隔绝。在冷却还原后的溶液时，盛于隔绝空气装置中的碳酸氢钠饱和溶液将被吸入锥形瓶中，这时应补加碳酸氢钠饱和溶液，以免空气进入瓶中。

d. 滴定时溶液已暴露在空气中，为了尽量避免 Sn^{2+} 被空气氧化而引起的误差，滴定应迅速进行。

e. 在滴定前应将溶液冷却到 10℃ 以下，以减少过量的次磷酸或次磷酸钠与碘酸钾标准溶液相互反应而产生误差。

f. 由于溶液中过剩的次磷酸或次磷酸钠将缓慢地与碘酸钾标准溶液反应，故滴定终点的蓝色不能长久保持，此蓝色能保持 10s 即认为到达终点。

g. 如果用标准试样标定标准溶液，则应称取与试样含锡量相近的标样，按分析试样相同方法进行操作。如用锡标准溶液 10～20mL（按试样含锡量而定），置于 500mL 锥形瓶中，加入氯化汞溶液 65mL 及次磷酸钠溶液（50%）10mL，按上述方法还原并滴定。据此计算出碘酸钾标准溶液的滴定度。

（4）光度分析法

常用苯基荧光酮-溴化十六烷基三甲基胺直接光度法测定锡。在稀硫酸介质中，锡（Ⅳ）与苯基荧光酮、溴化十六烷基三甲基胺组成多元体系，呈稳定的橙红色，于分光光度计波长 536 nm 处测量吸光度。显色液中钨、钼、钛的质量分别小于 10μg，铌小于 5μg，钽小于 2μg 时无影响。本方法适用于样品中质量分数为 0.0050%～0.20%的锡的测定。

5.1.6　钴及其深加工产品的分析

（1）碘量法

钴（Ⅱ）在含有硝酸铵的氨性溶液（pH＝9～10）中能被碘氧化成钴（Ⅲ），并与碘生成稳定的硝酸-碘五氨络钴绿色沉淀。过量的碘以淀粉作指示剂，用亚砷酸钠标准溶液滴定。其反应式如下：

$$2Co^{2+} + 4NO_3^- + 10NH_3 + I_2 \longrightarrow 2[Co(NH_3)_5I](NO_3)_2 \downarrow$$

$$I_2 + AsO_3^{3-} + H_2O \longrightarrow AsO_4^{3-} + 2HI$$

铁、铝在氨性溶液中能生成氢氧化物沉淀且易吸附钴，同时铁的氢氧化物又影响终点的判断，加入柠檬酸铵-焦磷酸钠混合溶液可消除 10mg 以下铁、铝的干扰。2mg 锰会影响测定，铜、镍、镉、锌在 100mg 以下不干扰测定。

（2）亚硝基-R 盐光度法

在乙酸盐缓冲溶液（pH＝5.5～7）中，钴与亚硝基-R 盐（1-亚硝基-2-萘酚-3,6-二磺酸钠）形成可溶性红色配合物，在 415～425nm 处有较大吸收。但是，在此波长范围内，亚硝基-R 盐本身也有显著吸收，故不适用于测定。为了避免过剩试剂的影响，吸光度测定应在 500～530nm 波长处进行。

铬（Ⅲ）低于 0.5mg、铬（Ⅵ）低于 1mg 不干扰测定，铁（Ⅲ）量超过 10mg 会使测定结果偏高，二氧化钛超过 16mg 会使显色液呈浑浊状。

5.1.7　镉及其深加工产品的分析

镉及其深加工产品中镉的分析可采用 EDTA 络合滴定法。

① 方法原理　Cd^{2+} 与 EDTA 形成中等稳定的配合物（$lgK＝16.46$）。在 pH＞4 的溶液中 Cd^{2+} 能与 EDTA 定量反应。在各种文献上介绍的镉的络合滴定方法有数十种之多，但应用比较广泛的只有两种：一种是在 pH＝5～6 的微酸性溶液中进行滴定，用二甲酚橙作指示剂；另一种是在氨性溶液（pH＝10）中进行滴定，用铬黑 T 作指示剂。在微酸性溶液中进行滴定，选择性较差，特别是镍的干扰难以消除，没有较好的掩蔽剂，因此测定废电路板中的镉用氨性条件较好。大量铜虽可用氰化物掩蔽，但在滴定过程中常因出现少量铜的氰化物配离子解蔽而使指示剂出现"封闭"的现象，因此本方法中用硫氰酸亚铜沉淀分离大量铜后再进行镉的测定，这样滴定终点比较明显。在滴定镉时通常加入一定量的镁，使滴定终点更为灵敏。

② 试剂　浓盐酸；过氧化氢（30%）；酒石酸溶液（25%）；盐酸羟胺溶液（10%）；硫氰酸铵溶液（25%）；浓氨水；氰化钠溶液（10%）；甲醛（1+3）。氨性缓冲溶液（pH＝10）：称取氯化铵 54g 溶于水中，加氨水 350mL，加水 1L，混匀。镁溶液（0.01mol/L）：溶解硫酸镁 2.5g 于 100mL 水中，以水稀释至 1L。铬黑 T 指示剂：称取铬黑 T 0.1g、氯化钠 20g 置于研钵中研磨混匀后贮于密闭的干燥棕色瓶中。EDTA 标准溶液（0.01000mol/L）：称取 EDTA 基准试剂 3.7226g，溶于水中，移入 1L 容量瓶中，以水稀释至刻度，摇匀，如无基准试剂，可用分析纯试剂配制成 0.01mol/L 溶液，然后用锌或铅标准溶液标定。标定方法见前面部分。

③ 分析方法　称取一定量试样，置于 100mL 两用瓶中，加浓盐酸 5mL 及过氧化氢 3～5mL，溶解完毕后加热煮沸，使过剩的过氧化氢分解。加酒石酸溶液（25%）5mL，加水稀释至约 70mL，加盐酸羟胺溶液（10%）10mL，煮沸，加硫氰酸铵溶液（25%）10mL，冷却。加水至刻度，摇匀。干过滤。吸取滤液 50mL，置于 300mL 锥形瓶中，用浓氨水中和并过量 5mL，加入 pH＝10 的缓冲溶液 15mL、氰化钠溶液（10%）5mL，摇匀。加入镁溶液（0.01mol/L）5mL，加入适量的铬黑 T 指示剂，用 EDTA 标准溶液滴定至溶液由紫红色变为蓝色为止（滴定所消耗 EDTA 标准溶液的体积不计）。加入甲醛溶液（1+3）10mL，充分摇动至溶液再呈紫红色，再用 EDTA 标准溶液滴定至接近蓝色终点，再加甲醛溶液 10mL，摇

匀，继续滴至蓝色终点。按下式计算试样的含镉量：

$$w = \frac{Vc \times 0.1124}{m_s} \times 100\%$$

式中，V 为滴定时所消耗 EDTA 标准溶液的体积，mL；c 为 EDTA 标准溶液的物质的量浓度，mol/L；m_s 为称取试样的质量，g。

④ 注意事项

a. 试样中镉含量较低时可取较多的试样进行滴定。

b. 锌在所述条件下也定量地参加反应，所以当试样中含有锌时，测定的结果是锌和镉的总量。

如果含锌量较高，则须按下述方法分离后再进行测定：将试样溶液用氨水中和后，加盐酸 5mL 及硫氰酸铵 5g，将溶液移入分液漏斗中，加水至约 100mL，加入戊醇-乙醚混合试剂（1+4）20mL，振摇 1min，静置分层。将水相放入 400mL 烧杯中，在有机相中加盐酸洗液 10mL，振摇半分钟，静置分层。将水相合并于 400mL 烧杯中，按上述方法进行镉的测定。

5.1.8　铋及其深加工产品的分析

铋及其深加工产品中铋的分析方法有以下几种。

（1）络合滴定法

Bi^{3+} 与 EDTA 形成稳定的配合物，其 $\lg K$ 值达 28 左右。进行络合滴定的适宜酸度条件为 pH=1~2，以硝酸或高氯酸介质为好。如溶液中有氯离子存在易生成 BiOCl 沉淀，此沉淀虽在滴定过程中能被 EDTA 溶解，但使终点变化迟缓，故应避免氯化物或盐酸的存在。Fe^{3+} 有干扰，加入抗坏血酸可消除其干扰。Pb^{2+}、Cd^{2+}、Zn^{2+} 及少量 Cu^{2+} 不干扰测定。

用硝酸或氢溴酸-溴溶解试样并用高氯酸冒烟，在此过程中 $Sn(\mathbb{N})$ 可挥发除去。为了防止 Bi^{3+} 的水解，在预加部分 EDTA 溶液的情况下用碳酸氢钠溶液调节酸度，并借邻苯二酚紫指示剂指示其调节程度。在调节过程中出现蓝色即表示该指示剂与 Bi^{3+} 生成配合物。金属离子与邻苯二酚紫生成配合物的情况比较复杂，可形成多种分子比的配合物，因此，用指示剂指示络合滴定终点时其色泽变化常较复杂。在滴定铋时终点色泽变化为由蓝变红，但在终点到达前常出现红紫色。本方法中滴定临近终点时可加入二甲酚橙，借以准确而明显地判断终点。

（2）碘化钾分光光度法

试样用硝酸溶解，以铁为载体共沉淀分离铜并富集微量铋。在 0.9mol/L H_2SO_4 介质中，铋与碘化钾生成黄色配合物，于波长 460nm 处测量其吸光度。测定范围：铜中 0.0005%~0.020% 的铋。

（3）原子吸收光谱法

不含锡、硅的试样用硝酸溶解；含锡、硅的试样用混合酸溶解。用二氧化锰共沉淀富集铋。沉淀用盐酸溶解后，使用空气-乙炔火焰，于原子吸收光谱仪波长 223.1nm 处测量铋的吸光度。

5.1.9　锑及其深加工产品的分析

锑的测定可采用滴定法和光度法。含锑的金属和合金一般均采用酸溶法。对于轴承合金，可用浓硫酸加热溶解；也可用王水、氢溴酸和溴的混合酸，硝酸和酒石酸的混合酸等溶解。在分析含锑的合金试样时，在溶样过程中应注意以下两点：①锑的卤化物较易挥发，当用盐酸或氢溴酸溶样时，应避免过分地加热；②锑的盐类极易水解而析出沉淀，因此溶解试样时应注意保持一定的酸度，或者加入酒石酸、氟氢酸等与锑络合。

(1) 高锰酸钾滴定法

试样以浓硫酸和固体硫酸氢钾（以提高沸点）溶解，此时锑呈三价状态：

$$2Sb+6H_2SO_4 \rlongequal Sb_2(SO_4)_3+3SO_2+6H_2O$$

加入盐酸使三价锑转化为氯化亚锑，然后用高锰酸钾标准液滴定：

$$5SbCl_3+16HCl+2KMnO_4 \rlongequal 5SbCl_5+2KCl+2MnCl_2+8H_2O$$

以此求得锑的含量。

在试样溶解时，可能存在的锡呈四价状态，不干扰测定，铅会生成硫酸铅沉淀，但不影响锑的测定。砷（Ⅲ）能与高锰酸钾起反应，所以砷的存在将使锑的测定结果偏高，故当试样中含砷时，应在盐酸溶液中持续煮沸 5~10min，使砷以 $AsCl_3$ 挥发除去。

(2) 光度分析法

① 5-Br-PADAP 分光光度法　试样用硝酸溶解。在微酸性介质中用二氧化锰载带锑与基体铜分离，于 1.2mol/L H_2SO_4 酸度下 Sb(Ⅲ) 与 5-Br-PADAP 和 I⁻ 生成紫红色三元配合物，用苯萃取，于分光光度计波长 610nm 处测量其吸光度。测定范围：铜中 0.00005%~0.0010%的锑。

② 罗丹明 B 分光光度法　试样用硝酸溶解，用硫酸赶硝酸。稀释，调整酸度后，用硫酸铈将锑氧化，以异丙醚萃取锑的氯配阴离子与主体铜及其他离子分离，再用罗丹明 B 显色，于波长 550nm 处测量其吸光度。显色溶液中含金量应小于 0.5μg。测定范围：试样中 0.0005%~0.0050%的锑。

③ 结晶紫分光光度法　试样用混合酸溶解，硫酸冒烟并蒸发至近干。在盐酸介质中，五价锑的配阴离子与结晶紫所生成的配合物用甲苯萃取，于分光光度计波长 610nm 处测量吸光度。测定范围：合金中 0.0010%~0.070%的锑。

5.1.10　汞及其深加工产品的分析

汞及其深加工产品中汞的分析可采用硫氰酸盐滴定法。

① 方法原理　样品与铁粉混合于单球管中，用喷灯加热使汞还原成金属后呈蒸气逸出冷凝于玻璃管壁上，熔断玻璃球后，用硝酸或碘液将汞溶解。经高锰酸钾氧化后，用硫氰酸钾溶液滴定。本法可测定大于 0.0X%的汞。在分解含汞的试样时必须注意汞的挥发性。

② 试剂　硝酸：煮沸或通入空气除去二氧化氮。硫酸亚铁铵溶液（2%）：将硫酸亚铁铵 20g 溶解于 1000mL 5%硫酸中。硝酸铁溶液：于 100mL 硝酸铁饱和溶液中加硝酸（1+1）5mL 或于 100mL 硫酸高铁铵饱和溶液中加硝酸 10mL。汞标准溶液：称取纯金属汞 0.5000g 于 100mL 烧杯中，加 25mL 硝酸溶解，加水至 100mL，用 1%高锰酸钾溶液滴至淡红色，移入 500mL 容量瓶中，用水稀释至刻度，此溶液每毫升含汞 1mg。硫氰酸钾标准溶液：称取硫氰酸钾 4.86g 溶于水后，移入 1000mL 容量瓶中，用水稀释至刻度，摇匀，此溶液每毫升约相当于 5mg 汞，将此溶液用水稀释 10 倍，得每毫升约相当于 0.5mg 汞的溶液。用汞标准溶液标定其对汞的滴定度。

标定法：吸取汞标准溶液 25mL 及 5mL 各两份，分别置于 150mL 锥形瓶中，用水稀释为 30mL，加硝酸 1mL，用 1%高锰酸钾溶液滴至淡红色，再滴入 2%硫酸亚铁铵溶液至红色刚褪去。加硝酸铁溶液 2mL，分别用浓、稀两种硫氰酸钾溶液滴定至呈浅棕红色为止，计算硫氰酸钾溶液对汞的滴定度：

$$T = \frac{V_1}{V_2 \times 1000}$$

式中，T 为硫氰酸钾溶液对汞的滴定度，g/mL；V_1 为吸取汞标准溶液的体积，mL；V_2 为滴定时所消耗硫氰酸钾溶液的体积，mL。

③ 分析方法　称取一定量样品（视汞含量而定），通过干燥的长颈漏斗装入单球管的小球中，再通过长颈漏斗加铁粉 1g，将黏附于颈中的样品带入小球中。移去漏斗，移动单球管使样品与铁粉混合均匀，将单球管以水平状态在喷灯上转动，低温加热，逐去水分后，升高温度将小球在 650～700℃（不能熔化）加热约 5min。此时汞已全都呈金属状态蒸出，冷凝于玻璃管中。再升高温度使小球及邻近的玻璃管软化，用镊子将小球拉掉，并将玻璃管熔封，小球部分弃去。

将玻璃管垂直放于 100mL 烧杯中，注入热硝酸 2～3mL，待汞完全溶解后，用玻璃棒将熔封的尖端击破使硝酸溶液流入，玻璃管用水洗净后弃去。用水将溶液稀释为 30mL，滴加 1%高锰酸钾溶液至淡红色，再滴入 2%硫酸亚铁铵溶液至红色刚褪去，加硝酸铁溶液 2mL，用硫氰酸钾标准溶液滴至棕红色且颜色在 1min 内不消失即达终点。

④ 注意事项

a. 在加热逐去水分时所生成的水滴不能流回球部，否则小球会炸裂。

b. 样品中如含有大量有机物，在灼烧时会有大量有机物质挥发出来附着在管壁上将汞滴掩盖，使硝酸不能将汞完全溶解而造成结果偏低。如发生这种情况应重新取样，另加氧化锌 1g，与样品混合后灼烧，使有机物不致挥发出来。

c. 用热硝酸溶解玻璃管内汞滴时，一般是可以将汞完全溶解的，如发现尚有未能溶解的汞滴，可将玻璃管微热使其溶解，然后再将尖端击破使溶液流出。

d. 如样品中含汞量较高，除减少样品称量质量外，最好改用双球管进行蒸馏，在蒸馏时可将两球间的玻璃管小心加热，使汞在上部的球中冷凝。

e. 滴定溶液中不能有氯离子存在，汞（Ⅰ）必须加入高锰酸钾将之完全氧化为汞（Ⅱ），否则结果偏低。

f. 滴定溶液中不能有亚硝酸存在，因亚硝酸根能与硫氰酸钾生成红色化合物而影响终点的观察。

g. 灼烧蒸馏时间不宜超过 5min，如灼烧时间过长，汞会有损失的可能。

h. 滴定溶液的体积不宜超过 30mL，可用试剂空白的终点作参比。如果在 50mL 瓷坩埚中滴定，终点较易观察。

i. 滴定溶液的酸度以 5%～10%为宜。如酸度大于 10%，则硫氰酸铁的生成将会受到阻滞，因而影响终点；如酸度过低，硝酸汞会发生水解作用。因此，在滴定时最好根据汞的含量选用不同硫氰酸钾溶液来滴定。含汞量的高低可以通过冷凝在玻璃管内的汞滴来判断。

5.2　有色轻金属及其深加工产品的分析

5.2.1　铝及其深加工产品的分析

5.2.1.1　铝的测定

铝的分析测定方法主要有滴定法、重量法和分光光度法等。重量法有磷酸铝法、8-羟基喹啉法、差减法等，由于这些方法手续烦琐，已很少使用。滴定法有 EDTA 配位滴定法

（EDTA 或 CyDTA 滴定法）、氟铝酸钾酸碱滴定法、8-羟基喹啉铝-溴酸盐滴定法等。其中 EDTA 配位滴定法具有简便、快速、准确度高等优点而被广泛应用。分光光度法有铝试剂法、铬天青 R 法、铬天青 S 法等。近年来，发现了一些新的显色体系，如三苯甲烷类和荧光酮类等。当试样中铝含量较低时，可使用分光光度法进行测定。原子吸收光度法测定铝时，由于在空气-乙炔火焰中铝易生成难溶化合物，其灵敏度很低，而且共存离子干扰严重，限制它的普遍应用。下面重点介绍 EDTA 配位滴定法。

铝与 EDTA 等氨羧配位剂能形成稳定的配合物（Al-EDTA 的 $\lg K_{AlY}=16.3$；Al-CyDTA 的 $\lg K_{\text{Al-CyDTA}}=16.63$）。因此，可用配位滴定法测定铝。但在室温下铝与 EDTA 的配位反应很慢，Al^{3+} 对二甲酚橙、铬黑 T 等常用的金属指示剂均有封闭作用，故采用 EDTA 直接滴定法测定铝有一定困难。高含量铝的测定，通常采用滴定法。

（1）滴定法

在 pH＝2～4 的范围内，三价铝离子与 EDTA 形成中等强度的螯合物。此外，在 90℃ 左右加热 1～3min，铝可与 EDTA 达到定量络合。因此，可用 EDTA 来直接滴定或返滴定测定铝。

① 直接滴定法　以 Cu-PAN 作指示剂，在 pH＝3 的煮沸溶液中可以用 EDTA 标准溶液直接滴定铝。碱土金属及 30mg 锰不干扰滴定，Fe(Ⅲ) 可以在 pH＝1.0～1.5 时用 EDTA 预先滴定而实现铝、铁连续测定。大量 SO_4^{2-} 的存在妨碍终点颜色变化。

② 返滴定法　用返滴定法可以提高滴定的准确度，即在 pH＝3～5 的溶液中加入一定量过量的 EDTA，以 PAN 为指示剂，用铜标准溶液滴定过量的 EDTA；或在 pH＝6 时，以二甲酚橙（XO）为指示剂，用锌标准溶液滴定过量的 EDTA。根据定量关系可以计算出铝的含量。此法中碱金属不干扰测定，而钙干扰测定。Co、Cu、Zn、Ni、Cd、Mn 可用邻菲啰啉掩蔽，此时应用铅标准溶液返滴定。此外，Th、Bi、Ti、Sn、Re、Fe、Cr 等也干扰滴定。

③ 置换滴定法　试样溶液中加入过量的 EDTA 标准溶液，加热并调节酸度至 pH＝5 左右，煮沸，使试液中的铝及铁、锌、镍、铜等离子与其完全络合。冷却，以二甲酚橙为指示剂，用锌标准溶液滴定过量的 EDTA（不计消耗标准溶液的量）。加入固体氟化钠并煮沸，F^- 选择性地与铝络合生成 AlF_6^{3-}，释放出等物质的量的 EDTA，再以锌标准溶液滴定释放出的 EDTA，从而间接求得铝的含量。

Ti、Sn、Re、Th、Zr 及 Mn 等能与 F^- 形成配合物的元素会干扰测定。

（2）重量法

氢氧化铝沉淀灼烧成 Al_2O_3 称量或 8-羟基喹啉铝沉淀烘干后称量是测定铝的两种重量分析法。8-羟基喹啉从乙酸盐缓冲溶液（pH＝5～6）中沉淀铝，于 120～150℃ 干燥后称量。此方法得到的沉淀为晶形沉淀，具有易过滤、不吸湿的特点，比 Al(OH)$_3$ 沉淀法优越。

（3）分光光度法

分光光度法测定铝的显色试剂较多，如铬天青 S、铬天青 R、铝试剂及 8-羟基喹啉等，其中铬天青 S（CAS）较常用。

在 pH＝4～6 的弱酸性介质中，铬天青 S 主要以 $HCAS^{3-}$ 状态存在。在此条件下，铝与试剂反应生成摩尔比为 1∶2 和 1∶3 的紫红色配合物，两种配合物的最大吸收峰不同，分别位于 545nm 和 585nm 处。在 545nm 波长处测定时，标准曲线不通过原点。如取两种配合物的等吸收点 567.5nm 作为测定波长，标准曲线可通过原点，但灵敏度不如前者高。

酸度对铝与铬天青 S 的络合反应影响很大。在 pH＜4 时，CAS 与 Al(Ⅲ) 几乎不反应，故酸度一般应控制在 pH＝4.6～5.8 的范围内。在 pH＜5.6 时，试剂本身吸收将增大，因此最好选择 pH 约为 5.7 的酸度条件下显色。一般采用加入缓冲溶液的方法控制溶液的酸度。常用的缓冲溶液有乙酸铵、乙酸钠、六次甲基四胺等，其中六次甲基四胺效果最好，乙酸盐与铝有络合作用，使铝的吸光度降低。

铝在酸度较低的溶液中常以 $Al(OH)_2^+$、$Al(OH)_3$ 等水解状态存在，均不利于与铬天青 S 的络合反应进行。因此，应在 pH<3 的溶液中先加入显色剂，再加缓冲溶液调节酸度至 pH 值约为 5.7。

在 pH＝4.7～6.0 的溶液中测定铝时主要干扰元素有 Fe(Ⅲ)、Cu、Ga、Mo、Ti、V(Ⅳ)、Cr(Ⅲ)、Be 等。对于组成较为复杂的样品，在显色前需要进行分离，具体操作方如下：在 pH＝4 左右加入铜试剂分离除去大部分干扰离子，然后采用适当的掩蔽剂，用硫脲或 $Na_2S_2O_3$ 掩蔽 Cu^{2+}，用抗坏血酸还原 Fe^{3+} 而消除其干扰，溶样时加入磷酸降低 Mo(Ⅳ)、Ti(Ⅳ) 等的干扰，用氧化剂将 Cr(Ⅲ)、V(Ⅳ) 氧化到高价减少其干扰。硅量高时往往会使测定结果偏低，可加高氯酸冒烟使硅酸脱水析出除去。

用 Zn-EDTA 及甘露醇作掩蔽剂，可直接用铬天青 S 测定合金和钢中的铝。此时最好用同类标准样品绘制标准曲线。

5.2.1.2　铝和铝合金的分析

纯铝有高纯铝（纯度为 99.98%～99.99%）和工业纯铝（纯度为 98.0%～99.7%）之分。纯铝中加入适量的铜、镁、锰、锌、硅等元素，可得到强度较高的铝合金。

铝及铝合金一般要求测定铜、铁、硅、锰、锌、锡、铅、钛、钒、镍、镁、铬、锆、镓、钙、铍、锑、镉、锂、硼、锶、稀土元素等多种组分。

(1) 铝及铝合金试样的采集与制备

① 样品的选取

a. 选样原则

(a) 生产厂在铝及铝合金铸造或铸轧稳定阶段选取代表其成分的样品。仲裁时在产品上取样。

(b) 代表整批或整个订货合同的样品，应随机选取。在保证其具有代表性的情况下，样品的选取应使材料的损耗最小。

(c) 可用拉断后的拉力试样作为选取的样品。

b. 取样数量

(a) 若样品来自铸造或铸轧稳定阶段，当熔炼炉内熔体成分均一时，每一熔次的熔体至少取一个样品。

(b) 当样品选自同一牌号、同一批次的产品时，除有特殊规定外，一般都应按下列规定取样。

● 铸锭，一个铸造批次应取一个样品。

● 板材、带材，每 2000kg 取一个样品；箔材，每 500kg 取一个样品；对于单卷质量大于规定量的带卷、箔卷，每卷可取一个样品。

● 管材、棒材、型材、线材，每 1000kg 产品取一个样品。

● 锻件小于或等于 2.5kg 时，每 1000kg 产品应取一个样品；大于 2.5kg 的锻件每 3000kg 产品取一个样品。

● 少于规定量的部分产品，应另取一个样品。

② 制样规则

a. 用于制备化学分析试样所选取的样品应洁净无氧化皮（膜）、无包覆层、无脏物、无油脂等。必要时，样品可用丙酮洗净，再用无水乙醇冲洗并干燥，然后制备试样。样品上的氧化膜及脏点可用适当的机械方法或化学方法予以除去。在用化学方法清洗时，不得改变样品表面的性质。

b. 从没有偏析的样品上制取试样时，根据样品的开卷、规格可通过钻、铣、剪等方式取样。从有偏析的半成品铸锭或样品上制取试样时，如钻则需钻透整个样品，如铣、剪则应在整个截面上加工。

c. 制样用的钻床、刀具或其他工具，在使用前彻底洗净。制样的速度和深度应调节到不使样品过热而导致试样氧化。推荐采用硬质合金工具，当使用钢质工具时，应事先清除吸附的铁。

d. 制取碎屑试样时，原则上不需要冷却润滑剂；如遇到高纯铝或较黏合金产品取样时，可采用无水乙醇作冷却润滑剂。

e. 钻屑、铣屑或剪屑应用强磁铁细心处理，将所有在制样时带进的铁屑去掉，尽可能避免此类杂质的混入。

f. 钻屑、铣屑和剪屑应细心检查，将制样时偶然带入的任何杂物除去。

③ 试样的采集

a. 铸锭、板材、带材、管材、棒材、型材或锻件等的样品应用铣床在整个截面上加工，或沿径向或对角线钻取试样，取点应不少于 4 点且呈等距离分布，钻头直径不小于 7mm。样品厚度不大于 1.0mm 的薄带和薄板可以将两端叠在一起，折叠一次或几次，并将其压紧，然后在剪切边的一侧用铣床加工或在平面上钻取试样。对于更薄的样品，可将数张样品放在一起折叠、压紧、钻取试样。

b. 样品太薄、太细，不便使用钻、铣等方式时，可用剪刀剪取试样。

c. 从代表一批产品的样品上钻（铣、剪）取数份（至少四份）等量试样，将它们合成一个试样，并充分混匀。

④ 试样的量和储存

a. 已制备的试样应大于分析需要量的 4 倍，且试样的质量应不少于 80g。

b. 对于长期保存的试样，为防止氧化或在大气环境变动的条件下组成有变化，应保存在广口玻璃瓶中，密封盖紧。

（2）铝及铝合金试样的分解方法

由于铝的表面易钝化，钝化后不溶于硫酸和硝酸。因此，铝及铝合金试样常用 $NaOH$ 溶液溶解到不溶时再用硝酸溶解，或先用盐酸溶解到不溶时，再加硝酸溶解。常用的溶剂有 $NaOH+HNO_3$、$NaOH+H_2O_2$、$HCl+HNO_3$、$HCl+H_2O_2$、$HClO_4+HNO_3$ 等，而且在操作上，常常先加前者；溶解至不溶时，再加后者。例如：用 $NaOH+HNO_3$ 分解的操作及主要反应如下。

操作方法：先用 $20\%\sim30\%NaOH$ 溶解至不溶时，再加入硝酸。其反应如下：

$$2NaOH+2Al+6H_2O =\!=\!= 2Na[Al(OH)_4]+3H_2\uparrow$$
$$2NaOH+Si+H_2O =\!=\!= Na_2SiO_3+2H_2\uparrow$$
$$Fe+4HNO_3 =\!=\!= Fe(NO_3)_2+2NO_2+2H_2O$$
$$3Cu+8HNO_3 =\!=\!= 3Cu(NO_3)_2+2NO+4H_2O$$
$$Mn+4HNO_3 =\!=\!= Mn(NO_3)_2+2NO_2+2H_2O$$

（3）铝与其他合金元素的分离方法

铝元素与铁、铬、钛等元素经常混杂在一起，另外铝是具有两性的元素。因此，在分离和测定铝时具有一定困难。铝与其他元素的分离方法主要有沉淀法、萃取法、汞阴极电解法等。

① 沉淀法

a. 氨水沉淀法　有铵盐存在时，经氨水两次沉淀，利用铝的两性特性可从碱金属、碱土金属、Ag、Cu、Mo、Ni、Co、Zn、V、Mn 及 W 中分离铝，使 Pb、Sb、Bi、Fe、Cr、Ti、U、Zr、Th、Ce、In、Ga、Nb 及 Ta 等元素生成沉淀。初始加入氨水时，pH 值应控制在 6.5~7.5；若氨水过量，将使 $Al(OH)_3$ 沉淀溶解度增大，影响测定结果。生成的 $Al(OH)_3$ 沉淀中包含少量铜、镉和钴。磷、砷及硅等元素会发生共沉淀。加入乙硫醇酸可以掩蔽铁。沉淀过滤后加氨水，在 pH＝4~5 的溶液中，用柠檬酸铵和草酸铵络合铁、铬、镍、锰等元素，用氰化钠沉淀铝而使其与共存元素分离。此方法常用于钢铁、高温合金及精密合金中铝的测定。

b. 有机试剂沉淀法　苯甲酸铵沉淀分离铝的效果比氨水好。Al、Cr(Ⅲ)、Zr、Fe(Ⅲ)、Ti(Ⅳ)、Th、Ce(Ⅳ)、Bi 及 Sn 可定量沉淀；U(Ⅳ)、Be、Pb、Cu、Sn(Ⅱ) 及 Ti 部分沉淀；Co、Ni、Mn、Zn、Cd、V、Sr、Ba、Mg、Fe(Ⅱ)、Ce(Ⅲ)、Hg 及 Re 不沉淀。Fe(Ⅱ) 在测定条件下能被氧化而沉淀，加入盐酸羟胺、乙硫醇酸可使铁还原，后者可掩蔽大量的铁。

c. 铜试剂沉淀法　在 H_2SO_4(1＋9) 介质中，铜试剂（二乙基二硫代氨基甲酸钠，DDTC）可以沉淀 Fe、Ti、Zr、Nb、V、Ga、Ta 及 W 等元素，而 Al、Be、P、Mn、Ni、Co、Zn、In 及 Cr 等元素留在溶液中，Th 及 Re 部分沉淀。也可用氯仿进行萃取，再调节酸度，铝在 pH＝2~5 的溶液中也能被铜试剂沉淀或被氯仿萃取，进一步与残留元素分离。

在 pH＝3.5~4 的乙酸缓冲溶液中，铜试剂可以沉淀 Fe、Ni、Co、Cu、Mo、Nb、W、Mn、Ti 等，滤纸中保留全部 Al、Re、Ca、Mg 及残留的 Mn、Ti。

d. 8-羟基喹啉沉淀法　8-羟基喹啉沉淀法可用于从其他元素中分离铝。在微酸性溶液中可从碱金属、碱土金属中分离铝；在氨性溶液中可从 P、As、F、B 中分离铝；在含 H_2O_2 的氨性溶液中，可从 Mo、Ti、Nb、Ta 中分离铝；以及在 $(NH_4)_2CO_3$ 溶液中可从铀中分离出铝。在含酒石酸及氢氧化钠的氨性溶液中，8-羟基喹啉可以沉淀 Cu、Cd、Zn 及 Mg，而 Al、Fe 留于溶液中。

② 萃取法　当盐酸的浓度为 6mol/L 时，用乙醚、甲基异丁酮、二异丙醚或二乙醚等有机溶剂萃取，可以从大量铁中分离出铝。少量铁可以用戊醇萃取硫氰酸铁使之与铝分离。

在含乙硫醇酸、六偏磷酸钠、KCN 及 H_2O_2 的 $(NH_4)_2CO_3$ 溶液（pH＝8~9.5）中，钽试剂可以选择性地萃取铝。

③ 汞阴极电解法　汞阴极电解是有效的分离方法，可以从许多金属元素中分离铝，电解液中的元素有 Al、Mg、Ca、Ti、Zr、V 及 P 等。

(4) 铝的分析

铝是主体元素。金属铝中铝含量在 97% 以上，铸造铝合金中铝含量为 80% 左右，变形铝中铝含量通常为 90% 左右。铝的含量常用络合滴定法测定。

(5) 铝及铝合金中其他元素的分析

铝合金中常见的合金元素有铜、铁、镁、锰、锌、硅等，少数铝合金中还有镍、铬、钛、铍、锆、硼及稀土元素。铝及铝合金分析中经常测定的元素除铝外，尚有铜、铁、硅、锰、锌和镁等。

① 铜的测定　铝及铝合金中铜的测定方法有分光光度法、恒电流电解重量法、原子吸收光谱法等。

a. 分光光度法

(a) 草酰二酰肼分光光度法　试样以盐酸溶解，在乙醛存在条件下，调节试液 pH=9.1～9.5，铜与草酰二酰肼显色，用分光光度计于波长 540 nm 处测量其吸光度。测定范围：铝及铝合金中 0.001%～0.80% 的铜。

(b) 新亚铜灵试剂分光光度法　试样用盐酸和硝酸溶解，在 pH=3～7 时，用盐酸羟胺将 Cu(Ⅱ) 还原为 Cu(Ⅰ)，Cu(Ⅰ) 与新亚铜灵试剂生成黄色配合物，用三氯甲烷萃取，用分光光度计于波长 460 nm 处测量其吸光度。测定范围：铝及铝合金中 0.005%～0.012% 的铜。

b. 恒电流电解重量法　在 H_2SO_4 和 HNO_3 溶液中，放入两个铂电极，用恒电流电解时，能和 Cu 一起析出的金属有 Sb、Sn、Bi、Ag、Hg、Au 等，在铝合金中除 Sn 以外的金属含量极微，可以不考虑。对于 Sn 的干扰，可在处理试样时，加入 HBr 和溴水使其成为溴化物从 $HClO_4$ 溶液中挥发除去。为了使电解沉积的 Cu 纯净、光滑和紧密，电解时加入 HNO_3 抑制氢气逸出，加入尿素或氨基磺酸防止 HNO_2 氧化沉积铜。另外，在低温、低电流密度下进行电解，可防止沉积物的氧化作用。在电解操作时，开始阶段溶液中 Cu^{2+} 浓度较高，电解速度很快，要使这一部分 Cu 沉积完全，需要 1～2h。在这段时间内，其他杂质元素也容易析出。因此，采用电解到一定程度后可用分光光度法测定残留液中的 Cu。

c. 原子吸收光谱法　试样用盐酸和过氧化氢溶解，用原子吸收光谱仪于波长 324.7nm 处，用空气-乙炔贫燃火焰测量铜的吸收。测定范围：铝及铝合金中 0.005%～5.00% 的铜。

② 铁的测定　铝及铝合金中铁作为杂质元素，其含量很低，通常用邻二氮菲分光光度法或原子吸收光谱法测定。铁是铝合金中有害的杂质，它来自坩埚、熔炼工具或炉料。它使合金塑性大大下降，抗蚀性降低，一般铝合金中都要限制铁的含量。

a. 邻二氮菲分光光度法

(a) 原理与方法　试样用盐酸溶解，用盐酸羟胺还原铁，控制试液 pH=3.5～4.5，铁(Ⅱ) 与邻菲啰啉显色，用分光光度计于波长 510 nm 处测量其吸光度。测定范围：铝及铝合金中 0.001%～3.50% 的铁。

邻二氮菲是测定微量铁的一种较好的试剂。在 pH=2～9 的条件下 Fe^{2+} 与邻二氮菲生成极稳定的橘红色配合物，反应式如下：

此配合物的 $\lg K_稳 = 21.3$（20℃），摩尔吸光系数 $\varepsilon_{510} = 1.1 \times 10^4$。在显色前，首先用盐酸羟胺把 Fe^{3+} 还原为 Fe^{2+}，其反应式如下：

$$2Fe^{3+} + 2NH_2OH \cdot HCl = 2Fe^{2+} + 4H^+ + 2Cl^- + N_2\uparrow + 2H_2O$$

测定时，控制溶液的酸度在 pH=5 左右较为适宜。酸度高时，反应进行较慢；酸度太低，则 Fe^{2+} 水解，影响显色。

Bi^{3+}、Cd^{3+}、Hg^{2+}、Ag^+、Zn^{2+} 等离子在 pH=2～9 时与邻二氮菲生成沉淀，Co^{2+}、Ni^{2+}、Cu^{2+} 等离子可与邻二氮菲形成有色配合物，故应注意它们的干扰。

(b) 仪器和试剂

a) 仪器　721A 型或 722 型光栅分光光度计，50mL 容量瓶，100mL 容量瓶，250mL 容量瓶，150mL 高型烧杯，量筒，酒精灯，三脚架，石棉铁丝网等。

b) 试剂　含铁 10μg/L 的 $NH_4Fe(SO_4)_2$ 标准溶液：称取 0.2159g 分析纯 $NH_4Fe(SO_4)_2 \cdot 12H_2O$，加入少量水及 2mL 6mol/L HCl，使其溶解后，移至 250mL 容量瓶中，用蒸馏水稀释至标线，摇匀。此溶液 1mL 含 100μg 铁。吸取此溶液 25mL 于 250mL 容量瓶中，用蒸馏水

稀释至标线，摇匀。此溶液 1mL 含 10μg 铁。

其他试剂：邻二氮菲水溶液（0.15％），10％盐酸羟胺水溶液（此溶液只能稳定数日），1mol/L NaAc 溶液，6mol/L HCl，3％ H_2O_2。

（c）分析步骤　在 6 只 50mL 容量瓶中，用吸量管分别加入 0mL、0.20mL、0.40mL、0.60mL、0.80mL、1.0mL 铁标准溶液（10μg/L），分别加入 1mL 盐酸羟胺溶液（10％），摇匀后放置 2min。再各加入 2mL 邻二氮菲水溶液（0.15％）、5mL NaAc 溶液（1mol/L），以水稀释至刻度，摇匀。在分光光度计上，以试剂空白溶液为参比，于波长 510 nm 处依次测量其吸光度。绘制标准曲线。

在相同条件下测量试样溶液的吸光度，由标准曲线计算试样中微量铁的含量。

b. 原子吸收光谱法　试样用盐酸溶解，用空气-乙炔火焰，于原子吸收光谱仪波长 248.3nm 处测量吸光度。测定范围：铝及铝合金中 0.02％～0.30％的铁。

Si、Ni、V 对测定产生负干扰，可加入 Sr(II) 溶液消除。其他共存元素不干扰测定。

③ 硅的测定　铝合金中硅的测定有酸碱滴定法、重量法和硅钼蓝分光光度法等。

a. 酸碱滴定法

（a）原理　试样经氢氧化钾熔融后，在强酸介质中，加入氟化钾和氯化钾与硅酸根生成氟硅酸钾沉淀。经过滤、洗涤，沉淀在热水中水解，析出等物质的量的氢氟酸，以硝氮黄为指示剂，用氢氧化钠标准溶液滴定，以消耗氢氧化钠标准溶液的体积计算硅的含量。测定范围：铝及铝合金中 1％以上的硅。

其反应式如下：

$$SiO_3^{2-} + 6F^- + 6H^+ \longrightarrow SiF_6^{2-} + 3H_2O$$
$$SiF_6^{2-} + 2K^+ \longrightarrow K_2SiF_6 \downarrow$$
$$K_2SiF_6 + 3H_2O \longrightarrow 2KF + H_2SiO_3 + 4HF$$
$$HF + NaOH \longrightarrow NaF + H_2O$$

（b）仪器　分析天平、碱式滴定管、塑料烧杯、塑料漏斗等。

（c）实验药品　氢氟酸（40％），乙醇，硝酸（1+1），氟化钾溶液（15％），尿素溶液（5％，现配），氢氧化钠溶液（5％）。

硝酸钾-乙醇溶液：称取 5g 硝酸钾溶于 40mL 水中，加无水乙醇 50mL，用水稀释至 100mL，混匀。

饱和氯化钾-乙醇溶液：称取氯化钾 80g，溶于 500mL 无水乙醇中，此液为氯化钾的无水饱和溶液。

酚酞溶液（1％）：称取酚酞 1g 溶于 60mL 无水乙醇中，加水 30mL，用 NaOH 中和至中性，再用水稀至 100mL。

氢氧化钠标准溶液（0.5mol/L）：称取 NaOH 20g 溶于 1000mL 水中，冷却，贮存于塑料容器中。以 GB 601 中的方法进行标定。

（d）实验步骤　称取试样 0.1g 左右于 200mL 塑料烧杯中，加入 HNO_3 溶液（1+1）10mL，滴加 40％氢氟酸约 5mL，至试样完全溶解。稍冷，加 5％尿素溶液 5mL，用塑料棒搅拌至无气泡产生。加入 KNO_3 2g，加 15％氟化钾溶液 10mL，搅拌至溶解。然后于冷水中冷却至室温。用定量中速滤纸于塑料漏斗上过滤，每次以 10mL 硝酸钾-乙醇溶液洗涤塑料烧杯和沉淀，共 2 次。将沉淀连同滤纸转至塑料烧杯中。加饱和氯化钾-乙醇溶液 15mL、酚酞 5～6 滴，以 5％ NaOH 溶液中和残余酸，仔细搅拌滤纸和沉淀至出现稳定的玫瑰红色。然后加入沸水 150mL，补加 5 滴酚酞指示剂，立即用 NaOH 标准溶液滴定至出现稳定的微红色，并搅拌至颜色不再消失为终点。计算试样中硅的含量：

$$w_{Si} = \frac{28.0861 c_1 V_0}{m_0} \times 100\%$$

式中，w_{Si} 为试样中硅的质量分数；V_0 为消耗氢氧化钠标准溶液的体积，mL；c_1 为氢氧化钠标准溶液的物质的量浓度，mol/L；m_0 为称取试样的质量，g。

（e）注意事项

● 注意对硝酸浓度的控制，酸度太低，易形成其他氟化物沉淀而干扰测定；酸度过高，会增加氟硅酸钾的溶解度和分解作用，使得沉淀不完全。

● 注意硝酸钾的加入量，若加入量不够，氟硅酸钾沉淀不完全；加入量过多，致使溶液呈过饱和状态，大量固体硝酸钾的存在也给沉淀洗涤增加困难。

● 加入氟化钾溶液时不要一次性全加入，应在搅拌的情况下滴加。

● 沉淀放置时间过短会导致沉淀陈化不够，因此放置时间控制在 10～15min 为宜。

b. 重量法　试样用 NaOH 溶解，用 HClO$_4$ 酸化并脱水，酸化时应加入适量的 HNO$_3$ 促使试样中 Cu 和 Mn 的溶解；对 Sn、Pb、Sb 含量较高的铝合金试样，在用 HClO$_4$ 冒烟脱水前应加入适量 HBr，使 Sn、Sb 冒烟时以溴化物挥发除去。过滤、烘干、灼烧并称量二氧化硅。用氢氟酸挥发硅，称量残渣。根据两者称量差计算硅的含量。测定范围：铝及铝合金中 0.3%～25%的硅。

c. 硅钼蓝分光光度法　试样以氢氧化钠和过氧化氢溶解，用硝酸和盐酸酸化。用钼酸盐使硅形成硅钼黄配合物（约 pH＝0.9）。用硫酸提高酸度，以 1-氨基-2-萘酚-4-磺酸或抗坏血酸为还原剂，使硅钼黄转变成硅钼蓝配合物。用分光光度计于波长 810 nm 处测量其吸光度。测定范围：铝及铝合金中 0.001%～0.40%的硅。

④ 锰的测定　铝及铝合金中锰的测定方法主要有高碘酸钾分光光度法和火焰原子吸收光谱法。

a. 高碘酸钾分光光度法　试样以氢氧化钠溶解，用硫酸、硝酸酸化，在磷酸存在条件下，用高碘酸钾氧化显色。用分光光度计于波长 525nm 处测量其吸光度。测定范围：铝及铝合金中 0.004%～1.80%的锰。

试样中锡含量小于 0.2%、锑含量小于 0.1%、锆含量小于 0.4%，不影响测定。

b. 火焰原子吸收光谱法　试样用盐酸溶解，加入氯化锶作释放剂抑制 Al、Si、Ti、Zr 的干扰，用空气-乙炔火焰，于原子吸收光谱仪波长 279.5 nm 处测量吸光度。测定范围：铝及铝合金中 0.005%～5.00%的锰。

⑤ 锌的测定　铝及铝合金中锌的测定常采用 EDTA 滴定法及原子吸收光谱法。

a. EDTA 滴定法　试样用盐酸溶解，蒸发除去过量的酸，用 2mol/L 盐酸溶解盐类。将溶液通过强碱性阴离子交换树脂，用 0.005mol/L 盐酸洗脱吸附在树脂上的锌，以双硫腙为指示剂，用 EDTA 标准溶液滴定锌。测定范围：铝及铝合金中 0.10%～14.00%的锌。

b. 原子吸收光谱法　试样用盐酸和过氧化氢溶解，用原子吸收光谱仪于波长 324.7nm 处，以空气-乙炔贫燃火焰测量吸光度。测定范围：铝及铝合金中 0.001%～6.00%的锌。

⑥ 镁的测定　铝及铝合金中镁的测定方法主要有 EDTA 滴定法、原子吸收光谱法和光度法等。

a. EDTA 滴定法　采用碱溶试样分离大部分铝，而碱不溶物和镁均残留在沉淀中，然后用盐酸、过氧化氢将沉淀重新溶解，用氨水调至碱性，用铜试剂（DDTC）将铜等干扰元素沉淀分离除去，再用邻二氮菲和三乙醇胺联合掩蔽微量的铁、铜、钴等离子；或者采用碱溶试样在不经分离的情况下采用 DDTC、盐酸羟胺和三乙醇胺联合掩蔽大量的铝、铜、铁、锰等离子。最后在 pH＝10 的氨水-氯化铵缓冲溶液中以铬黑 T 为指示剂，用 EDTA 标准溶液滴定至紫红色突变为纯蓝色即为终点。测定范围：不含钙的铝及铝合金中 $0.X\%\sim XX\%$ 的镁。

　　b. 原子吸收光谱法　试样以盐酸和过氧化氢溶解，用原子吸收光谱仪于波长 285.2nm 处或 279.6nm 处，以一氧化二氮-乙炔（或在氯化锶存在条件下用空气-乙炔）贫燃火焰测量镁的吸光度。测定范围：铝及铝合金中 $0.005\%\sim 5.0\%$ 的镁。

　　c. 光度法　光度法有铬变酸 2R 光度法、偶氮氯膦 I 光度法等。铬变酸 2R 光度法是于 pH＝10.9 的碱性溶液中，在丙酮（40%）存在下，铬变酸 2R 与 Mg^{2+} 生成棕红色配合物，于 570nm 波长下测定吸光度。

　　⑦ 锡的测定

　　a. 碘酸钾滴定法

　　（a）实验原理　试料用硫酸和硫酸氢钾分解。在盐酸溶液中，用铁粉和铝片将四价锡还原为二价锡。以淀粉作指示剂，用碘酸钾标准溶液滴定至试液呈浅蓝色为终点。

　　（b）实验仪器和药品　锡还原装置。

　　还原铁粉、铝片（纯度在 99.5% 以上）、硫酸氢钾、氯化钠、硫酸（$\rho=1.84\text{g/mL}$）、盐酸（1+1）。

　　锡标准溶液：称取 0.4000g 纯金属锡（99.99%），置于 250mL 烧杯中，加入 60mL 盐酸（$\rho=1.19\text{g/mL}$），加热使其完全溶解。冷却至室温，将溶液移入 500mL 容量瓶中并用盐酸（1+9）稀释至刻度，混匀。此溶液 1mL 含 0.0008g 锡。

　　碘酸钾标准溶液：$c(1/6KIO_3)=0.01\text{mol/L}$。

　　配制：准确称取约 0.36g 碘酸钾、9g 碘化钾、0.3g 氢氧化钠，置于 500mL 烧杯中，加入 200mL 水，加热完全溶解，用玻璃棉将溶液过滤于 1000mL 容量瓶中，用水稀释至刻度，混匀。

　　标定：移取三份 25.00mL 锡标准溶液，分别置于 300mL 锥形瓶中；同时，用另一盛有 25.00mL 水的 300mL 锥形瓶做空白试验，以下按实验步骤进行。平行标定所消耗碘酸钾标准溶液体积的极差不应超过 0.20mL，取其平均值。

$$T=\frac{25\times 0.0008}{V_0-V_1}$$

　　式中，T 为碘酸钾标准溶液对锡的滴定度，g/mL；V_0 为滴定锡标准溶液消耗碘酸钾标准溶液的体积，mL；V_1 为滴定空白溶液消耗碘酸钾标准溶液的体积，mL。

　　淀粉指示剂（5g/L）：称取 0.5g 可溶性淀粉，置于 250mL 烧杯中，用少量冷水调成糊状，在搅拌下加入 100mL 热水，稍微煮沸，冷却后加入 0.1g 氢氧化钠，混匀。取 50mL 淀粉指示剂，置于 250mL 烧杯中，加入 3g 碘化钾，摇动至溶解（用时现配）。

　　（c）实验步骤　称取一定量的试料置于 300mL 锥形瓶中，加入 2g 硫酸氢钾、10mL 硫酸，加热至冒浓厚白烟使试料完全分解，取下冷却。沿瓶壁加入 20mL 水、80mL 盐酸、1g 还原铁粉，加热使铁粉完全溶解，取下稍冷。用橡皮塞塞紧瓶口，通入纯二氧化碳气（市售）15s，加入 1～2g 铝片，充分摇动锥形瓶，待剧烈反应过后剩余少量铝时，加热煮沸至产生大气泡。在二氧化碳气保护下，将锥形瓶置于流水中冷却至室温。取下橡皮塞，立即向试液中加入 5mL 淀粉指示剂，空白溶液中同样加入 5mL 淀粉指示剂，用碘酸钾标准溶液滴定至试液呈蓝色即为终点；同时，做空白试验。计算试样中锡的含量：

$$w=\frac{T(V_0-V_1)}{m}\times 100\%$$

　　式中，V_0 为滴定试液消耗碘酸钾标准溶液的体积，mL；V_1 为滴定空白溶液消耗碘酸钾标准溶液的体积，mL；T 为碘酸钾标准溶液对锡的滴定度，g/mL；m 为试料的质量，g。

b. 水杨基荧光酮分光光度法　试样以硫酸溶解。在硫酸介质中，在溴化十六烷基三甲基胺（CTMAB）存在条件下，锡（Ⅳ）与水杨基荧光酮反应生成微溶于水的红色配合物，于分光光度计波长 510nm 处测量其吸光度。测定范围：铸铝合金中微量锡含量的测定，线性范围为 0～16μg/50mL。

c. ICP-AES 法　用盐酸、硝酸、硫酸、氢氟酸分解试样，采用基体匹配或标准加入法，于 ICP-AES 光谱仪波长 189.926nm 和 175.790nm 处测量其光谱强度。测定范围：铝合金中 0.0X%～0.X% 的锡。

⑧ 铅的测定　火焰原子吸收光谱法：试样用盐酸-硝酸混合酸溶解，于原子吸收光谱仪波长 217.0nm 处或 283.3nm 处，以空气-乙炔贫燃火焰测量铅的吸光度。测定范围：铝及铝合金中 0.005%～1.50% 的铅。

⑨ 铬的测定　火焰原子吸收光谱法：试样用盐酸和过氧化氢溶解，于原子吸收光谱仪波长 357.9nm 处，以一氧化二氮（或空气-乙炔）富燃火焰测量铬的吸光度。测定范围：铝及铝合金中 0.003%～1.00% 的铬。

⑩ 钛的测定

a. 二安替比林甲烷分光光度法　试样以盐酸溶解，在硫酸铜存在条件下，用抗坏血酸将铁（Ⅲ）和钒（Ⅴ）等干扰离子还原。在硫酸介质中，加入二安替比林甲烷显色，于分光光度计波长 400nm 处测量其吸光度。测定范围：铝及铝合金中 0.001%～0.50% 的钛。

b. CTA-DAM 分光光度法　试样用氢氧化钠溶液和过氧化氢分解，用硫酸、盐酸、硝酸的混合酸酸化。在酸性介质中，钛（Ⅲ）与变色酸（CTA）、二安替比林甲烷（DAM）生成一种很稳定的紫红色配合物，反应式为：

$$TiO_2 + 2CTA + 2DAM + 4H^+ \longrightarrow 2H_2O + Ti(CTA \cdot DAM)_2^{4+}$$

于分光光度计波长 510nm 处测量吸光度。测定范围：铝合金中微量钛的测定，线性范围为 0～200μg/50mL。

5.2.1.3　氧化铝产品的分析

从应用角度来讲，氧化铝可分为冶金级和非冶金级。冶金级主要用于电解铝的生产，非冶金级主要指特种氧化铝，用于陶瓷、化工、医药等多领域。氧化铝的分析项目主要有 SiO_2、Fe_2O_3、Na_2O、K_2O、CaO、MgO、TiO_2、CuO、MnO、ZnO、粒度分布、比表面积、松装密度、灼烧减量等。氧化铝通常在常温、常压下不溶于酸和碱，可采用碳酸钠-硼酸在 1100℃熔融，也可以在聚四氟乙烯密闭溶样器中加入适量盐酸于 240℃分解。其中，Al_2O_3 的测定方法有很多，常采用络合滴定法中的直接滴定法。

① 原理与方法　在 pH=3 左右的条件下，加热，以 EDTA-Cu 和 PAN [1-(2-吡啶偶氮)-2-萘酚] 为指示剂，用 EDTA 标准溶液直接滴定 Al^{3+}，终点时微微过量的 EDTA 夺取 PAN-Cu^{2+} 中的 Cu^{2+}，使 PAN 游离出来，终点呈现亮黄色。根据 EDTA 标准溶液的体积和浓度，求出三氧化二铝的含量。

溶液中加入 EDTA-Cu 和 PAN 指示剂时，发生下列反应，生成了 PAN-Cu^{2+} 间接指示剂：

$$Al^{3+} + CuY^{2-}(蓝色) \Longrightarrow AlY^- + Cu^{2+}$$
$$Cu^{2+} + PAN(黄色) \Longrightarrow Cu^{2+}\text{-}PAN(紫红色)$$

加入 EDTA 标准溶液时发生下列反应：

$$Al^{3+} + H_2Y^{2-} \Longrightarrow AlY^- + 2H^+$$
$$Cu^{2+}\text{-}PAN(紫红色) + H_2Y^{2-}(微微过量) \Longrightarrow CuY^{2-}(蓝色) + PAN(黄色) + 2H^+$$

滴定终点时溶液由紫红色变为亮黄色。由于滴定前加入的 CuY^{2-} 与 PAN 和滴定后生成的

CuY^{2-} 与 PAN 物质的量是相等的，故指示剂不影响滴定结果。

当第一次滴定到指示剂呈稳定的黄色时，约有 90% 以上的 Al^{3+} 被滴定。为继续滴定剩余的 Al^{3+}，须再将溶液煮沸，于是溶液又由黄变红。当第二次以 EDTA 滴定至呈稳定的黄色后，被配位的 Al^{3+} 总量可达 99% 左右。因此，对于冶金炉渣样品分析，滴定 2～3 次所得结果的准确度已能满足生产要求。

② 试剂　氨水（1+2）；盐酸（1+2）。缓冲溶液（pH=3）：将 3.2g 无水乙酸钠溶于水中，加 120mL 冰醋酸，用水稀释至 1L，摇匀。PAN 指示剂溶液：将 0.2g 1-(2-吡啶偶氮)-2-萘酚溶于 100mL 95%（体积分数）乙醇中。EDTA-Cu 溶液：用浓度各为 0.015mol/L 的 EDTA 标准溶液和硫酸铜标准溶液等体积混合而成。溴酚蓝指示剂溶液：将 0.2g 溴酚蓝溶于 100mL 乙醇（1+4）中。EDTA 标准溶液：c(EDTA)=0.015mol/L。

③ 测定步骤　取一定量试样在聚四氟乙烯密闭溶样器中以盐酸于 240℃ 分解，用水稀释至约 200mL，加 1～2 滴溴酚蓝指示剂溶液（2g/L），滴加氨水（1+2）至溶液出现蓝紫色，再滴加盐酸（1+2）至黄色，加入 15mL pH=3 的缓冲溶液，加热至微沸并保持 1min。加入 10 滴 EDTA-Cu 溶液及 2～3 滴 PAN 指示剂溶液（2g/L），用 0.015mol/L 的 EDTA 标准溶液滴定至红色消失，继续煮沸，滴定，直至溶液经煮沸后红色不再出现并呈稳定的黄色为止。氧化铝的质量分数按下式计算：

$$w(\mathrm{Al_2O_3}) = \frac{T_{\mathrm{Al_2O_3}} \times V}{m \times 1000} \times 100\%$$

式中，$T_{\mathrm{Al_2O_3}}$ 为每毫升 EDTA 标准溶液相当于氧化铝的质量，mg/mL；V 为滴定时消耗 EDTA 标准溶液的体积，mL；m 为试样的质量，g。

④ 方法讨论

a. 在常温下 Al^{3+} 与 EDTA 反应缓慢，因此滴定应在近沸的温度下进行。

b. Al^{3+} 与 EDTA 配位反应的最高酸度为 pH=4.1，但此时 Al^{3+} 发生水解生成一系列多核氢氧基配合物，如 [Al$_2$(H$_2$O)$_6$(OH)$_3$]$^{3+}$ 和 [Al$_3$(H$_2$O)$_6$(OH)$_6$]$^{3+}$。这些配合物与 EDTA 反应缓慢，增加酸度（pH=3）可消除以上不利影响。该法最适宜的 pH 值范围为 2.5～3.5。若溶液的 pH<2.5，Al^{3+} 与 EDTA 的配位能力降低；当 pH>3.5 时，Al^{3+} 的水解作用增强，两种情况均会引起铝的测定结果偏低。当然，如果 Al^{3+} 的浓度太高，即使是在 pH=3 的条件下，其水解倾向也会增大。所以，含铝和钛高的试样不应采用直接滴定法。

c. 用 EDTA 直接滴定铝，不受 TiO^{2+} 和 Mn^{2+} 的干扰。因为在 pH=3 的条件下，Mn^{2+} 基本不与 EDTA 配位，TiO^{2+} 水解为 TiO(OH)$_2$ 沉淀，所得结果为纯铝含量。因此，若已知试样中锰含量高时，应采用直接滴定法。

d. TiO^{2+} 在 pH=3、煮沸的条件下能水解生成 TiO(OH)$_2$ 沉淀。为使 TiO^{2+} 充分水解，在调整溶液 pH=3 之后，应先煮沸 1～2min，再加入 EDTA-Cu 和 PAN 指示剂。

e. PAN 指示剂的用量，一般以在 200mL 溶液中加入 2～3 滴为宜。如指示剂加入太多，溶液底色较深，不利于终点的观察。

f. 对于以 EDTA 直接滴定法测定铝，应进行空白试验。一般空白试验消耗 0.015mol/L 的 EDTA 标准溶液 0.08～0.10mL。

5.2.2　钛及其深加工产品的分析

(1) 滴定分析法

① 原理与方法　试样用硫酸、盐酸、硝酸的混合酸在氢氟酸存在下溶解，用铝薄片将钛全部

还原到三价状态，然后用硫氰酸盐作指示剂，以硫酸高铁铵标准溶液滴定三价钛。主要反应如下：

$$6Ti(SO_4)_2 + 2Al == 3Ti_2(SO_4)_3 + Al_2(SO_4)_3$$

$$Ti^{3+} + Fe^{3+} + H_2O == TiO^{2+} + Fe^{2+} + 2H^+$$

$$Fe^{3+} + 3SCN^- == Fe(SCN)_3(红色)$$

Sn、Cu、As、Cr、V、W、U 等元素，因为在用薄铝片还原时也将这些元素还原到低价，当用高价铁滴定时又被氧化到高价，致使结果偏高。如有这些元素存在，必须将其除去。当其含量很低时，可不必考虑。

必须注意的是还原及滴定过程都需在隔绝空气的情况下进行，即在盛有待滴定溶液的容器中要求充满惰性气体，如 CO_2、N_2 等。

② 试剂　氢氟酸（40%）；盐酸。碳酸氢钠溶液（饱和溶液）；硫氰酸铵溶液（20%）。铝薄片：CP。混合酸：硫酸（1+1）150mL、盐酸 40mL、硝酸 10mL 三者混合均匀。大理石：碎片状。硫酸高铁铵标准溶液：取 24.2g 硫酸高铁铵 $[NH_4Fe(SO_4)_2 \cdot 12H_2O]$ 溶于约 500mL 水中，加入硫酸 25mL，加热使其溶解，冷却后，滴加高锰酸钾溶液（0.1mol/L）至呈现极淡的红色，以氧化可能存在的二价铁，稀释至 1000mL，此溶液浓度为 0.05mol/L。用 0.1000g 高纯钛按下述操作方法标定，求出硫酸高铁铵溶液对钛的滴定度。

③ 分析步骤　称取一定量试样，置于 500mL 锥形瓶中，加混合酸 20mL，滴加氢氟酸 10 滴，加热溶解，蒸发至冒白烟。稍冷，加盐酸 35mL，用水稀释至约 100mL，摇匀。投入 2g 铝薄片、1g 碳酸氢钠，装上隔绝空气装置，并在其中注入碳酸氢钠饱和溶液。当剧烈反应时（溶液变黑），置于冷水浴中冷却。大部分铝片溶解后，将锥形瓶移至电炉上微微煮沸，直至铝片完全溶解，再继续煮沸数分钟，驱除氢气。冷却至室温（在冷却过程中要在碳酸氢钠饱和液保护下），取下隔绝空气装置，迅速投入几颗纯大理石碎片（或固体碳酸铵），加入硫氰酸铵溶液（20%）20mL，立即用硫酸高铁铵标准溶液滴定，至溶液刚呈红色，在半分钟内颜色不消失即为终点。按下式计算试样的含钛量：

$$w = \frac{VT}{m_s} \times 100\%$$

式中，V 为滴定时消耗硫酸高铁铵标准溶液的体积，mL；T 为硫酸高铁铵标准溶液对钛的滴定度，g/mL；m_s 为称取试样的质量，g。

④ 注意事项

a. 溶液中的氢气必须驱尽，否则会使结果偏高。煮沸溶液时氢气以小气泡逸出，当煮沸至小气泡停止出现，而代之以大气泡时，氢气即已驱尽。

b. 在滴定高含量钛的样品时，最好在快要到终点时再加入硫氰酸盐溶液；否则，因高价钛经过较长时间也能与硫氰酸根离子作用生成红色的 $H_2[TiO(SCN)_4]$ 配合物，而误认为终点已经到达；同时，滴定中的高价铁也会与硫氰酸根离子作用，以致与微量 Ti^{3+} 的作用则较往后，因此也会使终点过早地出现而造成误差。

c. 大理石溶解时会产生 CO_2，可防止空气侵入锥形瓶内，也可以在不断通入 CO_2 的条件下进行滴定。在此情况下，除去隔绝空气装置，换上一个双孔橡皮塞，CO_2 由其中一个孔通入，滴定管由另一个孔插入。

钛可溶解于盐酸、浓硫酸、王水及氢氟酸中。但钢中钛的氮化物、氧化物非常稳定，只有在浓 H_2SO_4 加热冒烟时才被分解，或者用 HNO_3-$HClO_4$，并加热至冒白烟来分解。同时钛的试样分解时，若产生紫色 Ti(Ⅲ) 不太稳定，易被氧化为 Ti(Ⅳ)；而 Ti(Ⅳ) 在弱酸性溶液中易水解而生成白色的偏钛酸沉淀或胶体，难溶于酸或水，这一点在操作中应注意。

（2）光度分析法

钛的光度分析法很多，变色酸光度法和二安替比林甲烷光度法是测定钢铁中钛的国家标准采用方法，这里主要介绍二安替比林甲烷光度法。

二安替比林甲烷光度法测定钛的原理：试样用酸溶解后，在 $1.2\sim3.6\text{mol/L}$ 盐酸介质中，铁用抗坏血酸还原，钛（Ⅳ）与二安替比林甲烷（DAPM）形成 1:3 的黄色配合物，在 390nm 波长处测其吸光度。

$$1/3\text{TiO}^{2+} + \cdots + \frac{2}{3}\text{H}^+ = \cdots + \frac{1}{3}\text{H}_2\text{O}$$

在显色液中，钒量小于 2mg，钼量小于 1.5mg，钨量小于 1mg，铌、钽、锆、稀土量小于 0.5mg，硼量小于 0.2mg，锡、锑、铅、铋量小于 0.1mg 均无干扰。钨量大于 1mg 用柠檬酸络合，钼量大于 1.5mg 时，在工作曲线中加入相同钼量以抵消其干扰。本方法适用于镍基、铁镍基合金中 $0.01\%\sim2.40\%$ 钛的测定。

配离子 $[\text{Ti}(\text{DAPM})_3]^{4+}$ 可与 Br^-、I^-、SCN^-、SnCl_3^-、邻苯二酚紫等形成疏水性的离子缔合物，用有机溶剂萃取它们的离子缔合物，可进一步提高测定的灵敏度。

5.2.3　镁及其深加工产品的分析

金属镁的测定方法有 EDTA 滴定法、吸光光度法和火焰原子吸收光谱法。

工业用纯镁主要有两种：M_1 和 M_2。M_1 号纯镁含镁应不小于 99.9%，M_2 号纯镁含镁不小于 99.8%。

常用的镁合金主要是镁、铝、锰、锌等金属的合金。镁合金加入铝作为合金元素可改善其力学性能（硬度、强度极限和屈服极限）；同时，也可增加合金的塑性。加入适量的锌也能改进合金的力学性能；但由于锌的加入量一般较低，故塑性无明显增加。锰的加入可使合金的耐蚀性能得到改善。

除了上述各主要合金元素外，镁合金中常存在以下一些微量杂质成分：铁、铜、镍、铍、氯、钙、钾、钠，以及不作为合金成分而存在的铝、锌、硅。其中铁、镍、铜、硅的存在对合金性能危害最大。铁很难溶于镁中，但微量铁的存在将大大降低合金的耐磨和耐蚀性能。硅在镁合金中以粗大的化合物 Mg_2Si 的状态存在。含硅量达 $0.1\%\sim0.2\%$ 会使合金吸收气体的能力增加，且使合金易于偏析和发生缩孔，耐蚀性降低，也难于进行压力加工。

杂质的存在能显著降低镁合金的力学性能，因此要求控制这类合金中的杂质元素。因此，各类镁合金中主要合金元素和杂质元素的分析显得尤为重要。

5.3 贵金属及其深加工产品的分析

5.3.1 贵金属元素的分析方法

由于贵金属的分析有其特殊性，因而本节首先介绍贵金属元素分析常用的分析方法。

5.3.1.1 重量分析法

(1) 金和银

① 金的重量法 金的重量分析法，是通过物理和化学的方法，将样品中的金经富集分离，使之转变为单体金进行称量，根据重量的多少计算试样中金的含量。按其富集方法可分为：试金富集分离重量法和湿法富集分离重量法。

a. 试金富集分离重量法 火试金法是把冶金学的原理和技术运用到化学分析中，作为贵金属分析中分解样品和富集贵金属的重要手段。它借助固体试剂与岩石、矿石、冶金产品、贵金属二次资源混合，在坩埚中加热熔融，生成的熔融状态金属、合金或锍在高温时萃取样品中的贵金属，形成含有贵金属的合金（即试金扣），且下沉到坩埚底部。与此同时，样品中贱金属的氧化物和脉石与二氧化硅、硼砂、碳酸钠等熔剂发生反应，生成硅酸盐或硼酸盐等熔渣而浮在上面，使贵金属从样品中分离出来。因此，火试金法在此过程中同时起到分解样品和富集贵金属的两个作用，再用干法或湿法把试金扣中的贵金属进一步富集和分离，从而测定样品中的贵金属含量。

该法是将试样与各种熔剂和氧化铅及面粉混匀，在高温下试样与熔剂作用，金、银则与由氧化铅还原出来的金属铅形成合金而沉入底部。含有金、银的金属铅在镁砂灰皿中进行氧化熔炼（即灰吹），铅被氧化成氧化铅后再被灰皿吸收，而金、银则不被氧化而以金属珠的形式留在灰皿上。所得到的金、银合粒又用硝酸把银溶解，留下的金直接进行称重。在灰吹操作中，金会有些损失，为此在熔炼时加入一定量的银。除了铅试金法，目前生产部门还采用锡试金法、锑试金法、镍试金法、铋试金法等。

经典的火试金法仍是贵金属分析的重要手段，这是由于它有许多其他分析手段所不具备的优点：取样的代表性好，贵金属常以 $<10^{-6}$ 数量级存在于样品中且不均匀，试金法取样量大，通常为 20～40g，最多可达 100g 以上，样品代表性强；适用性广，对矿石、富集物、岩石及众多工业产品均适用；富集效率高达万倍以上，能从大量复杂成分的样品中将贵金属定量富集在几毫克成分较简单的合粒中；分析结果可靠、准确度高，可将几十克成分复杂的样品中的贵金属，经熔炼、灰吹后富集在成分简单的合金粒中，有利于用其他分析方法测定。Au 的捕集率＞99%，低至 0.2～0.3g/t 的 Au 仍有很高的回收率，铅试金法对常量及微量贵金属的分析准确度都很高。对于高含量或纯金样品中 Au 的测定，铅试金法的精密度和准确度同样高于其他直接测定法。

铅试金法中氧化铅的作用是：在试金过程中被还原成液态金属铅富集金、银等贵金属，将形成的铅扣进行灰吹，使贵金属与其他杂质分离；作为碱性熔剂造渣，有降低渣的熔点和硅酸度的作用；在高温反应中，它具有脱硫、氧化和排除 Cu、Ni、Co、Sn、Mn、Zn、Al 等杂质干扰的作用。

但火试金法也有不足之处，主要有：一是成本较高，特别是电力费用高，配料试剂多且量大；二是工作环境差，火试金法实际上就是微型炼金法，工作环境温度高，属高温作业；三是通风条件要求严格；因为在熔融和灰吹过程中会产生有毒的铅蒸气，工作条件差；四是不能大批量分析样品。其他缺点还有：高温下手工操作，劳动强度大；占场地多，周期长，难以实现快速分析；需要有经验、技巧熟练的人员操作。

新的湿法化学分析或仪器分析难以完全取代火试金法，在溶液中 Au 的三种分析方法——AAS、ICP-AES 和试金法的标准偏差（S）结果中，ICP-AES 和 AAS 法基本一致，但都比试金法稍差。

b. 湿法富集分离重量法　该法是基于采用王水溶解试样，制备成含金溶液，以化学沉淀法沉淀金并与共存离子分离，将沉淀物进行灼烧或利用还原剂还原 Au(Ⅲ) 为单质金，进行称重，计算金的含量。

金的重量法大多数是根据三价金易还原为金属的特性进行的，金的湿法富集分离重量法主要利用许多无机试剂和有机还原剂作沉淀剂，如 SO_2、Na_2SO_3、Zn、莫尔盐（$FeSO_4$）、H_2O_2、$NaNO_2$、草酸乙酯、硫代水杨酸、甲醛、抗坏血酸、水合肼、草酸和氢醌是最常用的。一般来说，这些试剂大多能用于金基或银基合金中金的测定。采用无机沉淀剂重量法测定金的文献较少，而采用有机沉淀剂重量法测定金的文献较多。

几乎所有提到的还原剂都能用于盐酸中金的测定。例如，对于 $Au-Pd_{10\sim50}$ 合金中 Au 的测定可利用 $NaNO_2$ 在 Pd 存在下还原 Au，此时 Pd 以亚硝酸钯的钠盐形式保留于溶液中，此法是最有选择性的。在有机试剂中，氢醌重量法测定 Au 是比较有选择性的，即使存在一定量的 Pt、Pd 和毫克级的 Se、Te，对 Au 的测定也无影响。该法可用于试金珠中 Au 的分析。草酸用于 Au 的分离和重量法测定时，其选择性和氢醌试剂相似。草酸试剂具有稳定、易于纯化及使用过量无问题的特点，但试样在溶解处理过程中，要除尽 HNO_3 或氮的氧化物，加热沉淀 Au 时（放置在水浴上）应有较长的消化时间。只有用草酸时才要求保持精确的 pH 值。

水合肼可从氰化物溶液中沉淀金，而碱性溶液中金的沉淀可用甲醛和过氧化氢。如果得到的金沉淀不是纯黄色，则将它溶于王水，滤出不溶残渣，滤液加 HCl 后蒸发以赶尽 HNO_3，重新沉淀金。当测定含铂、钯及碲溶液中的金时，必须进行再沉淀，因为金的沉淀经常吸附这些元素。

用重量法测定合金中的 Au 时，试样溶解后，常需要在 NaCl 存在下仔细用 HCl 赶除 HNO_3。为了避免细小而又重的金质点损失，沉淀时必须注意酸度、加入沉淀剂的速度、陈化时间和金质点附着于烧杯壁所带来的影响；沉淀干燥后应在 700~800℃ 之间灼烧。

与试金富集分离重量法相比，湿法富集分离重量法存在一定的弱点，如准确度不高，干扰元素多，操作烦琐，故在金的测定中应用较少，逐渐被其他湿法测定法所代替。但对于镀液、易挥发元素等的测定，该法仍有可取之处：如 $Au(CN)_2^-$ 配阴离子十分稳定，可采用硝酸-硫酸混合酸发烟分解氰化液、过氧化氢低温加热分解至金析出，加水煮沸后，用致密滤纸过滤分离金，于 700~800℃ 灼烧，重量法测定含量为 1%~99% 的金。

② 银的重量法　银的重量法按其富集分离方式可分为：试金富集分离重量法和湿法富集分离重量法。

a. 试金富集分离重量法　银试金富集分离重量法采用试金法（铅试金、锑试金等）进行富集分离，将金、银富集到一个金银合粒中，采用硝酸把金银合粒中的银溶解，留下的金直接进行称量，二者重量差即为银的重量。在灰吹过程中，银会有些损失。为了减少银在灰吹中的损失和便于分金，在熔炼时通常定量加入毫克级的银，加入的银量一般为金量的 3 倍以上，低于此数时，分金不完全且银不能完全溶解。

分金通常采用热的稀硝酸（1+7），此时合粒中的银、钯和部分铂溶解，而金不溶并呈一黑色颗粒留下来。如果留下来的金粒带黄色，则表示分金不完全，应再补加适量的银，包在铅片上再次灰吹，然后分金。

试金分析中可能产生的误差和消除误差的方法如下：

(a) 配料阶段的误差　主要是采用的原料不同程度地含有 Au、Ag，尤其是作为主要原料的氧化铅，要求含银 $<0.5\times10^{-6}$ g、含金 $<1\times10^{-6}$ g。因此在配料前，必须做氧化铅的空白试验。方法是将 70g Na_2CO_3、40g PbO、10g 硼砂、5g 面粉搅拌均匀，再加覆盖剂 NaCl 粉末，经过熔炼、灰吹，制得 Au、Ag 合粒，称重后进行分金，分金后再称重，分别计算出 Au、Ag 的质量。在分析结果中减去氧化铅所含 Au、Ag 的质量。

配料顺序也会造成误差，如先称试样，后称氧化铅，由于 PbO 很重，往坩埚中加入时会溅出试样粉末；如最后称试样，由于试样在最上面，混匀时也会溅出试样粉末。为此配料顺序应为：碳酸钠，氧化铅，试样，硼砂，面粉（或 SiO_2）。

(b) 熔炼阶段的误差　主要是在坩埚壁上和熔渣中产生的。为此熔炼时应提高温度，延长熔炼时间。在取出坩埚倒入铸模前应把坩埚底部在铁板上磕几下，使附着在坩埚壁上的铅珠沉下来。在修整铅扣时也有微小的损失，锤铅次数越多，产生的误差越大。

(c) 灰吹阶段的误差　如果灰皿预热时间不够，提前将铅扣放入灰皿，灰皿中残留的气体逸出，冲破融铅表面，把小铅滴抛出，造成结果偏低。若灰皿中高品位金铅扣的铅滴溅到盛有低品位金铅扣的灰皿中，将使结果产生极大误差。另外，温度和灰皿的质量也会造成金、银损失，产生误差。

(d) 分金阶段的误差　分金通常在近沸温度下先用硝酸（1+7），后用硝酸（1+2）溶解银。如果分金不完全，就会有残留银，造成分析结果存在偏差。

(e) 称量阶段的误差　称重是很关键的一步，因此时的金片非常小，天平的零点稍有变动，都会对结果产生很大影响。浸渣（取 50g 试样）称重时，天平上标尺相差半格都会产生 0.1g/t 的误差。为此称重时每称 3 个试样，就需调一次零点。

尽管产生误差的原因较多，但相比之下，试金富集分离重量法分析结果准确度高，精密度好，测定范围广（$1\times10^{-6}\sim1\times10^{-2}$ g），适应性较强。

b. 湿法富集分离重量法　该法采用硝酸溶解试样，制备成含银溶液，采用适当的沉淀剂将银沉淀下来，而与共存离子分离，将沉淀物进行灼烧；或利用还原剂将银还原为单质银，进行称重，计算银的含量。

采用无机沉淀剂重量法测定银最常用的方法是氯化银重量法。该法是在稀硝酸溶液中，加入沉淀剂氯化钠，将银定量地形成氯化银白色沉淀，将沉淀过滤、洗净后，烘干、称重并计算银的含量。该方法的主要干扰元素是 Pb^{2+}、Hg^+ 和 Tl^+，因为它们均能形成氯化物沉淀。Bi^{3+} 和 Sb^{3+} 在稀硝酸溶液中易发生水解，也会产生一定程度的干扰。

采用有机沉淀剂重量法测定银的参考文献较多，与氯化银重量法相比，结果比较准确，选择性好，适应性较强。

如采用 Co $(NH_3)_6Cl_3$ 为沉淀剂测定定影液中的银。在 EDTA 和 $S_2O_3^{2-}$ 存在下，大于 0.5g 的溴化钾，大于 25g 的碘化钾的存在，将使结果偏低。采用 4-氨基-5-巯基-3-甲基-1，2，4-三唑与银（Ⅰ）形成不溶于酒石酸铵溶液的络合盐，以重量法测定合金和化合物中的银。采用苏木精在 pH=4.5 的溶液中，在 EDTA 存在下可定量沉淀银、金，利用差减法测定合金中 15%～89%的银。采用硫代碳酸钾作为沉淀剂，以重量法测定银和铂，银的回收率达 99.4%～99.9%。采用 4-（2-巯基丙酰氨基）苯甲酸作为银和汞的沉淀剂进行重量法测定。

该法与试金富集分离重量法相比，操作比较烦琐，准确度不高，选择性较差，干扰元素较多，故应用较少，仅适用于成分简单的物料中银的测定。

(2) 铂族金属

有固定组成并适于作为称量形式存在的难溶化合物，在铂族金属的测定方法中十分罕见。

大多数测定这些金属的重量法无选择性，几乎对全部铂族金属和金都有同样特征。铂族金属的许多沉淀组成复杂或者是不稳定的，且存在操作冗长、条件苛刻等缺点，使得近年来的研究逐渐减少，重量法已被一些准确和简单便利的滴定法和电化学滴定法所替代。然而，对于某些铂族金属的分析而言，重量法还不能被完全取代。突出的例子是硝酸六氨合钴铑重量法，尽管分析结果的重现性不太理想，但由于缺乏高含量的测定方法，故该法依旧沿用。丁二肟钯重量法因为丁二肟钯的组成固定、沉淀的选择性较高而被国内外广泛用于标准分析方法。该法可以在许多介质中进行沉淀，如盐酸、硝酸、硫酸和高氯酸等，而且沉淀完全的酸度范围较宽，一般认为 0.1mol/L 的盐酸是最适合的。在选择性方面，一定量的铂、铑、铱、锇和钌不与试剂产生沉淀，但银含量高时会吸附少量钯，使分析结果略有降低，大量的金能被试剂还原，应预先还原分离。

① 铂的重量法

a. 以还原剂沉淀成金属形式　为了从铂的氯配合物溶液中析出金属铂而应用许多还原剂，如二氧硫脲、甘汞、Mg、Zn，用草酸能从浓硫酸溶液中析出铂。

锌、镁：将铂的氯配合物溶液蒸干以除去盐酸。残渣用 5mL 浓盐酸处理，稀释至 250～300mL，加热至沸并加入金属锌（或镁）。溶液褪色，铂沉淀凝聚后，立即停止加热。过滤沉淀，用稀盐酸洗涤，灼烧，以金属形式称量铂，最好在乙酸溶液中进行还原。所有的铂族金属均干扰测定。

硫酸存在下用草酸沉淀铂。当钯和能形成不溶性硫酸盐的贱金属不存在时，用该法能从溶液中析出 0.2g 的铂。

将溶液同 10mL 硫酸蒸发。每毫克铂加入 7mL 10% 的硫酸汞溶液，使铂转变为硫酸盐，这时形成的氯化汞可在下一步（与硫酸进行蒸干时）除去（无汞存在时，可形成难溶的褐色碱式氯化铂沉淀）。

将溶液蒸发至冒浓厚的 SO_3 蒸气和氯化汞的白色薄膜消失。冷却后加入 40mL 水并煮沸至硫酸盐溶解，滤去痕量的硅酸和不溶的硫酸盐。向滤液中加入 10～15mL 饱和的草酸溶液，于电热板上蒸发至草酸分解的气体产物开始析出，然后用表面皿把烧杯盖上，并继续加热至草酸完全被破坏及铂凝聚。

冷却后加入 50mL 水并煮沸使贱金属硫酸盐溶解。用定量滤纸滤出铂并用 10% 的硫酸洗涤，然后再用水洗。滤纸同沉淀灰化，灼烧后称量铂。

b. 氯铂酸铵重量法　在某些情况下，使用氯铂酸铵重量法可测定铂含量，但沉淀的溶解度较大，对铂族金属的选择性较差。以氯铂酸铵形式沉淀铂的方法目前已很少使用，因它具有很多缺点，如必须反复地处理滤液，这就是造成沉淀显著溶解的原因。此外，在灼烧过程中也可能造成铂的损失，通常从溶液中分离大量铂时才用此法。用有机胺代替氯化铵沉淀铂，可使方法得到进一步完善。

c. 溴酸钠水解法　对于铂-铑-钯合金样品，在碳酸氢钠介质（pH＝8±0.5）中，用溴酸钠氧化钯和铑使其呈水合氧化物而与铂分离，于滤液中加饱和氯化铵，沉淀铂进行重量法测定；用盐酸溶解钯和铑的水合氧化物沉淀，残存于溶液中的微量铂以氯化亚锡光度法测定。两部分铂量之和即为样品中的铂含量。

d. 甘汞沉淀法　于 250mL 含 10mg 左右铂的氯配合物溶液（1%HCl）中加入过量的甘汞（Hg_2Cl_2），将烧杯置于电热板上加热至 90～95℃。还原作用在搅拌的情况下进行 1h。最后溶液褪色，金属铂在过剩的甘汞表面上析出。还原反应结束之前于溶液中再加入少量甘汞，这时若还原作用没有停止，甘汞即显黑色。用致密滤纸过滤沉淀（检查溶液是否沉淀完全），沉淀用盐酸微酸化过的水洗涤，烘干，在通风柜内灼烧，冷却后以金属形式称量铂。过量的铜和镍不干扰测定；钯和金干扰测定；当有过量的铑时，需要再沉淀铂。

e. 硫化氢析出法　用硫化氢或与其类似的有机化合物同样能使铂以硫化物形式析出。这些沉淀通常都灼烧成金属，而 2-巯基苯并咪唑同铂可形成称量形式。在氯化钠存在下将氯配合物溶液蒸干以除去过剩的盐酸，残渣溶于 0.5mol/L HCl 溶液中，加热至沸，往沸腾的溶液中通硫化氢 30min，过滤硫化铂沉淀，用稀 HCl 溶液洗涤，烘干，灼烧并以金属形式称量铂。该方法适用于测定纯溶液中的铂。

② 钯的重量法　可用甘汞、甲酸、肼、乙醇和其他还原剂将钯从溶液中还原出来。

a. 甲酸还原钯　向钯的氯配合物的中性溶液中加入过量甲酸钠并小心加热。反应按下列方程式进行：

$$H_2[PdCl_4] + HCOONa \longrightarrow Pd + 3HCl + CO_2 + NaCl$$

细粉状钯可明显地溶于盐酸。所以，当 CO_2 停止析出时，马上加入碳酸钠至中性或弱碱性，并煮沸溶液。将沉淀过滤并用热水洗涤，把潮湿的滤纸和金属一同移入瓷坩埚，慢慢灰化，然后强烈灼烧并在氢气流中还原，于 CO_2 气流中冷却后进行称量。

b. 二氧硫脲沉淀钯　将钯的氯配合物弱酸性溶液加热至 40℃，加入饱和的试剂溶液直至溶液的色度不再加深为止。然后在搅拌下加入 5% 的氯化汞溶液至析出黑色沉淀为止，将沉淀过滤，用盐酸酸化的温水洗涤，烘干并灼烧，于氢气流中还原，在 CO_2 气氛下冷却后称量。

铑、铱和钌不干扰测定，铂、金、硒、碲在同样条件下也可以定量沉淀。

c. 用 α-亚硝基-β-萘酚沉淀钯　向煮沸的氯钯酸配合物的弱酸性溶液中加入饱和的 α-亚硝基-β-萘酚的 50% 乙酸溶液，钯以组成为 $(C_{10}H_6NO_2)_2Pd$ 的红褐色大体积沉淀析出。将热水洗涤过的湿沉淀和滤纸一起移入瓷坩埚中，灼烧后于氢气流中还原，再于 CO_2 气氛下冷却，然后称量金属。钯的 α-亚硝基-β-萘酚化合物的沉淀在 135℃ 烘干后也可称量，对钯的换算因数为 0.2367。

d. 丁二肟重量法测定钯　在弱酸性介质中，丁二肟与钯反应生成亮黄色的沉淀，可用于重量法测定 Pd，即丁二肟重量法。该方法适应性强、专属性强，是一种经典方法，不少国家都将重量法测定钯列为国家标准的分析方法。

Pd 可以在许多介质中进行沉淀，如 HCl、HNO_3、$HClO_4$ 等，沉淀完全的酸度范围比较宽，但是一般认为 0.2mol/L 的 HCl 是最适宜的酸度。丁二肟试剂能有效地使钯与 Rh、Ir 和 Pt 分离，但在沉淀钯的条件下，大量 Au 被试剂还原而干扰测定，Pt 含量高时与丁二肟钯共沉淀。因此，有金存在时需预先用甲酸等将其还原成金属后过滤除去。此外，1,2-环己烷二酮二肟、水杨醛肟等也能很好地用于钯的分析测定。

③ 铑的重量法　对于常量铑的测定方法，常依据铑比较容易还原为金属的性质。早期多在酸性介质中，用较活泼的金属如锌、镁、铜或用有机还原剂如肼类、甲酸以及用具有还原性的化合物如氯化亚铬、三价钛盐、亚磷酸等将其还原成金属，灼烧称重而测定。随后有的用有机硫化物使之成硫化物沉淀及用溴酸盐使之水解沉淀，灼烧成金属称量的方法。这类方法皆十分麻烦、费时，且缺少选择性。

用金属还原的缺点是还原剂能与铑夹杂在一起，在用稀酸洗涤沉淀时总是难以完全除去。除此以外，有些金属（如锌）还原铑不完全，用镁还原则进行得完全些。

在多数情况下，还原是在氯配合物溶液中进行的。但铜、锌、镁和三价钛的硫酸盐也能在硫酸溶液中还原铑。后一试剂用于在硫酸溶液中沉淀少量的铑。为使铑与铂分离，可利用铑在水解试剂作用下形成难溶氢氧化物的性质。水解试剂有碳酸钡、氧化汞。最广泛应用的是氯化铑的氧化水解作用，它是以溴化物和溴酸钠的连续作用来完成的。

目前在多数情况下，用含硫的有机化合物测定铑。这些试剂并不是特效的，但铑和它们的反应都很灵敏。此外，在它们之中有一些能形成一定组成的化合物，可作为称量形式，这就能够较准确地测定少量的铑。作为分析试剂应用最广泛的有硫代丙二酰缩脲、巯萘剂、硫脲和2-巯基苯并噻唑。已知的还有用硫代乙酰苯胺、氮己环二硫代氨基甲酸钠、二乙基二硫代磷酸镍、对氨基苯基二硫代氨基甲酸铵、硫代甲酰胺、2-巯基苯并咪唑等测定铑的方法。

在提到的含硫有机试剂中，大多数可应用于铑的氯配合物溶液中测定铑，但有些化合物，如硫脲、巯萘剂、硫代甲酰胺也能够在硫酸溶液中测定铑。在分析铑的硝基配合物溶液时，可采用氮己环二硫代氨基甲酸盐。被测定的铑量常在很大的范围内波动。

④ 铱的重量分析　在测定铱的重量分析中，研究最细致和最有实际应用价值的是以硫化物和氢氧化物形式沉淀铱的测定方法。

在通常的条件下，实际上不可能用锌、镁及其他还原剂将铱以金属形式定量沉淀。

以六氯铱酸铵的难溶盐形式析出铱的方法不适宜铱的定量分析，因为它具有明显的可溶性，特别是测定少量铱时更不适用。

⑤ 锇的重量法　锇的重量法测定是基于形成难溶的水合二氧化锇和硫化锇的沉淀，以及许多有机试剂（巯萘剂、番木鳖碱的硫酸盐、2-苯基苯并噻唑、1，2，3-苯并三唑）同锇形成的化合物。

⑥ 钌的重量法　重量法测定钌是基于从溶液中析出钌的难溶化合物（氢氧化物、硫化物），同含硫试剂（巯萘剂、硫脲）形成的配合物，它们可运用于析出少量的金属。用锌或镁还原测定钌，不能获得准确结果，但在特殊情况下可以应用。

选择沉淀钌的方法，应以钌在溶液中存在的形式和进行反应时的介质为根据。为了从钌的亚硝基化合物溶液中定量析出钌，只能用一种试剂——雕白粉（$CH_2OSO_2HNa \cdot 2H_2O$）。

5.3.1.2　滴定分析法

贵金属滴定分析中常用的滴定剂和滴定条件如表 5.1 所示。

表 5.1　贵金属滴定分析中常用的滴定剂和滴定条件

被滴定贵金属	滴定剂	滴定条件
Au	$K_2Cr_2O_7$ 或 $Ce(SO_4)_2$	以过量 Fe^{2+} 还原 Au(Ⅲ)，用滴定剂滴定过量的 Fe^{2+}；适用于高含量合金中金的测定
	$Na_2S_2O_3$ 或 $As_2O_3^-$	以过量 KI 还原 Au(Ⅲ)，用滴定剂滴定反应生成的 I_2
Ag	EDTA	以 $KNi(CN)_2$ 与 Ag^+ 或 $[Ag(NH_3)_2]^+$ 作用置换出 Ni^{2+}，以紫脲酸铵为指示剂，用滴定剂滴定 Ni^{2+}
	CNS^- 盐	在酸性介质中，Ag^+ 与 CNS^- 生成一种难溶于水的 AgCNS 白色沉淀，Fe^{3+} 为指示剂
Pd	Zn^{2+}、Pb^{2+}、Bi^{3+} 等的盐类，EDTA	在室温和 pH 值为 3.5～10.0 条件下，以过量 EDTA 与 Pd^{2+} 作用，用 Zn^{2+} 等的盐类返滴定 EDTA
Ir	$FeSO_4$	以二苯胺磺酸钠作指示剂，用滴定剂直接滴定 Ir(Ⅳ)。注意：指示剂的用量需要严格控制并应对其影响加以校正
Os	Fe^{2+}、NH_4VO_3	将蒸馏所得 OsO_4 以 NaOH 吸收后酸化，用金属铋将其还原为 Os(Ⅳ)，再于 0.2mol/L 的硫酸介质中用过量 NH_4VO_3 定量氧化 Os(Ⅳ)，以邻苯氨基苯甲酸为指示剂，用 Fe^{2+} 标准溶液返滴定过量的 NH_4VO_3

（1）金银的滴定分析法

① 测定金含量的滴定分析法　由于 $AuCl_4^-$（$AuBr_4^-$ 很少用）具有强氧化性，金的滴定分析法都是利用无机试剂或有机试剂将 Au（Ⅲ）还原成 Au（Ⅰ）或者金属。利用碘化钾作还原剂，反应析出的 I_2 以硫代硫酸钠或亚砷酸盐溶液滴定，这就是碘量法。该方法可用于矿石或冶金产品、二次资源中 1g/t 以上金的含量测定。

金（Ⅲ）的直接滴定可用碘化钾、亚砷酸盐还原 Au（Ⅲ）为一价，也可用氢醌、抗坏血酸、硫酸肼、米妥尔、对氨基酚、对苯二酚以及钛（Ⅲ）盐、铜（Ⅰ）盐、锡（Ⅱ）盐、钒酸盐、铁（Ⅱ）盐还原 Au（Ⅲ）成金属。上述金属盐［除 Fe（Ⅱ）盐外］的溶液都不稳定，因而应用较少。

滴定时化学计量点的确定用指示剂或者在指示剂存在下用氧化剂返滴定过量的试剂；或者用电位法。电位法最为常用。用巯基苯并噻唑以沉淀电流滴定法可测定少量的金（0.01～2.0mg）。已提出用二硫腙萃取滴定法测定千分之几毫克的金。

下面所列举的方法都用于氯配合物（$AuCl_4^-$）形式的含金溶液。在多数情况下，硝酸干扰 Au（Ⅲ）的还原反应，所以在滴定之前应作特殊处理以除去硝酸并使金转变为 $AuCl_4^-$。

有时从溶液中把金以金属形式析出，然后溶解，再制成氯化物。当制备氯化物时，为保证金为三价状态需加入氯水。假若以后用电位法进行滴定，则在氯存在下能获得两个电位突跃：第一个是还原过剩的氯，第二个才是金（Ⅲ）的还原。

a. 硫代硫酸钠碘量法　矿样中的金经王水溶解后，与过剩的盐酸形成氯金酸：

$$Au + 3HCl + HNO_3 \Longrightarrow AuCl_3 + 2H_2O + NO\uparrow$$

$$AuCl_3 + HCl \Longrightarrow HAuCl_4$$

氯金酸在溶液中解离：

$$HAuCl_4 \Longrightarrow H^+ + AuCl_4^-$$

在 10%～40% 的王水介质中，氯金酸易于被活性炭吸附，可与大量共存离子分离。经灰化、灼烧、王水溶解，使金转变为三价状态。在氯化钠的保护下，水浴蒸干。加盐酸驱除硝酸，在 pH=3.5～4.0 的乙酸溶液中，金被碘化钾还原成碘化亚金，并同时析出相同物质的量的碘：

$$AuCl_3 + 3KI \Longrightarrow AuI + I_2 + 3KCl$$

以淀粉为指示剂，用硫代硫酸钠标准溶液滴定：

$$I_2 + 2Na_2S_2O_3 \Longrightarrow 2NaI + Na_2S_4O_6$$

根据消耗的硫代硫酸钠的量计算金的含量。

b. 亚砷酸盐碘量法　在碱性介质中，氯金酸与碘化钾作用而析出碘：

$$AuCl_4^- + 4KI \Longrightarrow AuI_2^- + I_2 + 4KCl$$

定量析出的碘，以淀粉为指示剂，用亚砷酸钠进行滴定：

$$2I_2 + As_2O_3^- + 2H_2O \longrightarrow As_2O_5^- + 4HI$$

银、铁、钼、镍不干扰测定；铂族元素的碘化物颜色深，影响滴定，故应采用活性炭吸附分离法除去。

c. 注意事项

（a）碘量法测定金含量时加入的碘化钾是过量的。这是因为过量的碘化钾有利于平衡向右移动，使反应完全，而且过量的碘化钾能与碘生成更稳定的三碘配位离子，有利于测定并可防止碘的挥发，因而可减小测定误差。

（b）淀粉指示剂加入的时间不能太早。滴定到淀粉的蓝色消失后，能保持半分钟，即可认为已达到终点。

（c）碘量法可测定有色金属合金中含量较宽的金，但并非一个十分准确、精密的方法。

氢醌电位法滴定金（Ⅲ）的方法适用于大量金的测定（达 180mg）。用金丝作指示电极，饱和甘汞电极为参比电极。

将含 NaCl 的氯化金配合物溶液酸化，加入 5mL HCl（1＋4），用水稀释至 200mL 并加热至 60～70℃，然后用氢醌滴定。滴定是在 CO_2 气流中进行的。氢醌溶液加到按计算量所需的 2/3 以前时，溶液仍然透明，电位几乎不改变。之后，金属金开始析出并观察到电位急剧下降。

② 测定银含量的滴定分析法　银的滴定分析法主要利用形成难溶化合物沉淀和稳定配合物的反应，根据反应的性质可以分为碘量法、硫氰酸盐滴定法、络合滴定法、亚铁滴定法和电位滴定法等。这里只介绍碘量法和硫氰酸盐滴定法测定银含量。

a. 碘量法　银的碘量法是基于在弱酸性介质中用碘化钾溶液直接滴定溶液中的银而形成 AgI 沉淀，当溶液中有碘存在时，过量的碘离子和碘形成三碘配阴离子 I_3^-，I_3^- 与淀粉形成蓝色而指示终点。为了防止 I_2 的水解，滴定反应溶液中应保持一定的酸度，以 1%～5% 为宜；如酸度过大，滴定终点易产生褪色反应。为使滴定反应顺利进行，应控制滴定温度小于 25℃，且应在加入碘后立即滴定。

银的碘量法选择性好，试样中大量铜（100mg）、铅（90mg）、锌（500mg）、镍（60mg）、钴（100mg）、铁（300mg）、锰（40mg）不干扰测定。汞、铂、钯严重干扰测定，必须除去。对于简单试样，可不经过富集分离，采用碘化钾滴定法可直接进行测定；对于复杂样品，应经富集分离后再进行测定。

直接碘量法的分析步骤如下：称取 0.5～1.0g 试样于 100mL 烧杯中，加入 15mL 硝酸（或 100mL 王水），盖上表面皿，在电热板上加热分解，直到烧杯底部无黑色残渣。取下，用水冲洗表面皿，低温蒸发至干。用约 5～10mL 水冲洗烧杯壁，在低温电热板上蒸发至干，冷却。沿杯壁加入硫酸 2～3mL，滴入 2 滴硫酸亚铁铵溶液，置于电热板上加热蒸发至白烟冒尽，冷却。加入稀硝酸（1＋7）2mL，用少量的水冲洗杯壁，加热 3min，取下冷却。加现配的 1% 淀粉水溶液 1mL、碘溶液（1% 的乙醇溶液）6 滴，立即用碘化钾标准溶液滴定，终点为淡蓝色。

b. 硫氰酸盐滴定法　银的硫氰酸盐滴定法是在酸性介质中，Ag^+ 与 CNS^- 生成一种难溶于水的 AgCNS 白色沉淀，Fe^{3+} 也与 CNS^- 生成可溶性的红色配合物 $[Fe(CNS)_6]^{3-}$。由于 Ag^+ 与 CNS^- 的化合能力远比 Fe^{3+} 与 CNS^- 的化合能力强，所以只有当 Ag^+ 完全与 CNS^- 反应后，Fe^{3+} 才能与过量的 CNS^- 作用，使溶液出现浅红色。因此，采用高铁盐为指示剂，以硫氰酸盐标准溶液进行滴定。反应式如下：

$$Ag^+ + CNS^- \Longrightarrow AgCNS\downarrow（白色）$$
$$Fe^{3+} + 6CNS^- \Longrightarrow [Fe(CNS)_6]^{3-}（浅红色）$$

这就是可用于测定银含量的硫氰酸盐滴定法，也叫作佛尔哈德法。该方法操作简单，终点易于观察，但是测定银的选择性较差，在滴定前通常先将银与其他干扰元素分离。

（2）测定铂族金属含量的滴定分析法

在铂族金属的分析中，随着科技现代化的发展，各种新分析技术日益增多。但是常量铂族元素的滴定分析由于简单、快速和准确，至今仍是最普遍和最重要的分析手段之一。其中以钯的滴定方法居多，而其他铂族元素的方法较少；利用铂族金属离子在溶液中形态和价态等的不同，建立具有选择性、能够准确测定它们含量的方法是值得研究的。同时，对于选择性掩蔽剂的开发也应继续深入。一些痕量铂族金属元素的选择性富集技术可与光度滴定等微量滴定技术相结合。新氨羧络合剂与铂族金属离子形成配合物的特性也值得研究，有望建立络合滴定铂族金属元素的新体系。

① 铂的滴定分析　滴定法测定铂是基于氧化还原反应：

$$Pt(IV) + 2e \Longrightarrow Pt(II)$$

四价铂的氯配合物有直接滴定法和返滴定法。在这些反应中，Pt（IV）通常是起始化合物。可用氯化亚铜、莫尔盐、抗坏血酸作为还原剂。为了返滴定过剩的还原剂而应用 Ce（IV）盐、Fe（II）盐、V（V）盐和 Mn（VII）盐。以氧化还原反应滴定法测定铂时，金、铱、钌有干扰，铑不干扰滴定。测定铂（II）的常用方法是用各种氧化剂如高锰酸钾、硫酸铈进行滴定。

于 pH=3～4 的酸性介质中，长时间煮沸的条件下，铂（IV）能与 EDTA 定量络合，在乙酸-乙酸钠缓冲介质中，用二甲酚橙作指示剂，用乙酸锌滴定过量的 EDTA，可测定 5～30mg 的铂。

利用这一特性，采用丁二肟沉淀分离钯，用酸分解滤液中的丁二肟，可测定含铂、钯的物料中的铂。

② 钯的滴定分析　钯（II）的滴定分析方法较多，测定钯的多数配滴定法是基于形成难溶化合物（如碘化钯、二乙酰二肟钯等）的沉淀反应，以及同 EDTA 形成很稳定的配合物。较少量的钯（10^{-4}～10^{-2}mol/L）可用电流滴定法测定。能同钯形成难溶化合物的有机试剂有：二乙酰二肟、水杨醛肟、β-呋喃二肟、β-糠醛肟、1，2-环己二酮二肟、α-亚硝基-β-萘酚、巯基苯并噻唑、巯基苯并咪唑、铋试剂 I 和铋试剂 II、1，2，3-苯并三唑、2-（邻一氧苯基）苯并异恶唑和某些氨基甲酸盐。在测定微量钯时，可用二硫腙和二乙基二硫代氨基甲酸盐的萃取滴定法。

根据钯同 EDTA 形成的配合物很稳定（Pd∶EDTA=1∶1），在铬黑 T 存在下用硝酸锌返滴定过剩的 EDTA 就是这一测定方法的基础。该滴定方法可用于测定 0.6～30mg 的钯。二价和四价的铂均不干扰滴定；当铱、钌浓度大时，有部分干扰；铑和锇干扰滴定。

向二价钯的氯化物溶液中加入过量不太多的 EDTA 钠盐溶液。用 0.1mol/L KOH 溶液调整溶液 pH 值，使其稳定在 10±1，然后加入 5 滴铬黑 T 指示剂，用锌的标准溶液滴定至等量点（从蓝色或绿色变至亮玫瑰色）。

EDTA 钠盐溶液的配制：溶 5.5g 分析纯的 EDTA 二钠盐于 1L 蒸馏水中。用标准锌盐以电位滴定法（或用铬黑 T 指示剂）测定溶液的滴定度。指示剂（铬黑 T）溶液的配制：将 0.1g 指示剂溶于含有 2～3 滴 0.1mol/L KOH 溶液的 50mL 蒸馏水中。锌盐溶液的配制：取于 100℃下烘干 2h 的氯化锌 1.8g，用最少量 HNO_3（1+1）溶解，并用水稀至 1L。用磷酸铵沉淀锌来确定溶液的滴定度。

在较复杂的物料中，事先加入过量的 EDTA，充分络合后除去剩余的 EDTA，采用选择性试剂掩蔽钯，二甲酚橙作指示剂，用锌（铅）盐滴定置换出与钯等量的 EDTA。

例如：利用 EDTA-钯配合物在弱酸性介质中能够转化为丁二肟钯沉淀的性质，于盐酸介质中用 EDTA 络合钯及其他共存元素，再以丁二肟置换出与钯等量的 EDTA，三氯甲烷萃取丁二肟钯沉淀，用锌盐滴定 EDTA 的方法测得钯含量。此法准确度和精密度高，是目前应用较广泛的方法。

③ 铑的滴定分析　滴定法主要用于在硫酸和盐酸介质中，对半微量或微量的铑进行测定。测定铑的滴定分析方法包括：用铋酸钠氧化铑后用亚铁滴定铑，用碘量法测定铑，络合滴定铑等。但这些方法皆缺乏特效性且不够稳定又不易掌握。

莫尔盐滴定铑（Ⅴ）：铋酸钠在冷的情况下能氧化溶液中以硫酸盐形式存在的铑（Ⅲ）为五价。

$$Rh(Ⅲ)+Bi(Ⅴ) \rightleftharpoons Rh(Ⅴ)+Bi(Ⅲ)$$

这时溶液呈现浓厚的蓝紫色。反应进行不必加热，因为升高温度时反应向左移动。在含游离 H_2SO_4 不大于 10%（按体积）的硫酸铑溶液中，反应进行约 1～1.5h，用莫尔盐滴定生成的铑（Ⅴ）。

将氯铑酸溶液置于 250～300mL 的烧杯中，加 50mL 水及 15mL 浓 H_2SO_4。水必须存在，以免难溶的硫酸铑沉出。将溶液在电热板上蒸发至出现硫酸酐蒸气的浓白烟，并在这个温度下保持 20～30min。$[RhCl_6]^{3-}$ 特有的玫瑰红色逐渐消失，溶液变为黄色，这就标志着铑已转变为硫酸盐。

冷却得到的硫酸铑（Ⅲ）溶液，小心用水稀释至 100～120mL，冷至室温。加入 1g $NaBiO_3$ 并静置 2～3h。用致密滤纸（蓝带）滤出未作用的铋酸盐，用 H_2SO_4（1+10）洗涤滤渣 4～5 次，直至一滴洗液与一滴指示剂溶液（邻苯氨基苯甲酸）在瓷板上作用不显颜色为止。沉淀应为褐色，白色沉淀表明试剂不足。

将浓厚的蓝紫色滤液用 0.01mol/L 莫尔盐溶液滴定到颜色大大减弱，然后加入 2～3 滴指示剂（0.04% 邻苯氨基苯甲酸的 0.1% 碳酸钠溶液）。经过 1～2min 后，溶液显浓厚的樱桃紫色。滴定一直进行到溶液由樱桃紫色明显地转变为浅黄绿色。滴定近终点时，要慢慢地加入试剂，每滴一滴要间隔 15～20s，因此时溶液高度稀释而反应减缓。测定 1～12mg 的铑时，其误差不超过 ±5%。

用碘量法滴定被次氯酸盐氧化的铑：该法是将三价铑以氢氧化物形式沉淀，用次氯酸盐氧化铑为五价，再以碘化钾还原 Rh（Ⅴ）为 Rh（Ⅲ），最后用硫代硫酸钠滴定析出的碘。

用巯萘剂测定微量铑：该方法用于在硫酸溶液中测定铑。它基于铑同巯萘剂形成 Rh$(C_{10}H_{11}OHS)_3$ 的难溶化合物。与铑未作用的过量巯萘剂用碘氧化，过量的碘用硫代硫酸钠返滴定。

用氮己环二硫代氨基甲酸钠萃取滴定微量铑和氯化亚锡在 HCl 溶液中生成的有色化合物，所有其他铂族金属均干扰滴定。

④ 锇的滴定分析　测定锇的所有滴定法是基于锇（Ⅷ）的还原反应或者是基于锇（Ⅳ）化合物的氧化或还原反应。该方法均无选择性，只适用于从其他元素中以四氧化锇形式分离后所得到的锇溶液。

用偏钒酸铵滴定锇：在含锇（Ⅷ）（锇酸）的酸性溶液中测定锇（Ⅳ）时，需先进行锇的还原：

$$2Os(Ⅷ)+3Bi(Ⅲ) \rightleftharpoons 2Os(Ⅳ)+3Bi(Ⅴ)$$

再用偏钒酸铵氧化锇（Ⅳ）的化合物，

$$Os(Ⅳ)+3V(Ⅴ) \rightleftharpoons Os(Ⅷ)+3V(Ⅳ)$$

在酸性溶液中，偏钒酸盐是方便的氧化剂，因为改变溶液的酸度就可以在很大的范围内改变它的氧化还原电位，建立体系的电位为 1.00～1.12V，就能保证氧化 Os（Ⅳ）为 Os（Ⅷ）。应使锇和偏钒酸盐溶液的酸度在 2～4mol/L H_2SO_4 之间。过剩的偏钒酸铵用莫尔盐滴定。

于 2～3mol/L H_2SO_4 溶液中还原 Os（Ⅷ）：在装有铋粒（颗粒的直径为 0.3～0.6mm）的还原器中进行。试验溶液迅速移入还原器中，用几毫升 3mol/L H_2SO_4 冲洗 2～3 次。还原后的溶液和洗涤液的体积之和不应超过还原器的体积（约 40mL）。溶液通过还原器的流出速度为 4～8mL/min。用开关控制使溶液流至铋层上还有 2～3mm 时，用 3mol/L H_2SO_4 洗涤还原器 3 次，每次为 15～20mL，洗时不应使金属铋层露出。

溶液收集于 200mL 的锥形瓶中，加入过量偏矾酸铵的 3mol/L H_2SO_4 溶液，3～4 滴 0.2％的邻苯氨基苯甲酸指示剂溶液，再用 0.01mol/L 莫尔盐的 3mol/L H_2SO_4 溶液滴定过剩的偏钒酸盐。

锇(Ⅶ) 的碘量法滴定：此方法是用硫代硫酸钠以电位滴定法滴定在氧化还原反应中析出的碘。

$$OsO_4 + 4KI + 4H_2SO_4 \longrightarrow OsO_2 + 2I_2 + 4KHSO_4 + 2H_2O$$

四氧化锇溶于碱中移入反应容器，加入 60～75mL 水，3mL 25％的硫酸溶液，这时有锇酸形成。为避免因 OsO_4 挥发而使锇受到损失，应立刻加入 2g KI，溶液为浅绿色，后因 OsO_2 的细粒沉淀析出而使颜色逐渐变为暗褐色。15min 后，用 0.1mol/L $Na_2S_2O_3$ 溶液以电位法滴定反应中析出的碘。

用硫代硫酸盐滴定锇酸钠：在碱性介质中锇(Ⅶ) 被硫代硫酸盐还原为锇(Ⅵ)：

$$4Na_2[OsO_4(OH)_2] + 2NaOH + Na_2S_2O_3 \longrightarrow 4Na_2OsO_4 + 2Na_2SO_4 + 5H_2O$$

用电位法确定计量点。起初碱溶液具有低的氧化还原电位 (约 160mV)，计量点的转变在 0mV 附近，电位突跃不大。

⑤ 铱的滴定分析　铱的滴定法测定是基于氧化还原反应：

$$Ir(Ⅳ) + e \Longleftrightarrow Ir(Ⅲ)$$

在铱的电位法、目测法、安培法的测定中，都是利用铱(Ⅳ) 还原为铱(Ⅲ) 的反应。作为还原剂的有碘化钾、氢醌、亚铁氰化钾、莫尔盐、三氯化钛、抗坏血酸和一些其他试剂。

通常还原铱之前，应将铱完全氧化为四价状态。因此，在试液中就应当无还原剂存在，尤其是有机物，它们能妨碍制备溶液时铱的充分氧化。过剩的氧化剂同样干扰测定。在电位法中，如果开始时，氧化剂能被滴定，并有一个单独的电位突跃的话，氧化剂即不干扰。

大部分还原滴定都用在氯化物溶液中测定铱。为测定硫酸盐溶液中的铱，可用二氯联苯胺作指示剂，用氢醌目测滴定，也可用莫尔盐以电位法滴定。在铱配合物的内界中含有亚硝酸根、亚硫酸根、氨、含氮和含硫的有机分子及其他加合基时，测定铱前，必须破坏这些化合物使铱转变为氯化物或硫酸盐。

在硫酸盐溶液中进行分析时，要保证必要的分析准确度，主要的条件是将被分析的配合物完全转变成硫酸盐配合物。假若分解被分析的化合物需要用硫酸和硝酸或硫酸和高氯酸混合酸来处理，则必须在化合物分解完毕之后 (溶液呈蓝色为其标志)，在硫酸钠存在下将溶液同浓硫酸蒸发至完全褪色[形成硫酸铱(Ⅲ)]以除去氧化剂。然后在一定条件下重新氧化铱为蓝紫色的铱(Ⅳ)。高氯酸通常用于氧化剂。在这个反应中，因高氯酸分解生成的产物在滴定时同样能被还原，所以，应将溶液煮沸使其除去。煮沸之前应将溶液用水稀释至 25～30mL。

由于分解产物很难除去 (当含铱较高时)，最好不用目测法进行滴定，而用具有两个电位突跃的电位法滴定。

基于氧化铱(Ⅲ) 的反应较少。常用高锰酸钾和硫酸铈以滴定法测定铱(Ⅲ)。

⑥ 钌的滴定分析　钌的所有滴定法测定都是基于钌(Ⅳ) 的氯配合物被各种还原剂 ($SnCl_2$、KI、$TiCl_3$、氢醌等) 还原。采用三氯化钛电位法滴定钌($Na_2[RuOHCl_5]$)，该方法是基于在盐酸 (0.8～1.0mol/L) 中还原 $[RuOHCl_5]^{2-}$：

$$Ru(Ⅳ) + Ti(Ⅲ) \Longleftrightarrow Ru(Ⅲ) + Ti(Ⅳ)$$

反应中 Ru(Ⅲ) 和 Ru(Ⅳ) 会形成中间化合物，伴随着这种化合物的形成，在滴定曲线上，相当于还原 Ru(Ⅳ) 为 Ru(Ⅲ) 所需 $TiCl_3$ 相当量的一半的地方有电位突跃产生。在室温下将 $[RuOHCl_5]^{2-}$ 还原为中间化合物的反应进行得很快。要完全还原成 Ru(Ⅲ)，只有在加热的溶液中才能完成，这个还原也伴随着电位突跃。通常用饱和甘汞电极作参比电极，用铂电极作指示电极。

为在溶液中得到 Na$_2$[RuOHCl$_5$]的原始化合物，将含 5～20mg 钌的氯化物试验溶液（预先蒸发到最小体积）同 5～7mL 浓 HCl 溶液和 0.2～0.3g NaCl 蒸发至湿盐状，这时再加入 1～2mL 氯水，把湿盐溶于 15mL HCl 溶液（1+4），再加 2～3mL 氯水，煮沸溶液 5～7min。重新加入 3mL 氯水，煮沸 5～10min 至氯味消失。然后将溶液移入滴定的器皿中，用水稀至 45～50mL。在室温下于 CO$_2$ 气氛或 N$_2$ 气氛下用三氯化钛标准溶液滴定至第一个电位突跃。也可以继续滴定到第二个电位突跃[Ru(Ⅳ)完全转变为 Ru(Ⅲ)]，但在这个情况下应预先加热溶液。假若在滴定前制备溶液时，氯未完全除去，可通过开始滴定时的电极电位值（600～700mV 以上）方法来发现。在钌还原之前，氯已被还原，并有明显的电位突跃。在计算钌的含量时，滴定氯所用还原剂的量不应考虑进去。

有机物质、大量的 SO$_4^{2-}$、其余的铂族金属及金会干扰测定。钌的测定误差为±2.0%。

TiCl$_3$ 标准溶液的配制：稀释 TiCl$_3$（分析纯）的试剂溶液来配制所需浓度的三氯化钛溶液。为此，所用的蒸馏水应预先经过煮沸以除去溶解的氧，在 CO$_2$ 气氛下冷却。用 HCl 酸化使 HCl 浓度达到 1mol/L。三氯化钛溶液在 CO$_2$ 气氛下保存于暗色瓶中。溶液的滴定度用 K$_2$Cr$_2$O$_7$ 标准溶液以电位法测定或用二苯胺作指示剂以目测法滴定。还原剂溶液的滴定度也可以用已知浓度的氧化钌(Ⅳ) 配合物溶液以电位滴定法来确定。

在滴定时，用惰性气体（如 CO$_2$）使整个系统与空气中的氧隔离。

5.3.1.3　贵金属元素的分析

(1) 金的分析

① 铅试金法　试金重量法是一种经典的方法。该法分析结果准确度高，精密度好，适应性强，测定范围广。因铅试金法具有其独特的优点，目前在地质、矿山、冶炼部门仍把铅试金法作为试金的标准方法。该法的致命缺点是铅对环境的污染和对人体的危害。

a. 试剂和仪器

（a）试剂　电解铅皮：铅含量不小于 99.99%。纯银：含量≥99.99%。硝酸：分析纯，使用前要检查氯化物、溴化物、碘化物和氯酸盐，然后与水配制成 1+7、1+2 的溶液。

（b）仪器　试金天平：感量 0.01mg。高温电阻炉（最高温度 1300℃）。灰皿：将骨灰和硅酸盐水泥（400 号）按 1:1（质量比）混匀，过 100 目筛，然后用水混合至混合物用手捏紧不再散开为止，放灰皿机上压制成灰皿，阴干两个月后使用。分金坩埚：使用容积为 30mL 的瓷坩埚。

b. 测定方法　准确取一定量样品，将试样放在重 20g 的纯电解铅皮上包好，并压成块，用小锤锤紧。放在预先放入 900～1000℃的灰吹炉中预热 30min（以驱除灰皿中的水分和有机物）的灰皿中，关闭炉门，待熔铅去掉浮膜后，半开炉门使炉温降到 850℃进行灰吹。待灰吹接近结束时，再升温到 900℃，使铅彻底除尽，出现金银合粒的闪光点后，立即移灰皿至炉口处保持 1min 左右，取出冷却。

用镊子从灰皿中取出金银合粒，除掉粘在合粒上的灰皿渣，将合粒放在小铁砧板上用小锤锤扁至厚约为 0.3mm。放入分金坩埚中，加入热至近沸的 1+7 的硝酸 20mL，在沸水浴上分金 20min。取下坩埚，倾去酸液，注意勿使金粒倾出，再加入热至近沸的 1+2 的硝酸 15mL，保持近沸约 15min。倾出硝酸，用去离子水洗涤 3～4 次，将金片倾入瓷坩埚，盖上盖子，烘干，放入 600℃高温炉内灼烧 2～3min，取出冷却，用试金天平称重（质量用 m 表示）。按下式计算试样中金的含量，以质量分数表示：

$$w=\frac{m}{m_s}\times100\%$$

式中，m 为称得的金的质量，g；m_s 为称取的试样质量，g。

两次平行测定的结果差值不得大于 0.2%，取其算术平均值为测定结果。

② 还原重量法 该法是加入还原剂使含金试液中的金析出，经冷却、过滤、洗涤、灼烧后称量，然后计算试样中金的含量。可作为还原剂的有草酸、亚硫酸钠、硫酸亚铁、锌粉和保险粉等；还原剂不同，沉淀条件有所不同。

与火试金重量法相比，还原重量法存在一定的缺点，如准确度不太高，操作烦琐，选择性较差，干扰元素较多。但采用此法可以避免铅试金法所带来的铅对环境的污染和对人体的危害。故在测定试样的含金量时，此法被广泛采用。

a. 试剂 褪金液（自行配制）或王水；草酸溶液（10%）。

b. 测定方法 准确称取一定量样品，置于烧杯中，加褪金液（或王水）溶解试样中的金，加 20mL 10% 的热草酸溶液，立即盖上表面皿，反应完毕后，用水洗净表面皿，在水浴上蒸至约 10mL，用无灰滤纸过滤，以热水洗涤滤渣至洗液无氯离子，烘干，加热炭化，于 800℃ 灼烧至恒重。Au 含量按下式计算，以质量分数表示：

$$w=\frac{m}{m_s}\times100\%$$

式中，m 为沉淀的质量，g；m_s 为样品的质量，g。

两次平行测定的结果差值不得大于 0.2%，取其算术平均值为测定结果。

③ 碘量法 用王水处理试样，使金全都转化为三氯化金。与碘化钾作用析出定量的游离碘，再用硫代硫酸钠标准溶液滴定游离碘，以测定金的含量。其反应如下：

$$AuCl_3 + 3KI = AuI + I_2 + 3KCl$$
$$I_2 + 2Na_2S_2O_3 = 2NaI + Na_2S_4O_6$$

a. 试剂 浓盐酸；盐酸（1+3）；王水；碘化钾溶液（10%）；淀粉溶液（1%）；硫代硫酸钠标准溶液 $[c(1/2 Na_2S_2O_3)=0.05mol/L]$；过氧化氢溶液（30%）。

b. 测定方法 取一定量试样（或褪金液溶液）置于 300mL 锥形瓶中，加 20mL 浓盐酸在炉上蒸发至干（在通风橱内进行）。然后再加王水 5～7mL 溶解，在温度为 70～80℃ 下，徐徐蒸发到浆状为止（切勿蒸干）。再以热水约 80mL 溶解并洗涤瓶壁，冷却后加盐酸（1+3）10mL 及 10% 碘化钾溶液 10mL，在暗处放置 2min，以淀粉溶液为指示剂，用硫代硫酸钠标准溶液滴定，至蓝色消失为终点。

c. 结果计算 按下式计算试样中 Au 的含量：

$$w=\frac{c\times V\times0.1970}{m_s}\times100\%$$

式中，c 是硫代硫酸钠（1/2 Na_2S_2O_3）标准溶液的物质的量浓度，mol/L；V 是耗用硫代硫酸钠标准溶液的体积，mL；m_s 是试样的质量，g；0.1970 是 Au 的毫摩尔质量，g/mmol。

d. 注意事项

（a）在蒸发除去硝酸的过程中，不能将溶液完全蒸干或局部蒸干，以免金盐分解。如果已生成不溶解的沉淀，需加入少量盐酸及硝酸溶解，再重新蒸发。也可用下列方法进行测定：取一定量试样，加 15mL 王水，蒸至近干（在通风橱内进行），加浓盐酸 10mL，再蒸至近干（或局部蒸干），冷却，以水稀释至 70mL 左右，加 2g 碘化钾，溶完后以 0.1mol/L 硫代硫酸钠标准溶液滴定至淡黄色。加入 5mL 淀粉溶液，继续以硫代硫酸钠标准溶液滴定至蓝色消失为终点。本方法不适用于含银、铜的含金样品和褪金溶液。

（b）指示剂淀粉加入的时间不能太早，以防止它吸附较多的碘，产生误差。滴定到淀粉的蓝色消失后，能保持半分钟，即可认为已到达终点。

④ 硫酸亚铁铵-重铬酸钾滴定法　试样用王水溶解，在 NaCl 存在下将试液蒸干，加入过量的硫酸亚铁铵标准溶液，以二苯胺磺酸钠作指示剂，用 $K_2Cr_2O_7$ 标准溶液返滴定过量的亚铁。本法适用于含金量较高的含银、铜样品中金的分析。

a. 试剂　硫酸亚铁铵标准溶液：$c[(NH_4)_2Fe(SO_4)_2]=0.04mol/L$。$H_2SO_4$-$H_3PO_4$ 混合酸（$H_2SO_4+H_3PO_4+H_2O=1+1+3.5$）。重铬酸钾标准溶液：$c(K_2Cr_2O_7)=0.025mol/L$。二苯胺磺酸钠指示剂：5g/L，现配。

b. 分析方法　准确称取一定量的试样置于 500mL 锥形瓶中，加入王水溶解试样，加 NaCl 赶硝酸（视试样中 Ag、Cu 含量加入少许 KCl），继续加热蒸至近干。取下冷却，加 20～100mL 水（视 Ag 含量而定），在不断搅拌下准确加入 50mL 0.04mol/L 的 $(NH_4)_2Fe(SO_4)_2$ 标准溶液，继续搅拌 1min，加入 15mL H_2SO_4-H_3PO_4 混合酸、30mL 水和 3 滴 5g/L 二苯胺磺酸钠指示剂，以重铬酸钾 $[c(K_2Cr_2O_7)=0.025mol/L]$ 标准溶液滴定至溶液由浅绿色转变为紫红色，即为终点。按下式计算试样中金的含量：

$$w=\frac{\left(V_1c_1-\frac{1}{6}V_2c_2\right)\times0.19697}{2\times m_s}\times100\%$$

式中，c_1 为硫酸亚铁铵标准溶液的物质的量浓度，mol/L；V_1 为加入的硫酸亚铁铵标准溶液的体积，mL；c_2 为重铬酸钾标准溶液的物质的量浓度，mol/L；V_2 为滴定耗用重铬酸钾溶液标准溶液的体积，mL；m_s 为试样的质量，g；0.19697 为 Au 的毫摩尔质量，g/mmol。

c. 注意事项　当试样中银的含量较高时，为避免银对终点颜色变化的干扰，可适当多加水。

(2) 银的分析

银的测定一般采用硫氰酸盐滴定法、EDTA 络合滴定法或电位滴定法。

① 硫氰酸盐滴定法　本法以硫氰酸盐滴定银，以高价铁盐为指示剂，终点时生成红色硫氰酸铁。加入硝基苯（或邻苯二甲酸二丁酯），使硫氰酸银进入硝基苯层，使终点更容易判断。

a. 试剂　铁铵矾指示剂：将 2g 硫酸铁铵 $[NH_4Fe(SO_4)_2 \cdot 12H_2O]$ 溶于 100mL 水中，滴加刚煮沸过的浓硝酸，直至棕色褪去。

0.1mol/L 硝酸银标准溶液：取基准硝酸银于 120℃ 干燥 2h，在干燥器内冷却，准确称取 17.000g，溶解于水中定容至 1000mL，贮存于棕色瓶中。此标准溶液的浓度为 0.1000mol/L；或用分析纯硝酸银配制成近似浓度溶液后，摇匀，保存于棕色具塞玻璃瓶中，再按如下方法标定：

称取 0.2g（称准至 0.0001g）于 500～600℃ 灼烧至恒重的基准氯化钠溶于 70mL 水中，加入 10mL 10% 的淀粉溶液，用配好的硝酸银溶液滴定。用 216 型银电极作指示电极，用 217 型双盐桥饱和甘汞电极作参比电极，按 GB 9725—2007 中二级微商法之规定确定终点。硝酸银标准溶液的物质的量浓度 c 按下式计算：

$$c(AgNO_3)=\frac{m}{0.05844V}$$

式中，m 为基准氯化钠的质量，g；V 为硝酸银溶液的用量，mL；0.05844 为 1mmol NaCl 的质量，g。

硝酸银标准溶液的浓度也可以用比较法确定。具体操作为：量取 30.00～35.00mL 配好的硝酸银溶液，加入 40mL 水、1mL 硝酸，用 0.1mol/L 的硫氰酸钠标准溶液滴定。用 216 型银电极作指示电极，用 217 型双盐桥饱和甘汞电极作参比电极，按 GB 9725—2007 中二级微商法之规定确定终点。硝酸银标准溶液的物质的量浓度 c 按下式计算：

$$c(AgNO_3) = \frac{c_1 V_1}{V}$$

式中，c_1 为硫氰酸钠标准溶液的物质的量浓度，mol/L；V_1 为硫氰酸钠标准溶液的用量，mL；V 为硝酸银标准溶液的用量，mL。

0.1mol/L 硫氰酸钠（或硫氰酸钾）标准溶液：称取分析纯硫氰酸钠 10g，以水溶解后，稀释至 1L。用移液管吸取 0.1mol/L 硝酸银标准溶液 25mL 于 250mL 锥形瓶中，加水 25mL 及煮沸过的 6mol/L 冷硝酸 10mL，加铁铵矾指示剂 5mL，用配好的硫氰酸钠标准溶液滴定至淡红色为终点。按下式计算硫氰酸钠标准溶液的浓度：

$$c(NaSCN) = \frac{0.1000 \times 25.00}{V}$$

式中，$c(NaSCN)$ 为硫氰酸钠标准溶液的物质的量浓度，mol/L；V 为耗用硫氰酸钠标准溶液的体积，mL。

b. 分析方法　准确称取一定量样品，溶于硝酸，加 1mL 8%硫酸铁铵溶液，在摇动下用 0.1mol/L 硫氰酸钠标准溶液滴定至溶液呈浅棕红色，保持 30s。Ag 的质量分数按下式计算：

$$w = \frac{c \times V \times 0.1699}{m_s} \times 100\%$$

式中，c 为硫氰酸钠标准溶液的物质的量浓度，mol/L；V 为硫氰酸钠标准溶液的用量，mL；m_s 为试样的质量，g；0.1699 为 Ag 的毫摩尔质量，g/mmol。

② EDTA 络合滴定法　在氨性含银溶液中，加入镍氰化物，镍被银取代出来，以紫脲酸铵为指示剂，用 EDTA 溶液滴定镍，可得出银的含量。

$$K_2Ni(CN)_4 + 2Ag^+ \longrightarrow 2KAg(CN)_2 + Ni^{2+}$$

此方法选择性较差，在氨性条件下能与 EDTA 生成配合物的金属离子均干扰测定。可采用其他方法进行测定。

a. 试剂　硝酸：6mol/L。氨性缓冲溶液（pH＝10）：溶解 54g 氯化铵于水中，加入 350mL 氨水，加水稀释至 1L。紫脲酸铵指示剂：0.2g 紫脲酸铵与氯化钠 100g 研磨混合均匀。EDTA 标准溶液：0.05mol/L。镍氰化物[$K_2Ni(CN)_4$]：称取硫酸镍 14g，加水 200mL 溶解，加氯化钾 14g，溶解后过滤，用水稀释至 250mL，此溶液呈黄色。

b. 分析方法　取一定量试样溶于硝酸，加水 100～150mL、氨性缓冲溶液 20mL、镍氰化物 5mL、紫脲酸铵指示剂少许，用 0.05mol/L EDTA 标准溶液滴定至溶液由黄色→红色→紫色为终点（滴定至近终点时，速度要慢，并注意颜色的变化）。

c. 结果计算　试样中银的含量由下式计算：

$$w = \frac{2 \times c \times V \times 0.10787}{m_s} \times 100\%$$

式中，c 为 EDTA 标准溶液的物质的量浓度，mol/L；V 为耗用 EDTA 标准溶液的体积，mL；m_s 为试样的质量，g；0.10787 为 Ag 的毫摩尔质量，g/mmol。

③ 电位滴定法　以电位滴定合金中的 Ag 时，经常使用卤化物和硫氰酸盐作沉淀滴定剂，以银电极、石墨电极、Ag_2S、AgI 等选择性电极指示滴定终点。用 KSCN 作滴定剂的佛尔哈德法是常用的测银方法，但以银离子选择性电极或 AgSCN 涂膜电极指示终点的电位滴定法则有更多优点，适用于 Ag-Cu、Pb-Sn-Ag 或铝合金中 Ag 的测定。

a. 试剂和仪器

（a）试剂　氯化钠标准溶液[$c(NaCl)＝0.1mol/kg$]；淀粉溶液（10g/L）；硝酸。

（b）仪器　pH 计；216 型银电极（作指示电极）；217 型双盐桥饱和甘汞电极。

b. 测定方法　准确称取一定量的含银试样，置于烧杯中，溶于硝酸中，蒸至近干，加 70mL 水，加 10mL 淀粉溶液，用 216 型银电极作指示电极，用 217 型双盐桥饱和甘汞电极（外盐桥套管内装有饱和硝酸钾溶液）作参比电极，用氯化钠标准溶液[$c(NaCl) = 0.1mol/L$]滴定至终点。银含量按下式计算：

$$w = \frac{V \times c(NaCl) \times 0.10787}{m_s} \times 100\%$$

式中，$c(NaCl)$ 为氯化钠标准溶液的浓度，mol/L；V 为氯化钠标准溶液的体积，mL；m_s 为试样的质量，g；0.10787 为与 1.0000g 氯化钠标准溶液[$c(NaCl) = 1.0000mol/L$]相当的以克表示的银的质量，g。

（3）铂的分析

对于铂的重量法测定，可用甲酸将铂盐还原为金属铂，通过称量计算铂的含量；但此法选择性较差。通常还可将试液中的铂通过氯铂酸铵沉淀，再灼烧转变为单质铂的形式，用重量法进行测定。对于微量铂的测定往往采用吸光光度法和原子吸收法等。

① 甲酸还原重量法　用甲酸将铂盐还原为金属铂，通过称量计算铂的含量。

a. 试剂　无水乙酸钠；甲酸；王水；盐酸。

b. 分析方法　准确称取一定量的样品，溶于王水中，加盐酸 5mL，蒸干。加入 5mL 水和 5mL 盐酸，再蒸至浆状。加入 100mL 水、5g 无水乙酸钠和 1mL 甲酸，加盖，在水浴中加热 6h。用无灰滤纸过滤，以热水洗涤数次，将沉淀及滤纸一同移入已经恒重的坩埚中，烘干，炭化，于 800℃灼烧至恒重。

c. 结果计算　Pt 含量按下式计算：

$$w = \frac{m}{m_s} \times 100\%$$

式中，m 为沉淀的质量，g；m_s 为样品的质量，g。

d. 注意事项　试样中若有钯存在，也将被甲酸还原，此时得到的沉淀用水洗至无 Cl⁻ 后，用硝酸洗去钯，过滤、灼烧后计算铂的含量。

② 氯铂酸铵沉淀重量法

a. 试剂　饱和氯化铵溶液；王水；盐酸。

b. 分析方法　准确称取一定量样品，溶于王水中，必要时过滤，充分洗涤滤纸，将滤液及洗液合并，在水浴上蒸发至原体积，加盐酸赶硝酸，加 10mL 饱和氯化铵溶液，放置 18～24h。用无灰滤纸过滤，以 20mL 饱和氯化铵溶液洗涤，将沉淀移入恒重的坩埚中，烘干，炭化，于 800℃灼烧至恒重。

c. 结果计算　Pt 含量按下式计算：

$$w = \frac{m}{m_s} \times 100\%$$

式中，m 为沉淀的质量，g；m_s 为样品的质量，g。

d. 注意事项　沉淀烘干和炭化时会有白色的 NH_4Cl 烟雾冒出，应在通风橱中进行操作。

③ $SnCl_2$ 吸光光度法　$SnCl_2$ 吸光光度法测定铂时同时有 Ag、Pd、Rh 干扰应设法消除。试样用王水溶解，在 3%HCl 溶液中过滤析出 AgCl，滤液以 HCl 赶 HNO_3。用 $NaBrO_3$ 氧化，在 $NaHCO_3$ 溶液（pH=8）中，Pd、Rh 呈水合氢氧化物形式沉淀，Pt 则留在溶液中。过滤，用 HCl 调节酸度。在 2mol/L HCl 介质中，铂与 $SnCl_2$ 形成稳定的黄色配合物，于波长 420nm 处测量其吸光度。

a. 试剂 铂标准溶液：称取 0.2500g 金属铂（99.99％），溶于王水，盖上表面皿，于低温加热至完全溶解。加 5mL HCl 溶液，重复蒸干两次。用 25mL HCl 溶液溶解，并转入 250mL 容量瓶中，以水定容。吸取 10.00mL 此溶液于 100mL 容量瓶中，加 8mL HCl 溶液，以水定容。此工作溶液每毫升含有 0.10mg Pt。

$SnCl_2$ 溶液（20％）：称取 20g $SnCl_2 \cdot 2H_2O$，用 20mL 浓盐酸溶解，以水稀释至 100mL，保存在棕色瓶中。

$NaBrO_3$ 溶液（100g/L）；$NaHCO_3$ 溶液（50g/L）；王水；盐酸。

b. 分析方法 称取一定量试样于 500mL 烧杯中，加入约 40mL 王水，盖上表面皿，于低温加热至完全溶解（若用王水溶解不完全，则需封管氯化溶解），并蒸发至约 1mL，加入 5mL HCl 溶液再蒸发至 1mL 左右。加 80mL 水，加热煮沸至 AgCl 凝聚，冷却后用定量滤纸过滤，用稀 HCl（1+99）洗涤烧杯及沉淀多次，再用水洗涤两次（沉淀可用于测定 Ag）。

滤液和洗涤液合并，煮至近沸，加入 40mL 100g/L $NaBrO_3$ 溶液，煮沸 30min。在搅拌下慢慢地滴加 50g/L $NaHCO_3$ 溶液至有少量黑褐色沉淀产生（pH＝6～7），再加 20mL $NaBrO_3$ 溶液，煮沸 15min，滴加 $NaHCO_3$ 溶液调节 pH＝8±0.5（用精密试纸检查），在微沸状态下保持 30min。取下，放置陈化 1～1.5h。过滤洗涤沉淀，所得沉淀用于测定 Pd 和 Rh 的含量。滤液与第一次水解后的滤液合并蒸发至约 80mL，冷却，转入 100mL 容量瓶中，以水定容。吸取 5.00mL 或 10.00mL 试液于 50mL 容量瓶中，加入 8mL HCl 溶液，于低温下加热煮沸，加 8mL $SnCl_2$ 溶液，冷却，以水定容。用干滤纸过滤于 50mL 烧杯中，使用 1cm 吸收池，以试剂空白为参比，于波长 420nm 处测量其吸光度。工作曲线范围：0.1～0.6mg/50mL。

c. 注意事项

（a）加入 40mL 100g/L $NaBrO_3$ 溶液，煮沸 30min 以保证充分的氧化时间和氧化温度，否则影响分离效果。

（b）陈化时间为 1～1.5h，不宜太长，否则沉淀吸附 Pt 较多。

（4）钯的分析

① 丁二酮肟重量法 在分析时将含钯样品溶于硝酸制样，用丁二酮肟钯沉淀的重量法测定钯含量。

a. 试剂 丁二酮肟乙醇溶液（1％）；硝酸。

b. 测定方法 称取一定量含钯样品，称准至 0.0002g。溶于 10mL 硝酸中，在不断搅拌下加入 10mL 1％的丁二酮肟乙醇溶液，在 60～70℃保温静置 1h。用 4 号玻璃漏斗过滤，以水洗沉淀至无丁二酮肟反应（在氨性溶液中，用镍离子检试）。将坩埚及沉淀于 100～120℃烘 30min，冷却后称重 m（g）。钯的含量按下式计算：

$$w = \frac{m \times 0.3161}{m_s} \times 100\%$$

式中，m 为沉淀的质量，g；m_s 为样品的质量，g；0.3161 为 106.4/336.62，即 M(Pd)$/M$[Pd$(C_4H_7O_2N_2)_2$]。

② 丁二酮肟沉淀分离-EDTA 返滴定法 用丁二酮肟将钯沉淀分离后，溶解沉淀，在弱酸性溶液中，加过量的 EDTA 与钯络合，调 pH 值至约 5.5，以甲基麝香草酚蓝作指示剂，用硫酸锌回滴过量的 EDTA，从而可计算出钯含量。

a. 试剂 EDTA 标准溶液（0.05mol/L）；乙酸-乙酸钠缓冲溶液（pH＝5.5）；硫酸锌标准溶液（0.05mol/L）；硝酸。甲基麝香草酚蓝（1％）：1g 与 100g 硝酸钾研细而得。

b. 分析步骤 用丁二酮肟将钯沉淀分离后，溶解沉淀定容至一定体积。吸取一定量含钯试液于 250mL 锥形瓶中，准确加入 0.05mol/L EDTA 溶液 10mL（V_2），加硝酸 5mL，用乙酸-乙酸钠溶液调 pH 值为 5.5，加少量甲基麝香草酚蓝（1%），用硫酸锌标准溶液回滴至由黄色转蓝色为终点（V_1）。Pd 含量按下式计算：

$$w = \frac{(c_2 V_2 - c_1 V_1) \times 0.1064}{m_s} \times 100\%$$

式中，c_2 为 EDTA 标准溶液的物质的量浓度，mol/L；V_2 为加入的 EDTA 标准溶液的体积，mL；c_1 为硫酸锌标准溶液的物质的量浓度，mol/L；V_1 为滴定消耗的硫酸锌标准溶液的体积，mL；m_s 为所称取试样的质量，g；0.1064 为钯的毫摩尔质量，g/mmol。

(5) 铑的分析

① 基于还原铑为金属的方法　用下列试剂进行还原。

a. 用硫酸钛还原　将金属含量不大于 0.1g 铑的氯化物或亚硝酸盐溶液同过量的硫酸蒸发以制取硫酸盐溶液，将其稀释，使其在 40～50mL 溶液中，H_2SO_4 的量不大于 10mL。然后将溶液移入 250mL 烧杯中，加 2mL 5% 硫酸汞溶液，加热至沸。用滴定管向热溶液中滴加 10% $Ti_2(SO_4)_3$ 溶液（在 30% H_2SO_4 中溶解），在搅拌下直至沉淀不再析出并已凝聚，而且在沉淀上面的液体出现浅紫色。为使沉淀凝聚得更好，将溶液煮沸 1min，加入等体积的热水，用致密滤纸（蓝带）过滤，再用 10%（按体积）H_2SO_4 的热溶液很好地洗涤沉淀至无 Ti（Ⅳ）与过氧化氢的反应（黄色）。然后用热水重复洗涤沉淀几次，将沉淀与滤纸一起移入坩埚，烘干，灼烧 20min，再于 900℃ 下在氢气流中还原后称量。

b. 用镁还原　将铑的氯配合物溶液用乙酸酸化，加镁还原铑为金属。把得到的黑色铑与稀 HNO_3 一同煮沸几次，用致密滤纸过滤。将沉淀烘干，灼烧并于氢气流中还原后称量金属铑。

镁以金属屑的形式分为小份加入，直到溶液褪色，这就说明铑已被还原为金属。

c. 用次亚磷酸还原　向含金属不大于 0.1g 的氯铑酸配合物溶液中加入 2mL 盐酸，用热水稀释至 50mL（不应有氧化剂存在），煮沸，加入 5g 氯化钠。然后在搅拌下加入 20mL 15% $HgCl_2$ 和 1% 次磷酸钠的等体积混合溶液（100mL 中含 2mL 浓 HCl 溶液）。铑的沉淀过程进行得很缓慢，溶液必须在激烈搅拌下煮沸几分钟，加入试剂直至溶液褪到无色。然后于水浴上加热 20min，使液体澄清。将黑色絮状沉淀移至小漏斗上，仔细用 2% 的热盐酸溶液洗涤以除去钠盐。把沉淀小心地在瓷坩埚中灼烧至汞完全除去，然后升温至 1000℃ 灼烧 30min。在氢气流中还原铑后称量。向滤液中重新加入一份试剂并煮沸以检查沉淀是否完全。假若有黑色沉淀生成，则将它与主沉淀合并。贱金属不干扰铑的测定。

② 铑的水解法测定　为了以氢氧化物形式沉淀铑，经常采用水解法同时加入氧化试剂（如 NaBr、$NaBrO_3$），因为氢氧化铑（Ⅳ）的溶解度比 Rh(OH)$_3$ 的溶解度小。用水解法只能从氯配合物或高氯酸盐溶液中析出铑。

溴化物-溴酸盐法：将铑配合物的弱酸性溶液稀释到 200～400mL，加入约 20mL 10% 的溴酸钠溶液，在 70℃ 加热一段时间，滴加 10% 的溴化钠溶液并加热至沸。煮沸后重新加入溴化钠和溴酸钠溶液，当溴不再析出时，表明该体系趋于平衡。溶液中进行的反应如下：

$$NaBrO_3 + HCl \rightleftharpoons NaCl + HBrO_3$$
$$NaBr + HCl \rightleftharpoons HBr + NaCl$$
$$5HBr + HBrO_3 \rightleftharpoons 3Br_2 + 3H_2O$$
$$2Rh(OH)_3 + Br_2 + 2H_2O \longrightarrow 2Rh(OH)_4 + 2HBr$$

然后加入 3～4 滴 10% 的碳酸钠溶液，铑即可完全沉淀。过量的碳酸钠用几滴稀 HCl 溶液中和并重新煮沸。假若溶液中有大量过剩的溴酸盐和溴化物，则这时溶液的 pH 值与原来的 pH 值一样均为 8。沉淀过程中，溶液持续煮沸 1～2h。

此后，将溶液置于水浴上澄清一段时间。用滤纸过滤，仔细用含硝酸铵的热水洗涤。将沉淀移入瓷坩埚，烘干并灼烧，再于氢气流中还原。有时为了有效地除去被吸附的钠盐，可于还原后用盐酸或硝酸酸化的热水洗涤沉淀几次，重新灼烧还原并称量金属铑。当铑含量约为 0.1g 时，测定误差为±1%。

③ 用硫化氢沉淀铑　根据待测样品的性状不同，用不同的方法制取待测试样。铑含量不高的固体样品，先在约 650℃ 的高温下灼烧 1～2h，冷却，再称取一定量试样，加 30mL 浓 HCl 溶液和 10mL 浓 HNO_3 溶液，加热溶解并蒸至近干。加入少量浓 HCl 溶液赶硝酸后蒸至近干，以稀 HCl 溶液溶解残渣，过滤，滤液移入 100mL 容量瓶中，用水定容，摇匀。铑含量较高的合金试样，需用玻璃管氯化溶解法溶解。

用硫化氢可从铑的氯配合物沸腾溶液中使铑定量地沉淀，而在硫酸铑溶液中只能沉淀出部分铑。所以，在用硫化氢沉淀之前，应先把硫酸铑转变为氯化物。

向铑的氯配合物溶液中，加入 5%（按体积）的 HCl 溶液及每 100mL 溶液加入 0.1g NH_4Cl，并加热至沸。于沸腾下向溶液中通硫化氢 40～50min。用滤纸滤出沉淀，并用 2% HCl 溶液洗涤，烘干，小心灼烧并于氢气流中还原后称量金属铑。反应无选择性。

④ 硝酸六氨络合钴重量法　用一些沉淀剂与铑生成组成一定且较稳定的大分子化合物沉淀，经干燥后称重测定铑，一般皆较为简便，但大多缺乏选择性。其中，用硝酸六氨络合三价钴盐与铑生成复盐沉淀以测定铑的方法，具有较好的选择性及准确度，长期应用于贵金属合金分析中，被证明是测定常量铑较好的方法。一般误差为±1%。

采用硝酸六氨络合钴重量法测定铑，在含有亚硝酸钠的弱酸性溶液中，于加热的条件下，铑［Rh(Ⅲ)］与硝酸六氨合钴溶液形成黄色结晶状的 $Rh(NO_2)_6Co(NH_3)_6$ 复盐沉淀析出，经乙醇、乙醚洗涤和真空干燥后，直接以复盐形式称量测定铑含量。

(6) 锇的分析

① 以水合氧化物形式析出锇　蒸馏 OsO_4 后可在接收器中得到锇的盐酸溶液，用 SO_2 饱和盐酸溶液吸收并蒸干，残渣同 10mL 浓盐酸加热 15min 并重新蒸发。后一操作重复 3 次以使亚硫酸盐完全分解。残渣溶于 150mL 水中并加热至沸。向热溶液中加入几滴 0.04% 溴酚蓝指示剂溶液，它在 pH=4 时由黄色变至蓝色。加入碳酸氢钠溶液至出现蓝色，煮沸 5～6min 以使水合二氧化锇沉淀完全。沉淀结束，马上加入 10mL 95% 的乙醇并于水浴上加热 2h。

随后经过白金或瓷的古氏坩埚（不可使用滤纸过滤）倾泻液体。向沉淀中加入 25mL 1% 的 NH_4Cl 溶液和 10mL 95% 的乙醇，于水浴上加热烧杯 15min，然后倾泻液体，移沉淀于坩埚中，用乙醇润湿，用 NH_4Cl 晶体盖上。为此可用少量 NH_4Cl 的饱和溶液缓慢地加入以湿润沉淀直至坩埚底部被凝固的氯化铵盖上（将过剩的溶液吸出）。

将坩埚用罗氏盖盖上，最好是石英的。点燃由罗氏管出来的氢气流并调整气流使火焰变小，然后将管引入盖孔，并稍微加强气流使氢焰不会熄灭。氢火焰给予的热量足以使锇的化合物无爆炸地脱水。经 5min，使 NH_4Cl 挥发。

在氢气流中强烈灼烧沉淀 10～20min，移开灯火，令坩埚稍冷，短暂地截断氢气，使氢焰熄灭，再于氢气流中冷却坩埚至室温。之后，用 CO_2 气流代替氢。假若氢没有被惰性气体取代，则金属与空气接触时，迅速被氧化并可能造成损失。

② 以硫化物形式沉淀锇　将 OsO_4 的碱性馏出物用过量的 $(NH_4)_2S$ 处理，并微热至溶液清晰，使其沉淀在底部。然后用 HCl 酸化溶液，得到的硫化锇用白金或瓷过滤坩埚滤出。

将带沉淀的坩埚在温度低于 80℃下烘干，于氢气流中灼烧，再于氢气流中冷却金属和坩埚，用 CO_2 代替氢后称量锇。

③ 用番木鳖碱的硫酸盐沉淀锇　向蒸馏得到的锇的盐酸溶液中加入超过理论量的番木鳖碱硫酸盐水溶液，马上就可析出沉淀，烧杯盖上带孔的玻璃片。在搅拌下用滴管通过玻璃片上的孔慢慢加入 10%的 $NaHCO_3$ 溶液至中性（用试纸测 pH）。达中性反应后，溶液中气泡减少，然后再滴加番木鳖碱的硫酸盐溶液。滤出沉淀后，烘干并称量。析出的化合物组成是 $(C_{21}H_{22}O_2N_2)_2H_2OsCl_6$，它含 18.76%的锇。

④ 用 1,2,3-苯并三唑沉淀锇　将 10mL 含有约 15mg OsO_4 的碱性溶液倒入盛有 1mL 乙醇的烧杯中。加入 25mL 2%的 1,2,3-苯并三唑的水溶液，则有红色沉淀生成。把带沉淀的溶液于水浴上加热 15min，然后加入乙酸调溶液的 pH 值为 3，再继续加热 15min 使沉淀凝聚。用已称量过的玻璃坩埚过滤沉淀，用热水洗涤沉淀几次，于 100℃下将其烘至恒重。析出的化合物为 $Os(OH)_3(C_6H_5N_3)_3$，对锇的换算因数为 0.3178。

(7) 铱的分析

① 铱的水解法测定　为了水解沉淀铱可采用氧化锌、氧化汞悬浊液等，但最普遍选用、研究得细致的是在氧化剂——溴酸钠存在下的水解法。

溴酸盐法：将铱的氯配合物溶液，在 1g NaCl 存在下，置于水浴上蒸干以除去过量的酸。用 1mL HCl(1+1) 湿润干盐并将其溶于 200～300mL 热水中。将溶液煮沸，加入 20mL 10%的溴酸钠溶液，继续煮沸至沉淀凝聚。再滴加碳酸氢钠溶液使溶液 pH 值为 7。然后强烈煮沸 10min，重新滴加碳酸氢钠溶液使 pH 值为 8。于水浴上放置 30min，使沉淀沉积并移到致密过滤器，从沉淀上倒出液体，然后用 1%的 NaCl 溶液洗涤沉淀。将烧杯和过滤坩埚仔细用同样的溶液洗涤。烘干沉淀，用 NH_4Cl 润湿并小心地灼烧。灼烧后的残渣用稀 HCl 溶液处理以除去杂质。于氢气流中灼烧金属后称量金属铱。

以氢氧化物形式沉淀铱是灵敏反应，100mL 溶液中有 1mg 铱就能沉淀出来。该方法适用于铂存在下测定铱。

② 用硫脲沉淀铱　将含铱的氯化物或硫酸盐溶液同 H_2SO_4 蒸发至析出硫酸酐蒸气。当沉淀中的铱小于 20mg 时，加 10mL 浓 H_2SO_4 溶液已足够。若溶液中不含碱金属盐，则在蒸发前向其中加入 0.1g 的硫酸钠或氯化钠。

溶液冷却后稀释至 50mL，按计算，5mg 或更少量的铱加入 0.1g 硫脲晶粒并加热硫酸溶液至 210～215℃（将 250℃的温度计放在含有溶液的烧杯中）为止。

在加热过程中，原先生成的有色可溶性铱的硫脲配合物被破坏，并析出棕色的硫化物沉淀。沉淀具有可变的组成，所以不适于作为称量形式。

将带沉淀的溶液冷却后用水稀释，用慢速（红带）滤纸过滤，沉淀用水洗净之后和滤纸一同置于已称重的坩埚中烘干，在空气充分流通之下灰化并灼烧，再于氢气流中还原后于 CO_2 气氛下冷却，然后称量金属铱。

当沉淀少量铱（<1mg）时，最好在过滤前向稀溶液中加入少许滤纸浆，加热至沸，使沉淀凝聚。然后，如上所述，滤出沉淀洗涤。

假如需要从含有机物质的溶液中析出铱，则向溶液中加入硝酸和硫酸或高氯酸和硫酸蒸发至冒三氧化硫气以破坏有机物。除去氧化剂后，如上述的方法一样，用硫脲进行沉淀。

(8) 钌的分析

① 氢气还原以金属形式沉淀钌　钌的氯化物固体试料直接在氢气流中煅烧还原，称量。而液体试料则加入氯化铵，沉淀出 $(NH_4)_2RuCl_6$ 结晶，在氢气流中低温烘干，缓慢升温分解

铵盐，在氢气流中煅烧还原并于 CO_2 气氛下冷却后，以金属形式称量钌。

② 以氢氧化物形式沉淀钌 氢氧化钌(Ⅳ) 可从除去过量酸的氯化物、硝酸盐及高氯酸盐溶液中析出。用碳酸铵及碳酸氢钠可沉淀氢氧化钌。

a. 用碳酸铵沉淀钌 碳酸铵作为中和试剂的优越性是在沉淀过程中可以慢慢地增大溶液的 pH 值，这就为破坏在反应进行中生成的碱式盐建立有利条件。将含钌 5~100mg 的盐酸溶液置于水浴上蒸至近干，把盐溶于 100~200mL 沸水中并加入纸浆，再加入 2% 的 $(NH_4)_2CO_3$ 溶液至 pH=6，这时氢氧化钌被沉淀，而溶液仍为褐色。将溶液煮沸 5min，然后加入几滴 3% 的 H_2O_2 溶液以防钌(Ⅳ) 被还原，在水浴上加热溶液至沉淀凝聚。若溶液中只含有几毫克钌，最好用浓度为 0.5% 的 $(NH_4)_2CO_3$ 溶液，尤其在沉淀快要结束时应防止沉淀吸附其他外来离子。

将纯净的无色溶液用 4 号玻璃坩埚或滤纸（蓝带）过滤并将沉淀用含有少量硫酸铵的热水洗涤。置滤纸于坩埚中，慢慢灰化。灰化后于 600℃ 电炉内灼烧沉淀，然后于氢气流中还原，在 CO_2 气氛下冷却。

必须遵守上述还原和灼烧的操作程序，因为灼烧 RuO_2 的温度超过 600℃ 时，因形成 RuO_4 可能使钌有损失。还应考虑到氢氧化钌分解是放热反应，可引起钌的机械损失。为避免损失，应在剧烈的放热反应开始之前将水合的氯化物还原。为此，可向溶液中加入纸浆；有时也可用硫酸铵润湿沉淀，即使这样，也难保证沉淀不逸散。

b. 用碳酸氢钠沉淀钌 将钌的氯配合物的热 HCl 溶液（2%）用 5%~10% 的 $NaHCO_3$ 溶液中和至 pH=6.5~7（用广泛试纸指示）。煮沸溶液使析出的氢氧化物完全凝聚，再检查溶液的 pH 值。必要时可滴加 $NaHCO_3$ 溶液，使溶液的 pH 值为 7。将溶液和纸浆煮沸 5~10min。过滤析出的沉淀，用 2% 的 $(NH_4)_2SO_4$ 溶液洗涤，小心灰化滤纸，在微红热（600℃）的情况下于空气中灼烧沉淀，然后在氢气流中灼烧，并于 CO_2 气氛下冷却后称量金属钌。测定误差不超过 0.1%。铂的化合物不干扰氢氧化钌的沉淀。

c. 以硫化物形式沉淀钌 钌可以从亚硝酸根配合物溶液中以硫化物形式沉淀。其方法如下：向 pH=3 的氯配合物弱酸性溶液中加入过量 50% 的 $NaNO_2$ 溶液，然后加入足够量的 $NaHCO_3$ 饱和溶液至碱性（以石蕊试纸试验），当煮沸时溶液变为黄色。向热的亚硝酸配合物溶液中逐渐地加入 Na_2S 或 $(NH_4)_2S$ 的饱和溶液，使最初出现的钌的特征红色消失，并生成巧克力褐色沉淀。

将溶液煮沸几分钟，冷却后用 HCl 中和至弱酸性以破坏可溶性的硫代酸盐。滤出硫化钌，用热水洗涤并小心灰化滤纸。在空气中缓慢地灰化残渣，然后灼烧。在氢气流中还原并于 CO_2 气氛下冷却后以金属形式称量钌。

d. 用硫萘剂沉淀钌 钌同硫萘剂形成 $Ru(C_{10}H_{11}ONS)_2$ 化合物。用硫萘剂的乙醇溶液在钌的氯配合物的 0.2~0.5mol/L HCl 溶液中进行沉淀。煮沸溶液至沉淀凝结，然后过滤析出的化合物，用热水洗涤，于瓷坩埚中灰化灼烧，在氢气流中还原并在 CO_2 气氛下冷却后称量金属钌。

e. 用硫脲沉淀钌 用硫脲能从钌的氯配合物和硫酸盐溶液中，使钌以不定组成的硫化物形式析出。可按照测定铱的方法进行沉淀。

f. 用雕白粉沉淀钌 以上所述方法都不能使钌从亚硝基化合物溶液中完全析出。雕白粉是很强的还原剂，能从亚硝基化合物溶液中将钌沉淀出来。用 4mL 雕白粉的水溶液（250mg/mL）作用于含有 30~40mg 钌的热沸溶液，若钌以亚硝基化合物、氯化物或硫酸盐的形式存在于 0.1~0.2mol/L 酸（H_2SO_4、HCl、HNO_3）中，这时可析出大体积的褐色沉淀。溶液于沙浴上加热 30min 并在搅拌下使沉淀凝聚，过滤，用冷水洗涤沉淀，烘干，然后小心灰化并在红热的温度下灼烧。将沉淀从坩埚移入 25mL 烧杯中，用 25mL 热 HCl 溶液（1＋3）处理后，滤出沉淀，用水洗涤后重新灼烧、还原，以金属形式称量。

5.3.2　贵金属合金产品的分析

（1）银锭和电解银粉的分析

银锭和电解银粉是白银深加工过程中最常用的原料，其质量是否达到后续产品提出的要求（不一定是国家标准）直接影响白银深加工产品的质量。银锭和电解银粉从深加工角度看，影响深加工产品质量的因素主要是杂质元素的含量，影响深加工产品收率的主要是含银量。因此，对银锭和电解银粉的分析主要应关注银含量和杂质元素的含量。

按照取样和制样的要求，对所得样品进行银含量分析。所用分析方法是硫氰酸盐滴定法。具体分析步骤和计算方法见第 5 章（5.3.3.1）中有关硝酸银产品质量分析；分析的精度要求比产品分析略低，含银量结果报告值只需报到小数点后一位（如 99.5%）即可。

杂质元素分析主要集中于下列几个对后续产品有很大影响的金属元素：铅（Pb）、铁（Fe）、铜（Cu）、铋（Bi）、镍（Ni）和锰（Mn）。因为这些元素在制备硝酸银过程中很难分离除去，而且这些元素对硝酸银后续产品的影响非常大，如铅含量过高会使得到的硝酸银水溶性试验不合格，用这种产品生产的电子浆料经过烧结后，银层发暗，电阻加大，严重影响电子浆料后续产品（如蜂鸣器和滤波器）的电性能。因此，这些杂质元素的量应控制在一定范围内，以保证原料合格，对提高白银深加工产品的质量很重要。分析方法是原子吸收分光光度法（见硝酸银产品分析）或发射光谱分析法（ICP）。其中 ICP 分析具有简捷快速的特点，一次可以将所需分析的杂质元素同时测定出来。

（2）金锭及电解金粉的分析

与银锭和电解银粉一样，金锭和电解金粉分析的主要内容也是金含量和杂质金属元素的含量。由于金比银贵重得多，同时常见的贱金属共存元素如 Pb、Fe、Cu、Bi、Ni 和 Mn 等在王水溶金过程中都将进入氯金酸溶液中，影响金深加工产品的质量，因此深加工过程中对原料金的品位看得很重；同时，对杂质金属元素的量也应重视。

按照取样和制样的要求，对所得样品进行金含量分析的方法主要是湿法，即将王水溶解所得样品用一定的还原剂将金还原出来，所得金粉经过洗涤后称重，计算原料金的含金量。具体分析步骤和计算方法见第 5 章（5.3.3.2）中有关氰化亚金钾产品质量分析。含金量结果报告值需报到小数点后两位（如 99.95%）。

分析杂质金属元素除了 Pb、Fe、Cu、Bi、Ni 和 Mn 等贱金属以外，Ag、Pt、Pd、Rh 等有色贵金属元素也必须进行分析。因为这些元素的性质与金相似，对金的后续产品影响较大。分析方法主要是发射光谱分析法（ICP）。

（3）铂锭及铂粉的分析

与金锭和电解金粉相似，通过重量法得到还原铂粉后称重，计算铂含量；用 ICP 测定杂质贱金属和其他贵金属的量。

（4）钯锭（钯粉）和铑、钌、锇、铱原料的分析

同金锭和电解金粉的分析。

（5）首饰中金的精密库仑滴定分析

金饰品皆源于金基合金材料，材料成分的准确分析是保证金饰品质量的根本。贵金属饰品的主成分分析关键在于测定方法的准确与否。在高含量金（银）的主成分分析中，火试金重量

法是具有高准确度的测定方法之一，也是传统金银饰品分析检测方法，但该方法的不足之处是操作步骤繁杂，存在铅污染，需要很好的防护等。与之相比，容量滴定法、电位滴定法和库仑分析法的操作步骤简单，尤其是具有高准确度、精密度且不需要标准样品的库仑分析法，对于贵金属饰品主含量的测定是特别适宜。

用 X 射线荧光能谱仪对首饰等合金样品进行无损分析时，应初步确定其大致成分及含量，再采用氧化还原滴定法或恒电流库仑法准确分析其中金的含量。

在 KCl-Cu(Ⅱ)-EDTA 的 HAc-NaAc（pH＝4）缓冲溶液中，采用铂阴极恒电流电解产生 $CuCl_n^{(n-1)-}$。以 $CuCl_n^{(n-1)-}$ 作为还原滴定剂，能够进行精密库仑滴定 Au(Ⅲ)。滴定终点是以铂丝或镀金的铂丝指示电极电位法检测（相对于 SCE）。当测定 7.45～16.8mg 范围内的金时，相对标准偏差为 0.04%。由于 EDTA 的引入，某些干扰离子的影响如 Fe(Ⅲ) 等得以消除，其他贱金属成分均无干扰。该方法的选择性明显优于 $HCl-CuSO_4$ 库仑滴定溶液体系。

本方法适用于纯金、K 金首饰和金合金材料中金的精密测定，分析结果准确、精密。

a. 试剂与仪器

（a）试剂　硫酸铜（优级纯）；氯化钾；乙酸；乙酸钠；EDTA；盐酸和硝酸（优级纯）；试验用水（二次蒸馏水）；阳极电解液[KCl(0.5mol/L)-$CdCl_2$ · $5/2H_2O$(0.5mol/L)]；阴极电解液[KCl(1.0mol/L)-$CuSO_4$ · $5H_2O$(0.04mol/L)-EDTA(0.02mol/L)-HAc-NaAc(pH 4)(0.2mol/L)]；氯化钠溶液（10g/L）；高纯氮气（99.99%）。

（b）仪器　自动库仑滴定仪（电流稳定性优于 0.02%）；普通库仑滴定电解池，工作阴极为 0.1mm 铂丝绕成螺旋状（面积 7.5cm^2）；镉棒阳极，两电极室用玻璃砂芯隔开；指示电极为 1cm×1cm 铂片（相对于 SCE）。

b. 分析步骤

（a）试液的制备　准确称取 0.1g 金试样，用适量混合酸[HCl＋HNO_3＝(3+1)～(6+1)]于低温加热溶解完全，加入 1mL 50g/L 氯化钠溶液，于水浴上蒸发至恰干状态；再以盐酸（1+1）赶除硝酸 3 次，每次约 4mL。将获得的残渣用少量盐酸（1+1）溶解后，用水移入预先已称量的移液管中，小心混匀并采用称量取样法称取一定量金试液于库仑滴定池中。

（b）滴定方法　将含有金试液的滴定电解池烧杯（已放入搅拌转子）组合到电解池体系中，向预滴定池中加入约 70mL 的阴极电解液和一滴稀金标准溶液，以高纯氮气除去体系和预滴定池溶液中的空气后，用小电流（1mA 或 10mA）电解阴极电解液到预先设定的金的滴定终点电位[该电位通过记录 Au(Ⅲ) 溶液的电位滴定曲线后确定]。然后，将除氧后的阴极电解液放入电解池体系的滴定池中。向阳极室加入阳极电解液，其液面略高于阴极电解液液面。接好电极，待溶液充分搅拌之后以 10mA 的恒电流进行库仑滴定，直到溶液的电位到达金的终点电位为止。记录滴定时间。按法拉第定律表达式计算金含量，以质量分数表示：

$$w = \frac{ItM}{nFm_s} \times 100\%$$

式中，I 为滴定电流，mA；t 为滴定时间，s；M 为金的原子量，196.9665；F 为法拉第常数，96484.56；n 为反应转移的电子数，3；m_s 为称取的金试样的质量，mg。

(6) 铂金首饰的分析

在溶液中利用氯化铵将 Pt(Ⅳ) 沉淀成氯铂酸铵 $(NH_4)_2PtCl_6$ 的重量法现在已经很少用于分析工作中，原因是 $(NH_4)_2PtCl_6$ 沉淀不完全，且 Ir、Rh 存在时会被共沉淀。然而对于铂饰品这一特殊分析对象，经改进的 $(NH_4)_2PtCl_6$ 重量-光谱（或原子吸收）法则能够使用，而且被制定为铂首饰合金分析的标准方法。

① 氯铂酸铵重量-光谱法　准确称取 250～300mg 铂饰品试样用王水加热溶解，溶液（必要时过滤）以 18% HCl 溶液低温蒸发数次，获得的残渣溶于 18% HCl 溶液中，并于 85℃下加入饱和 NH_4Cl 溶液中沉淀 Pt(Ⅳ)，随后在同样的温度下将其蒸发至干，残渣再溶于水，过滤（收集滤液）。将沉淀置于坩埚中用固体 NH_4Cl 覆盖，于 50～70℃干燥，500～600℃灰化，900～1000℃灼烧 1～3h。然后于 600～700℃用氢还原并通入惰性气体冷却，称量金属铂。滤液定容，再用 AAS 或 ICP-AES 测定试样中的 Pt、Pd、Ir、Rh、Cu、Co、Au、Ru、Ga、Cr、In 和<5% 的 W 等元素，以便对饰品中的铂含量进行校正。在铂金首饰中，如果钯含量比较高，可利用丁二酮肟重量法测定。

② 精密恒电流库仑法测定铂　对于铂首饰中铂含量的测定，采用精密恒电流库仑法是较好的选择。该法不需铂首饰标准样品，测定方法的选择性好，准确度和精密度都很高，而且测定手续简便快速。

（7）贵金属制品及首饰的无损检验法

贵金属的检测目的一般有两个：一是检测样品是否为贵金属、属于哪一种贵金属，即定性问题；二是检测贵金属的成色含量，确定其中贵金属的百分比，即定量问题。贵金属材料的检测方法很多，主要包括传统的简单方法和现代大型仪器测试方法两大类。传统的方法包括目测法、辨色法、掂重法、密度法、试金石和金对牌法、听音韵法、试硬度法等。现代大型仪器测试方法主要包括微束技术和谱学技术两大部分：微束技术的仪器有电子探针、透射电子显微镜、扫描电子显微镜、电子能谱仪等；谱学技术包括 X 射线荧光光谱、红外光谱、拉曼光谱、X 射线衍射等。

对贵金属材料的成色进行检测时通常要求准确、定量地给出贵金属的种类及元素含量。这方面的应用既有商业方面，也有科研方面，在此仅对贵金属首饰行业的商业应用进行简单介绍。

① 首饰中的金的分析　对于金首饰或铂金首饰是否符合其标示的含金量或含铂量，人们通常希望有一种简易、非破坏性的鉴定方法，以禁止不合格产品或假货进入市场，维护首饰消费者的合法利益。

a. 金首饰的成色和鉴定　在首饰交易中，金的成色常用"开（K）"表示，1K 的含金量=41.66‰。国际标准化组织（ISO）推荐的 22K、18K 和 9K 饰品金的成色分别为含金916‰、750‰ 和 375‰，我国标准（GB 11887—2012）基本与之相同（表 5.2）。

表 5.2　我国黄金首饰成色分类标准

名称	24K	千足金	足金	22K	21K	20K	18K	14K	12K	10K	9K	8K
成色/‰	999.9	999	990	916.7	875	833	750	585	500	417	375	333

我国国内的消费者仍保留着对 24K 金首饰的偏爱，不过随着近年来镶嵌首饰的大量出现，18K 和 14K 金首饰逐渐开始流行。金含量在 999‰ 以上的千足金，因其美丽的金黄色和收藏价值而深受东方人喜爱，但因其硬度低，一般不能镶嵌宝石，只能制作项链、戒指和耳环等。近年来发展的高强度纯金，引入痕量级的某些强化元素，既保持 24K 金的纯度和色泽，又具有比普通纯金更高的力学性能和耐磨性，可达到镶嵌的目的。

首饰鉴定是对饰品真假的区别或鉴别，它既要求维持饰品的原貌，又要求能快速对饰品做出正确的分析。而分析意味着通过以某种现代仪器手段或方法对首饰的组成和（或）含金量做出公正和正确的分析。

鉴定是根据金的物理性质如颜色、密度和硬度等进行测估。试金石法和密度法应用已久，前者现称"条纹比色法",通过金首饰在试金石(一种特殊的硅酸盐石头)上的划痕颜色与"对牌"(已知金成色的标准)比较确定成色,有经验者误差可控制在1%之内。在银行和旧首饰收购行业中常被采用,可实现"立等可取"。

密度法是以古希腊科学家阿基米德在为揭开国王金冠的真假秘密而发现的"浮力定律"作为科学依据的。采用密度法鉴定金首饰时,首饰应洁净干燥,设法避免在液体称量时附着在首饰上的气泡,对空心和镶嵌及金包钨(钨和金的密度相近)的假首饰则不适合,应按照国家标准 GB/T 1423—1996(贵金属及其合金密度的测试方法)进行。

利用某些现代仪器对贵金属饰品的成色进行无损检测被认为是比较理想的方法,因为它具有不破坏样品、无污染、快速和准确的特点;同时,又能提供样品中多种杂质元素及其含量的数据。例如,借助于黄金首饰标样,X 射线荧光光谱法(XRF)被广泛用于饰品的组成和元素含量的测定,且已成为国家标准规定的检测方法。但此方法含受到饰品表面光滑度、形状、大小的影响,以及因样品照射位置、面积的差异而导致主、次元素荧光强度不同程度的损失经改进后无标样的 XRFA 法、XRF-密度校正法、XRF-透空照射数学校正法和 XRF-分析互标法等,在一定程度上提高了检测精度,扩大了适用范围。

b. 贵金属材料及金银饰品的常规检测方法 贵金属材料的常规检测手段和方法较多,主要分为色泽观测法、试金石检测法、密度检测法、硬度测试法、化学分析法和综合测试法等。

(a) 色泽观测法 贵金属饰品的色泽与饰品的成色有很好的对应关系,色泽观测法即根据贵金属饰品的颜色用肉眼来鉴定其真假与成色。如黄金中清色金的颜色,随其含银量的多少而变化。黄金以赤黄色者为佳,成色在95%以上,正黄色成色在80%左右,青黄色成色在70%左右,黄白略带灰色的为50%左右。所以,才有口诀"七青、八黄、九五赤";也有人说七青色、八黄色、九五以上橙黄色,"黄白带赤对半金"。上述方法即可识别清色金的大概成色。

白银材料或饰品纯度愈高,色质愈细腻和洁白且均匀光亮。含铅银料或饰品,色质白中呈青灰色;含铜银料或饰品,质感粗糙,有干燥感,不像纯银细白光润。一般而言,85银呈微红色调,75银呈红黄色调,60银呈红色,50银则呈黑色。

根据铂金的成色高低,可将铂金饰品的颜色分为三种:青白微灰色为本色,成色较高;青白微黄色,是铂金内含有黄金或铜的成分,成色较次;银白色,是铂金内含有较多的白银成分。

(b) 试金石检测法 试金石检测法在过去是一种比较准确可靠的方法,它是利用金对牌(已经确定成色的金牌,简称对牌)和被测饰品在试金石(即磨石金道的黑色石片)上磨道,通过对比磨道的颜色,确定成色高低或真假。具体做法是先将被鉴定的饰品在试金石上磨一金道,然后选一根与金道颜色相似的对牌在金道的一边磨上对牌道,如两道颜色一样,金对牌上的成色即被认为就是鉴定物的成色。

使用试金石法检测黄金的成色,需要有一定的专业知识和工作经验。在成色差异不大时,在试金石上的金道颜色差异也是相当微小的。为了增加金道的颜色差异,突出辨别特征,可采用硝酸烟灰法、硝酸盐水法和水银抹试法加以区别。

a) 硝酸烟灰法 把金饰品和相近成色的金对牌磨在试金石上,在金饰品和金对牌的磨道上分别滴上浓硝酸溶液,然后再撒上纸烟灰,即发生反应且有浅绿色泡沫出现。数分钟后反应几乎停止时,用清水冲洗金道,清除硝酸溶液和烟灰。因黄金不溶解于硝酸,而银铜则都被硝酸腐蚀,这时试金石上只剩下黄金。将遗留黄金的颜色与对牌的颜色进行比较,颜色相同或相近时即可确定饰品的成色。

b) 硝酸盐水法 较高成色的混色金饰品,如用硝酸烟灰法不好识别时,可用硝酸和盐水混合液点试。混合液是由浓硝酸10mL、饱和盐水5mL混合而成。首先将金饰品和对牌在试金石上磨出金道,然后将混合液用玻璃棒分别点在金道和对牌道上,观察其变化情况。最后用清水冲洗干净，比较遗留在试金石上的饰品和对牌的金道颜色，相同或相近时可确定饰品的成色。

对于铂金饰品，可将铂金磨在试金石上，在铂金道上加少量食盐（盖住金道一半即可），然后在食盐上加硝酸，加到食盐被硝酸浸透的程度，等15min，用清水冲去食盐和硝酸。如果是Pt950以上成色的铂金，铂金道不变；Pt900左右成色，铂金道稍微有些变化，稍显模糊状；Pt700左右成色，铂金道变成黑灰色，且铂金道被腐蚀掉一层。

c）水银抹试法 水银学名叫作汞，汞的希腊语也是液态银的意思。利用黄金和白银吸收水银，铂金在常温状态下不吸收水银的特点，在试金石的金道上涂上水银，若不吸收，说明是真铂金；若被吸收，即为黄金或白银配制的制品。对牌是鉴定金银成色的衡器，一套对牌共有24块，由中国人民银行统一制造。

（c）密度检测法 在日常生活中人们都会注意到，某些金属比另一些金属"重"。经验告诉我们，1g黄金比1g白银在体积上要小一些，或者说相同体积的黄金比白银要重些。这是因为黄金的原子量（196.97）比银的原子量（107.87）大得多。不同种类的金属其密度是不同的，金的密度比银的大，银的密度比铜的大，因而测定密度有助于鉴别贵金属的种类。为确定相对密度必须测定物体的质量和体积。对于已制成首饰的贵金属，一般都是形状复杂且体积细小，要想精确测定它的体积有一定困难。然而，利用阿基米德定律可以精确地测定贵金属饰品的密度值，从而区别不同种类的贵金属。根据阿基米德定律，当物品完全浸入液体中时所受到的浮力等于它所排开液体的重量，可以将物体的体积通过分析天平精确地"称"出来。这就是检测物体精确密度值的静水称重法。静水称重法检测密度的装置如图5.2所示。

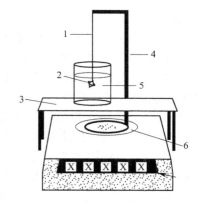

被测物体的密度与贵金属及其合金的种类有关，不同种类的金属，它们的密度值差异较大，完全可以通过检测到的密度值鉴别出不同的金属种类。但是，对于同一种贵金属合金饰品，成色不同时，密度值也不同。如何将检测到的密度值换算成饰品的含金量，是密度测试方法必须解决的关键问题。

图5.2 静水称重法检测密度的装置
1—悬线；2—贵金属制品或饰品；
3—桥架；4—悬挂制品的支架；
5—液体介质（水）；6—秤盘

（d）化学分析法 化学分析一般在实验室内进行。对于分析精度要求较高，在商业行为中起鉴定或在商业纠纷中起仲裁作用时，常采用此方法。其优点是精度高，分析结果为饰品整体化学成分的平均值，具有代表性。其缺点是化学分析是破坏性测试方法，不适于贵重饰品的检测，一般在贵金属生产企业和熔炼厂的实验室中应用较多。化学分析法由于常造成一定的环境污染，在贵金属首饰行业中不是常用的分析检验方法。化学分析法中常用的有硝酸法和硫酸法两种。

c. 贵金属材料及饰品的现代仪器检测分析法 随着科学技术的不断进步，贵金属饰品或制品的检测技术也得到了蓬勃发展。一些现代的大型精密分析仪器在贵金属首饰材料的研究开发中起到关键作用。仪器分析检测方法种类繁多，根据其分析原理和特点可分为微束技术、谱学技术、光学技术、电学技术和力学技术等，涉及电子探针、透射电子显微镜、X射线荧光光谱仪、红外光谱仪、密度仪、电动势仪等仪器。

（a）反射率测定法 贵金属的成色与反射率值存在一定的对应关系。如黄金饰品或金基合金材料的成色越高，反射率值越低。因此，可应用单色光源照射金饰品，测定金饰品的表面反射率就可以测定其成色。

（b）测金仪 随着黄金饰品市场的繁荣，各种小型和简易的测金仪应运而生。这是一种根据电化学原理研制的新型科技产品，已被首饰行业、银行等部门广泛应用于黄金饰品及制品的快速检测。

测金仪的原理是通过测定电解质溶液中被测样品的电极电位来确定饰品的含金量。测定结果可以用 K 值或百分含量来表示。

该仪器的检测操作十分简单。手持笔式管中装有电解质，笔的一端连接仪器控制电路，另一端即为探测头，当探测头与金饰品的表面接触时，仪器即显示出饰品的含金量。

② 铂族金属及其饰品的鉴别 银白色的首饰高贵典雅，然而用银打造的首饰佩戴不久便会霉暗而丧失光泽。金属铂的亮白色虽然不及银，但却能长期经受腐蚀并保持其白色。

目前，铂首饰主要用纯铂和铂合金制作，也有含铂的白色 K 金，如含 10%Pt、10%Pd、3%Cu 和 2%Zn 的 18K 金。所谓白色 K 金是为了取代昂贵的铂在金基体中加入能使金漂白的元素，如 Ag、Al、Co、Cr、In、Fe、Mg、Mn、Ni、Pd、Pt、Si、Sn、Ti、V 和 Zn 等，大多数是 Au-Pd-Ag 系合金，其中还含有 Cu、Ni、Fe、Mn 等。含 Ni 的白色 K 金价格便宜，但 Ni 对人体皮肤具有潜在的毒性，为此欧洲某些国家近年来制定了有关制造和销售与皮肤接触含镍首饰的法令，并确定了相关标准。白色 K 金依旧按金的成色区分，而对铂首饰的成色还没有硬性规定的标准。由于铂的供给受到资源的限制，且近年来价格急剧攀升，铂首饰的鉴别与分析更令人关注。

目前为止，还缺乏一种简单、与鉴别黄金首饰类似来鉴别铂首饰的方法。采用 X 荧光光谱分析的准确度和适用性仍有待研讨。

铂金饰品鉴别目的包括真伪鉴别与成色鉴定两个方面。铂金的仿制品主要包括由 Ni、Sn、Pd、Ag、Cu 等金属及其合金材料制成，并在表面电镀铂、铑、钯等材料的饰品或制品，以及白色黄金（又称 K 白金）与白银等其他贵金属材料制品。

铂金饰品的真伪鉴别和成色测试有多种方法，可分为传统的常规测试方法和现代测试方法，与金、银的测试方法基本相同。由于铂金有其自身的灰白色、高熔点、催化作用等特殊性，铂金材料及制品的常规测试方法如下。

a. 观色泽，试条痕 铂金为灰白色，白银的颜色较铂金亮白，铂金的条痕颜色与其外表颜色一样，呈特征的灰白色。根据成色高低，一般分为三种颜色：青白微灰色为本色，成色较高；青白微黄色，是铂金内含有黄金或铜的成分，成色次之；亮白不灰，是铂金内含有较多的白银成分。

b. 掂重量 铂金密度达 $21.4g/cm^3$，给人一种沉甸甸的感觉，密度为首饰贵金属之冠，比黄金约重 10%。通过同体积材料的掂重试验，铂金重量几乎是白银重量的两倍。结合颜色确定，轻者不是假的就是成色不足，进一步还可用密度检测法测试，具体方法与鉴别黄金的密度测试相同。

c. 延展性和硬度试验 铂金和黄金一样，具有很好的延展性，可以捶打成 0.0025mm 厚的铂箔。铂金的莫氏硬度为 4～4.5，既硬又韧，富有弹性，指甲或萤石都无法刻划；但它又易于弯曲和复原，若指甲不能刻划又不易弯曲或容易弯曲但指甲又能刻划者都不是铂金。若经反复弯曲后表皮起皱者，可能是镀铂（或镀铑）饰品或包铂材料。

d. 火烧试熔法 铂金的熔点远远高于黄金和白银，达 1772℃。铂金在一般炉火中，只能烧红，不能熔化。真金不怕火烧，铂金更不怕火烧，据此可鉴别真伪。此外，铂金火烧冷却后颜色不变，而白银火烧冷却后颜色变成润红色或黑红色。

e. 听声韵 铂金密度高，莫氏硬度为 4～4.5，敲击铂金的声音沉闷；有声无韵，成色不足或非铂金饰品则发音清脆，有声有韵。这个特征与黄金十分相似，据此可区分其他非贵金属，仿铂、镀铂、包铂饰品。

f. 看标记法　正规厂家生产的铂金首饰一般都有厂家和铂及铂含量的戳记，国际上用铂元素符号 Pt、Plat 或 Platinum 加千分数字样表示铂金的成色，如 Pt950 表示含铂为 95% 的铂金饰品。美国则仅以 Pt 或 Plat 标记，因为在美国铂金首饰的铂含量不足 95% 是不允许销售的。因此，即使不注明铂含量，只要有 "Pt" 标志即可保证其含铂量在 95% 以上。

中国也规定以百分数加 "白金" 或 "铂" 字样作为铂金的成色与质地戳记，如 "99 白金" 就表示成色为 99% 的铂金。由于市场上常将不含铂金的 K 白金与铂金混淆，因此，最好还是不要标 "白金"，而是标 "铂" 为好。

g. 煤气自燃法　铂金具有点燃煤气灯的作用。根据这个原理，也可测试铂金的真伪。煤气等一般可用火柴点着，然而在煤气灯的喷气口放置一块高纯度的铂金时，虽然铂金和煤气都是冷的，可是当打开煤气灯的开关，经过一两分钟后，铂金的温度居然会慢慢地升高直至红热，甚至点着煤气灯。如果饰品不是铂金制品，则饰品便不会发红，煤气灯也点不着。这是因为铂金有加速许多化学反应速率的可贵特性，常被用于催化剂。煤气和空气中的氧气在常温下很难直接化合，但有铂金作催化剂以后，它们便能直接化合，放出大量热，使铂金块发红发热，最后将煤气灯点着。

但该方法不宜在家中试验，需在通风条件良好的实验室里，在技术人员的指导下进行，以免发生煤气中毒或引发煤气爆炸。另外，如果铂金是粉末状的，可放一些铂金粉末在双氧水中；若是真铂金，双氧水便立即白浪翻滚，分解出大量氧气，铂金料却一点不少；若不是铂金粉末，则不起反应。

h. 看茬口　用钳子或其他工具将饰品横向折断，观察断口特征：若茬口呈绵（黏）状，则铂金饰品成色高；茬口愈绵软，成色愈高；若茬口呈砂粒状，折断时感到酥脆者，铂金成色不足。

i. 点试剂法　这一方法根据所点试剂的不同可分为如下四种：

（a）点抹水银　利用白银吸收水银、铂金不吸收水银的特点，将水银抹在饰品上，观察是否有吸收水银的现象：若有，则为白银或 K 白金饰品。

（b）点双氧水　在铂金饰品的背面或不影响表面质量的部位，用锉刀轻锉少许粉末，放入装有双氧水的塑料瓶中。由于铂金的催化作用，使双氧水强烈分解、放出氧气而上下翻腾。

（c）点王水　在常温下，铂金与王水不发生化学反应。因此，将饰品在试金石上磨一金道，然后点试王水：若金道基本不发生改变，则可能为铂金饰品；若金道与王水发生反应，产生微黄绿色的泡沫，则可能为 K 白金；至于其他金属，则与王水反应溶解而使金道消失。但铂金与加热的王水也会发生化学反应而溶解。

（d）点硝酸　铂金化学性能非常稳定，不与硝酸发生反应，但白银以及其他白色普通金属则与硝酸发生反应。当铂金饰品含有其他金属杂质时，也可与硝酸反应。根据反应的强烈程度，便可对铂金饰品进行成色鉴别。具体方法如下：将铂金饰品在试金石上磨出一条宽度较均匀的金道，首先在金道上洒少许 1+10 的盐水；或直接把食盐洒在金道上，然后用玻璃棒在食盐上加硝酸，加至食盐被硝酸浸透为止。静置 15~25min 后，用清水洗去表面的反应物。根据金道的色泽及形状，可以判断铂金的大致成色：

金道颜色基本不变，仅光泽稍褪，成色在 95% 以上；

金道颜色变成黄绿或微白色，金道形态模糊不清，成色在 80%~90%；

金道颜色转为黑灰色，形态变化十分严重，表面严重氧化，成色在 70%~80%。

③ 常用检测方法的适用性　常用贵金属饰品的检测方法主要有传统检测方法中的密度检测法（静水称重法）和试金石法，现代测试方法中的电子探针法、X 射线荧光光谱法（XRF）

等。这些常用的商业检测方法其适用性对不同饰品的适用性均有所不同。几种常用的贵金属饰品检测方法的适用性如下：

　　a. 密度检测法是鉴别足金、铂金、镀金、包金等饰品最有效的方法之一；

　　b. 对款式和结构简单的足金饰品，四种方法都能胜任检测任务；

　　c. 对于结构复杂的足金饰品，测量其整体平均成色的最有效方法是 X 射线荧光光谱法；

　　d. 电子探针法是检测微区成分的不均匀性、杂质类型及分布特性的常用方法之一；

　　e. 批量检测时，应尽可能多地将各种方法联合使用，取长补短，相互验证。X 射线荧光光谱法与密度检测法联合使用是贵金属饰品最理想的检测方法。

5.3.3　贵金属深加工产品的质量分析

　　贵金属深加工产品的分析主要包括以下几个方面的内容。

(1) 贵金属含量和相应产品主含量分析

　　这是贵金属分析的主要内容。产品中的贵金属含量测定相对比较容易进行，按照有关标准或通用方法可以比较准确地测定出产品中某种贵金属的总含量。但是，相应产品的主含量分析是比较困难的。在氰化银钾产品中，可将所有银都转变为一价银离子状态，然后按照硝酸银的银含量分析方法，很容易得到氰化银钾产品中的银含量。但这样测出的银含量是产品的含银总量，并不代表这些银都是以 $[Ag(CN)_2]^-$ 形态存在。产品中以 $[Ag(CN)_2]^-$ 形态存在的银折算成 $K[Ag(CN)_2]$ 形态后，$K[Ag(CN)_2]$ 的含量才是氰化银钾产品的主含量。产品主含量的测定困难很大，因为产品中除了有主产品外，还可能存在中间产品、副反应产品和未反应的原料。要准确测定特定形态含贵金属化合物的含量，仅靠传统的化学分析方法是难以做到的，必须借助于现代仪器分析方法（如红外光谱分析、紫外光谱分析、X 射线晶体结构分析、透射电镜和扫描电镜分析等现代手段）。上述所举例子（氰化银钾产品）中，Ag^+ 的存在形态很复杂，除了绝大部分以 $[Ag(CN)_2]^-$ 状态存在外，还有少量 Ag^+ 以 AgCN 或自由 Ag^+ 状态存在，借助于紫外光谱可以确定溶液中 $[Ag(CN)_2]^-$ 的比例，也可以通过测定产品中游离氰根和总氰根的量来推算产品中 AgCN 或自由 Ag^+ 的量。可见，贵金属产品分析中贵金属含量和主产品含量的测定是很复杂的过程。

(2) 贵金属深加工产品中能够影响产品某些方面性能的杂质元素含量及其存在形态测定

　　一般以金属元素和酸根离子为主。由于贵金属深加工产品中其他金属元素的存在量较少，用一般的化学分析方法很难测定。因此，深加工产品中杂质金属的分析一般借助于仪器分析方法，如原子吸收光谱分析和原子发射光谱分析。

(3) 其他性能测试

　　如水溶性产品的水溶性试验，粉末产品的松装密度、振实密度、比表面积和颗粒度测定，产品外观和晶形测定以及干燥失重、产品的包装和产品标识等。

　　经过上述三方面的分析测试，有关产品如果能够达到指定标准，则在产品说明书上应该注明标准的级别和标准号；如果有关产品尚无标准（包括国家标准、行业标准和企业标准），则应该将上述三方面的测试结果与供需双方达成的产品质量意见进行比较，从而决定产品的合格与否。

5.3.3.1　银深加工产品的质量分析

(1) 硝酸银的分析

　　① 含量测定　硝酸银产品中银的含量测定一般采用硫氰酸盐滴定法或电位滴定法。由于

硝酸银生产过程中除硝酸根以外几乎没有引入其他酸根离子或其他可以与 Ag^+ 形成配合物的阴离子或分子，可以认为硝酸银产品中银都是以 Ag^+ 形式存在。因此，在计算硝酸银产品的主含量（以 $AgNO_3$ 计）时不再考虑银的存在形态，只需将含银总量折算成 $AgNO_3$ 含量即可。

a. 硫氰酸盐滴定法——佛尔哈德（Volhard）法

（a）原理　在硝酸酸性介质中，铁铵矾$[NH_4Fe(SO_4)_2]$作指示剂，用 SCN^- 盐标准溶液滴定 Ag^+。当 AgSCN 沉淀完全后，过量的 SCN^- 与 Fe^{3+} 反应：

$$Ag^+ + SCN^- =\!=\!= AgSCN \downarrow （白色）$$
$$Fe^{3+} + 6SCN^- =\!=\!= [Fe(SCN)_6]^{3-} （红色配合物）$$

由于 Ag^+ 与 SCN^- 的化合能力远比 Fe^{3+} 与 SCN^- 的化合能力强，所以只有当 Ag^+ 与 SCN^- 反应完全后，Fe^{3+} 才能与过量的 SCN^- 作用，使溶液出现浅红色。

（b）滴定条件

a）指示剂用量，使 Fe^{3+} 浓度为 0.015 mol/L。

b）在硝酸酸度为 0.27～0.80mol/L 条件下进行，终点易于观察，对滴定结果无影响；超过此酸度，终点提前。

c）用直接法滴定 Ag^+ 时，为了减少 AgSCN 对 Ag^+ 的吸附，近终点时必须剧烈摇动。

d）强氧化剂、氮的低价氧化物、铜盐和汞盐等干扰测定，必须注意消除。

在滴定条件下，Cu^+、Hg^+ 与 SCN^- 生成沉淀，使结果偏高；Cl^-、Br^-、I^-、$S_2O_3^{2-}$ 与 Ag^+ 形成难溶沉淀或配合物；钯与 SCN^- 生成棕黄色胶状沉淀；小于 300mg 的 Ni^{2+}、Co^{2+}、Pb^{2+}，小于 10mg 的 Cu^{2+} 及小于 $10\mu g$ 的 Hg^+ 对测定无影响。酒石酸、磷酸盐、草酸盐、柠檬酸盐、硫化物、氟离子能破坏 $[Fe(SCN)_6]^{3-}$ 而干扰测定。氧化氮和亚硝酸根离子会氧化 SCN^- 而干扰测定，必须预先除去。

硫氰酸盐滴定法选择性较差，故在滴定前通常先将银与其他干扰物质进行分离。而对于白银深加工无机化合物产品，因杂质含量低，故常直接滴定。

（c）测定　0.1mol/L 硫氰酸钠标准溶液的配制和标定：称取分析纯硫氰酸钠 10g，以水溶解后，稀释至 1L。用移液管吸取 0.1mol/L 硝酸银标准溶液 25.00mL 于 250mL 锥形瓶中，加水 25mL 及煮沸过的 6mol/L 冷硝酸 10mL，加铁铵矾指示剂 5mL，用配好的硫氰酸钠标准溶液滴定至淡红色为终点。按下式计算硫氰酸钠标准溶液的浓度：

$$c = (0.1000 \times 25.00)/V$$

式中，c 为硫氰酸钠标准溶液的物质的量浓度，mol/L；V 为耗用硫氰酸钠标准溶液的体积，mL。

称取 0.5g 样品，称准至 0.0002g，溶于 100mL 水中，加 5mL 硝酸及 1mL 8％的硫酸铁铵溶液，在摇动下用 0.1mol/L 硫氰酸钠标准溶液滴定至溶液呈浅棕红色，保持 30s。$AgNO_3$ 的百分含量（X）按下式计算：

$$X = (V \times c \times 0.1699 \times 100)/m_s$$

式中，X 为硝酸银的百分含量，％；V 为硫氰酸钠标准溶液的用量，mL；c 为硫氰酸钠标准溶液的物质的量浓度，mol/L；m_s 为试样的质量，g；0.1699 为与 1.00mL 硫氰酸钠标准溶液$[c(NaSCN)=0.1000mol/L]$相当的以克表示的硝酸银质量。

b. 电位滴定法

（a）原理　电位滴定法是根据滴定过程中指示电极的电极电位的变化来确定滴定终点的方法。电位滴定法测定的准确度比一般滴定分析法高，因而应用非常广泛。

以 216 型银电极作指示电极，217 型双盐桥饱和甘汞电极作参比电极，氯化钠溶液为滴定剂进行电位滴定。滴定终点电位突跃范围大且稳定，等量点没有电位波动现象，测定的准确度高，方法的选择性好，大量 Cu(Ⅱ)、Ni(Ⅱ)、Al(Ⅲ)、V(Ⅴ)、Pb(Ⅱ)、Ce(Ⅲ)、Zn(Ⅱ) 等的存在不影响银的测定。Pd(Ⅱ) 的存在会改变 $E\text{-}V$ 曲线的形状，使滴定无法进行。此时，银指示电极表面变黑，这可能是由于溶液中的 Pd(Ⅱ) 被置换而沉积在电极表面，改变指示电极性质的缘故。控制溶液酸度（pH＝0.2～2），加入一定量 EDTA 溶液可消除 Pd(Ⅱ) 的干扰，$E\text{-}V$ 滴定曲线也可恢复正常。

该法操作简单快速，准确度高，适用于纯的银盐，纯银及 Ag-Cu、Ag-Cu-V、Ag-Cu-Ni-Al、Ag-Pd、Ag-Ce 等合金中银的测定。

（b）测定　仪器和试剂：pH 计；216 型银电极；217 型双盐桥饱和甘汞电极。氯化钠基准溶液 $[c(\text{NaCl}) = 0.1\text{mol/kg}]$；淀粉溶液（10g/L）。

称取 0.5g 已经测定过干燥失重的试样，精确至 0.0001g，置于反应瓶中，溶于 70mL 水，加 10mL 淀粉溶液，用 216 型银电极作指示电极，用 217 型双盐桥饱和甘汞电极（外盐桥套管内装有饱和硝酸钾溶液）作参比电极，用氯化钠基准溶液 $[c(\text{NaCl}) ＝0.1\text{mol/kg}]$ 滴定至终点。硝酸银含量按下式计算：

$$X = (m \times c \times 0.16987 \times 100)/m_s$$

式中，X 为硝酸银的百分含量，%；m 为消耗的氯化钠基准溶液的质量，g；c 为氯化钠基准溶液的浓度，mol/kg；m_s 为试样的质量，g；0.16987 为与 1.0000g 氯化钠基准溶液 $[c(\text{NaCl})＝1.0000\text{mol/kg}]$ 相当的以克表示的硝酸银的质量。

② 杂质测定

a. 杂质金属元素的测定　硝酸银产品中的杂质金属元素一般以原子吸收分光光度法测定，氯化物、硫酸盐的含量用比浊法测定。

原子吸收分光光度法测定硝酸银产品中杂质金属元素的条件见表 5.3。

表 5.3　原子吸收分光光度法测定硝酸银产品中杂质金属元素的条件

元素	条件			
	光源（空心阴极灯）	波长/nm	火焰	取样量/g
Mn	Mn	279.5	乙炔-空气	25
Fe	Fe	248.3	乙炔-空气	25
Ni	Ni	230.2	乙炔-空气	25
Cu	Cu	324.7	乙炔-空气	25（分析纯） 12.5（化学纯）
Zn	Zn	213.9	乙炔-空气	25
Cd	Cd	228.8	乙炔-空气	25
Tl	Tl	276.8	乙炔-空气	25
Pb	Pb	283.3	乙炔-空气	25

操作步骤：称取 25g 样品，溶于 20mL 水中，在不断搅拌下滴加 25％的抗坏血酸溶液至沉淀完全（约 60mL），继续搅拌 10min，过滤，以水洗涤滤渣，加 10mL 过氧化氢，稀释至 100mL。取 20mL，共取 4 份，第一份不加标准溶液，第二、三、四份分别加入与体积成比例的标准溶液，稀释至 25mL，以空白溶液调零。按一般原子吸收分光光度法的操作进行测定。

b. 氯化物杂质含量的测定　称取 20g 样品，溶于 20mL 水中，加 1mL 硝酸，稀释至 25mL，摇匀。与加有氯化物杂质的标准溶液进行比较。标准溶液的配制是取 20mL 不含氯化物的硝酸银溶液，加入一定数量的氯化物，稀释至 25mL，与同体积样品溶液同时同样处理。优级纯、分析纯和化学纯标准溶液中所加氯化物（以 Cl⁻ 计）的量分别为 0.01mg、0.02mg

和 0.06mg。若样品溶液的浊度处于某两个标准溶液之间，则样品中氯化物的含量也处于这两个标准溶液的氯化物含量之间，报告结果时以不大于这两个标准溶液中的最高氯化物含量表示。

不含氯化物的硝酸银溶液的制备方法是：称取 10g 硝酸银，溶于 80mL 水中，加 5mL 硝酸，稀释至 100mL，摇匀，在暗处放置 10min，用无氯滤纸过滤。

c. 硫酸盐杂质含量的测定　称取 1g 样品，溶于 20mL 水中，加 0.5mL 30％的乙酸溶液，加入 1.25mL 溶液 Ⅱ 中，稀释至 25mL，摇匀，放置 5min。与加有硫酸盐杂质的标准溶液进行比较。标准溶液的配制是取一定数量的水溶性硫酸盐，稀释至 20mL，与同体积样品溶液同时同样处理。优级纯、分析纯和化学纯标准溶液中所加硫酸盐（以 SO_4^{2-} 计）的量分别为 0.02mg、0.04mg 和 0.06mg。若样品溶液的浊度处于某两个标准溶液之间，则样品中硫酸盐的含量也处于这两个标准溶液的硫酸盐含量之间，报告结果时以不大于这两个标准溶液中的最高硫酸盐含量表示。

溶液 Ⅱ 的制备方法是：准确称取 0.02g 硫酸钾，溶于 100mL 30％（体积分数）的乙醇溶液中。取 2.5mL 上述溶液与 10mL 饱和硝酸钡溶液混合，摇匀，准确放置 1min（使用前混合）。

③ 其他项目的检验　硝酸银产品除了含量测定和杂质元素及酸根含量测定以外，澄清度、水不溶物和盐酸不溶物的测定也是必须要做的。澄清度一般用比浊法测定，水不溶物和盐酸不溶物用重量法测定。有关产品的内包装、外包装、包装标志以及包装单位都有国家标准相关规定，按照标准执行即可。

a. 澄清度试验　称取 10g 样品，溶于 100mL 水中，加 0.1mL 5mol/L 的硝酸，摇匀，并与优级纯、分析纯和化学纯硝酸银同样同时配制的标准溶液进行比较。若样品溶液的浊度处于某两个标准溶液之间，则样品的澄清度指标也处于这两个标准溶液的澄清度之间。报告结果时以不大于这两个标准溶液中浊度最大的级别表示。

b. 盐酸不溶物测定　称取 50g 样品，溶于 400mL 水中，加 0.5mL 5mol/L 的硝酸，摇匀。用恒重的 4 号玻璃滤坩过滤，稀释至 500mL。取 250mL，加 4mL 5mol/L 的硝酸，稀释至 400mL。煮沸，在搅拌下滴加 30mL 6mol/L 的盐酸，在水浴上加热，直至沉淀形成较大的凝乳状颗粒。置于暗处放置 2h，稀释至 500mL，过滤。取 200mL（或 400mL），蒸发至干，于 105～110℃烘干至恒重，同时做空白试验。取 200mL 试样的样品与空白试验的残渣质量之差如果不大于 2.0mg 和 3.0mg，则样品在此项目上的级别达到分析纯和化学纯标准；取 400mL 试样的样品与空白试验的残渣质量之差如果不大于 1.0mg，则样品在此项目上的级别达到优级纯标准。

c. 水不溶物测定　称取 50g 样品，溶于 400mL 水中，加 0.5mL 5mol/L 的硝酸，摇匀。用恒重的 4 号玻璃滤坩过滤，稀释至 500mL。以水洗涤滤渣至洗液无硝酸盐反应，于 105～110℃烘干至恒重，同时做空白试验。滤渣质量如果不大于 1.5mg 和 2.5mg，则样品在此项目上的级别分别达到优级纯和分析纯标准。

d. 水溶液反应　称取 2g 样品，溶于 20mL 不含二氧化碳的水中，加 1 滴 0.04％的甲基红指示液，摇匀，所呈红色不得深于 pH＝5.0 的标准溶液，所呈黄色不得深于 pH＝6.0 的标准溶液。

e. 产品包装　用广口黑色塑料瓶或棕色玻璃瓶外套黑纸包装，每瓶质量（净重）也可由供需双方商定，一般为 500g 或 1000g。瓶口有密封装置，瓶外标识上应有避光和氧化物标志。

（2）氧化银产品的质量分析

① 银的测定（佛尔哈德法）

a. 试剂 $AgNO_3$（0.1mol/L 溶液）；硝酸（6mol/L）；硫酸铁铵（8%溶液）。

硫氰酸钠（0.1mol/L 溶液）：称取分析纯硫氰酸钠 10g，以水溶解后，稀释至 1L。

标定：用移液管吸取 0.1mol/L 硝酸银标准溶液 25mL 于 250mL 锥形瓶中，加水 25mL 及煮沸过的 6mol/L 的冷硝酸 10mL，加铁铵矾指示剂 1mL，用配好的硫氰酸钠标准溶液滴定至淡红色为终点。按下式计算硫氰酸钠标准溶液的浓度：

$$c = \frac{c_1 \times 25mL \times 10^{-3}}{V}$$

式中，c_1 为硝酸银标准溶液的物质的量浓度，mol/L；V 为耗用硫氰酸钠标准溶液的体积，L。

b. 分析步骤 称取 0.5g 干燥至恒重的样品，称准至 0.0002g，置于锥形瓶中，加 5mL 硝酸润湿，盖以表面皿，放置 30min，加 20mL 水，在水浴上加热至完全溶解，加 100mL 水、1mL 8% 的硫酸铁铵溶液，在摇动下用 0.1mol/L 硫氰酸钠标准溶液滴定至溶液呈浅棕红色，保持 30s。氧化银含量按下式计算：

$$X = \frac{c \times V \times 0.1159}{m_s} \times 100\%$$

式中，X 为氧化银的百分含量；V 为硫氰酸钠标准溶液的用量，mL；c 为硫氰酸钠标准溶液的物质的量浓度，mol/L；m_s 为试样的质量，g；0.1159 为与 1.00mL 硫氰酸钠标准溶液 [$c(NaSCN) = 0.1000mol/L$] 相当的以克表示的氧化银的质量。

② 杂质元素的测定 氧化银产品是以硝酸银溶液与碱溶液作用而得到的。在氧化银产品的质量分析中，硝酸盐的含量、盐酸不溶物以及游离碱等的含量对氧化银的质量影响很大，这些项目的分析是氧化银质量分析中必不可少的部分。通常产品的用途不同，对杂质金属元素的要求不同，要根据用户的要求确定测试哪些项目。

a. 游离碱的测定 称取 2g 样品，加 60mL 不含二氧化碳的水，在水浴上加热 15min，冷却，过滤，弃去最初的 10mL 滤液，得到溶液 Ⅰ 号。另称取 1g 样品，加 120mL 不含二氧化碳的水，在水浴上加热 15min，冷却，过滤，弃去最初的 10mL 滤液，得到溶液 Ⅱ 号。各取 40mL 溶液 Ⅰ 号和溶液 Ⅱ 号，分别加入 2 滴 1% 的酚酞指示液，并用 0.02mol/L 的盐酸标准溶液滴定至红色消失。计算溶液 Ⅰ 号和溶液 Ⅱ 号所消耗 0.02mol/L 的盐酸标准溶液的体积之差。若此值不大于 0.25mL，则在此项目上氧化银产品达到化学纯标准；若此值不大于 0.15mL，则在此项目上氧化银产品达到分析纯标准。

b. 硝酸盐含量的测定 量取 12mL 测定游离碱的溶液 Ⅰ 号，加 1mL 盐酸及 1mL 10% 的氯化钠溶液，摇匀，过滤。加 1mL 0.001mol/L 的靛蓝二磺酸钠，在摇动下于 10～15s 内加 10mL 硫酸，放置 10min。在进行上述操作的同时，配制一系列不同含量的硝酸盐标准溶液，稀释至 10mL，与同体积的样品溶液同样处理。若样品溶液的蓝色处于某两个标准溶液之间，则样品中硝酸盐的含量也处于这两个标准溶液的硝酸盐含量之间，报告结果时以不大于这两个标准溶液中最高硝酸盐含量表示。若硝酸盐的含量数值分别低于 0.02mg 和 0.04mg，则相应氧化银样品在此项目上已经分别达到分析纯和化学纯的标准。

c. 盐酸不溶物的测定 量取 40mL 溶液 Ⅰ 号稀释至 250mL，煮沸，在搅拌下滴加 5mL 盐酸，在水浴上加热，继续搅拌至沉淀形成较大的凝乳状颗粒。在暗处放置 2h，稀释至 300mL，过滤。取 180mL，注入恒重坩埚，蒸发至干，于 800℃ 灼烧至恒重。同时做空白试验。样品和空白试验的残渣质量之差如果不大于 1.5mg 和 3.0mg，则相应的样品在此项目上已经分别达到分析纯和化学纯标准。

d. 干燥失重的测定 称取 1g 样品，置于恒重的称量瓶中，称准至 0.0002g，于 120℃ 烘至恒重。由减轻的质量计算干燥失重的百分数。如果干燥失重百分数小于 0.25%，则相应的样品在此项目上已经达到分析纯和化学纯标准。

e. 硝酸不溶物的测定　称取 5g 样品，置于烧杯中，加 5mL 硝酸润湿，盖以表面皿，放置 30min。加 10mL 水，在水浴上加热溶解，稀释至 200mL，用恒重 4 号玻璃滤坩过滤，以水洗涤滤渣至洗液无银离子反应，于 105～110℃ 烘干至恒重。若滤渣质量不大于 1.0mg 和 1.5mg，则相应样品在此项目上已经分别达到分析纯和化学纯标准。

f. 澄清度试验　称取 2.5g 样品，置于烧杯中，加 2.5mL 硝酸润湿，盖以表面皿，放置 30min。加 10mL 水，在水浴上加热溶解，冷却，稀释至 100mL。取分析纯和化学纯氧化银按上述方法同时同样处理，得到澄清度标准溶液。若样品溶液的浊度处于两个标准溶液之间，则样品的澄清度指标也处于这两个标准溶液的澄清度之间，报告结果时以不大于这两个标准溶液中浊度最大的级别表示。若样品溶液的浊度比分析纯标准小，则样品的澄清度指标达到分析纯标准；若样品溶液的浊度比化学纯标准大，则样品的澄清度指标还没有达到化学纯标准。

③ 其他项目的检验　氧化银产品有时还需要进行颗粒度分布、比表面积、松装密度和振实密度测定，有关测定方法参见银粉产品的质量分析部分。产品用广口黑色塑料瓶或棕色玻璃瓶外套黑纸包装，每瓶质量（净重）也可由供需双方商定，一般为 500g 或 1000g。瓶口有密封装置，瓶外标识上应有避光和氧化物标志。

(3) 碳酸银产品的质量分析

① 含量测定　称取 0.5g 样品，称准至 0.0002g，置于锥形瓶中，加 5mL 硝酸润湿，盖以表面皿，放置 30min。加 10mL 水，在水浴上加热至完全溶解，加 100mL 水、1mL 8% 的硫酸铁铵溶液，在摇动下用 0.1mol/L 硫氰酸钠标准溶液滴定至溶液呈浅棕红色，保持 30s。碳酸银含量按下式计算：

$$X = (V \times c \times 0.1379 \times 100) / m_s$$

式中，X 为碳酸银的百分含量，%；V 为硫氰酸钠标准溶液的用量，mL；c 为硫氰酸钠标准溶液物质的量浓度，mol/L；m_s 为试样的质量，g；0.1379 为与 1.00mL 硫氰酸钠标准溶液 $[c(\mathrm{NaSCN}) = 0.1000\mathrm{mol/L}]$ 相当的以克表示的碳酸银质量。

② 杂质元素的测定　由于碳酸银产品是以硝酸银溶液与碳酸钠溶液或碳酸氢钠溶液进行复分解反应而得到的，铁是最常见的金属杂质元素，来源于所用碳酸钠或碳酸氢钠以及反应器。因此在碳酸银产品的质量分析中，通常需做杂质铁元素的分析。同时硝酸盐的含量、盐酸不溶物等对碳酸银的质量影响很大，这些项目的分析也是碳酸银质量分析中必不可少的部分。另外，在碳酸银生产过程中，如果温度或酸度控制不好，在产品中会生成部分氧化银，因此碳酸银产品还需要进行含碳量测定。通过测试碳酸银产品中的碳酸根量是否与理论值相一致，来判断碳酸银产品中银的存在形态是否全部是 $\mathrm{Ag_2CO_3}$。

a. 硝酸盐含量的测定　称取 0.5g 样品，置于锥形瓶中，加 50mL 水，在水浴上温热 15min 并不断搅拌，冷却，过滤。取 10mL，加 1mL 1mol/L 的盐酸、1mL 10% 的氯化钠溶液、加 1mL 0.001mol/L 的靛蓝二磺酸钠、在摇动下于 10～15s 内加 10mL 硫酸，放置 10min。在进行上述操作的同时，配制一系列不同含量的硝酸盐标准溶液，稀释至 10mL，与同体积的样品溶液同样处理。若样品溶液的蓝色处于某两个标准溶液之间，则样品中硝酸盐的含量也处于这两个标准溶液的硝酸盐含量之间，报告结果时以不大于这两个标准溶液中最高硝酸盐含量表示。若硝酸盐的含量数值分别低于 0.01mg 和 0.05mg，则相应碳酸银样品在此项目上已经分别达到分析纯和化学纯的标准。

b. 硝酸不溶物的测定　称取 8g 样品，置于烧杯中，加 20mL 硝酸润湿，盖以表面皿，放置 30min。加 80mL 水，在水浴上加热溶解，冷却，稀释至 150mL。用恒重 4 号玻璃滤坩过滤，以水洗涤滤渣至洗液无银离子反应，于 105～110℃烘干至恒重。若滤渣质量不大于 2.4mg 和 4.0mg，则相应样品在此项目上已经分别达到分析纯和化学纯标准。

c. 盐酸不溶物的测定　称取 8g 样品，置于烧杯中，加 20mL 硝酸润湿，盖以表面皿，放置 30min。加 80mL 水，在水浴上加热溶解，冷却，稀释至 150mL。用 4 号玻璃滤坩过滤，以水洗涤滤渣至洗液无银离子反应，洗液和滤液合并后稀释至 300mL。煮沸，在搅拌下滴加 10mL 盐酸，在水浴上加热，继续搅拌至沉淀形成较大的凝乳状颗粒。在暗处放置 2h，稀释至 400mL，过滤。取 150mL 滤液，注入恒重坩埚，蒸发至干，于 800℃灼烧至恒重（保留残渣）。同时做空白试验。样品和空白试验的残渣质量之差如果不大于 3.0mg 和 4.5mg，则相应样品在此项目上已经分别达到分析纯和化学纯标准。

d. 杂质铁的测定　将测定盐酸不溶物的残渣，加 2mL 盐酸和 2mL 水，在水浴上蒸干，用 1mL 盐酸及 20mL 水溶解，稀释至 30mL。取 10mL，稀释至 25mL，加 1mL 盐酸、30mg 过硫酸铵及 2mL 25%的硫氰酸铵溶液，用 10mL 正丁醇萃取，与有关标准溶液比较颜色的深浅。标准溶液是取一定数量的铁溶液，稀释至 25mL，与同体积样品溶液同时同样处理。若样品溶液有机层所呈红色处于两个标准溶液之间，则样品中铁的含量也处于这两个标准溶液的含铁量之间，报告结果时以不大于这两个标准溶液中含铁量最大的级别表示。在分析纯和化学纯产品中，按照上述方法测试的含铁量分别低于 0.01mg 和 0.05mg。

e. 澄清度试验　称取 8g 样品，置于烧杯中，加 20mL 硝酸润湿，盖以表面皿，放置 30min。加 80mL 水，在水浴上加热溶解，冷却，稀释至 100mL。取分析纯和化学纯碳酸银按上述方法同时同样处理，得到澄清度标准溶液。若样品溶液的浊度处于两个标准溶液之间，则样品的澄清度指标也处于这两个标准溶液的澄清度之间，报告结果时以不大于这两个标准溶液中浊度最大的级别表示。若样品溶液的浊度比分析纯标准小，则样品的澄清度指标达到分析纯标准；若样品溶液的浊度比化学纯标准大，则样品的澄清度指标还没有达到化学纯标准。

③ 其他项目的检验　碳酸银产品的其他测试项目还包括产品外观测试和含碳量测定。

a. 外观测试　一般采用目测法测定外观，碳酸银产品应该是淡黄色粉末，不含有黑色颗粒。

b. 含碳量测定　具体测定方法如下。称取 8g 样品，置于烧杯中，加 60mL 硝酸-硝酸钡混合溶液（Ba^{2+} 含量为 1mol/L），充分搅拌，加入 60mL 水，继续搅拌至混合物中无黄色，静置沉降，过滤，以水洗涤滤渣至洗液无银离子（用氯化钠溶液检验）和钡离子（用硫酸钠溶液检验）。所得沉淀用盐酸（1+3）约 15mL 溶解，加热煮沸。移至水浴上保温至溶液澄清。用慢速滤纸过滤，用热水洗涤残渣至无 Cl^-（用硝酸银检验）。收集滤液及洗液于 400mL 烧杯中，加适量水至液体体积约为 150mL，加热煮沸，在搅拌下一次加入 40mL 的硫酸（1+15），在水浴上保温 1h 以上。用慢速定量滤纸过滤，用热水洗涤沉淀至无 Cl^-。将沉淀连同滤纸一起移入已恒重的瓷坩埚中，低温灰化，在 800～850℃灼烧 30min，冷却，称量至恒重。

$$X = (m \times M_2 \times 100)/(M_1 m_s)$$

式中，X 为 CO_3^{2-} 的百分含量，%；m 为硫酸钡沉淀的质量，g；M_1 为硫酸钡的摩尔质量，g/mol；M_2 为 CO_3^{2-} 的摩尔质量，g/mol；m_s 为碳酸银样品的质量，g。X 的理论值为 21.75%。

c. 产品包装　用广口黑色塑料瓶或棕色玻璃瓶外套黑纸包装，每瓶质量（净重）由供需双方商定，一般为 500g 或 1000g。瓶口有密封装置，瓶外标识上应有避光标志。

（4）硫酸银产品的质量分析

① 含量测定　称取 0.5g 样品，称准至 0.0002g，溶于 20mL 水及 5mL 硝酸的混合液中。

必要时加热溶解，冷却，加 100mL 水及 1mL 8％的硫酸铁铵溶液，用 0.1mol/L 硫氰酸钠标准溶液滴定至溶液呈浅棕红色，保持 30s。硫酸银含量（X）按下式计算：

$$X = (V \times c \times 0.1559 \times 100)/m_s$$

式中，X 为硫酸银的百分含量，％；V 为硫氰酸钠标准溶液的用量，mL；c 为硫氰酸钠标准溶液物质的量浓度，mol/L；0.1559 为与 1.00mL 硫氰酸钠标准溶液[c(NaSCN) = 0.1000mol/L]相当的以克表示的硫酸银的质量；m_s 为试样的质量，g。

② 杂质元素的测定

a. 硝酸盐的测定 称取 2g 研细的样品，置于锥形瓶中，加 18mL 水，加热搅拌，滴加 2mL 6mol/L 的盐酸，2mL 10％的氯化钠溶液，搅拌至溶液澄清，过滤，取 11mL，加 1mL 0.001mol/L 的靛蓝二磺酸钠，在摇动下于 10～15s 内加 10mL 硫酸，放置 10min。在进行上述操作的同时，配制一系列不同含量的硝酸盐标准溶液，稀释至 10mL，与同体积的样品溶液同样处理。若样品溶液的蓝色处于某两个标准溶液之间，则样品中硝酸盐的含量也处于这两个标准溶液的硝酸盐含量之间，报告结果时以不大于这两个标准溶液中最高硝酸盐含量表示。若硝酸盐的含量数值分别低于 0.01mg 和 0.02mg，则相应硫酸银样品在此项目上已经分别达到分析纯和化学纯的标准。

b. 硝酸不溶物的测定 称取 5g 样品，置于烧杯中，加 300mL 水和 5mL 硝酸，盖以表面皿，缓缓加热溶解，冷却。用恒重 4 号玻璃滤坩过滤，以水洗涤滤渣至洗液无银离子反应，于 105～110℃烘干至恒重。若滤渣质量不大于 1.0mg 和 2.0mg，则相应样品在此项目上已经分别达到分析纯和化学纯标准。

c. 盐酸不溶物的测定 称取 5g 样品，置于烧杯中，加 300mL 水和 5mL 硝酸，盖以表面皿，缓缓加热溶解，冷却。用 4 号玻璃滤坩过滤，以水洗涤滤渣至洗液无银离子反应，洗液和滤液合并，煮沸，在搅拌下滴加 7mL 6mol/L 的盐酸，在水浴上加热，继续搅拌至沉淀形成较大的凝乳状颗粒。在暗处放置 2h，稀释至 350mL，过滤。取 280mL 滤液，注入恒重坩埚，蒸发至干，于 800℃灼烧至恒重（保留残渣）。同时做空白试验。样品和空白试验的残渣质量之差如果不大于 1.2mg 和 2.4mg，则相应的样品在此项目上已经分别达到分析纯和化学纯标准。

d. 杂质铁的测定 将测定盐酸不溶物的残渣，加 2mL 盐酸和 2mL 水，在水浴上蒸干，用 1mL 盐酸及 20mL 水溶解，稀释至 40mL。取 10mL，稀释至 25mL，加 1mL 盐酸、30mg 过硫酸铵及 2mL 25％的硫氰酸铵溶液，用 10mL 正丁醇萃取，与有关标准溶液比较颜色的深浅。标准溶液是取一定量的铁溶液，稀释至 25mL，与同体积样品溶液同时同样处理。若样品溶液有机层所呈红色处于两个标准溶液之间，则样品中铁的含量也处于这两个标准溶液的含铁量之间，报告结果时以不大于这两个标准溶液中含铁量最大的级别表示。分析纯和化学纯产品中，同上测试的含铁量分别低于 0.01mg 和 0.02mg。

e. 杂质铜、铋、铅的目测 称取 2g 样品，溶于 10mL 10％的氨水中，溶液澄清无色为合格。

f. 澄清度试验 称取 1.5g 样品，置于烧杯中，加 100mL 水和 1.5mL 硝酸，盖以表面皿，缓缓加热溶解，冷却。取分析纯和化学纯硫酸银按上述方法同时同样处理，得到澄清度标准溶液。若样品溶液的浊度处于两个标准溶液之间，则样品的澄清度指标也处于这两个标准溶液的澄清度之间，报告结果时以不大于这两个标准溶液中浊度最大的级别表示。若样品溶液的浊度比分析纯标准小，则样品的澄清度指标达到分析纯标准；若样品溶液的浊度比化学纯标准大，则样品的澄清度指标还没有达到化学纯标准。

③ 其他项目的检验 硫酸银产品的其他测试项目还包括产品外观测试和硫酸根含量测定。

a. 外观测试 目测硫酸银产品应该是白色或无色结晶，不含有黑色、灰色颗粒，产品不能呈暗色。

b. 硫酸根含量测定 称取 3g 样品，溶于 15mL 10%的氨水中，过滤并洗涤滤渣，合并滤液和洗液，用硫酸钡重量法测定 SO_4^{2-} 的量（见碳酸银质量分析）。SO_4^{2-} 的百分含量的理论值为 30.79%。

c. 产品包装 同碳酸银，瓶外标识上应有避光标志。

(5) 氰化银钾产品的质量分析

① 含银量测定 氰化银钾产品中银的含量一般是将氰化银钾转变为自由 Ag^+ 形式，再按照硝酸银含量分析方法用硫氰酸盐滴定法或电位滴定法测定。在氰化银钾产品中，Ag^+ 除了绝大部分以 $[Ag(CN)_2]^-$ 形式存在外，还有少量 Ag^+ 以 AgCN 或自由 Ag^+ 形式存在，通过测定产品中游离氰根和总氰根的量，可以推算出产品中以 $[Ag(CN)_2]^-$ 形式存在的银量，折算成 KAg(CN)$_2$ 表示即为氰化银钾产品的主产品含量。氰化银钾产品目前尚无国家标准或行业标准。

a. 硫氰酸盐滴定法 本法先以硫酸-硝酸混合酸分解氰化物，再以硫氰酸钾滴定银，以高价铁盐为指示剂，终点时生成红色硫氰酸铁。加入硝基苯（或邻苯二甲酸二丁酯），使硫氰酸银进入硝基苯层，使终点更容易判断。

(a) 试剂 浓硫酸，浓硝酸，硝基苯。铁铵矾指示剂：称取 2g 硫酸铁铵[$NH_4Fe(SO_4)_2 \cdot 12H_2O$]，溶于 100mL 水中，滴刚煮沸过的浓硝酸直至棕色褪去。0.1mol/L 硝酸银标准溶液：取基准硝酸银于 120℃ 干燥 2h，在干燥器内冷却，准确称取 17.000g，溶解于水，定容至 1000mL，贮于棕色瓶中，此标准溶液的浓度为 0.1000mol/L。0.1mol/L 硫氰酸钾标准溶液。

(b) 测定步骤 称取约 0.6g 样品（称准至 0.0002g），置于 250mL 锥形瓶中，加入硫酸、硝酸各 5mL，加热至冒三氧化硫浓白烟，冷却，缓缓加水 100mL，再冷却，加铁铵矾指示剂 2mL、硝基苯 5mL，不断摇动锥形瓶，以 0.1mol/L 硫氰酸钾标准溶液滴定至淡红色为终点。同时做空白试验。

(c) 计算 $X(Ag) = (V \times c \times M_1 \times 100)/m_s$

$$X[KAg(CN)_2] = (V \times c \times M_2 \times 100)/m_s$$

式中，c 为硫氰酸钾标准溶液的物质的量浓度，mol/L；V 为耗用硫氰酸钾标准溶液的体积，L；M_1 为 Ag 的摩尔质量，g/mol；M_2 为 KAg(CN)$_2$ 的摩尔质量，g/mol；m_s 为样品质量，g。

附注：加酸及冒烟应在通风橱内进行；计算主含量时未考虑银的其他形态。

b. 电位滴定法 将以硫酸-硝酸混合酸分解氰化物后的氰化银钾产品的溶液，采用硝酸银产品电位滴定法测定同样的方法进行银含量测定。产品含银总量（%）为：

$$X(Ag) = (m \times c \times 0.10787 \times 100)/m_s$$

若不考虑银的其他形态，以 KAg(CN)$_2$ 表示的主产品含量（%）为：

$$X[KAg(CN)_2] = (m \times c \times 0.19901 \times 100)/m_s$$

式中，m 为氯化钠基准溶液的质量，g；c 为氯化钠基准溶液的浓度，mol/kg；m_s 为试样的质量，g；0.10787 和 0.19901 分别为与 1.0000g 氯化钠基准溶液[$c(NaCl)=1.0000mol/kg$]相当的以克表示的银和 KAg(CN)$_2$ 的质量。

② 杂质元素的测定 氰化银钾产品中杂质金属元素一般以原子吸收分光光度法测定，有关仪器、标准溶液浓度、测定条件如表 5.4 所示。

表 5.4　原子吸收分光光度法测定氰化银钾产品中杂质金属元素的条件

元素	条件				
	光源(空心阴极灯)	波长/nm	火焰	标准溶液浓度/(mg/mL)	取样量/g
Fe	Fe	248.3	乙炔-空气	0.1 0.01	2.5
Ni	Ni	230.2	乙炔-空气	0.1 0.01	2.5
Cu	Cu	324.7	乙炔-空气	0.1 0.01	2.5
Zn	Zn	213.9	乙炔-空气	0.1 0.01	2.5
Pb	Pb	283.3	乙炔-空气	0.1 0.01	2.5

操作步骤：称取 2.5g 样品，溶于 20mL 水中，在通风橱内加硝酸 20mL。盖上表面皿，加热，待样品全部溶解后蒸发至体积约为 3mL，加水稀释至约 70mL，加 30% 的乙酸 2mL 后滴加 1+1 盐酸，不断搅拌，至银刚好沉淀完全。加热至溶液清亮，过滤，用少量水洗涤滤渣 3～4 次。将滤液蒸发浓缩至约 10mL，冷却后移入 25mL 比色管中，稀释至刻度，摇匀后得到实验溶液。以空白溶液调零，按一般原子吸收分光光度法的操作进行测定。待测元素的含量（%）按下式计算：

$$X = (c \times V \times 10^{-3} \times 100)/m_s$$

式中，c 为从标准曲线上查出的待测元素浓度，mg/mL；m_s 为试样的质量，g；V 为样品溶液的体积，mL。

③ 其他项目的检验　氰化银钾产品除了含量测定和杂质元素含量测定以外，产品外观、产品主含量分析、水不溶物测定也是经常要做的项目。

a. 产品外观　氰化银钾产品目测应为无色或白色晶体，没有黑色颗粒或暗色颗粒。

b. 水不溶物测定　称取 50g 样品，溶于 400mL 水中，用恒重的 4 号玻璃滤坩过滤，以水洗涤滤渣至洗液无 Ag^+ 反应，于 105～110℃烘干至恒重，同时做空白试验。滤渣质量不大于规定值的样品在此项目上的级别达到指定标准。

c. 产品主含量分析　通过测定产品游离氰和总氰含量来确定以 $KAg(CN)_2$ 形式存在的主含量。

（a）游离氰化物的测定　氰化银钾产品中的游离氰化钾可以与硝酸银生成稳定的氰化银钾，以碘化钾作为指示剂，当游离氰化钾与硝酸银完全配位后，过量的硝酸银与碘化钾生成黄色的碘化银沉淀而指示终点。

$$AgNO_3 + 2KCN \longrightarrow KAg(CN)_2 + KNO_3$$
$$AgNO_3 + KI \longrightarrow AgI\downarrow + KNO_3$$

称取约 0.5g 样品（称准至 0.0001g），置于 250mL 锥形瓶中，加入去离子水 50mL 溶解。加入 10% 的 KI 溶液 2mL，用 0.1mol/L 的标准 $AgNO_3$ 溶液滴定至开始出现浑浊为终点。游离氰化钾的含量按下式计算：

$$X = (2 \times V \times c \times M \times 10^{-3} \times 100)/m_s$$

式中，c 为 $AgNO_3$ 标准溶液的物质的量浓度，mol/L；V 为耗用 $AgNO_3$ 标准溶液的体积，mL；M 为 KCN 的摩尔质量，g/mol；m_s 为样品质量，g。

（b）总氰化物的测定　磷酸与氰化银钾和游离氰化物作用生成 HCN 气体，蒸馏出所有的 HCN 气体并用 NaOH 溶液吸收而成为 NaCN 溶液。以碘化钾为指示剂，用标准 $AgNO_3$ 溶液滴定至开始出现浑浊为终点。

$$KAg(CN)_2 + 2H_3PO_4 \longrightarrow KH_2PO_4 + 2HCN + AgH_2PO_4$$
$$HCN + NaOH \longrightarrow NaCN + H_2O$$

称取约 0.5g 样品（称准至 0.0001g），置于 100mL 小烧杯中，加入去离子水 50mL 溶解。用 50mL 去离子水将上述溶液完全转移到 250mL 三口烧瓶中。三口烧瓶另一口上装一只分液漏斗，内置 20mL 磷酸。三口烧瓶中间口上用玻璃管通过双氮气球接入冷凝管，冷凝管的出口插入 NaOH 溶液中。加热烧瓶并将分液漏斗中的磷酸以每 3 秒 1 滴的速度滴入烧瓶。滴加完毕后摇匀烧瓶，继续蒸馏至烧瓶中剩余 1/3 液体为止。用去离子水洗涤冷凝管及接收器锥形瓶。在锥形瓶中加入 10% 的 KI 溶液 2mL，用 0.1mol/LAgNO_3 的标准溶液滴定至开始出现浑浊为终点。计算总氰化钾的含量（%）：

$$X = (2 \times V \times c \times M \times 10^{-3} \times 100)/m_s$$

式中，c 为 AgNO_3 标准溶液的物质的量浓度，mol/L；V 为耗用 AgNO_3 标准溶液的体积，mL；M 为 KCN 的摩尔质量，g/mol；m_s 为样品质量，g。

理论上氰化银钾产品中折算成 KCN 的总氰化钾含量为 65.34%。若测定值高于理论值，表明氰化银钾产品中不含 AgCN，多余的 KCN 以游离状态存在；若测定值低于理论值，表明氰化银钾产品中含有 AgCN，游离氰化物的量应该极低，产品的含银量应该高于理论值。通过测定氰化银钾产品的游离氰和总氰含量可以判断产品中以 KAg(CN)_2 形式存在的主含量。

d. 产品包装　用广口黑色塑料瓶或棕色玻璃瓶外套黑纸包装，每瓶质量（净重）由供需双方商定，一般为 500g 或 1000g。瓶口有密封装置，瓶外标识上应有剧毒品标志。

（6）银粉产品的质量分析

银粉类产品的质量分析比较复杂，包括组分与结构表征和性能研究两个方面。除了银含量和杂质含量测定以外的其他测试项目比较多，主要包括松装密度、振实密度、产品形态、颗粒度和比表面积等。如果电子浆料中有银粉，银粉的电性能有时也会成为产品质量的一项指标。

分析方法除了电镜和扫描隧道显微镜技术以外，许多常用的分析方法同样被广泛用于纳米材料的分析，如光电子能谱、振动光谱、核磁共振、电子顺磁共振、差热与热重分析等。具体来说，分析的内容有以下几方面：

（a）定性分析　对材料组成的定性分析，包括材料是由哪些元素组成，每种元素的含量。

（b）颗粒分析　对材料颗粒的分析，包括颗粒形状、粒度及其分布、颗粒结晶结构等。

（c）结构分析　对材料结构的分析，包括三维、二维纳米材料的结晶结构，物相组成，组分之间的界面，物相形态等。

（d）性能分析　物理性能分析包括纳米材料的电、磁、声、光和其他新性能的分析；化学性能分析包括化学反应性、反应能力，在空气和其他介质中的化学性质。

① 含量测定　银粉类产品（包括超细银粉、片状银粉和纳米银粉等）属于超纯银，用一般的银含量测定法（如硫氰酸盐滴定法或电位滴定法）很难测出其真实含银量。因此，银粉类产品的银含量测定一般采用将银粉在一定温度（540℃）下灼烧，然后恒重，由灼烧前后的质量之差来计算银粉的含银量；或者用百分之一百减去实测杂质总量所得的余量作为含银量。

② 杂质元素的测定　银粉类产品中的杂质元素采用发射光谱分析法进行含量测定。

③ 其他项目的检验

a. 比表面积和平均粒径的测定　采用流动吸附色谱法进行测定。

b. 松装密度和振实密度的测定　按 GB/T 1479.2—2011 和 GB/T 5162—2006 进行测定。

c. 产品形态　用扫描电镜进行观察。

（7）银的其他产品的质量分析

① 氯化银产品的质量分析

a. 含量测定　称取 0.5g 样品，称准至 0.0002g，加 10mL 水及 50mL 0.2mol/L 的氰化钾，振摇至样品溶解，冷却，加 4 滴 10% 的碘化钾溶液、1mL 10% 的氨水，用 0.1mol/L 的硝酸银标准溶液滴定至溶液开始浑浊。同时做空白试验。氯化银的含量（X,%）按下式计算：

$$X = [(V_1 - V_2) \times c \times 0.1433 \times 100] / m_s$$

式中，V_2 为空白试验硝酸银标准溶液的用量，mL；V_1 为硝酸银标准溶液的用量，mL；c 为硝酸银标准溶液的物质的量浓度，mol/L；0.1433 为 1mmol AgCl 的质量，g；m_s 为试样的质量，g。

b. 杂质的测定

（a）硝酸盐含量的测定　称取 3g 研细的样品（称准至 0.01g），置于锥形瓶中，加 30mL 水，剧烈振摇，过滤。取 10mL，加 1mL 10% 的氯化钠溶液，加 1mL 0.001mol/L 的靛蓝二磺酸钠溶液，在摇动下于 10～15s 内加 10mL 硫酸，放置 10min。在进行上述操作的同时，配制一系列不同含量的硝酸盐标准溶液，稀释至 10mL，与同体积的样品溶液同样处理。若样品溶液的蓝色处于某两个标准溶液之间，则样品中硝酸盐的含量也处于这两个标准溶液的硝酸盐含量之间，报告结果时以不大于这两个标准溶液中最高硝酸盐含量表示。若硝酸盐的含量数值分别低于 0.01mg 和 0.02mg，则相应氯化银样品在此项目上已经分别达到分析纯和化学纯的标准。

（b）可溶性氯化物的测定　称取 3g 研细的样品（称准至 0.01g），置于锥形瓶中，加 30mL 水，剧烈振摇，过滤。取 10mL，稀释至 25mL，加 2mL 5mol/L 的硝酸和 1mL 0.1mol/L 的硝酸银，摇匀。与标准浊度溶液进行比较。标准浊度溶液是取一定数量的可溶性氯化物，稀释至 25mL，与同体积样品同时同样处理，得到标准浊度溶液。若样品溶液的浊度处于两个标准溶液之间，则样品中的可溶性氯化物指标也处于这两个标准溶液的可溶性氯化物之间，报告结果时以不大于这两个标准溶液中可溶性氯化物的最大量表示。分析纯和化学纯氯化银中可溶性氯化物的含量分别低于 0.01mg 和 0.05mg。

（c）杂质铜、铋、铅的目测　称取 1g 样品，溶于 20mL 10% 的氨水中，溶液澄清无色为合格。

c. 其他项目的检验　氯化银产品的其他测试项目还包括产品外观测试和氯离子含量测定。

（a）外观测试　目测氯化银产品应该是白色或略带灰色的粉末，不含有黑色颗粒。取少量样品置于灯光下应该明显看到产品变灰色或黑色。

（b）氯离子含量测定　称取 3g 样品，溶于 15mL 10% 的氨水中，过滤并洗涤滤渣，合并滤液和洗液，用硝酸银标准溶液测定 Cl^- 的量。

（c）产品包装　与碳酸银相同，瓶外标识上应有避光标志。

② 乙酸银产品的质量分析

a. 含量测定　称取 0.5g 样品，称准至 0.0002g，溶于 10mL 水及 5mL 硝酸的混合液中，加 100mL 水及 1mL 8% 的硫酸铁铵溶液，用 0.1mol/L 硫氰酸钠标准溶液滴定至溶液呈浅棕红色，保持 30s。乙酸银含量（X,%）按下式计算：

$$X = (V \times c \times 0.1669 \times 100) / m_s$$

式中，V 为硫氰酸钠标准溶液的用量，mL；c 为硫氰酸钠标准溶液的物质的量浓度，mol/L；0.1669 为 1mmol CH_3COOAg 的质量，g；m_s 为试样的质量，g。

b. 杂质元素的测定

（a）硝酸盐含量的测定　称取 2g 研细的样品，置于锥形瓶中，加 16mL 水，加热搅拌。滴加 2mL 6mol/L 的盐酸、2mL 10% 的氯化钠溶液，搅拌至溶液澄清，过滤。取 10mL，加 1mL 10% 的氯化钠溶液，加 1mL 0.001mol/L 的靛蓝二磺酸钠溶液，在摇动下于 10～15s 内加 10mL 硫酸，放置 10min。在进行上述操作的同时，配制一系列不同含量的硝酸盐标准溶液，稀释至 10mL，与同体积的样品溶液同样处理。若样品溶液的蓝色处于某两个标准溶液之间，则样品中硝酸盐的含量也处于这两个标准溶液的硝酸盐含量之间，报告结果时以不大于这两个标准溶液中最高硝酸盐含量表示。若硝酸盐的含量（以 NO_3^- 计）低于 0.01mg，则相应乙酸银样品在此项目上已达到分析纯标准。若取 1mL，加水稀释至 10mL，同样处理，硝酸盐的含量（以 NO_3^- 计）低于 0.05mg，则相应乙酸银样品在此项目上已达到化学纯标准。

(b) 硝酸不溶物的测定 称取 5g 样品，置于烧杯中，加 200mL 水和 5mL 硝酸，盖以表面皿，缓缓加热溶解，冷却，用恒重 4 号玻璃滤坩过滤，以水洗涤滤渣至洗液无银离子反应，于 105～110℃烘干至恒重。若滤渣质量不大于 1.5mg，则相应样品在此项目上已经达到分析纯和化学纯标准。

(c) 盐酸不溶物的测定 称取 5g 样品，置于烧杯中，加 200mL 水和 5mL 硝酸，盖以表面皿，缓缓加热溶解，冷却，用 4 号玻璃滤坩过滤，以水洗涤滤渣至洗液无银离子反应，洗液和滤液合并，稀释至 250mL，煮沸，在搅拌下滴加 10mL 6mol/L 的盐酸，在水浴上加热，继续搅拌至沉淀形成较大的凝乳状颗粒。在暗处放置 2h，稀释至 300mL，过滤。取 240mL 滤液，注入恒重坩埚，蒸发至干，于 800℃灼烧至恒重（保留残渣）。同时做空白试验。样品和空白试验的残渣质量之差如果不大于 1.2mg 和 2.0mg，则相应的样品在此项目上已经达到分析纯和化学纯标准。

(d) 杂质铁的测定 将测定盐酸不溶物的残渣，加 2mL 盐酸和 2mL 水，在水浴上蒸干，用 1mL 盐酸及 20mL 水溶解，稀释至 40mL。取 10mL，稀释至 25mL，加 1mL 盐酸、30mg 过硫酸铵及 2mL 25%的硫氰酸铵溶液，用 10mL 正丁醇萃取，与有关标准溶液比较颜色的深浅。标准溶液是取一定量的铁溶液，稀释至 25mL，与同体积样品溶液同时同样处理。若样品溶液有机层所呈红色处于两个标准溶液之间，则样品中铁的含量也处于这两个标准溶液的含铁量之间，报告结果时以不大于这两个标准溶液中含铁量最大的级别表示。在分析纯和化学纯产品中，采取上述方法测试的含铁量应该低于 0.01mg（以 Fe 计）。

(e) 杂质铜、铅的测定 称取 10g 样品，加 20mL 水润湿，加 10mL 硝酸，缓缓加热溶解，冷却，滴加约 10mL 6mol/L 的盐酸，并不断搅拌至沉淀完全。放置澄清后，过滤，沉淀中加 10mL 5mol/L 的硝酸、4mL 水，缓慢加热煮沸 1min，并不断搅拌研细沉淀，以同一滤纸过滤（重复处理沉淀三次），合并滤液及洗液，缓慢加热浓缩至约 5mL，然后于水浴上蒸干，加 1mL 0.1mol/L 的盐酸和 10mL 水温热溶解，稀释至 25mL。分别用铜和铅的空心阴极灯，在波长分别为 324.7nm 和 283.3nm 处用原子吸收分光光度法测定铜和铅的含量。

(f) 杂质铋的测定 称取 2g 样品，加 5mL 水和 3mL 硝酸，不断搅拌使样品溶解，加热至沸，冷却，在搅拌下滴加 20%的氯化钾溶液约 5.5mL，放置澄清后，过滤，沉淀中加 2mL 5mol/L 的硝酸、5mL 水，缓慢加热煮沸 1min，并不断搅拌研细沉淀，以同一滤纸过滤（重复处理沉淀三次），合并滤液及洗液，稀释至 40mL。取 20mL，加 2mL 5mol/L 的硝酸，稀释至 25mL，加 5mL 饱和硫脲溶液，摇匀。在此同时，取一定量的铋（Bi）溶液，加 5mL 5mol/L 的硝酸，稀释至 25mL，加 5mL 饱和硫脲溶液，摇匀。若样品溶液所呈黄色处于两个标准溶液之间，则样品中铋的含量也处于这两个标准溶液的含铋量之间，报告结果时以不大于这两个标准溶液中含铋量最大的级别表示。在分析纯和化学纯产品中，采取上述方法测试的含铋量应该低于 0.05mg（以 Bi 计）。

(g) 澄清度试验 称取 2.5g 样品，置于烧杯中，加 100mL 水和 2.5mL 硝酸，盖以表面皿，避光缓缓加热溶解，冷却。取分析纯和化学纯乙酸银按上述方法同时同样处理，得到澄清度标准溶液，立即比浊。若样品溶液的浊度处于两个标准溶液之间，则样品的澄清度指标也处于这两个标准溶液的澄清度之间,报告结果时以不大于这两个标准溶液中浊度最大的级别表示。若样品溶液的浊度比分析纯标准小,则样品的澄清度指标达到分析纯标准;若样品溶液的浊度比化学纯标准大,则样品的澄清度指标还没有达到化学纯标准。

c. 其他项目的检验　乙酸银产品的目测结果应该是白色或无色结晶或结晶性粉末,不含有黑色、灰色颗粒,产品不能呈暗色。产品包装同碳酸银,瓶外标识上应有避光标志。

5.3.3.2　黄金深加工产品的质量分析

(1) 氰化亚金钾产品的质量分析

① 金含量测定　氰化亚金钾产品中金的含量一般是将氰化亚金钾中的金转变为单质金形式,再用重量法进行测定。在氰化亚金钾产品中,Au^+ 除了绝大部分以 $[Au(CN)_2]^-$ 形式存在外,还有少量 Au^+ 以 $[Au(CN)_4]^-$ 或自由 Au^+ 形式存在,通过测定产品中游离氰根和总氰根的量,可以推算出产品中以 $[Au(CN)_2]^-$ 形式存在的金量,折算成 $KAu(CN)_2$ 表示即为氰化亚金钾产品的主产品含量。氰化亚金钾产品目前尚无国家标准或行业标准。

a. 铅试金法　试金重量法是一种经典的方法。该法分析结果准确度高,精密度好,适应性强,测定范围广。因铅试金法具有其独特的优点,目前在地质、矿山、冶炼部门仍把铅试金法作为试金的标准方法。该法的致命缺点是铅对环境的污染和对人体的危害。

该法是用电解铅皮将试样和加入的纯银包好,放入事先预热的灰皿中,在高温下试样中的金与金属铅在灰皿中进行氧化熔炼(即灰吹),铅又被氧化成氧化铅后再被灰皿吸收,而金、银则不被氧化而以金属珠的形式留在灰皿上。所得到的金银合粒用硝酸溶解银,留下的金直接进行称重。由于在灰吹操作中金会有些损失,为此在熔炼时加入一定量的银。

(a) 主要试剂和仪器　电解铅皮:铅含量不小于 99.99%。纯银:含量≥99.99%。硝酸:分析纯,使用前要检查氯化物、溴化物、碘化物和氯酸盐,然后与水配制成 1+7、1+2 的溶液。试金天平:感量 0.01mg。高温电阻炉(最高温度 1300℃)。灰皿:将骨灰和硅酸盐水泥(400 号)按 1:1(质量比)混匀,过 100 目筛,然后用水混合至混合物用手捏紧不再散开为止,放灰皿机上压制成灰皿,阴干两个月后使用。分金坩埚:容积为 30mL 的瓷坩埚。

(b) 测定步骤　称取 1g 样品,准确至 0.0002g,将试样放在重 20g 的纯电解铅皮上包好,并压成块,用小锤锤紧,放在预先放入 900~1000℃的灰吹炉中预热 30min(以驱除灰皿中的水分和有机物)的灰皿中,关闭炉门,待熔铅去掉浮膜后,半开炉门使炉温降到 850℃进行灰吹。待灰吹接近结束时,再升温到 900℃,使铅彻底除尽,并出现金银合粒的闪光点后,立即移灰皿至炉口处保持 1min 左右,取出冷却。

用镊子从灰皿中取出金银合粒,除掉粘在合粒上的灰皿渣,将合粒放在小铁砧板上用小锤锤扁至厚约 0.3mm,放入分金坩埚中,加入热至近沸 1+7 的硝酸 20mL,在沸水浴上分金 20min,取下坩埚,倾去酸液,注意勿使金粒倾出;再加入热至近沸的 1+2 的硝酸 15mL,保持近沸约 15min。倾出硝酸,用去离子水洗涤 3~4 次,将金片倾入瓷坩埚,盖上盖、烘干,放入 600℃高温炉内灼烧 2~3min,取出冷却,用试金天平称重(质量用 m 表示)。按下式计算试样中金的百分含量(X,%):

$$X = (m \times 100)/m_s$$

式中,m 为称得的金的质量,g;m_s 为称取的试样量,g。

二次平行测定结果的差值不得大于 0.2%,取其算术平均值为测定结果。

b. 湿法重量法　该法是将氰化亚金钾在酸性溶液中加热使金析出,经冷却、过滤、洗涤、灼烧后称量,由金折算成氰化亚金钾的质量可计算氰化亚金钾的含量。

称取 1g 样品(称准至 0.0002g)置于 250mL 三角烧瓶中,加入硫酸 15mL,缓缓加热至金析出并冒出浓的白烟,冷却至室温。缓缓加入去离子水 100mL,冷却,用定量滤纸过滤,用热水洗涤至滤液无 SO_4^{2-},转移沉淀物至已于 800℃恒重的瓷坩埚中,灰化,再于 800℃灼烧至恒重。同时做空白试验。以质量百分数表示的氰化亚金钾的含量(X,%)按下式计算:

$$X = [(m_1 - m_0) \times 1.4627 \times 100]/m_s$$

式中,m_s 为样品的质量,g;m_1 为金和坩埚的质量,g;m_0 为坩埚的质量,g;1.4627 为金(Au)折算成氰化亚金钾 $[KAu(CN)_2]$ 的系数。

二次平行测定的结果差值不大于 0.2%,取其算术平均值为测定结果。

与火试金重量法相比,湿法重量法存在一定的弱点,如准确度不太高,操作烦琐,选择性较差,干扰元素较多。但采用此法可以避免铅试金法所带来的铅对环境的污染和对人体的危害,故在测定氰化亚金钾的含金量时,此法被广泛采用。

② 产品总氰和游离氰含量的测定   参见氰化银钾产品质量分析。

③ 杂质元素的测定   氰化亚金钾产品中杂质金属元素一般以原子吸收分光光度法测定,有关方法、仪器和标准溶液等参见氰化银钾产品的杂质元素测定。

④ 其他项目的检验   氰化亚金钾产品除了金含量测定和杂质元素含量测定以外,产品外观测定、产品主含量 $[KAu(CN)_2]$ 测定、水不溶物测定等也是经常要做的项目。

a. 产品外观   氰化亚金钾产品目测应为无色或白色晶体,没有黄色、黑色或暗色颗粒。

b. 水溶性试验   称取 2g 样品(称准至 0.2g)置于 50mL 比色管中,加入 20mL 水,微热至 25℃,使样品全部溶解,溶液呈无色透明、无浑浊乳化现象、无不溶杂质为合格。

c. 产品主含量 $[KAu(CN)_2]$ 测定   见氰化银钾产品总氰和游离氰含量测定。

d. 产品包装   用广口塑料瓶包装,每瓶质量(净重)由供需双方商定,一般为 50g 或 100g。瓶口有密封装置,瓶外标识上应有剧毒品标志。

(2) 氯金酸(氯化金)产品的质量分析

① 含量测定   氯金酸(氯化金)产品中金的含量测定与氰化亚金钾一样,通常是将产品中的金转变为单质金形式,再用重量法进行测定。

称取 0.5g 样品,称准至 0.0002g,置于烧杯中,加 100mL 水溶解,加 20mL 10% 的热草酸溶液,立即盖上表面皿。反应完毕后,用水洗净表面皿,在水浴上蒸至约 10mL,用无灰滤纸过滤,以热水洗涤滤渣至洗液无氯离子反应,烘干,加热炭化,于 800℃灼烧至恒重。Au 含量(X,%)按下式计算:

$$X = (m \times 100)/m_s$$

式中,m 为沉淀的质量,g;m_s 为样品质量,g。

② 杂质元素的测定

a. 醇与醚混合液溶解试验   称取 0.5g 样品,称准至 0.01g,置于烧杯中,加 15mL 乙醇-乙醚混合液(1+1),搅拌均匀,溶液应澄清无不溶物。

b. 碱金属及其他金属含量的测定   称取 0.5g 样品,称准至 0.01g,置于烧杯中,加 15mL 乙醇-乙醚混合液(1+1),搅拌均匀,所得溶液在水浴上蒸干。加 5mL 水,缓缓加 15mL 热的饱和草酸铵溶液。反应完毕后,蒸干并缓缓灼烧,冷却,加 5mL 5mol/L 的硝酸,在水浴上加热 15min,加 10mL 热水,过滤,用稀硝酸(1+99)洗涤,将滤液和洗液合并,注入恒重坩埚中,蒸干,于 800℃灼烧至恒重。残渣质量即为杂质金属的含量。试剂级产品的残渣质量不能大于 1.0mg。

c. 含氮量的测定   称取 0.5g 样品,称准至 0.0001g,置于 500mL 定氮瓶中,加 10g 粉状硫酸钾和 0.5g 粉状硫酸铜,沿瓶壁加入 20mL 硫酸,并将附着于瓶壁的粉末洗至瓶中。瓶口置一个玻璃漏斗，并使烧瓶成 45°角斜置装好，缓缓加热，使溶液的温度保持在沸点以下。泡沫停止发生后，使其强热沸腾，溶液由黑色逐渐转为透明，再继续加热 30min，冷却，缓缓加入 20mL 水，摇匀，冷却。沿瓶壁慢慢加入 120mL NaOH 溶液（300g/L）流至瓶底，自成一液层，再加入 2g 锌粒，装好蒸馏装置，预先加 50mL 硼酸溶液（20g/L）和数滴甲基红-亚甲基蓝混合指示剂于 500mL 锥形瓶中，轻轻摇动凯氏定氮瓶，使内容物混合，加热蒸馏出 2/3 液体至锥形瓶中，用水淋洗冷凝管，用盐酸标准溶液 $[c(HCl)=0.1mol/L]$ 滴定至溶液由绿色变为灰紫色。同时做空白试验。样品含氮量按下式计算：

$$X=[(V_1-V_2)\times c\times M\times 100]/m_s$$

式中，X 为样品含氮的百分数，%；V_1 为盐酸标准溶液的用量，mL；V_2 为空白试验盐酸标准溶液的用量，mL；c 为盐酸标准溶液的物质的量浓度，mol/L；m_s 为样品质量，g；M 为与 1.00mL 盐酸标准溶液（1.000mol/L）相当的含氮样品的质量，g/mL。

试剂级产品中含氮量（以 N 计）应低于 0.01%。

③ 其他项目的检验　氯金酸产品目测应为金黄色晶体或金黄色溶液，液体状态应没有黄色或黑色沉淀。产品包装：应该用广口玻璃瓶包装固体产品，用细磨口瓶包装液体产品。每瓶净重或净含量由供需双方商定，一般为 50g 或 100g。瓶口有密封装置，瓶外标识上应有氧化剂和易碎品标志。

（3）亮金水产品的质量分析

① 含量测定　亮金水产品含金量测定仍是采用重量法，即将亮金水灼烧除去有机物，残渣用焦硫酸钾熔融并用稀硝酸处理除去杂质，灼烧纯金渣后称重。

将样品瓶充分摇匀，至瓶底完全不见沉淀物后，立即用分析天平以减量法准确称取亮金水 1.5～2g，准确至 0.0001g，置于已恒重的 50mL 容量的瓷坩埚中。坩埚中预先垫有约 1.5g 脱脂棉，使亮金水全部吸收在棉团之中。置坩埚于电炉板上缓缓炭化，然后移坩埚于马弗炉内，在 700℃灼烧至完全炭化，约 20min。取出冷却，加入 6g 焦硫酸钾，反盖坩埚盖，放回马弗炉内，在 600℃熔融 20min。冷却，用热水浸提熔块于 250mL 容量的烧杯中，洗净坩埚及盖，加入为溶液体积 1/3 的硝酸煮沸，稍冷，用中速滤纸过滤，用 1+3 的稀硝酸洗涤数次，再用热水洗至无硫酸根为止（用 10%的氯化钡溶液检查滤液无白色沉淀产生）。将滤纸连同金渣放回原坩埚中，先低温炭化，后在 800℃马弗炉内灼烧 10min，取出放入干燥器中保持 40min，至恒重，称重。Au 含量（X，%）按下式计算：

$$X=(m\times 100)/m_s$$

式中，m 为金的质量，g；m_s 为样品质量，g。

平行测定结果的偏差不大于 0.04 %，取其算术平均值为测定结果。

② 杂质元素的测定　因亮金水产品中必须含有其他金属元素，故亮金水中的其他元素含量测定不能称为杂质元素含量测定。其他金属元素通常采用原子吸收分光光度法测定，有关方法、仪器和标准溶液等参见氰化银钾产品的杂质元素测定。

③ 其他项目的检验　亮金水的其他项目检测要求比其他含银或含金产品高得多。亮金水产品质量好坏的决定性因素不仅是金含量，更主要的是金色是否纯正，黏度、干速和描金性能是否恰当，烧结温度的高低和附着力、遮盖力是否合适。对于亮金水而言，其主要功能是表面装饰，金含量过高不一定装饰效果就好。因此，判断一个亮金水产品的质量如何，上述其他项目的检测结果非常重要。

a. 运动黏度的测定　先用已知运动黏度的环己酮（30℃时，运动黏度为 36.1×10⁻⁶ m²/s，奥氏黏度计，毛细管内径为 1.5mm）在奥氏黏度计中测得流出时间，按 $k=y_1/t_1$ 求得黏度计常

数 k，单位 m^2/s^2，式中 y_1 和 t_1 分别为已知运动黏度液体的运动黏度和流出时间。然后用亮金水代替已知运动黏度的液体，测得流出时间 t_2，按 $y_2 = kt_2$ 计算亮金水的运动黏度 y_2。

b. 描绘性能检测　用描金笔蘸上适量亮金水试样，在清洁干燥的瓷片上按通常的描金厚度，画不同的粗细线条和交叉线条，以了解亮金水描绘是流畅还是滞笔。放置几分钟，观察线条是保持原来宽度还是加宽，交叉线角轮廓是清晰还是变圆。

c. 涂刷面积测定　将 $2 \sim 3g$ 亮金水置于清洁的小玻璃瓶中，插入一支毛笔，准确称重。取出带亮金水的毛笔，在瓷或玻璃试片上画 $3cm \times 5cm$ 的长方形块，整块涂层厚度应均匀。画完后，将笔放回原瓶，再准确称重，两次质量之差即为耗用亮金水的量 G。涂刷的长方形块的面积 S（$3cm \times 5cm$）与 G 的比值即为涂刷面积。一般亮金水产品在出厂时都规定有涂刷面积，将测定值与规定值比较，判断亮金水在此项目上是否合格。

d. 干速测定　用描金笔蘸上适量亮金水试样，在清洁干燥的瓷片上按通常的描金厚度，画不同的粗细平行线或交叉线共 20 条，画完后记下时间。将试片放在 $25℃$ 左右的实验室或恒温箱中，每隔 $10min$ 用手指轻轻点触金线。当中等厚度的金线不粘手指时，记下时间，两次时间差为干速。

e. 彩烧温度的检测　按涂刷面积测定中所用的方法涂刷标准面积的两块试片，分别在彩烧温度的上下限彩烧。彩烧方法是：将一块试片放入马弗炉中央，热电偶尖端的下方，用耐火支架支起试片使之离炉底约 $7cm$，关上炉门，通电升温。在 $400℃$ 前后，炉门应留一小缝排烟，$400℃$ 以后紧闭炉门，一直烧到规定的下限温度，保温 $15min$，冷却，取出试片。按同一方法将另一试片升温至上限温度，同样处理。

检查各温度的试片的金层附着力，检查灼烧到上限温度的试片有无脱色现象，附着牢、无脱色者为合格。对亮金水而言，耐灼烧温度越高，质量越好。

f. 金色检验　用涂刷面积测定中所用的方法涂刷标准面积的三块试片，分别在烧成温度范围内灼烧。观察所得金色块。合格亮金水所得的金色应该光亮、纯正，距离 $50mm$ 目测时，三块中只允许有一个直径不大于 $0.3mm$ 的圆形斑点。

g. 附着力检验　用涂刷面积测定中所用的方法涂刷标准面积的两块试片，分别在烧成温度范围内烧成。取出后在室温下放置 $4h$，然后置于金色磨耗仪上固定，将 5 层棉布装在磨头上进行记数摩擦试验。必要时可在磨头上预先放置砝码。达到规定的摩擦次数后，取出试片，观察摩擦中心，无脱金露底现象为合格。对不同用途的亮金水，其规定的附着力不一样。

（4）亮钯金水产品的质量分析

① 含量测定

a. 亮钯金水金含量的测定　将亮钯金水灼烧除去有机物，用甲酸钠还原氧化钯为金属钯，用王水溶解金、钯，过滤分离不溶物，用亚硝酸钠还原氯化金为金，滤出金沉淀，灼烧称重。

具体操作为：将样品充分摇匀，至瓶底完全不见沉淀物后，立即用分析天平以减量法准确称取亮钯金水样品 $3g$ 左右，置于预先放有约 $1.5g$ 脱脂棉的 $50mL$ 容量的瓷坩埚中。先低温炭化，然后移入马弗炉内，在 $800℃$ 灼烧 $15min$，冷却，将全部灼烧物倒入 $250mL$ 容量的烧杯中。坩埚用 $3 \sim 4mL$ 水冲洗一次，使洗液润湿金灰，加入约 $0.3g$ 甲酸钠，盖上表面皿，加热至微沸 $2min$。然后向杯中加入 $15mL$ 盐酸、$5mL$ 硝酸，加热溶解，并浓缩至 $3mL$ 左右，取出表面皿，将烧杯移到沸水浴上加热，浓缩至近干，加 $4mL$ 盐酸，蒸发至 $1.5mL$，重复加盐酸操作一次。取出烧杯，用温水稀释金液，直至产生铋水解物白色沉淀为止。趁热过滤，用温水洗涤烧杯与滤纸数次，至滤纸无色为止。将滤液加热至近沸，在搅拌下，逐滴加入 15% 的亚硝酸钠溶液还原金，至 pH 值为 5 时止（投入小片广泛试纸，湿后立即观察）。煮沸 2min，稍冷，用慢速滤纸过滤金沉淀，用温水洗烧杯及滤纸 5～6 次（将滤液移至一边留待测钯用），用温水继续洗滤纸至无氯离子为止（用 1％ 硝酸银检查）。用小片滤纸擦下烧杯中的金，将滤纸连同金放入已恒重的坩埚中，低温炭化后，置马弗炉内，于 800℃ 灼烧 10min，冷却，移入干燥器中保持 40min，称重。Au 含量（X，％）按下式计算：

$$X = (m \times 100)/m_s$$

式中，m 为金质量，g；m_s 为样品质量，g。

平行测定结果的偏差不大于 0.04 ％，取其算术平均值为测定结果。

b. 亮钯金水钯含量的测定　将上述金含量测定中过滤金沉淀的滤液用盐酸煮沸，破坏亚硝酸钯的配合物，使络合钯转化为氯化亚钯，然后用丁二酮肟沉淀为丁二酮肟钯，过滤、烘干、称重。测定步骤如下。向上述金含量测定中留下的钯溶液中加入 7mL 盐酸，加热煮沸 5min。冷却至温热后，加入 1％ 的丁二酮肟乙醇溶液 35mL，缓缓搅匀后，放置 1h，用已烘至恒重的 4 号玻璃砂芯坩埚抽滤，用 1％ 的盐酸溶液 100mL 洗烧杯及沉淀，再用 100mL 水洗涤，置玻璃坩埚于烘箱中 110℃ 烘干 1h，冷却，移入干燥器中保持 40min，称重。Pd 含量（X，％）按下式计算：

$$X = [0.3161(m - m_0) \times 100]/m_s$$

式中，m 为坩埚和钯沉淀的质量，g；m_0 为空坩埚的质量，g；m_s 为样品的质量，g；0.3161 为沉淀中钯的换算因子。

② 其他金属元素含量和其他项目检验　同亮金水。

5.3.3.3　铂和钯深加工产品的质量分析

(1) 氯铂酸及其盐的产品质量分析

① 铂含量测定　对于氯铂酸（晶体状态时的化学式为 $H_2PtCl_6 \cdot 6H_2O$）中铂的含量测定，通常是将产品中的铂通过氯铂酸铵沉淀，再灼烧转变为单质铂形式，再用重量法进行测定。

称取 0.5g 氯铂酸样品，称准至 0.0002g，溶于 100mL 水中（必要时过滤，充分洗涤滤纸，将滤液及洗液合并，在水浴上蒸发至原体积），加 10mL 饱和氯化铵溶液，放置 18～24h。用无灰滤纸过滤，以 20mL 饱和氯化铵溶液洗涤，将沉淀移入恒重的坩埚中，烘干，炭化，于 800℃ 灼烧至恒重。Pt 含量（X，％）按下式计算：

$$X = (m \times 100)/m_s$$

式中，m 为沉淀的质量，g；m_s 为样品的质量，g。

氯铂酸晶体产品的含铂量应不少于 37.0％。氯铂酸铵产品直接灼烧至恒重计算含铂量。氯铂酸钾产品则溶于硝酸后同氯铂酸处理，计算含铂量。

② 杂质测定

a. 水溶解试验　称取 1g 氯铂酸样品，加入 10mL 水，应该全部溶解。氯铂酸钾和氯铂酸铵不溶于水。

b. 硝酸盐含量的测定　量取氯铂酸水溶解试验的溶液 1mL，稀释至 10mL，加 2g 氯化铵，过滤。取滤液 5mL，稀释至 10mL，加 1mL 10％ 的氯化钠溶液，1mL 0.001mol/L 的靛蓝二磺酸钠溶液，在摇动下于 10～15s 内加 10mL 硫酸，放置 10min。在进行上述操作的同时，配制一系列含量不同的硝酸盐标准溶液，稀释至 10mL，与同体积的样品溶液同样处理。若样品溶液的蓝色处于某两个标准溶液之间，则样品中硝酸盐的含量也处于这两个标准溶液的硝酸盐含量之间，报告结果时以不大于这两个标准溶液中最高硝酸盐含量表示。若产品中硝酸盐的含量数值低于 0.02mg，则相应氯铂酸产品在此项目上已达到分析纯标准。氯铂酸钾和氯铂酸铵产品不做此项检测。

c. 硝酸可溶物的测定　量取氯铂酸水溶解试验的溶液 5mL，注入坩埚中，在水浴上蒸干，缓缓加热分解，于 800℃灼烧，冷却，加 15mL 5mol/L 的硝酸，在水浴上加热 15min，过滤。用稀硝酸（1+99）洗涤，合并滤液及洗液，注入恒重的坩埚中，蒸干，于 800℃灼烧至恒重，称量残渣质量。氯铂酸产品的残渣质量不大于 1.0mg 为合格。氯铂酸铵产品直接灼烧后同上处理。氯铂酸钾产品则溶于硝酸后同氯铂酸处理。

③ 其他项目的检验　氯铂酸产品目测应为红褐色晶体或红褐色溶液，液体状态应没有黑色沉淀。氯铂酸钾产品和氯铂酸铵产品应为黄色晶体。产品包装：应该用广口玻璃瓶包装固体产品，用细磨口瓶包装液体产品。每瓶净重或净含量由供需双方商定，一般为 50g 或 100g。瓶口有密封装置。

（2）铂盐[二亚硝基二氨合铂(Ⅱ)]产品的质量分析

① 铂含量测定　称取 0.5g Pt 盐样品，称准至 0.0002g，溶于 10mL 水中，加盐酸 5mL，蒸干。加入 5mL 水和 5mL 盐酸，再蒸至浆状。加入 100mL 水、5g 无水乙酸钠和 1mL 甲酸，加盖，在水浴上加热 6h，用无灰滤纸过滤，以热水洗涤数次，将沉淀及滤纸一同移入已知恒重的坩埚中，干燥，炭化，于 800℃灼烧至恒重。Pt 含量（X,%）按下式计算：

$$X = (m \times 100)/m_s$$

式中，m 为沉淀的质量，g；m_s 为样品质量，g。

② 亚硝酸根含量的测定　Pt 盐[二亚硝基二氨合铂(Ⅱ)，$(NH_3)_2Pt(NO_2)_2 \cdot 2H_2O$]中亚硝酸根的含量高低可以反映出 Pt 盐的主含量高低。测定方法是将 Pt 盐溶解于酸性溶液中，用过量 $KMnO_4$ 将亚硝酸根定量还原为硝酸根，再用 Fe^{2+} 溶液回滴过量的 $KMnO_4$。

$$2MnO_4^- + 5NO_2^- + 6H^+ \longrightarrow 2Mn^{2+} + 5NO_3^- + 3H_2O$$
$$MnO_4^- + 5Fe^{2+} + 8H^+ \longrightarrow Mn^{2+} + 5Fe^{3+} + 4H_2O$$

称取 0.5g Pt 盐样品，称准至 0.0002g，溶于 10mL 水中。吸取 50mL 0.02mol/L 的 $KMnO_4$ 标准溶液置于 500mL 烧杯中，加 1mol/L 的硫酸 250mL，加热至 40℃。用移液管将 Pt 盐溶液全部转入上述 $KMnO_4$ 溶液中，用少量去离子水洗涤装 Pt 盐的容器及移液管，洗液也并入 $KMnO_4$ 溶液中。充分搅拌，用 0.1mol/L 的硫酸亚铁铵标准溶液滴定至红色消失为终点。NO_2^- 的含量（X,%）按下式计算：

$$X = [5 \times (50 - KV) \times c \times 10^{-3} \times M \times 100]/(2 \times m_s)$$

式中，K 为 1mL 标准硫酸亚铁铵溶液相当于 $KMnO_4$ 标准溶液的体积，mL；V 为耗用标准硫酸亚铁铵溶液的体积，mL；c 为 $KMnO_4$ 标准溶液的物质的量浓度，mol/L；M 为 NO_2^- 的摩尔质量，g/mol；m_s 为样品质量，g。

因目前尚无有关标准，Pt 盐的其他质量要求根据供销双方约定执行。

（3）二氯化钯产品的质量分析

二氯化钯产品有无水二氯化钯（不溶于水）和水合二氯化钯两种。在分析时将有关产品溶于硝酸制样，用丁二肟钯沉淀的重量法测定钯含量，用原子吸收分光光度法测定杂质金属的含量。

① 钯含量的测定　称取 0.5g 二氯化钯样品，称准至 0.0002g，溶于 10mL 硝酸中，在不断搅拌下加入 10mL 1% 的丁二肟乙醇溶液，静置 1h。用 4 号玻璃漏斗过滤，以水洗涤沉淀至无丁二肟反应（在氨性溶液中，用镍离子检试）。将坩埚及沉淀于 100～120℃烘 30min，冷却后称重 m(g)。Pd 含量（X,%）按下式计算：

$$X=(m\times0.3161\times100)/m_s$$

式中，m 为沉淀的质量，g；0.3161 为 106.4/336.62，即 $M_{(Pd)}/M_{[Pd(C_4H_7O_2N_2)_2]}$；$m_s$ 为样品的质量，g。

② 氯含量测定　称取 0.5g 二氯化钯样品，称准至 0.0002g，溶于 10mL 硝酸中，用 5% 的 $NaHCO_3$ 溶液中和至近中性（用石蕊试纸指示，试纸由红刚好变蓝为接近中性）。加入 K_2CrO_4 溶液 1mL，用 0.1mol/L 的 $AgNO_3$ 标准溶液滴定至沉淀带微红色为终点。产品的总氯含量 x（以 Cl^- 计，%）按下式计算：

$$X=(c\times V\times M\times10^{-3}\times100)/m_s$$

式中，c 为 $AgNO_3$ 标准溶液的物质的量浓度，mol/L；V 为耗用 $AgNO_3$ 标准溶液的体积，mL；M 为 Cl^- 的摩尔质量，g/mol；m_s 为样品的质量，g。

根据产品的钯含量和总氯含量可以分析产品中钯的存在形态。

③ 杂质金属元素的含量分析　用原子吸收分光光度法测定杂质金属的含量，参考硝酸银产品中杂质金属元素含量的分析方法。另外，Au、Ag、Pt、Rh 等贵金属的含量也用此法测定，它们也是二氯化钯产品的杂质金属。

(4) 二氯化四(或二) 氨合钯(Ⅱ) 质量分析

二氯化四氨合钯(Ⅱ)和二氯化二氨合钯(Ⅱ)产品的含钯量测定除采用二氯化钯产品含钯量相同的方法外，还可用 EDTA 返滴定法测定。产品总氯含量和杂质金属含量测定同二氯化钯产品。

称取 0.5g 二氯化四氨合钯(Ⅱ)和二氯化二氨合钯(Ⅱ)样品，称准至 0.0002g，溶于 10mL 硝酸中，在不断搅拌下用乙酸钠溶液调 pH 值为 5.5。加入已知过量的 EDTA (0.05mol/L)，充分搅拌。加少量甲基麝香草酚蓝（1g 与 100g 硝酸钾研细而得），用硫酸锌标准溶液回滴至由黄色转蓝色为终点。Pd 的含量（X，%）按下式计算：

$$X=[(c_2V_2-c_1V_1)\times10^{-3}\times M\times100]/m_s$$

式中，c_2、V_2 分别为 EDTA 标准溶液的物质的量浓度及体积；c_1、V_1 为分别为硫酸锌标准溶液的物质的量浓度及体积；M 为钯的摩尔质量，g/mol；m_s 为样品质量，g。

5.3.3.4　其他铂族金属深加工产品的质量分析

(1) 三氯化铑产品的质量分析

三氯化铑产品有无水三氯化铑（不溶于水）和水合三氯化铑两种。在分析时将有关产品溶于硝酸制样，用亚硝酸钠和硝酸六氨合钴 $[Co(NH_3)_6(NO_3)_2]$ 溶液使 Rh 以 $[Rh(NO_2)_6Co(NH_3)_6]$ 复盐形式沉淀析出，用重量法测定铑含量，用原子吸收分光光度法测定杂质金属的含量。

称取 0.1g 三氯化铑样品，称准至 0.0002g，溶于 10mL 硝酸中，稀释至 100mL。加热至 60℃，在不断搅拌下加入 5g 亚硝酸钠，继续加热煮沸。在剧烈搅拌下加入 20mL $Co(NH_3)_6(NO_3)_2$ 饱和溶液，继续搅拌至有大量沉淀析出，在沙浴上陈化 10min，将烧杯浸入冷水中冷却 1h 左右，用预先洗净、干燥和称量好的 4 号玻璃坩埚抽滤，用带橡皮头的玻璃棒将黏附在烧杯上的沉淀擦下，用 $Co(NH_3)_6(NO_3)_2$ 溶液将烧杯中的沉淀完全洗入坩埚中；用同样洗液再洗涤沉淀 2 次，用无水乙醇洗涤 3 次，乙醚洗涤 1 次。将玻璃坩埚放在玻璃抽空干燥器中抽空气 30min 以干燥沉淀，取出称量。铑的复盐沉淀质量乘以换算因子即可得铑的质量。Rh 含量（X，%）按下式计算：

$$X=[(m_1+m_2)-m_2]\times0.19054\times100/m_s$$

式中，m_1 和 m_2 分别为沉淀的质量和坩埚的质量，g；0.19054 为铑的复盐对 Rh 的换算因子；m_s 为样品质量，g。

产品总氯含量和杂质金属含量的测定同二氯化钯产品。

其他铑的深加工产品［如磷酸铑、硫酸铑、一氯三苯基膦合铑（Ⅰ）和三氧化铑等］的质量分析与三氯化铑相似。

（2）氯铱酸和氯铱酸铵产品的质量分析

氯铱酸和氯铱酸铵产品的含铱量一般采用电流滴定方法进行测定。在酸性条件下，以铂电极为指示电极、饱和甘汞电极为参比电极，选择 0.5V 电位，用硫酸亚铁铵标准溶液滴定，用作图法确定终点。

称取 0.1g 氯铱酸样品或氯铱酸铵样品，置于 50mL 烧杯中，加入 10mL 盐酸和 10mL 水。先加入 9.00mL 0.005mol/L 的硫酸亚铁铵标准溶液，再插入电极，选择 0.5V 电位，再用硫酸亚铁铵标准溶液滴定剩余的铱量。记录滴定剂的体积和相应的电流值，用作图法确定终点。Ir 含量（X，%）按下式计算：

$$X = (T \times V \times 100)/m_s$$

式中，V 为滴定所消耗的硫酸亚铁铵标准溶液的体积，mL；T 为硫酸亚铁铵标准溶液对 Ir 的滴定度，mg/mL，由硫酸亚铁铵标准溶液滴定 Ir 标准溶液（1.00mg/mL）而确定；m_s 为样品质量，mg。

产品总氯含量和杂质金属含量的测定同二氯化钯产品。

（3）氯钌酸铵产品的质量分析

含钌深加工产品的含钌量分析，一般是将产品转入溶液，以硫脲分光光度法测定钌。

称取 0.1g 氯钌酸铵样品，置于 50mL 烧杯中，加入 5mL 盐酸和 10mL 水溶解。将溶液转入 50mL 容量瓶中，加入 15mL 盐酸-乙醇（1+1）混合溶液和 5mL 硫脲溶液，混匀，于 80～85℃水浴上加热 10min，取出，在冷水中冷却至室温，用盐酸-乙醇混合溶液稀释至刻度，混匀。用 1cm 液槽于 620nm 处，以试剂空白作参比，测定吸光度。标准曲线的绘制：吸取 1.00mL、2.00mL、3.00mL、4.00mL、5.00mL、6.00mL 的钌标准溶液（0.10mg/mL）分别置于 50mL 容量瓶中，同上显色和测定吸光度，绘制标准曲线。Ru 含量（X，%）按下式计算：

$$X = (m \times 100)/m_s$$

式中，m 为根据试液吸光度在标准曲线上查得的 Ru 的质量，mg；m_s 为样品质量，mg。

产品总氯含量和杂质金属含量的测定同二氯化钯产品。其他含钌深加工产品（如四氧化钌、水合二氧化钌和三氯化钌等）除制样方法与氯钌酸铵产品有所不同外，测定方法相似。

（4）三氯化钌产品的质量分析

三氯化钌是多相催化或均相催化、电子、电镀、涂层等领域的重要化工原料，还可用于生产高纯度的钌化合物。根据国内实际生产水平以及应用领域的不同要求，三氯化钌的产品一般多加工成固体状或液体状（三氯化钌盐酸水溶液）。固体状三氯化钌为带有光泽的晶体颗粒，其颜色因含结晶水的不同而有差异，一般呈灰褐色或暗红色，极易潮解，溶于水、醇中，在热水中分解；液体三氯化钌为红棕色，具有很强的酸性，可与水、醇互溶且钌含量较高，黏度较大。三氯化钌中钌的测定一直是贵金属检测中比较困难的课题，常用的方法有催化光度法、原子吸收光谱法、硫脲显色分光光度法和重量法。但是，在实际测定中，催化光度法仅限于低含量钌的测定，原子吸收光谱法测定钌含量误差较大，硫脲显色分光光度法灵敏度不高，分析周期长。

通氢还原重量法是测定三氯化钌中钌含量的一种准确、快速、实用的方法。该法步骤如下。准确称取三氯化钌样品于已恒重的石英舟内，置于石英管中并放入管式电炉内。在石英管的入口接入装浓硫酸的洗气瓶，通入氢气约 0.4L/min，升温至 100～120℃，恒温 2h 后，继续升温至 700℃±50℃煅烧还原约 1.5h，将石英舟取出，置于密闭干燥箱内，室温下冷却，准确称量至恒重。

液体样品的分析：根据样品中钌含量的不同，准确称取 0.3000～0.5000g 样品于已恒重的石英舟内，加入光谱纯氯化铵沉淀出深红色的 $(NH_4)_2RuCl_6$ 结晶。将石英舟放入石英管，并移入管式电炉内，在氢气流中低温烘干后（温度控制在 50～60℃），缓慢升温至 450～500℃分解铵盐，然后按上述分析步骤进行操作。

5.4　其他有色金属及其深加工产品的分析

5.4.1　钨的测定

（1）8-羟基喹啉重量法

试样用硫酸-磷酸溶解，在草酸介质中以氯化钠-氢氧化钠沉淀分离铌、钽、铁、锰、铋等元素。在 pH＝1.5～2 的盐酸介质中，以盐酸羟胺还原钼为低价使其与 EDTA 络合，在 pH＝4.5～5.5 的条件下，以 8-羟基喹啉为沉淀剂，单宁、甲基紫为辅助沉淀剂沉淀钨，在 800℃灼烧，以三氧化钨形式称量。用光度法测定残渣中三氧化钨的量来补正结果。

（2）钨酸铵灼烧重量法

试样在少量氟化铵存在下以盐酸、硝酸、高氯酸溶解，浓缩至冒白烟以驱除过剩的氟离子与硝酸根，钨以钨酸析出，过滤，与大部分共存元素分离后，用氨水溶解钨酸，滤液经蒸干、灼烧，以氢氟酸除硅，再灼烧后称量三氧化钨。用光度法测定残渣及滤液中三氧化钨的量，补正结果。试样中含铌、钽、钼量较多时，会使结果偏高。

（3）氯化四苯砷-硫氰酸盐-三氯甲烷萃取分光光度法

试样用酸溶解。在 9.5mol/L 盐酸溶液中，以氯化亚锡将高价铁、钨等离子还原为低价，加入氯化四苯砷后，再加入硫氰酸钠形成黄色的离子缔合物。在 7.5mol/L 盐酸介质中，以三氯甲烷萃取缔合物，并测量其吸光度。显色液中存在 1.5mg 钼、6.0mg 锰、0.075mg 锆、0.75mg 铜、7.5mg 铬、0.75mg 硼、3.75mg 钴、0.75mg 钒、0.125mg 稀土、20.0mg 镍、0.125mg 钛、2.0mg 铝对测定无影响。主要反应如下：

$$2(C_6H_5)_4 \cdot AsCl + H_2[Wo(CNS)_5] \rightleftharpoons [(C_6H_5)_4As]_2 \cdot [Wo(CNS)_5] + 2HCl$$

5.4.2　钼的测定

钼的测定方法很多，有重量法、滴定法和光度法。由于钼在钢中含量常常较低，光度法研究和应用最为普遍。这里介绍硫氰酸盐光度法，该方法也是国家标准方法。

硫氰酸盐光度法测定钼的原理：试样经硝酸分解后，用硫酸（或硫酸-磷酸混合酸）或高氯酸蒸发冒烟，进一步破坏碳化物。在酸性介质中，用 $SnCl_2$ 还原 Fe^{3+} 和 Mo(Ⅵ)。Mo(Ⅴ) 与硫氰酸盐生成橙红色配合物，于 470nm 处测量吸光度。主要反应为：

$$2H_2MoO_4 + 16NH_4CNS + SnCl_2 + 12HCl \Longrightarrow 2[3NH_4CNS \cdot Mo(CNS)_5] + SnCl_4 + 10NH_4Cl + 8H_2O$$

还原剂除 $SnCl_2$ 外，也可以用抗坏血酸或硫脲。不同还原剂所需酸度不同。

该显色体系显色反应速率快，但稳定性较差，特别是受温度影响较大，在 25℃ 时可稳定 30min 以上，温度高于 25℃ 时褪色较快，在 32℃ 以上会因硫氰酸盐分解而迅速褪色。

如果将显色产物用氯仿或乙酸丁酯萃取后在有机相中测定吸光度，稳定性增强。

5.4.3 钒的测定

钒的测定方法主要是滴定法和光度法。滴定法主要是基于氧化还原反应的滴定，常用 $KMnO_4$ 或 $(NH_4)_2S_2O_8$ 氧化剂将钒氧化到五价，然后用亚铁滴定；也可直接用硝酸或硝酸铵氧化后用亚铁滴定，方法简便、迅速。钒的光度分析方法很多，特别是多元配合物光度法研究很活跃，然而实际工作中应用较多的还是钽试剂-氯仿萃取光度法。这里主要介绍高锰酸钾氧化-亚铁滴定法和钽试剂-氯仿萃取光度法。

(1) 高锰酸钾氧化-亚铁滴定法

试样用硫酸-磷酸混合酸经高温加热至冒白烟，待试样分解完全，然后在室温下用 $KMnO_4$ 将钒氧化为五价，用 $NaNO_2$ 除去过量 $KMnO_4$，用尿素除去过剩的 $NaNO_2$，以 N-苯基邻氨基苯甲酸作指示剂，用 Fe^{2+} 滴定 V(V)。主要反应如下：

$$5V_2O_2(SO_4)_2 + 2KMnO_4 + 22H_2O \Longrightarrow 10H_3VO_4 + K_2SO_4 + 2MnSO_4 + 7H_2SO_4$$
$$2KMnO_4 + 5NaNO_2 + 3H_2SO_4 \Longrightarrow 5NaNO_3 + K_2SO_4 + 2MnSO_4 + 3H_2O$$
$$2HNO_2 + (NH_2)_2CO \Longrightarrow CO_2\uparrow + 2N_2\uparrow + 3H_2O$$
$$2H_3VO_4 + 2FeSO_4 + 3H_2SO_4 \Longrightarrow V_2O_2(SO_4)_2 + Fe_2(SO_4)_3 + 6H_2O$$

高锰酸钾氧化钒宜在 3%~8% 硫酸介质中进行。同时注意控制温度在 30℃ 以下，$KMnO_4$ 用量为滴加至微红色不褪即可。温度太高或 $KMnO_4$ 用量过大时，Cr^{3+} 会被氧化而产生干扰。用亚铁滴定时酸度宜控制在 $c(H^+) = 6 \sim 8.8 mol/L$。

(2) 钽试剂-氯仿萃取光度法

试样经混合酸分解，硫酸-磷酸混合酸经高温加热至冒白烟，在室温下用 $KMnO_4$ 将钒氧化到五价，用亚硝酸钠或盐酸还原过量的 $KMnO_4$。在酸性介质中，钽试剂（N-苯甲酰-N-苯基羟胺）与 V(V) 生成一种可被氯仿萃取的紫红色螯合物，在 535nm 波长下测其吸光度。

主要反应如下：

$$VO_2^+ + H^+ \Longrightarrow VO(OH)^{2+}$$

反应必须在酸性介质中进行，且保证钒呈五价状态。萃取的介质可以是 HCl-$HClO_4$、H_2SO_4-H_3PO_4、H_2SO_4-H_3PO_4-HCl 等，有人认为以 H_2SO_4-H_3PO_4-HCl 介质为好。

5.4.4 砷的测定

(1) 恒电流库仑法

① 原理 库仑滴定是通过电解产生的物质作为滴定剂来滴定被测物质的一种分析方法。

在分析时，以 100% 的电流效率产生一种物质（滴定剂），该物质能与被分析物质进行定量的化学反应，反应的终点可借助指示剂、电位法、电流法等进行确定。这种滴定方法所需的滴定剂不是由滴定管加入的，而是借助于电解方法产生出来的，滴定剂的量与电解所消耗的电量（库仑数）成比例，所以称为库仑滴定。

仪器装置如图 5.3 所示。用 45V 以上的干电池或恒电压直流电源作为电解电源，通过溶液的电解电流可通过可变电阻器调节，并由已校正的毫安计指示电流值。采用高压电源可减少因电解过程中电解池反电动势的变化而引起电解电流的变化，这样才能准确计算滴定过程中所消耗的电量。为了控制各种干扰电极反应的因素，必须将电解池的阳极与阴极分开。

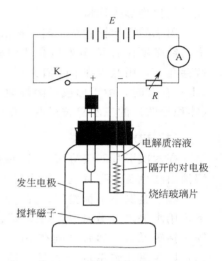

图 5.3 库仑滴定装置

此处采用恒电流电解碘化钾的缓冲溶液（用碳酸氢钠控制溶液的 pH 值）产生的碘来测定砷的含量。在铂电极上碘离子被氧化为碘，然后与试剂中的砷（Ⅲ）反应，当砷（Ⅲ）全部被氧化为砷（Ⅴ）后，过量的微量碘将淀粉溶液变为微红紫色，即达到终点。根据电解所消耗的电量按法拉第定律计算溶液中砷（Ⅲ）的含量。

② 仪器和试剂 干电池或恒压直流电源（45V 以上）；已校正的毫安表；电磁搅拌器；铂片电极（作为工作电极），螺旋铂丝电极及隔离管；秒表；可变电阻器；单刀开关；导线。

亚砷酸溶液：约 10^{-4} mol/L（用硫酸微酸化以使之稳定）。碘化钾缓冲溶液：溶解 60g 碘化钾、10g 碳酸氢钠然后稀释至 1L，加入亚砷酸溶液 2～3mL，以防止被空气氧化。淀粉试液：0.5%。硝酸（1+1）；硫酸钠溶液（1mol/L）。

③ 实验步骤

● 将铂电极浸入硝酸溶液（1+1）中，数分钟后，取出用蒸馏水吹洗，用滤纸沾掉水珠。

● 按图 5.3 连接好仪器。

● 量取碘化钾缓冲溶液 50mL 及淀粉溶液约 3mL，置于电解池中，放入搅拌磁子，将电解池放在电磁搅拌器上。在阴极隔离管中注入硫酸钠溶液，至管的 2/3 部位，插入螺旋铂丝电极。将铂片电极和隔离管装在电解池之上（注意铂片要完全浸入试液中），铂片电极接阳极，螺旋铂丝电极接阴极。启动搅拌器，按下单刀开关，迅速调节电阻器 R，使电解电流为 1.0mA。细心观察电解溶液，当微红紫色出现时便立即拉下单刀开关停止电解。慢慢滴加亚砷酸溶液，直至微红紫色褪去再多加 1～2 滴，再次电解至微红紫色出现，停止电解。为能熟练掌握终点的颜色判断，可如此反复练习几次。

● 准确移取亚砷酸 10.0mL，置于上述电解池中，按下单刀开关，同时开秒表计时。电解至溶液出现与定量加亚砷酸前一样的微红紫色时立即停止电解和秒表计时，记下电解时间（t），再加入 10.0mL 亚砷酸溶液，同样步骤测定。重复实验 3～4 次。

● 数据及处理 根据几次测量的结果，求出电解时间的平均值。按法拉第定律计算亚砷酸的含量（以 mol/L 计）。

（2）砷钼蓝光度法

在硫酸介质中，砷（Ⅴ）与钼酸铵生成砷钼酸配合物，用硫酸肼还原，以砷钼蓝形式进行光度测定。在硫酸-溴化钾溶液中，用苯萃取出砷（Ⅲ），并使其与磷、硅等元素分离。

5.4.5 稀土总量的测定

(1) 草酸盐重量法 (稀土、钍总量)

钍和稀土元素在 pH=1~3 的微酸性溶液中，与草酸生成草酸盐沉淀，于 800~900℃ 灼烧成氧化物形式称量。

用草酸沉淀钍和稀土时，溶液中如有钙及较大量的锆、钛存在，能与其共沉淀。为此，稀土与钍必须在盐酸-氢氟酸介质中呈氟化物形式沉淀，与锆、钛、铌、钽等元素分离。在氯化铵存在下，用氨水在 pH 值大于 9 时沉淀稀土与钍，而钙、镁等元素留在溶液中。当大量铁 (Ⅲ) 存在时，由于形成可溶性复盐，导致草酸稀土沉淀不完全。试样碱熔后，直接用 20% (体积分数) 的三乙醇胺浸取，使绝大部分铁转入溶液与稀土元素分离。

(2) EDTA 滴定法

在六次甲基四胺溶液 (pH 值约为 5.5) 中，用二甲酚橙为指示剂，EDTA 滴定稀土总量，溶液由红色变为亮黄色，即为终点。

碱土金属不干扰测定，其他重金属均有干扰。试样经碱熔后，在三乙醇胺与 EDTA 存在下，用水提取、分离钨、钼、铝、铁、锰、硅、锡等杂质元素，继以氨水分离铜、锌、镉、镍、钴等元素，然后分别在 pH=3.5~4.0 和 pH=5.5~6.0 的酸度下，加乙酰丙酮、铜试剂，以四氯化碳萃取分离钍、铀、钪、铁，少量的锆、铪、铅、铋以及残存的镉、钴、镍、铜、锌等杂质。

5.4.6 镓的测定

(1) 罗丹明 B 光度法

在 6mol/L 的 HCl 介质中，氯镓酸配阴离子 $(GaCl_4^-)$ 与罗丹明 B 生成红色固相配合物。其反应式如下：

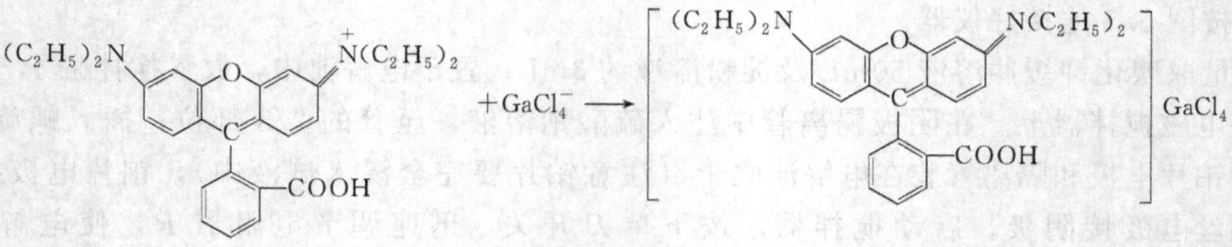

此配合物能被苯、苯-乙醚、甲苯-甲基异丁酮等有机溶剂萃取，有机相呈红色，并能稳定 12h 以上。铁 (Ⅲ)、铊 (Ⅲ)、金 (Ⅲ)、锑 (Ⅴ)、钼 (Ⅵ) 等元素能与罗丹明 B 反应而妨碍测定，加入三氯化钛可将上述元素还原为低价，即消除其干扰。砷、锡等易挥发元素的干扰，可在硫酸存在下用盐酸反复蒸发几次而消除。

在 6mol/L 的 HCl 介质中，在三氯化钛存在下，用甲苯-甲基异丁酮混合溶剂萃取氯镓酸时，200mg 铜 (Ⅱ)、锌 (Ⅱ)、钼 (Ⅵ)、150mg 铁 (Ⅲ)、100mg 铅 (Ⅱ)、镍 (Ⅱ)、钨 (Ⅵ)、20mg 锡 (Ⅳ)、钴 (Ⅱ)、6mg 砷 (Ⅲ)、3mg 铋 (Ⅲ)、300μg 铟 (Ⅲ)、300μg 铊 (Ⅲ)、40μg 金 (Ⅲ) 经萃取分离后不影响测定；100μg 锗、硒、碲不经分离也不影响测定。

(2) 铟、镓连续测定

试样经酸分解后转化为溴化物，在 5~6mol/L 的 HBr 溶液中，以乙酸乙酯萃取镓、铟，使其与大量干扰元素分离，用 6mol/L 的 HCl 溶液反萃取铟后再用水反萃取镓，然后分别测定铟和镓。

5.4.7　铟的测定

(1) 结晶紫光度法

在 $1\sim2mol/L$ 的 H_2SO_4 介质中，加入碘化钾使铟生成碘化铟配阴离子（InI_4^-），与结晶紫反应生成有色配合物，易溶于苯或甲苯并呈稳定的蓝紫色，以此进行光度测定。

本法适用于微量铟的测定。试验证明，当分别加入 500mg 的铜、锌、铅，及合成试样（400mg 铅，200mg 铁，50mg 的铜、锰、钴、钙、镁、锌，5mg 的铋、镉）经萃取分离后，不干扰铟的测定。

加入结晶紫后，应立即萃取，若放置时间长则颜色变浅。萃取分层后，应立即将水相分出弃去。若时间超过 30min，结果稍偏低。

(2) 丁基罗丹明 B 光度法

在 $3.5\sim4mol/L$ 的 H_2SO_4 溶液中，丁基罗丹明 B 与铟的溴化物反应生成红色配合物。该配合物可定量地被甲苯或苯所萃取，以此进行光度测定。此有色配合物的颜色在甲苯中很稳定，在室温下放置 18h 吸光度不变。

(3) 原子吸收光谱法

在 $5mol/L$ 的 HBr 介质中，以乙酸丁酯萃取铟，再用盐酸(1+1) 反萃取使铟与干扰元素分离，一般常见共存元素均不干扰测定。用乙酸丁酯萃取后可直接在有机相中测定铟。

5.4.8　锗的测定

锗的测定可采用苯基荧光酮光度法。在 $1.0\sim1.2mol/L$ 的 HCl 溶液中，苯基荧光酮（9-苯基-2,3,7-三羟基-6-芴酮）与锗（Ⅳ）生成 1∶2 橙红色不溶性配合物。许多金属离子均与试剂生成有色配合物，干扰锗的测定。在 $9\sim10mol/L$ 的 HCl 介质中，用四氯化碳萃取锗可使其与大量干扰元素分离，不需洗涤与反萃取。根据锗与苯基荧光酮生成的配合物易溶于醇类的特性，可直接在有机相中显色，其中带入的微量铁、锡用乙酰丙酮来掩蔽。

5.4.9　碲的测定

碲的测定可用二安替比林丙基甲烷光度法。在溴化钾-氢溴酸介质中，溴碲酸与二安替比林丙基甲烷生成黄色化合物，可被二氯乙烷萃取从而进行光度测定。

在盐酸(1+1) 介质中，以铜盐作接触剂、砷作载体，用次亚磷酸钠还原碲、砷、硒成单体析出，与其他元素分离。继以含溴的氢溴酸溶解沉淀，加热使硒、砷挥发，与碲分离。夹杂于沉淀中的微量其他金属离子对测定无影响。

5.4.10　铼的测定

铼的测定可用丁酮萃取-硫氰酸盐光度法。在 $6mol/L$ 的 HCl 介质中，高铼酸被二氧化锡还原后能与硫氰酸盐生成黄色配合物。此配合物可被正丁醇、乙酸乙酯等有机溶剂所萃取，从而进行光度测定。其反应式如下：

$$ReO_4^- + Sn^{2+} + 4CNS^- + 6H^+ \longrightarrow [ReO(CNS)_4]^- + Sn^{4+} + 3H_2O$$

钼、钨经氯化亚锡还原后与硫氰酸盐生成有色配合物干扰测定。在 $3\sim5mol/L$ 的 NaOH

溶液中，用丁酮萃取高铼酸使其与干扰元素分离。经萃取分离后，300mg 钼不干扰 $10\mu g$ 以上铼的测定。

5.5　有色金属深加工中典型废弃物与再生的分析

在许多被分析的有色金属废弃物（二次资源）中，除了有色金属外，往往还含有大量硅酸盐、碳酸盐等非金属化合物和有机化合物。有色金属二次资源的成分对有色金属再生、深加工过程和深加工产品的质量影响很大，其中黑色金属的分析也是必不可少的。本节介绍二次资源中有色金属及其他成分分析的一些常用方法。

5.5.1　有色金属废弃物与再生的快速简易分析

（1）有色金属废弃物的来源

在有色金属的废弃物中，往往含有铜、铅、锌、镍、钨、锡、钼等多种元素，有的还含有稀有元素及金、银等贵金属。尽管这些元素在有色金属工业废物中含量甚微，提取难度大，成本高，但由于此废料产出量大，从总体上看其数量相当可观。

有色金属废弃物含量往往高出矿产资源中的几个数量级。因此，对二次资源中的有色金属进行回收和综合利用，不仅可以变废为宝、减少环境污染，而且具有重要的经济价值。以贵金属金为例，含金废料主要来源于电子工业的各种废器件、各类废合金和各种废镀金液等。电子工业的各种废器件品种极其繁多，且随着信息产业的飞速发展，含金废料的数量越来越多。常见的含金电子元器件有锗普通二极管、硅整流元件、硅整流二极管、硅稳压二极管、可控硅整流元件、硅双基二极管、硅高频小功率晶体管、高频晶体管帽、高频三极管、高频小功率开关管、干簧继电器等，汞蒸气测定仪、微量氧化分析仪、计算机等仪器和电器的部分触点、引线和线路板也含有金。各种含金合金中金的含量一般都很高。除此以外，还有许多低金合金，它们在使用后更容易被人们遗忘其中的有色稀贵金属，而仅作为一般的金属进行回收。

含银废弃物的来源与含金废料相似。但因银在贵金属中是最廉价的，因此银在工业上的用途比金广泛得多，相应地含银废料的来源也比含金废料要多。含银废料主要来源于以下几个方面。

电子工业：触点材料、钎料、涂镀层、银电极、导体和有关复合材料等。石油化工行业：含银催化剂和各类银化合物使用后的废弃物。首饰及装饰品：如各类含银首饰、表壳和有关艺术品。其他：如铸币、牙用材料、陶瓷装饰材料等。

铂族金属因包含 Pt、Pd、Ru、Rh、Os 和 Ir 六种金属，相应地废料种类比含金银的废料多。铂族金属废料的主要存在形式为废铂族合金、废铂族金属催化剂、废铂族金属电子浆料、废热电偶、废铂族金属电镀液以及废首饰等。各类废料所含铂族金属总量和各铂族金属元素的量各不相同，且差异很大。在合理进行预处理和科学取样后，利用仪器分析方法（如原子吸收分光光度法、原子发射分光光度法等）进行分析化验是方便和科学的。

另外，在火法冶炼成尘过程中进入烟尘的伴生有价金属都富集相当多的数量，应加以回收。有的稀有金属，在自然界没有可供提取该种金属的单独矿物，只能从富集该种金属的烟尘或其他物料中提取。故在有色金属工业中，烟尘的综合利用具有特别重要的意义。如处理氧化铅锌矿生产 1t 电解锌，可从烟化炉烟尘中回收 $0.3\sim0.5kg$ 的金属锗；从含铟的氧化锌烟尘、炼铅鼓风炉烟尘、炼锡反射炉烟尘、铜转炉烟尘中均可提取铟。

在废料的收购过程中，特别是在分散、零星废料的收集、购买过程中，如果一定要按照严格、正规的程序取样、分析，往往会遇到困难，有时甚至因为时机耽搁而无法成交，此时应采用一些简易、快速的取样、鉴别手段，将有助于提高收购效率。

其中，发挥作用的关键是收购人员在长期收购过程中不断积累的丰富经验，相关人员应根据有色金属废料的特点及有色金属的性能和用途，有意识地考虑从以上几个方面去积累经验。

（2）有色金属废弃物的快速简易分析手段

有色金属的快速简易分析对计价和进一步的定量分析方案的设计有很大帮助。有色金属废弃物产生于有色金属产品的生产、使用和使用后的各个环节。可以说，凡是生产有色金属的场所和使用有色金属的地方都是有色金属废料的产生地。有色金属产品的多样性带来了有色金属废料品种的多样性。各种有色金属废料所含有色金属的种类和含量是极不相同的，而且即使是同一种废料，由于产地不一，产生时间不同，其中的有色金属含量也差异很大。废弃物的快速简易分析手段有如下几种：

① 熟练掌握有色金属及其合金的外观特征，如颜色、硬度、密度、形状，以及使用情况和工作部位，并据此给出初步判断。在某些场合，如对于一些纯金属和具有特殊用途、特征形状的废品，有经验的收购人员可以迅速对其收购价值给出正确判断。

② 对于一些特定产品，如废汽车净化催化剂、工业用催化剂等，它们都是由为数不多的生产厂家正规生产，一般都会明确标明。

③ 对于电子废弃物，如电子计算机、家用电器等使用的电路板或其他使用有色金属的零部件，也可根据已有的分析和记录判断其大致成分。

④ 建立和掌握一些方便、快速、半定量的简易分析方法和测定装置，并争取和已知的准确方法进行核对，做到心中有数，以便能够迅速确定物料中有色金属的大致含量。

5.5.2　有色金属废弃物与再生的分析实例

广义的有色金属废弃物包括含有有色金属的各类尾矿、选冶中间产物、富集物及各类有色金属二次资源，如含有有色金属的需要回收再生的边角废料、废渣、废液、清扫物等。在某些产品和某些工艺中，这些"废弃物"有时也作为深加工的直接原料。有关有色金属废料的取样和制样方法在第 2 章已进行详细论述，其分析方法可以参考第 3 章和本章关于有色金属元素和产品分析方法，但与有色金属产品分析不同的地方是有色金属废弃物分析的主要目的是准确、快速地测定其有色金属含量和其他金属及非金属元素的含量，而不需要像产品分析那样考虑很多金属含量以外的项目分析。另外，有色金属废弃物的成分比有色金属产品复杂得多，有色金属的含量一般没有有色金属产品中的含量高，如果所测定元素的含量低于其测定方法的灵敏度，为了保证所要求的灵敏度、准确度、精密度和选择性等，往往需要选择不同的分析方法，并且在进行分析以前通常需要对待分析的有色金属进行适当的富集（浓缩），以提高待测元素的绝对含量以及增大与其他组分的浓度比。除了仲裁分析以外，对有色金属废弃物的分析精度要求一般没有有色金属材料分析精度高。由于有色金属废弃物种类多，形态也较复杂，因此有色金属废弃物的分离和分析方法也很多。不同分析人员使用的方法也有很大差异，这些特点决定有色金属废弃物分析有其特殊性。

废催化剂中铂族元素的测定应用实例内容如下。

为改善环境空气质量所使用的汽车尾气净化剂，大多采用以 $\gamma\text{-}Al_2O_3$ 为基体，以 Pt、Pd、Pt-Rh、Pd-Rh、Pt-Pd-Rh 为催化相的柱形蜂窝材料。在石油化学工业中的石油重整以及催化加氢、催化脱氢和芳构化等催化剂也多为含有 Pt、Pd 和 Pt-Re、Pt-Ir 等以 γ-Al$_2$O$_3$ 或硅胶为载体的材料。在精细化工中用于药物、染料和香料中间体合成的催化剂常使用 Pd-C、Pt-C 材料。所有这些催化剂均属于低含量铂族金属材料。此外，某些含铂族金属的电子产品也属于此类。由于这些材料用量大，铂族金属消耗量十分惊人。显然铂族金属含量的分析准确与否关系到材料的质量，还涉及巨大的经济效益。因此，高准确性和高选择性分析测定方法的建立是十分重要的。

尽管现代仪器分析方法对微量铂族元素的测定具有快速且可进行大批量试样分析的优势，但因催化剂中的基体干扰严重和二次资源组成的复杂，通常需要与火试金富集分离等手段相结合来进行分析。而光度法可利用试剂的选择性，方法的专属性，反应速率、温度、酸度的差异，简单的萃取分离技术（如液-液萃取、固-液萃取、固相萃取等）或光度计新功能（如双波长、多阶导数）等一些较简便的手段来提高测定的选择性和分析速度，因而其在催化剂分析应用中的报道较多。

催化剂试样中主要含贵金属元素铂、钯、铑和金，其次是铱、锇、钌；元素的含量较低，组分较为简单。因此，几乎各种光度法分析技术都涉及这一对象的测定，如吸光光度法、萃取光度法、固相光度法、动力学催化光度法、流动注射光度法、导数和双波长光度法、树脂相光度法、石蜡相光度法、荧光光度法及最近几年新发展的固相萃取光度法和共振光散射荧光光度法等。同时，还使用了各类显色剂，如卟啉类、噻唑偶氮类、若丹宁类、三苯甲烷类、氨基硫脲类、对称和不对称变色酸双偶氮类等。其中，一些显色剂获得较好的应用，例如：若丹宁类衍生物，5-[2-(4-氯苯酚)偶氮]-若丹宁-CTMA-Pt(Ⅳ)；对磺酸基苯基亚甲基若丹宁-Pt(Ⅳ)；丁基罗丹明 B-钨酸钠-PVA-Pd(Ⅱ)；KIO$_4$-丁基罗丹明 B-Rh(Ⅲ)/Os(Ⅳ)；KIO$_4$-罗丹明 6g-Ru(Ⅲ)体系；三苯甲烷类，KIO$_4$-甲基绿-Pt(Ⅳ)；KIO$_4$-二甲基黄-Pd(Ⅱ)/Rh(Ⅲ)；KIO$_4$-偶氮胭脂红 B-Rh(Ⅲ)体系；氨基硫脲类，N-对甲苯基-N'-(氨基对苯磺酸钠)硫脲-Pt(Ⅳ)；吡多醛-4-苯基-3-缩氨基硫脲-TMAB-Pd(Ⅱ)；N-苯甲酸亚氨基硫脲-Pd(Ⅱ)体系；对称和不对称变色酸双偶氮类，二溴对甲偶氮羧-Tween-80-Pd(Ⅱ)；KIO$_4$-对乙酰基偶氮羧-Rh(Ⅲ)体系等。

噻唑偶氮类 2-(3,5-二氯-2-吡啶偶氮)-5-二甲氨基苯胺于强酸性介质（0.24mol/L 的 H$_2$SO$_4$）中，分别于室温和沸水浴加热条件下与钯(Ⅱ)和铂(Ⅳ)形成配合物，基于此显色反应的温度差异可同时测定钯和铂。于盐酸介质中氯化亚锡分别与铂(Ⅱ)和钌(Ⅲ)形成配合物，利用直接光度法和一阶导数及二阶导数光度法可测定铂及铂和钌。在众多分析方法中，二苄基二硫代乙二酰胺（DBDO）-碘化钾-抗坏血酸-Pt(Pd)体系双波长分光光度法测定铂和钯以及 2-巯基苯并噻唑（MBT）-溴化亚锡萃取光度法测定铑更具实用性，方法准确度高，精密度高，选择性好。

以原子吸收法（AAS）测定铂族金属/载体催化剂中 0.0X%～X%的铂族金属含量是非常适宜的，而且大部分研究不需要分离富集手续。然而，各种类型的载体给 AAS 的测定也带来许多挑战。首先是试样分解的问题，大多数催化剂载体是酸不溶解的，需要加入氢氟酸、高氯酸或硫酸等的混合酸溶解，甚至需采用碱熔融的办法，这会增大试液的黏度和溶剂对仪器的腐蚀作用。其次，大量共存的 Al、Si、Mg 等基体干扰也是需要解决的问题。

在火焰原子吸收光谱的测定过程中，在硫酸、硝酸和盐酸介质中 Al 对测定 Pt 的干扰规律如下。在不同介质中，少量 Al 对测定 Pt 的吸光度有抑制作用；随着 Al 浓度的增加，为增感作用，其中在硝酸和硫酸介质中，5000μg/mL 的 Al 可使 Pt 的吸光度分别增加 90%和 178%。Al 对测定 Pt 的干扰可分为与浓度有关和与浓度无关的两类化学干扰。在硝酸介质中，5000μg/mL 的 Al 对 0～50μg/mL 的 Pt 测定干扰与浓度无关，在该条件下可使用标准加入法测定 Pt。此外，利用大量的硝酸铝对测定 Pt 的增感作用，也可提高测定 Pt 的灵敏度和克服其他元素对 Pt 的干扰。例如，在硝酸介质中，5000μg/mL 的 Al 还可被利用作为 25μg/mL 的 Na 对 25μg/mL 的 Pt 干扰的缓冲剂。Al 在上述 3 种介质中对测定 Ir 的干扰规律如下。无论在哪一种介质中，Al 对 Ir 的干扰都是与浓度有关的化学干扰；在盐酸介质中表现为降感作用；在硫酸介质中表现为增感作用。在硝酸介质中，少量 Al 对 Ir 测定有抑制作用，但随着 Al 浓度增加，则变为增感作用。例如，4000μg/mL 的 Al 使 0～200μg/mL 的 Ir 测定增感约为400%。Al 的增感作用同样可应用于提高 Ir 测定的灵敏度。

用火焰 AAS 测定脱氢催化剂中的 Pt 时，在 5% 的王水介质中，加入一定量的 La 和 Cu 可消除催化剂中 20 余种共存元素的干扰。该方法的检出限为 0.23μg/mL，线性范围为 0～100μg/mL，回收率为 98.2%～102.6%，RSD<3.45%。以 AAS 测定铝载体催化剂中的 Pd 和 Pb 时，Ni 对 Pd 的测定有干扰，可用 8-羟基喹啉作为保护剂，用酸溶出催化剂试样中的活性组分后直接测定。对合成草酸酯用催化剂中 Pd 的 AAS 测定，用王水溶解试样后，150 倍的Al 和 Ca、100 倍的 Na 和 Mg 均不干扰测定。在测定氢化丁腈橡胶胶液中的含 Rh 催化剂时，用硫脲作为络合剂（用量为催化剂的 15 倍，摩尔比），用甲酸溶液（22＋3）作为萃取剂萃取Rh，萃取剂的用量为胶液体积的一半（脱除反应温度为 110℃，反应时间为 2min 时，Rh 的脱除率达 98% 以上），然后去除有机试剂，使 Rh 进入水相中，用 AAS 进行测定。

用石墨炉原子吸收法测定氧化硅载体催化剂中铂的含量时，可通过反复加入氢氟酸来除去试样中大量的硅。共存的 Ni、Al 不干扰测定，对于 Pt 含量为 0.005% 的催化剂，测定的线性范围为 0～0.5μg/mL，回收率为 91%～100%，RSD（$n=6$）为 8.6%。

用 ICP-AES 测定铝基催化剂中 Pt、Pd 的含量时，基体 Al 对 Pt、Pd 的测定均有负干扰，一般采用基体匹配的方法或重新选择分析线的方法来消除干扰。采用基体匹配法测定 Pd/Al_2O_3 中钯的含量，回收率在 96% 以上，RSD（$n=6$）<3%；或选择不受 Al 干扰的谱线，如 Pt265.945nm、Pd340nm、Pd458nm 等，测定 Pt、Pd 含量的检出限为 Pt 0.1μg/mL、Pd0.045μg/mL，回收率为 Pt 95.2%～105.5%、Pd 95.3%～100.6%，RSD（$n=6$）<9%。

（1）吸光光度法测定催化剂中的铂

① 水相光度法

a. 方法原理　试料经灼烧、王水溶解，在 pH=5.0 的 HAc-NaAc 缓冲介质中，在溴代十四烷基吡啶（TPB）存在下，Pt(Ⅳ) 与 2-（6-甲基苯并噻唑偶氮）间苯二酚（MBTAP）形成1:2 紫红色配合物，于分光光度计波长 619nm 处测量吸光度以测定铂含量。本法适用于 Pt-C催化剂中 0.X%～X% 的铂的测定。

b. 主要试剂与仪器　乙酸-乙酸钠缓冲溶液（pH=5.0）；盐酸；溴代十四烷基吡啶（TPB）乙醇溶液（0.2g/L）；2-（6-甲基苯并噻唑偶氮）间苯二酚（MBTAP）乙醇溶液（0.2g/L）；铂标准溶液（1.00μg/mL）；紫外分光光度计；乙醇溶液（95%）。

铂标准储备溶液：称取铂粉 0.100g（≥99.95%）于 250mL 烧杯中，加 10mL 王水，低温加热溶解。加 1mL 氯化钠溶液（250g/L），蒸至湿盐状。加 3mL 盐酸，蒸至湿盐状，重复3 次。加 10mL 盐酸，转入 100mL 容量瓶中，用水稀释至刻度，混匀。此贮备溶液 1mL 含1mg 铂。

c. 分析步骤

（a）试液制备　称取 0.10g 试料于坩埚中，在马弗炉中升温至 500℃ 灼烧 2h。加 10mL 王水，低温溶解。加 2mL 盐酸（6mol/L）低温蒸至近干，重复 2～3 次。加盐酸（1mol/L）溶解盐类，转入 100mL 容量瓶中，用盐酸（1mol/L）稀释至刻度，混匀。

（b）测定　移取 2.5mL 试液于 25mL 容量瓶中，加 5.0mL 乙酸-乙酸钠缓冲溶液、

2.0mL 的 MBTAP 乙醇溶液、2.2mL 的 TPB 乙醇溶液、4.0mL 的乙醇溶液，于 80℃ 水浴显色 30min，冷却。用乙醇溶液稀释至刻度，混匀。用 1cm 比色皿，以试剂空白为参比，于分光光度计波长 619nm 处测量吸光度，从工作曲线上查得铂含量。

（c）工作曲线的绘制　分别移取 0mL、2.00mL、4.00mL、6.00mL、8.00mL、10.00mL 铂标准溶液于一组 25mL 容量瓶中，加 5.0mL 乙酸-乙酸钠缓冲溶液，以下按"测定"步骤测量吸光度。以铂含量为横坐标，吸光度为纵坐标，绘制工作曲线。按下式计算铂的含量，以质量分数表示：

$$w_{Pt} = (m_1 V_0 \times 10^{-6})/m_0 V_1 \times 100$$

式中，w_{pt} 为铂的质量分数，%；m_1 为自工作曲线上查得的铂量，μg；V_0 为试液总体积，mL；V_1 为分取试液体积，mL；m_0 为试料的质量，g。

② 催化光度法

a. 方法原理　试料用王水溶解。用铜试剂、三氯甲烷萃取分离铂（Ⅳ）。于硫酸介质中，沸水浴条件下，Pt（Ⅳ）催化溴酸钾氧化偶氮胂（Ⅲ）褪色，于分光光度计波长 530nm 处测量吸光度以测定铂含量。

本法适用于铂铼催化剂中 0.X%～X% 的铂的测定。

b. 主要试剂与仪器　三氯甲烷；偶氮胂（Ⅲ）溶液（1.2×10⁻³mol/L）；溴酸钾溶液（0.010mol/L）；硫酸溶液（3.0mol/L）；盐酸（1+1）；碘化钾溶液（20g/L）；二乙基氨基二硫代甲酸钠（铜试剂）溶液（10g/L）；以 1.00mg/mL 铂标准贮备溶液配制的铂标准溶液（0.10μg/mL）。分光光度计。

c. 分析步骤

（a）试液制备　称取 2.0g 试料于 500mL 烧杯中，加 50mL 王水，低温加热溶解。蒸至近干，加 5mL 盐酸，蒸至近干，重复 3 次。加 5mL 盐酸，将试液过滤于 250mL 容量瓶中，用水稀释至刻度，混匀。

（b）测定　移取含 Pt 量约 50μg 的试液于 10mL 比色管中，另一支比色管中不加 Pt 试液，分别加 1.0mL 硫酸溶液、0.30mL 偶氮胂（Ⅲ）溶液、0.80mL 溴酸钾溶液，用水稀释至刻度，混匀。于沸水浴中加热显色 6min，用流水冷至室温。用 1cm 比色皿，以试剂空白为参比，于分光光度计波长 530nm 处测量吸光度，从工作曲线上查得铂含量。

（c）工作曲线的绘制　分别移取 0mL、0.10mL、0.20mL、0.30mL、0.40mL、0.50mL 铂标准溶液于一组 10mL 比色管中，加入 1.0mL 硫酸溶液，以下按"测定"步骤测量吸光度。以铂含量为横坐标，吸光度为纵坐标，绘制工作曲线。如前计算铂的含量，以质量分数表示。

（2）萃取分光光度法、催化分光光度法和双波长分光光度法测定钯

① 萃取分光光度法

a. 方法原理　试料经灼烧、甲酸还原、盐酸-次氯酸钠溶解。在盐酸介质中，水浴条件下，Pd（Ⅱ）与双十二烷基二硫代乙二酰胺（DDO）形成黄色配合物，用石油醚-三氯甲烷萃取配合物，于分光光度计波长 450nm 处测量吸光度以测定钯含量。本法适用于催化剂（载体为堇青石 2MgO₂·Al₂O₃·5SiO₂、2FeO₂·Al₂O₃·5SiO₂）中 XX～XXXg/t 的钯的测定。

b. 主要试剂与仪器　次氯酸钠；盐酸；双十二烷基二硫代乙二酰胺丙酮溶液（2g/L）。混合萃取液：石油醚（60～90℃）与三氯甲烷按 3:1 体积混合。

钯标准贮备溶液：称取 0.10g 钯粉（≥99.99%）于 250mL 烧杯中，加 20mL 王水低温溶解。加 0.2g 氯化钠，低温蒸至湿盐状。加 3～5mL 盐酸，低温蒸至湿盐状，重复 3 次。加 10mL 盐酸，转入 100mL 容量瓶中，用水稀释至刻度，混匀。此贮备溶液 1mL 含钯 1mg。钯

标准溶液 [5μg/mL 盐酸溶液 (8mol/L)]。分光光度计。

c. 分析步骤

(a) 试液制备 催化剂样品于马弗炉中升温至 550℃ 焙烧除去积炭,冷却后研磨至 100 目以下,混匀。于烘箱中 110℃ 干燥 2h,备用。称取 0.50g 试料于 250mL 锥形瓶中,加 10mL 甲酸低温还原至近干。于盐酸 (8mol/L) 介质中,加一定量次氯酸钠,并使之在溶液中的浓度为 0.4mol/L,于 70℃ 水浴中加热 90min 以浸出钯。试液过滤于 100mL 容量瓶中,用水洗涤沉淀 5 次,并用水稀释至刻度,混匀。

(b) 测定 移取含 Pd 量为 10~15μg 的试液于 25mL 比色管中,加盐酸 (6mol/L) 至总体积为 15mL,加 2mL 的 DDO 溶液,立即混匀。于 30~40℃ 水浴中加热显色 90min,取出,冷却。加 5mL 混合萃取液,萃取 1min。用 1cm 比色皿,以试剂空白为参比,于分光光度计波长 450nm 处测量萃取液吸光度,从工作曲线上查得钯含量。

(c) 工作曲线的绘制 分别移取 0mL、0.40mL、1.00mL、2.00mL、3.00mL、4.00mL、5.00mL 钯标准溶液于一组 25mL 容量瓶中,加盐酸 (8mol/L) 至总体积为 15mL,以下按"测定"步骤测量吸光度。以钯含量为横坐标,吸光度为纵坐标,绘制工作曲线。如前计算钯的含量,以质量分数表示。

② 催化分光光度法

a. 方法原理 试料经灰化、灼烧、盐酸溶解,在 pH=5.0 的乙酸-乙酸钠缓冲介质中,在水浴条件下,Pd(Ⅱ) 催化次亚磷酸钠还原结晶紫褪色,于分光光度计波长 580nm 处测量吸光度以测定钯含量。本法适用于乙醛催化剂中 0.0X~0.Xg/L 的钯的测定。

b. 主要试剂与仪器 次亚磷酸钠溶液 (100g/L) (贮存于棕色瓶中);结晶紫 (CV) 溶液 (50g/L);乙酸-乙酸钠缓冲溶液 (pH=5.5);柠檬酸溶液 (100g/L);盐酸 (1+1);以 1.00mg/mL 钯标准贮备溶液配制的钯标准溶液 (1μg/mL)。可见分光光度计。

c. 分析步骤

(a) 试液制备 称取 1.00mL 试液于瓷坩埚中,于电炉上炭化,取下。置于马弗炉中升温至 1200℃ 灼烧 3h,取出。加 20mL 盐酸低温溶解,过滤试液于 50mL 容量瓶中,用水稀释至刻度,混匀。

(b) 测定 移取含钯量约为 0.8μg 的试液于 25mL 容量瓶中,加 10mL 柠檬酸溶液、1.0mL 结晶紫溶液、5mL 乙酸-乙酸钠缓冲溶液、2.5mL 次亚磷酸钠溶液,用水稀释至刻度,于沸水浴中显色 4.5min,取出,用流水冷却。用 1cm 比色皿,以试剂空白为参比,于分光光度计波长 580nm 处测量吸光度,从工作曲线上查得钯含量。

(c) 工作曲线的绘制 分别移取 0mL、0.10mL、0.20mL、0.40mL、0.60mL、0.80mL 钯标准溶液于一组 25mL 容量瓶中,加 10mL 柠檬酸溶液,以下按"测定"步骤测量吸光度。以钯含量为横坐标,吸光度为纵坐标,绘制工作曲线。如前计算钯的含量,以质量分数表示。

③ 双波长分光光度法

a. 方法原理 试料用王水溶解。铝以氢氧化铝分离。在 pH=4.0 的苯甲酸氢钾-盐酸缓冲介质中,Pd(Ⅱ) 与 α-安息香肟形成配合物并被石蜡吸附,于分光光度计测量波长 360nm、参比波长 700nm 处测量吸光度,以测定钯含量。本法适用于 C 催化剂中 0.X%~X% 的钯的测定。

b. 主要试剂与仪器 氯化铵;氨水;EDTA 溶液 (10g/L);苯甲酸氢钾-盐酸缓冲溶液 (pH=4.0);α-安息香肟乙醇溶液 (5g/L);固体石蜡,粒径 0.45~0.90mm (20~40 目);液体石蜡;以 1.00mg/mL 钯标准贮备溶液配制的钯标准溶液 (0.10mg/mL)。多功能分光光度计。

c. 分析步骤

（a）试液制备　称取 0.50g 试料于 250mL 烧杯中，加 30mL 王水，低温加热溶解，蒸至近干。加 5mL 盐酸，低温蒸至近干，重复 3 次。在氯化铵存在下，用氨水中和至氢氧化铝沉淀析出，过滤溶液于 100mL 容量瓶中，用水稀释至刻度，混匀。

（b）测定　移取 2.00mL 试液于 25mL 比色管中，加 0.5mL 的 EDTA 溶液，加 10mL 苯甲酸氢钾-盐酸缓冲溶液、1mL 的 α-安息香肟乙醇溶液，用水稀释至刻度，混匀。于 25℃ 静置 10min 至配合物形成。加 0.3000g 固体石蜡，于振荡器上振荡 15min。过滤，用滤纸收集固体，自然晾干。固体转入 50mL 烧杯中，加 1.80mL 液体石蜡，于 50℃ 水浴中加热熔化，转入 5mm 比色皿中，自然冷却。以试剂空白为参比，于分光光度计测量波长 360nm、参比波长 700nm 处测量吸光度，从工作曲线上查得钯含量。

（c）工作曲线的绘制　分别移取 0mL、2.00mL、4.00mL、6.00mL、8.00mL 钯标准溶液于一组 25mL 比色管中，加 10mL 苯甲酸氢钾-盐酸缓冲溶液，以下按"测定"步骤测量吸光度。以钯含量为横坐标，吸光度为纵坐标，绘制工作曲线。如前计算钯的含量，以质量分数表示。

（3）萃取分光光度法和催化分光光度法测定铑

① 萃取分光光度法

a. 方法原理　试料用盐酸-过氧化氢加压消解。在盐酸介质中，Rh（Ⅲ）与溴化亚锡-2-巯基苯并噻唑形成橙色配合物，于分光光度计波长 476nm 处测量吸光度以测定铑含量。本法适用于 Pt-Pd-Rh 催化剂中 $X \sim XXX$ g/t 的铑的测定。

b. 主要试剂与仪器　过氧化氢（30%）；乙酸乙酯；无水硫酸钠；乙酸（36%）；乙酸铵溶液（100g/L）；2-巯基苯并噻唑（MBT）乙醇溶液（0.1mol/L）；溴化钠溶液（500g/L）；碘化钾溶液（100g/L）；磷酸三丁酯-四氯化碳混合溶剂（1+1）；氯化钠溶液（250g/L）。分光光度计。

溴化亚锡溶液（1mol/L）：称取 11.2g 溴化亚锡（$SnBr_2 \cdot 2H_2O$）于 50mL 烧杯中，加约 40mL 氢溴酸，低温加热溶解至溶液清亮，冷却。转入 50mL 容量瓶中，用氢溴酸稀释至刻度，混匀。用时现配。

铑标准贮备溶液：称取 0.100g 海绵铑（≥99.99%）于聚四氟乙烯消化罐中，加 15mL 盐酸、5mL 硝酸，密闭。在消化罐外部套一钢套，置于烘箱中 180℃ 消解 48h，取出。将溶液转入 400mL 烧杯中，加 2mL 氯化钠溶液，蒸至湿盐状。加 5mL 盐酸，蒸至湿盐状，重复 3 次。加 20mL 盐酸，转入 100mL 容量瓶中，用水稀释至刻度，混匀。此贮备溶液 1mL 含 1mg 铑。以此贮备液配制铑标准溶液（50μg/mL）。

c. 分析步骤

（a）试液制备　称取研磨至 120～200 目的试料 0.5～1g 于聚四氟乙烯消化罐中，加 15mL 盐酸、3mL 过氧化氢，密闭。置于烘箱中 150℃ 消解 8h。取出，冷却；将试液转入 400mL 烧杯中，加热煮沸除去氯气，转入 50mL 或 100mL 容量瓶中，用水稀释至刻度，混匀。

（b）测定　移取含 Rh 量约为 50μg 的试液于 60mL 分液漏斗中，加水和盐酸至总体积为 20mL（盐酸浓度 6mol/L），加 0.5mL 碘化钾溶液，混匀并静置 5min。加 10mL 磷酸三丁酯-四氯化碳混合溶剂，萃取 1min，弃去下层有机相，水相加 3mL 四氯化碳萃取 15～20s，弃去下层有机相。水相放于 50mL 烧杯中，用少许水洗涤漏斗并放入原烧杯中，加 0.5mL 过氧化氢，低温加热至近干。加 3mL 王水，低温加热至近干，加 1mL 盐酸，蒸至近干，重复 3 次。

加 2mL 盐酸、10mL 水、1mL 乙酸铵溶液、3mL 溴化钠溶液、2.5mL 溴化亚锡溶液，搅匀。加 1mL 的 2-巯基苯并噻唑乙醇溶液，搅匀。盖上表面皿，低温加热至刚冒气泡，立即取下置于水中冷却。将试液转入 60mL 分液漏斗中，用少许水吹洗杯壁上的沉淀物，再分 2 次用总体积为 10mL 的乙酸乙酯洗净黏附于杯壁上的沉淀物。萃取 30s，弃去下层水相。有机相放于 10mL 干燥容量瓶中，用乙酸乙酯稀释至刻度，加 0.1g 无水硫酸钠，混匀。用 1cm 比色皿，以试剂空白为参比，于分光光度计波长 476nm 处测量吸光度，从工作曲线上查得铑含量。

（c）工作曲线的绘制　分别移取 0mL、0.20mL、0.40mL、0.60mL、0.80mL、1.00mL 铑标准溶液于一组 50mL 烧杯中，加 2mL 盐酸、10mL 水，以下按"测定"步骤测量吸光度。以铑含量为横坐标，吸光度为纵坐标，绘制工作曲线。如前计算铑含量，以质量分数表示。

d. 注意事项

（a）加热显色铑配合物时，溶液刚一冒气泡即可取下，否则溶液因过沸和沉淀物紧贴于杯壁不易洗净而导致吸光度降低。

（b）将配合物有机相放入干燥容量瓶之前，应用滤纸条擦干分液漏斗颈中的水分；否则即使加入无水硫酸钠也不能够完全干燥水分，而使得显色液轻微浑浊，测得吸光度偏高。

（c）配制 2-巯基苯并噻唑乙醇溶液时，应采用优级纯或含水分少的乙醇方能完全溶解 MBT。

② 催化分光光度法　试料用盐酸、氯气水浴溶解。在硫酸介质中，$Rh(Ⅲ)$ 催化溴酸钾氧化 DCB-偶氮胂褪色，于分光光度计波长 520nm 处测量吸光度以测定铑含量。

本法适用于 Pt-Rh 催化剂中 $0.X\%\sim X\%$ 的铑的测定。

第**6**章

有色金属电镀液及电镀产品的分析

作为近年来新兴的一个技术门类，金属表面处理技术在现代社会中越来越受到重视。利用电镀、化学镀、热喷涂、气相沉积等方法为金属基体赋予一层新的镀层，既可提高基体的硬度、耐磨性、耐腐蚀性，也可赋予材料表面某种特殊的功能特性如导电、导热、高反光性等，同时还具有美观装饰作用，因此镀层在当前工业生产实践中应用十分广泛。

在有色金属电镀中，无论在镀前配缸，还是在电镀中间过程或是电镀液的报废过程中，对电镀液的各项性能进行测试和分析是必须和经常要做的工作。

6.1 有色金属电镀液的分析

有色金属电镀液的分析包括镀液中有色金属含量的测定、有色金属形态的测定、杂质金属离子浓度的测定、溶液离子强度的测定等多项内容，有色金属电镀液的分析是一个非常复杂的过程。下面主要介绍常见电镀溶液中的金属及其他成分含量的测定方法。

6.1.1 氯化钾镀锌溶液成分分析

分析成分：氯化锌、氯化钾及硼酸。

(1) 氯化锌的测定

① 分析原理　在 pH=10 的溶液中，锌与 EDTA 生成稳定的配合物，以铬黑 T 指示。

$$Zn^{2+} + HIn^{2-} \longrightarrow ZnIn^- + H^+$$

　　　　　　铬黑 T　　　　　锌-铬黑 T

　　　　　　（蓝色）　　　　　（红色）

$$ZnIn^- + H_2Y^{2-} \longrightarrow ZnY^{2-} + HIn^{2-} + H^+$$

锌-铬黑 T　　EDTA　　　锌-EDTA　　铬黑 T

（红色）　　　　　　　　　　　　　（蓝色）

② 试剂　氨-氯化铵缓冲溶液（pH=10）：溶解 54g NH_4Cl 于水中，加入 350mL 浓氨水，加水稀释至 1L。铬黑 T 指示液（5g/L）：称取 0.5g 铬黑 T 和 2.0g 盐酸羟胺，溶于乙醇，用乙醇稀释至 100mL（或 0.5g 铬黑 T 溶于 75mL 三乙醇胺，加 25mL 无水乙醇，混匀）。氨水

（10%）：取 10mL 氨水，加 90mL 水，配成 100mL 溶液。锌标准溶液（0.05mol/L）：准确称取锌粒（含量≥99.9%）6.4~6.6g，称准至 0.0002g，微热溶于盐酸（1+1）中，于容量瓶中稀释至 2000mL，摇匀。其浓度按下式计算：

$$c_{Zn^{2+}} = \frac{m}{65.38 \times 2}$$

式中，$c_{Zn^{2+}}$ 为锌标准溶液的物质的量浓度，mol/L；m 为称取锌粒的质量，g。

EDTA 标准溶液（0.05mol/L）分析过程如下。

（a）配制　称取 20g 乙二胺四乙酸二钠，加热溶于 1000mL 水中，冷却，摇匀。

（b）标定　用移液管量取 25.00mL 锌标准溶液（0.05mol/L），加 70mL 水、5 滴铬黑 T 指示液（5g/L），用氨水溶液（10%）中和至溶液由紫红色恰变为橙色，加 10mL 氨-氯化铵缓冲溶液（pH=10），用配制好的 EDTA 标准溶液滴定至溶液由紫色变为纯蓝色。同时做空白试验。乙二胺四乙酸二钠标准溶液的浓度按下式计算：

$$c_{EDTA} = \frac{25.00 \times c_{Zn^{2+}}}{V_1 - V_2}$$

式中，c_{EDTA} 为乙二胺四乙酸二钠标准溶液的物质的量浓度，mol/L；$c_{Zn^{2+}}$ 为锌标溶液的物质的量浓度，mol/L；V_1 为乙二胺四乙酸二钠溶液的用量，mL；V_2 为空白试验乙二胺四乙酸二钠溶液的用量，mL。

③ 分析步骤　用移液管吸取镀液 2.00mL 于 250mL 锥形瓶中，加 50mL 水，加 10mL 缓冲溶液、5 滴铬黑 T 指示液（5g/L），立即以 EDTA 滴定至溶液由酒红色变成纯蓝色为终点。镀液中氯化锌的含量按下式计算：

$$\rho_{ZnCl_2} = \frac{c_{EDTA} V_{EDTA} \times 136.3 g/mol}{V_{镀液}}$$

式中，c_{EDTA} 为 EDTA 标准溶液的物质的量浓度，mol/L；V_{EDTA} 为滴定消耗 EDTA 标准溶液的体积，L；$V_{镀液}$ 为吸取镀液的体积，L。

④ 注意事项

（a）本方法只适用于杂质不太多的镀液，也可加焦磷酸钠或氟化钾掩蔽铁后，用 EDTA 滴定；或加 1% 的铜试剂 3mL 作为掩蔽剂。

（b）取样加水后，夏天可用冰浴冷却（各个试液的冷却时间要一样长），这样终点好观察些。

（c）滴定速度以稍快一点为好。

（2）氯化钾的测定

① 分析原理　以标准硝酸银溶液与氯化钾生成氯化银沉淀，滴定时以饱和铬酸钾为指示剂。在近中性溶液中，铬酸钾和硝酸银生成红色铬酸银沉淀，但铬酸银的溶解度较氯化银为大。当氯化银沉淀完全后，稍微过量的硝酸银即和铬酸钾生成红色铬酸银沉淀，指示反应终点。

$$Cl^- + AgNO_3 \longrightarrow AgCl \downarrow + NO_3^-$$

$$2Ag^+ + K_2CrO_4 \longrightarrow Ag_2CrO_4 \downarrow + 2K^+$$

由于铬酸银溶解于酸，因此滴定时溶液的 pH 值应保持在 4.0~7.0 之间。此时其他阴离子（I^-、Br^- 等）以及阳离子（Pb^{2+}、Ba^{2+} 等）对测定有干扰，但在此镀液中，它们的量极少，不影响氯化钾的测定。镀液中氯化钾的含量按下式计算：

$$\rho_{KCl}=\frac{c_{AgNO_3}V_{AgNO_3}\times74g/mol}{V_{镀液}}-1.09\rho_{ZnCl_2}$$

式中，c_{AgNO_3} 为硝酸银标准溶液的物质的量浓度，mol/L；V_{AgNO_3} 为滴定消耗硝酸银标准溶液的体积，L；$V_{镀液}$ 为吸取镀液的体积，L；ρ_{ZnCl_2} 为（1）中测得的氯化锌的含量，g/L。

② 试剂　铬酸钾溶液（饱和）。硝酸银标准溶液（0.1mol/L）：取分析纯硝酸银于120℃干燥2h，在干燥器内冷却，准确称取17.000g，溶解于水，定容至1000mL。贮存于棕色瓶中。此标准溶液的浓度为0.1000mol/L。对精密的分析工作，可称取于120℃干燥2h时基准硝酸银采取直接法配制；或称取分析纯硝酸银17g，配制成1L近似浓度溶液后，摇匀，保存于棕色具塞玻璃瓶中，再按如下方法标定。称取0.2g（称准至0.0001g）于500～600℃灼烧至恒重的基准氯化钠于250mL锥形瓶中，加水50mL及饱和铬酸钾溶液3～5滴，用标准硝酸银滴定至最后一滴硝酸银使生成的白色沉淀略带淡红色为终点。硝酸银标准溶液的物质的量浓度按下式计算：

$$c_{AgNO_3}=\frac{m}{0.05844\times V}$$

式中，m 为称取基准氯化钠的质量，g；V 为滴定消耗硝酸银溶液的用量，mL；0.05844为NaCl的毫摩尔质量，g/mmol。

③ 分析步骤　用移液管吸取镀液1.00mL于250mL锥形瓶中，加50mL水、2～3滴饱和铬酸钾溶液，用0.1mol/L硝酸银标准溶液滴定至生成的白色沉淀略呈淡红色为终点。

④ 注意事项　在滴定前可加入硝基苯5mL，使终点易于观察。

（3）硼酸的测定

① 分析原理　在微酸性溶液中，加入一定量EDTA溶液（与滴定锌的体积相同），然后加入含有较多羟基的有机物与硼酸生成较强的络合酸，以酚酞为指示剂，用氢氧化钠标准溶液滴定。

镀液中硼酸的含量按下式计算：

$$\rho_{H_3BO_3}=\frac{c_{NaOH}V_{NaOH}\times61.8g/mol}{V_{镀液}}$$

式中，c_{NaOH} 为氢氧化钠标准溶液的物质的量浓度，mol/L；V_{NaOH} 为滴定消耗氢氧化钠标准溶液的体积，L；$V_{镀液}$ 为吸取镀液的体积，L。

② 试剂　EDTA标准溶液（0.05mol/L）。甲基红指示剂（1g/L）：0.1g甲基红溶解于60mL乙醇中，溶解后加水稀释至100mL。酚酞指示剂（10g/L）：0.1g酚酞溶解于80mL乙醇中，溶解后加水稀释至100mL。中性甘油：取甘油50mL，加水50mL，加酚酞2滴，用0.1mol/L氢氧化钠滴定至微红色。

NaOH标准溶液（0.1mol/L）：称取氢氧化钠4g，以冷沸水溶解于烧杯中，待溶液澄清并稍冷后，以冷沸水稀释至1L。称取0.6g于110～120℃烘至恒重的分析纯邻苯二甲酸氢钾，称准至0.0001g，溶于50mL冷沸水中，加2滴酚酞指示剂（10g/L），用配制好的氢氧化钠溶液滴定至溶液呈粉红色，同时做空白试验。氢氧化钠标准溶液的浓度按下式计算：

$$c(NaOH)=\frac{m}{(V_1-V_2)\times0.2042}$$

式中，$c(NaOH)$ 为氢氧化钠标准溶液的物质的量浓度，mol/L；m 为邻苯二甲酸氢钾的质量，g；V_1 为氢氧化钠溶液的用量，mL；V_2 为空白试验氢氧化钠溶液的用量，mL；0.2042为与1.00mL氢氧化钠标准溶液[$c(NaOH)=1.000mol/L$]相当的以克表示的邻苯二甲酸氢钾的质量。

③ 分析步骤　吸取 2.00mL 镀液于 250mL 锥形瓶中，加 20mL EDTA 标准溶液（0.05mol/L），加甲基红 2 滴。用 0.1mol/L 氢氧化钠标准溶液滴至甲基红恰变黄色（不计读数），加入酚酞数滴、甘油 10mL，摇匀，以 0.1mol/L 氢氧化钠标准溶液滴定至橙红色，再加入甘油 10mL，继续滴定至加入甘油后橙红色不消失为终点。

④ 注意事项

（a）滴定前加 20mL EDTA 标准溶液（0.05mol/L）用以络合锌。

（b）没有甘油时也可用甘露醇代替。

6.1.2　氰化镀铜溶液成分分析

分析成分：氰化亚铜（以铜表示）、游离氰化物（以游离氰化钠表示）、氢氧化钠。

（1）铜的测定

① 方法原理　加过硫酸铵或强酸加热以分解氰化物，铜被氧化成二价，然后在氨性溶液中用 EDTA 滴定，以 PAN 指示，滴定在 pH 值为 2.5～10 的范围内均可进行。

② 试剂　过硫酸铵（固体）；氨水（1+1）；PAN 指示剂（0.1%乙醇溶液）；EDTA 标准溶液（0.05mol/L）；缓冲溶液（pH=10）。

③ 分析步骤　吸取镀液 1.00mL 于 250mL 锥形瓶中，加过硫酸铵 1g，充分摇动，加 pH=10 的缓冲溶液 10mL，此时溶液呈现蓝色，加水 90mL、PAN 指示剂数滴，用 EDTA 溶液滴定至由红色转绿色为终点。镀液中氰化亚铜（以铜表示）的含量按下式计算：

$$\rho_{Cu}=\frac{c_{EDTA}V_{EDTA}\times 63.55g/mol}{V_{镀液}}$$

式中，c_{EDTA} 为 EDTA 标准溶液的物质的量浓度，mol/L；V_{EDTA} 为耗用 EDTA 标准溶液的体积，L；$V_{镀液}$ 为吸取镀液的体积，L。

（2）游离氰化钠的测定

① 方法原理　硝酸银和游离氰化物生成稳定的银氰配合物，滴定时以碘化钾指示。当反应完全后，过量的硝酸银和碘化钾生成黄色碘化银沉淀。

$$AgNO_3+2NaCN\longrightarrow Na[Ag(CN)_2]+NaNO_3$$
$$AgNO_3+KI\longrightarrow AgI\downarrow+KNO_3$$

② 试剂　碘化钾溶液（10%）：称取 50g 碘化钾溶解于水后，加水稀释至 500mL，贮存于棕色瓶中。硝酸银标准溶液（0.1mol/L）。

③ 分析步骤　吸取镀液 10.00mL 于 250mL 锥形瓶中，加水 40mL、碘化钾（10%）2mL，用 0.1mol/L 硝酸银标准溶液滴定至开始出现浑浊为终点。镀液中含游离氰化钠的量按下式计算：

$$\rho_{NaCN}=\frac{2c_{AgNO_3}V_{AgNO_3}\times 49g/mol}{V_{镀液}}$$

式中，c_{AgNO_3} 为 $AgNO_3$ 标准溶液的物质的量浓度，mol/L；V_{AgNO_3} 为滴定消耗 $AgNO_3$ 标准溶液的体积，L；$V_{镀液}$ 为吸取镀液的体积，L。

（3）氢氧化钠的测定

① 方法原理　本法基于酸碱滴定，氰化物用硝酸银除去，碳酸盐用氯化钡除去，以酚酞指示，用盐酸滴定。

$$CN^-+Ag^+\longrightarrow AgCN\downarrow$$

$$Ba^{2+} + CO_3^{2-} \longrightarrow BaCO_3 \downarrow$$
$$NaOH + HCl \longrightarrow NaCl + H_2O$$

② 试剂　氯化钡溶液（10%）：称取 58g 氯化钡（$BaCl_2 \cdot 2H_2O$），溶解后，加水稀释至 500mL，贮存于棕色瓶中。硝酸银标准溶液（0.1mol/L）。碘化钾溶液（10%）。酚酞指示剂（10g/L）。

盐酸标准溶液（0.1mol/L）分析过程如下。

（a）配制　量取分析纯盐酸 90mL，以水稀释至 10L。

（b）标定　用移液管移取已标定的 0.1mol/L NaOH 标准溶液 25.00mL 于 250mL 锥形瓶中，加水 80mL，加入酚酞指示剂（10g/L）2 滴，用配制好的盐酸滴定至红色消失为终点。按下式计算盐酸的物质的量浓度：

$$c_{HCl} = \frac{c_{NaOH} \times 25.00mL \times 10^{-3}}{V_{HCl}}$$

式中，c_{NaOH} 为 NaOH 标准溶液的物质的量浓度，mol/L；V_{HCl} 为滴定消耗盐酸标准溶液的体积，L。

③ 分析步骤　吸取镀液 5.00mL 于 250mL 锥形瓶中，加水 50mL，加碘化钾 2mL、0.1mol/L 硝酸银溶液若干毫升（其量较测游离氰化物的量多 1~2mL，边加边摇），加氯化钡溶液 20mL，微加热，加酚酞指示剂数滴，用 0.1mol/L 盐酸标准溶液滴定至红色消失为终点。镀液中氢氧化钠的含量按下式计算：

$$\rho_{NaOH} = \frac{c_{HCl} V_{HCl} \times 40g/mol}{V_{镀液}}$$

式中，c_{HCl} 为盐酸标准溶液的物质的量浓度，moL/L；V_{HCl} 为滴定消耗盐酸标准溶液的体积，L；$V_{镀液}$ 为所取镀液的体积，L。

6.1.3　酸性镀铜溶液成分分析

分析成分：硫酸铜、硫酸。

(1) 硫酸铜的测定

① 方法原理　加氟化钠和三乙醇胺掩蔽 Al^{3+}、Fe^{3+}，在微碱性溶液中，用 PAN 指示，以 EDTA 滴定铜。

② 试剂　氟化钠（固体）；三乙醇胺；PAN 指示剂（0.1%乙醇溶液）；氨水（1+1）；EDTA 标准溶液（0.05mol/L）。

③ 分析步骤　吸取镀液 1.00mL 于 250mL 锥形瓶中，加水 80mL、氟化钠 1g 及三乙醇胺 6 滴，加氨水至淡蓝色 [非 $Cu(NH_3)_4^{2+}$ 的颜色]，加入 PAN 指示剂 3 滴，用 0.05mol/L EDTA 标准溶液滴定至溶液由蓝紫色变为绿色为终点。镀液中含硫酸铜的量按下式计算：

$$\rho_{CuSO_4 \cdot 5H_2O} = \frac{c_{EDTA} V_{EDTA} \times 250g/mol}{V_{镀液}}$$

式中，c_{EDTA} 为 EDTA 标准溶液的物质的量浓度，mol/L；V_{EDTA} 为滴定消耗 EDTA 标准溶液的体积，L；$V_{镀液}$ 为所取镀液的体积，L。

④ 注意事项　指示剂不要多加，否则终点不明。

(2) 硫酸的测定

① 方法原理　根据酸碱滴定原理，以甲基橙为指示剂指示终点的到达。

② 试剂　甲基橙指示剂（0.1%）；0.1g 甲基橙溶解于 100mL 热水中，如有不溶物应过

滤。氢氧化钠标准溶液（1mol/L）。

③ 分析步骤　用移液管吸镀液 10.00mL 于 250mL 锥形瓶中，加水 100mL 及甲基橙 2 滴，以 1 mol/L 氢氧化钠标准溶液滴定至试液由红转橙黄色为终点。镀液中硫酸的含量按下式计算：

$$\rho_{H_2SO_4} = \frac{c_{NaOH} V_{NaOH} \times 98g/mol}{2V_{镀液}}$$

式中，c_{NaOH} 为氢氧化钠标准溶液的物质的量浓度，mol/L；V_{NaOH} 为滴定消耗氢氧化钠标准溶液的体积，L；$V_{镀液}$ 为所取镀液的体积，L。

6.1.4　镀镍溶液成分分析

分析成分：$NiSO_4 \cdot 7H_2O$、NaCl、硼酸。

（1）镍的测定

① 络合滴定法

a. 方法原理　在氨性溶液中，镍与 EDTA 定量络合。滴定时，以紫脲酸铵为指示剂，终点为由棕黄色变紫色。

b. 试剂　缓冲溶液（pH＝10）。紫脲酸铵指示剂：称取 1.0g 紫脲酸铵及 200g 干燥的氯化钠，混匀，研细。EDTA 标准溶液（0.05mol/L）。

c. 分析步骤　用移液管吸镀液 1.00mL 于 250mL 锥形瓶中，加水 80mL 及缓冲溶液 10mL，加入紫脲酸铵约 0.1g，以 0.05mol/L EDTA 标准溶液滴定至溶液由棕黄色转为紫色为终点。镀液中的镍含量（以 $NiSO_4 \cdot 7H_2O$ 计）按下式计算：

$$\rho_{NiSO_4 \cdot 7H_2O} = \frac{c_{EDTA} V_{EDTA} \times 280.8g/mol}{V_{镀液}}$$

式中，c_{EDTA} 为 EDTA 标准溶液的物质的量浓度，mol/L；V_{EDTA} 为滴定消耗 EDTA 标准溶液的体积，L；$V_{镀液}$ 为所取镀液的体积，L。

② 丁二酮肟重量法

a. 方法原理　丁二酮肟重量法测定镍含量时是利用在氨性溶液中，Ni^{2+} 与丁二酮肟生成鲜红色沉淀，沉淀的组成恒定，经过滤、洗涤、烘干后即可称量。根据沉淀质量及试样质量计算镍的百分含量。

由于无机沉淀剂的选择性较差，晶形沉淀的溶解度较大，无定形沉淀吸附杂质多且不易过滤和洗涤。因此，有机沉淀剂的应用发展较快。有机沉淀剂的特点：品种多，选择性高；沉淀的溶解度小；沉淀吸附杂质少；沉淀称量形式的摩尔质量大。烘干即可称重，可简化操作。

有机沉淀剂的缺点：在水中的溶解度小；有些沉淀组成不恒定，仍需灼烧。

有机沉淀剂的分类如下：

（a）生成螯合物的沉淀剂　这类沉淀剂含有酸性基团，H^+ 以被金属离子置换而形成盐，还有含 N、O 或 S 的碱性基团，这些原子具有未被共用的电子对，可以与金属离子形成络合键，结果生成杂环螯合物。例如 8-羟基喹啉沉淀 Al^{3+}，丁二酮肟沉淀 Ni^{2+}。

（b）生成离子缔合物的沉淀剂　这类沉淀剂在水溶液中能电离出大体积离子，这种离子与被测离子结合成溶解度很小的离子缔合物沉淀，如用四苯硼酸钠沉淀 K^+。

丁二酮肟只与 Ni^{2+}、Fe^{2+} 生成沉淀。此外，丁二酮肟还能与 Cu^{2+}、Co^{2+}、Fe^{3+} 生成水溶性配合物。丁二酮肟与 Ni^{2+} 沉淀时，受到溶液中酸度的影响，以溶液 pH＝7.0～10.0 为宜，故通常在 pH＝8～9 的氨性溶液中进行沉淀。

Fe^{3+}、Al^{3+}、Cr^{3+}、Zn^{2+}、Ca^{2+}、Mg^{2+} 等在氨性溶液中生成氢氧化物沉淀，因此在 pH 值调至碱性之前，需加入柠檬酸或酒石酸，使这些金属离子与之生成稳定配合物以消除干扰。

b. 主要试剂 丁二酮肟（1%乙醇溶液）；氨水（1+1）；酒石酸溶液（1%）；广泛 pH 试纸；盐酸（1+1）；硝酸银（0.05%）。

c. 分析步骤 准确量取一定量的镀镍溶液于 400mL 烧杯中，加 20mL 水，然后加入 5% 酒石酸溶液 5mL，在不断搅拌下滴加氨水（1+1）至弱碱性（注意颜色变化），然后用盐酸（1+1）酸化，用热水稀释至 300mL，加热至 70～80℃ 左右。在不断搅拌下加入 1% 丁二酮肟溶液 50mL 以沉淀 Ni^{2+}，在不断搅拌下滴加氨水（1+1）使溶液 pH＝8～9。于 60～70℃ 水浴保温 30～40min。稍冷后，用已恒重的 G4 砂芯漏斗过滤，用倾斜法过滤，洗涤沉淀。可在滤液中加沉淀剂检查沉淀是否完全，若有沉淀生成，再加 5mL 沉淀剂丁二酮肟乙醇溶液，继续过滤沉淀，再用热水洗涤 7～8 次至无 Cl^- 为止。把漏斗连同沉淀在 110～120℃ 之间烘干 1h，冷却，称重，再烘至恒重。按下式计算镍的含量。

$$\rho_{Ni} = \frac{m \times M_{Ni}}{V_s M_{NiC_8H_{14}N_4O_4}}$$

式中，M_{Ni} 为镍的摩尔质量，58.69g/mol；$M_{NiC_8H_{14}N_4O_4}$ 为丁二酮肟镍的摩尔质量，288.94g/moL；m 为沉淀的质量，g；V_s 为所取镀液的体积，mL。

注：沉淀 Ni^{2+} 时，每毫克 Ni^{2+} 约需 1mL 丁二酮肟，丁二酮肟在水中溶解度很小，沉淀剂加入量不能过量太多，以免沉淀剂从溶液中析出，所加沉淀剂总量不超过试液体积的 1/3；检查 Cl^- 时，先将滤液用 HNO_3 酸化，再用 $AgNO_3$ 检验。

（2）氯化钠的测定

① 方法原理 氯离子和硝酸银定量生成氯化银沉淀，滴定时以铬酸钾为指示剂。在近中性溶液中，铬酸钾和硝酸银生成红色铬酸银沉淀，但铬酸银的溶解度较氯化银为大。当氯化银沉淀完全后，稍微过量的硝酸银即和铬酸钾生成红色铬酸银沉淀，指示反应终点。

$$Cl^- + AgNO_3 \longrightarrow AgCl\downarrow + NO_3^-$$
$$2Ag^+ + K_2CrO_4 \longrightarrow Ag_2CrO_4\downarrow + 2K^+$$

由于铬酸银溶解于酸，因此滴定时溶液的 pH 值应保持在 4.0～7.0 之间。

② 试剂 铬酸钾溶液（饱和）；硝酸银标准溶液（0.1mol/L）。

③ 分析步骤 用移液管吸取镀液 5.00mL 于 250mL 锥形瓶中，加 50mL 水、3～5 滴饱和铬酸钾溶液，用 0.1mol/L 硝酸银标准溶液滴定至最后一滴硝酸银使生成的白色沉淀略呈淡红色为终点。镀液中氯化钠的含量按下式计算：

$$\rho_{NaCl} = \frac{c_{AgNO_3} V_{AgNO_3} \times 58.5 g/mol}{V_{镀液}}$$

式中，c_{AgNO_3} 为硝酸银标准溶液的物质的量浓度，mol/L；V_{AgNO_3} 为滴定消耗硝酸银标准溶液的体积，L；$V_{镀液}$ 为吸取镀液的体积，L。

（3）硼酸的测定

① 方法原理 试液中加入含有较多羟基的有机物与硼酸生成较强的络合酸，以酚酞为指示剂，用氢氧化钠标准溶液滴定。

滴定时，溶液中加入柠檬酸钠以防止镍生成氢氧化镍沉淀。

② 试剂 甘油混合液：称取柠檬酸钠 60g 溶于少量水中，加入甘油 600mL，再加入 2g 酚酞（溶于少量温热乙醇），加水稀释至 1L。NaOH 标准溶液（0.1mol/L）。

③ 分析步骤 吸取 2.00mL 镀液于 100mL 锥形瓶中，加水 9mL，加甘油混合液 25mL，摇匀，以 0.1mol/L 氢氧化钠标准溶液滴定至溶液由淡绿变为灰蓝色为终点。镀液中硼酸的含量按下式计算：

$$\rho_{H_3BO_3} = \frac{c_{NaOH} \times V_{NaOH} \times 61.8g/mol}{V_{镀液}}$$

式中，c_{NaOH} 为氢氧化钠标准溶液的物质的量浓度，mol/L；V_{NaOH} 为滴定消耗氢氧化钠标准溶液的体积，L；$V_{镀液}$ 为吸取镀液的体积，L。

④ 注意事项 为了得到正确的结果，镀液的酸度应保持在 pH＝5.0～5.5 之间。如果不在此范围内，要经过调整后再取样。

6.1.5 镀铬溶液成分分析

分析成分：铬酐、三价铬及硫酸。金属铬虽然属于黑色金属，但是铬的电镀应用非常广泛，因此在本节中予以介绍。

(1) 铬酐的测定

① 方法原理 在硫酸溶液中，六价铬被二价铁还原为三价铬：

$$2H_2CrO_4 + 6H_2SO_4 + 6FeSO_4 = Cr_2(SO_4)_3 + 3Fe_2(SO_4)_3 + 8H_2O$$

以苯基代邻氨基苯甲酸（PA 酸）指示反应终点。

② 试剂 硫酸（1＋1）。硫酸（20%）：在搅拌下将 110mL 浓硫酸缓慢倒入盛有 500mL 蒸馏水的烧杯中，并稀释至 1000mL。磷酸。苯基代邻氨基苯甲酸指示剂：称 0.14g 苯基代邻氨基苯甲酸溶于 2.5mL 5% 碳酸钠溶液中，以水稀释至 125mL。重铬酸钾标准溶液 $[c(K_2Cr_2O_7)=0.1mol/L]$：准确称取 29.421g 于 120℃ 干燥至恒重的分析纯重铬酸钾，通过一支洁净的小漏斗定量转移至 1000mL 容量瓶内，待完全溶解后，稀释至刻度，混合均匀。

硫酸亚铁铵标准溶液（0.1mol/L）分析过程如下。

a. 配制 称取 40g 硫酸亚铁铵 $[(NH_4)_2Fe(SO_4)_2 \cdot 6H_2O]$ 溶于 300mL 硫酸溶液（20%）中，加 700mL 水，摇匀。如有浑浊，应过滤。本标准溶液每次使用前应进行标定。

b. 标定 吸取 5.00mL 配制好的重铬酸钾标准溶液 $[c(K_2Cr_2O_7)=0.1mol/L]$ 于 250mL 锥形瓶中，加 70mL 水及 20mL 硫酸（1＋1），加磷酸 2mL。加入苯基代邻氨基苯甲酸指示剂 4 滴，溶液呈紫红色，以配制好的硫酸亚铁铵溶液 $\{c[(NH_4)_2Fe(SO_4)_2 \cdot 6H_2O]=0.1mol/L\}$ 滴定至溶液由紫红色转为绿色为终点。按下式计算浓度：

$$c_{Fe^{2+}} = \frac{3}{V_{Fe^{2+}}}$$

式中，$c_{Fe^{2+}}$ 为硫酸亚铁铵标准溶液的物质的量浓度，mol/L；$V_{Fe^{2+}}$ 为滴定消耗的硫酸亚铁铵标准溶液的体积，mL。

③ 分析步骤 取 5.00mL 镀液于 100mL 容量瓶中，加水稀释至刻度并摇匀。吸取此稀溶液 5.00mL 于 250mL 锥形瓶中，加水 75mL、硫酸（1＋1）10mL、磷酸 1mL，加苯基代邻氨基苯甲酸指示剂 3 滴，以硫酸亚铁铵标准溶液 $\{c[(NH_4)_2Fe(SO_4)_2 \cdot 6H_2O]=0.1mol/L\}$ 滴定至溶液由紫红色转变成绿色为终点。镀铬液中铬酐的含量按下式计算：

$$\rho_{CrO_3} = \frac{20 \times c_{Fe^{2+}} \times V_{Fe^{2+}} \times 100g/mol}{3V_{镀液}}$$

式中，$c_{Fe^{2+}}$ 为硫酸亚铁铵标准溶液之物质的量浓度，mol/L；$V_{Fe^{2+}}$ 为滴定消耗的硫酸亚铁铵标准溶液的体积，L；$V_{镀液}$ 为所取镀液的体积，L。

（2）三价铬的测定

① 方法原理　三价铬在酸性溶液中，在硝酸银接触下，以过硫酸铵氧化成六价铬。

$$Cr_2(SO_4)_3 + 3(NH_4)_2S_2O_8 + 8H_2O =\!=\!= 2H_2CrO_4 + 3(NH_4)_2SO_4 + 6H_2SO_4$$

然后测定总铬，从总铬中减去六价铬，即得三价铬的量。硝酸银对氧化反应起催化作用，过量的过硫酸铵经煮沸后完全分解。

② 试剂　硫酸（1+1）；磷酸；硝酸银（1%）；苯基代邻氨基苯甲酸指示剂；硫酸亚铁铵标准溶液（0.1mol/L）；过硫酸铵（固体）。

③ 分析步骤　取 5.00mL 镀液于 100mL 容量瓶中，加水稀释至刻度并摇匀。吸取此稀溶液 5.00mL 于 250mL 锥形瓶中，加水 75mL、硫酸（1+1）10mL、磷酸 1mL、硝酸银（1%）10mL 及过硫酸铵 2g，煮沸至冒大气泡 2min 左右，冷却。加苯基代邻氨基苯甲酸指示剂 3 滴，以硫酸亚铁铵标准溶液 $\{c[(NH_4)_2Fe(SO_4)_2 \cdot 6H_2O] = 0.1mol/L\}$ 滴定至溶液由紫红色转变成绿色为终点。镀铬液中三价铬的含量按下式计算：

$$\rho_{Cr^{3+}} = \frac{20c_{Fe^{2+}}\,[V_{2(Fe^{2+})} - V_{1(Fe^{2+})}] \times 52g/mol}{3V_{镀液}}$$

式中，$c_{Fe^{2+}}$ 为硫酸亚铁铵标准溶液的物质的量浓度，mol/L；$V_{2(Fe^{2+})}$ 为滴定总铬时消耗的硫酸亚铁铵标准溶液的体积，L；$V_{1(Fe^{2+})}$ 为滴定铬酐时消耗的硫酸亚铁铵标准溶液的体积，L；$V_{镀液}$ 为所取镀液的体积，L。

（3）硫酸的测定

① 方法原理　硫酸根和氯化钡生成不溶于水的硫酸钡沉淀，但铬酸根也和钡生成不溶于水的铬酸钡沉淀干扰测定。本法用乙醇先将铬酸根还原成三价铬，然后加入氯化钡，使之硫酸根沉淀。生成硫酸钡后，使之溶解于氨性的 EDTA 溶液中，过量的 EDTA 以锌标准溶液回滴，以铬黑 T 指示，根据 EDTA 溶液和锌标准溶液的量即可计算出镀液中硫酸的含量。

② 试剂　氯化钡溶液（10%）。乙醇混合液：以一体积乙醇、一体积浓盐酸和一体积冰醋酸混合而成。缓冲溶液（pH=10）。铬黑 T 指示剂（5g/L）。锌标准溶液（0.05mol/L）。EDTA 标准溶液（0.05mol/L）。

③ 分析步骤　移取镀液 10.00mL 于 400mL 烧杯中，加水 100mL、乙醇混合液 40mL，煮沸 10min，趁热在不断搅拌下缓缓加入氯化钡 10mL，煮沸 1min，在保温下放置 1h。用紧密滤纸过滤，以热水洗涤沉淀数次至洗涤水无绿色。将沉淀及滤纸投入原烧杯中，加水 100mL、氨水 10mL，加入 25.00mL EDTA 标准溶液（0.05mol/L），加热至 60～70℃，搅拌使沉淀完全溶解。冷却后，加缓冲溶液（pH=10）5mL 及 5 滴铬黑 T，以 0.05mol/L 锌标准溶液滴定至溶液由纯蓝色变为紫红色为终点。镀铬溶液中硫酸的含量按下式计算：

$$\rho_{H_2SO_4} = \frac{(c_{EDTA} \times 25.00 - c_{Zn^{2+}}V_{Zn^{2+}}) \times 98g/mol}{V_{镀液}}$$

式中，c_{EDTA} 为 EDTA 标准溶液的物质的量浓度，mol/L；$c_{Zn^{2+}}$ 为锌标准溶液的物质的量浓度，mol/L；$V_{Zn^{2+}}$ 为滴定消耗锌标准溶液的体积，L；$V_{镀液}$ 为所取镀液的体积，L。

6.1.6　贵金属电镀液成分分析

（1）镀银溶液中银含量的分析

① 氰化镀银溶液中银的测定

a. 方法原理　先用过硫酸铵分解氰化物，在氨性溶液中，加入镍氰化物，镍被银取代出来，以紫脲酸铵为指示剂，用 EDTA 溶液滴定镍，可得出银的含量。

$$K_2Ni(CN)_4 + 2Ag^+ \longrightarrow 2KAg(CN)_2 + Ni^{2+}$$

b. 试剂　过硫酸铵固体。硝酸（6mol/L）。缓冲溶液（pH=10）：溶解 54g 氯化铵于水中，加入 350mL 氨水，加水稀释至 1L。紫脲酸铵指示剂：0.2g 紫脲酸铵与氯化钠 100g 研磨混合均匀。EDTA 标准溶液（0.05mol/L）。镍氰化物[$K_2Ni(CN)_4$]：称取特级硫酸镍 14g，加水 200mL 溶解，加特级氰化钾 14g，溶解后过滤，用水稀释至 250mL，此溶液呈黄色。

c. 分析步骤　用移液管吸镀液 5mL 于 250mL 锥形瓶中，加水 10mL，加过硫酸铵 2g，加热，此时溶液生成黄白色沉淀，加数滴 6mol/L 硝酸，继续加热至有小气泡产生、溶液透明为止。如不透明，加硫酸冒白烟，冷却，加水 100~150mL、缓冲溶液 20mL、镍氰化物 5mL、紫脲酸铵少许，用 0.05mol/L EDTA 标准溶液滴定至溶液由黄→红→紫色为终点（滴定至近终点时，速度要慢，并注意颜色的变化）。镀液中银的浓度 ρ_{Ag}（g/L）由下式计算：

$$\rho_{Ag} = (2V \times c \times M)/(5mL \times 10^{-3})$$

式中，c 是 EDTA 标准溶液的物质的量浓度，mol/L；V 是耗用 EDTA 标准溶液的体积，L；M 是 Ag 的摩尔质量，107.87g/mol。

② 亚铁氰化物镀银溶液中银的测定　用移液管吸镀液 5mL 于 250mL 锥形瓶中，加硫酸 10mL、硝酸 5mL，加热至冒浓白烟，继续加热 10min，冷却。小心加水 50mL，煮沸至溶液清亮，冷却。小心加入浓氨水，直至生成棕色沉淀为止（溶液应呈碱性），过滤后，用热水洗涤（沉淀保留作为测定亚铁氰化钾用），在滤液中加浓硫酸 5mL，冷却。加铁铵矾指示剂 1mL，用 0.10mol/L 硫氰酸钾标准溶液滴定至微红色为终点。镀液中银的浓度（以 ρ_{AgCl}，g/L 表示）由下式计算：

$$\rho_{Ag} = (V \times c \times M)/(5mL \times 10^{-3})$$

式中，c 为硫氰酸钾标准溶液的物质的量浓度，mol/L；V 为耗用硫氰酸钾标准溶液的体积，L；M 为 AgCl 的摩尔质量，143g/mol。

（2）镀金溶液中金含量的分析

① 方法原理　用盐酸破坏氰化物，加王水使金全都转化为三氯化金，与碘化钾作用析出定量的游离碘，再用硫代硫酸钠标准溶液滴定游离碘，以测定金的含量。其反应如下：

$$AuCl_3 + 3KI \longrightarrow AuI + I_2 + 3KCl$$
$$I_2 + 2Na_2S_2O_3 \longrightarrow 2NaI + Na_2S_4O_6$$

② 试剂　浓盐酸；盐酸（1+3）；王水；碘化钾溶液（10%）；淀粉溶液（1%）；硫代硫酸钠标准溶液（0.05mol/L）；30% 过氧化氢溶液。

③ 分析步骤　用移液管吸镀液 2mL 于 300mL 锥形瓶中，加 20mL 浓盐酸，在电炉上蒸发至干（在通风橱内进行），然后再加王水 5~7mL 溶解。在温度为 70~80℃下，徐徐蒸发到浆状为止（切勿蒸干），再以热水约 80mL 溶解并洗涤瓶壁。冷却后加盐酸（1+3）10mL 及 10% 碘化钾溶液 10mL，在暗处放置 2min，以淀粉溶液为指示剂，用 0.05mol/L 硫代硫酸钠标准溶液滴定，至蓝色消失为终点。计算公式如下：

$$\rho_{Au} = (V \times c \times M)/(4mL \times 10^{-3})$$

式中，c 为硫代硫酸钠标准溶液的物质的量浓度，mol/L；V 为耗用硫代硫酸钠标准溶液的体积，L；M 为 Au 的摩尔质量，197g/mol。

说明：在蒸发除去硝酸的过程中，不能将溶液完全熬干或局部蒸干，以免金盐分解。如果已生成不溶解的沉淀，需加入少量盐酸及硝酸溶解，再重新蒸发。也可用下列方法进行测定：取 2mL 镀液，加 15mL 王水，蒸至近干（在通风橱内进行），加浓盐酸 10mL，再蒸至近干，冷却，以水稀释至 70mL 左右，加 2g 碘化钾，溶完后以 0.1mol/L 硫代硫酸钠标准溶液滴定至淡黄色，加入 5mL 淀粉溶液，继续以硫代硫酸钠标准溶液滴定至蓝色消失为终点。本方法不适用于含银、铜的镀金溶液。

(3) 镀钯溶液中钯含量的分析

① 丁二酮肟重量法   在分析时将含钯样品溶于硝酸制样，用丁二酮肟钯沉淀重量法测定钯含量。

a. 主要试剂   丁二酮肟乙醇溶液：1%。

b. 测定方法   吸取镀液 5mL 于 250mL 烧杯中，加浓硝酸 5mL，加热蒸发近干，再加入浓硝酸 1mL，小心加水 100mL，冷至室温，在不断搅拌下加入 10mL 1%的丁二酮肟乙醇溶液，在 60~70℃ 保温静置 1h。用 4 号玻璃漏斗过滤，以水洗沉淀至无丁二酮肟反应（在氨性溶液中，用镍离子检试）。将坩埚及沉淀于 100~120℃ 烘 30min，冷却后称重 m（g）。

$$\rho(\text{Pd},\text{g/L}) = \frac{m \times 0.3161}{V_s \times 10^{-3}}$$

式中，m 为沉淀的质量，g；V_s 为吸取镀液的体积，mL；0.3161 为 106.4/336.62，即 $M_{(\text{Pd})}/M_{[\text{Pd}(\text{C}_4\text{H}_7\text{O}_2\text{N}_2)_2]}$。

② 丁二酮肟沉淀分离-EDTA 返滴定法   用丁二酮肟钯沉淀分离后，沉淀溶解，在弱酸性溶液中，加过量的 EDTA 与钯络合，调 pH 值至约 5.5，以甲基麝香草酚蓝指示，用硫酸锌回滴过量的 EDTA，从而可计算出钯含量。

a. 试剂   EDTA 标准溶液（0.05mol/L）；甲基麝香草酚蓝（1%，1g 甲基麝香草酚蓝与 100g 硝酸钾研细而得）；乙酸-乙酸钠缓冲溶液（pH=5.5）；硫酸锌标准溶液（0.05mol/L）。

b. 测定方法   用丁二酮肟钯沉淀分离后，沉淀溶解定容至一定体积。吸取一定量含钯试液于 250mL 锥形瓶中，准确加入 0.05mol/L EDTA 溶液 10mL（V_2），加硝酸 5mL，用乙酸-乙酸钠溶液调 pH 值为 5.5，加少量甲基麝香草酚蓝（1%），用硫酸锌标准溶液回滴至由黄色转变成蓝色为终点。按下式计算试样中钯的含量。

$$\rho(\text{Pd},\text{g/L}) = \frac{(c_2 V_2 - c_1 V_1) \times M}{V_s}$$

式中，c_2 为 EDTA 标准溶液的物质的量浓度，mol/L；V_2 为加入的 EDTA 标准溶液的体积，L；c_1 为硫酸锌标准溶液的物质的量浓度，mol/L；V_1 为滴定消耗的硫酸锌标准溶液的体积，L；V_s 为所吸取试液的体积，L；M 为钯的摩尔质量，106.4g/mol。

(4) 镀铑溶液中铑含量的分析

① 方法原理   铑属于铂族元素，铂族元素均具有高熔点、高稳定性、高硬度和强耐蚀抗磨性等特性。铑金属比铂和其他金属具有更高的化学稳定性。在常温下，无机酸、碱和各种化学试剂对铑镀层均无作用，铑镀层也不会被氧化，同时铑镀层还呈现光亮的银白色。因此，铑作为表面镀层不仅在装饰电镀方面得到广泛应用，而且在电子导电件触点、照相机零件、反射镜等功能电镀方面均得到广泛应用。

铑作为一种有色金属，在电镀液中的含量不可以过高或过低。铑含量过高会致使镀层应力增大，同时，随工件带出的铑损失增多；铑含量过低时，镀层可能会呈现暗黄色。对铑的电镀来说，铑含量需要控制在一个最佳的浓度范围内，故铑含量的准确测定就显得尤为重要。

目前铑含量的分析方法主要有：用氯化亚锡作显色剂的分光光度法、原子吸收法，利用氨铑配合物的稳定性大于 EDTA-Rh 配合物的稳定性，用紫脲酸铵作指示剂，测定铑含量的络合滴定法以及重量分析法等。分光光度法和原子吸收法测定铑的灵敏度高，允许相对误差大

（5％～50％），适宜微量组分分析，对于常量组分分析的准确度较差。滴定法和重量法测定的准确度高，适合常量组分分析。但滴定法的选择性和通用性较差，且分析过程所需样品多，测定成本高，所需分析时间较长。重量法是铑含量分析的传统方法，分为硝酸六氨合钴法和锌还原重量法两种。前者在分析时需制备硝酸六氨合钴配合物，沉淀条件苛刻，操作误差较大。锌还原重量法利用还原剂将试液中的铑在一定条件下还原为金属铑，过滤所得的金属铑粉，经灼烧（800℃）后，称量至恒重而得铑含量。该法原理简单，操作简便，但在灼烧金属铑粉时，铑易被氧化为氧化铑而使测定结果偏高约 30％～40％。由于在灼烧时铑被氧化的程度不同，测定结果的精密度较差。在锌还原重量法测定铑含量时，改过滤分离铑粉为砂芯坩埚或离心分离铑粉，并将灼烧金属铑沉淀改为烘干沉淀，操作更易控制，测定的准确度和精密度都能符合要求，能够有效地避免锌还原重量法的上述缺陷。

② 主要试剂及仪器　硫酸；纯锌片（99.99％）；盐酸（1％）；NH_4SCN（5％）；$AgNO_3$（0.1mol/L）。G4 砂芯坩埚或电动离心机及与套管配套的试管。

③ 分析步骤　根据试液中铑的大致含量，取一定量的试液，置于 250mL 烧杯中，加浓硫酸 3mL，加水 50mL、纯锌 1.5g，立即盖上表面皿，加热。过量的锌可加少量硫酸使其溶解。用盐酸洗至无高铁离子（用硫氰酸铵检验），再用热水洗 2～3 次，用 G4 玻璃砂芯漏斗或砂芯坩埚过滤沉淀，以稀盐酸洗涤沉淀，再以蒸馏水洗涤数次，置于 120℃烘箱中烘至恒重。

此外，还可将溶液浓缩至约 25mL 左右，定量转入事先已于 120℃恒重的大试管中，离心沉降，待沉淀紧密集中于试管底部后，将上层清液吸去，用少量盐酸和硝酸分别煮洗沉淀并离心沉降，分出沉淀后用热水（每次 10mL）洗涤 3～4 次，用无水乙醇洗涤 1 次。将试管连同沉淀置于 120℃烘箱中干燥约 1h，置于干燥器中冷却后称至恒重。按下式计算试样中铑的含量。

$$\rho(\mathrm{Rh,g/L}) = \frac{m_{\mathrm{Rh}}}{V_s \times 10^{-3}}$$

式中，m_{Rh} 为还原所得金属铑的质量，g；V_s 为所取试液的体积，mL。

（5）镀铂溶液中铂含量的分析

① 方法原理　用甲酸将铂离子还原为金属铂，通过称量计算铂的含量。

② 主要试剂　无水乙酸钠；甲酸。

③ 分析步骤　准确吸取镀液 10mL 于 200mL 烧杯中，加盐酸 5mL，蒸干。加入 5mL 水和 5mL 盐酸，再蒸至浆状。加入 100mL 水、5g 无水乙酸钠和 1mL 甲酸，加盖，在水浴中加热 6h，用无灰滤纸过滤，以热水洗涤数次，将沉淀及滤纸一同移入已经恒重的坩埚中，烘干，炭化，于 800℃灼烧至恒重。Pt 含量按下式计算：

$$\rho(\mathrm{Pt,g/L}) = \frac{m}{V_s \times 10^{-3}}$$

式中，m 为沉淀的质量，g；V_s 为吸取镀液的体积，mL。

④ 注意事项　试样中若有钯存在，也将被甲酸还原，此时得到的沉淀用水洗至无 Cl^- 后，用硝酸洗去钯，过滤、灼烧后计算铂的含量。

6.2　有色金属电镀产品的分析

有色金属电镀产品的分析主要包括：镀层成分分析、镀层厚度分析、镀层耐腐蚀能力测试、镀层附着力测试、镀层单位面积重量测定等项目。其中主要介绍前三项指标，镀层附着力测试可按照 GB/T 5270—2005《金属基体的金属覆盖层电沉积和化学沉积层附着强度试验方法评述》进行检测。

6.2.1 镀层成分分析

对于有色金属电镀镀层，若按镀层的成分则可分为单一金属镀层、合金镀层和复合镀层三类。

单一金属电镀至今已有 170 多年历史，元素周期表上已有 33 种金属可从水溶液中电沉积制取。常用的有电镀锌、镍、铬、铜、锡、铁、钴、镉、铅、金、银等 10 余种，在阴极上可同时沉积出两种或两种以上元素所形成的镀层为合金镀层。合金镀层具有单一金属镀层不具备的组织结构和性能，如非晶态 Ni-P 合金，相图上没有的各种 Pb、Sn 合金，以及具有特殊装饰外观，特别高的抗蚀性和优良的焊接性、磁性的合金镀层等。

复合镀是将固体微粒加入镀液中与金属或合金共沉积，形成一种金属基的表面复合材料的过程，以满足特殊的应用要求。根据镀层与基体金属之间的电化学性质分类，电镀层可分为阳极性镀层和阴极性镀层两大类。凡镀层金属相对于基体金属的电位为负时，形成腐蚀微电池时镀层为阳极，故称阳极性镀层，如钢铁件上的锌镀层；而镀层金属相对于基体金属的电位为正时，形成腐蚀微电池时镀层为阴极，故称阴极性镀层，如钢铁件上的镍镀层和锡镀层等。

镀层按用途可分类如下：

① 防护性镀层　如 Zn、Ni、Cd、Sn 和 Cd-Sn 等镀层，作为耐大气及各种腐蚀环境的防腐蚀镀层。

② 防护装饰镀层　如 Cu-Ni-Cr 复合镀层、Ni-Fe-Cr 复合镀层等，既有装饰性，又有防护性。

③ 装饰性镀层　如 Au、Ag 以及 Cu-Zn 仿金镀层、黑铬、黑镍镀层等。

④ 修复性镀层　如电镀 Ni、Cr、Fe 层修复一些造价颇高的易磨损件或加工超差件。

⑤ 功能性镀层　如 Ag、Au 等导电镀层，Ni-Fe、Fe-Co、Ni-Co 等导磁镀层，Cr、Pt-Ru 等高温抗氧化镀层，Ag、Cr 等反光镀层，黑铬、黑镍等防反光镀层，硬铬、Ni-SiC 等耐磨镀层，Ni-W、Ni-C（石墨）减磨镀层等，Pb、Cu、Sn、Ag 等焊接性镀层，防渗碳 Cu 镀层等。

镀层成分是评价电镀镀层的重要指标，直接影响有色金属电镀产品的质量优劣。镀层成分分析最常用的简便的方法是能谱分析，但是能谱仪测定的镀层成分只是镀层的一个微区部分，存在较大误差。通过滴定分析法和分光光度法进行成分分析，能较准确地测定镀层中的成分，但往往需要烦琐的操作。具体分析方法参照第 5 章有色金属及其合金的分析相关部分。

6.2.2 镀层厚度分析

镀层厚度一直是衡量镀层质量的重要指标，目前已出现许多可直接或间接测量镀层厚度的仪器设备。本节将主要介绍几种常用镀层厚度测量仪器的工作原理和特性及其检定和校准。

(1) 镀层厚度测量仪器分类

通常镀层厚度测量仪器按是否在测量时对镀层造成破坏进行分类，主要分为无损和有损（破坏）两类仪器。无损类仪器主要有磁性测厚仪、电涡流测厚仪、超声波测厚仪、台阶仪、轮廓仪、X 射线荧光测厚仪等；有损类仪器主要有电解式测厚仪以及需要制作破坏式断面样品的金相显微镜、扫描电子显微镜等。

（2）常用测量仪器及其检定、校准方法

① 磁性测厚仪和电涡流测厚仪　磁性测厚仪按工作原理分为磁吸力式和磁感应式两种。磁吸力式测厚仪的工作原理主要是通过测量永久磁铁（测头）与导磁基体之间因镀层引起的磁吸力变化，得到镀层厚度大小，主要形式有手持式和笔式两种。该类仪器操作简单、不需电源、价格低廉，适合在车间做现场初步质量控制。磁感应式测厚仪是通过测量测头与基体金属之间因镀层引起的磁通量或磁阻变化，经计算获得镀层厚度。电涡流测厚仪则是通过测量测头与基体之间涡流信号的变化得到镀层厚度。两种测厚仪的工作原理不同，主要表现在测头不同、信号频率不同以及信号大小、标度不同。磁性测厚仪一般用于测量磁性金属基体上的非磁性镀层或其他非金属覆盖层，如钢材表面的 Zn 镀层、Cr 镀层以及涂料、塑料、搪瓷等；电涡流测厚仪主要用于测量非磁性基体上的非导电涂层，如有色金属表面的氧化层、涂料层和涂料等。有些厂家将两种类型测厚仪结合在一起，同时配备磁性探头（F 型）和非磁性探头（N 型）以方便测量，或配备一个同时具有 F 型和 N 型探头功能的探头，实现在磁性和非磁性基体上的自动转换测量。磁性测厚仪和电涡流测厚仪均可制成便携式，适用于现场检测，但其对基体和待测镀层的选择性较大，应用具有一定局限性。

磁性测厚仪、电涡流测厚仪依据 JJG 818—2018《磁性、电涡流式覆层厚度测量仪检定规程》进行检定，所用检定设备为具有一定厚度均匀性要求的厚度标准片（通常为均匀性较好的塑料薄膜片），该标准片的厚度首先经电感式测微仪或精密测长机测量标定后用于测厚仪检定。依据规程检定的主要项目为示值误差及示值重复性，经检定合格的磁性测厚仪和电涡流测厚仪已基本符合实际样品的检测要求。

② 电解式测厚仪　电解式测厚仪主要利用阳极溶解库仑法对镀层厚度进行测量。其工作原理是根据镀层/基体类型选用适当的电解液，阳极溶解精确限定面积的表面镀层，通过电解池电压的变化测定镀层的完全溶解，镀层的厚度值通过电解所需时间及所消耗的电量计算得到。电解式测厚仪适合测量单层金属镀层（如 Au、Ag、Zn、Cu、Ni、Cr 等）、多层金属镀层（如 Cu/Ni/Cr 等）、合金镀层和合金化扩散层的厚度。除可以测量平面试样镀层，配合不同类型的电解池还可以测量圆柱形和线材的镀层厚度。此外，电解式测厚仪的一个突出优点是适合测量多层镍镀层的厚度及其电位差。电解测厚仪的测量误差一般控制在 ±10% 以内，且不受基体材料影响，操作简便，成本较低，在国内外电镀行业得到一定的应用。目前，国内还没有电解式测厚仪的计量检定规程或校准规范，各计量部门校准该类仪器时尚未形成统一的方法，实际中主要参考 JJG 818，利用电解式测厚仪专用的标准片对仪器的示值误差和重复性进行检查。

③ X 射线荧光测厚仪　X 射线荧光测厚仪是一种基于能量色散方法的非破坏性定量分析仪器。其测量原理是由 X 射线管产生初级 X 射线照射在被分析的样品上，样品受激发而辐射出的二次 X 射线（X 荧光）被探测器接收，此二次辐射具有该样品材料的波长和能量特征，同时镀层厚度和二次辐射强度也有一定关系，经多道分析及能谱分析处理后，计算被测样品的镀层厚度。该设备适用于测定电子、半导体、首饰、表面处理等行业多种金属材料的成分和多种镀层的厚度。X 射线荧光测厚仪由于测量速度快、精度高、对样品无破坏性，目前在企业生产过程中正得到越来越多的应用。

X 射线荧光镀层测厚仪依据 JJF 1306—2011《X 射线荧光镀层测厚仪校准规范》进行校准。主要校准工具为标准厚度片，通常选用的标准厚度片有厚度不确定度为 2% 的 1 级片和厚度不确定度为 5% 的 2 级片两种，形式主要有金属薄片或基体覆盖镀层的标准块。仪器检查的计量特性主要有厚度测量的重复性、仪器示值稳定性和厚度测量示值误差三项。

④ 金相显微镜　金相显微镜主要利用光学成像原理观察金相样品的形貌并照相，配合一

定的图像分析软件可以用于测量金相样品中镀层或氧化层的局部厚度。与其他方法相比，用金相显微镜测量镀层厚度更为直观方便，也适合于了解镀层和基体内部更多信息。通常金相显微镜可清晰成像的最高放大倍数为 1000 倍，在这一放大倍数下，测量 1pm 以下的镀层厚度比较困难。通常镀层厚度越大，测量误差越小。由于样品需进行破坏处理且对金相制样的要求较高，一般不适合工业生产上现场快速检测使用。目前，金相显微镜尚无国家计量检定规程或校准规范，国内计量单位主要依据 JJG（教委）012—1996《金相显微镜检定规程》进行该类设备的校准，检定的计量性能指标主要为物镜分辨率和总放大倍数，这两项指标在设备实际使用中意义并不大。对于目前使用的绝大部分金相显微镜来说，尺寸测量功能已较为普遍并获得广泛应用，因此有必要对尺寸测量的准确性予以检查。

⑤ 扫描电子显微镜　扫描电子显微镜的工作原理是利用电子束扫描样品，通过电子束与样品的相互作用产生各种效应（主要是样品的二次电子和背散射电子发射），通过对二次电子或背散射电子信号的成像来观察样品的表面形态。将镀层样品制成金相样或利用一定的方法直接获得镀层的断面，即可利用扫描电子显微镜测量镀层厚度。扫描电镜景深大、焦距长、成像清晰、放大倍数高，更适合亚微米及纳米尺寸的镀层厚度测量。通过直接对样品的断面进行扫描分析，也可避免金相制样时对样品镀层边缘的影响，从而获得更高的测量精度。但由于扫描电镜运行维护成本较高、样品需破坏并需经一定的前处理，分析效率并不高，适合于在实验室进行分析研究或抽样检测。目前我国有 JJG 550—1988《扫描电子显微镜检定规程》，由上海市计量测试技术研究院最早提出并起草，1988 年发布并试行。随着科学技术的进步和扫描电子显微设备的飞速发展，该规程中有些检定方法已不适合现今的检定实际要求，但至今该规程仍未进行过修订。JJG 550—1988 规定了对扫描电镜的放大倍数误差、放大倍数示值重复性、图像线性失真度等重要指标进行检查。与金相显微镜一样，尺寸测量同样是扫描电镜设备使用较多的重要功能，但规程中并未提出对尺寸测量误差进行检查。目前，扫描电镜校准用的标样如格栅、线宽、线节距样板等基本都来自国外，在国内一直存在着量值溯源问题。受标样的限制，目前可对扫描电镜进行校准的计量单位并不多，迫切需要国内研究机构研发多种类型的标准样板并解决量值溯源问题。

目前已存在多种商品化的镀层厚度测量仪，由于其工作原理和特点不同，适用于不同场合。电解式测厚仪和金相显微镜尚缺少国家计量校准规范，扫描电子显微镜的试行检定规程也已不符合当前仪器的实际检定要求，因此急需国内计量单位开展相关规程和规范的确定、修订工作。电解式测厚仪、X 射线荧光测厚仪以及扫描电子显微镜的检定和校准都需专用的标准样品，而目前这几类标准样品基本都依赖进口；同时，在国内也存在量值溯源问题，迫切需要国内计量机构开展相关的研究工作。

6.2.3　盐雾试验

镀层耐腐蚀能力往往通过做盐雾试验进行测试。盐雾试验是一种主要利用盐雾试验设备所创造的人工模拟盐雾环境条件来考核产品或金属材料耐腐蚀性能的环境试验，它分为两大类：一类为天然环境暴露试验，另一类为人工加速模拟盐雾环境试验。人工加速模拟盐雾环境试验是利用一种具有一定容积空间的试验设备——盐雾试验箱，在其容积空间内用人工方法，造成盐雾环境来对产品的耐盐雾腐蚀质量进行考核；与天然环境暴露试验相比，其盐雾环境的氯化物的盐浓度，可以是一般天然环境盐雾含量的几倍或几十倍，使腐蚀速率大大提高；对产品进行盐雾试验后，得出结果的时间也大大缩短。例如，在天然暴露环境下对某产品样品进行试验时，待其腐蚀可能要 1 年；而在人工模拟盐雾环境条件下进行试验，只要 24h，即可得到相似结果。

盐雾试验的目的是为了考核产品或金属材料的耐盐雾腐蚀质量，而盐雾试验结果判定正是对产品质量的判定，其结果是否正确合理是衡量产品或金属抗盐雾腐蚀质量的关键。盐雾试验结果的判定方法有：评级判定法、称重判定法、腐蚀物出现判定法、腐蚀数据统计分析法。

评级判定法是把腐蚀面积与总面积之比的百分数按一定方法划分成几个级别，以某一个级别作为合格判定依据，它适合对平板样品进行评价；称重判定法是通过对腐蚀试验前后样品的重量进行称重的方法，计算出受腐蚀损失的重量来对样品耐腐蚀质量进行评判，它特别适用于对某种金属耐腐蚀质量进行考核。国家标准中有关盐雾测试的规格分为 1～10 级，以 10 级为最高。

相关执行标准：ASTM B-117，CNS 3627、3885、4519、7669、8886，GJB 150，GB/T 2423.17《电工电子产品环境试验 第 2 部分：试验方法 试验 Ka：盐雾》。此外，做中性盐雾（NSS）试验时，同时也可做乙酸盐雾（ASS、CASS）试验。

盐雾试验标准还规定中性盐雾试验所使用的设备、试剂和方法。

电镀盐雾通常分为中性盐雾（NSS）、酸性盐雾（ASS）、铜加速酸性盐雾（CASS），重点判断时一般采用评级法，少数采用第一锈点法。相应的标准号如下：

NSS——QBT 3826—1999《轻工产品金属镀层和化学处理层的耐腐蚀试验方法中性盐雾试验（NSS）法》

ASS——QBT 3827—1999《轻工产品金属镀层和化学处理层的耐腐蚀试验方法乙酸盐雾试验（ASS）法》

CASS——QBT 3828—1999《轻工产品金属镀层和化学处理层的耐腐蚀试验方法铜盐加速乙酸盐雾试验（CASS）法》

另外，关于盐雾检测终点判定和盐雾检测时间通常要求都是用户与加工厂商定，一般在 48h 或 72h 即可。

盐雾试验国家标准：GB/T 2423.17—2008《电工电子产品环境试验 第 2 部分：试验方法 试验 Ka：盐雾》。

（1）试验条件

① 盐溶液采用氯化钠（化学纯以上）和蒸馏水配制，其浓度为（5±0.1）%（质量分数）。雾化后的收集液，除挡板挡回部分外，不得重复使用。

② 雾化前的盐溶液（35℃）pH 值在 6.5～7.2。配制盐溶液时，允许采用化学纯以上的稀盐酸或氢氧化钠水溶液来调整 pH 值，但浓度仍须符合①的规定。

③ 用面积为 80cm^2 的漏斗收集连续雾化 16h 的盐雾沉降量，有效空间内任一位置的沉降率为：1.0～2.0mL/(h·80cm^2)。

④ 该标准采用连续雾化，推荐的标准试验时间为 16h、24h、48h、96h、168h、336h、672h。

⑤ 雾化时必须防止油污、尘埃等杂质和喷射空气的温度、湿度影响有效空间的试验条件。

（2）试验程序

① 初始检测　试验前，试验样品必须进行外观检查，以及按有关标准进行其他项目的性能测定。试件样品表面必须干净、无油污、无临时性的防护层和其他弊病。

② 条件试验　试验样品不得相互接触，它们的间隔距离应不影响盐雾能自由降落在试件样品上，以及试验样品上的盐溶液不得滴落在其他试验样品上。

试验样品放置位置由有关标准确定；一般按产品和材料使用状态放置（包括外罩等）；平

板试验样品需使受试面与垂直方向成30°角。

试验样品放置后按（1）规定的试验条件进行条件试验，试验持续时间从有关标准规定中选取。

③ 恢复 试验结束后，用流动水轻轻洗掉试验样品表面的盐沉积物，再在蒸馏水中漂洗，洗涤水温不得超过35℃，然后在标准的恢复大气条件下恢复1~2h；或按有关标准规定的其他恢复条件和时间进行恢复。

④ 最后检测 恢复后的试验样品应及时检查记录，检查项目、试验结果评定和合格要求均由有关标准规定。

⑤ 采用该试验方法时，应对下列项目作出具体规定：初始检测；安装细节；试验持续时间；恢复；最后检测。

6.3　有色金属电镀废水的分析

电镀废水因镀种和工艺不同，污染物种类也有所不同，浓度差异也较大。因此，电镀废水成分复杂，不仅含有大量 Pb^{2+}、Cu^{2+}、Cd^{2+}、Ni^{2+}、Zn^{2+}、Fe^{2+}、Cr^{6+} 等重金属离子，而且含有剧毒的 CN^-。对电镀废水成分进行分析时，若废水成分超过国家排放标准，将对环境造成污染，必须加以治理。

废水中重金属元素的分析属微量组分或痕量组分分析，常采用吸光光度法、原子吸收法或发射光谱分析法等仪器分析方法，分析灵敏度高，分析速度快，尤以原子吸收法和发射光谱分析法更为灵敏和快捷。此外，吸光光度法和目视比色法因不需要非常昂贵的仪器，便于普及和推广，常常被采用。

(1) 废水中铅的分析（原子吸收法）

① 方法原理 在稀盐酸介质中，加入酒石酸钾钠消除干扰，使用空气-乙炔火焰，于原子吸收光谱仪波长283.3nm处测量其吸光度。

② 主要试剂 酒石酸钾钠溶液（400g/L）。铅标准贮存溶液：称取1.0000g纯铅，置于250mL烧杯中，加入20mL硝酸，加热溶解至清亮，煮沸除去氮的氧化物，冷却；移入1000mL容量瓶中，用水稀释至刻度，混匀。此溶液1mL含1mg铅。铅标准溶液：移取20.00mL铅标准贮存溶液置于100mL容量瓶中，加入5mL盐酸，以水稀释至刻度，混匀。此溶液1mL含 $200\mu g$ 铅。

③ 分析步骤 取一定量水样于100mL烧杯中，沿杯壁加入2mL盐酸，蒸干，冷却；加入5mL水、3mL盐酸、1mL酒石酸钾钠溶液，移入50mL容量瓶中，用水稀释至刻度，混匀。使用空气-乙炔火焰，于原子吸收光谱仪波长283.3nm处测量其吸光度。减去随同试液的空白试验溶液的吸光度，从工作曲线上查出相应的铅浓度。

工作曲线的绘制：移取0mL、1.00mL、2.00mL、3.00mL、4.00mL、5.00mL、6.00mL铅标准溶液分别置于一组100mL容量瓶中，加入2mL盐酸，以水稀释至刻度，混匀。使用空气-乙炔火焰，于原子吸收光谱仪波长283.3nm处测量其吸光度。减去标准溶液系列中"零"浓度的吸光度，以铅浓度为横坐标，吸光度为纵坐标绘制工作曲线。

(2) 废水中铬的分析（分光光度法）

① 方法原理 在分光光度法中通过选择合适的显色剂，可以测定六价铬的含量，将三价铬氧化为六价铬，可以测定总铬的含量。常用的显色剂为DPCI，又名二苯卡巴肼或二苯氨基

脲，它可与六价铬反应生成紫红色的水溶性配合物。该方法是测定微量铬的灵敏度和选择性较好的方法。低价汞离子和高价汞离子与 DPCI 试剂作用生成蓝色或蓝紫色化合物而产生干扰，但在所控制的酸度下，反应不甚灵敏。当铁的浓度大于 1mg/L 时，将与试剂生成黄色化合物而引起干扰，可加入磷酸与 Fe^{3+} 络合而消除干扰。V（V）的干扰与铁相似，与试剂形成的棕黄色化合物很不稳定，颜色会很快褪去（约 20min），故可不予考虑。少量 Cu^{2+}、Ag^+、Au^{3+} 等在一定程度上干扰测定。钼与试剂生成紫红色化合物，但灵敏度低，钼低于 $100\mu g$ 时不干扰测定。适量中性盐不干扰测定。还原性物质干扰测定。

络合反应与溶液的酸度有关：溶液酸度太低（＜0.5mol/mL），则反应速率较慢；酸度太高（＞0.15mol/mL），则配合物的紫红色很不稳定。因此，六价铬与 DPCI 的显色酸度为 0.1mol/L H_2SO_4 介质较为合适，在此酸度下，加入过量的 DPCI 试剂后反应完成较快。显色温度以 15℃ 最适宜，温度低则显色慢，温度高则稳定性较差。显色反应在 2～3min 内可以完成，配合物在 1.5h 内稳定。

用此法测定水中的六价铬时，用 50mL 比色管可以测出 0.004mg/mL 的铬。用分光光度法（3cm 比色皿）可以测出 $0.01\mu g/mL$ 的铬。

② 主要试剂与仪器　铬标准贮备溶液：准确称取于 110℃ 下干燥过的基准 $K_2Cr_2O_7$ 0.2830g 于 50mL 烧杯中，溶解后转至 1000mL 容量瓶中，稀释至刻度，摇匀，此溶液每毫升含 Cr（Ⅵ）0.100mg。铬标准操作溶液：用吸量管移取铬标准贮备液 5.0mL 于 500mL 容量瓶中，用水稀至刻度，摇匀，得到每毫升含 $1.0\mu g$ Cr（Ⅵ）的溶液，临用前新配。DPCI 溶液（1.0%）：称取 0.5g DPCI，溶于丙酮后，用水稀至 50mL，摇匀，贮存于棕色瓶中，放入冰箱中保存，变色后不能使用。H_2SO_4（1+1）；乙醇（95%）。72 型或 721 型分光光度计。

③ 分析步骤

a. 标准曲线的制作　在 7 只 50mL 容量瓶（或比色管）中，用吸量管分别加入 0.0mL、0.5mL、1.0mL、2.0mL、4.0mL、7.0mL 和 10.0mL 的 $1.0\mu g/mL$ 铬标液，随后分别加入 0.6mL H_2SO_4，加水 30mL，摇匀。再各加入 1.0mL DPCI 溶液，立即摇匀，用水稀释至刻度，摇匀，静置 5min。用 3cm 比色皿（可用 1～3cm 比色皿，视铬含量高低而定），以试剂为参比溶液，在 540nm 波长下测量吸光度。绘制吸光度 A 与铬含量（μg）的标准曲线。

b. 试样中铬含量的测定

（a）取适量水样于 50mL 容量瓶（或比色皿）中，顺序加入 0.6mL H_2SO_4、1mL DPCI 溶液，立即摇匀，用水稀释至刻度，摇匀，放置 5min，作为试样显色溶液。

（b）取与（a）等量的水样于 100mL 烧杯中，顺序加入 0.6mL H_2SO_4 和几滴乙醇，加热，还原 Cr（Ⅵ）为 Cr（Ⅲ），继续煮沸数分钟，赶去乙醇；冷却后转入 50mL 容量瓶（或比色管）中，加入 1mL DPCI 溶液，用水稀释至刻度，摇匀，作为参比溶液。

以（b）制得的溶液为参比，测量（a）法制得的水样显色溶液的吸光度，由标准曲线查出 Cr（Ⅵ）的含量，计算水样中六价铬的含量（mg/L）。

④ 注意事项

（a）DPCI 溶于乙醇中应为无色，若呈橙色或棕色，系试剂不纯或乙醇中含有氧化性物质的缘故，易使结果偏低。如按下述方法配制：溶解 4g 苯二钾酸酐于 100mL 热乙醇中，加入 DPCI 0.5g，冷却，置于暗冷处，可使用数星期。

（b）在制作标准系列溶液和水样显色时，加入 DPCI 溶液后，要立即摇匀或边加边摇。

（c）加入 EDTA 溶液能增加稳定性，提高灵敏度，但也不宜久放，宜逐只比色测定。

（d）水样应用洁净的玻璃瓶采集。测定六价铬的水样，采集后，须加入 NaOH 将水样 pH 值调至 8 左右，并尽快测定，放置不能超过 24h。如果水样不含悬浮物且色度低，可直接进行分光光度测定。

(3) 废水中镉的分析（二苯硫腙萃取光度法）

① 方法原理　Cd^{2+} 与二苯硫腙试剂在微酸性以至碱性介质中反应生成单取代配合物，能用氯仿或四氯化碳萃取。配合物在有机溶剂中呈紫红色，在 $505\sim520nm$ 波长处有吸收峰，摩尔吸光系数为 $\kappa_{510}=8.4\times10^4$，$Cd^{2+}$ 与二苯硫腙的络合分子比为 $1:2$。

与 Pb、Zn 等的离子不同，Cd^{2+} 形成 $HCdO_2^-$ 及 CdO_2^{2-} 的倾向极小，以致在较高的碱度（$1\sim2mol/L$）条件下也不影响上述配合物的形成和萃取。这一性质表明在适量的铅、锌存在下可以萃取镉，其他一些非两性金属离子如 Ag^+、Cu^{2+}、Hg^{2+}、Co^{2+} 等干扰镉的测定，但可先在微酸性溶液（pH＝2～3）中用二苯硫腙萃取分离，然后再调至碱性介质萃取 Cd^{2+}。大量的铜存在时应考虑除去（如电解法），溶液中残留的少量铜以及共存的微量银、汞等用二苯硫腙从微酸性溶液中预先萃取分离。大量 Ni^{2+} 将有部分参与反应而干扰镉的测定，但一般其含量极微不影响测定。

② 试剂　二苯硫腙四氯化碳溶液（0.005％及 0.025％）。酒石酸钠溶液（10％）：用 0.005％二苯硫腙四氯化碳溶液萃取净化。氢氧化钠溶液（10％及 2％）。镉标准溶液：称取纯镉 0.1000g，溶于 5mL 盐酸中，移入 1000mL 容量瓶中，以水稀释至刻度，摇匀。吸取此溶液 5mL，置于 500mL 容量瓶中，用 0.1mol/L 盐酸稀释至刻度，摇匀，此溶液每毫升含镉 $1\mu g$。

③ 分析步骤　取一定量水样及试剂空白溶液，置于分液漏斗中，加酒石酸钠溶液 2mL，滴加氨水至刚果红试纸呈紫红色（pH＝2～3），分次用二苯硫腙溶液（0.025％）萃取（每次 2～3mL），直至最后一次萃取的有机相不呈红色。加四氯化碳 5mL，振摇半分钟，分层后弃去有机相。加入与水等体积的氢氧化钠溶液（10％），摇匀；加入二苯硫腙溶液（0.005％）3mL，振摇 1min，分层后将有机相置于另一分液漏斗中，先后再用二苯硫腙溶液（0.005％）3mL 及 2mL 各萃取一次，合并有机相并加入氢氧化钠溶液（2％）2mL 洗涤一次以除去可能存在的锌。将有机相放入 10mL 容量瓶中，加四氯化碳至刻度，摇匀。用 2cm 比色皿，于 520nm 波长处，以试剂空白为参比，测定其吸光度。从工作曲线上查得水样的含镉量。

工作曲线的绘制：在 5 只分液漏斗中依次加入镉标准溶液（$1\mu g/mL$）0.0mL、1.0mL、2.0mL、3.0mL、4.0mL，加水至 10mL，加入酒石酸钠溶液 2mL 及氢氧化钠溶液（10％）12mL。按上述方法萃取镉，测定吸光度并绘制工作曲线。每毫升镉标准溶液相当于含镉 0.0005％～0.0025％。

(4) 废水中汞的分析

① 碘化铜汞比色法

a. 方法原理　金属汞与碘溶液生成碘化汞，碘化汞与硫酸亚铜生成红色的碘化铜汞，在白色的碘化亚铜衬托下比色，其反应式如下：

$$Hg + I_2 = HgI_2$$
$$HgI_2 + Cu_2SO_4 + 2KI = Cu_2HgI_4 + K_2SO_4$$
$$Cu_2SO_4 + 2KI = Cu_2I_2 + K_2SO_4$$

b. 试剂　碘溶液（1％）：将碘 10g 与碘化钾 100g 混合后，加少量水搅拌至碘完全溶解，移于 1000mL 容量瓶中，用水稀释至刻度，摇匀。

取上述溶液 200mL 于 1000mL 容量瓶中，用水稀释至刻度，摇匀，得 0.2％碘溶液。

显色液：将 10mL8％硫酸铜溶液加入 20mL10％亚硫酸钠溶液中，搅拌至溶液清澈后，再加入碳酸氢钠溶液 45mL，搅匀，此溶液在使用时配制。

汞标准溶液：称取碘化汞 0.0566g 于 500mL 容量瓶中，用 0.2% 碘溶液溶解后，再用相同的碘溶液稀释至刻度，摇匀。此溶液每毫升含汞 50mg，取此溶液 50mL 于 250mL 容量瓶中，用 0.2% 碘溶液稀释至刻度，得每毫升含汞 10μg 的溶液。

c. 分析步骤

标准色阶的配制：吸取含汞 0μg、5μg、10μg、20μg、30μg、40μg、50μg、60μg、70μg、80μg、90μg、100μg、110μg、120μg 的碘标准溶液于 10mL 比色管中用 0.2% 碘溶液稀释至 5mL，摇匀，与试样同时加显色剂 3mL，摇匀。

一定量水样浓缩后于单球管中低温蒸干，按照滴定法手续将汞蒸出并将小球拉去，加 1% 碘溶液 1mL 于玻璃管中将蒸出的汞溶解后，倾入 10mL 比色管中；用水 4mL 洗净玻璃管，加显色剂 3mL，摇匀，与标准色阶比色。

d. 注意事项

（a）加入显色剂后，必须将溶液充分摇匀。

（b）比色管最好选用有 5mL 刻度的，使加溶液时更为方便；如无比色管，可以用普通试管代替，但必须准确加入试剂。

（c）该方法的测定范围为 1～100mg 汞，如含量较高，颜色不易分辨，应采用硫氰酸钾滴定法。

② 二硫腙比色法

a. 方法原理　在酸性介质中，汞(Ⅱ)和二硫腙形成酮基配合物，此配合物溶解于四氯化碳或氯仿中形成稳定的橙红色，在四氯化碳溶液中 5μg/mL 以内的汞符合线性关系。

b. 试剂　EDTA 溶液（0.1mol/L）。四氯化碳：重蒸馏。

二硫腙溶液：将二硫腙 0.11g 溶解于 75mL 氯仿中，用脱脂棉滤去不溶物，滤液用 250mL 容量瓶承接，加新蒸馏的 1% 氨水 100mL，摇荡 1min。分层后，将氨溶液倾入 500mL 容量瓶中，再用 1% 氨水萃取两次（每次 100mL），弃去有机层，用稀硫酸将氨溶液酸化，加重蒸馏的四氯化碳 100mL，振荡 1min。分层后，倾去水相，再将溶液转入分液漏斗中将水分完全除去，此贮备溶液每毫升约含二硫腙 1μg，使用时将此溶液用重蒸馏的四氯化碳稀释 100 倍。

乙酸钠溶液（2mol/L）：称取乙酸钠（CH₃COONa·3H₃O）136g 溶解于水，稀释为 500mL。

汞标准溶液：称取氯化汞 0.0677g 于烧杯中，用 1mol/L 硫酸溶解后，移入 500mL 容量瓶中，再用 1mol/L 硫酸稀释至刻度，摇匀。此溶液每毫升含汞 100μg，取此溶液用 1mol/L 硫酸稀释 20 倍，得每毫升含汞 5μg 的工作溶液。

c. 测定方法　标准曲线的绘制：吸取含汞 0μg、2.5μg、5μg、10μg、15μg、20μg、25μg、30μg、35μg、40μg、45μg、50μg 的汞标准溶液于曾用四氯化碳冲洗并经干燥的 100mL 分液漏斗中，用 1mol/L 硫酸补足体积为 10mL。加 0.1mol/L EDTA 溶液 5mL 及 2mol/L 乙酸钠溶液 10mL，摇匀；以下按样品分析手续处理，测量吸光度，绘制标准曲线。

取一定量水样，加 3mol/L 硫酸 7mL，加热蒸馏至冒白烟，冷却，加水 5mL 稀释后移入干燥的 100mL 分液漏斗中；再用水 5mL 洗净烧杯，加 0.1mol/L EDTA 溶液 5mL 及 2mol/L 乙酸钠溶液 10mL，摇匀；再用滴定管准确加入二硫腙的四氯化碳溶液 20mL，剧烈振摇 30s。分层后，将有机相通过滤纸滤入 1cm 比色皿中，以试剂空白作参比，在波长 500nm 处测量其吸光度，根据标准曲线查出汞的含量。

d. 注意事项

（a）所取水样中含汞量最好能控制在 15～30μg 之间，如水样含汞量范围不能掌握，可先将溶液稀释为一定体积（酸度为 1mol/L 硫酸）再分取部分溶液进行测定。

（b）在酸性介质中，能与二硫腙作用的金属有汞、金、铂、铅、铜、铋、银、铟、钛、钴、镍、锌和铁。但在 EDTA 存在下仅有汞（Ⅱ）、金（Ⅰ）、铂（Ⅱ）能与二硫腙作用。

（c）二硫腙显色剂很不稳定，它的四氯化碳溶液在温度稍高或受强光照射时更易分解，使用时最好现场配制。

第 7 章

有色金属深加工化学成分分析应用实例

7.1 分析方法的选择和制定

(1) 分析方法的选择

分析方法是分析测试的核心。每个分析方法都有其特性和适用范围，应正确选择合适的分析方法。选择分析方法的依据如下：

(a) 权威性　有标准分析方法时，要优先选用标准方法，尤其是 ISO 国际标准方法。当使用非标准方法时，必须与委托方协商一致，确定详细、有效的方法文件，并应提供给委托方或其他接收单位。

(b) 灵敏性　选择的分析方法应能满足分析项目标准的准确定量要求，即方法检出限至少小于要求标准值的 1/3，并力求低于标准值的 1/10，这样能准确判断是否超标。

(c) 稳定性　通过保持较好的分析方法稳定性，使各种试样得到相近的准确度和精密度。

(d) 选择性　分析方法的抗干扰能力要强。若存在干扰，可用适当的掩蔽剂或预分离的方法予以消除。

(e) 实用性　分析方法所用的试剂和仪器应易得，操作方法应简便、快捷，并应尽可能地采用国内外的新技术和新方法。

根据生产的要求和实际条件，选择分析方法时应考虑以下几个方面：

① 测定的具体要求　首先应明确测定的目的及要求，主要包括需要测定的组分、准确度及完成测定的速度等。例如，铜的测定常用容量法中的碘量法，一般来说，这种滴定法已足够准确，该方法较简单快速、易于重复。但对电解精铜，产品规格的高低往往只体现在小数点后第二位数非常微小的差距，只有采用电解重量法才能满足要求，用上述容量法就不行。又如炉前分析（即控制生产的分析）往往要求 2~3min 即出结果，此时快速是主要要求，对准确度要求可能差一些；只要不超过允许误差范围就行，故常用特快（高速）分析。对标样的分析，往往要求有较高的准确度，此时准确度就成为主要要求，应选择准确度较高的方法。

② 方法的应用范围　适用于测定常量组分的方法常常不适用于测定微量组分或低浓度物质；反之，测定微量组分的方法大多不适用于常量组分的测定。重量法和容量法（包括电位滴定、电导滴定、库仑滴定等仪器分析法）的相对误差可达千分之几，一般仅应用于常量组分的测定。由于滴定法简便、快速，因此当重量法、滴定法两者均可应用时，一般可选用容量法。

但如无基准试剂或标样时，则选用重量法可能更方便一些。

对于微量组分的测定，应选用具有较高灵敏度的仪器分析方法，如分光光度法、发射光谱分析法、原子吸收分光光度法、极谱分析法等。这些方法的相对误差一般是百分之几。因此，若应用于测定常量组分时，就不可能达到如滴定法和重量法同样高的准确度；但对微量组分的测定，这些方法的准确度有时却能满足要求。

另外，必须考虑组分的性质，如灰分、不溶残渣的测定，只能用重量法。又如碱金属性质活泼，其离子既不形成配合物，又无氧化还原性质，其盐类溶解度均较大，只具有焰色反应。因此，火焰光度法及原子吸收分光光度法往往是较好的测定方法。

③ 共存组分的影响　选择测定方法时，必须同时考虑共存组分对测定的影响：如铁、铝、锰等共存时用重量法测定时铁、铝、锰等干扰严重，要准确地测定必须分离；但若采用重铬酸钾容量法，铝、锰就不存在干扰的现象。

一般总是希望选择特效性好的方法，这样对测定的准确度及提高分析速度都是有利的。但实际上在分析较复杂的物质时，其他组分的存在往往影响测定，因此必须同时考虑如何避免及分离共存的干扰组分。

④ 实验室的条件　有时选择分析方法时还应根据实验室的条件，因地制宜地加以考虑。例如，有色金属冶炼炉渣分析时，可借鉴现代实验室里硅酸盐系统的分析方法：常量组分用 X 射线荧光分析法完成测定；低含量或微量组分用发射光谱分析法或原子吸收分光光度法完成测定。如果实验室达不到上述水平，也可应用分光光度法去完成系统全分析。如果连分光光度计也不具备，则只好采用经典的重量法和滴定法。

显然上述这些事项并不是完全孤立的，而是相互联系且往往有时又是相互矛盾的。因此，必须根据实际情况，抓住主要矛盾，综合性地予以考虑，以便选出更为适宜的分析方法。

（2）分析方法的确定

① 了解被分析试样的基本情况　根据样品的来源、初步观察或定性结果，通过查阅有关资料获得试样主要组分和共存组分的概况及初步处理样品的情况，对样品基本情况有大概了解。

② 分析目的和项目的确定　对于有色金属深加工的生产要求，多数往往是做定量分析。但是，对于有色金属原料综合利用和二次资源的检定，仍有必要做全面、系统的定性分析；定量分析的项目通常也随深加工生产的不同而要求有所不同，一般可以大致分为组分分析和特殊项目分析。

a. 组分分析　即试样中化学组成成分间的质量关系分析。其又可分为全分析、主要组分分析、指定组分分析。

（a）全分析　是对样品所含的各种组分进行分析。这种分析对原料和二次资源的综合利用非常有意义。只有确定分析范围，才能着手进行分析；同时，确定分析项目对定性分析是很有必要的。对于一种未知样品，就必须先进行定性检查，通常用化学分析或光谱分析对各组分鉴定以后，再确定分析项目。

（b）主要组分分析　通常所说的全分析，是就全部主要组分而言；有色金属及深加工产品往往对主体组分的分析就是主要组分分析，当然有时还将主要杂质组分的分析也包括在内。

（c）指定组分分析　指定组分分析是指对样品中某一种或几种组分进行分析。至于究竟应指定哪一组分进行分析，应该根据生产的实际需要加以指定。

b. 特殊项目分析　一些有色金属深加工产品往往要求对其某些特殊性质做出数据的测定。例如，一般银粉产品不要求做组分分析，只要求分析其粒度大小、松装密度、振实密度、比表面积等，这些都是做特殊性数据测定，而不一定是分析其化学成分。

③ 分析程序的确定和试验　在方法的选择与确定中，为了判断选择与确定的方法是否合适，都需要经过实践的检验。一个好的试验方法，只要通过少量试验，就能达到较好的效果和得出较为正确的结论。如果试验方法不好，试验次数再多结果也不一定理想。优选法利用数学原理，使得试验次数尽可能地少，并通过对试验数据的简单分析帮助人们在错综复杂的影响因素中找出较好的分析方法。

分析项目和分析方法确定之后拟定分析程序时必须反复多次进行试验，熟练掌握实验技能和操作条件。基础实验应包括全程序空白值测定、分析方法的检出限测定、校准曲线的绘制、方法的精密度和准确度及干扰因素的测定等，以便了解和掌握分析方法的原理和条件以达到各项特性要求。

无论是选择分析方法或确定分析方法通常都需要去查阅有关文献资料，以少走弯路；同时，尽量采用最先进的技术。

7.2　有色金属深加工化学成分分析应用实例

应用实例 1——氯化钡中钡含量的测定

（1）原理

目前测定 Ba^{2+} 所用的经典方法，都是用硫酸根离子将 Ba^{2+} 沉淀为 $BaSO_4$ 沉淀，经过滤、洗涤和灼烧后以 $BaSO_4$ 形式称量，从而求得 Ba^{2+} 含量，但费时较多。另外，用各种滴定分析方法进行测定，则准确度均不及重量法，精密度也不太好。因此，重量法仍为一种较准确且重要的标准方法。

$BaSO_4$ 的溶解度很小，100mL 溶液中在 25℃时仅溶解 0.28mg，在过量沉淀剂存在下，溶解度更小，一般可以忽略不计。$BaSO_4$ 性质非常稳定，干燥后的组成与分子式符合。但是，$BaSO_4$ 沉淀初生成时，一般形成细小的晶体，过滤时易穿过滤纸，引起沉淀的损失，因此进行沉淀时，必须注意创造和控制有利于形成较大晶体的条件。

为了获得颗粒较大且纯净的 $BaSO_4$ 晶形沉淀，试样溶于水后，加 HCl 酸化，使部分 SO_4^{2-} 成为 HSO_4^{2-}，以降低溶液的相对过饱和度；同时，可防止胶溶及其他弱酸盐沉淀的产生如 $BaCO_3$ 沉淀。加热近沸，在不断搅拌下缓慢滴加适当过量的沉淀剂稀 H_2SO_4，形成的 $BaSO_4$ 沉淀经陈化、过滤、洗涤、灼烧后，以 $BaSO_4$ 形式称量，即可求得试样中 Ba 的含量。

$$w_{Ba} = \frac{m}{m_s} \times F$$

式中，w_{Ba} 为 Ba 的质量分数；m 为称取 $BaSO_4$ 沉淀的质量，g；m_s 为称取 $BaCl_2 \cdot 2H_2O$ 试样的质量，g；F 为换算因数，M_{Ba}/M_{BaSO_4}。

（2）分析步骤

① 沉淀　在分析天平上准确称取 $BaCl_2 \cdot 2H_2O$ 试样 0.4～0.5g 两份，分别置于 250mL 烧杯中，各加蒸馏水 100mL，搅拌溶解（注意：玻璃棒直至过滤、洗涤完毕后才能取出）。加入 2mol/L HCl 溶液 4mL，加热近沸（勿使溶液沸腾以免溅失）。

取 4mL 1mol/L H_2SO_4 两份，分别置于小烧杯中，加水 30mL，加热至沸，趁热将稀 H_2SO_4 用滴管逐滴加入试样溶液中，并不断搅拌；搅拌时玻璃棒不要触及杯壁和杯底，以免划伤烧杯，使沉淀黏附在烧杯壁划痕内难以洗下。沉淀作用完毕，待 $BaSO_4$ 沉淀下沉后，于上层清液中加入稀 H_2SO_4 1～2 滴，观察是否有白色沉淀以检验其沉淀是否完全。盖上表面皿，放置过夜或在沸腾的水浴中陈化半小时，其间要搅动 3～4 次，放置冷却后过滤。

② 过滤、洗涤　取慢速（或中速）定量滤纸两张，按漏斗角度的大小折叠好滤纸，使其与漏斗很好地贴合，以水润湿，并使漏斗颈内保持水柱，将漏斗置于漏斗架上，漏斗下面各放一只清洁的烧杯。小心地将沉淀上面的清液沿玻璃棒倾入漏斗中，再用倾泻法洗涤沉淀 3～4 次，每次用 15～20mL 洗涤液（取 3mL 1mol/L H_2SO_4，用 200mL 蒸馏水稀释即成）。然后将沉淀定量地转移至滤纸上，以洗涤液洗涤沉淀，直到无 Cl^- 为止（0.1mol/L $AgNO_3$ 溶液检查）。

③ 炭化、灰化和灼烧　取两只洁净带盖的坩埚，在 800～850℃ 下灼烧至恒重后，记下坩埚的质量。将洗净的沉淀和滤纸包好后，放入已恒重的坩埚中，在电炉上烘干，炭化后，置于马弗炉中，于 800～850℃ 下灼烧至恒重。根据试样和沉淀的质量计算试样中 Ba 的质量分数。

(3) 注意事项

① 沉淀时的注意事项

a. 注意沉淀条件：稀、热、慢、搅、陈。

b. 搅拌时注意：玻璃棒尽量避免撞击烧杯壁，以免使沉淀附着在烧杯上，不易清洗和转移。

c. 两个烧杯中的玻璃棒专用，应于过滤、洗涤完毕后方可取出。

② 灰化时，注意不要让滤纸着火，以免气流将沉淀带走。若一旦着火，立即将坩埚盖盖好，使火熄灭。

③ 应严格控制坩埚在干燥器内的冷却时间。因干燥器内并非绝对干燥，各种干燥剂均具有一定的蒸气压。灼烧后的坩埚或沉淀若在干燥器内放置过久，则由于吸收干燥器内空气中的水分而使质量略有增加。

应用实例 2——铝合金中的硅含量测定（酸碱滴定法）

(1) 方法原理

试样置于塑料烧杯中，以 KNO_3-HNO_3、氢氟酸溶解，使硅生成硅氟酸，然后加入氟化钾形成氟硅酸钾沉淀，过滤分离后的沉淀以 NaOH 中和残余酸，再在热水中水解，析出与硅等物质的量的氢氟酸，用 NaOH 标准溶液滴定，根据消耗 NaOH 标准溶液的体积即可计算出试样中硅的含量。过程中的主要化学反应如下：

$$Si + 4HNO_3 + 6HF \longrightarrow H_2SiF_6 + 4NO_2 + 4H_2O$$
$$H_2SiF_6 + 2KF \longrightarrow K_2SiF_6 + 2HF$$

(2) 实验仪器和试剂

① 仪器　分析天平、碱式滴定管、塑料烧杯、烧杯、塑料漏斗等。

② 实验药品　氢氧化钠溶液（5%），氢氟酸，乙醇，硝酸（1+1），氟化钾溶液（15%），尿素溶液（5%，现配）。

硝酸钾-乙醇溶液：称取 5g 硝酸钾溶于 40mL 水中，加无水乙醇 50mL，用水稀释至 100mL，混匀。

饱和氯化钾-乙醇溶液：称取氯化钾 80g，溶于 500mL 无水乙醇中，此液为氯化钾的无水饱和溶液。

酚酞溶液（1%）：称取酚酞 1g 溶于 60mL 无水乙醇中，加水 30mL，用 NaOH 中和至中性，再用水稀释至 100mL。

氢氧化钠标准溶液（0.1mol/L）：称取 4gNaOH，加入 1000mL 无 CO_2 的水，摇匀。得到 c（NaOH）＝0.1mol/L 的无 CO_2 的 NaOH 溶液。

称取 0.6g 于 105～110℃烘至恒重的基准邻苯二甲酸氢钾，称准至 0.0001g，溶于 50mL 的无 CO_2 的水中，加 2 滴酚酞指示剂（10g/L），用配制好的 NaOH 溶液滴定至溶液呈粉红色，同时做空白试验。

NaOH 标准溶液浓度按下式计算：

$$c(\text{NaOH})=\frac{m}{(V_1-V_2)\times0.2042}$$

式中，c（NaOH）为 NaOH 标准溶液的物质的量浓度，mol/L；m 为邻苯二甲酸氢钾的质量，g；V_1 为 NaOH 溶液的用量，mL；V_2 为空白试验 NaOH 溶液的用量，mL；0.2042 为与 1.00mLNaOH 标准溶液［c（NaOH）＝1.000mol/L］相当的以克表示的邻苯二甲酸氢钾的质量。

（3）分析步骤

称取试样 0.1g 左右于 200mL 塑料烧杯中，加入 HNO_3 溶液（1＋1）10mL，滴加 40％氢氟酸约 5mL，至试样完全溶解。稍冷，加 5％尿素溶液 5mL，用塑料棒搅拌至无气泡产生。加 KNO_3 2g，加 15％氟化钾溶液 10mL，搅拌至溶解，然后于冷水中冷却至室温。用定量中速滤纸于塑料漏斗上过滤，每次以 10mL 硝酸钾-乙醇溶液洗涤塑料杯和沉淀，共 2 次。将沉淀连同滤纸转至塑料杯中，加饱和氯化钾-乙醇溶液 15mL、酚酞 5～6 滴。以 5％NaOH 溶液中和残余酸，仔细搅拌滤纸和沉淀至出现稳定的玫瑰红色，然后加入沸水 150mL，补加 5 滴酚酞指示剂，立即用 NaOH 标准溶液滴定至出现稳定的微红色，并搅拌至颜色不再消失为终点。计算试样中硅的含量：

$$w_{\text{Si}}=\frac{Mc_1V_0}{m_0}\times100\%$$

式中，w_{Si} 为试样中硅的质量分数；M 为 Si 的摩尔质量，g/mol；c_1 为氢氧化钠标准溶液的浓度，mol/L；V_0 为消耗氢氧化钠标准溶液体积，L；m_0 为称取试样的质量，g。

（4）注意事项

a. 控制硝酸浓度时，酸度太低，易形成其他氟化物沉淀而干扰测定；酸度过高，会增加氟硅酸钾的溶解度和分解作用，使得沉淀不完全。

b. 注意硝酸钾的加入量：若加入量不够，氟硅酸钾沉淀不完全；加入量过多，致使溶液呈过饱和状态，大量固体硝酸钾存在也给沉淀洗涤增加困难。

c. 加入氟化钾时不要一次性全加入，应在搅拌的情况下滴加。

d. 沉淀放置时间过短会导致沉淀陈化不够，因此放置时间应控制在 10～15min 为宜。

应用实例 3——铅、铋混合液中铅、铋含量的连续测定

（1）方法原理

EDTA 溶液若用于测定 Pb^{2+}、Bi^{3+}，则宜以 ZnO 或金属锌为基准物，以二甲酚橙为指示剂。在 pH≈5～6 的溶液中，二甲酚橙指示剂本身显黄色，与 Zn^{2+} 的配合物呈紫红色。EDTA 与 Zn^{2+} 形成更稳定的配合物，因此用 EDAT 溶液滴定近终点时，二甲酚橙会游离出来，溶液由紫红色变为黄色。

Bi^{3+}、Pb^{2+} 均能与 EDTA 形成稳定的配合物，其稳定性又有相当大的差别（它们的

$\lg K_{MY}$ 值分别为 27.94 和 18.04），因此可以利用控制溶液酸度来进行连续滴定。

在测定中，均以二甲酚橙为指示剂。二甲酚橙属于三苯甲烷指示剂，易溶于水，它有七级酸式离解，其中 $H_7In \sim H_3In^{4-}$ 呈黄色、$H_2In^{5-} \sim In^{7-}$ 呈红色。所以它在溶液中的颜色随酸度而变，在溶液 pH<6.3 时呈黄色，pH>6.3 时呈红色。二甲酚橙与 Bi^{3+} 及 Pb^{2+} 的配合物呈紫红色，它们的稳定性与 Bi^{3+}、Pb^{2+} 和 EDTA 形成的配合物相比要弱一些。

测定时，先调节溶液的酸度至 pH≈1，进行 Bi^{3+} 的滴定，溶液由紫红色突变为亮黄色，即为终点。然后再用六次甲基四胺为缓冲剂，控制溶液 pH≈5~6，进行 Pb^{2+} 的滴定。此时溶液再次呈现紫红色，以 EDTA 溶液继续滴定至突变为亮黄色，即为终点。

此方法可用于测定铋-铅合金中铋、铅的含量，铋-铅合金的主要成分有铋、铅和少量的锡。当测定合金中的铋、铅含量时，用 HNO_3 溶解试样，这时锡转化为 H_2SnO_2 沉淀，将 H_2SnO_2 过滤除去，滤液用于铋、铅的测定。

(2) 主要试剂与溶液配制

二甲酚橙指示剂（0.2%）。六次甲基四胺溶液（20%）。基准氧化锌：在 800℃灼烧至恒重，在干燥器中保存。HCl 溶液（1+1）。HNO_3 溶液（0.1mol/L）。Zn^{2+} 标准溶液：准确称取基准 ZnO 0.25~0.30g，加盐酸（1+1）5mL，微热溶解后移至 250mL 容量瓶中，稀释至刻度，摇匀。

EDTA 标准溶液（0.01mol/L）配制与标定如下。

① 配制　称取 4.0g EDTA 钠盐，溶解后稀释至 1000mL，若含有乙二胺四乙酸可滴加 NaOH 促其溶解。

② 标定　用移液管移取 25.00mL Zn^{2+} 标准溶液于 250mL 锥形瓶中，加入 1~2 滴二甲酚橙指示剂，滴加 20% 六次甲基四胺溶液至溶液呈现稳定的紫红色后，再过量加入 5mL。用 EDTA 溶液滴定至溶液由紫红色变为亮黄色，即为终点。根据滴定用去的 EDTA 溶液的体积和称取氧化锌的质量，计算 EDTA 的浓度：

$$c(EDTA) = \frac{\dfrac{25.00}{250.0} \times m_{ZnO} \times 1000}{V_{EDTA} \times M_{ZnO}}$$

式中，m_{ZnO} 为称取基准氧化锌的质量，g；V_{EDTA} 为滴定消耗 EDTA 溶液的体积，mL；M_{ZnO} 为氧化锌的摩尔质量，为 81.38g/mol。

(3) 分析步骤

用移液管量取 25.00mL Bi^{3+}、Pb^{2+} 混合溶液于 250mL 锥形瓶中，加入 10mL 0.1 mol/L HNO_3 溶液，加 1~2 滴 0.2%二甲酚橙指示剂，用 EDTA 标准溶液滴定至溶液由紫红色变为亮黄色，即为 Bi^{3+} 的终点。根据消耗的 EDTA 标准溶液的体积，计算混合液中 Bi^{3+} 的含量。

在滴定 Bi^{3+} 后的溶液中，滴加 20% 六次甲基四胺溶液，至出现稳定的紫红色后，再过量 5mL，此时溶液的 pH 值约为 5~6。再用 EDTA 标准溶液滴定至溶液由紫红色变为亮黄色，即为终点。根据滴定结果，计算混合液中 Pb^{2+} 的含量。

(4) 注意事项

a. 加盐酸溶解 ZnO 时，先加数滴水润湿，使之分散，便于溶解。但要注意加水不宜过多，否则盐酸太稀，无法溶解。

b. 络合反应的速率较慢（不像酸碱反应能在瞬间完成），故滴定时加入 EDTA 溶液的速度不能太快；在室温低时，尤要注意；特别是近终点时，应逐滴加入，并充分振摇。如 Bi^{3+} 与 EDTA 反应速率较慢，滴 Bi^{3+} 时速度不宜过快，且要剧烈摇动锥形瓶。

c. 在络合滴定中，加入指示剂的量是否适当对于终点的观察十分重要，宜在实践中总结经验，加以掌握。

d. 注意酸度的控制。滴定终点与化学计量点基本一致时的酸度即为最佳酸度。pH 值低时，终点在计量点前，误差为负；pH 高时，终点在计量点后，误差为正。

实验中的六次甲基四胺一般可用于缓冲剂。它在酸性溶液中能生成 $(CH_2)_6N_4H^+$，此共轭酸与过量的 $(CH_2)_6N_4$ 构成缓冲溶液，从而能使溶液的酸度稳定在 pH＝5～6 范围内。

e. 当测定铋-铅合金时，因铋-铅合金中铋、铅是用 HNO_3 溶解，0.1 mol/L HNO_3 稀释，测定铋时不必再加 0.1 mol/L HNO_3。

应用实例 4——铜-锡-镍合金溶液中铜、锡、镍含量的连续测定

（1）方法原理

铜、锡、镍都能与 EDTA 生成稳定的配合物，它们的 lgK 值分别为：18.80、22.11、18.62。向溶液中先加入过量的 EDTA，加热煮沸 2～3min，使 Cu、Sn、Ni 与 EDTA 完全络合。然后加入硫脲使与 Cu 络合的 EDTA 全部释放出来（其中包括过量的 EDTA），此时 Sn^{2+}、Ni^{2+} 与 EDTA 的配合物不受影响。再用六次甲基四胺溶液调节 pH＝5～6，以 XO 为指示剂，以锌标准溶液滴定全部释放出来的 EDTA，此时滴定用去锌标准溶液的体积为 V_1。然后加入 NH_4F 使与锡络合的 EDTA 释放出来，再用锌标准溶液滴定 EDTA。此时，所消耗锌标准溶液的体积为 V_2。

另取一份试剂，加入同样过量的 EDTA，不加任何掩蔽剂和解蔽剂，调节试液 pH≈5～6，以 XO 为指示剂，用锌标准溶液滴定过量的 EDTA，消耗锌标准溶液的体积为 V_3，用差减法求出 Ni 的含量。

（2）主要试剂

EDTA 标准溶液（0.02mol/L）；锌标准溶液（0.01mol/L）；六次甲基四胺溶液（200 g/L）；NH_4F 溶液（200g/L）；二甲酚橙溶液（2g/L）；HCl 溶液（2 mol/L）；硫脲溶液（饱和溶液）；KCl（固体）。

（3）分析步骤

用移液管移取 10.00mL 合金试液于 100mL 容量瓶中，加水稀释至刻度，摇匀。

准确移取上述试液 5.00mL 2 份，分别置于 250mL 锥形瓶中，加入固体 KCl 0.5g、左右，2mol/L HCl 溶液 10mL，加热煮沸 2～3min，趁热加入 0.02 mol/L EDTA 标准溶液 20mL，加热至沸，保温 2～3min，用流水冷却至室温。

在一份试液中滴加饱和硫脲溶液至蓝色褪尽，再过量 5～10mL，加入水 20mL、六次甲基四胺溶液 20mL、二甲酚橙指示剂 2～3 滴，用 0.01mol/L 锌标准溶液滴至溶液由黄色变为红色，即为终点，记下消耗锌标准溶液的体积 V_1。继续加 NH_4F 溶液 10mL、摇匀，放置片刻，试液又变为黄色。继续用锌标准溶液滴定至溶液由黄色变为红色，即为终点，记下消耗锌标准溶液的体积 V_2（不包括 V_1）。

另取一份试液，加入同样过量的 EDTA，加入水 20mL、六次甲基四胺溶液 20mL、二甲酚橙 2～3 滴，用 0.01mol/L 锌标准溶液滴定至溶液由草绿色变为蓝紫色即为终点，记下消耗的锌标准溶液体积 V_3。如下式计算：

$$\rho(Cu^{2+})(g/L) = \frac{c(V_1 - V_3) \times 63.55g/mol}{\frac{10}{100} \times 5.00mL}$$

$$\rho(\mathrm{Sn^{4+}})(\mathrm{g/L})=\frac{cV_2\times118.71\mathrm{g/mol}}{\dfrac{10}{100}\times5.00\mathrm{mL}}$$

$$\rho(\mathrm{Ni^{2+}})(\mathrm{g/L})=\frac{[cV_{\mathrm{EDTA}}-c(V_1+V_2+V_3)]\times58.69\mathrm{g/mol}}{\dfrac{10}{100}\times5.00\mathrm{mL}}$$

应用实例 5——复方氢氧化铝药片中铝和镁的测定

(1) 方法原理

复方氢氧化铝（胃舒平）是一种中和胃酸的胃药，主要用于胃酸过多及十二指肠溃疡。它的主要成分为氢氧化铝、三硅酸镁及少量颠茄流浸膏，在加工过程中，为了使药片成形，加入大量的糊精。

药片中铝和镁的含量可用 EDTA 络合滴定法测定。先将药片用酸溶解，分离除去不溶于水的物质。然后取试液加入过量 EDTA，调节 pH=4 左右，煮沸数分钟，使铝与 EDTA 充分络合，用返滴定法测定铝。另取试液，调节 pH=8～9，将铝沉淀分离，在 pH=10 的条件下，以铬黑 T 为指示剂，用 EDTA 滴定滤液中的镁。

(2) 主要试剂

EDTA 标准溶液（0.01mol/L）；锌标准溶液（0.01mol/L）；六次甲基四胺溶液（200 g/L）；氨水（8mol/L）；HCl 溶液（6 mol/L、3mol/L）；三乙醇胺溶液（30g/L）；$\mathrm{NH_3}$-$\mathrm{NH_4Cl}$ 缓冲溶液（pH=10）；二甲酚橙溶液（2g/L）；甲基红（2g/L）60 g/L 的乙醇溶液；铬黑 T 乙醇溶液（5g/L）；$\mathrm{HNO_3}$ 溶液（8mol/L）。

(3) 分析步骤

① 样品处理　准确称取 1 瓶药片于搅拌机中，将其粉碎，混合均匀。准确称取药片粉 0.2g 于 50mL 烧杯中，用少量水溶解，加入 8mol/L $\mathrm{HNO_3}$ 10mL，盖上表面皿加热煮沸 5min，冷却后过滤，并以水洗涤沉淀，收集滤液及洗涤液于 100mL 容量瓶中，用水稀释至刻度，摇匀。

② 铝的测定　准确移取上述试液 1.00mL 于 25mL 锥形瓶中，准确加入 0.01mol/L EDTA 标准溶液 5.00mL，加入二甲酚橙 1 滴，溶液呈现黄色。滴加 8mol/L 氨水使溶液恰好变成红色，再滴加 3mol/L HCl 溶液，使溶液恰呈黄色。在电炉上加热煮沸 3min 左右，冷却至室温。加入六次甲基四胺溶液 2mL，此时溶液应呈黄色，如不呈黄色，可用 3mol/L HCl 溶液调节。补加二甲酚橙指示剂 1 滴，用 0.01 mol/L 锌标准溶液滴定至溶液由黄色变为紫红色即为终点。计算药片中 Al(OH)$_3$ 的含量（g/片）及其质量分数。

③ 镁的测定　吸取上述试液 25.00mL，加甲基红 1 滴，滴加 8mol/L 氨水使溶液出现沉淀，恰好变成黄色，煮沸 5min，趁热过滤。沉淀用 2% $\mathrm{NH_4Cl}$ 溶液 30mL 洗涤，收集滤液及洗涤液于已装有少量水的 100mL 容量瓶中，稀释至刻度，摇匀。

取上述试液 5mL 于 25mL 锥形瓶中，加入 30g/L 三乙醇胺溶液 2mL、氨性缓冲溶液（pH=10）5mL、铬黑 T 1～2 滴，用 0.01mol/L EDTA 标准溶液滴定至溶液由紫红色变为蓝紫色即为终点。计算每片药片中三硅酸镁的含量（Mg·3SiO$_2$，g/片）及其质量分数。

应用实例 6——钙制剂中钙含量的测定

钙与身体健康息息相关，钙除成骨以支撑身体外，还参与人体的代谢活动，它是细胞的主要阳离子，还是人体最活跃的元素之一。缺钙可导致儿童佝偻病、青少年发育迟缓、老年人骨质疏松等。补钙越来越被人们所重视，因此，许多钙制剂相应而生。钙制剂中钙的含量可采用 EDTA 法进行直接测定。

（1）方案原理

钙制剂一般用酸溶解并加入少量三乙醇胺，以消除 Fe^{3+} 等干扰离子，调节 pH＝12～13，以铬蓝黑 R 作指示剂，指示剂与钙生成红色的配合物。当用 EDTA 滴定至计量点时，游离出指示剂，溶液呈现蓝色。

（2）主要试剂

EDTA 标准溶液（0.01mol/L）。碳酸钙标准溶液（0.01mol/L）：准确称取基准物质 $CaCO_3$ 0.25g 左右，先以少量水润湿，再逐滴小心加入 6mol/L HCl 溶液，至 $CaCO_3$ 完全溶解，定量转入 250mL 容量瓶中，以水稀释至刻度，并计算其浓度。NaOH 溶液（5mol/L）。三乙醇胺溶液（200g/L）。铬蓝黑 R 乙醇溶液（5g/L）。

（3）分析步骤

① EDTA 溶液浓度的标定　准确移取 25.00mL 碳酸钙标准溶液（0.01mol/L）3 份，分别置于 250mL 锥形瓶中，加入 2mL NaOH 溶液、2～3 滴铬蓝黑 R 指示剂，用 EDTA 标准溶液滴定至溶液由红色变为蓝色即为终点。根据滴定用去 EDTA 标准溶液的体积和碳酸钙标准溶液的浓度，计算 EDTA 标准溶液的浓度。

② 钙制剂钙含量的测定　准确称取钙制剂（视含量多少而定，该实例以葡萄糖酸钙为例）2g 左右，加 6mol/L HCl 溶液 5mL，加热溶解完全后，定量转移到 250mL 容量瓶中，用水稀释至刻度，摇匀。

准确移取上述试液 25.00mL，加入三乙醇胺溶液 5mL、5mol/L NaOH 溶液 5mL，加入水 25ml，摇匀，加铬蓝黑 R 3～4 滴，用 0.01 mol/L EDTA 标准溶液滴定至溶液由红色变为蓝色即为终点。根据消耗 EDTA 标准溶液的体积，计算出钙的质量分数及每片中钙的含量（g/片）。

（4）注意事项

钙制剂视钙含量多少而确定称量范围。有色有机钙因颜色干扰无法辨别终点，应先进行消化处理。牛奶、钙奶均为乳白色，终点颜色变化不太明显，接近终点时再补加 2～3 滴指示剂。

应用实例 7——石灰石中钙的测定（高锰酸钾法）

由于钙不具有氧化还原性质，需采用间接法测定。首先将石灰石用盐酸溶解后，加入沉淀剂 $(NH_4)_2C_2O_4$。由于 $C_2O_4^{2-}$ 在酸性溶液中大部分以 $HC_2O_4^-$ 形式存在，$C_2O_4^{2-}$ 浓度很小，不会生成 CaC_2O_4 沉淀。然后将溶液加热至 70～80℃，再滴加稀氨水。由于 H^+ 逐渐被中和，$C_2O_4^{2-}$ 浓度缓缓增加，就可以生成粗颗粒结晶的 CaC_2O_4 沉淀。将沉淀搁置陈化后，过滤、洗涤，再溶于稀硫酸中，即可用 $KMnO_4$ 标准溶液滴定热溶液中的 $C_2O_4^{2-}$（与 Ca^{2+} 定量结合）。也可采用均相沉淀法：沉淀剂不是直接加到溶液中，而是通过溶液中发生的化学反应，缓慢而均匀地在溶液中产生沉淀剂，从而使沉淀在整个溶液中均匀、缓缓地析出，所得沉淀颗粒较大、结构紧密、纯净、易过滤。为使 CaC_2O_4 沉淀缓慢生成可加入尿素，加热煮沸，生成的 NH_3 中和溶液中的 H^+，使溶液的酸度逐渐降低，从而使 CaC_2O_4 沉淀在整个溶液中均匀、缓缓地析出，得到纯净粗大的晶粒。

操作步骤：

$$\boxed{Ca^{2+} + C_2O_4^{2-} \longrightarrow CaC_2O_4 \downarrow} \longrightarrow 陈化处理 \rightarrow 过滤、洗涤 \rightarrow 酸解（热稀硫酸）\rightarrow H_2C_2O_4$$

$\xrightarrow{\text{滴定}}$ KMnO$_4$ 标准溶液

应用实例 8——铝合金中锡的测定（碘酸钾滴定法）

（1）实验原理

试料用硫酸和硫酸氢钾分解。在盐酸溶液中，用铁粉和铝片将四价锡还原为二价锡。以淀粉作指示剂，用碘酸钾标准溶液滴定至试液呈浅蓝色为终点。

（2）实验仪器和药品

锡还原装置。

还原铁粉；铝片（纯度 99.5% 以上）；硫酸氢钾；氯化钠；硫酸（$\rho = 1.84g/mL$）；盐酸（1+1）。

锡标准溶液：称取 0.4000g 纯金属锡（99.99%），置于 250mL 烧杯中，加入 60mL 盐酸（$\rho = 1.19g/mL$），加热使其完全溶解，冷却至室温。将溶液移入 500mL 容量瓶中并用盐酸（1+9）稀释至刻度，混匀。此溶液 1mL 含 0.0008g 锡。

碘酸钾标准滴定溶液 $[c(1/6KIO_3) = 0.01mol/L]$：

① 配制　准确称取 0.36g 左右碘酸钾、9g 碘化钾、0.3g 氢氧化钠，置于 500mL 烧杯中，加入 200mL 水，加热完全溶解，用玻璃棉将溶液过滤于 1000mL 容量瓶中，用水稀释至刻度，混匀。

② 标定　移取三份 25.00mL 锡标准溶液，分别置于 300mL 锥形瓶中；同时，用另一盛有 20mL 水的 300mL 锥形瓶做空白试验，以下按分析步骤（3）进行。平行标定所消耗碘酸钾标准溶液体积的极差不应超过 0.20mL，结果取其平均值。

$$T = \frac{25mL \times 0.0008g/mL}{V_0 - V_1}$$

式中，T 为碘酸钾标准溶液对锡的滴定度，g/mL；V_0 为滴定锡标准溶液消耗碘酸钾标准溶液的体积，mL；V_1 为滴定空白溶液消耗碘酸钾标准溶液的体积，mL。

淀粉指示剂（5g/L）：称取 0.5g 可溶性淀粉，置于 250mL 烧杯中，用少量冷水调成糊状，在搅拌下加入 100mL 热水，稍微煮沸，冷却后加入 0.1g 氢氧化钠，混匀。取 50mL 淀粉指示剂，置于 250mL 烧杯中，加入 3g 碘化钾，摇动至溶解（用时现配）。

（3）分析步骤

称取一定量的试料置于 300mL 锥形瓶中，加入 2g 硫酸氢钾、10mL 硫酸，加热至冒浓厚白烟使试料完全分解，取下冷却。沿瓶壁加入 20mL 水、80mL 盐酸、1g 还原铁粉，加热使铁粉完全溶解，取下稍冷。用橡皮塞塞紧瓶口，通入纯二氧化碳气体（市售）15s，加入 1~2g 铝片，充分摇动锥形瓶，待剧烈反应过后剩余少量铝时，加热煮沸至产生大的气泡。在二氧化碳气体保护下，将锥形瓶置于流水中冷却至室温。取下橡皮塞，立即于试液中加入 5mL 淀粉指示剂，空白溶液中同样加入 5mL 淀粉，用碘酸钾标准溶液滴定至试液呈蓝色即为终点；同时，做空白试验。按下式计算试样中锡的含量（X，%）：

$$X = \frac{T \times (V_0 - V_1)}{m} \times 100$$

式中，V_0 为滴定试液消耗碘酸钾标准溶液的体积，mL；V_1 为滴定空白溶液消耗碘酸钾标准溶液的体积，mL；T 为碘酸钾标准溶液对锡的滴定度，g/mL；m 为试料的质量，g。

应用实例 9——可溶性氯化物中氯的测定（摩尔法）

（1）方法原理

某些可溶性氯化物中氯含量的测定常采用摩尔法。此法是在中性或弱碱性溶液中，以 K_2CrO_4 为指示剂，用 $AgNO_3$ 标准溶液进行滴定。由于 AgCl 的溶解度比 Ag_2CrO_4 的溶解度小，因此溶液中首先析出 AgCl 沉淀。当 AgCl 定量析出后，过量一滴 $AgNO_3$ 溶液即与 CrO_4^{2-} 生成砖红色 Ag_2CrO_4 沉淀，表示达到终点。主要反应式如下：

$$Ag^+ + Cl^- \rightleftharpoons AgCl\downarrow（白色）\qquad K_{sp} = 1.8 \times 10^{-10}$$

$$2Ag^+ + CrO_4^{2-} \rightleftharpoons Ag_2CrO_4\downarrow（砖红色）\qquad K_{sp} = 2.0 \times 10^{-12}$$

滴定必须在中性或在弱碱性溶液中进行，最适宜 pH 值范围为 6.5～10.5。如有铵盐存在，溶液的 pH 值范围最好控制在 6.5～7.2 之间。

指示剂的浓度对滴定有影响，一般以 5.0×10^{-3} mol/L 为宜，凡是能与 Ag^+ 生成难溶化合物或配合物的阴离子都会干扰测定，如 AsO_4^{3-}、AsO_3^{3-}、S^{2-}、CO_3^{2-}、$C_2O_4^{2-}$ 等。其中，H_2S 可加热煮沸除去，将 SO_3^{2-} 氧化成 SO_4^{2-} 后不再干扰测定。大量 Cu^{2+}、Ni^{2+}、Co^{2+} 等有色离子将影响终点的观察。凡是能与 CrO_4^{2-} 指示剂生成难溶化合物的阳离子也干扰测定，如 Ba^{2+}、Pb^{2+} 能与 CrO_4^{2-} 分别生成 $BaCrO_4$ 沉淀和 $PbCrO_4$ 沉淀。Ba^{2+} 的干扰可加入过量 Na_2SO_4 消除。如果试样中含有干扰离子如 PO_4^{3-}、CO_3^{2-} 等，也可以采用佛尔哈德法测定。因为在酸性条件下，这些离子不会与 Ag^+ 生成沉淀，可以消除干扰。

Al^{3+}、Fe^{3+}、Bi^{3+}、Sn^{4+} 等高价金属离子在中性或弱碱性溶液中易水解产生沉淀，也不应存在。

（2）试剂

将 NaCl 基准试剂在 500～600℃灼烧半小时后，置于干燥器中冷却。也可将 NaCl 置于带盖的瓷坩埚中，加热并不断搅拌，待爆炸声停止后，将坩埚放入干燥器中冷却后使用。K_2CrO_4 溶液（5%）。$AgNO_3$ 标准溶液（0.1mol/L）。

（3）分析步骤

准确称取 1.3g NaCl 试样置于烧杯中，加水溶解后，转入 250mL 容量瓶中，用水稀释至刻度，摇匀。准确移取 25.00mL NaCl 标准溶液注入锥形瓶中，加入 25mL 水，加入 1mL 5% K_2CrO_4 溶液。在不断摇动下，用 $AgNO_3$ 溶液滴定至呈现砖红色即为终点，平行测定三份。

根据试样的质量和滴定中消耗 $AgNO_3$ 标准溶液的体积计算试样中 Cl^- 的含量。

应用实例 10——氧化银中银的测定（佛尔哈德法）

（1）原理

在硝酸介质中，Ag^+ 与 CNS^- 生成一种难溶于水的 AgCNS 白色沉淀，Fe^{3+} 与 CNS^- 生成可溶性的红色配合物 $[Fe(CNS)_6]^{3-}$。由于 Ag^+ 与 CNS^- 的化合能力远比 Fe^{3+} 与 CNS^- 的化合能力强，所以只有当 Ag^+ 完全与 CNS^- 反应后，Fe^{3+} 才能与过量的 CNS^- 作用，使溶液出现浅红色。因此，采用高铁盐为指示剂，以硫氰酸盐标准溶液进行滴定。其反应式如下：

$$Ag^+ + CNS^- \rightleftharpoons AgCNS\downarrow$$

$$Fe^{3+} + 6CNS^- \Longrightarrow [Fe(CNS)_6]^{3-} （浅红色）$$

滴定时，溶液的硝酸酸度在 0.27~0.80mol/L 范围内，终点易于观察，对滴定结果无影响；超过此酸度，终点提前。在滴定条件下，Cu^+、Hg^+ 与 CNS^- 生成沉淀，使结果偏高。Cl^-、Br^-、I^-、$S_2O_3^{2-}$ 与 Ag^+ 形成难溶沉淀或配合物。钯与 CNS^- 生成棕黄色胶状沉淀，消耗 CNS^-。小于 300mg 的 Ni^{2+}、Co^{2+}、Pb^{2+}、小于 10mg 的 Cu^{2+} 及小于 $10\mu g$ 的 Hg^+ 对测定无影响。2~4mL 0.05％邻菲啰啉对测定无影响。酒石酸、磷酸盐、草酸盐、柠檬酸盐、硫化物及氟离子能破坏 $[Fe(CNS)_6]^{3-}$ 而干扰测定。氧化氮和亚硝酸根离子会氧化硫氰酸根离子，干扰测定，必须预先除去。硫氰酸盐法测定银选择性较差，故在滴定前常先将银与其他干扰元素进行分离。

（2）试剂

$AgNO_3$ 溶液（0.1mol/L）；硝酸（6mol/L）。硫酸铁铵溶液（8％）。

硫氰酸钠溶液（0.1mol/L）：

① 配制　称取分析纯硫氰酸钠 10g，以水溶解后，稀释至 1L。

② 标定　用移液管吸取 0.1mol/L 硝酸银标准溶液 25mL 于 250mL 锥形瓶中，加水 25mL 及煮沸过的 6mol/L 冷硝酸 10mL，加铁铵矾指示剂 1mL，用配好的硫氰酸钠标准溶液滴定至淡红色为终点。按下式计算硫氰酸钠标准溶液的浓度：

$$c = \frac{c_1 \times 25.00\text{mL} \times 10^{-3}}{V}$$

式中，c_1 为硝酸银标准溶液的物质的量浓度，mol/L；V 为耗用硫氰酸钠标准溶液的体积，L。

（3）分析步骤

称取 0.5g 干燥恒重的样品，称准至 0.0002g，置于锥形瓶中，加 5mL 硝酸润湿，盖以表面皿，放置 30min。加 20mL 水，在水浴上加热至完全溶解，加 100mL 水、1mL 8％硫酸铁铵溶液，在摇动下用 0.1mol/L 硫氰酸钠标准溶液滴定至溶液呈浅棕红色，保持 30s。氧化银含量（X，％）按下式计算：

$$X = \frac{c \times V \times 0.1159}{m_s} \times 100$$

式中，X 为氧化银的百分含量，％；V 为硫氰酸钠标准溶液的用量，mL；c 为硫氰酸钠标准溶液的物质的量浓度，mol/L；m_s 为试样的质量，g；0.1159 为与 1.00mL 硫氰酸钠标准溶液 [$c(NaSCN)=0.1000\text{mol/L}$] 相当的以克表示的氧化银的质量。

应用实例 11——轴承合金中锑的测定（$KMnO_4$ 法）

轴承合金是可以用来制造轴承内衬的合金。常用轴承合金，按其主要化学成分可分为铝基合金、铅基合金、锌基合金、铜基合金和铁基合金等。

（1）方法要点

试样用硫酸溶解，以盐酸将锑还原，并生成不易水解的 $(SbCl_6)^{3-}$ 配离子，用高锰酸钾标准溶液滴定至溶液呈微红色为终点。

（2）试剂

硫酸（相对密度 1.84）；盐酸（相对密度 1.19）；高锰酸钾标准溶液（0.02mol/L）。

(3) 分析步骤

称取试样 0.5～1g，置于 500mL 锥形瓶中，加硫酸（相对密度 1.84）15mL，加热溶解并蒸发至冒白烟数分钟，冷却。缓慢加水 10mL、盐酸（相对密度 1.19）20mL，加热煮沸 2～3min，冷却。以水稀释至 250mL 左右，用高锰酸钾标准溶液滴定至溶液呈微红色为终点。按下式计算锑的含量（X,%）：

$$X = \frac{c \times V \times 0.12175 \times 100}{m}$$

式中，c 为高锰酸钾标准溶液的浓度，mol/L；V 为滴定所消耗高锰酸钾标准溶液的体积，mL；m 为试样质量，g；0.12175 为锑的毫摩尔质量，g/mmol。

注：滴定速度要快，待微红色在 1～2min 内不消退为终点。因高锰酸钾易与盐酸发生反应，而使微红色消退。

应用实例 12—— 轴承合金中砷的测定（KBrO₃ 法）

(1) 方法要点

试样用硫酸溶解，在盐酸介质中，用苯萃取使之与基体分离，用标准溴酸钾溶液滴定，以求得砷含量。

(2) 试剂

硫酸（相对密度 1.84）；盐酸（相对密度 1.19）；盐酸（3+1）；盐酸（1+1）；苯；甲基橙溶液（0.1%）；溴酸钾标准溶液（0.01mol/L）。

(3) 分析步骤

称取 0.5～1.0g 试样于 250mL 烧杯中，加硫酸（相对密度 1.84）15mL，置于电炉上加热溶解。取下冷却，加水 5mL，冷却，加盐酸（相对密度 1.19）40mL，摇动使盐类溶解，移入 125mL 分液漏斗中，用苯 60mL 分两次洗涤烧杯，洗液移入分液漏斗中，振荡、萃取 1min 静置分层。将水相移入另一个预先加苯 20mL 的 125mL 分液漏斗中。振荡、萃取 1min，静置分层，弃去水相。有机层合并于第一个分液漏斗中，用盐酸（3+1）5mL 滴洗分液漏斗颈和塞子，振荡半分钟，静置分层，弃去水相，如此反复洗涤 3 次。第三次洗涤完毕，静置 1～3min 将水相尽量分离完全。往分液漏斗中加水 30mL，振荡 30s 静置分层，将水相移入 300mL 锥形瓶中，再往分液漏斗中加水 15mL，振荡半分钟。静置分层，水相合并于锥形瓶中。在不断振荡下煮沸 1～2min，加盐酸（1+1）40mL，将溶液加热至 80～90℃，加 0.1% 甲基橙溶液 1 滴。在不断振荡下用溴酸钾标准溶液滴至红色褪去为终点。在相同条件下做空白试验。砷的含量（X,%）按下式计算：

$$X = \frac{c \times (V - V_0) \times 0.03746 \times 100}{m}$$

式中，V 为滴定消耗溴酸钾标准溶液的体积，mL；V_0 为空白试验消耗溴酸钾标准溶液的体积，mL；c 为溴酸钾标准溶液的物质的浓度，mol/L；m 为试样质量，g；0.03746 为砷的毫摩尔质量，g/mmol。

应用实例 13——丁二酮肟重量法测定银-铜-金-铂-锌合金中钯的含量

(1) 方法概述

试样用混合酸溶解，Ag 以 AgCl 沉淀过滤分离。Au 以 NaNO₂ 还原后滤出，破坏亚硝酸配合物后，在 5+95 的稀盐酸中，以丁二酮肟沉淀钯，用重量法测定。合金中其他元素不影响测定。

（2）主要试剂

百里酚蓝指示剂（称取 0.1g 指示剂于玻璃滴瓶中，加入 2.2mL 100g/L 的 NaOH 溶液溶解，用水稀释到 100mL）。

（3）分析步骤

称取 0.1000g 试样，加入 25mL HCl 溶液、5mL HNO$_3$ 溶液，低温加热直至试样溶解完全为止。加入 0.1g NaCl，低温蒸发至近干，再加入 10mL HCl 溶液蒸发至近干，重复两次。加入 4mL 1＋1 的稀盐酸和 100mL 水并加热至沸，使 AgCl 凝聚。于暗处放置 4h 后过滤，分别以 2＋98 的稀盐酸和水洗涤数次，每次 5mL。在滤液中加入百里酚蓝指示剂，用 100g/L，NaOH 溶液调节溶液自红色变为橙色（pH＝2），再于电炉上加热至沸腾，加入 10mL 100g/L 的 NaNO$_2$ 溶液；搅拌并煮沸 30min，使金沉淀凝聚，趁热过滤。用 10g/L 的 NaNO$_2$ 溶液洗涤数次，每次 5mL；再以 5mL 1＋1 的稀盐酸滴入烧杯边沿及滤纸上，最后以热水淋洗 10 次，每次 5mL。

将滤液加热至沸并保持 1h，低温蒸发至近干，加 10mL HCl 溶液再蒸发至近干，重复三次。加入 10mL 的稀盐酸和 200mL 水，慢慢加入 10mL 10g/L 的丁二酮肟乙醇溶液，搅拌3min，放置 1h，使丁二酮肟钯析出、凝聚。将沉淀抽滤于已经在 110℃ 烘干至恒重的 4 号砂芯坩埚中，用 2＋98 的稀盐酸洗涤 10 次，每次 5mL，最后再用热水洗涤 5 次。将坩埚于110℃ 烘干 1h，冷却，称至恒重。按下式计算钯的质量分数。

$$w = \frac{m \times 0.3161}{m_s} \times 100\%$$

式中，m 为沉淀质量，g；0.3161 为 106.4/336.62，即 $M(Pd)/M[Pd(C_4H_7O_2N_2)_2]$；$m_s$ 为样品质量，g。

（4）注意事项

① 银含量较低时，可直接用氯化银沉淀分离银；银含量较高时，应先以氨水络合钯、银，再以氯化银沉淀分离银，可避免大量氯化银吸附钯导致分析结果偏低。

② 溶液中铂、铱含量高时，易被丁二酮肟钯沉淀吸附，应适当减少称样量。

应用实例 14——硝酸六氨合钴重量法测定贵金属合金中的铑含量

（1）主要试剂

硝酸六氨合钴：将 73g Co(NO$_3$)$_2$ 溶于 100mL 水中，加入 80g NH$_4$NO$_3$、2g 活性炭、18mL 氨水，于溶液中通入空气 3～4h，经反应生成 Co(NH$_3$)$_6$(NO$_3$)$_2$。向溶液中加入 1300～1500mL HNO$_3$ 酸化水，在水浴中加热，过滤除去活性炭。向溶液中加入 200mL HNO$_3$，冷却后即析出橙色结晶沉淀，过滤，以水和乙醇洗涤，于 100℃ 下干燥后备用。

硝酸六氨合钴饱和溶液：称取 17g 上述试剂于 200mL 去离子水中，加热溶解，用快速滤纸过滤，以水稀释至 1000mL。

（2）分析步骤

准确称取约 0.1g Pt-Rh（或 Pt-Pd-Rh）合金试样。当合金中 Rh 小于 10％ 时，直接用 20mL HCl-HNO$_3$ 混合酸（3＋1）溶解；大于 10％ 时，需要用玻璃封管氯化溶解；或者以 HCl-HNO$_3$ 混合酸（3＋1），用聚四氟乙烯消化罐热压法溶解。所得试液蒸发至 1～2mL，加入 300mL 水，加热至 60℃，加入 5g 亚硝酸钠，继续加热至沸。在搅拌下加入 20mL 硝酸六氨合钴饱和溶液，加速搅拌使沉淀析出，在沙浴上放置 10min，然后迅速冷却 1h。用预先洗净、干燥和称量好的 4 号砂芯坩埚抽滤沉淀，并用 0.5g/L 硝酸六氨合钴溶液洗涤 3 次，每次 5mL，用套有橡皮头的玻璃棒将附在烧杯壁上的沉淀擦于坩埚中，最后用无水乙醇洗涤 3 次、乙醚洗涤 1 次。将玻璃坩埚放在真空干燥器中抽气干燥 30min 至恒重，取出称量。铑的复盐沉淀质量乘以换算因子即可得到铑的质量。Rh 含量按下式计算：

$$w = \frac{[(m_1 + m_2) - m_2] \times 0.19054}{m_s} \times 100\%$$

式中，m_1 和 m_2 分别为沉淀质量和坩埚的质量，g；0.19054 是铑的复盐对 Rh 的换算因子；m_s 是样品质量，g。

（3）注意事项

① 沉淀时，溶液体积不能小于 300mL，且沉淀后放置时间不能太长；否则会有少量铂析出，使分析结果偏高。

② 用硝酸六氨合钴洗涤沉淀时，应始终保持洗涤液没过沉淀，即不能使沉淀裸露于空气中，否则会使分析结果偏高。

③ 钯和铱含量稍高时干扰测定。采用丁二酮肟预先分离钯；通过减少试样称量质量可降低铱含量。金、铁干扰测定，可采用乙醚-盐酸（3～6mol/L）萃取、分离。

④ 测定时当铑的含量为 10mg 时，形成铑的复盐沉淀相对铑含量较高时要完全一些。对于铑含量较高的样品，应注意因称量值较小所引起的较大的分析误差（测定 10%～30% 的铑含量时，绝对误差为 ±0.10%～±0.30%）。

应用实例 15——金箔及金合金中金的含量分析

试样经王水分解制备成氯金酸溶液，在一定的盐酸酸度下，加还原剂将金（Ⅲ）还原为单质金，用重铬酸钾标准溶液返滴定过量还原剂，借此间接计算试样中金的含量。

采用的还原剂：亚铁、亚锡、氢醌等。如采用硫酸亚铁铵、氢醌为还原剂，则以二苯胺磺酸钠为指示剂。采用亚锡为还原剂时，则以碘化钾-淀粉为指示剂。

氯胺 T 滴定法基于用抗坏血酸还原金（Ⅲ），加入过量的抗坏血酸，以碘-淀粉为指示剂，采用氯胺 T 标准溶液进行滴定，当溶液呈现蓝紫色即为终点。

该方法适用于金箔、Au-Ag、Au-Ag-Cu 合金等中高含量金的测定。

（1）莫尔盐还原重铬酸钾容量法

试料用王水溶解，加一定量过量的硫酸亚铁铵标准溶液，以二苯胺磺酸钠作指示剂，用重铬酸钾标准溶液返滴定过量的硫酸亚铁铵以测定金含量。

① 主要试剂　氯化钠溶液（200g/L）；硫酸-磷酸混合酸（H_2SO_4：H_3PO_4：H_2O = 1：1：1）；二苯胺磺酸钠溶液（5g/L）；硫酸亚铁铵标准溶液 [0.04mol/L，H_2SO_4（4＋96）]；重铬酸钾标准滴定溶液（0.0250mol/L）；盐酸溶液（1＋9）。

金标准溶液（1.00mg/mL）标定如下。移取 20.00mL 金标准溶液于 250mL 烧杯中，加 1mL 氯化钠溶液，水浴蒸至湿盐状。加 20mL 水，于搅动下加 50.00mL 硫酸亚铁铵标准溶液，继续搅动 0.5min，加 15mL 硫酸-磷酸混合酸、30mL 水、3 滴二苯胺磺酸钠溶液，用重铬酸钾标准溶液滴定至溶液由浅绿色变为紫红色即为终点。另取 50.00mL 硫酸亚铁铵标准溶液，加 15mL 硫酸-磷酸混合酸、30mL 水、3 滴二苯胺磺酸钠溶液，用重铬酸钾标准溶液滴定至溶液由浅绿色变为紫红色。平行标定三份，所消耗滴定溶液体积的极差值不应超过 0.05mL，结果取其平均值。按下式计算重铬酸钾标准滴定溶液对金的滴定度。

$$T_{\mathrm{K_2Cr_2O_7/Au}}=\frac{V\times10^{-3}}{V_1-V_2}$$

式中，$T_{\mathrm{K_2Cr_2O_7/Au}}$ 是重铬酸钾标准滴定溶液对金的滴定度，g/L；V 是标定时加入金标准溶液的体积，mL；V_1 是滴定硫酸亚铁铵标准溶液消耗重铬酸钾标准滴定溶液的体积，mL；V_2 是滴定金时消耗重铬酸钾标准滴定溶液的体积，mL。

② 分析步骤

a. 试液准备　称取约 0.20g 试料于 250mL 烧杯中，加 20mL 王水溶解。加 1mL 氯化钠溶液，水浴蒸至湿盐状。重复 3～4 次。

b. 测定　试液中加 20mL 水，于搅拌下加 50.00mL 硫酸亚铁铵标准溶液，继续搅拌 30s。加 15mL 硫酸-磷酸混合酸、30mL 水、3 滴二苯胺磺酸钠溶液，用重铬酸钾标准溶液滴定至溶液由浅绿色变为紫红色即为终点。按下式计算金的含量，以质量分数表示：

$$w=\frac{T_{\mathrm{K_2Cr_2O_7/Au}}\times(V_1-V_2)}{m_s}\times100\%$$

式中，V_1 为滴定硫酸亚铁铵标准溶液消耗重铬酸钾标准滴定溶液的体积，L；V_2 为滴定试液消耗重铬酸钾标准滴定溶液的体积，L；m_s 为试料的质量，g。

③ 注意事项

a. 银含量较低时，可用王水直接溶解试料。银含量较高时，加 4～5g 氯化钾、25～40mL 盐酸、6～10mL 硝酸溶解。

b. 应除尽氮氧化物，防止其消耗硫酸亚铁铵标准溶液。

（2）氢醌滴定法

氢醌滴定法是于 1937 年提出的。该法是基于在 pH=2～2.5 的磷酸-磷酸二氢钾缓冲溶液中，用氢醌（对苯二酚，电位 0.699V）可定量地还原三价金为零价金：

$$2\mathrm{HAuCl_4}+3\mathrm{C_6H_6O_2}\longrightarrow2\mathrm{Au}+3\mathrm{C_6H_4O_2}+8\mathrm{HCl}$$

选用联苯胺（或其衍生物）为指示剂，以氢醌标准溶液进行滴定时，当溶液不再出现黄色即为终点。根据氢醌溶液的消耗量计算金的含量。

该法的优点如下：

（a）测定酸度范围较宽，pH=0～3.8。

（b）准确度高，0.1～1.0g/t 都可以得到准确的结果。

（c）选择性较好，少量铜、银、镍、铅、锌、镉对测定无影响。1mg 以上的锑使结果偏低，钯与联苯胺生成红色配合物，影响测定。但试样中这两种元素一般含量甚微，只有在含量高时预先除去。

该法的缺点如下：

（a）氢醌工作溶液极不稳定，易氧化成对苯醌，浓度为 3.8×10^{-4} mol/L 的氢醌溶液（约相当于 50μg/mL Au）在避光密封和室温 15℃时仅能稳定 2～3d，室温大于 20℃时稳定性更差，故每次测定都要重新标定。可采用加入乙醇的方法，提高氢醌工作溶液的稳定性。

（b）氢醌与金的氧化还原速度较慢，常常出现"回头"现象，容易产生滴定误差。滴定时要适当加热，并且滴定速度不宜过快。如有"回头"现象，应继续滴定到黄色不再出现为止。

该法还可采用联苯胺的衍生物为指示剂。指示剂均应配成 1% 的冰醋酸溶液。

氢醌滴定法也适用于 1g/t 以上的岩石矿物、氧化溶液、镀金电解液、重砂铂、有色冶金原料、重砂金、药物中金的测定。根据富集分离金的方法，氢醌滴定法可分为：活性炭吸附富集分离氢醌滴定法、泡沫塑料富集分离氢醌滴定法、碲共沉淀富集分离氢醌滴定法、铅试金富集分离氢醌滴定法。其中，以活性炭吸附富集分离氢醌滴定法应用为最广。

应用实例 16——烟道灰中锗的光度测定（溶剂萃取分离法）

（1）方法要点

烟道灰中的成分主要是硅、铝，其次是铁、钙、镁等。锗的含量一般为 0.01%～0.1%。其中，氯化锗（$GeCl_4$）可用四氯化碳从 8～9mol/L 盐酸中萃取出来，可与大部分干扰元素分离。用光度法即苯芴酮在酸性溶液（1.2mol/L 盐酸）中与四价锗生成红色沉淀配合物，在保护胶存在下可在 510nm 处测吸光度，借此测定锗。

（2）试剂

盐酸（相对密度 1.19；浓度 9mol/L）；四氯化碳；阿拉伯树胶溶液（0.5%）；硝酸（相对密度 1.42）；硫酸（1+1）；氢氟酸（38%～40%）；苯芴酮溶液（0.03%）：溶 0.03g 苯芴酮于 24mL 稀 HCl 溶液（2+1）及 50mL 乙醇中，然后用乙醇冲稀至 100mL，放入棕色瓶内保存。

（3）分析步骤

称取 0.3～0.5g 试样于瓷坩埚中，加数滴浓硝酸，润湿后在沙浴上用小火蒸发。冷却后再加数滴浓硝酸蒸发至试样颜色变为灰色，即在 400～500℃ 时灰化。灰分以小玻璃棒搅碎，转入铂皿中。残余的灰分再以 H_2SO_4（1+1）3mL 洗至铂皿中，加入 5mL HF（38%～40%），于沙浴上（200℃）蒸发至冒烟。冷却后再加 3mL 水，再蒸发至发烟。冷却，加 5mL 水，加热至沸腾，取下。转移溶液于分液漏斗中，加 5mL 浓 HCl 溶液振荡半小时，调节溶液酸度至 pH＝8～9。冷却后加 5～7mL CCl_4，萃取三次，每次振荡 2min。弃去水层，CCl_4 层以 9mol/l HCl 溶液洗涤 1～2 次后，以 5～6mL 水反萃取 3 次，每次振荡 2min。将水层收集于 25mL 容量瓶中，稀释至刻度。吸取 10～15mL 于 25mL 容量瓶中，加 2.5mL 浓 HCl 溶液、2mL 0.5% 阿拉伯树胶溶液。混合后，加 3mL 苯芴酮溶液，稀释至刻度。放置 30min 后，在 510nm 处（绿色滤光片）测定吸光度，从标准曲线上查出锗含量。

标准曲线的绘制：以锗的标准溶液（1mL＝2μg GeO_2）在 1～15mL 的范围内取 7 个不同含量依照上述方法测出吸光度，绘制曲线。

注：如果样品中含有氯离子，则应先将样品移于烧杯中加入 30mL 0.5% H_2SO_4，在搅拌的条件下加热 20min，但应避免沸腾。过滤，用温水洗涤沉淀，烘干后将沉淀放在铂皿中小心灰化，然后按上述方法用氟化氢处理。

应用实例 17——邻二氮菲分光光度法测定微量铁

（1）原理

邻二氮菲（又称邻菲啰啉）是测定微量铁的一种较好的显色剂。在 pH＝4～6 的溶液中，邻二氮菲与 Fe^{2+} 生成稳定的橙红色配合物，反应式如下：

橙红色配合物的最大吸收波长在 510nm 处，摩尔吸光系数 $\kappa_{510} = 1.1 \times 10^4$ L/（mol·cm），反应的灵敏度、稳定性、选择性均较好。

此反应可用于微量 Fe^{2+} 的测定。如果铁以 Fe^{3+} 的形式存在，则应预先加入还原剂盐酸羟胺或对苯二酚将 Fe^{3+} 还原成 Fe^{2+}：

$$4Fe^{3+} + 2NH_2OH \cdot HCl \longrightarrow 4Fe^{2+} + N_2O + H_2O + 6H^+ + 2Cl^-$$
（盐酸羟胺）

（2）仪器和试剂

722 型分光光度计。

10μg/mL 铁标准溶液：准确称取 0.8634 g $NH_4Fe(SO_4)_2 \cdot 12H_2O$，置于烧杯中，以 50mL 1mol/L HCl 溶液溶解后转入 1000mL 容量瓶中，用水稀释到刻度，摇匀。从中吸取 50mL 该溶液于 500mL 容量瓶中，加 50mL 1mol/L HCl 溶液，用水稀释到刻度，摇匀。

盐酸羟胺溶液（10 g/L，临用时配制）。邻二氮菲溶液（1g/L，临用时配制）：应先用少许乙醇溶解，再用水稀释。NaAc 缓冲溶液（pH＝4.6）：将 30mL 冰醋酸和 30g 无水乙酸钠溶于 100mL 水中，稀释至 500mL。铁试样溶液：其中含铁 0.02～0.06mg/10mL。

（3）分析步骤

① 显色溶液的配制　取 50mL 容量瓶 7 个，分别准确加入 10μg/mL 的铁标准溶液 0.00mL、1.00mL、2.00mL、3.00mL、4.00mL、5.00mL 及试样溶液 10.00mL；再于各容量瓶中分别加入 10μg/mL 盐酸羟胺溶液 2.5mL，摇匀。稍停 2min，分别加入 NaAc 缓冲溶液 5mL 及 1g/L 邻二氮菲溶液 5mL，每加一种试剂后均摇匀；再加另一种试剂，最后用水稀释到刻度，摇匀。

② 绘制吸收曲线并选择测量波长　选用加入 3.00mL 铁标准溶液的显色溶液，以不含铁的试剂溶液为参比；用 3cm 比色皿，同时以 722 型分光光度计在其波长 450～550nm 间，每隔 20nm 测一次吸光度。在其最大吸收波长附近，每隔 5nm 再各测一次。注意：每改变一次波长，均需用参比溶液将透光率调到 100%，然后再测吸光度。此外，还可以波长为横坐标，吸光度为纵坐标，绘制吸收曲线，可选择吸收曲线的峰值波长为测量波长。

③ 吸光度的测定　在选定波长下，用 3cm 比色皿，以不含铁的试剂溶液作参比溶液，测量各个显色溶液的吸光度。

（4）数据记录和处理

① 数据记录　仪器型号＿＿＿＿＿，比色皿厚度＿＿＿＿＿cm；λ_{max}＿＿＿＿＿nm。

波长/nm	450	470	490	505	510	515	530	550
A								

② 绘制吸收曲线并确定最大吸收峰值波长。

溶液	铁标准溶液					试液
吸取体积/mL	1.00	2.00	3.00	4.00	5.00	10.00
总含铁量/(μg/50mL)	10	20	30	40	50	c_x
A						

③ 以吸光度为纵坐标，总含铁量（μg/50mL）为横坐标，绘制标准曲线。

④ 通过标准曲线求试样溶液的总含铁量 c_x，计算出试样溶液的原始浓度（μg/50mL）。

应用实例 18——过氧化氢分光光度法测定有色金属合金中的钛

（1）实验原理

试样用硝酸溶解，在硫酸酸性溶液中加入过氧化氢使其与钛生成黄色配合物，于分光光度计波长 410nm 处测量其吸光度。

(2) 实验仪器和试剂

分光光度计。

硝酸 (1+1)；硫酸 (1+1)；硫酸铵；过氧化氢 (1+9)。混合酸：500mL 水中加入 160mL 硫酸 (1+1) 和 340mL 硝酸 (1+1)。钛标准溶液 (100μg/mL)：称取 0.1666g 二氧化钛 (预先经 950℃灼烧并恒重在干燥器中冷却) 于 250mL 烧杯中，加入 30mL 硫酸加热使其溶解，当接近完全溶解时加入 5g 硫酸铵助溶。待溶解完全后冷却至室温，移入 1000mL 容量瓶中，用水定容。

(3) 分析步骤

① 工作曲线的绘制　移取 0mL、1.00mL、2.00mL、4.00mL、6.00mL、8.00mL、10.00mL 钛标准溶液，分别置于 50mL 比色管中，加入 15mL 混合酸、5mL 过氧化氢，以水稀释至刻度，混匀。以水为参比溶液，用 3cm 吸收池，在分光光度计波长 410nm 处测量吸光度。以钛含量 (mg) 为横坐标，以吸光度 (减去空白溶液的吸光度) 为纵坐标，绘制工作曲线。

② 试样溶解　称取 0.4000g 试样置于 150mL 烧杯中，加入 5mL 硝酸，盖上表面皿，加热使其溶解完全，煮沸除去氮的化合物。用少许水洗涤表面皿和杯壁。加入 10mL 硫酸，低温蒸发至冒三氧化硫白烟，取下冷却，用水洗涤表面皿和杯壁。摇动烧杯至大部分结晶溶解，加热煮沸使溶液澄清，取下冷却。

③ 测定　将溶液移入 100mL 容量瓶中，用水洗涤烧杯和表面皿，洗液合并于容量瓶中，加入 2mL 过氧化氢，用水定容，放置 10min。取适量溶液用 3cm 比色皿，以试样参比溶液 (试样不加过氧化氢，其他步骤同样操作) 为参比，于分光光度计波长 410nm 处测定吸光度。根据工作曲线查找相应的钛含量。

$$w_{Ti} = \frac{m_1 \times 10^{-3}}{m_0} \times 100\%$$

式中，m_0 为试料的质量，g；m_1 为从工作曲线上查的钛量，mg。

(4) 注意事项

分光光度计测量吸光度前需预热 30min，测量出来的吸光度范围在 0.2~0.8 较为合适。

应用实例 19——原子吸收光谱法测定水样中的铜

(1) 原理

标准加入法是取若干份 (不少于 4 份) 待测试液 (浓度为 c_x)，依次加入浓度为 0，c_s，$2c_s$，$3c_s$，…的标准溶液 ($c_s \approx c_x$)，稀释到一定体积。在相同条件下各自测得吸光度为 A_x，A_1，A_2，A_3，…，以加入的待测元素浓度为横坐标，对应的吸光度为纵坐标，绘制 A-c 曲线，延长曲线并与横坐标的延长线交于 c_x。此点与原点之间的距离在横坐标上对应的浓度，即为试样中待测元素的浓度。

在原子吸收光谱法中，分析灵敏度和准确度的高低，以及干扰能否有效减除，在很大程度上取决于仪器及测量条件的选择。需要选择的测量条件通常包括：吸收线波长、空心阴极灯工作电流、火焰类型及条件、燃烧器高度 (火焰位置)、单色器狭缝宽度等。

(2) 仪器和试剂

原子吸收分光光度计；铜空心阴极灯。

稀硝酸 (1+200)。硝酸 (6mol/L)：量取 38mL 硝酸，加水稀释至 100mL。铜标准溶液

（100μg/mL）：准确称取 1.000 g 金属铜（99.99%），加入 6mol/L 硝酸溶解，总量不超过 37mL。移入 1000mL 容量瓶中，加水稀释至刻度，摇匀，吸取 50mL 铜标准溶液于 500mL 容量瓶中，用硝酸（1+200）稀释至刻度，摇匀。

(3) 分析步骤

① 操作条件的选择

a. 波长的选择　本实验可根据铜样浓度范围参照以下表格选择。

谱线/nm	灵敏度/(μg/mL)	最佳测量浓度范围/(μg/mL)
324.8(最灵敏线)	0.1	2～20
327.4	0.2	4～40
217.9	0.4	8～80
216.5	0.7	15～150
…	…	…

例如，铜样浓度处于 2～20μg/mL 范围内，测定采用 324.8nm 的最灵敏线，即共振线。波长的选择操作就是将仪器波长调在新选的波长处。但仪器的波长读数显示值与仪器单色器获得值之间往往有一定偏差。可通过这样的方法来检查：将铜空心阴极灯开启，电流调到 5mA，在不点火焰的情况下，在 324.8nm 左右缓慢旋动波长鼓轮，观察仪表指示的透光度为最大时停止。这时，波长读数与 324.8nm 的偏差就是仪器波长示值偏差。若此偏差>0.5nm，则为不合格。

b. 燃气、助燃气比例的选择　取 100μg/mL 铜标准溶液 5.0mL，置于 50mL 容量瓶中，用去离子水稀释至刻度，摇匀，此溶液在一定条件下可供选择。

用乙炔-空气火焰原子化测铜，测定时先调好空气的压力和流量，使雾化效率最高（溶液的提升量与废液排出量之比为最大）。然后固定乙炔压力（$4.9 \times 10^4 \sim 9.8 \times 10^4$ Pa），调节乙炔流量使火焰刚能点着；然后增加乙炔流量，测定不同流量下铜标准溶液的吸光度（每次改变流量后，都要用去离子水调节吸光度"零"点）。经过若干次测定，从记录中选出稳定性好、灵敏度又高的燃气、助燃气比例，将此时的空气-乙炔压力和流量作为测定操作条件。

c. 灯电流的选择　在灯的额定电流范围内改变灯电流取值，以不同的灯电流测定相应的吸光度。测定时用去离子水和标准铜溶液分别喷雾，每测一个数值后，仪器都须用去离子水为空白液重新调节吸光度"零"点。绘制吸光度与灯电流曲线，确定适宜的灯电流。选择原则是：在能保证吸光度稳定，又有一定光强输出的情况下，灯电流尽可能小。

d. 燃烧器高度的选择　用铜标准溶液喷雾，缓慢上下移动燃烧器，以调节火焰高度；同时，记录不同燃烧器高度下测得的吸光度值。绘制吸光度与燃烧器高度曲线，从中找出灵敏度高、稳定性又较好的高度位置。

e. 狭缝宽度的选择　在上述最佳空气和乙炔压力、流量及燃烧器高度条件下，使用不同狭缝宽度测定标准铜溶液吸光度，以测得最大吸光度时的狭缝宽度为选定值。

② 标准加入法测水样中的铜

a. 按上面选好的最佳操作条件调好仪器后，喷雾铜标准溶液（或适当稀释后的标准溶液），读取吸光度值；用去离子水喷雾洗涤至空白后，喷雾试样溶液，在不考虑干扰的影响下，可粗略估计铜含量。

b. 配制标准加入法溶液　按（4）数据及处理中的数据，吸取溶液于 50mL 容量瓶中，"0"号容量瓶用（1+100）硝酸稀释至刻度；第"1"至"4"号容量瓶用（1+200）硝酸稀释至刻度。

c. 按所有型号原子吸收分光光度计的使用方法，分别测定上述 5 份溶液的吸光度值，全部测定均以去离子水为参比。

（4）数据及处理

① 将实验数据记录在以下表格中：

容量瓶编号	0	1	2	3	4
水样体积/mL	25.00	25.00	25.00	25.00	25.00
铜标准溶液（100μg/mL）加入量/mL	0.00	0.50	1.00	1.50	2.00
增加的铜离子浓度/(μg/mL)	0	1	2	3	4
测定铜液的总浓度/(μg/mL)	c_x+0	c_x+1	c_x+2	c_x+3	c_x+4
A					

② 根据表中数据作图。

③ 计算出试样中铜的含量（μg/g）。

应用实例 20——石墨炉原子吸收光谱法测定血清中的铬

（1）原理

火焰原子吸收法在常规分析中被广泛应用。但其雾化效率低，火焰气体的稀释使火焰中原子浓度降低，高速燃烧使基态原子在吸收区停留时间短。因此，其灵敏度受到限制。火焰原子吸收法至少需要 0.5～1mL 试液；对数量较少的样品，则会产生困难。因此，无火焰原子吸收法迅速发展，而高温石墨炉（HGA）原子化法则是目前发展最快、使用最多的一种技术。

高温石墨炉利用高温（约 3000℃）石墨管，使试样完全蒸发、充分原子化，试样利用率几乎达 100%。自由原子在吸收区停留时间长，故灵敏度比火焰原子吸收法高 100～1000 倍，试样用量仅为 5～100μL，而且可以分析悬浮液和固体样品。它的缺点是干扰大，必须进行背景扣除，且操作比火焰原子吸收法复杂。

用高温石墨炉法测定血清中的痕量元素，灵敏度高，用样量少。为了消除基体干扰，可采用标准加入法或配制于葡聚糖溶液中的系列标准溶液。

（2）仪器和试剂

原子吸收分光光度计；Cr 空心阴极灯；Ar 气钢瓶；微量注射器（50μL）。

0.1000mg/mL 铬贮备溶液：称取 0.3735g 在 150℃ 干燥的 K_2CrO_7，溶于去离子水中，并定容于 1000mL 容量瓶。葡聚糖溶液（200g/L）。

（3）分析步骤

① 系列标准溶液的配制 由 0.1000mg/mL Cr 的贮备溶液逐级稀释成 0.100μg/mL Cr 的标准溶液。

② 按仪器操作方法启动仪器，并预热 20min，开启冷却水和保护气体开关。

实验条件波长：357.9nm。缝宽：0.7nm。灯电流：5mA。干燥温度：100～130℃。干燥时间：100s。灰化温度：1100℃。灰化时间：240s。斜坡升温灰化时间：120s。原子化温度：2700℃。原子化时间：10s。进行背景校正，进样量 50μL。

③ 测量

a. 标准溶液和试剂空白 调好仪器的实验参数，自动升温空烧石墨管调零。然后从稀至浓逐个测量空白溶液和系列标准溶液，进样量 50μL。每种溶液测定 3 次，取平均值。

b. 血清样品　在同样实验条件下，测量血清样品三次，取平均值。每次取样 $50\mu L$。

④ 结束　实验结束时，按操作要求，关好气源和电源，并将仪器开关、旋钮置于初始位置。

（4）数据处理

① 绘制标准曲线，并由血清试样的吸光度从标准曲线上查得样品溶液 Cr 的浓度。

② 计算血清中 Cr 的含量（$\mu g/mL$）。

应用实例 21——原子发射光谱定性分析

（1）实验目的

① 学会用铁光谱比较法定性判断试样中所含未知元素的分析方法。

② 掌握摄谱仪的原理和使用方法。

（2）方法原理

利用标有各元素特征线和灵敏线的铁光谱图，逐条检视样品光谱中的谱线，以定性确定试样的组成。本实验采用选择 2～3 条灵敏线或特征线组的方法来判断某一元素的存在。

（3）主要仪器与试样

① 仪器　中型光谱仪、摄谱仪、元素发射光谱仪、天津 II 型感光板、光谱纯石墨电极、光谱纯铁棒。

② 试样　大理石粉、光谱纯炭粉、光谱纯 $MgCO_3$、合金钢棒、自来水样。

（4）实验内容与步骤

① 试样准备　取自来水一滴置于涂有 1‰聚苯乙烯的平头石墨电极上，在红外灯下烘干。大理石粉末样品与光谱纯炭粉按 1∶5（质量比）混合装在石墨电极孔中备用。合金钢试样表面用砂纸磨光，露出新鲜表面，然后用乙醇棉球擦除沙尘备用。

② 安装感光板　在暗室中把感光板放入暗盒内，特别注意乳剂面应朝向光线入射的方向。把暗盒装到摄谱仪上。

③ 开启交流电弧光源，调节电流为 5A。

④ 将哈特曼阑调到光路上。

⑤ 摄谱　上电极为石墨电极，下电极为铁电极，在哈特曼光阑 2、5、8 位置摄取铁光谱，顶烧 10s，曝光 40s。移动光阑在 1、3、4、6、7、9 位置拍摄试样。上电极用石墨电极，下电极用铜试样电极。这几个位置可采用不同曝光时间摄谱，以观察得到光谱的效果。

（5）注意事项

① 在暗房操作时，注意感光板不要装反，乳剂面应朝向入射光方向。如果感光板装反，玻璃吸收紫外线，将得不到完整的紫外发射光谱。

② 摄谱时应按时开启摄谱仪快门。

③ 冲洗感光板时，一定要先显影后定影，如果把此程序倒置，则将丢失全部摄取的光谱。

④ 接通激发光源时，不要触摸电极架，以免触电。

⑤ 电弧辐射很强的紫外线，切勿直接观察，以免伤害眼睛。

（6）数据处理

① 记录摄谱条件，包括光源、电流、曝光时间、试样种类等。

② 插上暗盒挡板，按暗室操作方法冲洗感光板。

③ 采用比较光谱法识谱时，以铁光谱作为标准波长，在映谱仪上把各元素光谱图按顺序逐张地与所摄取的铁光谱重叠，观察试样光谱中出现的谱线所属的元素。要有意识地观察一些元素特征光谱，如 Cu 324.754nm 和 Cu 327.397nm；Al 309.271nm 和 Al 308.216nm；B 249.678nm 和 B 249.778nm。

④ 数据记录及实验报告。

⑤ 记录所观察到的试样光谱中的谱线及归属，确定试样中杂质元素的种类。

应用实例 22——ICP 发射光谱法测定样品中微量的铜、铅、锌

(1) 原理

电感耦合高频等离子发射光谱（ICP-AES）分析法是将试样在等离子体光源中激发，使待测元素发射出特征波长的辐射，经过分光，测量其强度而进行定量分析的方法。ICP 光电直读光谱仪是用 ICP 作光源，用光电检测器（光电倍增管、光电二极管阵列、硅靶光导摄像管、折像管等）检测，并配备计算机自动进行控制和数据处理。它具有分析速度快、灵敏度高、稳定性好、线性范围广、基体干扰小、可多元素同时分析等优点。

用 ICP 光电直读光谱仪测定样品中的微量元素，可先将样品用浓 HNO_3 ＋ H_2O_2 消化处理，这种湿法处理样品，Pb 损失少。将处理好的样品上机测试后，2min 内即可得出结果。

(2) 仪器和试剂

JY28S 单道扫描高频电感耦合等离子直读光谱仪。

铜贮备溶液：溶解 1.0000g 光谱纯铜于少量 6mol/L HNO_3 中，移入 1000mL 容量瓶中，用去离子水稀释至刻度，摇匀，含 Cu^{2+} 1.000mg/mL。铅贮备溶液：称取光谱纯铅 1.0000g，溶于 20mL 6mol/L HNO_3 中，移入 1000mL 容量瓶中，用去离子水稀释至刻度，摇匀，含 Pb^{2+} 1.000mg/mL。锌贮备溶液：称取光谱纯锌 1.0000g，溶于 20mL 6mol/L 盐酸中，移入 1000mL 容量瓶中，用去离子水稀释至刻度，摇匀，含 Zn^{2+} 1.000mg/mL。HNO_3。HCl。H_2O_2。

(3) 分析步骤

① 配制标准溶液　铜标准溶液：用 10mL 吸管取 1.000mg/mL 铜贮备溶液至 100mL 容量瓶中，用去离子水稀释至刻度，摇匀，此溶液含铜 100.0μg/mL。

用上述相同方法配制 100.0μg/mL 的铅标准溶液和锌标准溶液。

② 配制 Cu^{2+}、Pb^{2+}、Zn^{2+} 混合标准溶液　取 2 只 25mL 容量瓶。其中，一只分别加入 100.0μg/mL Cu^{2+}、Pb^{2+}、Zn^{2+} 标准溶液 2.50mL，加 6mol/L HNO_3 3mL，用去离子水稀释至刻度，摇匀。此溶液含 Cu^{2+}、Pb^{2+}、Zn^{2+} 的浓度均为 10.0μg/mL。另一只 25mL 容量瓶，加入上述 10.0μg/mL Cu^{2+}、Pb^{2+}、Zn^{2+} 混合标准溶液 2.50mL，加 6mol/L HNO_3 3mL，用去离子水稀释至刻度，摇匀。此溶液含 Cu^{2+}、Pb^{2+}、Zn^{2+} 均为 1.00μg/mL。

③ 试样溶液的制备　用不锈钢剪刀从后颈部剪取头发试样，将其剪成长约 1cm 发段，用洗发香波洗涤，再用自来水清洗多次，将其移入布氏漏斗中。用 1L 去离子水淋洗，于 110℃ 下烘干。准确称取试样约 0.3g，置于石英坩埚内，加 5mL 浓 HNO_3 和 0.5mL H_2O，放置数小时，在电热板上加热，稍冷后滴加 H_2O_2。加热至近干，再加少量浓 HNO_3 和 H_2O_2。加热，溶液澄清，浓缩至 1～2mL。加少许去离子水稀释，转移至 25mL 容量瓶中，用去离子水稀释至刻度，摇匀，待测。

(4) 测定

将配制的 $1.00\mu g/mL$ 和 $10.0\mu g/mL$ Cu^{2+}、Pb^{2+}、Zn^{2+} 标准溶液和试样溶液上机测试。测试条件如下：

① 分析线　Cu 324.754nm，Pb 216.999nm，Zn 213.856nm。

② 冷却气流量　12L/min。

③ 载气流量　0.3L/min。

④ 护套气流量　0.2L/min。

(5) 数据处理

计算出样品中铜、铅、锌的含量（$\mu g/g$）。

(6) 注意事项

溶样过程中加 H_2O_2 时，要将试样稍冷且要慢慢滴加，以免 H_2O_2 剧烈分解，将试样溅出。

第8章

有色金属深加工现代分析技术

    目前我国多种有色金属产量已居全球之首，但随着时代的发展，在环境保护、能源消耗、资源循环利用、废弃物回收、二次资源利用方面，新材料应用层出不穷，新工艺仍在不断取得进步。因此，对于有色金属生产控制、工艺过程检测的要求日趋严格；相应地，对有色金属现代分析技术的要求也越来越高。

    有色金属现代分析技术是一门多学科交叉的技术，它以解决有色金属再生和深加工过程中及产品性能研究、生产中的质量控制和性能判据为目标，已从化学组成的测定，扩展到状态分析、过程控制与产品性能相关的参数分析，涉及化学、物理学、冶金学、材料学、电子学以及信息科学等诸多学科和技术。

    前述多种很成熟的常规理化分析手段，如各种定性定量的化学分析、光谱分析、金相显微分析，以及其他物理性能的测试目前仍在普遍采用。从 20 世纪 50 年代起，随着超高真空技术和电子技术的突飞猛进，又诞生与发展了一大批精密而复杂的分析仪器与技术。

    有色金属现代分析技术的应用，使得有色金属深加工分析不仅包括原料与产品成分、结构分析，也包括产品表面与界面分析、微区分析、形貌分析等诸多内容，而且成为重要的研究手段，广泛应用于研究和解决有色金属深加工理论和工程实际问题，为生产过程的改进和探索以及最佳工艺流程的确定提供帮助和依据。

    基于电磁辐射及运动粒子束与物质相互作用的各种性质建立的各种分析方法，成为现代有色金属产品分析方法的重要组成部分，一般可分为光谱分析、电子能谱分析、衍射分析与电子显微分析四大类。此外，基于其他的物理性质或电化学性质与产品性能的特征关系建立的色谱分析、质谱分析、电化学分析及热分析等方法也已成为现代有色金属产品分析的重要方法。这些方法中部分内容在第 3 章中已有所介绍。

    尽管不同方法的分析原理（检测信号及其与样品的特征关系）不同及具体的检测操作过程和相应的检测分析仪器不同，但各种方法的分析、检测过程均可大体分为信号发生、信号检测、信号处理及信号读出等几个步骤。相应的分析仪器则由信号发生器、检测器、信号处理器与读出装置等几部分组成。信号发生器使样品产生原始分析信号，检测器则将原始分析信号转换为更易于测量的信号（如光电管将光信号转换为电信号）并加以检测，被检测信号经信号处理器放大、运算、比较后由读出装置转变为可被读出的信号并被记录或显示出来。依据检测信号与样品的特征关系，分析、处理读出信号，即可实现样品分析的目的。

    采用各种不同的测量信号（相应地与样品具有不同的特征关系）形成各种不同的样品分析

方法。所以，分析技术通常都是利用某种手段或射束，与被分析样品相互作用，改变或释放出带有该样品特征信息的次级粒子或射束，通过检测这些次级粒子或射束，就可获取有关样品的特定信息；分析手段或入射束（探束）可以是热辐射、电磁场、光束、带电粒子甚至中性粒子束；探测的次级粒子流也可以是带电粒子、光束、振动波等。

8.1 X 射线荧光光谱法

8.1.1 原理

荧光光谱分析法是被测离子与某些荧光试剂所形成的配合物，在紫外线照射下，产生一种不同强度的荧光；在一定条件下，其荧光强度与被测离子浓度成正比。因此，通过测定荧光的强度就可以测定出金属离子的浓度。

X 射线荧光光谱法（XRF）也是一种荧光分析法。其基本原理是当物质中的原子受到适当的高能辐射激发后，放射出该原子所具有的特征 X 射线。根据探测到该元素特征 X 射线的存在与否，可以进行定性分析，而根据其强度的大小可进行定量分析。在 XRF 定量分析中，鉴于高灵敏度和多用途的要求，多数采用高功率封闭式 X 射线管为激发源，配以晶体波长色散法和高效率的正比计数器和闪烁计数器，并用电子计算机进行程序控制、基体校正和数据处理。由于入射光是 X 射线，发射出的荧光也处于 X 射线波长范围内，因此，又常被称为二次 X 射线光谱分析或 X 射线荧光光谱分析。

X 射线荧光光谱分析能进行元素定性分析、半定量分析、定量分析，实现无损分析，但灵敏度不高，只能分析含量在 0.0X% 以上的元素。

自 20 世纪 80 年代中期开始，波长色散 X 射线荧光光谱法已相当成熟，长期综合稳定性 ≤0.05%，20 世纪 90 年代，理论 α 系数、基本参数法已广泛用于在线分析，近年来又开发了 4kW 的 X 射线管，管内电流强度可高达 125～130mA。因此，对许多常量元素而言，测试时间仅需 2s，轻元素测定可扩展到铍。然而样品的矿物效应、颗粒度及化学态等对分析结果的影响，仍需通过制样予以解决。

与其他分析方法相比，X 射线荧光光谱法测定的试样前处理简单，其物理形态可以是固体（粉末、压片、块样）、液体等；可以直接放置而不需溶样。但样品一般需要通过制样的步骤，以便得到一种能表征样品的整体组分并可被仪器测试的试样。试样应具备一定尺寸和厚度，表面平整，可放入仪器专用的样品盒中，同时要求制样过程具有良好的重现性。荧光 X 射线的谱线简单，光谱干扰少，不仅可分析块状样品，也可对多层镀膜的各层镀膜分别进行成分和膜厚分析。X 射线荧光光谱法分析的应用范围很广，有色、地质、材料、机械、石油化工、电子、农业、食品、环境保护等部门都广泛使用，但仪器构造复杂，设备价格较贵，受到一定限制。

X 射线荧光光谱仪在结构方面基本上由激发样品的光源、色散、探测、谱仪控制和数据处理等几部分组成。根据激发方式的不同，X 射线荧光分析仪可分为源激发和管激发两种：用放射性同位素源发出的 X 射线作为原级 X 射线的 X 荧光分析仪称为源激发仪器；用 X 射线发生器的为管激发仪器。就能量色散型仪器而言，根据选用探测器的不同，X 射线荧光分析仪可分为半导体探测器和正比计数管两种主要类型。根据分析能力的大小还可分为多元素分析仪器和个别元素分析仪器。在波长色散型仪器中，根据可同时分析元素的多少可分为单道扫描 X 荧光光谱仪、小型多道 X 荧光光谱仪和大型 X 荧光光谱仪。多道 XRF 分析仪在几分钟之内可同时测定 20 多种元素的质量分数。

8.1.2　应用

目前 X 射线荧光光谱仪基本上采用铑靶 X 射线管、钨靶 X 射线管；铑（Rh）靶，铑的特征谱线与镉的特征谱线重叠，测试需要专用滤波器；钨（W）靶，钨的特征谱线与铅、汞的特征谱线重叠，但发射强度高。

XRF 的定性和半定量分析可检测元素周期表上绝大部分元素，而且还具有可测浓度范围大（$10^{-4}\%\sim100\%$）和对样品非破坏的特点，因此对于了解未知物的组成及大致含量，是一种很好的测试手段。

在 XRF 的定性分析方面，对从事 XRF 分析的专业人员而言，可谓是一项基本功。因为只有能够从扫描获得的谱图中辨认谱峰，才能知道待测试样中存在哪些元素，进而逐步熟悉待测元素的一些主要谱线，以及常见的干扰谱线，以便选择合适的测量谱线，用于定量分析程序的编制以及谱线的重叠校正等。

几乎每个 XRF 谱仪的生产厂家均配置半定量分析的软件，而且软件的更新也相当快。未知样能在很短的时间内获得一个近似定量的结果。这些半定量分析软件的共同特点如下：

① 所带设定标样只需在软件设定时使用一次；
② 待测试样原则上可以是不同大小、形状和状态；
③ 分析元素的范围为 ^{4}Be$\sim^{92}$U；
④ 分析一个试样所需时间约 15～20min。

现有的半定量分析软件，大致可分为两大类：一类是基于全程扫描的软件；另一类则是基于测量峰值及背景点强度的软件。

X 射线荧光光谱法由于分析速度快而被人们所喜爱。可是这种方法的灵敏度较差，只能局限于分析毫克量样品或高品位的样品。

目前已经建立一些分离或预富集后测定有色金属的 X 射线荧光光谱法。火试金法是主要的预富集法：将有色金属富集到铅扣中，然后灰吹，得到一颗金粒或金珠；将金珠压扁，退火，然后放在样品座上测定。

为了便于 X 射线荧光光谱法分析，已采用浸渍树脂的滤纸来富集有色金属，圆形滤纸可直接放在样品座中。分析试金珠溶解后的溶液，是另一种测定样品的方式。在退火后，试金珠中的成分还是分布不均匀时，这种测定方式具有特别重要的意义。

能量色散 X 射线荧光光谱扩大 X 射线荧光光谱法在有色金属分析中的应用，预计这类仪器在有色金属分析领域中有广阔的用途。

8.2　电子能谱分析方法

电子能谱分析方法是 20 世纪 70 年代以来迅速发展起来的表面成分分析方法。这种方法是对用光子（电磁辐射）或粒子（电子、离子、原子等）照射或轰击材料（原子、分子或固体）产生的电子能谱进行分析的方法。其中，俄歇电子能谱、光电子能谱、X 射线光电子能谱和紫外光电子能谱等对样品表面浅层元素的组成能给出比较精确的分析；同时，还能在动态条件下，测量薄膜在形成过程中的成分分布、变化。电子能谱是已经得到广泛应用的重要分析方法。

一切固体，无论是天然的还是人造的，都有表面或界面，它是物质存在的一种形式。其存在破坏了物体体相的连续性，从而形成最大的晶体"缺陷"。这种"缺陷"赋予物质表面（界面）一种不同于体相的特殊性，对这种特殊性的研究是生产和科学技术发展的需要（如半导体材料的研究和生产）。对物质的表面化学组成及结合状态、表面吸附形态以及表面结合能的研究形成表面科学的主要内容，而电子能谱分析正是研究和探索物质表面科学最直观和最有效的方法。

电子能谱分析是一种研究物质表面或界面的新型物理方法。它是多种技术集合的总称，其共同特点是：利用具有一定能量的电子束或单色光源（如 X 射线、紫外线等）照射样品，使样品表面的原子或分子中的电子受激发而发射出来。这些电子带有样品表面的各种信息，具有特征能量，收集和研究这些电子的能量分布，可以获得有关样品表面的各种信息，从而有利于对物质表面进行研究。

8.2.1 电子能谱分析的类型

根据所采用的激发源的不同，得到广泛应用的重要电子能谱分析主要可分为以下两大类：一类是光电子能谱（X 射线光电子能谱与紫外光电子能谱，简称 PES）；另一类是电子束作激发源去照射样品，测量样品所发射出的俄歇电子能量，称为俄歇电子能谱（X 射线引发俄歇能谱与电子引发俄歇能谱，简称 AES）。另外，电子能谱还包括离子中和谱和电子（轰击）能量损失谱。

（1）光电子能谱

以一定能量的 X 射线或光（如紫外线）照射固体表面时，被束缚于原子各种深度的量子化能级上的电子被激发而产生光电子。所发射的电子动能随原电子所在能级的不同而异，形成所谓的光电子能谱。采用光电子能谱的方法可以探测物质内部的各种电子能级，获得关于电子束缚能、原子的结合状态和电荷分布等电子状态信息。光电子能谱与物质的状态、能级或能带结构以及电子来自的内层轨道或外层轨道等因素有关。因此，光电子能谱也是带有物质成分、结构等信息的特征谱。

依据激发源的不同，光电子能谱分为 X 射线光电子能谱和紫外光电子能谱。

X 射线光电子能谱以软 X 射线（能量 200～2000eV）为激发源，激发原子的内层电子；而紫外光电子能谱以紫外线（能量 10～45eV）为激发源，激发固体的价带电子。原子中的内层电子或价电子吸收能量足够大的光子后，会离开原子成为光电子。根据测定发射出来的光电子的特征能量，可定性地确定样品表面上存在的元素，把未知样品光电子能谱和已知的表面组分标准样品的光电子能谱进行对比；或者与一系列相应的纯元素光电子能谱进行对比，即可对样品表面的组分进行定量成分分析。

（2）俄歇电子能谱

高速电子打到材料表面，除产生 X 射线外，还会激发出俄歇电子等。俄歇电子也是一种可以表征元素种类及其化学价态的二次电子。

当原子内壳层的一个电子被电离后，处于激发态的原子恢复到基态的过程之一是发射出俄歇电子。这是在被激发出内层电子的空穴被外层的电子填入时，多余的能量以无辐射的过程传给另一个电子，并将它激发出来，最后使原子处于双电离状态。因此，俄歇电子发射过程是二级过程，原子处于双电离状态。其与光电子辐射的区别还在于它是一种真实的无辐射过程。

俄歇电子效应对表面微量元素有很高的灵敏度，能探测元素周期表中氢以后的所有元素，而且分析速度快。应用俄歇电子能谱可以对样品进行成分定性、定量分析。

虽然 X 射线、离子等激发源也可用来激发俄歇电子，但由于电子便于产生高束流、容易聚焦和偏转，故通常采用电子束作为俄歇电子的激发源。为了激发俄歇跃迁，在常规 AES 中产生初始电离所需的入射电子能量为 $1 \sim 30 \mathrm{keV}$。

根据俄歇电子的特征能量，可以定性地确定样品表面上存在的元素；若把未知样品的俄歇电子能谱与已知表面组分的标准样品俄歇电子能谱进行对比；或者与一些纯元素的俄歇电子能谱进行对比，就可以对样品的表面组分进行定量分析。

光电子能谱分析仪由光源、样品室、能量分析器及信号处理与记录系统组成，样品室保持在超高真空（约 $10^{-9} \sim 10^{-7} \mathrm{Pa}$）中。光源发射的 X 射线或紫外线照射安装在样品架上的样品致其光电离，发射的光电子进入能量分析器按能量分类（"色散"，即测量光电子的能量分布）后由检测器（通道式电子倍增器）接收，再经放大、甄别、整形并由记录仪记录，获得光电子能谱。现代光电子能谱仪的运行、数据采集和信息处理均由计算机控制完成。

8.2.2　电子能谱分析的特点

① 除氢和氦元素之外，可以分析所有其他元素，能直接测定来自样品的单个能级发射的光电子能量分布，直接得到电子能级结构的信息。

② 从能量范围来看，电子能谱提供的信息可视为"原子指纹"，能测定原子价层电子和内层电子轨道，提供有关化学键方面的信息。而相邻元素的同种能级谱线相隔甚远，相互干扰少，元素定性分析的标识性强。

③ 电子能谱分析是一种无损伤分析。

④ 电子能谱分析是一种高灵敏度、超微量表面分析技术。分析所需试样量约 $10^{-18} \mathrm{g}$ 即可，绝对灵敏度可达 10^{-18}，样品分析深度为 2nm。

8.3　中子活化能谱分析和其他核技术

利用具有一定能量的粒子（中子、光子、带电粒子、质子、γ 射线）轰击（照射）试样，使试样中待测元素的稳定原子活化（即发生核反应，转变成放射性原子核），然后测量所生成放射性原子核的半衰期及其辐射线性质、能量大小和强度来进行定性、定量分析的方法称为活化分析。如以中子作为轰击粒子的活化分析法称为中子活化能谱分析法。

中子活化分析法（NNA）的灵敏度高、准确度好、污染少，适用于地质样品、宇宙物质中痕量有色金属的测定等。为克服基体效应，进行预富集与放化分离是必要的。海洋沉积物和结核经铣试金分析后，试金扣中贵金属元素用 NNA 测定，结果令人满意。对贵金属而言，用中子去活化分析灵敏度最高的是 Ir、Au 和 Rh。该法的检出限低，可以与 ICP-MS 相媲美。但核辐射对人体有害，且设备受地域限制，使用难以普及。

中子活化能谱法在有色金属分析中占有独特的地位。在理想的条件下，它的灵敏度比其他手段低好几个数量级，可是由于复杂的干扰作用，很难达到这样的灵敏度。

由于干扰问题，需要采用分离手段。为了补偿分离中的损失，往往采用化学产额法。特别是在早期工作中，研究人员有使用不可靠的分离法或其他操作的倾向，以为化学产额法能够校正出现的误差。例如，以 Zn 或 Mg 作为还原剂，使有色金属最后以沉淀的形式离析出来，然而即使用化学产额法控制误差，这种方法仍是不能被接受。

在应用化学产额法时，加入样品中的载体，它的形态要和样品中元素的形态相一致，这是很重要的。样品中的元素与载体之间必须产生完全的同位素交换，如对此缺乏认识，就会导致严重的误差。

一般中子活化法只需要用少量样品（1g 或 1g 以下），而有色金属特别是金在各类样品中的分布是不均匀的。因此，在取样时必须非常慎重。为此可将相对大量的样品（例如 30g 磨细的样品）在玻璃纸上铺开形成一薄层，然后用药匙在划出的 0.5in^2（1in＝2.54cm）的方块内取少量样品作为分析样。为获得样品的平均成分，必须重复测定样品。

测定样品中的有色金属时，经常忽视锇和钌这两种元素。例如，在 1975 年南非的矿石标样的研制报告中，参加的实验室一共有 38 个，只有 6 个实验室报道了仅有 Os 存在的结果，10 个实验室报道了仅有 Ru 存在的结果。不过目前采用中子活化分析法测定这两种元素的研究工作已有相当高的水平；在建立锇和钌的测定方法时，大多数研究工作者在中子活化测定之前广泛采用蒸馏分离法。

某些有色金属具有分析化学方面有意义的放射性核素，它们的半衰期很短，例如 ^{106}Rh 的 $t_{1/2}$ 为 4.41min。最近已经研制成功通量稍低的反应堆，这种反应堆投资少，投资费用低，对半衰期短的同位素能发挥理想的作用，这样可使中子活化分析法应用于有色金属分析的范围更广。

当前中子活化分析法特别适合于测定亚微克量级的有色金属，预计电热原子化器的原子吸收光谱法和原子荧光光谱法可能将会成为中子活化法的竞争者。

中子活化分析法已经应用于很多种类的有色金属样品，应该特别提到的是这种方法盛行于测定高纯有色金属样品中的微量有色金属杂质；同时，测定有色金属含量与背景值相近的土壤、岩石和其他地质样品方面的应用也是值得注意的。

中子活化法灵敏度高，专属性好，可实现多元素分析。该方法在一般情况下无试剂空白校正，可实现非破坏分析，易于实现自动化，在地球科学、环境科学、材料科学等领域中正发挥着重要作用。

8.4 化学发光法

化学发光法（chemiluminescence，简称 CL）是分子发光光谱分析法中的一类。化学发光是指物质在进行化学反应时释放出来的能量被处于基态反应物的分子或离子吸收，使价电子跃迁至第一激发态；当激发态的电子返回至基态的各个振动能级时，将所吸收的能量以光的形式辐射出来。通过测量光的强度，就可测定参与化学发光反应各化学组分的浓度。化学发光法主要是依据化学检测体系中待测物浓度与体系的化学发光强度在一定条件下呈线性定量关系的原理，利用仪器对体系化学发光强度的检测，而确定待测物含量的一种痕量分析方法。化学发光法在痕量金属离子和各类无机化合物、有机化合物分析及生物领域都有广泛应用。

8.4.1 发光法分类

化学发光与其他发光分析的本质区别是体系发光（光辐射）所吸收的能量来源不同：体系产生化学发光，必须具有一个产生可检信号的光辐射反应和一个可一次提供导致发光现象足够能量的单独反应步骤的化学反应。

依据供能反应的特点，可将化学发光分析法分为：

① 普通化学发光分析法（供能反应为一般化学反应）；

② 生物化学发光分析法（供能反应为生物化学反应，简称 BCL）；

③ 电致化学发光分析法（供能反应为电化学反应，简称 ECL）等。

根据测定方法该法又可分为：

① 直接测定 CL 分析法；

② 偶合反应 CL 分析法（通过反应的偶合，测定体系中某一组分）；

③ 时间分辨 CL 分析法（即利用多组分对同一化学发光反应影响的时间差实现多组分测定）；

④ 固相 CL 分析法、气相 CL 分析法、液相 CL 分析法；

⑤ 酶联免疫 CL 分析法等。

8.4.2　发光剂及原理

化学发光是某种物质分子吸收化学能而产生的光辐射。任何一个化学发光反应都包括两个关键步骤，即化学激发和发光。因此，一个化学反应要成为发光反应，必须满足两个条件：一是反应必须提供足够的能量（170～300kJ/mol）；二是这些化学能必须能被某种物质分子吸收而产生电子激发态，并且有足够的荧光量子产率。到目前为止，所研究的化学发光反应大多为氧化还原反应，且多为液相化学发光反应。

化学发光反应的发光效率是指发光剂在反应中的发光分子数与参加反应的分子数之比。对于一般化学发光反应，其值约为 10^{-6}，较典型的发光剂，如鲁米诺（luminol），发光效率可达 0.01。发光效率大于 0.01 的发光反应极少见。

研究表明，并不是任何化学反应都能产生化学发光的。有些化学反应发出的光很微弱，选择适当的测定条件，可大大提高化学发光法的选择性。研究还发现，对某些极弱的发光反应，当加入某些痕量金属离子后往往对化学发光反应产生催化作用，使反应速率加快，从而发出较强的光，且发光强度的增加与所加入的痕量金属离子的浓度成正比，这就拓宽了化学发光法的应用范围。鲁米诺及其衍生物（主要有异鲁米诺、4-氨基己基-N-乙基异鲁米诺、AHEI 和 ABEI 等）是常见的发光剂。

鲁米诺在碱性条件下可被一些氧化剂氧化，发生化学发光反应，辐射出最大发射波长为 425nm 的化学发光。在通常情况下鲁米诺与过氧化氢的化学发光反应相当缓慢，但当有某些催化剂存在时反应非常迅速。首先，最常用的催化剂是金属离子，在很大浓度范围内，金属离子浓度与发光强度成正比，从而可进行某些金属离子的化学发光分析，利用这一反应可以分析那些含有金属离子的有机化合物，可达到很高的灵敏度。其次是利用有机化合物对鲁米诺化学发光反应的抑制作用，测定对化学发光反应具有猝灭作用的有机化合物。其三是通过偶合反应间接测定无机化合物或有机化合物。其四是将鲁米诺的衍生物如异鲁米诺（ABEI）标记到羧酸和氨类化合物上，经过高效液相色谱或液相色谱分离后，再在碱性条件下与过氧化氢-铁氰化钾反应进行化学发光检测。也可以采用其他分离方法，如将新合成的化学发光试剂异硫氰酸异鲁米诺标记到酵母 RNA 上后，通过离心和透析分离，然后进行化学发光检测。此外，应用的还有 N-(β-羧基丙酰基)异鲁米诺，并对其性能进行了研究。

化学发光法是 20 世纪 60 年代发展起来的，该法具有测定灵敏度高、线性范围广、分析速度快、所用仪器设备简单、易实现自动化等特点。尤其是其与流动注射分析（FIA）技术相结合后，该法分析的精密度和分析速度大大提高，显示更广泛的应用前景。

8.5　高效液相色谱法

在 20 世纪 70 年代崛起的高效液相色谱（HPLC）技术，在无机分析中的研究和应用日益广泛。进入 20 世纪 80 年代后，HPLC 技术在有色金属分析领域应用活跃。作为一种高效快速分离和分析的技术，它在痕量和超痕量有色金属多元素测定中取得重要进展。特别是有色金属的 HPLC-光度法，已成为色谱分离的高效性与光度检测高灵敏性相结合的典范。

贵金属元素性质相似，在样品中容易共生且含量很低，常规方法测定时样品前处理复杂且误差大，近几年来，高效液相色谱法在无机分析中的应用取得迅速发展：痕量金属离子与有机试剂形成稳定的有机配合物，可采用高效液相色谱进行分离；同时，以紫外-可见光度检测器测定金属离子，克服了光度分析选择性差的缺点，可实现多元素同时测定，方法简便、快速。

吸光光度法中显色体系的高灵敏度和高选择性很难兼而有之。不少灵敏度很高的方法，由于选择性差，需要冗长的分离，难以在实际中得到应用。所以，吸光光度法一般仅能测定单个元素，与多元素同时测定的分析方法难以匹配。在 HPLC-光度法中，通过柱前（或柱后）衍生作用可利用紫外或可见光光度仪检测有色金属离子，使待测元素进入检测器前得到分离。将流出液与光度计或荧光光度计连接，用于痕量金属的分析时，可以充分发挥显色剂高灵敏度的特点，使分析的选择性、速度可以得到很大提高。在 HPLC-光度法中，其检出限均可达到 ng/mL 级，在 20min 内可同时测定 3~5 种甚至 10 余种痕量元素。许多显色体系直接或稍加调整即可用 HPLC-吸光光度法测定多种痕量金属离子。其中主要是柱前衍生法，即有色金属离子与许多有机配位体可以在柱前形成稳定的有色配合物（在紫外或可见光区具有特征吸收峰），然后注入柱中，经色谱柱分离后在线用光度法进行连续测定。因此，经典吸光光度法中灵敏度高但选择性差的显色剂，有可能成为较好的柱前衍生试剂。

目前在有色金属 HPLC-光度分析中应用的主要有杂环偶氮类试剂、卟啉类试剂、硫代氨基甲酸盐类试剂等；还有一些可与有色金属形成无机配合物的试剂，如二乙基二硫代氨基甲酸盐、二硫腙、$4,4'$-双（二乙基氨基）二苯甲硫酮（即金试剂）、羟基吡啶硫酮、邻菲啰啉等。

杂环偶氮类试剂与有色金属离子形成的配合物，有的能被有机溶剂萃取分离，适合于正相 HPLC 分析；水溶试剂及其配合物分子中含有亲水取代基（—OH、—SO_3H 等），适宜于反相 HPLC 分析。这类试剂与有色金属离子形成的配合物既可在可见光区吸收，也可在紫外光谱区吸收，摩尔吸光系数 κ 一般大于 10^4，光度检测颇为灵敏。

卟啉类试剂在有色金属的 HPLC-光度法中是较理想的柱前衍生试剂，有着广阔的应用前景，如用四(N-甲基-4-吡啶)卟啉、四(N-甲基苯)卟啉、四(间溴磺酸苯基)卟啉、四(间溴苯基)卟啉测定钯和银。

8.6　等离子体质谱法

电感耦合等离子体质谱法（ICP-MS）是检测复杂体系中痕量和超痕量元素的一种分析技术。ICP-MS 测定有色金属的研究和应用在我国起步较晚，在我国的研究应用只有二十多年的历史，但由于该法具有独特的分析性能，使其获得了极为迅速的发展。ICP-MS 测定有色金属的分析对象由原来的地质样急速地向环境生物样扩展，这也表明 ICP-MS 测定有色金属受到日益广大分析工作者的青睐。

　　ICP-MS 是以电感耦合等离子体（ICP）作为离子源的一种无机质谱技术，主要由 3 大部分组成：ICP 离子源、接口和质谱计。通过进样系统将试样送入 ICP 炬中，试样中的元素在高温下解离成离子；这些离子以超声速通过接口进入质谱计，被重新聚焦并传递到质量分析器；根据质量电荷比（m/z）进行分离。被分离的待测元素离子按顺序打在电子倍增管上，信号经放大后由检定系统检出。该法具有独特的优点：①可检测的元素覆盖面广，可测定 70 多种元素；②图谱简单（只有 201 条谱线）易识，谱线少，光谱干扰相对较低；③灵敏度高，检测限低（从几个 $\mu g/L$ 到 ng/L）；④分析速度快，多元素可同时测定；⑤仪器线性动态范围大；⑥可同时测定各种元素的同位素及有机物中金属元素的形态；⑦易与其他分析技术联用，大大地扩展其应用的范围。

　　但是，ICP-MS 还存在一些不容忽视的缺点：①易出现基体和质谱干扰现象；②方法灵敏，试样前处理时易引入污染，对所用试剂和溶剂的纯度要求高；③仪器的记忆效应较严重，易使分析结果偏高；④ICP-MS 仪器价格较贵，维护成本大，在基层应用和普及困难。所以，使用 ICP-MS 分析样品时，要针对样品及待测元素的情况，全面考虑确定分析测定方案。

　　ICP-MS 测定有色金属时，在一般分析对象中，有色金属的含量均很低，测定前的样品预处理应更加重视。为得到更高的测量准确度、精密度和灵敏度，样品的纯化分离及富集除已有的方法外，应进一步探索更好、更适用的方法。ICP-MS 测定有色金属以溶液形式进样最为适宜，因试样经过溶样、分离、富集后获得的试液不但成分较为"单纯"，而且使有色金属的浓度也有所提高，大大地降低测定的干扰。这时可以气动雾化、流动注射、电热蒸发等方式进入离子化器进行质谱测定。对于有色金属分布均匀的待测物料，可以固体形式进样，如采用悬浮液雾化法或激光烧蚀法等。

　　ICP-MS 测定有色金属时，选择恰当的待测元素同位素是很重要的。一般而言，同量异位素干扰比多原子干扰严重；氧化物干扰比其他多原子干扰严重。因此，选择同位素的原则是：若无干扰，选择丰度最高的同位素进行测定；如果干扰小，可用干扰元素进行校正；如果干扰严重，则选择丰度较低、无干扰的同位素进行测定。

　　获得待测元素结果常用的方法有：外标法、内标法、标准加入法和同位素稀释法。外标法适合于溶液成分简单的条件实验。内标法能在一定程度上克服基体效应，是常用的方法。标准加入法的优点是基体匹配，结果准确，但费时、费钱。同位素稀释法不受回收率影响，能克服基体效应，是很精确的方法。采用同位素稀释法的关键是同位素平衡。高压酸分解或 Carious tube 酸溶法是同位素平衡最彻底的方法。但是 Au 和 Rh 是单同位素元素，不能用同位素稀释法测定。总之，条件实验时用外标法，分析实际样品时用内标法测定 Au 和 Rh；其余有色金属元素用同位素稀释法，回收率测试用标准加入法。

　　总之，ICP-MS 直接测定法具有流程短、样品处理简单的优点，但超痕量有色金属元素的分析还需要进行预分离富集。将 ICP-MS 与不同样品前处理及富集技术相结合，已成为当今痕量、超痕量有色金属元素分析领域中强有力的工具。尽管设备昂贵，但随着大量测试样品的增加和众多痕量组分待测要求的提高，特别是随着 ICP-MS 普及率的迅速上升，这类测试方法将有着十分明显的优势和广泛的应用前景。此外，该法可直接、快速、简便地记录分析溶液中痕量元素的质谱图，具有谱线简单、检出限低等优点，还可测定同位素比值，目前已成为铂族金属和金的分析中灵敏度最高的方法之一。

参 考 文 献

[1]　武汉大学.分析化学.第5版.北京：高等教育出版社，2008.

[2]　华中师范大学，东北师范大学，陕西师范大学，等.分析化学.第3版.北京：高等教育出版社，2001.

[3]　李克安.分析化学教程.北京：北京大学出版社，2005.

[4]　邱德仁.工业分析化学.上海：复旦大学出版社，2003.

[5]　蔡明招.实用工业分析.广州：华南理工大学出版社，1999.

[6]　李广超.工业分析.北京：化学工业出版社，2007.

[7]　张燮.工业分析化学.北京：化学工业出版社，2003.

[8]　吉分平.工业分析.第2版.北京：化学工业出版社，2008.

[9]　张小康，张正兢.工业分析.第2版.北京：化学工业出版社，2008.

[10]　梁红.工业分析.北京：中国环境科学出版社，2006.

[11]　濮文虹，刘光虹，喻俊芳.水质分析化学.第2版.武汉：华中科技大学出版社，2004.

[12]　杨波，崔玉祥.化学检验工.无机化工分析.北京：化学工业出版社，2006.

[13]　王秀萍，徐焕斌，张德胜.化学检验工 有机化工分析.北京：化学工业出版社，2006.

[14]　Danzer K. Analytical Chemistry. Springer Berlin Heidelberg，2007.

[15]　David Harvey. Modern Analytical Chemistry. McGraw-Hill Higher Education，2000.

[16]　张贵杰，李运刚，李海英，等.现代冶金分析测试技术.北京：冶金工业出版社，2009.

[17]　司卫华.金属材料化学分析.北京：机械工业出版社，2009.

[18]　符斌，李华昌.有色金属产品检验.北京：化学工业出版社，2008.

[19]　柳荣厚.材料成分检验.北京：中国计量出版社，2005.

[20]　杨小林.分析检验的质量保证与计量认证.北京：化学工业出版社，2007.

[21]　Zschunke A.分析化学中的标准物质选择与使用指南.于亚东，徐学林，刘军，译.北京：中国计量出版社，2005.

[22]　姜洪文，陈淑刚.化验室组织与管理.第2版.北京：化学工业出版社，2009.

[23]　杨爱萍.化验室组织与管理.北京：中国轻工业出版社，2009.

[24]　盛晓东.工业分析技术.北京：化学工业出版社，2002.

[25]　杨新星.工业分析技术.北京：化学工业出版社，2000.

[26]　梅恒星.有色金属分析化学.北京：冶金工业出版社，2011.